嵌入式Linux

ARM

Linux设备驱动开发详解
基于最新的Linux 4.0内核

宋宝华 编著

机械工业出版社
China Machine Press

图书在版编目（CIP）数据

Linux 设备驱动开发详解：基于最新的 Linux 4.0 内核 / 宋宝华编著 . —北京：机械工业出版社，2015.7（2024.5重印）
（电子与嵌入式系统设计丛书）

ISBN 978-7-111-50789-5

I. L… II. 宋… III. Linux 操作系统 – 程序设计 IV. TP316.89

中国版本图书馆 CIP 数据核字（2015）第 150963 号

Linux 设备驱动开发详解：基于最新的 Linux 4.0 内核

出版发行：机械工业出版社（北京市西城区百万庄大街 22 号 邮政编码：100037）	
责任编辑：朱 捷	责任校对：殷 虹
印　刷：固安县铭成印刷有限公司	版　次：2024 年 5 月第 1 版第 15 次印刷
开　本：186mm×240mm　1/16	印　张：39.75
书　号：ISBN 978-7-111-50789-5	定　价：89.00 元

客服电话：（010）88361066　68326294

版权所有 • 侵权必究
封底无防伪标均为盗版

赞　誉

十多年前，我在海外一家路由器公司从事底层软件开发时，一本《Linux Device Driver》（LDD）使我受益匪浅。近年来，我在从事基于 ARM 的嵌入式操作系统教学时发现，很多 Linux 设备驱动中的新技术，比如 Device Tree、sysfs 等，在 LDD3 中均没有涉及。而市面上的翻译书晦涩难懂，有的还不如英文原书好理解。宋宝华是我尊敬的技术人员，十年如一日，在 Linux 内核及设备驱动领域潜心耕耘，堪称大师。本书无论从汉语的遣词造句，案例的深入浅出，还是对前沿技术的掌握，对难点技术丝丝入扣的分析，都体现出了强烈的"工匠精神"，堪称经典，值得推荐。

——Xilinx 前大中华区大学计划经理、慕客信 CEO　谢凯年

设备驱动程序是连接计算机软件和硬件的纽带和桥梁，开发者在嵌入式操作系统的开发移植过程中，有将近 70%～80% 的精力都用在了驱动程序的开发与调试方面。这就对设备驱动程序开发人员提出了极高的要求。开发者不仅要同时具备软件和硬件的知识和经验，而且还要不断地学习、更新自己，以便跟上嵌入式系统日新月异的发展。研究前人的总结和动手实践是不断提高自己的有效途径。虽然市面上已经有多种设备驱动的书籍，但本书在总结 Linux 设备驱动程序方面仍然非常具有特色。它用理论联系实际，尤其是提供了大量的实例，对读者深入地理解并掌握各种驱动程序的编写大有裨益。

——飞思卡尔半导体（中国）有限公司数字网络软件技术方案部总监　杨欣欣博士

一位优秀的设备驱动开发工程师需要具备多年嵌入式软件和硬件开发经验的积累，本书针对 Linux 设备驱动开发相关的设计思想、框架、内核，深入浅出，结合代码，从理论到实践进行重点讲解。毫无疑问，本书可谓一把通向设备驱动大师殿堂之门的金钥匙，它将激发你的味蕾，带你"品尝"嵌入式设备驱动开发这道"美味佳肴"，掩卷沉思，意味深长。

——ARM 中国在线社区经理　宋斌

作者长期从事嵌入式 Linux 开发和教学工作，擅长 Linux 驱动开发，并跟踪开源软件和嵌入式处理器技术的最新发展，撰写本书，书中内容新鲜实用。作者针对 ARM 和移动便携式设备的兴起，在书中添加了 ARM Linux 设备树和 Linux 电源管理系统架构及驱动的内容，书中关于 Linux 设备驱动的软件架构思想的章节也很有特色。

——中国软件行业协会嵌入式系统分会副理事长　何小庆

推荐序一

技术日新月异，产业斗转星移，滚滚红尘，消逝的事物太多，新事物的诞生也更迅猛。众多新生事物如灿烂烟花，转瞬即逝。当我们仰望星空时，在浩如烟海的专业名词中寻找，赫然发现，Linux 的生命力之旺盛顽强，斗志之昂扬雄壮，令人称奇。它正以摧枯拉朽之势迅速占领包括服务器、云计算、消费电子、工业控制、仪器仪表、导航娱乐等在内的众多应用领域，并逐步占据许多 WINCE、VxWorks 的传统嵌入式市场。

Linux 所及之处，所向披靡。这与 Linux 的社区式开发模式，迅速的迭代不无关系。Linux 每 2～3 月更新一次版本，吸纳新的体系架构、芯片支持、驱动、内核优化和新特性，这使得 Linux 总是能够在第一时间内迎合用户的需求，快速地适应瞬息万变的市场。由 Linux 以及围绕着 Linux 进行产品研发的众多企业和爱好者构成了一个庞大的 Linux 生态圈。而本书，无疑给这个庞大的生态圈注入了养料。

然而，养料的注入应该是持续不断的。至今，Linux 内核的底层 BSP、驱动框架和内核实现发生了许多变更，本书涵盖了这些新的变化，这将给予开发者更多新的帮助。内核的代码不断重构并最优化，而本书也无疑是对作者前书一次重大的重构。

生命不息，重构不止。

周立功

推荐序二

在翻译了《Understanding the Linux Kernel》和《Linux Kernel Development》这两本书后，每当有读者询问如何学习Linux内核时，我都不敢贸然给出建议。如此庞大的内核，各个子系统之间的关系错综复杂，代码不断更新和迭代，到底该从何入手？你的出发点是哪里？你想去的彼岸又是哪里？相应的学习方法都不同。

一旦踏入Linux内核领域，要精通Linux内核的精髓，几乎没有捷径可走。尽管通往山顶的路有无数条，但每条路上都布满荆棘，或许时间和毅力才是斩荆披棘的利器。

从最初到现在，Linux内核的版本更新达上千个，代码规模不断增长，平均每个版本的新增代码有4万行左右。在源代码的10个主要子目录（arch、init、include、kernel、mm、IPC、fs、lib、net、drivers）中，驱动程序的代码量呈线性增长趋势。

从软件工程角度来看内核代码的变化规律，Linux的体系结构相对稳定，子系统数变化不大，平均每个模块的复杂度呈下降趋势，但系统整体规模和复杂性分别呈超线性和接近线性增长趋势。drivers和arch等模块的快速变化是引起系统复杂性增加的主因。那么，在代码量最多的驱动程序中，有什么规律可循？最根本的又是什么？

本书更多的是关于Linux内核代码背后机理的讲解，呈现给读者的是一种思考方法，让读者能够在思考中举一反三。尽管驱动程序只是内核的一个子系统，但Linux内核是一种整体结构，牵一发而动全局，对Linux内核其他相关知识的掌握是开发驱动的基础。本书的内容包括中断、定时器、进程生命周期、uevent、并发、编译乱序、执行乱序、等待队列、I/O模型、内存管理等，实例代码也被大幅重构。

明代著名的思想家王阳明有句名言"知而不行，是为不知；行而不知，可以致知"。因此在研读本书时，你一定要亲身实践，在实践之后要提升思考，如此，你才可以越过代码本身而看到内核的深层机理。

陈莉君

西安邮电大学

前　言

Linux 从未停歇前进的脚步。Linus Torvalds，世界上最伟大的程序员之一，Linux 内核的创始人，Git 的缔造者，现在仍然在没日没夜地合并补丁、升级内核。做技术的人，从来没有终南捷径，拼得就是坐冷板凳的傻劲。

这是一个连阅读都被碎片化的时代，在这样一个时代，人们趋向于激进、浮躁，内心的不安宁使我们极难静下心来研究什么。我见过许多 Linux 工程师，他们的简历上写着"精通"Linux 内核，有多年的工作经验，而他们的"精通"却只是把某个寄存器从 0 改成 1，从 1 改成 0 的不断重复；我也见过许多 Linux 工程师，他们终日埋头苦干，敲打着自己的机器和电路板，却从未冷静下来思考，并不断重构和升华自己的知识体系。

这是要把"牢底"坐穿的程序员，这样"忙忙碌碌"的程序员，从来都不算是好程序员。

对于优秀的程序员，其最优秀的品质是能够心平气和地学习与思考问题，透析代码背后的架构、原理和设计思想。没有思想的代码是垃圾代码，没有思想的程序员，只是在完成低水平重复建设的体力活。很多程序员从不过问自己写的代码最后在机器里面是怎么跑的，很多事情莫名其妙地发生了，很多 bug 莫名其妙地消失了……他们永远都在得过且过。

由此，衍生出了本书的第一个出发点，那就是带给读者更多关于 Linux 开发思想的讲解，帮助读者奠定根基。本书呈现给读者的更多的是一种思考方法，而不是知识点的简单罗列。

本书除对基础理论部分进行了详细的讲解外，还加强了对驱动编程所涉及的 Linux 内核最底层机理的讲解，内容包括中断、定时器、进程生命周期、uevent、并发、编译乱序、执行乱序、等待队列、I/O 模型、内存管理等。这些知识点非常重要，是真正证明程序员理解了 Linux 的部分内容，程序员只有打好根基，才能游刃有余。

本书没有大量描述各种具体驱动类型的章节，如 Sound、PCI、MTD、tty 等，而将更多的焦点转移到了驱动编程背后的内核原理，并试图从 Linux 内核的上百个驱动子系统中寻找出内部规律，以培养读者举一反三的能力。

Linux 内核有上百个驱动子系统，这一点从内核的 drivers 子目录中就可以看出来：

accessibility	clocksource	fmc	irqchip	mmc	platform	sbus	usb
acpi	connector	gpio	isdn	modules.builtin	pnp	scsi	uwb
amba	coresight	gpu	Kconfig	modules.order	power	sfi	vfio
android	cpufreq	hid	leds	mtd	powercap	sh	vhost
ata	cpuidle	hsi	lguest	net	pps	sn	video
atm	crypto	hv	macintosh	nfc	ps3	soc	virt
auxdisplay	dca	hwmon	mailbox	ntb	ptp	spi	virtio
base	devfreq	hwspinlock	Makefile	nubus	pwm	spmi	vlynq
bcma	dio	i2c	mcb	of	rapidio	ssb	vme
block	dma	ide	md	oprofile	ras	staging	w1
bluetooth	dma-buf	idle	media	parisc	regulator	target	watchdog
built-in.o	edac	iio	memory	parport	remoteproc	tc	xen
bus	eisa	infiniband	memstick	pci	reset	thermal	zorro
cdrom	extcon	input	message	pcmcia	rpmsg	thunderbolt	
char	firewire	iommu	mfd	phy	rtc	tty	
clk	firmware	ipack	misc	pinctrl	s390	uio	

好吧,傻子才会一个目录一个目录地去看,一个目录一个目录地从头学起。我们势必要寻找各种驱动子系统的共性,摸索规律。在本书中,我们将更多地看到各驱动子系统的类比,以及驱动子系统的层次化设计。

技术工作从来都不能一劳永逸。世界变化得太快,当前技术革新的速度数倍于我们父辈、祖辈、祖祖辈经历过的任何时代。证明你是"真球迷"还是"伪球迷"的时候到了,这个时代是伪程序员的地狱,也是真程序员的天堂。

从浩如烟海的知识体系、不断更新的软件版本中终生学习,不断攻克一个个挑战,获取新养分,寻找新灵感,这实在是黑暗的码农生涯中不断闪现的璀璨光芒。

Linux 的内核版本不断更新,出现了 Linux 3.0、Linux 3.1、Linux 3.2、…、Linux 3.19、Linux 4.0、Linux 4.1,变化的是软件的架构,不变的是 Linus 的热情。

这无疑也是本书的第二个出发点,更新 Linux 驱动编程的知识体系以迎合最新的时代需求。因此,本书有大量关于设备树、**ARM Linux 移植**、Linux 电源管理、GPIO、时钟、定时器、**pinmux**、**DMA** 等内容。我们的操作平台也转移到了 QEMU 模拟的 4 核 Cortex-A9 电路板上,书中的实例基本都转移到了市面流行的新芯片上。

最近两三年,老是听许多程序员抱怨,市面上缺乏讲解新内核的资料、缺乏从头到尾讲解设备树的资料,但是我想说,这实在不是什么难点。难点仍然是本书基于第一个出发点要解决的问题,如果有好的基础,以优秀程序员极强的学习能力,应该很快就可以掌握这些新知识。机制没有变,变化的只是策略。

因此学习能力也是优秀程序员的又一个重要品质。没有人生下来就是天才,良好的学习能力也是通过后天的不断学习培养的。可以说,学得越多的人,学新东西的速度一定越快,学习能力也变得越强。因为,知识的共通性实在太多。

读者在阅读本书时,不应该企图把它当成一本工具书和查 API 的书,而是应该把它当作一本梳理理论体系、开发思想、软件架构的书。唯如此,我们才能适应未来新的变化。

时代的滚滚车轮推动着 Linux 内核的版本不断向前,也推动着每个人的人生。红尘滚滚,

我不去想是否能够成功,

既然选择了远方,

便只顾风雨兼程。

最后,本书能得以出版,要感谢带领我向前的人生导师和我的众多小伙伴,他们或者在我人生的关键时刻改变了我,或者给我黑暗的程序生涯带来了无尽的快乐和动力。我的小伙伴,他们力挺我、鼓励我,也辱骂我、奚落我,这些都是真挚的友情。

谨以此书,致以对杨平先生、何昭然、方毅伟、李华毅、宋志武、杜向龙、叶祥振、刘昊、王榕、何晔、王立赛、曾过、刘永生、段丙华、章君义、王文琪、卢鹏、刘涛、徐西宁、吴赫、任桥伟、秦龙廷、胡良兵、张家旺、王雷、Bryan Wu、Eric Miao、Cliff Cai、Qipan Li、Guoying Zhang、陈健松、Haoyu Zhong、刘洪涛、季久峰、邴杰、孙志忠、吴国举、Bob Liu、赵小吾、EJ Zhao、贺亚锋、刘仕杰、Hao Yin 等老师和小伙伴的深深感激;谨以此书,致以对我的父母大人、老婆大人、兄长和姐姐、伟大丈母娘的深深感激,本书的写作时间超过一年,其过程是一种巨大的肉体和精神折磨,没有他们的默默支持和不断鞭策,本书是不可能完成的;谨以此书,对为本书做出巨大贡献的编辑、策划老师,尤其是张国强老师致以深深的感激!特别感谢读者彭东林为本书第一次印刷提供了大量的勘误建议。

由于篇幅的关系,我没有办法一一列举我要感激的所有人,但是,这些年从你们那里获得的,远远大于我付出的,所以,在内心深处,唯有怀着对你们的深深感恩,不断前行。岁月如歌,吾歌狂行。

全书结构

本书首先介绍 Linux 设备驱动的基础。第 1 章简要地介绍了设备驱动,并从无操作系统的设备驱动引出了 Linux 操作系统下的设备驱动,介绍了本书所基于的开发环境。第 2 章系统地讲解了 Linux 驱动工程师应该掌握的硬件知识,为工程师打下 Linux 驱动编程的硬件基础,详细介绍了各种类型的 CPU、存储器和常见的外设,并阐述了硬件时序分析方法和数据手册阅读方法。第 3 章将 Linux 设备驱动放在 Linux 2.6 内核背景中进行讲解,说明 Linux 内核的编程方法。由于驱动编程也在内核编程的范畴,因此,这一章实质是为编写 Linux 设备驱动打下软件基础。

其次,讲解 Linux 设备驱动编程的基础理论、字符设备驱动及设备驱动设计中涉及的并发控制、同步等问题。第 4、5 章分别讲解 Linux 内核模块和 Linux 设备文件系统;第 6~9 章以虚拟设备 globalmem 和 globalfifo 为主线,逐步给其添加高级控制功能;第 10、11 章分别阐述 Linux 驱动编程中所涉及的中断和定时器、内核和 I/O 操作处理方法。

接着，剖析复杂设备驱动的体系结构以及块设备、网络设备驱动。该篇讲解了设备与驱动的分离、主机控制器驱动与外设驱动的分离，并以大量实例（如 input、tty、LCD、platform、I^{2}C、SPI、USB 等）来佐证。其中第 12 章和第 17 章遥相呼应，力图全面地展示驱动的架构。Linux 有 100 多个驱动子系统，逐个讲解和学习都是不现实的，授人以鱼不如授人以渔，因此我们将更多的焦点放在了架构讲解方面，以便读者可以举一反三。

本书最后 4 章分析了 Linux 的设备树、Linux 移植到新的 SoC 上的具体工作以及 Linux 内核和驱动的一些调试方法。这些内容，对于理解如何从头开始搭建一个 Linux，以及整个 Linux 板级支持包上上下下的关系尤为重要。

另外，本书的主要代码都引用自 Linux 源代码，为保留原汁原味，均延用了代码的英文注释，而其他非引用的代码则使用了中文注释或无注释，特此说明。

本书配套的相关素材和代码，读者均可从作者博客推荐的方案下载：https://blog.csdn.net/21cnbao/article/details/125719058。

宋宝华

2015 年 4 月于上海浦东

目 录

赞誉

推荐序一

推荐序二

前言

第1章 Linux设备驱动概述及开发环境构建 …… 1

1.1 设备驱动的作用 …… 1

1.2 无操作系统时的设备驱动 …… 2

1.3 有操作系统时的设备驱动 …… 4

1.4 Linux设备驱动 …… 5

 1.4.1 设备的分类及特点 …… 5

 1.4.2 Linux设备驱动与整个软硬件系统的关系 …… 6

 1.4.3 Linux设备驱动的重点、难点 …… 7

1.5 Linux设备驱动的开发环境构建 …… 8

 1.5.1 PC上的Linux环境 …… 8

 1.5.2 QEMU实验平台 …… 11

 1.5.3 源代码阅读和编辑 …… 13

1.6 设备驱动Hello World：LED驱动 …… 15

 1.6.1 无操作系统时的LED驱动 …… 15

 1.6.2 Linux下的LED驱动 …… 15

第2章 驱动设计的硬件基础 …… 20

2.1 处理器 …… 20

 2.1.1 通用处理器 …… 20

 2.1.2 数字信号处理器 …… 22

2.2 存储器 …… 24

2.3 接口与总线 …… 28

 2.3.1 串口 …… 28

 2.3.2 I^2C …… 29

 2.3.3 SPI …… 30

 2.3.4 USB …… 31

 2.3.5 以太网接口 …… 33

 2.3.6 PCI和PCI-E …… 34

 2.3.7 SD和SDIO …… 36

2.4 CPLD和FPGA …… 37

2.5 原理图分析 …… 40

2.6 硬件时序分析 …… 42

 2.6.1 时序分析的概念 …… 42

 2.6.2 典型的硬件时序 …… 43

2.7 芯片数据手册阅读方法 …… 44

2.8 仪器仪表使用 …… 47

 2.8.1 万用表 …… 47

 2.8.2 示波器 …… 47

 2.8.3 逻辑分析仪 …… 49

2.9 总结 ························· 51

第3章 Linux 内核及内核编程 ··· 52

3.1 Linux 内核的发展与演变 ········· 52
3.2 Linux 2.6 后的内核特点 ········· 56
3.3 Linux 内核的组成 ············ 59
 3.3.1 Linux 内核源代码的目录结构 ····· 59
 3.3.2 Linux 内核的组成部分 ········ 60
 3.3.3 Linux 内核空间与用户空间 ····· 64
3.4 Linux 内核的编译及加载 ········· 64
 3.4.1 Linux 内核的编译 ········· 64
 3.4.2 Kconfig 和 Makefile ········· 66
 3.4.3 Linux 内核的引导 ········· 74
3.5 Linux 下的 C 编程特点 ········· 75
 3.5.1 Linux 编码风格 ·········· 75
 3.5.2 GNU C 与 ANSI C ········ 78
 3.5.3 do { } while(0) 语句 ········ 83
 3.5.4 goto 语句 ············· 85
3.6 工具链 ····················· 85
3.7 实验室建设 ··············· 88
3.8 串口工具 ················ 89
3.9 总结 ··················· 91

第4章 Linux 内核模块 ········· 92

4.1 Linux 内核模块简介 ········· 92
4.2 Linux 内核模块程序结构 ······ 95
4.3 模块加载函数 ············ 95
4.4 模块卸载函数 ············ 97
4.5 模块参数 ··············· 97
4.6 导出符号 ··············· 99
4.7 模块声明与描述 ·········· 100
4.8 模块的使用计数 ·········· 100
4.9 模块的编译 ············· 101
4.10 使用模块"绕开"GPL ····· 102
4.11 总结 ················· 103

第5章 Linux 文件系统与设备文件 ···················· 104

5.1 Linux 文件操作 ·············· 104
 5.1.1 文件操作系统调用 ········· 104
 5.1.2 C 库文件操作 ············ 108
5.2 Linux 文件系统 ·············· 109
 5.2.1 Linux 文件系统目录结构 ···· 109
 5.2.2 Linux 文件系统与设备驱动 ···· 110
5.3 devfs ······················· 114
5.4 udev 用户空间设备管理 ······· 116
 5.4.1 udev 与 devfs 的区别 ······ 116
 5.4.2 sysfs 文件系统与 Linux 设备模型 ···················· 119
 5.4.3 udev 的组成 ············· 128
 5.4.4 udev 规则文件 ··········· 129
5.5 总结 ······················ 133

第6章 字符设备驱动 ··········· 134

6.1 Linux 字符设备驱动结构 ······ 134
 6.1.1 cdev 结构体 ············· 134
 6.1.2 分配和释放设备号 ········ 136
 6.1.3 file_operations 结构体 ······ 136
 6.1.4 Linux 字符设备驱动的组成 ··· 138
6.2 globalmem 虚拟设备实例描述 ···· 142

6.3　globalmem 设备驱动 ·················· 142
　　6.3.1　头文件、宏及设备结构体 ··· 142
　　6.3.2　加载与卸载设备驱动 ········· 143
　　6.3.3　读写函数 ·························· 144
　　6.3.4　seek 函数 ·························· 146
　　6.3.5　ioctl 函数 ························· 146
　　6.3.6　使用文件私有数据 ············ 148
6.4　globalmem 驱动在用户空间中的验证 ··· 156
6.5　总结 ·· 157

第 7 章　Linux 设备驱动中的并发控制 ·································· 158

7.1　并发与竞态 ································ 158
7.2　编译乱序和执行乱序 ················ 160
7.3　中断屏蔽 ···································· 165
7.4　原子操作 ···································· 166
　　7.4.1　整型原子操作 ······················ 167
　　7.4.2　位原子操作 ·························· 168
7.5　自旋锁 ·· 169
　　7.5.1　自旋锁的使用 ······················ 169
　　7.5.2　读写自旋锁 ·························· 173
　　7.5.3　顺序锁 ································· 174
　　7.5.4　读-复制-更新 ······················· 176
7.6　信号量 ·· 181
7.7　互斥体 ·· 183
7.8　完成量 ·· 184
7.9　增加并发控制后的 globalmem 的设备驱动 ································· 185
7.10　总结 ·· 188

第 8 章　Linux 设备驱动中的阻塞与非阻塞 I/O ·················· 189

8.1　阻塞与非阻塞 I/O ····················· 189
　　8.1.1　等待队列 ····························· 191
　　8.1.2　支持阻塞操作的 globalfifo 设备驱动 ····························· 194
　　8.1.3　在用户空间验证 globalfifo 的读写 ································· 198
8.2　轮询操作 ···································· 198
　　8.2.1　轮询的概念与作用 ·············· 198
　　8.2.2　应用程序中的轮询编程 ······ 199
　　8.2.3　设备驱动中的轮询编程 ······ 201
8.3　支持轮询操作的 globalfifo 驱动 ·· 202
　　8.3.1　在 globalfifo 驱动中增加轮询操作 ····························· 202
　　8.3.2　在用户空间中验证 globalfifo 设备的轮询 ····························· 203
8.4　总结 ·· 205

第 9 章　Linux 设备驱动中的异步通知与异步 I/O ·············· 206

9.1　异步通知的概念与作用 ············ 206
9.2　Linux 异步通知编程 ················· 207
　　9.2.1　Linux 信号 ··························· 207
　　9.2.2　信号的接收 ························· 208
　　9.2.3　信号的释放 ························· 210
9.3　支持异步通知的 globalfifo 驱动 ····· 212
　　9.3.1　在 globalfifo 驱动中增加异步通知 ································· 212
　　9.3.2　在用户空间中验证 globalfifo 的异步通知 ························· 214

9.4 Linux 异步 I/O ················ 215
    9.4.1 AIO 概念与 GNU C 库 AIO ···· 215
    9.4.2 Linux 内核 AIO 与 libaio ···· 219
    9.4.3 AIO 与设备驱动 ············ 222
9.5 总结 ························ 223

第 10 章 中断与时钟 224

10.1 中断与定时器 ················ 224
10.2 Linux 中断处理程序架构 ········ 227
10.3 Linux 中断编程 ··············· 228
    10.3.1 申请和释放中断 ········ 228
    10.3.2 使能和屏蔽中断 ········ 230
    10.3.3 底半部机制 ············ 230
    10.3.4 实例：GPIO 按键的中断 ··· 235
10.4 中断共享 ···················· 237
10.5 内核定时器 ·················· 238
    10.5.1 内核定时器编程 ········ 238
    10.5.2 内核中延迟的工作
           delayed_work ·········· 242
    10.5.3 实例：秒字符设备 ······ 243
10.6 内核延时 ···················· 247
    10.6.1 短延迟 ················ 247
    10.6.2 长延迟 ················ 248
    10.6.3 睡着延迟 ·············· 248
10.7 总结 ························ 250

第 11 章 内存与 I/O 访问 251

11.1 CPU 与内存、I/O ············· 251
    11.1.1 内存空间与 I/O 空间 ····· 251
    11.1.2 内存管理单元 ·········· 252
11.2 Linux 内存管理 ··············· 256
11.3 内存存取 ···················· 261
    11.3.1 用户空间内存动态申请 ··· 261
    11.3.2 内核空间内存动态申请 ··· 262
11.4 设备 I/O 端口和 I/O 内存的
     访问 ························ 267
    11.4.1 Linux I/O 端口和 I/O
           内存访问接口 ·········· 267
    11.4.2 申请与释放设备的 I/O
           端口和 I/O 内存 ········ 268
    11.4.3 设备 I/O 端口和 I/O
           内存访问流程 ·········· 269
    11.4.4 将设备地址映射到用户
           空间 ·················· 270
11.5 I/O 内存静态映射 ············· 276
11.6 DMA ······················· 277
    11.6.1 DMA 与 Cache 一致性 ···· 278
    11.6.2 Linux 下的 DMA 编程 ···· 279
11.7 总结 ························ 285

第 12 章 Linux 设备驱动的软件
架构思想 286

12.1 Linux 驱动的软件架构 ·········· 286
12.2 platform 设备驱动 ············· 290
    12.2.1 platform 总线、设备与
           驱动 ·················· 290
    12.2.2 将 globalfifo 作为 platform
           设备 ·················· 293
    12.2.3 platform 设备资源和数据··· 295
12.3 设备驱动的分层思想 ··········· 299
    12.3.1 设备驱动核心层和例化 ··· 299
    12.3.2 输入设备驱动 ·········· 301
    12.3.3 RTC 设备驱动 ·········· 306
    12.3.4 Framebuffer 设备驱动 ···· 309
    12.3.5 终端设备驱动 ·········· 311
    12.3.6 misc 设备驱动 ·········· 316

12.3.7 驱动核心层 ………………… 321
12.4 主机驱动与外设驱动分离的设计思想 ……………………………… 321
　　12.4.1 主机驱动与外设驱动分离 ……………………… 321
　　12.4.2 Linux SPI 主机和设备驱动 ………………………… 322
12.5 总结 …………………………… 330

第 13 章　Linux 块设备驱动 …… 331

13.1 块设备的 I/O 操作特点 ……… 331
13.2 Linux 块设备驱动结构 ……… 332
　　13.2.1 block_device_operations 结构体 …………………… 332
　　13.2.2 gendisk 结构体 …………… 334
　　13.2.3 bio、request 和 request_queue ………………… 335
　　13.2.4 I/O 调度器 ………………… 339
13.3 Linux 块设备驱动的初始化 … 340
13.4 块设备的打开与释放 ………… 342
13.5 块设备驱动的 ioctl 函数 …… 342
13.6 块设备驱动的 I/O 请求处理 … 343
　　13.6.1 使用请求队列 …………… 343
　　13.6.2 不使用请求队列 ………… 347
13.7 实例：vmem_disk 驱动 ……… 349
　　13.7.1 vmem_disk 的硬件原理 … 349
　　13.7.2 vmem_disk 驱动模块的加载与卸载 ……………… 349
　　13.7.3 vmem_disk 设备驱动的 block_device_operations … 351
　　13.7.4 vmem_disk 的 I/O 请求处理 ………………………… 352
13.8 Linux MMC 子系统 ………… 354
13.9 总结 …………………………… 357

第 14 章　Linux 网络设备驱动 … 358

14.1 Linux 网络设备驱动的结构 … 358
　　14.1.1 网络协议接口层 ………… 359
　　14.1.2 网络设备接口层 ………… 363
　　14.1.3 设备驱动功能层 ………… 367
14.2 网络设备驱动的注册与注销 … 367
14.3 网络设备的初始化 …………… 369
14.4 网络设备的打开与释放 ……… 370
14.5 数据发送流程 ………………… 371
14.6 数据接收流程 ………………… 372
14.7 网络连接状态 ………………… 375
14.8 参数设置和统计数据 ………… 377
14.9 DM9000 网卡设备驱动实例 … 380
　　14.9.1 DM9000 网卡硬件描述 … 380
　　14.9.2 DM9000 网卡驱动设计分析 ……………………… 380
14.10 总结 ………………………… 386

第 15 章　Linux I^2C 核心、总线与设备驱动 ……………… 387

15.1 Linux I^2C 体系结构 ………… 387
15.2 Linux I^2C 核心 ……………… 394
15.3 Linux I^2C 适配器驱动 ……… 396
　　15.3.1 I^2C 适配器驱动的注册与注销 ……………………… 396
　　15.3.2 I^2C 总线的通信方法 …… 397
15.4 Linux I^2C 设备驱动 ………… 399
　　15.4.1 Linux I^2C 设备驱动的模块加载与卸载 …………… 400
　　15.4.2 Linux I^2C 设备驱动的数据传输 ………………… 400

15.4.3 Linux 的 i2c-dev.c 文件分析 …… 400
15.5 Tegra I²C 总线驱动实例 …… 405
15.6 AT24xx EEPROM 的 I²C 设备驱动实例 …… 410
15.7 总结 …… 413

第 16 章 USB 主机、设备与 Gadget 驱动 …… 414

16.1 Linux USB 驱动层次 …… 414
    16.1.1 主机侧与设备侧 USB 驱动 …… 414
    16.1.2 设备、配置、接口、端点 …… 415
16.2 USB 主机控制器驱动 …… 420
    16.2.1 USB 主机控制器驱动的整体结构 …… 420
    16.2.2 实例：Chipidea USB 主机驱动 …… 425
16.3 USB 设备驱动 …… 425
    16.3.1 USB 设备驱动的整体结构 …… 425
    16.3.2 USB 请求块 …… 430
    16.3.3 探测和断开函数 …… 435
    16.3.4 USB 骨架程序 …… 436
    16.3.5 实例：USB 键盘驱动 …… 443
16.4 USB UDC 与 Gadget 驱动 …… 446
    16.4.1 UDC 和 Gadget 驱动的关键数据结构与 API …… 446
    16.4.2 实例：Chipidea USB UDC 驱动 …… 451
    16.4.3 实例：Loopback Function 驱动 …… 453
16.5 USB OTG 驱动 …… 456
16.6 总结 …… 458

第 17 章 I²C、SPI、USB 驱动架构类比 …… 459

17.1 I²C、SPI、USB 驱动架构 …… 459
17.2 I²C 主机和外设眼里的 Linux 世界 …… 460

第 18 章 ARM Linux 设备树 …… 461

18.1 ARM 设备树起源 …… 461
18.2 设备树的组成和结构 …… 462
    18.2.1 DTS、DTC 和 DTB 等 …… 462
    18.2.2 根节点兼容性 …… 468
    18.2.3 设备节点兼容性 …… 470
    18.2.4 设备节点及 label 的命名 …… 475
    18.2.5 地址编码 …… 477
    18.2.6 中断连接 …… 479
    18.2.7 GPIO、时钟、pinmux 连接 …… 480
18.3 由设备树引发的 BSP 和驱动变更 …… 484
18.4 常用的 OF API …… 490
18.5 总结 …… 493

第 19 章 Linux 电源管理的系统架构和驱动 …… 494

19.1 Linux 电源管理的全局架构 …… 494
19.2 CPUFreq 驱动 …… 495
    19.2.1 SoC 的 CPUFreq 驱动实现 …… 495
    19.2.2 CPUFreq 的策略 …… 501

19.2.3 CPUFreq 的性能测试和调优 ······ 501
  19.2.4 CPUFreq 通知 ······ 502
 19.3 CPUIdle 驱动 ······ 504
 19.4 PowerTop ······ 508
 19.5 Regulator 驱动 ······ 508
 19.6 OPP ······ 511
 19.7 PM QoS ······ 515
 19.8 CPU 热插拔 ······ 518
 19.9 挂起到 RAM ······ 522
 19.10 运行时的 PM ······ 528
 19.11 总结 ······ 534

第 20 章 Linux 芯片级移植及底层驱动 ······ 535

 20.1 ARM Linux 底层驱动的组成和现状 ······ 535
 20.2 内核节拍驱动 ······ 536
 20.3 中断控制器驱动 ······ 541
 20.4 SMP 多核启动以及 CPU 热插拔驱动 ······ 549
 20.5 DEBUG_LL 和 EARLY_PRINTK 的设置 ······ 556
 20.6 GPIO 驱动 ······ 557
 20.7 pinctrl 驱动 ······ 560
 20.8 时钟驱动 ······ 572
 20.9 dmaengine 驱动 ······ 578
 20.10 总结 ······ 580

第 21 章 Linux 设备驱动的调试 ······ 581

 21.1 GDB 调试器的用法 ······ 581
  21.1.1 GDB 的基本用法 ······ 581
  21.1.2 DDD 图形界面调试工具 ······ 591
 21.2 Linux 内核调试 ······ 594
 21.3 内核打印信息——printk() ······ 596
 21.4 DEBUG_LL 和 EARLY_PRINTK ······ 599
 21.5 使用 "/proc" ······ 600
 21.6 Oops ······ 606
 21.7 BUG_ON() 和 WARN_ON() ······ 608
 21.8 strace ······ 609
 21.9 KGDB ······ 610
 21.10 使用仿真器调试内核 ······ 612
 21.11 应用程序调试 ······ 613
 21.12 Linux 性能监控与调优工具 ······ 616
 21.13 总结 ······ 618

第 1 章
Linux 设备驱动概述及开发环境构建

本章导读

本章将介绍 Linux 设备驱动开发的基本概念，并对本书所基于的平台和开发环境进行讲解。

1.1 节阐明设备驱动的概念和作用。

1.2 节和 1.3 节分别讲解在无操作系统情况下和有操作系统情况下设备驱动的设计，通过对设计差异的分析，讲解设备驱动与硬件和操作系统的关系。

1.4 节对 Linux 操作系统的设备驱动进行了概要性的介绍，给出设备驱动与整个软硬件系统的关系，分析 Linux 设备驱动的重点、难点和学习方法。

1.5 节对本书所基于的 QEMU 模拟的 vexpress ARM Cortex-A9 四核开发板和开发环境的安装进行介绍。

本章最后给出了一个设备驱动的"Hello World"实例，即最简单的 LED 驱动在无操作系统情况下和 Linux 操作系统下的实现。

1.1 设备驱动的作用

任何一个计算机系统的运转都是系统中软硬件共同努力的结果，没有硬件的软件是空中楼阁，而没有软件的硬件则只是一堆废铁。硬件是底层基础，是所有软件得以运行的平台，代码最终会落实为硬件上的组合逻辑与时序逻辑；软件则实现了具体应用，它按照各种不同的业务需求而设计，并完成用户的最终诉求。硬件较固定，软件则很灵活，可以适应各种复杂多变的应用。因此，计算机系统的软硬件相互成就了对方。

但是，软硬件之间同样存在着悖论，那就是软件和硬件不应该互相渗透入对方的领地。为尽可能快速地完成设计，应用软件工程师不想也不必关心硬件，而硬件工程师也难有足够的闲暇和能力来顾及软件。譬如，应用软件工程师在调用套接字发送和接收数据包的时候，不必关心网卡上的中断、寄存器、存储空间、I/O 端口、片选以及其他任何硬件词汇；在使用 printf() 函数输出信息的时候，他不用知道底层究竟是怎样把相应的信息输出到屏幕或者串口。

也就是说，应用软件工程师需要看到一个没有硬件的纯粹的软件世界，硬件必须透明地呈现给他。谁来实现硬件对应用软件工程师的隐形？这个光荣而艰巨的任务就落在了驱动工程师的头上。

对设备驱动最通俗的解释就是"驱使硬件设备行动"。驱动与底层硬件直接打交道，按照硬件设备的具体工作方式，读写设备的寄存器，完成设备的轮询、中断处理、DMA通信，进行物理内存向虚拟内存的映射等，最终让通信设备能收发数据，让显示设备能显示文字和画面，让存储设备能记录文件和数据。

由此可见，设备驱动充当了硬件和应用软件之间的纽带，应用软件时只需要调用系统软件的应用编程接口（API）就可让硬件去完成要求的工作。在系统没有操作系统的情况下，工程师可以根据硬件设备的特点自行定义接口，如对串口定义SerialSend()、SerialRecv()，对LED定义LightOn()、LightOff()，对Flash定义FlashWr()、FlashRd()等。而在有操作系统的情况下，驱动的架构则由相应的操作系统定义，驱动工程师必须按照相应的架构设计驱动，这样，驱动才能良好地整合入操作系统的内核中。

驱动程序负责硬件和应用软件之间的沟通，而驱动工程师则负责硬件工程师和应用软件工程师之间的沟通。目前，随着通信、电子行业的迅速发展，全世界每天都会生产大量新芯片，设计大量新电路板，也因此，会有大量设备驱动需要开发。这些驱动或运行在简单的单任务环境中，或运行在VxWorks、Linux、Windows等多任务操作系统环境中，它们发挥着不可替代的作用。

1.2 无操作系统时的设备驱动

并不是任何一个计算机系统都一定要有操作系统，在许多情况下，操作系统都不必存在。对于功能比较单一、控制并不复杂的系统，譬如ASIC内部、公交车的刷卡机、电冰箱、微波炉、简单的手机和小灵通等，并不需要多任务调度、文件系统、内存管理等复杂功能，用单任务架构完全可以良好地支持它们的工作。一个无限循环中夹杂着对设备中断的检测或者对设备的轮询是这种系统中软件的典型架构，如代码清单1.1所示。

代码清单1.1 单任务软件典型架构

```
1   int main(int argc, char* argv[])
2   {
3     while (1)
4     {
5       if (serialInt == 1)
6       /* 有串口中断 */
7       {
8         ProcessSerialInt();     /* 处理串口中断 */
9         serialInt = 0;          /* 中断标志变量清 0 */
10      }
11      if (keyInt == 1)
```

```
12      /* 有按键中断 */
13      {
14        ProcessKeyInt();      /* 处理按键中断 */
15        keyInt = 0;           /* 中断标志变量清 0 */
16      }
17      status = CheckXXX();
18      switch (status)
19      {
20        ...
21      }
22      ...
23    }
24  }
```

在这样的系统中，虽然不存在操作系统，但是设备驱动则无论如何都必须存在。一般情况下，每一种设备驱动都会定义为一个软件模块，包含 .h 文件和 .c 文件，前者定义该设备驱动的数据结构并声明外部函数，后者进行驱动的具体实现。譬如，可以像代码清单 1.2 那样定义一个串口的驱动。

代码清单 1.2 无操作系统情况下串口的驱动

```
1   /*********************
2    *serial.h 文件
3    *********************/
4   extern void SerialInit(void);
5   extern void SerialSend(const char buf*,int count);
6   extern void SerialRecv(char buf*,int count);
7
8   /*********************
9    *serial.c 文件
10   *********************/
11  /* 初始化串口 */
12  void SerialInit(void)
13  {
14    ...
15  }
16  /* 串口发送 */
17  void SerialSend(const char *buf,int count)
18  {
19    ...
20  }
21  /* 串口接收 */
22  void SerialRecv(char *buf,int count)
23  {
24    ...
25  }
26  /* 串口中断处理函数 */
27  void SerialIsr(void)
28  {
29    ...
30    serialInt = 1;
31  }
```

其他模块想要使用这个设备的时候，只需要包含设备驱动的头文件serial.h，然后调用其中的外部接口函数。如要从串口上发送"Hello World"字符串，使用语句SerialSend（"Hello World"，11）即可。

由此可见，在没有操作系统的情况下，设备驱动的接口被直接提交给应用软件工程师，应用软件没有跨越任何层次就直接访问设备驱动的接口。驱动包含的接口函数也与硬件的功能直接吻合，没有任何附加功能。图1.1所示为无操作系统情况下硬件、设备驱动与应用软件的关系。

有的工程师把单任务系统设计成了如图1.2所示的结构，即设备驱动和具体的应用软件模块之间平等，驱动中包含了业务层面上的处理，这显然是不合理的，不符合软件设计中高内聚、低耦合的要求。

另一种不合理的设计是直接在应用中操作硬件的寄存器，而不单独设计驱动模块，如图1.3所示。这种设计意味着系统中不存在或未能充分利用可重用的驱动代码。

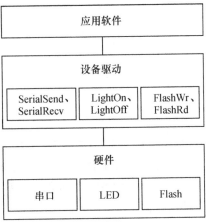

图 1.1　无操作系统时硬件、设备驱动和应用软件的关系

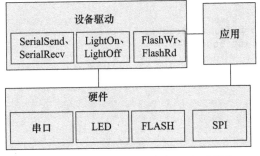

图 1.2　驱动与应用高耦合的不合理设计

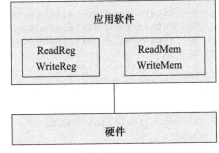

图 1.3　应用直接访问硬件的不合理设计

1.3　有操作系统时的设备驱动

在1.2节中我们看到一个清晰的设备驱动，它直接运行在硬件之上，不与任何操作系统关联。当系统包含操作系统时，设备驱动会变得怎样呢？

首先，无操作系统时设备驱动的硬件操作工作仍然是必不可少的，没有这一部分，驱动不可能与硬件打交道。

其次，我们还需要将驱动融入内核。为了实现这种融合，必须在所有设备的驱动中设计面向操作系统内核的接口，这样的接口由操作系统规定，对一类设备而言结构一致，独立于具体的设备。

由此可见，当系统中存在操作系统的时候，驱动变成了连接硬件和内核的桥梁。如图1.4所示，操作系统的存在势必要求设备驱动附加更多的代码和功能，把单一的"驱使硬件设备行动"变成了操作系统内与硬件交互的模块，它对外呈现为操作系统的API，不再给应用软件工程师直接提供接口。

那么我们要问，有了操作系统之后，驱动反而变得复杂，那要操作系统干什么？

首先，一个复杂的软件系统需要处理多个并发的任务，没有操作系统，想完成多任务并发是很困难的。

其次，操作系统给我们提供内存管理机制。一个典型的例子是，对于多数含MMU的32位处理器而言，Windows、Linux等操作系统可以让每个进程都可以独立地访问4GB的内存空间。

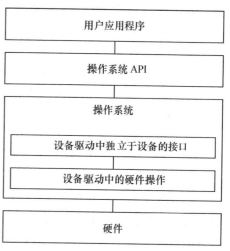

图1.4 硬件、驱动、操作系统和应用程序的关系

上述优点似乎并没有体现在设备驱动身上，操作系统的存在给设备驱动究竟带来了什么实质性的好处？

简而言之，操作系统通过给驱动制造麻烦来达到给上层应用提供便利的目的。当驱动都按照操作系统给出的独立于设备的接口而设计时，那么，应用程序将可使用统一的系统调用接口来访问各种设备。对于类UNIX的VxWorks、Linux等操作系统而言，当应用程序通过write()、read()等函数读写文件就可访问各种字符设备和块设备，而不论设备的具体类型和工作方式，那将是多么便利。

1.4 Linux 设备驱动

1.4.1 设备的分类及特点

计算机系统的硬件主要由CPU、存储器和外设组成。随着IC制作工艺的发展，目前，芯片的集成度越来越高，往往在CPU内部就集成了存储器和外设适配器。譬如，相当多的ARM、PowerPC、MIPS等处理器都集成了UART、I^2C控制器、SPI控制器、USB控制器、SDRAM控制器等，有的处理器还集成了GPU（图形处理器）、视频编解码器等。

驱动针对的对象是存储器和外设（包括CPU内部集成的存储器和外设），而不是针对CPU内核。Linux将存储器和外设分为3个基础大类。

- 字符设备。
- 块设备。
- 网络设备。

字符设备指那些必须以串行顺序依次进行访问的设备，如触摸屏、磁带驱动器、鼠标等。块设备可以按任意顺序进行访问，以块为单位进行操作，如硬盘、eMMC等。字符设备和块设备的驱动设计有出很大的差异，但是对于用户而言，它们都要使用文件系统的操作接口open()、close()、read()、write()等进行访问。

在Linux系统中，网络设备面向数据包的接收和发送而设计，它并不倾向于对应于文件系统的节点。内核与网络设备的通信与内核和字符设备、块设备的通信方式完全不同，前者主要还是使用套接字接口。

1.4.2 Linux设备驱动与整个软硬件系统的关系

如图1.5所示，除网络设备外，字符设备与块设备都被映射到Linux文件系统的文件和目录，通过文件系统的系统调用接口open()、write()、read()、close()等即可访问字符设备和块设备。所有字符设备和块设备都统一呈现给用户。Linux的块设备有两种访问方法：一种是类似dd命令对应的原始块设备，如"/dev/sdb1"等；另外一种方法是在块设备上建立FAT、EXT4、BTRFS等文件系统，然后以文件路径如"/home/barry/hello.txt"的形式进行访问。在Linux中，针对NOR、NAND等提供了独立的内存技术设备（Memory Technology Device，MTD）子系统，其上运行YAFFS2、JFFS2、UBIFS等具备擦除和负载均衡能力的文件系统。针对磁盘或者Flash设备的FAT、EXT4、YAFFS2、JFFS2、UBIFS等文件系统定义了文件和目录在存储介质上的组织。而Linux的虚拟文件系统则统一对它们进行了抽象。

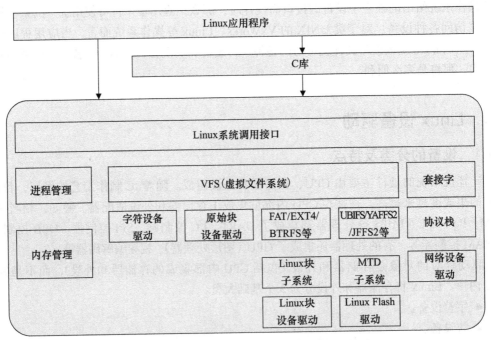

图1.5 Linux设备驱动与整个软硬件系统的关系

应用程序可以使用 Linux 的系统调用接口编程，但也可使用 C 库函数，出于代码可移植性的目的，后者更值得推荐。C 库函数本身也通过系统调用接口而实现，如 C 库函数 fopen()、fwrite()、fread()、fclose() 分别会调用操作系统的 API open()、write()、read()、close()。

1.4.3 Linux 设备驱动的重点、难点

Linux 设备驱动的学习是一项浩繁的工程，包含如下重点、难点。

- 编写 Linux 设备驱动要求工程师有非常好的硬件基础，懂得 SRAM、Flash、SDRAM、磁盘的读写方式，UART、I^2C、USB 等设备的接口以及轮询、中断、DMA 的原理，PCI 总线的工作方式以及 CPU 的内存管理单元（MMU）等。
- 编写 Linux 设备驱动要求工程师有非常好的 C 语言基础，能灵活地运用 C 语言的结构体、指针、函数指针及内存动态申请和释放等。
- 编写 Linux 设备驱动要求工程师有一定的 Linux 内核基础，虽然并不要求工程师对内核各个部分有深入的研究，但至少要明白驱动与内核的接口。尤其是对于块设备、网络设备、Flash 设备、串口设备等复杂设备，内核定义的驱动体系结构本身就非常复杂。
- 编写 Linux 设备驱动要求工程师有非常好的多任务并发控制和同步的基础，因为在驱动中会大量使用自旋锁、互斥、信号量、等待队列等并发与同步机制。

上述经验值的获取并非朝夕之事，因此要求我们有足够的学习恒心和毅力。对这些重点、难点，本书都会在相应章节进行讲解。

动手实践永远是学习任何软件开发的最好方法，学习 Linux 设备驱动也不例外。因此，本书使用的是通过 QEMU 模拟的 ARM vexpress 电路板，本书中的所有实例均可在该"电路板"上直接执行。

阅读经典书籍和参与 Linux 社区的讨论也是非常好的学习方法。Linux 内核源代码中包含了一个 Documentation 目录，其中包含了一批内核设计文档，全部是文本文件。很遗憾，这些文档的组织不太好，内容也不够细致。

学习 Linux 设备驱动的一个注意事项是要避免管中窥豹、只见树木不见森林，因为各类 Linux 设备驱动都从属于一个 Linux 设备驱动的架构，单纯而片面地学习几个函数、几个数据结构是不可能理清驱动中各组成部分之间的关系的。因此，Linux 驱动的分析方法是点面结合，将对函数和数据结构的理解放在整体架构的背景之中。这是本书各章节讲解驱动的方法。

1.5 Linux 设备驱动的开发环境构建

1.5.1 PC 上的 Linux 环境

本书配套资源提供了一个 Ubuntu 的 VirtualBox 虚拟机映像,该虚拟机上安装了本书涉及的所有源代码、工具链和各种开发工具,读者无须再安装和配置任何环境。该虚拟机可运行于 Windows、Ubuntu 等操作系统中,运行方法如下。

1)安装 VirtualBox。

如果主机为 Windows 系统,请安装 VirtualBox WIN 版本:
VirtualBox-4.3.20-96997-Win.exe

如果主机为 Ubuntu 系统,请安装 VirtualBox DEB 版本:
virtualbox-4.3_4.3.20-96996~Ubuntu~precise_i386.deb

2)安装 VirtualBox extension。
Oracle_VM_VirtualBox_Extension_Pack-4.3.20-96996.vbox-extpack

3)准备虚拟机镜像。
解压 Baohua_Linux.vmdk.rar 为 Baohua_Linux.vmdk

4)新建虚拟机。

运行第 1 步安装的 Oracle VM VirtualBox,单击"新建(N)"图标创建虚拟机,"类型"选择 Linux,"版本"选择 Ubuntu(32 bit),名称可以取名为"linux-training",如图 1.6 所示。

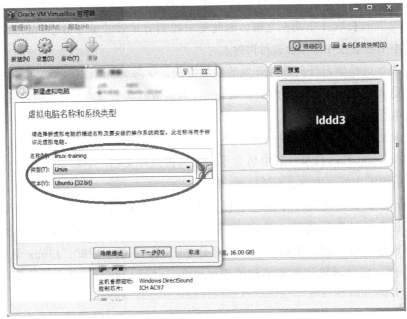

图 1.6 新建 Ubuntu 32 位虚拟机

单击"下一步(N)"按钮,设置内存,如图 1.7 所示。

图 1.7 设置虚拟机的内存

继续单击"下一步 (N)"按钮。设置硬盘,注意选择"使用已有的虚拟硬盘文件 (U)"单选按钮,虚拟硬盘文件是第 3 步解压之后的"Baohua_Linux.vmdk",如图 1.8 所示。

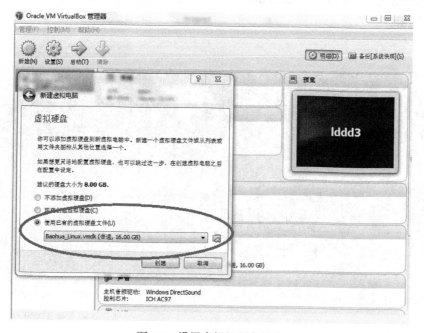

图 1.8 设置虚拟机硬盘镜像

最后，单击"创建"按钮以完成虚拟机的构建工作。

5）启动虚拟机。

在 VirtualBox 上选择先前创建的"linux-training"虚拟机并单击"启动"图标，如图 1.9 所示。

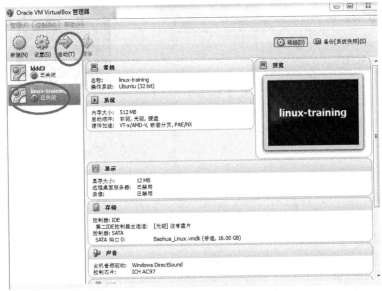

图 1.9　启动虚拟机

虚拟机的账号和密码都是"baohua"，如果要执行特权命令，sudo 密码也是"baohua"，如图 1.10 所示。

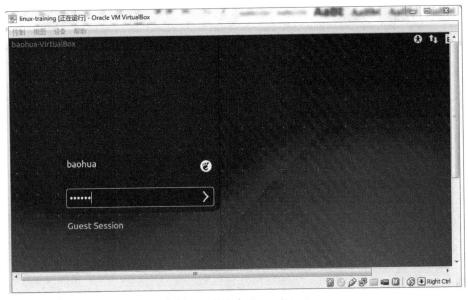

图 1.10　虚拟机登录界面

本书配套的 Ubuntu 版本是 14.04，但是内核版本升级到了 4.0-rc1，以保证和本书讲解内容的版本一致。

注意事项：

如果发现 VirtualBox 不稳定或者有兼容性问题（经过测试，有极少数 PC 存在此问题），也可以安装 VMware（Baohua_Linux.vmdk 也是支持 VMware 的），VMware 内的硬盘格式选 SATA。可以通过扫描本书微信二维码获取一套虚拟机。

1.5.2 QEMU 实验平台

QEMU 模拟了 vexpress Cortex-A9 SMP 四核处理器开发板，板上集成了 Flash、SD、I^2C、LCD 等。ARM 公司的 Versatile Express 系列开发平台提供了超快的环境，用于为下一代片上系统设计方案建立原型，比如 Cortex-A9 Quad Core。

在 http://www.arm.com/zh/products/tools/development-boards/versatile-express/index.php 上可以发现更多关于 Versatile Express 系列开发平台的细节。

本书配套虚拟机映像中已经安装好了工具链，包含 arm-linux-gnueabihf-gcc 和 arm-linux-gnueabi-gcc 两个版本。

Linux 内核在 /home/baohua/develop/linux 目录中，在该目录下面，包含内核编译脚本：

```
export ARCH=arm
export CROSS_COMPILE=arm-linux-gnueabi-
make LDDD3_vexpress_defconfig
make zImage -j8
make modules -j8
make dtbs
cp arch/arm/boot/zImage extra/
cp arch/arm/boot/dts/*ca9.dtb    extra/
cp .config extra/
```

由此可见，我们用的默认内核配置文件是 LDDD3_vexpress_defconfig。上述脚本也会自动将编译好的 zImage 和 dtbs 复制到 extra 目录中。

extra 目录下的 vexpress.img 是一张虚拟的 SD 卡，将作为根文件系统的存放介质。它能以 loop 的形式被挂载（mount），譬如在 /home/baohua/develop/linux 目录下运行：

```
sudo mount -o loop,offset=$((2048*512)) extra/vexpress.img extra/img
```

可以把 vexpress.img 的根文件系统分区挂载到 extra/img，这样我们可以在目标板的根文件系统中放置我们喜欢的内容。

/home/baohua/develop/linux 目录下面有个编译模块的脚本 module.sh，它会自动编译内核模块并安装到 vexpress.img 中，其内容如下：

```
make ARCH=arm CROSS_COMPILE=arm-linux-gnueabi- modules
```

```
sudo mount -o loop,offset=$((2048*512)) extra/vexpress.img extra/img
sudo make ARCH=arm modules_install INSTALL_MOD_PATH=extra/img
sudo umount extra/img
```

运行 extra 下面的 run-nolcd.sh 可以启动一个不含 LCD 的 ARM Linux。run-nolcd.sh 的内容为 qemu-system-arm -nographic -sd vexpress.img -M vexpress-a9 -m 512M -kernel zImage -dtb vexpress-v2p-ca9.dtb -smp 4 -append "init=/linuxrc root=/dev/mmcblk0p1 rw rootwait earlyprintk console=ttyAMA0" 2>/dev/null，运行结果为：

```
baohua@baohua-VirtualBox:~/develop/linux/extra$ ./run-nolcd.sh
Uncompressing Linux... done, booting the kernel.
Booting Linux on physical CPU 0x0
Initializing cgroup subsys cpuset
Linux version 3.16.0+ (baohua@baohua-VirtualBox) (gcc version 4.7.3 (Ubuntu/
     Linaro 4.7.3-12ubuntu1) ) #3 SMP Mon Dec 1 16:53:04 CST 2014
CPU: ARMv7 Processor [410fc090] revision 0 (ARMv7), cr=10c53c7d
CPU: PIPT / VIPT nonaliasing data cache, VIPT aliasing instruction cache
Machine model: V2P-CA9
bootconsole [earlycon0] enabled
Memory policy: Data cache writealloc
PERCPU: Embedded 7 pages/cpu @9fbcd000 s7232 r8192 d13248 u32768
Built 1 zonelists in Zone order, mobility grouping on.  Total pages: 130048
Kernel command line: init=/linuxrc root=/dev/mmcblk0p1 rw rootwait earlyprintk
     console=ttyAMA0
PID hash table entries: 2048 (order: 1, 8192 bytes)
Dentry cache hash table entries: 65536 (order: 6, 262144 bytes)
Inode-cache hash table entries: 32768 (order: 5, 131072 bytes)
Memory: 513088K/524288K available (4583K kernel code, 188K rwdata, 1292K rodata,
     247K init, 149K bss, 11200K reserved)
Virtual kernel memory layout:
     vector  : 0xffff0000 - 0xffff1000   (   4 kB)
     fixmap  : 0xffc00000 - 0xffe00000   (2048 kB)
     vmalloc : 0xa0800000 - 0xff000000   (1512 MB)
     lowmem  : 0x80000000 - 0xa0000000   ( 512 MB)
     modules : 0x7f000000 - 0x80000000   (  16 MB)
       .text : 0x80008000 - 0x805c502c   (5877 kB)
       .init : 0x805c6000 - 0x80603c40   ( 248 kB)
       .data : 0x80604000 - 0x80633100   ( 189 kB)
        .bss : 0x80633108 - 0x806588a8   ( 150 kB)
SLUB: HWalign=64, Order=0-3, MinObjects=0, CPUs=4, Nodes=1
Hierarchical RCU implementation.
     RCU restricting CPUs from NR_CPUS=8 to nr_cpu_ids=4.
RCU: Adjusting geometry for rcu_fanout_leaf=16, nr_cpu_ids=4
NR_IRQS:16 nr_irqs:16 16
L2C: platform modifies aux control register: 0x02020000 -> 0x02420000
L2C: device tree omits to specify unified cache
L2C: DT/platform modifies aux control register: 0x02020000 -> 0x02420000
L2C-310 enabling early BRESP for Cortex-A9
L2C-310 full line of zeros enabled for Cortex-A9
L2C-310 dynamic clock gating disabled, standby mode disabled
L2C-310 cache controller enabled, 8 ways, 128 kB
```

```
L2C-310: CACHE_ID 0x410000c8, AUX_CTRL 0x46420001
smp_twd: clock not found -2
sched_clock: 32 bits at 24MHz, resolution 41ns, wraps every 178956969942ns
Console: colour dummy device 80x30
...
```

运行 extra 下面的 run-lcd.sh 可以启动一个含 LCD 的 ARM Linux，运行结果如图 1.11 所示。

图 1.11　含 LCD 的 ARM Linux

除了 QEMU 模拟的 ARM 电路板以外，本书配套的 Ubuntu 中还包含一些直接可以在 Ubuntu 上运行的案例，譬如 /home/baohua/develop/training/kernel 中就包含了 globalfifo、globalmem 等，这些目录的源代码都包含了 Makefile，在其中直接 make，生成的 .ko 可以直接在 Ubuntu 上运行。

1.5.3　源代码阅读和编辑

源代码是学习 Linux 的权威资料，在 Windows 上阅读 Linux 源代码的最佳工具是 Source Insight，在其中建立一个工程，并将 Linux 的所有源代码加入该工程，同步这个工程之后，我们将能非常便捷地在代码之间进行关联阅读，如图 1.12 所示。

类似 http://lxr.free-electrons.com/、http://lxr.oss.org.cn/ 这样的网站提供了 Linux 内核源代码的交叉索引，在其中输入 Linux 内核中的函数、数据结构或变量的名称就可以直接得到以超链接形式给出的定义和引用它的所有位置。还有一些网站也提供了 Linux 内核中函数、变量和数据结构的搜索功能，在 google 中搜索"linux identifier search"可得。

14 Linux设备驱动开发详解：基于最新的Linux 4.0内核

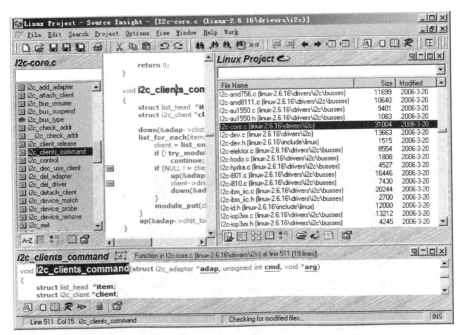

图1.12 在Source Insight中阅读Linux源代码

在Linux主机上阅读和编辑Linux源码的常用方式是vim + cscope或者vim + ctags，vim是一个文本编辑器，而cscope和ctags则可建立代码索引，建议读者尽快使用基于文本界面全键盘操作的vim编辑器，如图1.13所示。

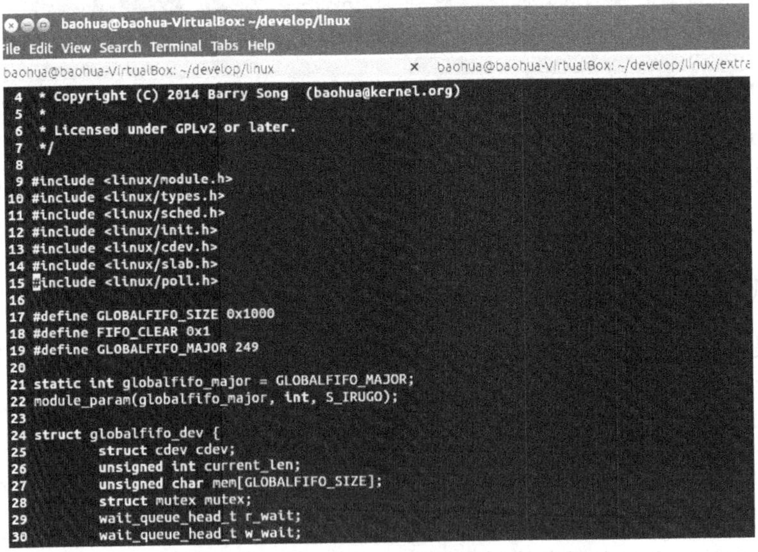

图1.13 vim编辑器

1.6 设备驱动 Hello World：LED 驱动

1.6.1 无操作系统时的 LED 驱动

在嵌入式系统的设计中，LED 一般直接由 CPU 的 GPIO（通用可编程 I/O）口控制。GPIO 一般由两组寄存器控制，即一组控制寄存器和一组数据寄存器。控制寄存器可设置 GPIO 口的工作方式为输入或者输出。当引脚被设置为输出时，向数据寄存器的对应位写入 1 和 0 会分别在引脚上产生高电平和低电平；当引脚设置为输入时，读取数据寄存器的对应位可获得引脚上的电平为高或低。

在本例子中，我们屏蔽具体 CPU 的差异，假设在 GPIO_REG_CTRL 物理地址中控制寄存器处的第 n 位写入 1 可设置 GPIO 口为输出，在地址 GPIO_REG_DATA 物理地址中数据寄存器的第 n 位写入 1 或 0 可在引脚上产生高或低电平，则在无操作系统的情况下，设备驱动见代码清单 1.3。

代码清单 1.3 无操作系统时的 LED 驱动

```
1  #define reg_gpio_ctrl *(volatile int *)(ToVirtual(GPIO_REG_CTRL))
2  #define reg_gpio_data *(volatile int *)(ToVirtual(GPIO_REG_DATA))
3  /* 初始化 LED */
4  void LightInit(void)
5  {
6      reg_gpio_ctrl |= (1 << n); /* 设置 GPIO 为输出 */
7  }
8
9  /* 点亮 LED */
10 void LightOn(void)
11 {
12     reg_gpio_data |= (1 << n); /* 在 GPIO 上输出高电平 */
13 }
14
15 /* 熄灭 LED */
16 void LightOff(void)
17 {
18     reg_gpio_data &= ~ (1 << n); /* 在 GPIO 上输出低电平 */
19 }
```

上述程序中的 LightInit()、LightOn()、LightOff() 都直接作为驱动提供给应用程序的外部接口函数。程序中 ToVirtual() 的作用是当系统启动了硬件 MMU 之后，根据物理地址和虚拟地址的映射关系，将寄存器的物理地址转化为虚拟地址。

1.6.2 Linux 下的 LED 驱动

在 Linux 下，可以使用字符设备驱动的框架来编写对应于代码清单 1.3 的 LED 设备驱动（这里仅仅是为了方便讲解，内核中实际实现了一个提供 sysfs 节点的 GPIO LED 驱动，位于 drivers/leds/leds-gpio.c 中），操作硬件的 LightInit()、LightOn()、LightOff() 函数仍然需要，但是，遵循 Linux 编程的命名习惯，重新将其命名为 light_init()、light_on()、light_off()。这些函数将被 LED 设备驱动中独立于设备并针对内核的接口进行调用，代码清单 1.4 给出了 Linux 下的 LED 驱动，此时读者并不需要能读懂这些代码。

代码清单 1.4　Linux 操作系统下的 LED 驱动

```
1   #include .../* 包含内核中的多个头文件 */

2   /* 设备结构体 */
3   struct light_dev {
4       struct cdev cdev;            /* 字符设备 cdev 结构体 */
5       unsigned char vaule;         /* LED 亮时为 1，熄灭时为 0，用户可读写此值 */
6   };

7   struct light_dev *light_devp;
8   int light_major = LIGHT_MAJOR;

9   MODULE_AUTHOR("Barry Song <21cnbao@gmail.com>");
10  MODULE_LICENSE("Dual BSD/GPL");
11  /* 打开和关闭函数 */
12  int light_open(struct inode *inode, struct file *filp)
13  {
14      struct light_dev *dev;
15      /* 获得设备结构体指针 */
16      dev = container_of(inode->i_cdev, struct light_dev, cdev);
17      /* 让设备结构体作为设备的私有信息 */
18      filp->private_data = dev;
19      return 0;
20  }

21  int light_release(struct inode *inode, struct file *filp)
22  {
23      return 0;
24  }

25  /* 读写设备：可以不需要 */
26  ssize_t light_read(struct file *filp, char __user *buf, size_t count,
27      loff_t *f_pos)
28  {
29      struct light_dev *dev = filp->private_data; /* 获得设备结构体 */
30      if (copy_to_user(buf, &(dev->value), 1))
31          return -EFAULT;

32      return 1;
33  }

34  ssize_t light_write(struct file *filp, const char __user *buf, size_t count,
35      loff_t *f_pos)
```

```c
36  {
37      struct light_dev *dev = filp->private_data;

38      if (copy_from_user(&(dev->value), buf, 1))
39          return -EFAULT;

40      /* 根据写入的值点亮和熄灭 LED */
41      if (dev->value == 1)
42          light_on();
43      else
44          light_off();

45      return 1;
46  }

47  /* ioctl 函数 */
48  int light_ioctl(struct file *filp, unsigned int cmd,
49      unsigned long arg)
50  {
51      struct light_dev *dev = filp->private_data;

52      switch (cmd) {
53      case LIGHT_ON:
54          dev->value = 1;
55          light_on();
56          break;
57      case LIGHT_OFF:
58          dev->value = 0;
59          light_off();
60          break;
61      default:
62          /* 不能支持的命令 */
63          return -ENOTTY;
64      }

65      return 0;
66  }

67  struct file_operations light_fops = {
68      .owner = THIS_MODULE,
69      .read = light_read,
70      .write = light_write,
71      .unlocked_ioctl = light_ioctl,
72      .open = light_open,
73      .release = light_release,
74  };

75  /* 设置字符设备 cdev 结构体 */
```

```c
76  static void light_setup_cdev(struct light_dev *dev, int index)
77  {
78      int err, devno = MKDEV(light_major, index);
79      cdev_init(&dev->cdev, &light_fops);
80      dev->cdev.owner = THIS_MODULE;
81      dev->cdev.ops = &light_fops;
82      err = cdev_add(&dev->cdev, devno, 1);
83      if (err)
84          printk(KERN_NOTICE "Error %d adding LED%d", err, index);
85  }
86  /* 模块加载函数 */
87  int light_init(void)
88  {
89      int result;
90      dev_t dev = MKDEV(light_major, 0);
91      /* 申请字符设备号 */
92      if (light_major)
93          result = register_chrdev_region(dev, 1, "LED");
94      else {
95          result = alloc_chrdev_region(&dev, 0, 1, "LED");
96          light_major = MAJOR(dev);
97      }
98      if (result < 0)
99          return result;
100     /* 分配设备结构体的内存 */
101     light_devp = kmalloc(sizeof(struct light_dev), GFP_KERNEL);
102     if (!light_devp) {
103         result = -ENOMEM;
104         goto fail_malloc;
105     }
106     memset(light_devp, 0, sizeof(struct light_dev));
107     light_setup_cdev(light_devp, 0);
108     light_gpio_init();
109     return 0;
110 fail_malloc:
111     unregister_chrdev_region(dev, light_devp);
112     return result;
113 }
114 /* 模块卸载函数 */
115 void light_cleanup(void)
116 {
117     cdev_del(&light_devp->cdev);            /* 删除字符设备结构体 */
118     kfree(light_devp);                       /* 释放在 light_init 中分配的内存 */
119     unregister_chrdev_region(MKDEV(light_major, 0), 1); /* 删除字符设备 */
```

```
120   }
121   module_init(light_init);
122   module_exit(light_cleanup);
```

上述代码的行数与代码清单 1.3 已经不能相比了，除了代码清单 1.3 中的硬件操作函数仍然需要外，代码清单 1.4 中还包含了大量暂时陌生的元素，如结构体 file_operations、cdev、Linux 内核模块声明用的 MODULE_AUTHOR、MODULE_LICENSE、module_init、module_exit，以及用于字符设备注册、分配和注销的函数 register_chrdev_region()、alloc_chrdev_region()、unregister_chrdev_region() 等。我们也不能理解为什么驱动中要包含 light_init ()、light_cleanup ()、light_read()、light_write() 等函数。

此时，我们只需要有一个感性认识，那就是，上述暂时陌生的元素都是 Linux 内核为字符设备定义的，以实现驱动与内核接口而定义的。Linux 对各类设备的驱动都定义了类似的数据结构和函数。

第2章
驱动设计的硬件基础

本章导读

本章讲述底层驱动工程师必备的硬件基础,给出了嵌入式系统硬件原理及分析方法的一个完整而简洁的全景视图。

2.1节描述了微控制器、微处理器、数字信号处理器以及应用于特定领域的处理器各自的特点,分析了处理器的体系结构和指令集。

2.2节对嵌入式系统中所使用的各类存储器与CPU的接口、应用领域及特点进行了归纳整理。

2.3节分析了常见的外设接口与总线的工作方式,包括串口、I^2C、SPI、USB、以太网接口、PCI和PCI-E、SD和SDIO等。

嵌入式系统硬件电路中经常会使用CPLD和FPGA,作为驱动工程师,我们不需要掌握CPLD和FPGA的开发方法,但是需要知道它们在电路中能完成什么工作,2.4节讲解了这项内容。

2.5~2.7节给出了在实际项目开发过程中硬件分析的方法,包括如何进行原理图分析、时序分析及如何快速地从芯片数据手册中获取有效信息。

2.8节讲解了调试过程中常用仪器仪表的使用方法,涉及万用表、示波器和逻辑分析仪。

2.1 处理器

2.1.1 通用处理器

目前主流的通用处理器(GPP)多采用SoC(片上系统)的芯片设计方法,集成了各种功能模块,每一种功能都是由硬件描述语言设计程序,然后在SoC内由电路实现的。在SoC中,每一个模块不是一个已经设计成熟的ASIC器件,而是利用芯片的一部分资源去实现某种传统的功能,将各种组件采用类似搭积木的方法组合在一起。

ARM内核的设计技术被授权给数百家半导体厂商,做成不同的SoC芯片。ARM的功耗很低,在当今最活跃的无线局域网、3G、手机终端、手持设备、有线网络通信设备等中应用非常广泛。至本书编写时,市面上绝大多数智能手机、平板电脑都使用ARM SoC作为主控芯片。很多 ARM 主控芯片的集成度非常高，除了集成多核 ARM 以外，还可能集成图形处理器、视频编解码器、浮点协处理器、GPS、WiFi、蓝牙、基带、Camera 等一系列功能。比如，高通的 Snapdragon 810 就集成了如图 2.1 所示的各种模块。

主流的 ARM 移动处理芯片供应商包括高通（Qualcomm）、三星（Samsung）、英伟达（Nvidia）、美满（Marvell）、联发科（MTK）、海思（HiSilicon）、展讯（Spreadtrum）等。德州仪器（TI）、博通（Broadcom）则已淡出手机芯片业务。

中央处理器的体系结构可以分为两类，一类为冯·诺依曼结构，另一类为哈佛结构。Intel 公司的中央处理器、ARM 的 ARM7、MIPS 公司的 MIPS 处理器采用了冯·诺依曼结构；而 AVR、ARM9、ARM10、ARM11 以及 Cortex A 系列等则采用了哈佛结构。

冯·诺依曼结构也称普林斯顿结构，是一种将程序指令存储器和数据

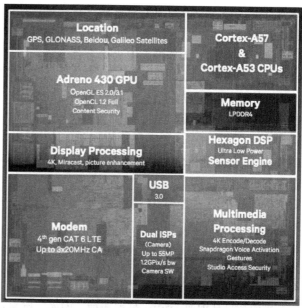

图 2.1　ARM SoC 范例：Snapdragon 810

存储器合并在一起的存储器结构。程序指令存储地址和数据存储地址指向同一个存储器的不同物理位置，因此程序指令和数据的宽度相同。而哈佛结构将程序指令和数据分开存储，指令和数据可以有不同的数据宽度。此外，哈佛结构还采用了独立的程序总线和数据总线，分别作为 CPU 与每个存储器之间的专用通信路径，具有较高的执行效率。图 2.2 描述了冯·诺依曼结构和哈佛结构的区别。

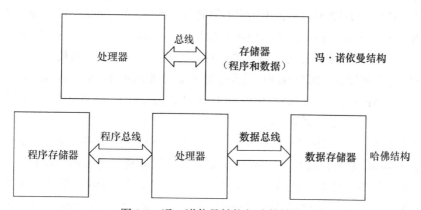

图 2.2　冯·诺依曼结构与哈佛结构

许多芯片采用的是如图 2.3 所示的改进的哈佛架构，它具有独立的地址总线和数据总线，两条总线由程序存储器和数据存储器分时共用。因此，改进的哈佛结构针对程序和数据，其实没有独立的总线，而是使用公用数据总线来完成程序存储模块或数据存储模块与 CPU 之间的数据传输，公用的地址总线来寻址程序和数据。

从指令集的角度来讲，中央处理器也可以分为两类，即 RISC（精简指令集计算机）和 CISC（复杂指令集计算机）。CSIC 强调增强指令的能力、减少目标代码的数量，但是指令复杂，指令周期长；而 RISC 强调尽量减少指令集、指令单周期执行，但是目标代码会更大。ARM、MIPS、PowerPC 等 CPU 内核都采用了 RISC 指令集。目前，RISC 和 CSIC 两者的融合非常明显。

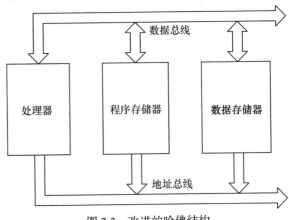

图 2.3 改进的哈佛结构

2.1.2 数字信号处理器

数字信号处理器（DSP）针对通信、图像、语音和视频处理等领域的算法而设计。它包含独立的硬件乘法器。DSP 的乘法指令一般在单周期内完成，且优化了卷积、数字滤波、FFT(快速傅里叶变换)、相关矩阵运算等算法中的大量重复乘法。

DSP 分为两类，一类是定点 DSP，另一类是浮点 DSP。浮点 DSP 的浮点运算用硬件来实现，可以在单周期内完成，因而其浮点运算处理速度高于定点 DSP。而定点 DSP 只能用定点运算模拟浮点运算。

德州仪器（TI）、美国模拟器件公司（ADI）是全球 DSP 的两大主要厂商。

TI 的 TMS320™ DSP 平台包含了功能不同的多个系列，如 2000 系列、3000 系列、4000 系列、5000 系列、6000 系列，工程师也习惯称其为 2x、3x、4x、5x、6x。2010 年 5 月，TI 已经宣布为其 C64x 系列数字信号处理器与多核片上系统提供 Linux 内核支持，以充分满足通信与关键任务基础设施、医疗诊断以及高性能测量测试等应用需求。TI 也推出了软件可编程多核 ARM + DSP SoC，即 KeyStone 多核 ARM+DSP 处理器，以满足医疗成像应用、任务关键应用、测试和自动化应用的需求。

ADI 主要有 16 位定点的 21xx 系列、32 位浮点的 SHARC 系列、从 SHARC 系列发展而来的 TigerSHARC 系列，以及高性能 16 位 DSP 信号处理能力与通用微控制器方便性相结合的 blackfin 系列等。ADI 的 blackfin 不含 MMU，完整支持 Linux，是没有 MMU 情况下 Linux 的典型案例，其官方网站为 http://blackfin.uclinux.org，目前 blackfin 的 Linux 开发保持了与 Linux mainline 的同步。

通用处理器和数字信号处理器也有相互融合以取长补短的趋势，如数字信号控制器（DSC）即为 MCU+DSP，ADI 的 blackfin 系列就属于 DSC。目前，芯片厂商也推出了许多 ARM+DSP 的双核以及多核处理器，如 TI 公司的 OMAP 4 平台就包括 4 个主要处理引擎：ARM Cortex-A9 MPCore、PowerVR SGX 540 GPU（Graphic Processing Unit）、C64x DSP 和 ISP（Image Signal Processor）。

除了上面讲述的通用微控制器和数字信号处理器外，还有一些针对特定领域而设计的专用处理器（ASP），它们都是针对一些特定应用而设计的，如用于 HDTV、ADSL、Cable Modem 等的专用处理器。

网络处理器是一种可编程器件，它应用于电信领域的各种任务，如包处理、协议分析、路由查找、声音/数据的汇聚、防火墙、QoS 等。网络处理器器件内部通常由若干个微码处理器和若干硬件协处理器组成，多个微码处理器在网络处理器内部并行处理，通过预先编制的微码来控制处理流程。而对于一些复杂的标准操作（如内存操作、路由表查找算法、QoS 的拥塞控制算法、流量调度算法等），则采用硬件协处理器来进一步提高处理性能，从而实现了业务灵活性和高性能的有机结合。

对于某些应用场合，使用 ASIC（专用集成电路）往往是低成本且高性能的方案。ASIC 专门针对特定应用而设计，不具备也不需要灵活的编程能力。使用 ASIC 完成同样的功能往往比直接使用 CPU 资源或 CPLD（复杂可编程逻辑器件）/FPGA（现场可编程门阵列）来得更廉价且高效。

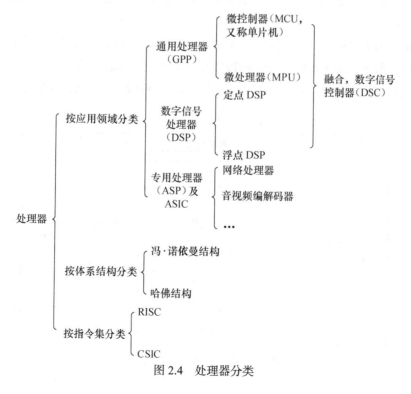

图 2.4　处理器分类

在实际项目的硬件方案中，往往会根据应用的需求选择通用处理器、数字信号处理器、特定领域处理器、CPLD/FPGA 或 ASIC 之一的解决方案，在复杂的系统中，这些芯片可能会同时存在，协同合作，各自发挥自己的长处。如在一款智能手机中，可使用 MCU 处理图形用户界面和用户的按键输入并运行多任务操作系统，使用 DSP 进行音视频编解码，而在射频方面则采用 ASIC。

综合 2.1 节的内容，可得出如图 2.4 所示的处理器分类。

2.2 存储器

存储器主要可分类为只读储存器（ROM）、闪存（Flash）、随机存取存储器（RAM）、光/磁介质储存器。

ROM 还可再细分为不可编程 ROM、可编程 ROM（PROM）、可擦除可编程 ROM（EPROM）和电可擦除可编程 ROM（E^{2}PROM），E^{2}PROM 完全可以用软件来擦写，已经非常方便了。

NOR（或非）和 NAND（与非）是市场上两种主要的 Flash 闪存技术。Intel 于 1988 年首先开发出 NOR Flash 技术，彻底改变了原先由 EPROM 和 EEPROM 一统天下的局面。紧接着，1989 年，东芝公司发表了 NAND Flash 结构，每位的成本被大大降低。

NOR Flash 和 CPU 的接口属于典型的类 SRAM 接口（如图 2.5 所示），不需要增加额外的控制电路。NOR Flash 的特点是可芯片内执行（eXecute In Place，XIP），程序可以直接在 NOR 内运行。而 NAND Flash 和 CPU 的接口必须由相应的控制电路进行转换，当然也可以通过地址线或 GPIO 产生 NAND Flash 接口的信号。NAND Flash 以块方式进行访问，不支持芯片内执行。

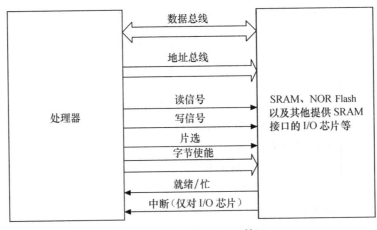

图 2.5　典型的类 SRAM 接口

公共闪存接口（Common Flash Interface，CFI）是一个从 NOR Flash 器件中读取数据的公开、标准接口。它可以使系统软件查询已安装的 Flash 器件的各种参数，包括器件阵列结构参数、电气和时间参数以及器件支持的功能等。如果芯片不支持 CFI，就需使用 JEDEC(Joint Electron Device Engineering Council，电子电器设备联合会）了。JEDEC 规范的 NOR 则无法直接通过命令来读出容量等信息，需要读出制造商 ID 和设备 ID，以确定 Flash 的大小。

与 NOR Flash 的类 SRAM 接口不同，一个 NAND Flash 的接口主要包含如下信号。

- I/O 总线：地址、指令和数据通过这组总线传输，一般为 8 位或 16 位。
- 芯片启动（Chip Enable，CE#）：如果没有检测到 CE 信号，NAND 器件就保持待机模式，不对任何控制信号做出响应。
- 写使能（Write Enable，WE#）：WE# 负责将数据、地址或指令写入 NAND 之中。
- 读使能（Read Enable，RE#）：RE# 允许数据输出。
- 指令锁存使能（Command Latch Enable，CLE）：当 CLE 为高电平时，在 WE# 信号的上升沿，指令将被锁存到 NAND 指令寄存器中。
- 地址锁存使能（Address Latch Enable，ALE）：当 ALE 为高电平时，在 WE# 信号的上升沿，地址将被锁存到 NAND 地址寄存器中。
- 就绪/忙（Ready/Busy，R/B#）：如果 NAND 器件忙，R/B# 信号将变为低电平。该信号是漏极开路，需要采用上拉电阻。

NAND Flash 较 NOR Flash 容量大，价格低；NAND Flash 中每个块的最大擦写次数是 100 万次，而 NOR 的擦写次数是 10 万次；NAND Flash 的擦除、编程速度远超过 NOR Flash。

由于 Flash 固有的电器特性，在读写数据过程中，偶然会产生 1 位或几位数据错误，即位反转，NAND Flash 发生位反转的概率要远大于 NOR Flash。位反转无法避免，因此，使用 NAND Flash 的同时，应采用错误探测/错误更正（EDC/ECC）算法。

Flash 的编程原理都是只能将 1 写为 0，而不能将 0 写为 1。因此在 Flash 编程之前，必须将对应的块擦除，而擦除的过程就是把所有位都写为 1 的过程，块内的所有字节变为 0xFF。另外，Flash 还存在一个负载均衡的问题，不能老是在同一块位置进行擦除和写的动作，这样容易导致坏块。

值得一提的是，目前 NOR Flash 可以使用 SPI 接口进行访问以节省引脚。相对于传统的并行 NOR Flash 而言，SPI NOR Flash 只需要 6 个引脚就能够实现单 I/O、双 I/O 和 4 个 I/O 口的接口通信，有的 SPI NOR Flash 还支持 DDR 模式，能进一步提高访问速度到 80MB/s。

IDE（Integrated Drive Electronics）接口可连接硬盘控制器或光驱，IDE 接口的信号与 SRAM 类似。人们通常也把 IDE 接口称为 ATA（Advanced Technology Attachment）接口，不过，从技术角度而言，这并不准确。其实，ATA 接口发展至今，已经经历了 ATA-1（IDE）、ATA-2（Enhanced IDE/Fast ATA，EIDE）、ATA-3（FastATA-2）、Ultra ATA、Ultra ATA/33、Ultra ATA/66、Ultra ATA/100 及 Serial ATA（SATA）的发展过程。

很多 SoC 集成了一个 eFuse 电编程熔丝作为 OTP（One-Time Programmable，一次性可编

程）存储器。eFuse可以通过计算机对芯片内部的参数和功能进行配置，这一般是在芯片出厂的时候已经设置好了。

以上所述的各种ROM、Flash和磁介质存储器都属于非易失性存储器（NVM）的范畴，掉电时信息不会丢失，而RAM则与此相反。

RAM也可再分为静态RAM（SRAM）和动态RAM（DRAM）。DRAM以电荷形式进行存储，数据存储在电容器中。由于电容器会因漏电而出现电荷丢失，所以DRAM器件需要定期刷新。SRAM是静态的，只要供电它就会保持一个值，SRAM没有刷新周期。每个SRAM存储单元由6个晶体管组成，而DRAM存储单元由1个晶体管和1个电容器组成。

通常所说的SDRAM、DDR SDRAM皆属于DRAM的范畴，它们采用与CPU外存控制器同步的时钟工作（注意，不是与CPU的工作频率一致）。与SDRAM相比，DDR SDRAM同时利用了时钟脉冲的上升沿和下降沿传输数据，因此在时钟频率不变的情况下，数据传输频率加倍。此外，还存在使用RSL（Rambus Signaling Level，Rambus发信电平）技术的RDRAM（Rambus DRAM）和Direct RDRAM。

针对许多特定场合的应用，嵌入式系统中往往还使用了一些特定类型的RAM。

1. DPRAM：双端口RAM

DPRAM的特点是可以通过两个端口同时访问，具有两套完全独立的数据总线、地址总线和读写控制线，通常用于两个处理器之间交互数据，如图2.6所示。当一端被写入数据后，另一端可以通过轮询或中断获知，并读取其写入的数据。由于双CPU同时访问DPRAM时的仲裁逻辑电路集成在DPRAM内部，所以需要硬件工程师设计的电路原理比较简单。

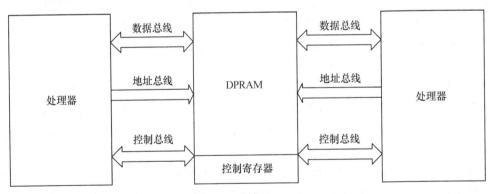

图2.6 双端口RAM

DPRAM的优点是通信速度快、实时性强、接口简单，而且两边处理器都可主动进行数据传输。除了双端口RAM以外，目前IDT等芯片厂商还推出了多端口RAM，可以供3个以上的处理器互通数据。

2. CAM：内容寻址RAM

CAM是以内容进行寻址的存储器，是一种特殊的存储阵列RAM，它的主要工作机制就是同时将一个输入数据项与存储在CAM中的所有数据项自动进行比较，判别该输入数据项与 CAM 中存储的数据项是否相匹配，并输出该数据项对应的匹配信息。

如图 2.7 所示，在 CAM 中，输入的是所要查询的数据，输出的是数据地址和匹配标志。若匹配（即搜寻到数据），则输出数据地址。CAM 用于数据检索的优势是软件无法比拟的，它可以极大地提高系统性能。

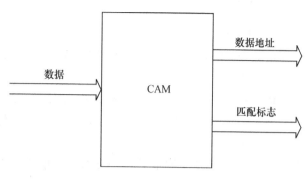

图 2.7 CAM 的输入与输出

3. FIFO：先进先出队列

FIFO 存储器的特点是先进先出，进出有序，FIFO 多用于数据缓冲。FIFO 和 DPRAM 类似，具有两个访问端口，但是 FIFO 两边的端口并不对等，某一时刻只能设置为一边作为输入，一边作为输出。

如果 FIFO 的区域共有 n 个字节，我们只能通过循环 n 次读取同一个地址才能将该片区域读出，不能指定偏移地址。对于有 n 个数据的 FIFO，当循环读取 m 次之后，下一次读时会自动读取到第 $m+1$ 个数据，这是由 FIFO 本身的特性决定的。

总结 2.2 节的内容，可得出如图 2.8 所示的存储器分类。

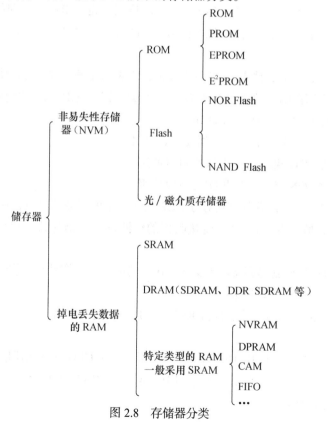

图 2.8 存储器分类

2.3 接口与总线

2.3.1 串口

RS-232、RS-422 与 RS-485 都是串行数据接口标准，最初都是由电子工业协会（EIA）制订并发布的。

RS-232 在 1962 年发布，命名为 EIA-232-E。之后发布的 RS-422 定义了一种平衡通信接口，它是一种单机发送、多机接收的单向、平衡传输规范，被命名为 TIA/EIA-422-A 标准。RS-422 改进了 RS-232 通信距离短、速率低的缺点。为进一步扩展应用范围，EIA 又于 1983 年在 RS-422 的基础上制定了 RS-485 标准，增加了多点、双向通信能力，即允许多个发送器连接到同一条总线上，同时增加了发送器的驱动能力和冲突保护特性，并扩展了总线共模范围，被命名为 TIA/EIA-485-A 标准。

1969 年发布的 RS-232 修改版 RS-232C 是嵌入式系统中应用最广泛的串行接口，它为连接 DTE（数据终端设备）与 DCE（数据通信设备）而制定。RS-232C 标准接口有 25 条线（4 条数据线、11 条控制线、3 条定时线、7 条备用和未定义线），常用的只有 9 根，它们是 RTS/CTS（请求发送/清除发送流控制）、RxD/TxD（数据收发）、DSR/DTR（数据设置就绪/数据终端就绪流控制）、DCD(数据载波检测，也称 RLSD，即接收线信号检出)、Ringing-RI（振铃指示）、SG（信号地）信号。RTS/CTS、RxD / TxD、DSR/DTR 等信号的定义如下。

- RTS：用来表示 DTE 请求 DCE 发送数据，当终端要发送数据时，使该信号有效。
- CTS：用来表示 DCE 准备好接收 DTE 发来的数据，是对 RTS 的响应信号。
- RxD：DTE 通过 RxD 接收从 DCE 发来的串行数据。
- TxD：DTE 通过 TxD 将串行数据发送到 DCE。
- DSR：有效（ON 状态）表明 DCE 可以使用。
- DTR：有效（ON 状态）表明 DTE 可以使用。
- DCD：当本地 DCE 设备收到对方 DCE 设备送来的载波信号时，使 DCD 有效，通知 DTE 准备接收，并且由 DCE 将接收到的载波信号解调为数字信号，经 RxD 线送给 DTE。
- Ringing-RI：当调制解调器收到交换台送来的振铃呼叫信号时，使该信号有效（ON 状态），通知终端，已被呼叫。

最简单的 RS-232C 串口只需要连接 RxD、TxD、SG 这 3 个信号，并使用 XON/XOFF 软件流控。

组成一个 RS-232C 串口的硬件原理如图 2.9 所示，从 CPU 到连接器依次为 CPU、UART（通用异步接收器发送器，作用是完成并/串转换）、CMOS/TTL 电平与 RS-232C 电平转换、DB9/DB25 或自定义连接器。

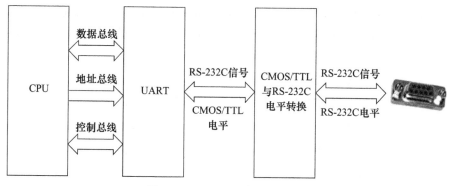

图 2.9　RS-232C 串口电路原理

2.3.2　I²C

I²C（内置集成电路）总线是由 Philips 公司开发的两线式串行总线，产生于 20 世纪 80 年代，用于连接微控制器及其外围设备。I²C 总线简单而有效，占用的 PCB（印制电路板）空间很小，芯片引脚数量少，设计成本低。I²C 总线支持多主控（Multi-Mastering）模式，任何能够进行发送和接收的设备都可以成为主设备。主控能够控制数据的传输和时钟频率，在任意时刻只能有一个主控。

组成 I²C 总线的两个信号为数据线 SDA 和时钟 SCL。为了避免总线信号的混乱，要求各设备连接到总线的输出端必须是开漏输出或集电极开路输出的结构。总线空闲时，上拉电阻使 SDA 和 SCL 线都保持高电平。根据开漏输出或集电极开路输出信号的"线与"逻辑，I²C 总线上任意器件输出低电平都会使相应总线上的信号线变低。

"线与"逻辑指的是两个或两个以上的输出直接互连就可以实现"与"的逻辑功能，只有输出端是开漏（对于 CMOS 器件）输出或集电极开路（对于 TTL 器件）输出时才满足此条件。工程师一般以"OC 门"简称开漏或集电极开路。

I²C 设备上的串行数据线 SDA 接口电路是双向的，输出电路用于向总线上发送数据，输入电路用于接收总线上的数据。同样地，串行时钟线 SCL 也是双向的，作为控制总线数据传送的主机要通过 SCL 输出电路发送时钟信号，并检测总线上 SCL 上的电平以决定什么时候发下一个时钟脉冲电平；作为接收主机命令的从设备需按总线上 SCL 的信号发送或接收 SDA 上的信号，它也可以向 SCL 线发出低电平信号以延长总线时钟信号周期。

当 SCL 稳定在高电平时，SDA 由高到低的变化将产生一个开始位，而由低到高的变化则产生一个停止位，如图 2.10 所示。

开始位和停止位都由 I²C 主设备产生。在选择从设备时，如果从设备采用 7 位地址，则主设备在发起传输过程前，需先发送 1 字节的地址信息，前 7 位为设备地址，最后 1 位为读写标志。之后，每次传输的数据也是 1 字节，从 MSB 开始传输。每个字节传完后，在 SCL

的第 9 个上升沿到来之前，接收方应该发出 1 个 ACK 位。SCL 上的时钟脉冲由 I²C 主控方发出，在第 8 个时钟周期之后，主控方应该释放 SDA，I²C 总线的时序如图 2.11 所示。

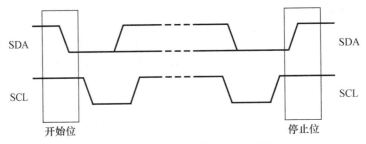

图 2.10 I²C 总线的开始位和停止位

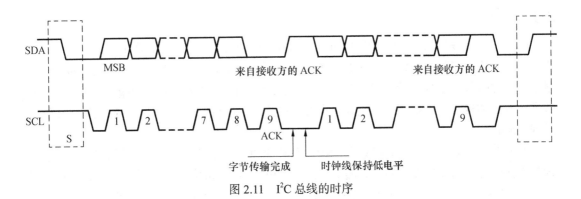

图 2.11 I²C 总线的时序

2.3.3 SPI

SPI（Serial Peripheral Interface，串行外设接口）总线系统是一种同步串行外设接口，它可以使 CPU 与各种外围设备以串行方式进行通信以交换信息。一般主控 SoC 作为 SPI 的"主"，而外设作为 SPI 的"从"。

SPI 接口一般使用 4 条线：串行时钟线（SCLK）、主机输入/从机输出数据线 MISO、主机输出/从机输入数据线 MOSI 和低电平有效的从机选择线 SS（在不同的文献里，也常称为 nCS、CS、CSB、CSN、nSS、STE、SYNC 等）。图 2.12 演示了 1 个主机连接 3 个 SPI 外设的硬件连接图。

如图 2.13 所示，在 SPI 总线的传输中，SS 信号是低电平有效的，当我们要与

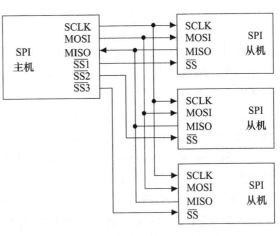

图 2.12 SPI 主、从硬件连接图

某外设通信的时候,需要将该外设上的 SS 线置低。此外,特别要注意 SPI 从设备支持的 SPI 总线最高时钟频率(决定了 SCK 的频率)以及外设的 CPHA、CPOL 模式,这决定了数据与时钟之间的偏移、采样的时刻以及触发的边沿是上升沿还是下降沿。

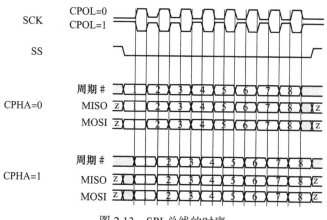

图 2.13　SPI 总线的时序

SPI 模块为了和外设进行数据交换,根据外设工作要求,其输出串行同步时钟极性(CPOL)和相位(CPHA)可以进行配置。如果 CPOL= 0,串行同步时钟的空闲状态为低电平;如果 CPOL= 1,串行同步时钟的空闲状态为高电平。如果 CPHA= 0,在串行同步时钟的第一个跳变沿(上升或下降)数据被采样;如果 CPHA = 1,在串行同步时钟的第二个跳变沿(上升或下降)数据被采样。

2.3.4　USB

USB(通用串行总线)是 Intel、Microsoft 等厂商为解决计算机外设种类的日益增加与有限的主板插槽和端口之间的矛盾而于 1995 年提出的,它具有数据传输率高、易扩展、支持即插即用和热插拔的优点,目前已得到广泛应用。

USB 1.1 包含全速和低速两种模式,低速方式的速率为 1.5Mbit/s,支持一些不需要很大数据吞吐量和很高实时性的设备,如鼠标等。全速模式为 12Mbit/s,可以外接速率更高的外设。在 USB 2.0 中,增加了一种高速方式,数据传输率达到 480Mbit/s,半双工,可以满足更高速外设的需要。而 USB 3.0(也被认为是 Super Speed USB)的最大传输带宽高达 5.0Gbit/s(即 640MB/s),全双工。

USB 2.0 总线的机械连接非常简单,采用 4 芯的屏蔽线,一对差分线(D+、D-)传送信号,另一对(VBUS、电源地)传送 +5V 的直流电。USB 3.0 线缆则设计了 8 条内部线路,除 VBUS、电源地之外,其余 3 对均为数据传输线路。其中保留了 D+ 与 D- 这两条兼容 USB 2.0 的线路,新增了 SSRX 与 SSTX 专为 USB 3.0 所设的线路。

在嵌入式系统中,电路板若需要挂接 USB 设备,则需提供 USB 主机(Host)控制器和连接器；若电路板需要作为 USB 设备，则需提供 USB 设备适配器和连接器。目前，大多数 SoC 集成了 USB 主机控制器（以连接 USB 外设）和设备适配器（以将本嵌入式系统作为其他计算机系统的 USB 外设，如手机充当 U 盘）。由 USB 主机、设备和 Hub 组成的 USB 系统的物理拓扑结构如图 2.14 所示。

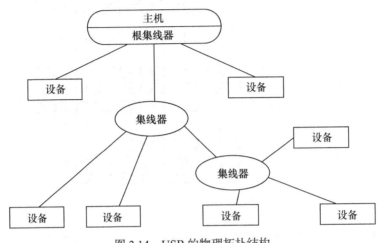

图 2.14　USB 的物理拓扑结构

每一个 USB 设备会有一个或者多个逻辑连接点在里面，每个连接点叫端点。USB 提供了多种传输方式以适应各种设备的需要，一个端点可以选择如下一种传输方式。

1. 控制（Control）传输方式

控制传输是双向传输，数据量通常较小，主要用来进行查询、配置和给 USB 设备发送通用命令。所有 USB 设备必须支持标准请求（Standard Request），控制传输方式和端点 0。

2. 同步（Isochronous）传输方式

同步传输提供了确定的带宽和间隔时间，它用于时间要求严格并具有较强容错性的流数据传输，或者用于要求恒定数据传送率的即时应用。例如进行语音业务传输时，使用同步传输方式是很好的选择。同步传输也常称为"Streaming Real-time"传输。

3. 中断（Interrupt）传输方式

中断方式传送是单向的，对于 USB 主机而言，只有输入。中断传输方式主要用于定时查询设备是否有中断数据要传送，该传输方式应用在少量分散的、不可预测的数据传输场合，键盘、游戏杆和鼠标属于这一类型。

4. 批量（Bulk）传输方式

批量传输主要应用在没有带宽、间隔时间要求的批量数据的传送和接收中，它要求保证传输。打印机和扫描仪属于这种类型。

而 USB 3.0 则增加了一种 Bulk Streams 传输模式，USB 2.0 的 Bulk 模式只支持 1 个数据流，而 Bulk Streams 传输模式则可以支持多个数据流，每个数据流被分配一个 Stream ID

(SID），每个 SID 与一个主机缓冲区对应。

在 USB 架构中，集线器负责检测设备的连接和断开，利用其中断 IN 端点（Interrupt IN Endpoint）来向主机报告。一旦获悉有新设备连接上来，主机就会发送一系列请求给设备所挂载的集线器，再由集线器建立起一条连接主机和设备之间的通信通道。然后主机以控制传输的方式，通过端点 0 对设备发送各种请求，设备收到主机发来的请求后回复相应的信息，进行枚举（Enumerate）操作。因此 USB 总线具备热插拔的能力。

2.3.5 以太网接口

以太网接口由 MAC（以太网媒体接入控制器）和 PHY（物理接口收发器）组成。以太网 MAC 由 IEEE 802.3 以太网标准定义，实现了数据链路层。常用的 MAC 支持 10Mbit/s 或 100Mbit/s 两种速率。吉比特以太网（也称为千兆位以太网）是快速以太网的下一代技术，将网速提高到了 1000 Mbit/s。千兆位以太网以 IEEE 802.3z 和 802.3ab 发布，作为 IEEE 802.3 标准的补充。

MAC 和 PHY 之间采用 MII（媒体独立接口）连接，它是 IEEE-802.3 定义的以太网行业标准，包括 1 个数据接口与 MAC 和 PHY 之间的 1 个管理接口。数据接口包括分别用于发送和接收的两条独立信道，每条信道都有自己的数据、时钟和控制信号，MII 数据接口总共需要 16 个信号。MII 管理接口包含两个信号，一个是时钟信号，另一个是数据信号。通过管理接口，上层能监视和控制 PHY。

一个以太网接口的硬件电路原理如图 2.15 所示，从 CPU 到最终接口依次为 CPU、MAC、PHY、以太网隔离变压器、RJ45 插座。以太网隔离变压器是以太网收发芯片与连接器之间的磁性组件，在其两者之间起着信号传输、阻抗匹配、波形修复、信号杂波抑制和高电压隔离作用。

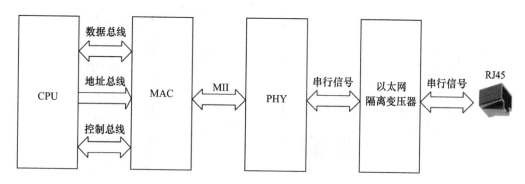

图 2.15　以太网接口的硬件电路原理

许多处理器内部集成了 MAC 或同时集成了 MAC 和 PHY，另有许多以太网控制芯片也集成了 MAC 和 PHY。

2.3.6 PCI 和 PCI-E

PCI（外围部件互连）是由 Intel 于 1991 年推出的一种局部总线，作为一种通用的总线接口标准，它在目前的计算机系统中得到了非常广泛应用。PCI 总线具有如下特点。

- 数据总线为 32 位，可扩充到 64 位。
- 可进行突发（Burst）模式传输。突发方式传输是指取得总线控制权后连续进行多个数据的传输。突发传输时，只需要给出目的地的首地址，访问第 1 个数据后，第 2 ~ n 个数据会在首地址的基础上按一定规则自动寻址和传输。与突发方式对应的是单周期方式，它在 1 个总线周期只传送 1 个数据。
- 总线操作与处理器—存储器子系统操作并行。
- 采用中央集中式总线仲裁。
- 支持全自动配置、资源分配，PCI 卡内有设备信息寄存器组为系统提供卡的信息，可实现即插即用。
- PCI 总线规范独立于微处理器，通用性好。
- PCI 设备可以完全作为主控设备控制总线。

图 2.16 给出了一个典型的基于 PCI 总线的计算机系统逻辑示意图，系统的各个部分通过 PCI 总线和 PCI-PCI 桥连接在一起。CPU 和 RAM 通过 PCI 桥连接到 PCI 总线 0（即主 PCI 总线），而具有 PCI 接口的显卡则可以直接连接到主 PCI 总线上。PCI-PCI 桥是一个特殊的 PCI 设备，它负责将 PCI 总线 0 和 PCI 总线 1（即从 PCI 主线）连接在一起，通常 PCI 总线 1 称为 PCI-PCI 桥的下游（Downstream），而 PCI 总线 0 则称为 PCI-PCI 桥的上游（Upstream）。为了兼容旧的 ISA 总线标准，PCI 总线还可以通过 PCI-ISA 桥来连接 ISA 总线，从而支持以前的 ISA 设备。

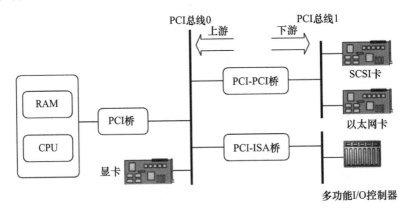

图 2.16 基于 PCI 总线的计算机系统逻辑示意图

当 PCI 卡刚加电时，卡上配置空间即可以被访问。PCI 配置空间保存着该卡工作时所需的所有信息，如厂家、卡功能、资源要求、处理能力、功能模块数量、主控卡能力等。通过对这个空间信息的读取与编程，可完成对 PCI 卡的配置。如图 2.17 所示，PCI 配置空间共为 256 字节，主要包括如下信息。

- 制造商标识（Vendor ID）：由 PCI 组织分配给厂家。
- 设备标识（Device ID）：按产品分类给本卡的编号。
- 分类码（Class Code）：本卡功能的分类码，如图卡、显示卡、解压卡等。
- 申请存储器空间：PCI 卡内有存储器或以存储器编址的寄存器和 I/O 空间，为使驱动程序和应用程序能访问它们，需申请 CPU 的一段存储区域以进行定位。配置空间的基地址寄存器用于此目的。
- 申请 I/O 空间：配置空间中的基地址寄存器用来进行系统 I/O 空间的申请。
- 中断资源申请：配置空间中的中断引脚和中断线用来向系统申请中断资源。偏移 3Dh 处为中断引脚寄存器，其值表明 PCI 设备使用了哪一个中断引脚，对应关系为 1—INTA#、2—INTB#、3—INTC#、4—INTD#。

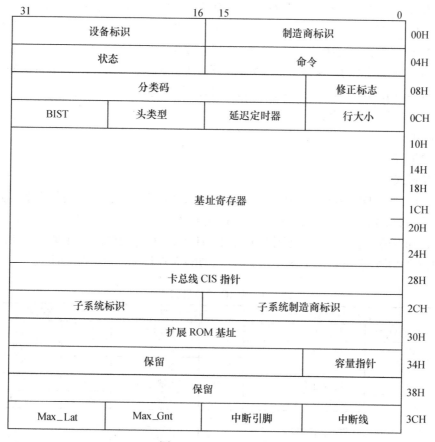

图 2.17　PCI 配置空间

PCI-E（PCI Express）是 Intel 公司提出的新一代的总线接口，PCI Express 采用了目前业内流行的点对点串行连接，比起 PCI 以及更早的计算机总线的共享并行架构，每个设备都有自己的专用连接，采用串行方式传输数据，不需要向整个总线请求带宽，并可以把数据传输率提高到一个很高的频率，达到 PCI 所不能提供的高带宽。

PCI Express 在软件层面上兼容目前的 PCI 技术和设备，支持 PCI 设备和内存模组的初始化，也就是说无须推倒目前的驱动程序、操作系统，就可以支持 PCI Express 设备。

2.3.7 SD 和 SDIO

SD（Secure Digital）是一种关于 Flash 存储卡的标准，也就是一般常见的 SD 记忆卡，在设计上与 MMC（Multi-Media Card）保持了兼容。SDHC（SD High Capacity）是大容量 SD 卡，支持的最大容量为 32GB。2009 年发布的 SDXC（SD eXtended Capacity）则支持最大 2TB 大小的容量。

SDIO（Secure Digital Input and Output Card，安全数字输入输出卡）在 SD 标准的基础上，定义了除存储卡以外的外设接口。SDIO 主要有两类应用——可移动和不可移动。不可移动设备遵循相同的电气标准，但不要求符合物理标准。现在已经有非常多的手机或者手持装置都支持 SDIO 的功能，以连接 WiFi、蓝牙、GPS 等模块。

一般情况下，芯片内部集成的 SD 控制器同时支持 MMC、SD 卡，又支持 SDIO 卡，但是 SD 和 SDIO 的协议还是有不一样的地方，支持的命令也会有不同。

SD/SDIO 的传输模式有：
- SPI 模式
- 1 位模式
- 4 位模式

表 2.1 显示了 SDIO 接口的引脚定义。其中 CLK 为时钟引脚，每个时钟周期传输一个命令或数据位；CMD 是命令引脚，命令在 CMD 线上串行传输，是双向半双工的（命令从主机到从卡，而命令的响应是从卡发送到主机）；DAT[0]~DAT[3] 为数据线引脚；在 SPI 模式中，第 8 脚位被当成中断信号。图 2.18 给出了一个 SDIO 单模块读、写的典型时序。

表 2.1 SDIO 接口引脚定义

引脚 #	SD 4 位 模式		SD 1 位 模式		SPI 模式	
1	CD/DAT[3]	数据线 3	N/C	未使用	CS	片选
2	CMD	命令线	CMD	命令线	DI	数据输入
3	VSS1	地	VSS1	地	VSS1	地
4	VDD	电源电压	VDD	电源电压	VDD	电源电压
5	CLK	时钟	CLK	时钟	SCLK	时钟
6	Vss2	地	Vss2	地	Vss2	地
7	DAT[0]	数据线 0	DATA	数据线	DO	数据输出
8	DAT[1]	数据线 1 / 中断	IRQ	中断	IRQ	中断
9	DAT[2]	数据线 2 / 读等待	RW	读等待	NC	未使用

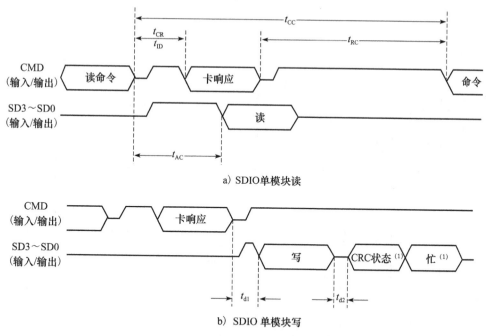

图 2.18 SDIO 单模块读、写的典型时序

eMMC（Embedded Multi Media Card）是当前移动设备本地存储的主流解决方案，目的在于简化手机存储器的设计。eMMC 就是 NAND Flash、闪存控制芯片和标准接口封装的集合，它把 NAND 和控制芯片直接封装在一起成为一个多芯片封装（Multi-Chip Package，MCP）芯片。eMMC 支持 DAT[0]~DAT[7] 8 位的数据线。上电或者复位后，默认处于 1 位模式，只使用 DAT[0]，后续可以配置为 4 位或者 8 位模式。

2.4 CPLD 和 FPGA

CPLD（复杂可编程逻辑器件）由完全可编程的与或门阵列以及宏单元构成。

CPLD 中的基本逻辑单元是宏单元，宏单元由一些"与或"阵列加上触发器构成，其中"与或"阵列完成组合逻辑功能，触发器完成时序逻辑功能。宏单元中与阵列的输出称为乘积项，其数量标示着 CPLD 的容量。乘积项阵列实际上就是一个"与或"阵列，每一个交叉点都是一个可编程熔丝，如果导通就是实现"与"逻辑。在"与"阵列后一般还有一个"或"阵列，用以完成最小逻辑表达式中的"或"关系。图 2.19 所示为非常典型的 CPLD 的单个宏单元结构。

图 2.20 给出了一个典型 CPLD 的整体结构。这个 CPLD 由 LAB（逻辑阵列模块，由多个宏单元组成）通过 PIA（可编程互连阵列）互连组成，而 CPLD 与外部的接口则由 I/O 控制模块提供。

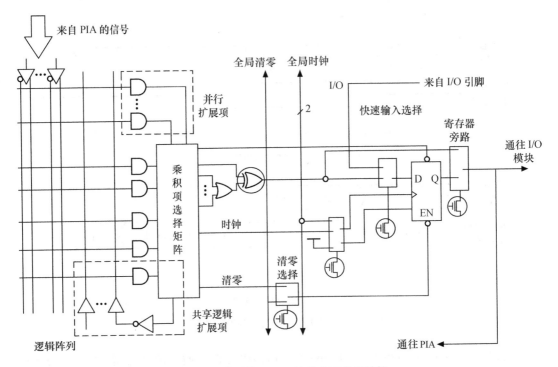

图 2.19 典型的 CPLD 的单个宏单元结构

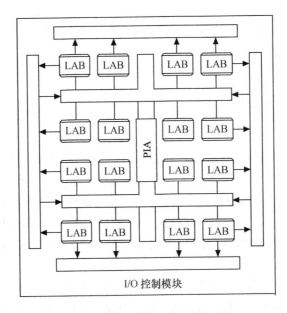

图 2.20 典型的 CPLD 整体架构

图 2.20 中宏单元的输出会经 I/O 控制块送至 I/O 引脚，I/O 控制块控制每一个 I/O 引脚的工作模式，决定其为输入、输出还是双向引脚，并决定其三态输出的使能端控制。

与 CPLD 不同，FPGA（现场可编程门阵列）基于 LUT（查找表）工艺。查找表本质上是一片 RAM，当用户通过原理图或 HDL（硬件描述语言）描述了一个逻辑电路以后，FPGA 开发软件会自动计算逻辑电路所有可能的结果，并把结果事先写入 RAM。这样，输入一组信号进行逻辑运算就等于输入一个地址进行查表以输出对应地址的内容。

图 2.21 所示为一个典型 FPGA 的内部结构。这个 FPGA 由 IOC（输入/输出控制模块）、EAB（嵌入式阵列块）、LAB 和快速通道互连构成。

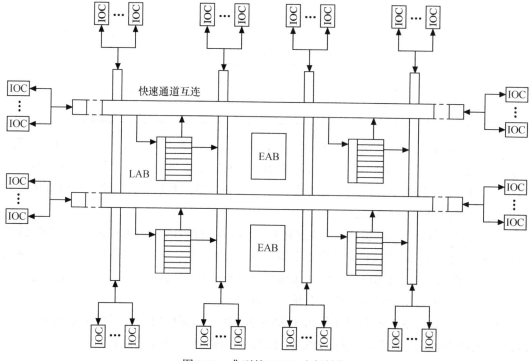

图 2.21 典型的 FPGA 内部结构

IOC 是内部信号到 I/O 引脚的接口，它位于快速通道的行和列的末端，每个 IOC 包含一个双向 I/O 缓冲器和一个既可作为输入寄存器也可作为输出寄存器的触发器。

EAB（嵌入式存储块）是一种输入输出端带有寄存器的非常灵活的 RAM。EAB 不仅可以用作存储器，还可以事先写入查表值以用来构成如乘法器、纠错逻辑等电路。当用于 RAM 时，EAB 可配制成 8 位、4 位、2 位和 1 位长度的数据格式。

LAB 主要用于逻辑电路设计，一个 LAB 包括多个 LE（逻辑单元），每个 LE 包括组合逻辑及一个可编程触发器。一系列 LAB 构成的逻辑阵列可实现普通逻辑功能，如计数器、加法器、状态机等。

器件内部信号的互连和器件引出端之间的信号互连由快速通道连线提供，快速通道遍布于整个 FPGA 器件中，是一系列水平和垂直走向的连续式布线通道。

表 2.2 所示为一个 4 输入 LUT 的实际逻辑电路与 LUT 实现方式的对应关系。

表 2.2 实际逻辑电路与查找表的实现

LUT 的实际逻辑电路		LUT 的实现方式	
abcd 输入	逻辑输出	地址	RAM 中存储的内容
0000	0	0000	0
0001	0	0001	0
....	0	...	0
1111	1	1111	1

CPLD 和 FPGA 的主要厂商有 Altera、Xilinx 和 Lattice 等，它们采用专门的开发流程，在设计阶段使用 HDL（如 VHDL、Verilog HDL）编程。它们可以实现许多复杂的功能，如实现 UART、I²C 等 I/O 控制芯片、通信算法、音视频编解码算法等，甚至还可以直接集成 ARM 等 CPU 内核和外围电路。

对于驱动工程师而言，我们只需要这样看待 CPLD 和 FPGA：如果它完成的是特定的接口和控制功能，我们就直接把它当成由很多逻辑门（与、非、或、D 触发器）组成的可完成一系列时序逻辑和组合逻辑的 ASIC；如果它完成的是 CPU 的功能，我们就直接把它当成 CPU。驱动工程师眼里的硬件比 IC 设计师要宏观。

值得一提的是，Xilinx 公司还推出了 ZYNQ 芯片，内部同时集成了两个 Cortex™-A9 ARM 多处理器子系统和可编程逻辑 FPGA，同时可编程逻辑可由用户配置。

2.5 原理图分析

原理图分析的含义是指通过阅读电路板的原理图获得各种存储器、外设所使用的硬件资源、接口和引脚连接关系。若要整体理解整个电路板的硬件组成，原理图的分析方法是以主 CPU 为中心向存储器和外设辐射，步骤如下。

1）阅读 CPU 部分，获知 CPU 的哪些片选、中断和集成的外设控制器在使用，列出这些元素 a、b、c、…。

CPU 引脚比较多的时候，芯片可能会被分成几个模块并单独画在原理图的不同页上，这时应该把相应的部分都分析到位。

2）对第 1 步中列出的元素，从原理图中对应的外设和存储器电路中分析出实际的使用情况。

硬件原理图中包含如下元素。

- 符号（symbol）。符号描述芯片的外围引脚以及引脚的信号，对于复杂的芯片，可能会被分割为几个符号。在符号中，一般把属于同一个信号群的引脚排列在一起。图 2.22 所示为 NOR Flash AM29LV160DB 和 NAND Flash K9F2G08 的符号。

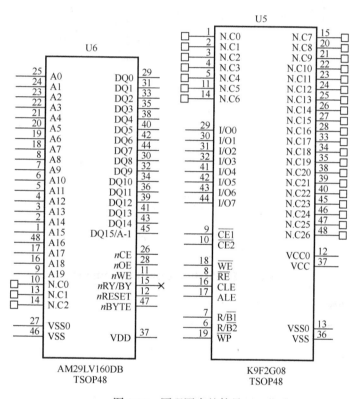

图 2.22　原理图中的符号

- 网络（net）。描述芯片、接插件和分离元器件引脚之间的互连关系，每个网络需要根据信号的定义赋予一个合适的名字，如果没有给网络取名字，EDA 软件会自动添加一个默认的网络名。添加网络后的 AM29LV160DB 如图 2.23 所示。
- 描述。原理图中会添加一些文字来辅助描述原理图（类似源代码中的注释），如每页页脚会有该页的功能描述，对重要的信号，在原理图的相应符号和网络中也会附带文字说明。图 2.24 中给出了原理图中的描述示例。

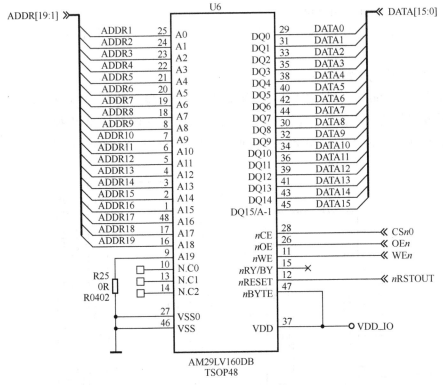

图 2.23 原理图中的网络

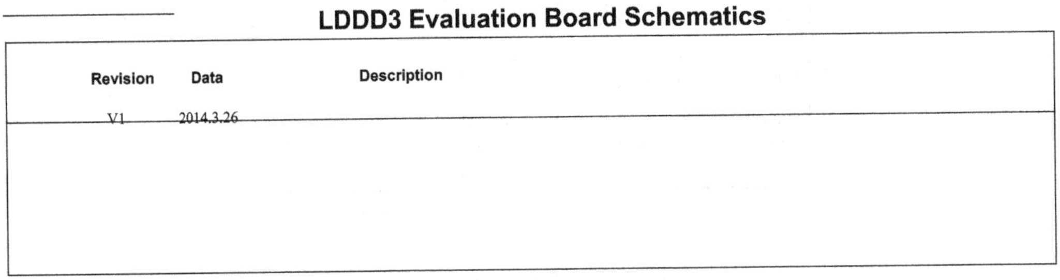

图 2.24 原理图中的描述示例

2.6 硬件时序分析

2.6.1 时序分析的概念

驱动工程师一般不需要分析硬件的时序,但是鉴于许多企业内驱动工程师还需要承担电路板调试的任务,因此,掌握时序分析的方法也就比较必要了。

对驱动工程师或硬件工程师而言,时序分析的意思是让芯片之间的访问满足芯片数据手册中时序图信号有效的先后顺序、采样建立时间（Setup Time）和保持时间（Hold Time）的要求，在电路板工作不正常的时候，准确地定位时序方面的问题。

建立时间是指在触发器的时钟信号边沿到来以前，数据已经保持稳定不变的时间，如果建立时间不够，数据将不能在这个时钟边沿被打入触发器；保持时间是指在触发器的时钟信号边沿到来以后，数据还需稳定不变的时间，如果保持时间不够，数据同样不能被打入触发器。如图 2.25 所示，数据稳定传输必须满足建立时间和保持时间的要求，当然，在一些情况下，建立时间和保持时间的值可以为零。

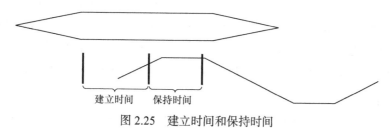

图 2.25　建立时间和保持时间

2.6.2　典型的硬件时序

最典型的硬件时序是 SRAM 的读写时序，在读/写过程中涉及的信号包括地址、数据、片选、读/写、字节使能和就绪/忙。对于一个 16 位、32 位（甚至 64 位）的 SRAM，字节使能表明哪些字节被读写。

图 2.26 给出了 SRAM 的读时序，写时序与此相似。首先，地址总线上输出要读（写）的地址，然后发出 SRAM 片选信号，接着输出读（写）信号，之后读（写）信号要经历数个等待周期。当 SRAM 读（写）速度比较慢时，等待周期可以由 MCU 的相应寄存器设置，也可以通过设备就绪/忙（如图 2.27 中的 nWait）向 CPU 报告，这样，读写过程中会自动添加等待周期。

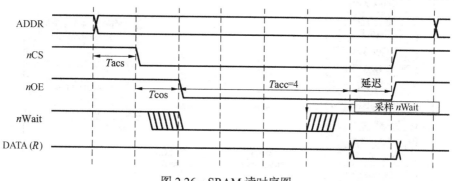

图 2.26　SRAM 读时序图

NOR Flash 和许多外设控制芯片都使用了类似 SRAM 的访问时序，因此，牢固掌握这个时序意义重大。一般，在芯片数据手册给出的时序图中，会给出图中各段时间的含义和要求，真实的电路板必须满足芯片数据手册中描述的建立时间和保持时间的最小要求。

2.7 芯片数据手册阅读方法

芯片数据手册往往长达数百页，甚至上千页，而且全部是英文，从头到尾不加区分地阅读需要花费非常长的时间，而且不一定能获取对设计设备驱动有帮助的信息。芯片数据手册的正确阅读方法是快速而准确地定位有用信息，重点阅读这些信息，忽略无关内容。下面以 S3C6410A 的数据手册为例来分析阅读方法，为了直观地反映阅读过程，本节的图都是直接从数据手册中抓屏而得到的。

打开 S3C6410 A 的数据手册，发现页数为 1378 页，从头读到尾是不现实的。

S3C6410A 数据手册的第 1 章"PRODUCT OVERVIEW"（产品综述）是必读的，通过阅读这一部分可以获知整个芯片的组成。这一章往往会给出一个芯片的整体结构图，并对芯片内的主要模块进行一个简洁的描述。S3C6410A 的整体结构图如图 2.27 所示（见数据手册第 61 页）。

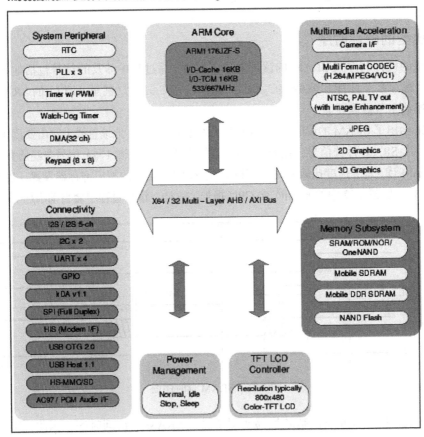

图 2.27　S3C6410A 数据手册中的芯片结构图

第 2～43 章中的每一章都对应 S3C6410A 整体结构图中的一个模块，图 2.28 为从 Adobe Acrobat 中直接抓取的 S3C6410A 数据手册的目录结构图。

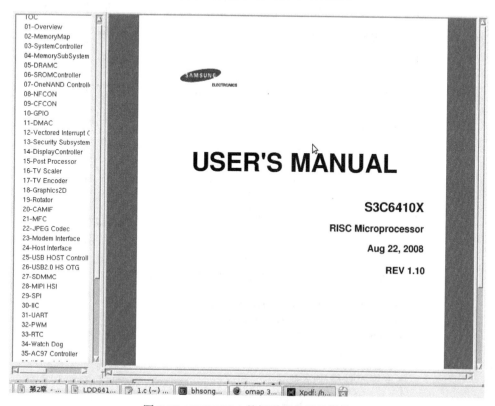

图 2.28　S3C6410A 数据手册的目录结构

第 2 章 "MemoryMap"（内存映射）比较关键，对于定位存储器和外设所对应的基址有直接指导意义，这一部分应该细看。

第 3～34 章对应于 CPU 内部集成的外设或总线控制器，当具体编写某接口的驱动时，应该详细阅读，主要是分析数据、控制、地址寄存器（数据手册中一般会以表格列出）的访问控制和具体设备的操作流程（数据手册中会给出步骤，有的还会给出流程图）。譬如为了编写 S3C6410A 的 I²C 控制器驱动，我们需要详细阅读类似图 2.29 的寄存器定义表格和图 2.30 的操作流程图。

第 44 章 "ELECTRICAL DATA"（对于电气数据，在图 2.28 中未画出），描述芯片的电气特性，如电压、电流和各种工作模式下的时序、建立时间和保持时间的要求。所有的数据手册都会包含类似章节，这一章对于硬件工程师比较关键，但是，一般来说，驱动工程师并不需要阅读。

第 45 章 "MECHANICAL DATA"（机械数据）描述芯片的物理特性、尺寸和封装，硬件工程师会依据这一章绘制芯片的封装（Footprint），但是，驱动工程师无须阅读。

30.11.1 MULTI-MASTER IIC-BUS CONTROL (IICCON) REGISTER

Register	Address	R/W	Description	Reset Value
IICCON	0x7F004000	R/W	IIC Channel 0 Bus control register	0x0X
	0x7F00F000	R/W	IIC Channel 1 Bus control register	0x0X

IICCON	Bit	Description	Initial State
Acknowledge generation (1)	[7]	IIC-bus acknowledge (ACK) enable bit. 0: Disable 1: Enable In Tx mode, the IICSDA is free in the ACK time. In Rx mode, the IICSDA is L in the ACK time.	0
Tx clock source selection	[6]	Source clock of IIC-bus transmit clock prescaler selection bit. 0: IICCLK = PCLK /16 1: IICCLK = PCLK /512	0
Tx/Rx Interrupt (5)	[5]	IIC-Bus Tx/Rx interrupt enable/disable bit. 0: Disable, 1: Enable	0

Interrupt pending flag (2) (3)	[4]	IIC-bus Tx/Rx interrupt pending flag. This bit cannot be written to 1. When this bit is read as 1, the IICSCL is tied to L and the IIC is stopped. To resume the operation, clear this bit as 0.
		0: 1) No interrupt pending (when read).
		   2) Clear pending condition &
		      Resume the operation (when write).
		1: 1) Interrupt is pending (when read)
		   2) N/A (when write)
			0

Transmit clock value (4)	[3:0]	IIC-Bus transmit clock prescaler. IIC-Bus transmit clock frequency is determined by this 4-bit prescaler value, according to the following formula: Tx clock = IICCLK/(IICCON[3:0]+1).	Undefined

图 2.29　芯片数据手册中以表格形式列出的寄存器定义

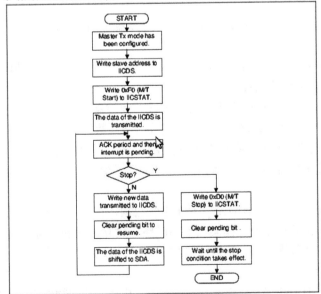

图 2.30　芯片数据手册中给出的外设控制器的操作流程

2.8 仪器仪表使用

2.8.1 万用表

在电路板调试过程中主要使用万用表的两个功能。
- 测量电平。
- 使用二极管挡测量电路板上网络的连通性，当示波器被设置在二极管挡，测量连通的网络会发出"嘀嘀"的鸣叫，否则，没有连通。

2.8.2 示波器

示波器是利用电子示波管的特性，将人眼无法直接观测的交变电信号转换成图像，显示在荧光屏上以便测量的电子仪器。它是观察数字电路实验现象、分析实验中的问题、测量实验结果必不可少的重要仪器。

使用示波器时应主要注意调节垂直偏转因数选择（VOLTS/DIV）和微调、时基选择（TIME/DIV）和微调以及触发方式。

如果 VOLTS/DIV 设置不合理，则可能造成电压幅度超出整个屏幕或在屏幕上变动太过微小以致无法观测的现象。图 2.31 所示为同一个波形在 VOLTS/DIV 设置由大到小变化过程中的示意图。

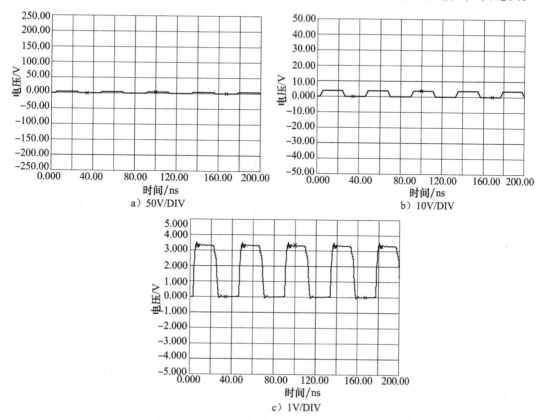

图 2.31 示波器的 VOLTS/DIV 设置与波形

如果 TIME/DIV 设置不合适，则可能造成波形混叠。混叠意味着屏幕上显示的波形频率低于信号实际频率。这时候，可以通过缓慢改变扫速 TIME/DIV 到较快的时基挡提高波形频率，如果波形频率参数急剧改变或者晃动的波形在某个较快的时基挡稳定下来，说明之前发生了波形混叠。根据奈奎斯特定理，采样速率至少高于信号高频分量的两倍才不会发生混叠，如一个 500MHz 的信号，至少需要 1GS/s 的采样速率。图 2.32 所示为同一个波形在 TIME/DIV 设置由小到大变化过程中的示意图。

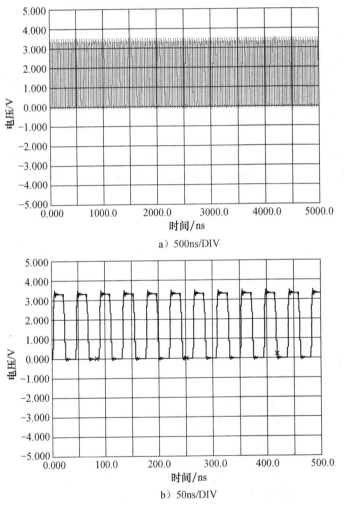

图 2.32　示波器的 TIME/DIV 设置与波形

奈奎斯特定理即为采样定理，指当采样频率 f_{smax} 大于信号中最高频率 f_{max} 的两倍时，即 $f_{smax} \geq 2f_{max}$ 时，采样之后的数字信号可完整地保留原始信息。这条定理在信号处理领域中的地位相当高，大致相当于物理学领域中的牛顿定律。

在示波器的使用过程中，要设置触发方式和触发模式。触发的目的是为了在每次显示的时候都从波形的同一位置开始，波形可以稳定显示。一般示波器都支持边沿触发，在某些情况下，我们也要使用视频触发、毛刺触发、脉宽触发、斜率触发、码型触发等。设定正确的触发，可以大大提高测试过程的灵活性，并简化工作。

示波器一般支持 3 种触发模式：自动模式、常规模式和单次模式。

- 自动模式（示波器面板上的 AUTO 按钮）。在这种模式下，当触发没有发生时，示波器的扫描系统会根据设定的扫描速率自动进行扫描；而当有触发发生时，扫描系统会尽量按信号的频率进行扫描。因此，AUTO 模式下，不论触发条件是否满足，示波器都会产生扫描，都可以在屏幕上看到有变化的扫描线，这是这种模式的特点。一般来说，在对信号的特点不是很了解的时候，可先选择自动模式。
- 常规模式（示波器面板上的 NORM 或 NORMAL 按钮）。在这种模式下，示波器只有当触发条件满足了才进行扫描，如果没有触发，就不进行扫描。因此在这种模式下，如果没有触发，对于模拟示波器而言，用户不会看到扫描线，对于数字示波器而言，不会看到波形更新。
- 单次模式（示波器面板上的 SIGL 或 SINGLE 按钮）。这种模式与 NORMAL 模式有一点类似，就是只有当触发条件满足时才产生扫描，否则不扫描。而不同在于，这种扫描一旦产生并完成后，示波器的扫描系统即进入一种休止状态，即使后面再有满足触发条件的信号出现也不再进行扫描，也就是触发一次只扫描一次。实际工作中，可能要根据情况在自动、常规和单次模式之间进行切换。

2.8.3 逻辑分析仪

逻辑分析仪是利用时钟从测试设备上采集数字信号并进行显示的仪器，其最主要的作用是用于时序的判定。与示波器不同，逻辑分析仪并不具备许多电压等级，通常只显示两个电压（逻辑 1 和 0）。在设定了参考电压之后，逻辑分析仪通过比较器来判定待测试信号，高于参考电压者为 1，低于参考电压者为 0。

例如，如果以 n MHz 采样率测量一个信号，逻辑分析仪会以 $1000/n$ ns 为周期采样信号，当参考电压设定为 1.5V 时，超过 1.5V 则判定为 1，低于 1.5V 则为 0，将逻辑 1 和 0 连接成连续的波形，工程师依据此连续波形可寻找时序问题。

高端逻辑分析仪会安装 Windows 操作系统并提供非常友善的逻辑分析应用软件，在其中可方便地编辑探针、信号并查看波形。这种逻辑分析仪一般称为传统逻辑分析仪，其功能强大，数据采集、分析和波形显示融于一身，但是价格十分昂贵。有的逻辑分析仪则没有图形界面，但是可以通过 USB 等接口与 PC 连接，分析软件则工作在 PC 上。这种逻辑分析仪一般称为虚拟逻辑分析仪，它是 PC 技术和测量技术结合的产物，触发和记录功能由虚拟逻辑分析仪硬件完成，波形显示、输入设置等功能由 PC 完成，因此比较廉价。图 2.33 给出了两种逻辑分析仪。

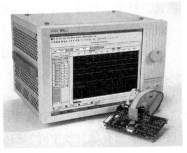

图 2.33　逻辑分析仪

逻辑分析仪的波形可以显示地址、数据、控制信号及任意外部探头信号的变化轨迹，在使用之前应先编辑每个探头的信号名。之后，根据波形还原出总线的工作时序，图 2.34 给出了一个 I^2C 的例子。目前，很多逻辑分析仪都自带了协议分析能力，可以自动分析出总线上传输的命令、地址和数据等信息。

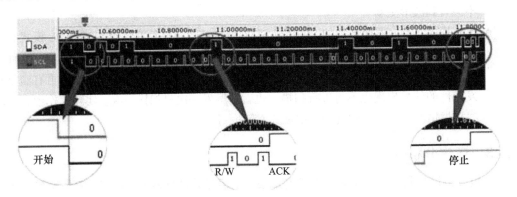

图 2.34　从逻辑分析仪波形还原 I^2C 总线

逻辑分析仪具有超强的逻辑跟踪分析功能，它可以捕获并记录嵌入式处理器的总线周期，也可以捕获如实时跟踪用的 ETM 接口的程序执行信息，并对这些记录进行分析、译码且还原出应用程序的执行过程。因此，可使用逻辑分析仪通过触发接口与 ICD（在线调试器）协调工作以补充 ICD 在跟踪功能方面的不足。逻辑分析仪与 ICD 协作可为工程师提供断点、触发和跟踪调试手段，如图 2.35 所示。

 ICD 是一个容易与 ICE（在线仿真器）混淆的概念，ICE 本身需要完全仿真 CPU 的行为，可以从物理上完全替代 CPU，而 ICD 则只是与芯片内部的嵌入式 ICE 单元通过 JTAG 等接口互通。因此，对 ICD 的硬件性能要求远低于 ICE。目前市面上出现的很多号称为 ICE 的产品实际上是 ICD 等，但是人们一般也称它们为 ICE。

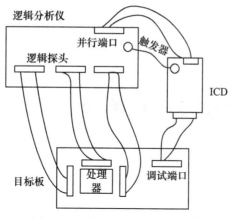

图 2.35　逻辑分析仪与 ICD 协作

2.9　总结

本章简单地讲解了驱动软件工程师必备的硬件基础知识，描述了处理器、存储器的分类以及各种处理器、存储器的原理与用途，并分析了常见的外围设备接口与总线的工作方式。

此外，本章还讲述了对驱动工程师进行实际项目开发有帮助的原理图、硬件时序分析方法，芯片数据手册阅读方法以及万用表、示波器和逻辑分析仪的使用方法。

第 3 章
Linux 内核及内核编程

本章导读

本章有助于读者打下 Linux 驱动编程的软件基础。由于 Linux 驱动编程的本质属于 Linux 内核编程，因此我们有必要熟悉 Linux 内核及内核编程的基础知识。

3.1 ～ 3.2 节讲解了 Linux 内核的演变及新版 Linux 内核的特点。

3.3 节分析了 Linux 内核源代码目录结构和 Linux 内核的组成部分及其关系，并对 Linux 的用户空间和内核空间进行了说明。

3.4 节讲述了 Linux 内核的编译及内核的引导过程。除此之外，还描述了在 Linux 内核中新增程序的方法，驱动工程师编写的设备驱动也应该以此方式添加。

3.5 节阐述了 Linux 下 C 编程的命名习惯以及 Linux 所使用的 GNU C 针对标准 C 的扩展语法。

3.6 节讲解了 Linux 的工具链以及工具链对浮点的支持情况。

3.7 节介绍了公司或学校的实验室建设情况。

3.8 节介绍了 Linux 下的串口工具。

3.1 Linux 内核的发展与演变

Linux 操作系统是 UNIX 操作系统的一种克隆系统，是一种类 UNIX 操作系统，诞生于 1991 年 10 月 5 日（第一次正式向外公布的时间），起初的作者是 Linus Torvalds。Linux 操作系统的诞生、发展和成长过程依赖着 5 个重要支柱：UNIX 操作系统、Minix 操作系统、GNU 计划、POSIX 标准和 Internet。

1. UNIX 操作系统

UNIX 操作系统是美国贝尔实验室的 Ken. Thompson 和 Dennis Ritchie 于 1969 年夏在 DEC PDP-7 小型计算机上开发的一个分时操作系统。Linux 操作系统可看作 UNIX 操作系统的一个克隆版本。

2. Minix 操作系统

Minix 操作系统也是 UNIX 的一种克隆系统，它于 1987 年由著名计算机教授 Andrew

S. Tanenbaum 开发完成。有开放源代码的 Minix 系统的出现在全世界的大学中刮起了学习 UNIX 系统的旋风。Linux 刚开始就是参照 Minix 系统于 1991 年开发的。

3. GNU 计划

GNU 计划和自由软件基金会（FSF）是由 Richard M. Stallman 于 1984 年创办的，GNU 是 "GNU's Not UNIX" 的缩写。到 20 世纪 90 年代初，GNU 项目已经开发出许多高质量的免费软件，其中包括 emacs 编辑系统、bash shell 程序、gcc 系列编译程序、GDB 调试程序等。这些软件为 Linux 操作系统的开发创造了一个合适的环境，是 Linux 诞生的基础之一。没有 GNU 软件环境，Linux 将寸步难行。因此，严格来说，"Linux" 应该称为 "GNU/Linux" 系统。

下面从左到右依次为前文所提到的 5 位大师 Linus Torvalds、Dennis Ritchie、Ken. Thompson、Andrew S. Tanenbaum、Richard M. Stallman。但愿我们能够追随大师的足迹，让自己不断地成长与进步。Linus Torvalds 的一番话甚为有道理："Most good programmers do programming not because they expect to get paid or get adulation by the public, but because it is fun to program." 技术成长的源动力应该是兴趣而非其他，只有兴趣才可以支撑一个人持续不断地十年如一日地努力与学习。Linus Torvalds 本人，虽然已经是一代大师，仍然在不断地管理和合并 Linux 内核的代码。这点，在国内浮躁的学术氛围之下，几乎是不可思议的。我想，中国梦至少包含每个码农都可以因为技术成长而得到人生出彩的机会。

4. POSIX 标准

POSIX（Portable Operating System Interface，可移植的操作系统接口）是由 IEEE 和 ISO/IEC 开发的一组标准。该标准基于现有的 UNIX 实践和经验完成，描述了操作系统的调用服务接口，用于保证编写的应用程序可以在源代码级上在多种操作系统中移植。该标准在推动 Linux 操作系统朝着正规化发展，是 Linux 前进的灯塔。

5. 互联网

如果没有互联网，没有遍布全世界的无数计算机骇客的无私奉献，那么 Linux 最多只能发展到 Linux 0.13（0.95）版本的水平。从 Linux 0.95 版开始，对内核的许多改进和扩充均以其他人为主了，而 Linus 以及其他维护者的主要任务开始变成对内核的维护和决定是否采用某个补丁程序。

表 3.1 描述了 Linux 操作系统重要版本的变迁历史及各版本的主要特点。

表 3.1　Linux 操作系统版本的历史及特点

版　　本	时　　间	特　　点
Linux 0.1	1991 年 10 月	最初的原型
Linux 1.0	1994 年 3 月	包含了 386 的官方支持，仅支持单 CPU 系统
Linux 1.2	1995 年 3 月	第一个包含多平台（Alpha、Sparc、MIPS 等）支持的官方版本
Linux 2.0	1996 年 6 月	包含很多新的平台支持，最重要的是，它是第一个支持 SMP（对称多处理器）体系的内核版本
Linux 2.2	1999 年 1 月	极大提升 SMP 系统上 Linux 的性能，并支持更多的硬件
Linux 2.4	2001 年 1 月	进一步提升了 SMP 系统的扩展性，同时也集成了很多用于支持桌面系统的特性：USB、PC 卡（PCMCIA）的支持，内置的即插即用等
Linux 2.6.0 ~ 2.6.39	2003 年 12 月 ~ 2011 年 5 月	无论是对于企业服务器还是对于嵌入式系统，Linux 2.6 都是一个巨大的进步。对高端机器来说，新特性针对的是性能改进、可扩展性、吞吐率，以及对 SMP 机器 NUMA 的支持。对于嵌入式领域，添加了新的体系结构和处理器类型。包括对那些没有硬件控制的内存管理方案的无 MMU 系统的支持。同样，为了满足桌面用户群的需要，添加了一整套新的音频和多媒体驱动程序
Linux 3.0 ~ 3.19、Linux 4.0-rc1 至今	2011 年 7 月至今	开发热点聚焦于虚拟化、新文件系统、Android、新体系结构支持以及性能优化等

Linux 内核通常以 2 ~ 3 个月为周期更新一次大的版本号，如 Linux 2.6.34 是在 2010 年 5 月发布的，Linux 2.6.35 的发布时间则为 2010 年 8 月。Linux 2.6 的最后一个版本是 Linux 2.6.39，之后 Linux 内核过渡到 Linux 3.0 版本，同样以 2 ~ 3 个月为周期更新小数点后第一位。因此，内核 Linux 3.x 时代，Linux 3 和 Linux 2.6 的地位对等，因此，Linux 2.6 时代的版本变更是 Linux 2.6.N ~ 2.6.N+1 以 2 ~ 3 个月为周期递进，而 Linux 3.x 时代后，则是 Linux 3.N ~ 3.N+1 以 2 ~ 3 个月为周期递进。Linux 3.x 的最后一个版本是 Linux 3.19。

在 Linux 内核版本发布后，还可以进行一个修复 bug 或者少量特性的反向移植（Backport，即把新版本中才有的补丁移植到已经发布的老版本中）的工作，这样的版本以小数点后最后一位的形式发布，如 Linux 2.6.35.1、Linux 2.6.35.2、Linux 3.10.1 和 Linux 3.10.2 等。此类已经发布的版本的维护版本通常是由 Greg Kroah-Hartman 等人进行管理的。Greg Kroah-Hartman 是名著 LDD3（《Linux 设备驱动（第 3 版）》的作者之一。

关于 Linux 内核从 Linux 2.6.39 变更为 Linux 3.0 的变化，按照 Linus Torvalds 的解释，并没有什么大的改变："NOTHING. Absolutely nothing. Sure, we have the usual two thirds driver changes, and a lot of random fixes, but the point is that 3.0 is *just* about renumbering, we are very much *not* doing a KDE-4 or a Gnome-3 here. No breakage, no special scary new features, nothing at all like that." 因此，简单来说，版本号变更为"3.x"的原因就是"我喜欢"。

关于 Linux 内核每一个版本具体的变更，可以参考网页 http://kernelnewbies.org/LinuxVersions，比如 Linux 3.15 针对 Linux 3.14 的变更归纳在：http://kernelnewbies.org/Linux_3.15。

就在本书写作的过程中，2015 年 2 月 23 日，也迎来了 Linux 4.0-rc1 的诞生，而理由仍然是那么"无厘头"：

.. after extensive statistical analysis of my G+ polling, I've come to
the inescapable conclusion that internet polls are bad.

Big surprise.

But "Hurr durr I'ma sheep" trounced "I like online polls" by a 62-to-38%
margin, in a poll that people weren't even supposed to participate in.
Who can argue with solid numbers like that? 5,796 votes from people who
can't even follow the most basic directions?

In contrast, "v4.0" beat out "v3.20" by a slimmer margin of 56-to-44%,
but with a total of 29,110 votes right now.

Now, arguably, that vote spread is only about 3,200 votes, which is less
than the almost six thousand votes that the "please ignore" poll got, so
it could be considered noise.

But hey, I asked, so I'll honor the votes.

从表 3.1 可以看出，Linux 的开发一直朝着支持更多的 CPU、硬件体系结构和外部设备，支持更广泛领域的应用，提供更好的性能这 3 个方向发展。按照现在的状况，Linux 内核本身基本没有大的路线图，完全是根据使用 Linux 内核的企业和个人的需求，被相应的企业和个人开发出来并贡献给 Linux 产品线的。简单地说，Linux 内核是一个演变而不是一个设计。关于 Linux 的近期热点和走向，可以参考位于 http://www.linuxfoundation.org/news-media/lwf 的《Linux Weather Forecast》。

除了 Linux 内核本身可提供免费下载以外，一些厂商封装了 Linux 内核和大量有用的软件包、中间件、桌面环境和应用程序，制定了针对桌面 PC 和服务器的 Linux 发行版（Distro），如 Ubuntu、Red Hat、Fedora、Debian、SuSE、Gentoo 等，国内的红旗 Linux 开发商中科红旗则已经宣布倒闭。

再者，针对嵌入式系统的应用，一些集成和优化内核、开发工具、中间件和 UI 框架的嵌入式 Linux 被开发出来了，例如 MontaVista Linux、Mentor Embedded Linux、MeeGo、Tizen、Firefox OS 等。

Android 采用 Linux 内核，但是在内核里加入了一系列补丁，如 Binder、ashmem、wakelock、low memory killer、RAM_CONSOLE 等，目前，这些补丁中的绝大多数已经进入

Linux 的产品线。

图 3.1 显示了 Linux 2.6.13 以来每个内核版本参与的人、组织的情况以及每次版本演进的时候被改变的代码行数和补丁的数量。目前每次版本升级，都有分布于 200 多个组织超过 1000 人提交代码，被改变的代码行数超过 100 万行，补丁数量达 1 万个。

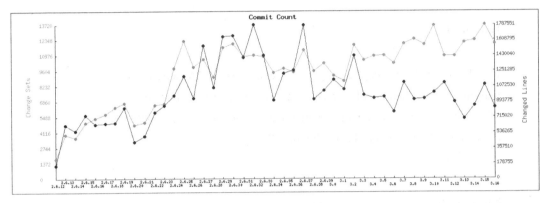

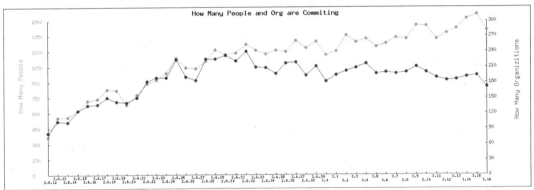

图 3.1　Linux 内核开发人员和补丁情况

3.2　Linux 2.6 后的内核特点

Linux 2.6 内核是 Linux 开发者群落一个寄予厚望的版本，从 2003 年 12 月直至 2011 年 7 月，内核重新进行了版本的编号，从而过渡到 Linux 3.x 版本直到成书时的 Linux 4.0-rc1。

Linux 2.6 相对于 Linux 2.4 有相当大的改进，主要体现在如下几个方面。

1. 新的调度器

Linux 2.6 以后版本的 Linux 内核使用了新的进程调度算法，它在高负载的情况下有极其出色的性能，并且当有很多处理器时也可以很好地扩展。在 Linux 内核 2.6 的早期采用了 O(1) 算法，之后转移到 CFS（Completely Fair Scheduler，完全公平调度）算法。在 Linux 3.14 中，也增加了一个新的调度类：SCHED_DEADLINE，它实现了 EDF（Earliest Deadline

First，最早截止期限优先）调度算法。

2. 内核抢占

在 Linux 2.6 以后版本的 Linux 内核中，一个内核任务可以被抢占，从而提高系统的实时性。这样做最主要的优势在于，可以极大地增强系统的用户交互性，用户将会觉得鼠标单击和击键的事件得到了更快速的响应。Linux 2.6 以后的内核版本还是存在一些不可抢占的区间，如中断上下文、软中断上下文和自旋锁锁住的区间，如果给 Linux 内核打上 RT-Preempt 补丁，则中断和软中断都被线程化了，自旋锁也被互斥体替换，Linux 内核变得能支持硬实时。

如图 3.2 所示，左侧是 Linux 2.4，右侧是 Linux 2.6 以后的内核。在 Linux 2.4 的内核中，在 IRQ1 的中断服务程序唤醒 RT（实时）任务后，必须要等待前面一个 Normal（普通）任务的系统调用完成，返回用户空间的时候，RT 任务才能切入；而在 Linux 2.6 内核中，Normal 任务的临界区（如自旋锁）结束的时候，RT 任务就从内核切入了。不过也可以看出，Linux 2.6 以后的内核仍然存在中断、软中断、自旋锁等原子上下文进程无法抢占执行的情况，这是 Linux 内核本身只提供软实时能力的原因。

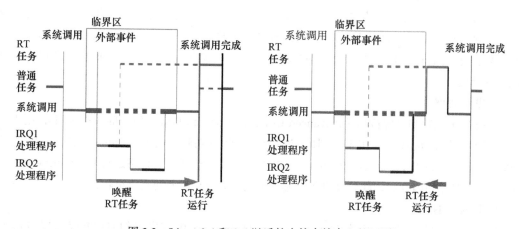

图 3.2 Linux 2.4 和 2.6 以后的内核在抢占上的区别

3. 改进的线程模型

Linux 2.6 以后版本中的线程采用 NPTL（Native POSIX Thread Library，本地 POSIX 线程库）模型，操作速度得以极大提高，相比于 Linux 2.4 内核时代的 LinuxThreads 模型，它也更加遵循 POSIX 规范的要求。NPTL 没有使用 LinuxThreads 模型中采用的管理线程，内核本身也增加了 FUTEX（Fast Userspace Mutex，快速用户态互斥体），从而减小多线程的通信开销。

4. 虚拟内存的变化

从虚拟内存的角度来看，新内核融合了 r-map（反向映射）技术，显著改善虚拟内存在一定大小负载下的性能。在 Linux 2.4 中，要回收页时，内核的做法是遍历每个进程的所有 PTE 以判断该 PTE 是否与该页建立了映射，如果建立了，则取消该映射，最后无 PTE 与该页相关联后才回收该页。在 Linux 2.6 后，则建立反向映射，可以通过页结构体快速寻找到页面的映射。

5. 文件系统

Linux 2.6 版内核增加了对日志文件系统功能的支持，解决了 Linux 2.4 版本在这方面的不足。Linux 2.6 版内核在文件系统上的关键变化还包括对扩展属性及 POSIX 标准访问控制的支持。ext2/ext3/ext4 作为大多数 Linux 系统默认安装的文件系统，在 Linux 2.6 版内核中增加了对扩展属性的支持，可以给指定的文件在文件系统中嵌入元数据。

在文件系统方面，当前的研究热点是基于 B 树的 Btrfs，Btrfs 称为是下一代 Linux 文件系统，它在扩展性、数据一致性、多设备管理和针对 SSD 的优化等方面都优于 ext4。

6. 音频

高级 Linux 音频体系结构（Advanced Linux Sound Architecture，ALSA）取代了缺陷很多旧的 OSS（Open Sound System）。ALSA 支持 USB 音频和 MIDI 设备，并支持全双工重放等功能。

7. 总线、设备和驱动模型

在 Linux 2.6 以后的内核中，总线、设备、驱动三者之间因为一定的联系性而实现对设备的控制。总线是三者联系起来的基础，通过一种总线类型，将设备和驱动联系起来。总线类型中的 match() 函数用来匹配设备和驱动，当匹配操作完成之后就会执行驱动程序中的 probe() 函数。

8. 电源管理

支持高级配置和电源接口（Advanced Configuration and Power Interface，ACPI），用于调整 CPU 在不同的负载下工作于不同的时钟频率以降低功耗。目前，Linux 内核的电源管理（PM）相对比较完善了，包括 CPUFreq、CPUIdle、CPU 热插拔、设备运行时（runtime）PM、Linux 系统挂起到内存和挂起到硬盘等全套的支持，在 ARM 上的支持也较完备。

9. 联网和 IPSec

Linux 2.6 内核中加入了对 IPSec 的支持，删除了原来内核内置的 HTTP 服务器 khttpd，加入了对新的 NFSv4（网络文件系统）客户机/服务器的支持，并改进了对 IPv6 的支持。

10. 用户界面层

Linux 2.6 内核重写了帧缓冲/控制台层，人机界面层还加入了对近乎所有接口设备的支持（从触摸屏到盲人用的设备和各种各样的鼠标）。

在设备驱动程序方面，Linux 2.6 相对于 Linux 2.4 也有较大的改动，这主要表现在内核 API 中增加了不少新功能（例如内存池）、sysfs 文件系统、内核模块从 .o 变为 .ko、驱动模块编译方式、模块使用计数、模块加载和卸载函数的定义等方面。

11. Linux 3.0 后 ARM 架构的变更

Linus Torvalds 在 2011 年 3 月 17 日的 ARM Linux 邮件列表中宣称"this whole ARM thing is a f*cking pain in the ass"，这引发了 ARM Linux 社区的地震，随后 ARM 社区进行

了一系列重大修正。社区必须改变这种局面，于是PowerPC等其他体系结构下已经使用的FDT（Flattened Device Tree）进入到了ARM社区的视野。

此外，ARM Linux的代码在时钟、DMA、pinmux、计时器刻度等诸多方面都进行了优化和调整，也删除了arch/arm/mach-xxx/include/mach头文件目录，以至于Linux 3.7以后的内核可以支持多平台，即用同一份内核镜像运行于多家SoC公司的多个芯片，实现"一个Linux可适用于所有的ARM系统"。

3.3 Linux内核的组成

3.3.1 Linux内核源代码的目录结构

Linux内核源代码包含如下目录。
- arch：包含和硬件体系结构相关的代码，每种平台占一个相应的目录，如i386、arm、arm64、powerpc、mips等。Linux内核目前已经支持30种左右的体系结构。在arch目录下，存放的是各个平台以及各个平台的芯片对Linux内核进程调度、内存管理、中断等的支持，以及每个具体的SoC和电路板的板级支持代码。
- block：块设备驱动程序I/O调度。
- crypto：常用加密和散列算法（如AES、SHA等），还有一些压缩和CRC校验算法。
- documentation：内核各部分的通用解释和注释。
- drivers：设备驱动程序，每个不同的驱动占用一个子目录，如char、block、net、mtd、i2c等。
- fs：所支持的各种文件系统，如EXT、FAT、NTFS、JFFS2等。
- include：头文件，与系统相关的头文件放置在include/linux子目录下。
- init：内核初始化代码。著名的start_kernel()就位于init/main.c文件中。
- ipc：进程间通信的代码。
- kernel：内核最核心的部分，包括进程调度、定时器等，而和平台相关的一部分代码放在arch/*/kernel目录下。
- lib：库文件代码。
- mm：内存管理代码，和平台相关的一部分代码放在arch/*/mm目录下。
- net：网络相关代码，实现各种常见的网络协议。
- scripts：用于配置内核的脚本文件。
- security：主要是一个SELinux的模块。
- sound：ALSA、OSS音频设备的驱动核心代码和常用设备驱动。
- usr：实现用于打包和压缩的cpio等。
- include：内核API级别头文件。

内核一般要做到 drivers 与 arch 的软件架构分离，驱动中不包含板级信息，让驱动跨平台。同时内核的通用部分（如 kernel、fs、ipc、net 等）则与具体的硬件（arch 和 drivers）剥离。

3.3.2 Linux 内核的组成部分

如图 3.3 所示，Linux 内核主要由进程调度（SCHED）、内存管理（MM）、虚拟文件系统（VFS）、网络接口（NET）和进程间通信（IPC）5 个子系统组成。

1. 进程调度

进程调度控制系统中的多个进程对 CPU 的访问，使得多个进程能在 CPU 中"微观串行，宏观并行"地执行。进程调度处于系统的中心位置，内核中其他的子系统都依赖它，因为每个子系统都需要挂起或恢复进程。

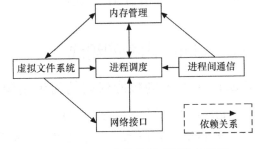

图 3.3 Linux 内核的组成部分与关系

如图 3.4 所示，Linux 的进程在几个状态间进行切换。在设备驱动编程中，当请求的资源不能得到满足时，驱动一般会调度其他进程执行，并使本进程进入睡眠状态，直到它请求的资源被释放，才会被唤醒而进入就绪状态。睡眠分成可中断的睡眠和不可中断的睡眠，两者的区别在于可中断的睡眠在收到信号的时候会醒。

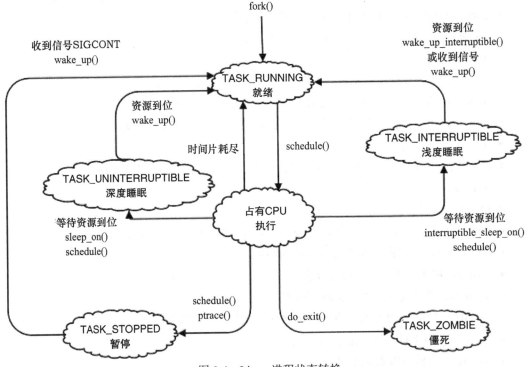

图 3.4 Linux 进程状态转换

完全处于 TASK_UNINTERRUPTIBLE 状态的进程甚至都无法被"杀死",所以 Linux 2.6.26 之后的内核也存在一种 TASK_KILLABLE 的状态,它等于"TASK_WAKEKILL | TASK_UNINTERRUPTIBLE",可以响应致命信号。

在 Linux 内核中,使用 task_struct 结构体来描述进程,该结构体中包含描述该进程内存资源、文件系统资源、文件资源、tty 资源、信号处理等的指针。Linux 的线程采用轻量级进程模型来实现,在用户空间通过 pthread_create() API 创建线程的时候,本质上内核只是创建了一个新的 task_struct,并将新 task_struct 的所有资源指针都指向创建它的那个 task_struct 的资源指针。

绝大多数进程(以及进程中的多个线程)是由用户空间的应用创建的,当它们存在底层资源和硬件访问的需求时,会通过系统调用进入内核空间。有时候,在内核编程中,如果需要几个并发执行的任务,可以启动内核线程,这些线程没有用户空间。启动内核线程的函数为:

```
pid_t kernel_thread(int (*fn)(void *), void *arg, unsigned long flags);
```

2. 内存管理

内存管理的主要作用是控制多个进程安全地共享主内存区域。当 CPU 提供内存管理单元(MMU)时,Linux 内存管理对于每个进程完成从虚拟内存到物理内存的转换。Linux 2.6 引入了对无 MMU CPU 的支持。

如图 3.5 所示,一般而言,32 位处理器的 Linux 的每个进程享有 4GB 的内存空间,0 ~ 3GB 属于用户空间,3 ~ 4GB 属于内核空间,内核空间对常规内存、I/O 设备内存以及高端内存有不同的处理方式。当然,内核空间和用户空间的具体界限是可以调整的,在内核配置选项 Kernel Features → Memory split 下,可以设置界限为 2GB 或者 3GB。

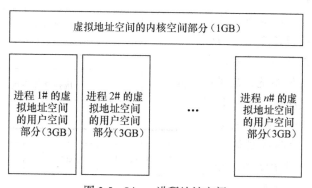

图 3.5　Linux 进程地址空间

如图 3.6 所示,Linux 内核的内存管理总体比较庞大,包含底层的 Buddy 算法,它用于管理每个页的占用情况,内核空间的 slab 以及用户空间的 C 库的二次管理。另外,内核也提供了页缓存的支持,用内存来缓存磁盘,per-BDI flusher 线程用于刷回脏的页缓存到磁盘。Kswapd(交换进程)则是 Linux 中用于页面回收(包括 file-backed 的页和匿名页)的内核线程，它采用最近最少使用（LRU）算法进行内存回收。

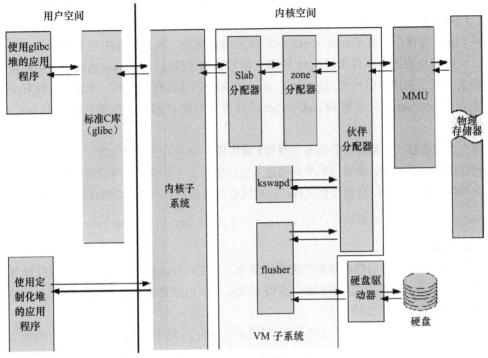

图 3.6　Linux 内存管理

3. 虚拟文件系统

如图 3.7 所示，Linux 虚拟文件系统隐藏了各种硬件的具体细节，为所有设备提供了统一的接口。而且，它独立于各个具体的文件系统，是对各种文件系统的一个抽象。它为上层的应用程序提供了统一的 vfs_read()、vfs_write() 等接口，并调用具体底层文件系统或者设备驱动中实现的 file_operations 结构体的成员函数。

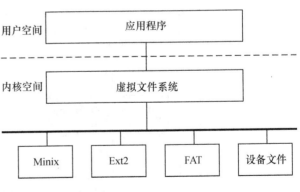

图 3.7　Linux 虚拟文件系统

4. 网络接口

网络接口提供了对各种网络标准的存取和各种网络硬件的支持。如图 3.8 所示，在 Linux 中网络接口可分为网络协议和网络驱动程序，网络协议部分负责实现每一种可能的网络传输协议，网络设备驱动程序负责与硬件设备通信，每一种可能的硬件设备都有相应的设备驱动程序。

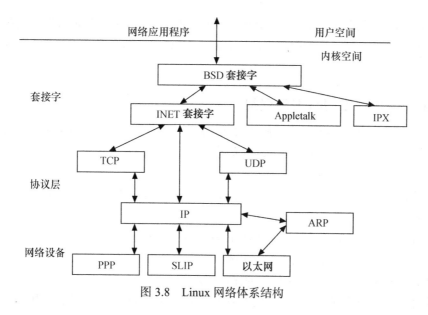

图 3.8 Linux 网络体系结构

Linux 内核支持的协议栈种类较多，如 Internet、UNIX、CAN、NFC、Bluetooth、WiMAX、IrDA 等，上层的应用程序统一使用套接字接口。

5. 进程间通信

进程间通信支持进程之间的通信，Linux 支持进程间的多种通信机制，包含信号量、共享内存、消息队列、管道、UNIX 域套接字等，这些机制可协助多个进程、多资源的互斥访问、进程间的同步和消息传递。在实际的 Linux 应用中，人们更多地趋向于使用 UNIX 域套接字，而不是 System V IPC 中的消息队列等机制。Android 内核则新增了 Binder 进程间通信方式。

Linux 内核 5 个组成部分之间的依赖关系如下。

- 进程调度与内存管理之间的关系：这两个子系统互相依赖。在多程序环境下，程序要运行，则必须为之创建进程，而创建进程的第一件事情，就是将程序和数据装入内存。
- 进程间通信与内存管理的关系：进程间通信子系统要依赖内存管理支持共享内存通信机制，这种机制允许两个进程除了拥有自己的私有空间之外，还可以存取共同的内存区域。
- 虚拟文件系统与网络接口之间的关系：虚拟文件系统利用网络接口支持网络文件系统（NFS），也利用内存管理支持 RAMDISK 设备。
- 内存管理与虚拟文件系统之间的关系：内存管理利用虚拟文件系统支持交换，交换进程定期由调度程序调度，这也是内存管理依赖于进程调度的原因。当一个进程存取的内存映射被换出时，内存管理向虚拟文件系统发出请求，同时，挂起当前正在运行的进程。

除了这些依赖关系外，内核中的所有子系统还要依赖于一些共同的资源。这些资源包括所有子系统都用到的 API，如分配和释放内存空间的函数、输出警告或错误消息的函数及系统提供的调试接口等。

3.3.3 Linux 内核空间与用户空间

现代 CPU 内部往往实现了不同操作模式（级别），不同模式有不同功能，高层程序往往不能访问低级功能，而必须以某种方式切换到低级模式。

例如，ARM 处理器分为 7 种工作模式。

- 用户模式（usr）：大多数应用程序运行在用户模式下，当处理器运行在用户模式下时，某些被保护的系统资源是不能访问的。
- 快速中断模式（fiq）：用于高速数据传输或通道处理。
- 外部中断模式（irq）：用于通用的中断处理。
- 管理模式（svc）：操作系统使用的保护模式。
- 数据访问中止模式（abt）：当数据或指令预取中止时进入该模式，可用于虚拟存储及存储保护。
- 系统模式（sys）：运行具有特权的操作系统任务。
- 未定义指令中止模式（und）：当未定义的指令执行时进入该模式，可用于支持硬件协处理器的软件仿真。

ARM Linux 的系统调用实现原理是采用 swi 软中断从用户（usr）模式陷入管理模式（svc）。

又如，x86 处理器包含 4 个不同的特权级，称为 Ring 0 ~ Ring 3。在 Ring0 下，可以执行特权级指令，对任何 I/O 设备都有访问权等，而 Ring3 则被限制很多操作。

Linux 系统可充分利用 CPU 的这一硬件特性，但它只使用了两级。在 Linux 系统中，内核可进行任何操作，而应用程序则被禁止对硬件的直接访问和对内存的未授权访问。例如，若使用 x86 处理器，则用户代码运行在特权级 3，而系统内核代码则运行在特权级 0。

内核空间和用户空间这两个名词用来区分程序执行的两种不同状态，它们使用不同的地址空间。Linux 只能通过系统调用和硬件中断完成从用户空间到内核空间的控制转移。

3.4 Linux 内核的编译及加载

3.4.1 Linux 内核的编译

Linux 驱动开发者需要牢固地掌握 Linux 内核的编译方法以为嵌入式系统构建可运行的 Linux 操作系统映像。在编译内核时，需要配置内核，可以使用下面命令中的一个：

```
#make config (基于文本的最为传统的配置界面, 不推荐使用)
#make menuconfig (基于文本菜单的配置界面)
#make xconfig (要求 QT 被安装)
```

```
#make gconfig(要求 GTK+ 被安装)
```

在配置 Linux 内核所使用的 make config、make menuconfig、make xconfig 和 make gconfig 这 4 种方式中，最值得推荐的是 make menuconfig，它不依赖于 QT 或 GTK+，且非常直观，对 /home/baohua/develop/linux 中的 Linux 4.0-rc1 内核运行 make ARCH=arm menuconfig 后的界面如图 3.9 所示。

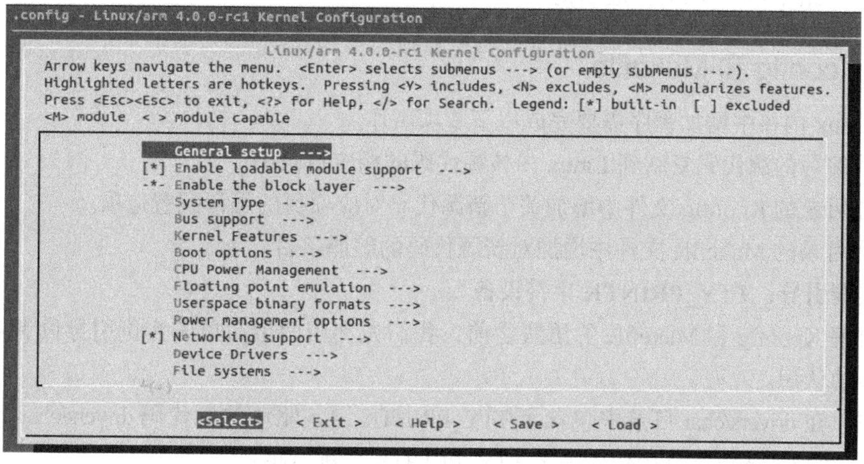

图 3.9 Linux 内核编译配置

内核配置包含的条目相当多，arch/arm/configs/xxx_defconfig 文件包含了许多电路板的默认配置。只需要运行 make ARCH=arm xxx_defconfig 就可以为 xxx 开发板配置内核。

编译内核和模块的方法是：

```
make ARCH=arm zImage
make ARCH=arm modules
```

上述命令中，如果 ARCH=arm 已经作为环境变量导出，则不再需要在 make 命令后书写该选项。执行完上述命令后，在源代码的根目录下会得到未压缩的内核映像 vmlinux 和内核符号表文件 System.map，在 arch/arm/boot/ 目录下会得到压缩的内核映像 zImage，在内核各对应目录内得到选中的内核模块。

Linux 内核的配置系统由以下 3 个部分组成。

- Makefile：分布在 Linux 内核源代码中，定义 Linux 内核的编译规则。
- 配置文件（Kconfig）：给用户提供配置选择的功能。
- 配置工具：包括配置命令解释器（对配置脚本中使用的配置命令进行解释）和配置用户界面（提供字符界面和图形界面）。这些配置工具使用的都是脚本语言，如用 Tcl/TK、Perl 等。

使用 make config、make menuconfig 等命令后，会生成一个 .config 配置文件，记录哪些

部分被编译入内核、哪些部分被编译为内核模块。

运行 make menuconfig 等时，配置工具首先分析与体系结构对应的 /arch/xxx/Kconfig 文件（xxx 即为传入的 ARCH 参数），/arch/xxx/Kconfig 文件中除本身包含一些与体系结构相关的配置项和配置菜单以外，还通过 source 语句引入了一系列 Kconfig 文件，而这些 Kconfig 又可能再次通过 source 引入下一层的 Kconfig，配置工具依据 Kconfig 包含的菜单和条目即可描绘出一个如图 3.9 所示的分层结构。

3.4.2 Kconfig 和 Makefile

在 Linux 内核中增加程序需要完成以下 3 项工作。
- 将编写的源代码复制到 Linux 内核源代码的相应目录中。
- 在目录的 Kconfig 文件中增加关于新源代码对应项目的编译配置选项。
- 在目录的 Makefile 文件中增加对新源代码的编译条目。

1. 实例引导：TTY_PRINTK 字符设备

在讲解 Kconfig 和 Makefile 的语法之前，我们先利用两个简单的实例引导读者对其建立对具初步的认识。

首先，在 drivers/char 目录中包含了 TTY_PRINTK 设备驱动的源代码 drivers/char/ttyprintk.c。而在该目录的 Kconfig 文件中包含关于 TTY_PRINTK 的配置项：

```
config TTY_PRINTK
        tristate "TTY driver to output user messages via printk"
        depends on EXPERT && TTY
        default n
        ---help---
          If you say Y here, the support for writing user messages (i.e.
          console messages) via printk is available.

          The feature is useful to inline user messages with kernel
          messages.
          In order to use this feature, you should output user messages
          to /dev/ttyprintk or redirect console to this TTY.

          If unsure, say N.
```

上述 Kconfig 文件的这段脚本意味着只有在 EXPERT 和 TTY 被配置的情况下，才会出现 TTY_PRINTK 配置项，这个配置项为三态（可编译入内核，可不编译，也可编译为内核模块，选项分别为"Y"、"N"和"M"），菜单上显示的字符串为"TTY driver to output user messages via printk"，"help"后面的内容为帮助信息。图 3.10 显示了 TTY_PRINTK 菜单以及 help 在运行 make menuconfig 时的情况。

除了布尔（bool）配置项外，还存在一种布尔配置选项，它意味着要么编译入内核，要么不编译，选项为"Y"或"N"。

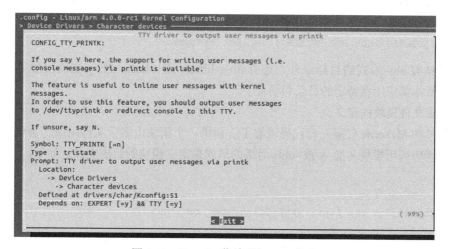

图 3.10　Kconfig 菜单项与 help 信息

在目录的 Makefile 中关于 TTY_PRINTK 的编译项为：

```
obj-$(CONFIG_TTY_PRINTK)        += ttyprintk.o
```

上述脚本意味着如果 TTY_PRINTK 配置选项被选择为"Y"或"M"，即 obj-$(CONFIG_TTY_PRINTK) 等同于 obj-y 或 obj-m，则编译 ttyprintk.c，选"Y"时会直接将生成的目标代码连接到内核，选"M"时则会生成模块 ttyprintk.ko；如果 TTY_PRINTK 配置选项被选择为"N"，即 obj-$(CONFIG_TTY_PRINTK) 等同于 obj-n，则不编译 ttyprintk.c。

一般而言，驱动开发者会在内核源代码的 drivers 目录内的相应子目录中增加新设备驱动的源代码或者在 arch/arm/mach-xxx 下新增加板级支持的代码，同时增加或修改 Kconfig 配置脚本和 Makefile 脚本，具体执行完全仿照上述过程即可。

2. Makefile

这里主要对内核源代码各级子目录中的 kbuild（内核的编译系统）Makefile 进行简单介绍，这部分是内核模块或设备驱动开发者最常接触到的。

Makefile 的语法包括如下几个方面。

（1）目标定义

目标定义就是用来定义哪些内容要作为模块编译，哪些要编译并链接进内核。

例如：

```
obj-y += foo.o
```

表示要由 foo.c 或者 foo.s 文件编译得到 foo.o 并链接进内核（无条件编译，所以不需要 Kconfig 配置选项），而 obj-m 则表示该文件要作为模块编译。obj-n 形式的目标不会被编译。

更常见的做法是根据 make menuconfig 后生成的 config 文件的 CONFIG_ 变量来决定文件的编译方式，如：

```
obj-$(CONFIG_ISDN) += isdn.o
obj-$(CONFIG_ISDN_PPP_BSDCOMP) += isdn_bsdcomp.o
```

除了具有 obj- 形式的目标以外，还有 lib-y library 库、hostprogs-y 主机程序等目标，但是这两类基本都应用在特定的目录和场合下。

（2）多文件模块的定义。

最简单的 Makefile 仅需一行代码就够了。如果一个模块由多个文件组成，会稍微复杂一些，这时候应采用模块名加 -y 或 -objs 后缀的形式来定义模块的组成文件，如下：

```
#
# Makefile for the linux ext2-filesystem routines.
#
obj-$(CONFIG_EXT2_FS) += ext2.o
ext2-y := balloc.o dir.o file.o fsync.o ialloc.o inode.o \
        ioctl.o namei.o super.o symlink.o
ext2-$(CONFIG_EXT2_FS_XATTR)     += xattr.o xattr_user.o xattr_trusted.o
ext2-$(CONFIG_EXT2_FS_POSIX_ACL) += acl.o
ext2-$(CONFIG_EXT2_FS_SECURITY)  += xattr_security.o
ext2-$(CONFIG_EXT2_FS_XIP)       += xip.o
```

模块的名字为 ext2，由 balloc.o、dir.o、file.o 等多个目标文件最终链接生成 ext2.o 直至 ext2.ko 文件，并且是否包括 xattr.o、acl.o 等则取决于内核配置文件的配置情况，例如，如果 CONFIG_EXT2_FS_POSIX_ACL 被选择，则编译 acl.c 得到 acl.o 并最终链接进 ext2。

（3）目录层次的迭代

如下例：

```
obj-$(CONFIG_EXT2_FS) += ext2/
```

当 CONFIG_EXT2_FS 的值为 y 或 m 时，kbuild 将会把 ext2 目录列入向下迭代的目标中。

3. Kconfig

内核配置脚本文件的语法也比较简单，主要包括如下几个方面。

（1）配置选项

大多数内核配置选项都对应 Kconfig 中的一个配置选项（config）：

```
config MODVERSIONS
    bool "Module versioning support"
    help
        Usually, you have to use modules compiled with your kernel.
        Saying Y here makes it ...
```

"config"关键字定义新的配置选项，之后的几行代码定义了该配置选项的属性。配置选项的属性包括类型、数据范围、输入提示、依赖关系、选择关系及帮助信息、默认值等。

- 每个配置选项都必须指定类型，类型包括 bool、tristate、string、hex 和 int，其中 tristate 和 string 是两种基本类型，其他类型都基于这两种基本类型。类型定义后可以紧跟输入提示，下面两段脚本是等价的：

```
bool "Networking support"
```

和

```
bool
prompt "Networking support"
```

- 输入提示的一般格式为：

```
prompt <prompt> [if <expr>]
```

其中，可选的 if 用来表示该提示的依赖关系。

- 默认值的格式为：

```
default <expr> [if <expr>]
```

如果用户不设置对应的选项，配置选项的值就是默认值。

- 依赖关系的格式为：

```
depends on (或者 requires) <expr>
```

如果定义了多重依赖关系，它们之间用"&&"间隔。依赖关系也可以应用到该菜单中所有的其他选项（同样接受 if 表达式）内，下面两段脚本是等价的：

```
bool "foo" if BAR
default y if BAR
```

和

```
depends on BAR
bool "foo"
default y
```

- 选择关系（也称为反向依赖关系）的格式为：

```
select <symbol> [if <expr>]
```

A 如果选择了 B，则在 A 被选中的情况下，B 自动被选中。

- 数据范围的格式为：

```
range <symbol> <symbol> [if <expr>]
```

- Kconfig 中的 expr（表达式）定义为：

```
<expr> ::= <symbol>
           <symbol> '=' <symbol>
           <symbol> '!=' <symbol>
           '(' <expr> ')'
           '!' <expr>
           <expr> '&&' <expr>
           <expr> '||' <expr>
```

也就是说，expr 是由 symbol、两个 symbol 相等、两个 symbol 不等以及 expr 的赋值、非、与或运算构成。而 symbol 分为两类，一类是由菜单入口配置选项定义的非常数 symbol，另一类是作为 expr 组成部分的常数 symbol。比如下面代码中的 SHDMA_R8A73A4 是一个布尔配置选项，表达式"ARCH_R8A73A4 && SH_DMAE != n"暗示只有当 ARCH_R8A73A4 被选中且 SH_DMAE 不为 n（即要么被选中，要么作为模块）的时候，才可能出现这个 SHDMA_R8A73A4。

```
config SHDMA_R8A73A4
       def_bool y
       depends on ARCH_R8A73A4 && SH_DMAE != n
```

- 为 int 和 hex 类型的选项设置可以接受的输入值范围，用户只能输入大于等于第一个 symbol，且小于等于第二个 symbol 的值。
- 帮助信息的格式为：

```
help (或 ---help---)
    开始
    ...
    结束
```

帮助信息完全靠文本缩进识别结束。"---help---"和"help"在作用上没有区别，设计"---help---"的初衷在于将文件中的配置逻辑与给开发人员的提示分开。

（2）菜单结构

配置选项在菜单树结构中的位置可由两种方法决定。第一种方式为：

```
menu "Network device support"
    depends on NET
config NETDEVICES
    ...
endmenu
```

所有处于"menu"和"endmenu"之间的配置选项都会成为"Network device support"的子菜单，而且，所有子菜单（config）选项都会继承父菜单（menu）的依赖关系，比如，"Network device support"对"NET"的依赖会被加到配置选项 NETDEVICES 的依赖列表中。

注意：menu 后面跟的"Network device support"项仅仅是 1 个菜单，没有对应真实的配置选项，也不具备 3 种不同的状态。这是它和 config 的区别。

另一种方式是通过分析依赖关系生成菜单结构。如果菜单项在一定程度上依赖于前面的选项，它就能成为该选项的子菜单。如果父选项为"n"，子选项不可见；如果父选项可见，子选项才可见。例如：

```
config MODULES
    bool "Enable loadable module support"

config MODVERSIONS
    bool "Set version information on all module symbols"
    depends on MODULES

comment "module support disabled"
    depends on !MODULES
```

MODVERSIONS 直接依赖 MODULES，只有 MODULES 不为"n"时，该选项才可见。

除此之外，Kconfig 中还可能使用"choices ... endchoice"、"comment"、"if...endif"这样的语法结构。其中"choices ... endchoice"的结构为：

```
choice
<choice options>
<choice block>
endchoice"
```

它定义一个选择群，其接受的选项（choice options）可以是前面描述的任何属性，例如，LDD6410 的 VGA 输出分辨率可以是 1 024×768 或者 800×600，在 drivers/video/samsung/Kconfig 中就定义了如下 choice：

```
choice
depends on FB_S3C_VGA
prompt "Select VGA Resolution for S3C Framebuffer"
default FB_S3C_VGA_1024_768
config FB_S3C_VGA_1024_768
    bool "1024*768@60Hz"
```

```
    ---help---
    TBA
config FB_S3C_VGA_640_480
    bool "640*480@60Hz"
    ---help---
    TBA
endchoice
```

上述例子中，prompt 配合 choice 起到提示作用。

用 Kconfig 配置脚本和 Makefile 脚本编写的更详细信息，可以分别参见内核文档 Documentation 目录内的 kbuild 子目录下的 Kconfig-language.txt 和 Makefiles.txt 文件。

4. 应用实例：在内核中新增驱动代码目录和子目录

下面来看一个综合实例，假设我们要在内核源代码 drivers 目录下为 ARM 体系结构新增如下用于 test driver 的树形目录：

```
|--test
    |-- cpu
        | -- cpu.c
    |-- test.c
    |-- test_client.c
    |-- test_ioctl.c
    |-- test_proc.c
    |-- test_queue.c
```

在内核中增加目录和子目录时，我们需为相应的新增目录创建 Makefile 和 Kconfig 文件，而新增目录的父目录中的 Kconfig 和 Makefile 也需修改，以便新增的 Kconfig 和 Makefile 能被引用。

在新增的 test 目录下，应该包含如下 Kconfig 文件：

```
#
# TEST driver configuration
#
menu "TEST Driver "
comment " TEST Driver"

config TEST
    bool "TEST support "

config TEST_USER
    tristate "TEST user-space interface"
    depends on TEST

endmenu
```

由于 test driver 对于内核来说是新功能，所以需首先创建一个菜单 TEST Driver。然后，显示 "TEST support"，等待用户选择；接下来判断用户是否选择了 TEST Driver，如果选择了（CONFIG_TEST=y），则进一步显示子功能：用户接口与 CPU 功能支持；由于用户接口功能可以被编译成内核模块，所以这里的询问语句使用了 tristate。

为了使这个 Kconfig 能起作用，修改 arch/arm/Kconfig 文件，增加：

```
source "drivers/test/Kconfig"
```

脚本中的 source 意味着引用新的 Kconfig 文件。

在新增的 test 目录下，应该包含如下 Makefile 文件：

```
# drivers/test/Makefile
#
# Makefile for the TEST.
#
obj-$(CONFIG_TEST) += test.o test_queue.o test_client.o
obj-$(CONFIG_TEST_USER) += test_ioctl.o
obj-$(CONFIG_PROC_FS) += test_proc.o

obj-$(CONFIG_TEST_CPU) += cpu/
```

该脚本根据配置变量的取值，构建 obj-* 列表。由于 test 目录中包含一个子目录 cpu，因此当 CONFIG_TEST_CPU=y 时，需要将 cpu 目录加入列表中。

test 目录中的 cpu 子目录也需包含如下 Makefile：

```
# drivers/test/test/Makefile
#
# Makefile for the TEST CPU
#
obj-$(CONFIG_TEST_CPU) += cpu.o
```

为了使得编译命令作用到能够整个 test 目录，test 目录的父目录中 Makefile 也需新增如下脚本：

```
obj-$(CONFIG_TEST) += test/
```

在 drivers/Makefile 中加入 obj-$(CONFIG_TEST) += test/，使得用户在进行内核编译时能够进入 test 目录。

增加了 Kconfig 和 Makefile 之后的新 test 树形目录为：

```
|--test
   |-- cpu
   |    |-- cpu.c
   |    |-- Makefile
   |-- test.c
   |-- test_client.c
   |-- test_ioctl.c
   |-- test_proc.c
   |-- test_queue.c
   |-- Makefile
   |-- Kconfig
```

3.4.3 Linux 内核的引导

引导 Linux 系统的过程包括很多阶段，这里将以引导 ARM Linux 为例来进行讲解（见图 3.11）。一般的 SoC 内嵌入了 bootrom，上电时 bootrom 运行。对于 CPU0 而言，bootrom 会去引导 bootloader，而其他 CPU 则判断自己是不是 CPU0，进入 WFI 的状态等待 CPU0 来唤醒它。CPU0 引导 bootloader，bootloader 引导 Linux 内核，在内核启动阶段，CPU0 会发中断唤醒 CPU1，之后 CPU0 和 CPU1 都投入运行。CPU0 导致用户空间的 init 程序被调用，init 程序再派生其他进程，派生出来的进程再派生其他进程。CPU0 和 CPU1 共担这些负载，进行负载均衡。

bootrom 是各个 SoC 厂家根据自身情况编写的，目前的 SoC 一般都具有从 SD、eMMC、NAND、USB 等介质启动的能力，这证明这些 bootrom 内部的代码具备读 SD、NAND 等能力。

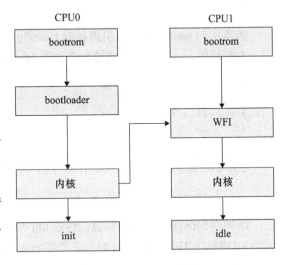

图 3.11　ARM 上的 Linux 引导流程

嵌入式 Linux 领域最著名的 bootloader 是 U-Boot，其代码仓库位于 http://git.denx.de/u-boot.git/。早前，bootloader 需要将启动信息以 ATAG 的形式封装，并且把 ATAG 的地址填充在 r2 寄存器中，机型号填充在 r1 寄存器中，详见内核文档 Documentation/arm/booting。在 ARM Linux 支持设备树（Device Tree）后，bootloader 则需要把 dtb 的地址放入 r2 寄存器中。当然，ARM Linux 也支持直接把 dtb 和 zImage 绑定在一起的模式（内核 ARM_APPENDED_DTB 选项"Use appended device tree blob to zImage"），这样 r2 寄存器就不再需要填充 dtb 地址了。

类似 zImage 的内核镜像实际上是由没有压缩的解压算法和被压缩的内核组成，所以在 bootloader 跳入 zImage 以后，它自身的解压缩逻辑就把内核的镜像解压缩出来了。关于内核启动，与我们关系比较大的部分是每个平台的设备回调函数和设备属性信息，它们通常包装在 DT_MACHINE_START 和 MACHINE_END 之间，包含 reserve()、map_io()、init_machine()、init_late()、smp 等回调函数或者属性。这些回调函数会在内核启动过程中被调用。后续章节会进一步介绍。

用户空间的 init 程序常用的有 busybox init、SysVinit、systemd 等，它们的职责类似，把整个系统启动，最后形成一个进程树，比如 Ubuntu 上运行的 pstree：

```
init─┬─NetworkManager─┬─dhclient
     │                └─2*[{NetworkManager}]
     ├─VBoxSVC───VirtualBox───29*[{VirtualBox}]
```

```
        |             └─ 11*[{VBoxSVC}]
        ├─ VBoxXPCOMIPCD
        ├─ accounts-daemon ─── {accounts-daemon}
        ├─ acpid
        ├─ apache2 ─── 5*[apache2]
        ├─ at-spi-bus-laun ─── 2*[{at-spi-bus-laun}]
        ├─ atd
        ├─ avahi-daemon ─── avahi-daemon
        ├─ bluetoothd
        ├─ cgrulesengd
        ├─ colord ─── 2*[{colord}]
        ├─ console-kit-dae ─── 64*[{console-kit-dae}]
        ├─ cpufreqd ─── {cpufreqd}
        ├─ cron
        ├─ cupsd
        ├─ 2*[dbus-daemon]
        ├─ dbus-launch
        ├─ dconf-service ─── 2*[{dconf-service}]
        ├─ dnsmasq
```

3.5 Linux 下的 C 编程特点

3.5.1 Linux 编码风格

Linux 有独特的编码风格，在内核源代码下存在一个文件 Documentation/CodingStyle，进行了比较详细的描述。

Linux 程序的命名习惯和 Windows 程序的命名习惯及著名的匈牙利命名法有很大的不同。

在 Windows 程序中，习惯以如下方式命名宏、变量和函数：

```
#define PI 3.1415926        /* 用大写字母代表宏 */
int minValue, maxValue;     /* 变量：第一个单词全小写，其后单词的第一个字母大写 */
void SendData(void);        /* 函数：所有单词第一个字母都大写 */
```

这种命名方式在程序员中非常盛行，意思表达清晰且避免了匈牙利法的臃肿，单词之间通过首字母大写来区分。通过第 1 个单词的首字母是否大写可以区分名称属于变量还是属于函数，而看到整串的大写字母可以断定为宏。实际上，Windows 的命名习惯并非仅限于 Windows 编程，许多领域的程序开发都遵照此习惯。

但是 Linux 不以这种习惯命名，对于上面的一段程序，在 Linux 中它会被命名为：

```
#define PI 3.1415926
int min_value, max_value;
void send_data(void);
```

在上述命名方式中，下划线大行其道，不按照 Windows 所采用的用首字母大写来区分单词的方式。Linux 的命名习惯与 Windows 命名习惯各有千秋，但是既然本书和本书的读者立足于编写 Linux 程序，代码风格理应与 Linux 开发社区保持一致。

Linux 的代码缩进使用"TAB"。

Linux 中代码括号"{"和"}"的使用原则如下。

1）对于结构体、if/for/while/switch 语句，"{"不另起一行，例如：

```
struct var_data {
    int len;
    char data[0];
};

if (a == b) {
    a = c;
    d = a;
}

for (i = 0; i < 10; i++) {
    a = c;
    d = a;
}
```

2）如果 if、for 循环后只有 1 行，不要加"{"和"}"，例如：

```
for (i = 0; i < 10; i++) {
    a = c;
}
```

应该改为：

```
for (i = 0; i < 10; i++)
    a = c;
```

3）if 和 else 混用的情况下，else 语句不另起一行，例如：

```
if (x == y) {
    ...
} else if (x > y) {
    ...
} else {
    ...
}
```

4）对于函数，"{"另起一行，譬如：

```
int add(int a, int b)
{
    return a + b;
}
```

在 switch/case 语句方面，Linux 建议 switch 和 case 对齐，例如：

```
switch (suffix) {
case 'G':
case 'g':
        mem <<= 30;
        break;
case 'M':
case 'm':
        mem <<= 20;
        break;
case 'K':
case 'k':
        mem <<= 10;
        /* fall through */
default:
        break;
}
```

内核下的 Documentation/CodingStyle 描述了 Linux 内核对编码风格的要求，内核下的 scripts/checkpatch.pl 提供了 1 个检查代码风格的脚本。如果使用 scripts/checkpatch.pl 检查包含如下代码块的源程序：

```
for (i = 0; i < 10; i++) {
        a = c;
}
```

就会产生"WARNING: braces {} are not necessary for single statement blocks"的警告。

另外，请注意代码中空格的应用，譬如" for␣(i␣=␣0;␣i␣<␣10;␣i++)␣{"语句中的"␣"都是空格。

在工程阶段，一般可以在 SCM 软件的服务器端使能 pre-commit hook，自动检查工程师提交的代码是否符合 Linux 的编码风格，如果不符合，则自动拦截。git 的 pre-commit hook 可以运行在本地代码仓库中，如 Ben Dooks 完成的一个版本：

```
#!/bin/sh
#
# pre-commit hook to run check-patch on the output and stop any commits
# that do not pass. Note, only for git-commit, and not for any of the
# other scenarios
#
# Copyright 2010 Ben Dooks, <ben-linux@fluff.org>

if git rev-parse --verify HEAD 2>/dev/null >/dev/null
then
    against=HEAD
else
    # Initial commit: diff against an empty tree object
    against=4b825dc642cb6eb9a060e54bf8d69288fbee4904
fi

git diff --cached $against -- | ./scripts/checkpatch.pl --no-signoff -
```

3.5.2 GNU C 与 ANSI C

Linux 上可用的 C 编译器是 GNU C 编译器，它建立在自由软件基金会的编程许可证的基础上，因此可以自由发布。GNU C 对标准 C 进行一系列扩展，以增强标准 C 的功能。

1. 零长度和变量长度数组

GNU C 允许使用零长度数组，在定义变长对象的头结构时，这个特性非常有用。例如：

```
struct var_data {
    int len;
    char data[0];
};
```

char data[0] 仅仅意味着程序中通过 var_data 结构体实例的 data[index] 成员可以访问 len 之后的第 index 个地址，它并没有为 data[] 数组分配内存，因此 sizeof(struct var_data)=sizeof(int)。

假设 struct var_data 的数据域就保存在 struct var_data 紧接着的内存区域中，则通过如下代码可以遍历这些数据：

```
struct var_data s;
...
for (i = 0; i < s.len; i++)
    printf("%02x", s.data[i]);
```

GNU C 中也可以使用 1 个变量定义数组，例如如下代码中定义的 "double x[n]"：

```
int main (int argc, char *argv[])
{
    int i, n = argc;
    double x[n];

    for (i = 0; i < n; i++)
        x[i] = i;

    return 0;
}
```

2. case 范围

GNU C 支持 case x…y 这样的语法，区间 [x,y] 中的数都会满足这个 case 的条件，请看下面的代码：

```
switch (ch) {
case '0'... '9': c -= '0';
    break;
case 'a'... 'f': c -= 'a' - 10;
    break;
case 'A'... 'F': c -= 'A' - 10;
    break;
}
```

代码中的 case '0'... '9' 等价于标准 C 中的：

```
case '0': case '1': case '2': case '3': case '4':
case '5': case '6': case '7': case '8': case '9':
```

3. 语句表达式

GNU C 把包含在括号中的复合语句看成是一个表达式，称为语句表达式，它可以出现在任何允许表达式的地方。我们可以在语句表达式中使用原本只能在复合语句中使用的循环、局部变量等，例如：

```
#define min_t(type,x,y) \
({ type _ _x =(x);type _ _y = (y); _ _x<_ _y? _ _x: _ _y; })

int ia, ib, mini;
float fa, fb, minf;

mini = min_t(int, ia, ib);
minf = min_t(float, fa, fb);
```

因为重新定义了 _ _x 和 _ _y 这两个局部变量，所以用上述方式定义的宏将不会有副作用。在标准 C 中，对应的如下宏则会产生副作用：

```
#define min(x,y) ((x) < (y) ? (x) : (y))
```

代码 min(++ia,++ib) 会展开为 ((++ia) < (++ib) ? (++ia): (++ib))，传入宏的"参数"增加两次。

4. typeof 关键字

typeof(x) 语句可以获得 x 的类型，因此，可以借助 typeof 重新定义 min 这个宏：

```
#define min(x,y) ({                \
 const typeof(x) _x = (x);         \
 const typeof(y) _y = (y);         \
 (void) (&_x == &_y);              \
 _x < _y ? _x : _y; })
```

我们不需要像 min_t(type,x,y) 那个宏那样把 type 传入，因为通过 typeof(x)、typeof(y) 可以获得 type。代码行 (void) (&_x == &_y) 的作用是检查 _x 和 _y 的类型是否一致。

5. 可变参数宏

标准 C 就支持可变参数函数，意味着函数的参数是不固定的，例如 printf() 函数的原型为：

```
int printf( const char *format [, argument]... );
```

而在 GNU C 中，宏也可以接受可变数目的参数，例如：

```
#define pr_debug(fmt,arg...) \
        printk(fmt,##arg)
```

这里 arg 表示其余的参数，可以有零个或多个参数，这些参数以及参数之间的逗号构成 arg 的值，在宏扩展时替换 arg，如下列代码：

```
pr_debug("%s:%d",filename,line)
```

会被扩展为：

```
printk("%s:%d", filename, line)
```

使用"##"是为了处理 arg 不代表任何参数的情况，这时候，前面的逗号就变得多余了。使用"##"之后，GNU C 预处理器会丢弃前面的逗号，这样，下列代码：

```
pr_debug("success!\n")
```

会被正确地扩展为：

```
printk("success!\n")
```

而不是：

```
printk("success!\n",)
```

这正是我们希望看到的。

6. 标号元素

标准 C 要求数组或结构体的初始化值必须以固定的顺序出现，在 GNU C 中，通过指定索引或结构体成员名，允许初始化值以任意顺序出现。

指定数组索引的方法是在初始化值前添加"[INDEX] ="，当然也可以用"[FIRST ... LAST] ="的形式指定一个范围。例如，下面的代码定义了一个数组，并把其中的所有元素赋值为 0：

```
unsigned char data[MAX] = { [0 ... MAX-1] = 0 };
```

下面的代码借助结构体成员名初始化结构体：

```
struct file_operations ext2_file_operations = {
    llseek:     generic_file_llseek,
    read:       generic_file_read,
    write:      generic_file_write,
    ioctl:      ext2_ioctl,
    mmap:       generic_file_mmap,
    open:       generic_file_open,
    release:    ext2_release_file,
    fsync:      ext2_sync_file,
};
```

但是，Linux 2.6 推荐类似的代码应该尽量采用标准 C 的方式：

```
struct file_operations ext2_file_operations = {
    .llseek         = generic_file_llseek,
```

```
    .read       = generic_file_read,
    .write      = generic_file_write,
    .aio_read   = generic_file_aio_read,
    .aio_write  = generic_file_aio_write,
    .ioct       = ext2_ioctl,
    .mmap       = generic_file_mmap,
    .open       = generic_file_open,
    .release    = ext2_release_file,
    .fsync      = ext2_sync_file,
    .readv      = generic_file_readv,
    .writev     = generic_file_writev,
    .sendfile   = generic_file_sendfile,
};
```

7. 当前函数名

GNU C 预定义了两个标识符保存当前函数的名字，__FUNCTION__ 保存函数在源码中的名字，__PRETTY_FUNCTION__ 保存带语言特色的名字。在 C 函数中，这两个名字是相同的。

```
void example()
{
    printf("This is function:%s", __FUNCTION__);
}
```

代码中的 __FUNCTION__ 意味着字符串"example"。C99 已经支持 __func__ 宏，因此建议在 Linux 编程中不再使用 __FUNCTION__，而转而使用 __func__：

```
void example(void)
{
    printf("This is function:%s", __func__);
}
```

8. 特殊属性声明

GNU C 允许声明函数、变量和类型的特殊属性，以便手动优化代码和定制代码检查的方法。要指定一个声明的属性，只需要在声明后添加 __attribute__ ((ATTRIBUTE))。其中 ATTRIBUTE 为属性说明，如果存在多个属性，则以逗号分隔。GNU C 支持 noreturn、format、section、aligned、packed 等十多个属性。

noreturn 属性作用于函数，表示该函数从不返回。这会让编译器优化代码，并消除不必要的警告信息。例如：

```
# define ATTRIB_NORET   __attribute__((noreturn)) ....
asmlinkage NORET_TYPE void do_exit(long error_code) ATTRIB_NORET;
```

format 属性也用于函数，表示该函数使用 printf、scanf 或 strftime 风格的参数，指定 format 属性可以让编译器根据格式串检查参数类型。例如：

```
asmlinkage int printk(const char * fmt, ...) __attribute__ ((format (printf, 1, 2)));
```

上述代码中的第 1 个参数是格式串，从第 2 个参数开始都会根据 printf() 函数的格式串规则检查参数。

unused 属性作用于函数和变量，表示该函数或变量可能不会用到，这个属性可以避免编译器产生警告信息。

aligned 属性用于变量、结构体或联合体，指定变量、结构体或联合体的对齐方式，以字节为单位，例如：

```
struct example_struct
{
    char a;
    int b;
    long c;
} __attribute__ ((aligned(4)));
```

表示该结构类型的变量以 4 字节对齐。

packed 属性作用于变量和类型，用于变量或结构体成员时表示使用最小可能的对齐，用于枚举、结构体或联合体类型时表示该类型使用最小的内存。例如：

```
struct example_struct
{
    char a;
    int b;
    long c;
} __attribute__ ((packed));
```

编译器对结构体成员及变量对齐的目的是为了更快地访问结构体成员及变量占据的内存。例如，对于一个 32 位的整型变量，若以 4 字节方式存放（即低两位地址为 00），则 CPU 在一个总线周期内就可以读取 32 位；否则，CPU 需要两个总线周期才能读取 32 位。

9. 内建函数

GNU C 提供了大量内建函数，其中大部分是标准 C 库函数的 GNU C 编译器内建版本，例如 memcpy() 等，它们与对应的标准 C 库函数功能相同。

不属于库函数的其他内建函数的命名通常以 __builtin 开始，如下所示。

- 内建函数 __builtin_return_address (LEVEL) 返回当前函数或其调用者的返回地址，参数 LEVEL 指定调用栈的级数，如 0 表示当前函数的返回地址，1 表示当前函数的调用者的返回地址。
- 内建函数 __builtin_constant_p(EXP) 用于判断一个值是否为编译时常数，如果参数 EXP 的值是常数，函数返回 1，否则返回 0。

例如，下面的代码可检测第 1 个参数是否为编译时常数以确定采用参数版本还是非参数版本：

```
#define test_bit(nr,addr) \
```

```
(__builtin_constant_p(nr) ? \
constant_test_bit((nr),(addr)) : \
variable_test_bit((nr),(addr)))
```

- 内建函数 __builtin_expect(EXP, C) 用于为编译器提供分支预测信息，其返回值是整数表达式 EXP 的值，C 的值必须是编译时常数。

Linux 内核编程时常用的 likely() 和 unlikely() 底层调用的 likely_notrace()、unlikely_notrace() 就是基于 __builtin_expect(EXP, C) 实现的。

```
#define likely_notrace(x)       __builtin_expect(!!(x), 1)
#define unlikely_notrace(x)     __builtin_expect(!!(x), 0)
```

若代码中出现分支，则即可能中断流水线，我们可以通过 likely() 和 unlikely() 暗示分支容易成立还是不容易成立，例如：

```
if (likely(!IN_DEV_ROUTE_LOCALNET(in_dev)))
    if (ipv4_is_loopback(saddr))
        goto e_inval;
```

在使用 gcc 编译 C 程序的时候，如果使用 "-ansi –pedantic" 编译选项，则会告诉编译器不使用 GNU 扩展语法。例如对于如下 C 程序 test.c：

```
struct var_data {
    int len;
    char data[0];
};

struct var_data a;
```

直接编译可以通过：

```
gcc -c test.c
```

如果使用 "-ansi –pedantic" 编译选项，编译会报警：

```
gcc -ansi -pedantic -c test.c
test.c:3: warning: ISO C forbids zero-size array 'data'
```

3.5.3 do { } while(0) 语句

在 Linux 内核中，经常会看到 do {} while(0) 这样的语句，许多人开始都会疑惑，认为 do {} while(0) 毫无意义，因为它只会执行一次，加不加 do {} while(0) 效果是完全一样的，其实 do {} while(0) 的用法主要用于宏定义中。

这里用一个简单的宏来演示：

```
#define SAFE_FREE(p) do{ free(p); p = NULL;} while(0)
```

假设这里去掉 do...while(0)，即定义 SAFE_DELETE 为：

```
#define SAFE_FREE(p) free(p); p = NULL;
```

那么以下代码：

```
if(NULL != p)
    SAFE_DELETE(p)
else
    .../* do something */
```

会被展开为：

```
if(NULL != p)
    free(p); p = NULL;
else
    .../* do something */
```

展开的代码中存在两个问题：

1）因为 if 分支后有两个语句，导致 else 分支没有对应的 if，编译失败。

2）假设没有 else 分支，则 SAFE_FREE 中的第二个语句无论 if 测试是否通过，都会执行。

的确，将 SAFE_FREE 的定义加上 {} 就可以解决上述问题了，即：

```
#define SAFE_FREE(p) { free(p); p = NULL;}
```

这样，代码：

```
if(NULL != p)
    SAFE_DELETE(p)
else
    ... /* do something */
```

会被展开为：

```
if(NULL != p)
   { free(p); p = NULL; }
else
    ... /* do something */
```

但是，在 C 程序中，在每个语句后面加分号是一种约定俗成的习惯，那么，如下代码：

```
if(NULL != p)
    SAFE_DELETE(p);
else
    ... /* do something */
```

将被扩展为：

```
if(NULL != p)
   { free(p); p = NULL; };
else
    ... /* do something */
```

这样，else 分支就又没有对应的 if 了，编译将无法通过。假设用了 do {} while(0) 语句，情况就不一样了，同样的代码会被展开为：

```
if(NULL != p)
    do{ free(p); p = NULL;} while(0);
else
    ... /* do something */
```

而不会再出现编译问题。do{} while(0) 的使用完全是为了保证宏定义的使用者能无编译错误地使用宏，它不对其使用者做任何假设。

3.5.4 goto 语句

用不用 goto 一直是一个著名的争议话题，Linux 内核源代码中对 goto 的应用非常广泛，但是一般只限于错误处理中，其结构如：

```
if(register_a()!=0)
    goto err;
if(register_b()!=0)
    goto err1;
if(register_c()!=0)
    goto err2;
if(register_d()!=0)
    goto err3;

...

err3:
    unregister_c();
err2:
    unregister_b();
err1:
    unregister_a();
err:
    return ret;
```

这种将 goto 用于错误处理的用法实在是简单而高效，只需保证在错误处理时注销、资源释放等，与正常的注册、资源申请顺序相反。

3.6 工具链

在 Linux 的编程中，通常使用 GNU 工具链编译 Bootloader、内核和应用程序。GNU 组织维护了 GCC、GDB、glibc、Binutils 等，分别见于 https://gcc.gnu.org/、https://www.gnu.org/software/gdb/、https://www.gnu.org/software/libc/、https://www.gnu.org/software/binutils/。

建立交叉工具链的过程相当烦琐，一般可以通过类似 crosstool-ng 这样的工具来做。

crosstool-ng 也采用了与内核相似的 menuconfig 配置方法。在官网 http://www.crosstool-ng.org/ 上下载 crosstool-ng 的源代码并编译安装后，运行 ct-ng menuconfig，会出现如图 3.12 的配置菜单。在里面我们可以选择目标机处理器型号，支持的内核版本号等。

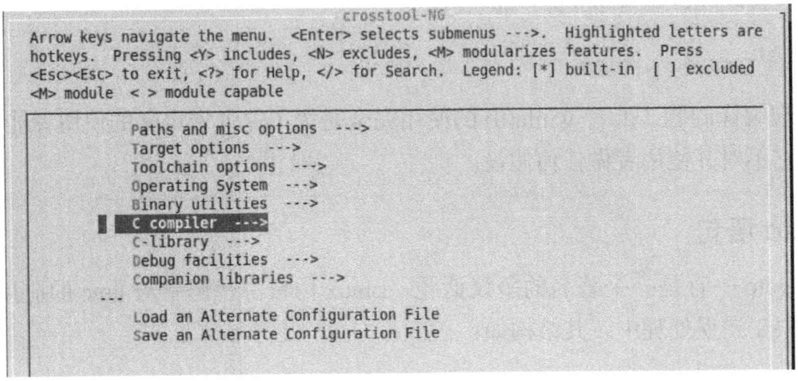

图 3.12　crosstool-ng 的配置菜单

当然，也可以直接下载第三方编译好的、开放的、针对目标处理器的交叉工具链，如在 http://www.mentor.com/embedded-software/sourcery-tools/sourcery-codebench/editions/lite-edition/ 上可以下载针对 ARM、MIPS、高通 Hexagon、Altera Nios II、Intel、AMD64 等处理器的工具链，在 http://www.linaro.org/downloads/ 可以下载针对 ARM 的工具链。

目前，在 ARM Linux 的开发中，人们趋向于使用 Linaro（http://www.linaro.org/）工具链团队维护的 ARM 工具链，它以每月一次的形式发布新的版本，编译好的可执行文件可从网址 http://www.linaro.org/downloads/ 下载。Linaro 是 ARM Linux 领域中最著名最具技术成就的开源组织，其会员包括 ARM、Broadcom、Samsung、TI、Qualcomm 等，国内的海思、中兴、全志和中国台湾的 MediaTek 也是它的会员。

一个典型的 ARM Linux 工具链包含 arm-linux-gnueabihf-gcc（后续工具省略前缀）、strip、gcc、objdump、ld、gprof、nm、readelf、addr2line 等。用 strip 可以删除可执行文件中的符号表和调试信息等来实现缩减程序体积的目的。gprof 在编译过程中在函数入口处插入计数器以收集每个函数的被调用情况和被调用次数，检查程序计数器并在分析时找出与程序计数器对应的函数来统计函数占用的时间。objdump 是反汇编工具。nm 则用于显示关于对象文件、可执行文件以及对象文件库里的符号信息。其中，前缀中的"hf"显示该工具链是完全的硬浮点，由于目前主流的 ARM 芯片都自带 VFP 或者 NEON 等浮点处理单元（FPU），所以对硬浮点的需求就更加强烈。Linux 的浮点处理可以采用完全软浮点，也可以采用与软浮点兼容，但是使用 FPU 硬件的 softfp，以及完全硬浮点。具体的 ABI（Application Binary Interface，应用程序二进制接口）通过 -mfloat-abi= 参数指定，3 种情况下的参数分别是 -mfloat-abi=soft/softfp/hard。

在以前，主流的工具链采用"与软浮点兼容，但是使用 FPU 硬件的 softfp"。softfp 使用了硬件的 FPU，但是函数的参数仍然使用整型寄存器来传递，完全硬浮点则直接使用 FPU 的寄存器传递参数。

下面一段程序：

```
float mul(float a, float b)
{
        return a * b;
}
void main(void)
{
        printf("1.1 * 2.3 = %f\n", mul(1.1, 2.3));
}
```

对其使用 arm-linux-gnueabihf-gcc 编译并反汇编的结果是：

```
000 08394 <mul>:
    8394: b480        push    {r7}
    8396: b083        sub     sp, #12
    8398: af00        add     r7, sp, #0
    839a: ed87 0a01   vstr    s0, [r7, #4](null)
    839e: edc7 0a00   vstr    s1, [r7]
    83a2: ed97 7a01   vldr    s14, [r7, #4](null)
    83a6: edd7 7a00   vldr    s15, [r7]
    83aa: ee67 7a27   vmul.f32   s15, s14, s15
    83ae: eeb0 0a67   vmov.f32   s0, s15
    83b2: f107 070c   add.w   r7, r7, #12
    83b6: 46bd        mov     sp, r7
    83b8: bc80        pop     {r7}
    83ba: 4770        bx      lr

0000 83bc <main>:
    83bc: b580        push    {r7, lr}
    83be: af00        add     r7, sp, #0
    83c0: ed9f 0a09   vldr    s0, [pc, #36](null)   ; 83e8 <main+0x2c>
    83c4: eddf 0a09   vldr    s1, [pc, #36](null)   ; 83ec <main+0x30>
    83c8: f7ff ffe4   b8394 <mul>
    83cc: eef0 7a40   vmov.f32   s15, s0
    83d0: eeb7 7ae7   vcvt.f64.f32   d7, s15
    83d4: f248 4044   movw    r0, #33860   ; 0x8444
    83d8: f2c0 0000   movt    r0, #0
    83dc: ec53 2b17   vmov    r2, r3, d7
    83e0: f7ff ef82   blx     82e8 <_init+0x20>
    83e4: bd80        pop     {r7, pc}
    83e6: bf00        nop
```

而使用没有"hf"前缀的 arm-linux-gnueabi-gcc 编译并反汇编的结果则为

```
000 0838c <mul>:
    838c: b480        push    {r7}
    838e: b083        sub     sp, #12
```

```
 8390:   af00           add    r7, sp, #0
 8392:   6078           str    r0, [r7, #4]
 8394:   6039           str    r1, [r7, #0]
 8396:   ed97 7a01      vldr   s14, [r7, #4](null)
 839a:   edd7 7a00      vldr   s15, [r7]
 839e:   ee67 7a27      vmul.f32   s15, s14, s15
 83a2:   ee17 3a90      vmov   r3, s15
 83a6:   4618           mov    r0, r3
 83a8:   f107 070c      add.w  r7, r7, #12
 83ac:   46bd           mov    sp, r7
 83ae:   bc80           pop    {r7}
 83b0:   4770           bx     lr
 83b2:   bf00           nop

000 083b4 <main>:
 83b4:   b580           push   {r7, lr}
 83b6:   af00           add    r7, sp, #0
 83b8:   4808           ldr    r0, [pc, #32]   ; (83dc <main+0x28>)
 83ba:   4909           ldr    r1, [pc, #36]   ; (83e0 <main+0x2c>)
 83bc:   f7ff ffe6      bl     838c <mul>
 83c0:   ee07 0a90      vmov   s15, r0
 83c4:   eeb7 7ae7      vcvt.f64.f32   d7, s15
 83c8:   f248 4038      movw   r0, #33848      ; 0x8438
 83cc:   f2c0 0000      movt   r0, #0
 83d0:   ec53 2b17      vmov   r2, r3, d7
 83d4:   f7ff ef84      blx    82e0 <_init+0x20>
 83d8:   bd80           pop    {r7, pc}
 83da:   bf00           nop
```

关注其中加粗的行,可以看出前面的汇编使用 s0 和 s1 传递参数,后者则仍然使用 ARM 的 r0 和 r1。测试显示一个含有浮点运算的程序若使用 hard ABI 会比 softfp ABI 快 5%～40%,如果浮点负载重,结果可能会快 200% 以上。

3.7 实验室建设

在公司或学校的实验室中,PC 的性能一般来说不会太高,用 PC 来编译 Linux 内核和模块的速度总会受限。相反,服务器的资源相对比较充分,CPU 以及磁盘性能都较高,因此在服务器上进行内核、驱动及应用程序的编译开发将更加快捷,而且使用服务器更有利于统一管理实验室内的所有开发者。图 3.13 所示为一种常见的小型 Linux 实验室环境。

在 Linux 服务器上启动了 Samba、NFS 和 sshd 进程,各工程师在自己的 Linux 或 Windows 客户机上通过 SSH 用自己的用户名和密码登录服务器,便可以使用服务器上的 GCC、GDB 等软件。

在 Windows 下,常用的 SSH 客户端软件是 SSH Secure Shell,而配套的 SSH Secure File Transfer 则可用在客户端和服务器端复制文件。在 Linux 下可以通过在终端下运行 ssh 命令连接服务器,并通过 scp 命令在服务器和本地之间复制文件。

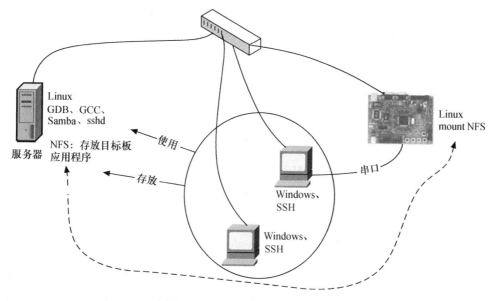

图 3.13 小型 Linux 实验室环境

目标板、服务器和客户端全部通过交换机连接，同时客户端连接目标板的串口作为控制台。在调试 Linux 应用程序时，为了方便在目标板和开发环境间共享文件，有时候可以使用 NFS 文件系统。编写完成的应用程序或内核模块可直接存放在服务器的 NFS 服务目录内，而该目录可被目标板上的 Linux 系统装载到本身的一个目录内。

3.8 串口工具

在嵌入式 Linux 的调试过程中，目标机往往会提供给主机一个串口控制台，驱动工程师在 80% 以上的情况下都是通过串口与目标机通信。因此，好用的串口工具将大大提高工程师的生产效率。

在 Windows 环境下，其附件内自带了超级终端，超级终端包括了对 VT100、ANSI 等终端仿真功能以及对 xmodem、ymodem、zmodem 等协议的支持。

在调试过程中，经常需要保存串口打印信息的历史记录，这时候可以使用"传送"菜单下的"捕获文字"功能来实现。

SecureCRT 是比超级终端更强大且更方便的工具，它将 SSH 的安全登录、数据传送性能和 Windows 终端仿真提供的可靠性、可用性和可配置性结合在一起。鉴于 SecureCRT 具备比超级终端更强大且好用的功能，建议直接用 SecureCRT 替代超级终端。

在开发过程中，为执行自动化的串口发送操作，可以使用 SecureCRT 的 VBScript 脚本功能，让其运行一段脚本，自动捕获接收到的串口信息并向串口上发送指定的数据或文件。下面的脚本设置了 SecureCRT 等待至接收到"CCC"字符串后通过 xmodem 协议发送 file.bin 文件，接着，当接收到"y/n"时，选择"y"。

```
#$language = "VBScript"
#$interface = "1.0"

Sub main
   Dir = "d:\baohua\"
   ' turn on synchronous mode so we don't miss any data
   crt.Screen.Synchronous = True
   'wait "CCC" string then send file
   crt.Screen.WaitForString "CCC"
   crt.FileTransfer.SendXmodem Dir & "file.bin"
   'wait "y/n" string then send "y"
   crt.Screen.WaitForString "y/n"
   crt.Screen.Send "y" & VbCr
End Sub
```

另外，在 Windows 环境下，也可以选用 PuTTY 工具，该工具非常小巧，而功能很强大，可支持串口、Telnet 和 SSH 等，其官方网址为 http://www.chiark.greenend.org.uk/~sgtatham/putty/。

Minicom 是 Linux 系统下常用的类似于 Windows 下超级终端的工具，当要发送文件或设置串口时，需先按下"Ctrl+A"键，紧接着按下"Z"键激活菜单，如图 3.14 所示。

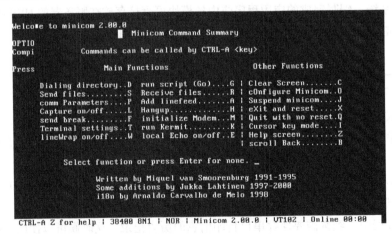

图 3.14　Minicom

除了 Minicom 以外，在 Linux 系统下，也可以直接使用 C-Kermit。运行 kermit 命令即可启动 C-Kermit。在使用 C-Kermit 连接目标板之前，需先进行串口设置，如下所示：

```
set line /dev/ttyS0
set speed 115200
set carrier-watch off
```

```
set handshake none
set flow-control none
robust
set file type bin
set file name lit
set rec pack 1000
set send pack 1000
set window 5
```

之后，使用以下命令就可以将 kermit 连接到目标板：

```
connect
```

在 kermit 的使用过程中，会涉及串口控制台和 kermit 功能模式之间的切换，从串口控制台切换到 kermit 的方法是按下"Ctrl+\"键，然后再按下"C"键。

假设我们在串口控制台上敲入命令，使得目标板进入文件接收等待状态，此后可按下"Ctrl+\"键，再按"C"键，切换到 kermit，运行"send /file_name"命令传输文件。文件传输结束后，再运行"c"命令，将进入串口控制台。

3.9 总结

本章主要讲解了 Linux 内核和 Linux 内核编程的基础知识，为读者在进行 Linux 驱动开发打下软件基础。

在 Linux 内核方面，主要介绍了 Linux 内核的发展史、组成、特点、源代码结构、内核编译方法及内核引导过程。

由于 Linux 驱动编程本质属于内核编程，因此掌握内核编程的基础知识显得尤为重要。本章在这方面主要讲解了在内核中新增程序、目录和编写 Kconfig 和 Makefile 的方法，并分析了 Linux 下 C 编程习惯以及 Linux 所使用的 GNU C 针对标准 C 的扩展语法。

第 4 章
Linux 内核模块

本章导读

Linux 设备驱动会以内核模块的形式出现，因此，学会编写 Linux 内核模块编程是学习 Linux 设备驱动的先决条件。

4.1 ~ 4.2 节讲解了 Linux 内核模块的概念和结构，4.3 ~ 4.8 节对 Linux 内核模块的各个组成部分进行了展现。4.1 ~ 4.2 节与 4.3 ~ 4.8 节是整体与部分的关系。

4.9 节说明了独立存在的 Linux 内核模块的 Makefile 文件编写方法和模块的编译方法。

4.10 节讨论了使用模块"绕开"GPL 的问题。

4.1 Linux 内核模块简介

Linux 内核的整体架构本就非常庞大，其包含的组件也非常多。而我们怎样把需要的部分都包含在内核中呢？

一种方法是把所有需要的功能都编译到 Linux 内核中。这会导致两个问题，一是生成的内核会很大，二是如果我们要在现有的内核中新增或删除功能，将不得不重新编译内核。

有没有另一种机制可使得编译出的内核本身并不需要包含所有功能，而在这些功能需要被使用的时候，其对应的代码被动态地加载到内核中呢？

Linux 提供了这样的机制，这种机制被称为模块（Module）。模块具有这样的特点。

- 模块本身不被编译入内核映像，从而控制了内核的大小。
- 模块一旦被加载，它就和内核中的其他部分完全一样。

为了使读者初步建立对模块的感性认识，我们先来看一个最简单的内核模块"Hello World"，如代码清单 4.1 所示。

代码清单 4.1 一个最简单的 Linux 内核模块

```
1  /*
2   * a simple kernel module: hello
3   *
4   * Copyright (C) 2014 Barry Song  (baohua@kernel.org)
5   *
```

```
 6   * Licensed under GPLv2 or later.
 7   */
 8
 9  #include <linux/init.h>
10  #include <linux/module.h>
11
12  static int __init hello_init(void)
13  {
14    printk(KERN_INFO "Hello World enter\n");
15    return 0;
16  }
17  module_init(hello_init);
18
19  static void __exit hello_exit(void)
20  {
21    printk(KERN_INFO "Hello World exit\n ");
22  }
23  module_exit(hello_exit);
24
25  MODULE_AUTHOR("Barry Song <21cnbao@gmail.com>");
26  MODULE_LICENSE("GPL v2");
27  MODULE_DESCRIPTION("A simple Hello World Module");
28  MODULE_ALIAS("a simplest module");
```

这个最简单的内核模块只包含内核模块加载函数、卸载函数和对 GPL v2 许可权限的声明以及一些描述信息，位于本书配套 Ubuntu 的 /home/baohua/develop/training/kernel/drivers/hello 目录。编译它会产生 hello.ko 目标文件，通过"insmod ./hello.ko"命令可以加载它，通过"rmmod hello"命令可以卸载它，加载时输出"Hello World enter"，卸载时输出"Hello World exit"。

内核模块中用于输出的函数是内核空间的 printk() 而不是用户空间的 printf()，printk() 的用法和 printf() 基本相似，但前者可定义输出级别。printk() 可作为一种最基本的内核调试手段，在 Linux 驱动的调试章节中将会详细讲解。

在 Linux 中，使用 lsmod 命令可以获得系统中已加载的所有模块以及模块间的依赖关系，例如：

```
Module                  Size    Used by
hello                   9 472   0
nls_iso8859_1          12 032   1
nls_cp437              13 696   1
vfat                   18 816   1
fat                    57 376   1 vfat
...
```

lsmod 命令实际上是读取并分析"/proc/modules"文件，与上述 lsmod 命令结果对应的"/proc/modules"文件如下：

```
$ cat /proc/modules
hello 12393 0 - Live 0xe67a2000 (OF)
nls_utf8 12493 1 - Live 0xe678e000
isofs 39596 1 - Live 0xe677f000
vboxsf 42561 2 - Live 0xe6767000 (OF)
...
```

内核中已加载模块的信息也存在于 /sys/module 目录下，加载 hello.ko 后，内核中将包含 /sys/module/hello 目录，该目录下又有一个 refcnt 文件和一个 sections 目录，在 /sys/module/hello 目录下运行 "tree –a" 可得到如下目录树：

```
root@barry-VirtualBox:/sys/module/hello# tree -a
.
├── coresize
├── holders
├── initsize
├── initstate
├── notes
│   └── .note.gnu.build-id
├── refcnt
├── sections
│   ├── .exit.text
│   ├── .gnu.linkonce.this_module
│   ├── .init.text
│   ├── .note.gnu.build-id
│   ├── .rodata.str1.1
│   ├── .strtab
│   └── .symtab
├── srcversion
├── taint
└── uevent

3 directories, 15 files
```

modprobe 命令比 insmod 命令要强大，它在加载某模块时，会同时加载该模块所依赖的其他模块。使用 modprobe 命令加载的模块若以 "modprobe -r filename" 的方式卸载，将同时卸载其依赖的模块。模块之间的依赖关系存放在根文件系统的 /lib/modules/<kernel-version>/modules.dep 文件中，实际上是在整体编译内核的时候由 depmod 工具生成的，它的格式非常简单：

```
kernel/lib/cpu-notifier-error-inject.ko: kernel/lib/notifier-error-inject.ko
kernel/lib/pm-notifier-error-inject.ko: kernel/lib/notifier-error-inject.ko
kernel/lib/lru_cache.ko:
kernel/lib/cordic.ko:
kernel/lib/rbtree_test.ko:
kernel/lib/interval_tree_test.ko:
updates/dkms/vboxvideo.ko: kernel/drivers/gpu/drm/drm.ko
```

使用 modinfo < 模块名 > 命令可以获得模块的信息，包括模块作者、模块的说明、模块所支持的参数以及 vermagic：

```
# modinfo hello.ko
filename:       /home/baohua/develop/training/kernel/drivers/hello/hello.ko
alias:          a simplest module
description:    A simple Hello World Module
license:        GPL v2
author:         Barry Song <21cnbao@gmail.com>
depends:
vermagic:       4.0.0-rc1 SMP mod_unload 686
```

4.2　Linux 内核模块程序结构

一个 Linux 内核模块主要由如下几个部分组成。

（1）模块加载函数

当通过 insmod 或 modprobe 命令加载内核模块时，模块的加载函数会自动被内核执行，完成本模块的相关初始化工作。

（2）模块卸载函数

当通过 rmmod 命令卸载某模块时，模块的卸载函数会自动被内核执行，完成与模块加载函数相反的功能。

（3）模块许可证声明

许可证（LICENSE）声明描述内核模块的许可权限，如果不声明 LICENSE，模块被加载时，将收到内核被污染（Kernel Tainted）的警告。

在 Linux 内核模块领域，可接受的 LICENSE 包括"GPL"、"GPL v2"、"GPL and additional rights"、"Dual BSD/GPL"、"Dual MPL/GPL"和"Proprietary"（关于模块是否可以采用非 GPL 许可权，如"Proprietary"，这个在学术界和法律界都有争议）。

大多数情况下，内核模块应遵循 GPL 兼容许可权。Linux 内核模块最常见的是以 MODULE_LICENSE("GPL v2") 语句声明模块采用 GPL v2。

（4）模块参数（可选）

模块参数是模块被加载的时候可以传递给它的值，它本身对应模块内部的全局变量。

（5）模块导出符号（可选）

内核模块可以导出的符号（symbol，对应于函数或变量），若导出，其他模块则可以使用本模块中的变量或函数。

（6）模块作者等信息声明（可选）

4.3　模块加载函数

Linux 内核模块加载函数一般以 __init 标识声明，典型的模块加载函数的形式如代码清单 4.2 所示。

代码清单 4.2　内核模块加载函数

```
1  static int __init initialization_function(void)
2  {
3      /* 初始化代码 */
4  }
5  module_init(initialization_function);
```

模块加载函数以"module_init(函数名)"的形式被指定。它返回整型值，若初始化成功，应返回 0。而在初始化失败时，应该返回错误编码。在 Linux 内核里，错误编码是一个接近于 0 的负值，在 <linux/errno.h> 中定义，包含 -ENODEV、-ENOMEM 之类的符号值。总是返回相应的错误编码是种非常好的习惯，因为只有这样，用户程序才可以利用 perror 等方法把它们转换成有意义的错误信息字符串。

在 Linux 内核中，可以使用 request_module(const char *fmt, …) 函数加载内核模块，驱动开发人员可以通过调用下列代码：

```
request_module(module_name);
```

灵活地加载其他内核模块。

在 Linux 中，所有标识为 __init 的函数如果直接编译进入内核，成为内核镜像的一部分，在连接的时候都会放在 .init.text 这个区段内。

```
#define __init        __attribute__ ((__section__ (".init.text")))
```

所有的 __init 函数在区段 .initcall.init 中还保存了一份函数指针，在初始化时内核会通过这些函数指针调用这些 __init 函数，并在初始化完成后，释放 init 区段（包括 .init.text、.initcall.init 等）的内存。

除了函数以外，数据也可以被定义为 __initdata，对于只是初始化阶段需要的数据，内核在初始化完后，也可以释放它们占用的内存。例如，下面的代码将 hello_data 定义为 __initdata：

```
static int hello_data __initdata = 1;

static int __init hello_init(void)
{
    printk(KERN_INFO "Hello, world %d\n", hello_data);
    return 0;
}
module_init(hello_init);

static void __exit hello_exit(void)
{
    printk(KERN_INFO "Goodbye, world\n");
}
module_exit(hello_exit);
```

4.4 模块卸载函数

Linux 内核模块卸载函数一般以 __exit 标识声明，典型的模块卸载函数的形式如代码清单 4.3 所示。

代码清单 4.3　内核模块卸载函数

```
1  static void __exit cleanup_function(void)
2  {
3       /* 释放代码 */
4  }
5  module_exit(cleanup_function);
```

模块卸载函数在模块卸载的时候执行，而不返回任何值，且必须以"module_exit(函数名)"的形式来指定。通常来说，模块卸载函数要完成与模块加载函数相反的功能。

我们用 __exit 来修饰模块卸载函数，可以告诉内核如果相关的模块被直接编译进内核（即 built-in），则 cleanup_function() 函数会被省略，直接不链进最后的镜像。既然模块被内置了，就不可能卸载它了，卸载函数也就没有存在的必要了。除了函数以外，只是退出阶段采用的数据也可以用 __exitdata 来形容。

4.5 模块参数

我们可以用"module_param(参数名,参数类型,参数读/写权限)"为模块定义一个参数，例如下列代码定义了 1 个整型参数和 1 个字符指针参数：

```
static char *book_name = "dissecting Linux Device Driver";
module_param(book_name, charp, S_IRUGO);

static int book_num = 4000;
module_param(book_num, int, S_IRUGO);
```

在装载内核模块时，用户可以向模块传递参数，形式为"insmod（或 modprobe）模块名 参数名=参数值"，如果不传递，参数将使用模块内定义的缺省值。如果模块被内置，就无法 insmod 了，但是 bootloader 可以通过在 bootargs 里设置"模块名.参数名=值"的形式给该内置的模块传递参数。

参数类型可以是 byte、short、ushort、int、uint、long、ulong、charp（字符指针）、bool 或 invbool（布尔的反），在模块被编译时会将 module_param 中声明的类型与变量定义的类型进行比较，判断是否一致。

除此之外，模块也可以拥有参数数组，形式为"module_param_array(数组名,数组类型,数组长,参数读/写权限)"。

模块被加载后，在 /sys/module/ 目录下将出现以此模块名命名的目录。当"参数读/写权限"为 0 时,表示此参数不存在 sysfs 文件系统下对应的文件节点,如果此模块存在"参数读/写权限"不为 0 的命令行参数,在此模块的目录下还将出现 parameters 目录,其中包含一系列以参数名命名的文件节点,这些文件的权限值就是传入 module_param() 的"参数读/写权限",而文件的内容为参数的值。

运行 insmod 或 modprobe 命令时,应使用逗号分隔输入的数组元素。

现在我们定义一个包含两个参数的模块(如代码清单 4.4,位于本书配套源代码 /kernel/drivers/param 目录下),并观察模块加载时被传递参数和不传递参数时的输出。

代码清单 4.4 带参数的内核模块

```
1  #include <linux/init.h>
2  #include <linux/module.h>
3
4  static char *book_name = "dissecting Linux Device Driver";
5  module_param(book_name, charp, S_IRUGO);
6
7  static int book_num = 4000;
8  module_param(book_num, int, S_IRUGO);
9
10 static int __init book_init(void)
11 {
12   printk(KERN_INFO "book name:%s\n", book_name);
13   printk(KERN_INFO "book num:%d\n", book_num);
14   return 0;
15 }
16 module_init(book_init);
17
18 static void __exit book_exit(void)
19 {
20   printk(KERN_INFO "book module exit\n ");
21 }
22 module_exit(book_exit);
23
24 MODULE_AUTHOR("Barry Song <baohua@kernel.org>");
25 MODULE_LICENSE("GPL v2");
26 MODULE_DESCRIPTION("A simple Module for testing module params");
27 MODULE_VERSION("V1.0");
```

对上述模块运行"insmod book.ko"命令加载,相应输出都为模块内的默认值,通过查看"/var/log/messages"日志文件可以看到内核的输出:

```
# tail -n 2 /var/log/messages
Jul  2 01:03:10 localhost kernel:    <6> book name:dissecting Linux Device Driver
Jul  2 01:03:10 localhost kernel:    book num:4000
```

当用户运行"insmod book.ko book_name='GoodBook' book_num=5000"命令时,输出的是用户传递的参数:

```
# tail -n 2 /var/log/messages
Jul  2 01:06:21 localhost kernel:   <6> book name:GoodBook
Jul  2 01:06:21 localhost kernel:   book num:5000
```

另外，在 /sys 目录下，也可以看到 book 模块的参数：

```
barry@barry-VirtualBox:/sys/module/book/parameters$ tree
.
├── book_name
└── book_num
```

并且我们可以通过"cat book_name"和"cat book_num"查看它们的值。

4.6 导出符号

Linux 的"/proc/kallsyms"文件对应着内核符号表，它记录了符号以及符号所在的内存地址。

模块可以使用如下宏导出符号到内核符号表中：

```
EXPORT_SYMBOL(符号名);
EXPORT_SYMBOL_GPL(符号名);
```

导出的符号可以被其他模块使用，只需使用前声明一下即可。EXPORT_SYMBOL_GPL() 只适用于包含 GPL 许可权的模块。代码清单 4.5 给出了一个导出整数加、减运算函数符号的内核模块的例子。

代码清单 4.5　内核模块中的符号导出

```
1  #include <linux/init.h>
2  #include <linux/module.h>
3
4  int add_integar(int a, int b)
5  {
6    return a + b;
7  }
8  EXPORT_SYMBOL_GPL(add_integar);
9
10 int sub_integar(int a, int b)
11 {
12   return a - b;
13 }
14 EXPORT_SYMBOL_GPL(sub_integar);
15
16 MODULE_LICENSE("GPL v2");
```

从"/proc/kallsyms"文件中找出 add_integar、sub_integar 的相关信息：

```
# grep integar /proc/kallsyms
e679402c r __ksymtab_sub_integar     [export_symb]
```

```
e679403c r __kstrtab_sub_integar    [export_symb]
e6794038 r __kcrctab_sub_integar    [export_symb]
e6794024 r __ksymtab_add_integar    [export_symb]
e6794048 r __kstrtab_add_integar    [export_symb]
e6794034 r __kcrctab_add_integar    [export_symb]
e6793000 t add_integar    [export_symb]
e6793010 t sub_integar    [export_symb]
```

4.7 模块声明与描述

在 Linux 内核模块中，我们可以用 MODULE_AUTHOR、MODULE_DESCRIPTION、MODULE_VERSION、MODULE_DEVICE_TABLE、MODULE_ALIAS 分别声明模块的作者、描述、版本、设备表和别名，例如：

```
MODULE_AUTHOR(author);
MODULE_DESCRIPTION(description);
MODULE_VERSION(version_string);
MODULE_DEVICE_TABLE(table_info);
MODULE_ALIAS(alternate_name);
```

对于 USB、PCI 等设备驱动，通常会创建一个 MODULE_DEVICE_TABLE，以表明该驱动模块所支持的设备，如代码清单 4.6 所示。

代码清单 4.6　驱动所支持的设备列表

```
1  /* table of devices that work with this driver */
2  static struct usb_device_id skel_table [] = {
3      { USB_DEVICE(USB_SKEL_VENDOR_ID,
4          USB_SKEL_PRODUCT_ID) },
5      { } /* terminating enttry */
6  };
7
8  MODULE_DEVICE_TABLE (usb, skel_table);
```

此时，并不需要读者理解 MODULE_DEVICE_TABLE 的作用，后续相关章节会有详细介绍。

4.8 模块的使用计数

Linux 2.4 内核中，模块自身通过 MOD_INC_USE_COUNT、MOD_DEC_USE_COUNT 宏来管理自己被使用的计数。

Linux 2.6 以后的内核提供了模块计数管理接口 try_module_get(&module) 和 module_put(&module)，从而取代 Linux 2.4 内核中的模块使用计数管理宏。模块的使用计数一般不必由模块自身管理，而且模块计数管理还考虑了 SMP 与 PREEMPT 机制的影响。

```
int try_module_get(struct module *module);
```

该函数用于增加模块使用计数；若返回为 0，表示调用失败，希望使用的模块没有被加载或正在被卸载中。

```
void module_put(struct module *module);
```

该函数用于减少模块使用计数。

try_module_get () 和 module_put() 的引入、使用与 Linux 2.6 以后的内核下的设备模型密切相关。Linux 2.6 以后的内核为不同类型的设备定义了 struct module *owner 域，用来指向管理此设备的模块。当开始使用某个设备时，内核使用 try_module_get(dev->owner) 去增加管理此设备的 owner 模块的使用计数；当不再使用此设备时，内核使用 module_put(dev->owner) 减少对管理此设备的管理模块的使用计数。这样，当设备在使用时，管理此设备的模块将不能被卸载。只有当设备不再被使用时，模块才允许被卸载。

在 Linux 2.6 以后的内核下，对于设备驱动而言，很少需要亲自调用 try_module_get() 与 module_put()，因为此时开发人员所写的驱动通常为支持某具体设备的管理模块，对此设备 owner 模块的计数管理由内核里更底层的代码（如总线驱动或是此类设备共用的核心模块）来实现，从而简化了设备驱动开发。

4.9 模块的编译

我们可以为代码清单 4.1 的模板编写一个简单的 Makefile：

```
KVERS = $(shell uname -r)

# Kernel modules
obj-m += hello.o

# Specify flags for the module compilation.
#EXTRA_CFLAGS=-g -O0


build: kernel_modules

kernel_modules:
        make -C /lib/modules/$(KVERS)/build M=$(CURDIR) modules

clean:
        make -C /lib/modules/$(KVERS)/build M=$(CURDIR) clean
```

该 Makefile 文件应该与源代码 hello.c 位于同一目录，开启其中的 EXTRA_CFLAGS=-g -O0，可以得到包含调试信息的 hello.ko 模块。运行 make 命令得到的模块可直接在 PC 上运行。

如果一个模块包括多个 .c 文件（如 file1.c、file2.c），则应该以如下方式编写 Makefile：

```
obj-m := modulename.o
modulename-objs := file1.o file2.o
```

4.10 使用模块"绕开"GPL

Linux 内核有两种导出符号的方法给模块使用，一种方法是 EXPORT_SYMBOL()，另外一种是 EXPORT_SYMBOL_GPL()。这一点和模块 A 导出符号给模块 B 用是一致的。

内核的 Documentation/DocBook/kernel-hacking.tmpl 明确表明"the symbols exported by EXPORT_SYMBOL_GPL()can only be seen by modules with a MODULE_LICENSE() that specifies a GPL compatible license."由此可见内核用 EXPORT_SYMBOL_GPL() 导出的符号是不可以被非 GPL 模块引用的。

由于相当多的内核符号都是以 EXPORT_SYMBOL_GPL() 导出的，所以历史上曾经有一些公司把内核的 EXPORT_SYMBOL_GPL() 直接改为 EXPORT_SYMBOL()，然后将修改后的内核以 GPL 形式发布。这样修改内核之后，模块不再使用内核的 EXPORT_SYMBOL_GPL() 符号，因此模块不再需要 GPL。对此 Linus 的回复是："I think both them said that anybody who were to change a xyz_GPL to the non-GPL one in order to use it with a non-GPL module would almost immediately fall under the "willful infringement" thing, and that it would make it MUCH easier to get triple damages and/or injunctions, since they clearly knew about it"。因此，这种做法可能构成"蓄意侵权（willful infringement）"。

另外一种做法是写一个 wrapper 内核模块（这个模块遵循 GPL），把 EXPORT_SYMBOL_GPL() 导出的符号封装一次后再以 EXPORT_SYMBOL() 形式导出，而其他的模块不直接调用内核而是调用 wrapper 函数，如图 4.1 所示。这种做法也具有争议。

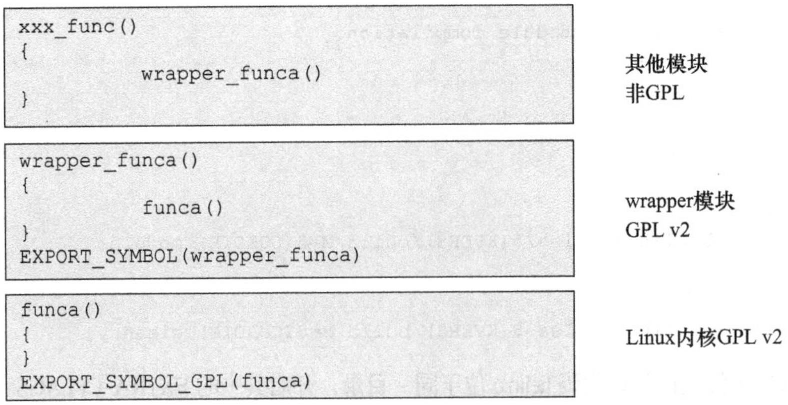

```
xxx_func()
{
        wrapper_funca()
}
```
其他模块
非GPL

```
wrapper_funca()
{
        funca()
}
EXPORT_SYMBOL(wrapper_funca)
```
wrapper模块
GPL v2

```
funca()
{
}
EXPORT_SYMBOL_GPL(funca)
```
Linux内核GPL v2

图 4.1 将 EXPORT_SYMBOL_GPL 重新以 EXPORT_SYMBOL 导出

一般认为，保守的做法是 Linux 内核不能使用非 GPL 许可权。

4.11 总结

本章主要讲解了 Linux 内核模块的概念和基本的编程方法。内核模块由加载/卸载函数、功能函数以及一系列声明组成，它可以被传入参数，也可以导出符号供其他模块使用。

由于 Linux 设备驱动以内核模块的形式存在，因此，掌握这一章的内容是编写任何设备驱动的必需。

第 5 章
Linux 文件系统与设备文件

本章导读

由于字符设备和块设备都良好地体现了"一切都是文件"的设计思想,掌握 Linux 文件系统、设备文件系统的知识就显得相当重要了。

首先,驱动最终通过与文件操作相关的系统调用或 C 库函数(本质也基于系统调用)被访问,而设备驱动的结构最终也是为了迎合提供给应用程序员的 API。

其次,驱动工程师在设备驱动中不可避免地会与设备文件系统打交道,包括从 Linux 2.4 内核的 devfs 文件系统到 Linux 2.6 以后的 udev。

5.1 节讲解了通过 Linux API 和 C 库函数在用户空间进行 Linux 文件操作的编程方法。

5.2 节分析了 Linux 文件系统的目录结构,简单介绍了 Linux 内核中文件系统的实现,并给出了文件系统与设备驱动的关系。

5.3 节和 5.4 节分别讲解 Linux 2.4 内核的 devfs 和 Linux 2.6 以后的内核所采用的 udev 设备文件系统,并分析了两者的区别。5.4 节还重点介绍了 Linux 的设备驱动模型、sysfs 以及 udev 的规则编写。

5.1 Linux 文件操作

5.1.1 文件操作系统调用

Linux 的文件操作系统调用(在 Windows 编程领域,习惯称操作系统提供的接口为 API)涉及创建、打开、读写和关闭文件。

1. 创建

```
int creat(const char *filename, mode_t mode);
```

参数 mode 指定新建文件的存取权限,它同 umask 一起决定文件的最终权限(mode&umask),其中,umask 代表了文件在创建时需要去掉的一些存取权限。umask 可通过系统调用 umask() 来改变:

```
int umask(int newmask);
```

该调用将 umask 设置为 newmask，然后返回旧的 umask，它只影响读、写和执行权限。

2. 打开

```
int open(const char *pathname, int flags);
int open(const char *pathname, int flags, mode_t mode);
```

open() 函数有两个形式，其中 pathname 是我们要打开的文件名（包含路径名称，缺省是认为在当前路径下面），flags 可以是表 5.1 中的一个值或者是几个值的组合。

表 5.1 文件打开标志

标　　志	含　　义
O_RDONLY	以只读的方式打开文件
O_WRONLY	以只写的方式打开文件
O_RDWR	以读写的方式打开文件
O_APPEND	以追加的方式打开文件
O_CREAT	创建一个文件
O_EXEC	如果使用了 O_CREAT 而且文件已经存在，就会发生一个错误
O_NOBLOCK	以非阻塞的方式打开一个文件
O_TRUNC	如果文件已经存在，则删除文件的内容

O_RDONLY、O_WRONLY、O_RDWR 三个标志只能使用任意的一个。

如果使用了 O_CREATE 标志，则使用的函数是 `int open(const char *pathname,int flags,mode_t mode);` 这个时候我们还要指定 mode 标志，以表示文件的访问权限。mode 可以是表 5.2 中所列值的组合。

表 5.2 文件访问权限

标　　志	含　　义
S_IRUSR	用户可以读
S_IWUSR	用户可以写
S_IXUSR	用户可以执行
S_IRWXU	用户可以读、写、执行
S_IRGRP	组可以读
S_IWGRP	组可以写
S_IXGRP	组可以执行
S_IRWXG	组可以读、写、执行
S_IROTH	其他人可以读
S_IWOTH	其他人可以写
S_IXOTH	其他人可以执行
S_IRWXO	其他人可以读、写、执行
S_ISUID	设置用户执行 ID
S_ISGID	设置组的执行 ID

除了可以通过上述宏进行"或"逻辑产生标志以外,我们也可以自己用数字来表示,Linux 用 5 个数字来表示文件的各种权限:第一位表示设置用户 ID;第二位表示设置组 ID;第三位表示用户自己的权限位;第四位表示组的权限;最后一位表示其他人的权限。每个数字可以取 1(执行权限)、2(写权限)、4(读权限)、0(无)或者是这些值的和。例如,要创建一个用户可读、可写、可执行,但是组没有权限,其他人可以读、可以执行的文件,并设置用户 ID 位,那么应该使用的模式是 1(设置用户 ID)、0(不设置组 ID)、7(1+2+4,读、写、执行)、0(没有权限)、5(1+4,读、执行)即 10 705:

```
open("test", O_CREAT, 10 705);
```

上述语句等价于:

```
open("test", O_CREAT, S_IRWXU | S_IROTH | S_IXOTH | S_ISUID );
```

如果文件打开成功,open 函数会返回一个文件描述符,以后对该文件的所有操作就可以通过对这个文件描述符进行操作来实现。

3. 读写

在文件打开以后,我们才可对文件进行读写,Linux 中提供文件读写的系统调用是 read、write 函数:

```
int read(int fd, void *buf, size_t length);
int write(int fd, const void *buf, size_t length);
```

其中,参数 buf 为指向缓冲区的指针,length 为缓冲区的大小(以字节为单位)。函数 read() 实现从文件描述符 fd 所指定的文件中读取 length 个字节到 buf 所指向的缓冲区中,返回值为实际读取的字节数。函数 write 实现把 length 个字节从 buf 指向的缓冲区中写到文件描述符 fd 所指向的文件中,返回值为实际写入的字节数。

以 O_CREAT 为标志的 open 实际上实现了文件创建的功能,因此,下面的函数等同于 creat() 函数:

```
int open(pathname, O_CREAT | O_WRONLY | O_TRUNC, mode);
```

4. 定位

对于随机文件,我们可以随机指定位置进行读写,使用如下函数进行定位:

```
int lseek(int fd, offset_t offset, int whence);
```

lseek() 将文件读写指针相对 whence 移动 offset 个字节。操作成功时,返回文件指针相对于文件头的位置。参数 whence 可使用下述值:

SEEK_SET:相对文件开头

SEEK_CUR:相对文件读写指针的当前位置

SEEK_END:相对文件末尾

offset 可取负值，例如下述调用可将文件指针相对当前位置向前移动 5 个字节：

```
lseek(fd, -5, SEEK_CUR);
```

由于 lseek 函数的返回值为文件指针相对于文件头的位置，因此下列调用的返回值就是文件的长度：

```
lseek(fd, 0, SEEK_END);
```

5. 关闭

当我们操作完成以后，要关闭文件，此时，只要调用 close 就可以了，其中 fd 是我们要关闭的文件描述符：

```
int close(int fd);
```

例程：编写一个程序，在当前目录下创建用户可读写文件 hello.txt，在其中写入 "Hello, software weekly"，关闭该文件。再次打开该文件，读取其中的内容并输出在屏幕上。

解答如代码清单 5.1。

代码清单 5.1　Linux 文件操作用户空间编程（使用系统调用）

```
1   #include <sys/types.h>
2   #include <sys/stat.h>
3   #include <fcntl.h>
4   #include <stdio.h>
5   #define LENGTH 100
6   main()
7   {
8     int fd, len;
9     char str[LENGTH];
10
11    fd = open("hello.txt", O_CREAT | O_RDWR, S_IRUSR | S_IWUSR); /*
12    创建并打开文件 */
13    if (fd) {
14        write(fd, "Hello World", strlen("Hello World")); /*
15        写入字符串 */
16        close(fd);
17    }
18
19    fd = open("hello.txt", O_RDWR);
20    len = read(fd, str, LENGTH); /* 读取文件内容 */
21    str[len] = '\0';
22    printf("%s\n", str);
23    close(fd);
24  }
```

编译并运行，执行结果为输出 "Hello World"。

5.1.2 C库文件操作

C库函数的文件操作实际上独立于具体的操作系统平台，不管是在DOS、Windows、Linux还是在VxWorks中都是这些函数：

1. 创建和打开

```
FiLE *fopen(const char *path, const char *mode);
```

fopen()用于打开指定文件filename，其中的mode为打开模式，C库函数中支持的打开模式如表5.3所示。

表5.3 C库函数文件打开标志

标 志	含 义
r、rb	以只读方式打开
w、wb	以只写方式打开。如果文件不存在，则创建该文件，否则文件被截断
a、ab	以追加方式打开。如果文件不存在，则创建该文件
r+、r+b、rb+	以读写方式打开
w+、w+b、wh+	以读写方式打开。如果文件不存在时，创建新文件，否则文件被截断
a+、a+b、ab+	以读和追加方式打开。如果文件不存在，则创建新文件

其中，b用于区分二进制文件和文本文件，这一点在DOS、Windows系统中是有区分的，但Linux不区分二进制文件和文本文件。

2. 读写

C库函数支持以字符、字符串等为单位，支持按照某种格式进行文件的读写，这一组函数为：

```
int fgetc(FiLE *stream);
int fputc(int c, FiLE *stream);
char *fgets(char *s, int n, FiLE *stream);
int fputs(const char *s, FiLE *stream);
int fprintf(FiLE *stream, const char *format, ...);
int fscanf (FiLE *stream, const char *format, ...);
size_t fread(void *ptr, size_t size, size_t n, FiLE *stream);
size_t fwrite (const void *ptr, size_t size, size_t n, FiLE *stream);
```

fread()实现从流（stream）中读取n个字段，每个字段为size字节，并将读取的字段放入ptr所指的字符数组中，返回实际已读取的字段数。当读取的字段数小于n时，可能是在函数调用时出现了错误，也可能是读到了文件的结尾。因此要通过调用feof()和ferror()来判断。

write()实现从缓冲区ptr所指的数组中把n个字段写到流（stream）中，每个字段长为size个字节，返回实际写入的字段数。

另外，C库函数还提供了读写过程中的定位能力，这些函数包括：

```
int fgetpos(FiLE *stream, fpos_t *pos);
int fsetpos(FiLE *stream, const fpos_t *pos);
int fseek(FiLE *stream, long offset, int whence);
```

3. 关闭

利用 C 库函数关闭文件依然是很简单的操作：

```
int fclose (FiLE *stream);
```

例程：将第 5.1.1 节中的例程用 C 库函数来实现，如代码清单 5-2 所示。

代码清单 5.2　Linux 文件操作用户空间编程（使用 C 库函数）

```
1   #include <stdio.h>
2   #define LENGTH 100
3   main()
4   {
5     FiLE *fd;
6     char str[LENGTH];
7
8     fd = fopen("hello.txt", "w+");    /* 创建并打开文件 */
9     if (fd) {
10        fputs("Hello World", fd);     /* 写入字符串 */
11        fclose(fd);
12    }
13
14    fd = fopen("hello.txt", "r");
15    fgets(str, LENGTH, fd);           /* 读取文件内容 */
16    printf("%s\n", str);
17    fclose(fd);
18  }
```

5.2　Linux 文件系统

5.2.1　Linux 文件系统目录结构

进入 Linux 根目录（即 "/"，Linux 文件系统的入口，也是处于最高一级的目录），运行 "ls –l" 命令，看到 Linux 包含以下目录。

1. /bin

包含基本命令，如 ls、cp、mkdir 等，这个目录中的文件都是可执行的。

2. /sbin

包含系统命令，如 modprobe、hwclock、ifconfig 等，大多是涉及系统管理的命令，这个目录中的文件都是可执行的。

3. /dev

设备文件存储目录，应用程序通过对这些文件的读写和控制以访问实际的设备。

4. /etc

系统配置文件的所在地，一些服务器的配置文件也在这里，如用户账号及密码配置文件。busybox 的启动脚本也存放在该目录。

5. /lib

系统库文件存放目录等。

6. /mnt

/mnt 这个目录一般是用于存放挂载储存设备的挂载目录，比如含有 cdrom 等目录。可以参看 /etc/fstab 的定义。有时我们可以让系统开机自动挂载文件系统，并把挂载点放在这里。

7. /opt

opt 是"可选"的意思，有些软件包会被安装在这里。

8. /proc

操作系统运行时，进程及内核信息（比如 CPU、硬盘分区、内存信息等）存放在这里。/proc 目录为伪文件系统 proc 的挂载目录，proc 并不是真正的文件系统，它存在于内存之中。

9. /tmp

用户运行程序的时候，有时会产生临时文件，/tmp 用来存放临时文件。

10. /usr

这个是系统存放程序的目录，比如用户命令、用户库等。

11. /var

var 表示的是变化的意思，这个目录的内容经常变动，如 /var 的 /var/log 目录被用来存放系统日志。

12. /sys

Linux 2.6 以后的内核所支持的 sysfs 文件系统被映射在此目录上。Linux 设备驱动模型中的总线、驱动和设备都可以在 sysfs 文件系统中找到对应的节点。当内核检测到在系统中出现了新设备后，内核会在 sysfs 文件系统中为该新设备生成一项新的记录。

5.2.2 Linux 文件系统与设备驱动

图 5.1 所示为 Linux 中虚拟文件系统、磁盘 /Flash 文件系统及一般的设备文件与设备驱动程序之间的关系。

应用程序和 VFS 之间的接口是系统调用，而 VFS 与文件系统以及设备文件之间的接口是 file_operations 结构体成员函数，这个结构体包含对文件进行打开、关闭、读写、控制的一系列成员函数，关系如图 5.2 所示。

由于字符设备的上层没有类似于磁盘的 ext2 等文件系统，所以字符设备的 file_operations 成员函数就直接由设备驱动提供了，在稍后的第 6 章，将会看到 file_operations 正是字符设备驱动的核心。块设备有两种访问方法，一种方法是不通过文件系统直接访问裸设备，在 Linux 内核实现了统一的 def_blk_fops 这一 file_operations，它的源代码位于 fs/block_ dev.c，所以当我们运行类似于"dd if=/dev/sdb1 of=sdb1.img"的命令把整个 /dev/sdb1 裸分区复制到 sdb1.img 的时候，内核走的是 def_blk_fops 这个 file_operations；另外一种方法是通过文件系统来访问块设备，file_operations 的实现则位于文件系统内，文件系统会把针对文件的读写转换为针对块设备原始扇区的读写。ext2、fat、Btrfs 等文件系统中会实现针对 VFS 的 file_operations 成员函数，设备驱动层将看不到 file_operations 的存在。

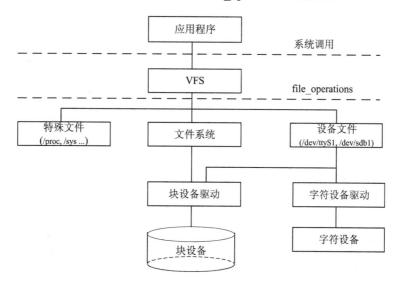

图 5.1 文件系统与设备驱动之间的关系

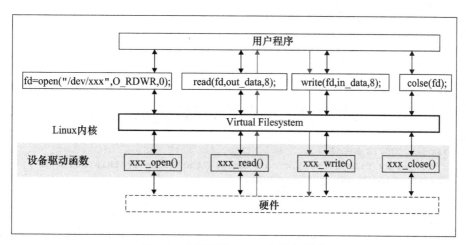

图 5.2 应用程序、VFS 与设备驱动

在设备驱动程序的设计中，一般而言，会关心 file 和 inode 这两个结构体。

1. file 结构体

file 结构体代表一个打开的文件，系统中每个打开的文件在内核空间都有一个关联的

struct file。它由内核在打开文件时创建,并传递给在文件上进行操作的任何函数。在文件的所有实例都关闭后,内核释放这个数据结构。在内核和驱动源代码中,struct file 的指针通常被命名为 file 或 filp(即 file pointer)。代码清单 5.3 给出了文件结构体的定义。

代码清单 5.3   文件结构体

```
1   struct file {
2    union {
3        struct llist_node       fu_llist;
4        struct rcu_head         fu_rcuhead;
5    } f_u;
6    struct path             f_path;
7   #define f_dentry        f_path.dentry
8    struct inode            *f_inode;       /* cached value */
9    const struct file_operations*f_op;      /* 和文件关联的操作 */
10
11   /*
12    * Protects f_ep_links, f_flags.
13    * Must not be taken from IRQ context.
14    */
15   spinlock_t              f_lock;
16   atomic_long_t           f_count;
17   unsigned int            f_flags;        /* 文件标志,如 O_RDONLY、O_NONBLOCK、O_SYNC*/
18   fmode_t                 f_mode;         /* 文件读/写模式,FMODE_READ 和 FMODE_WRITE*/
19   struct mutex            f_pos_lock;
20   loff_t                  f_pos;          /* 当前读写位置 */
21   struct fown_struct      f_owner;
22   const struct cred       *f_cred;
23   struct file_ra_state    f_ra;
24
25   u64                     f_version;
26  #ifdef CONFIG_SECURITY
27   void            *f_security;
28  #endif
29   /* needed for tty driver, and maybe others */
30   void            *private_data;          /* 文件私有数据 */
31
32  #ifdef CONFIG_EPOLL
33   /* Used by fs/eventpoll.c to link all the hooks to this file */
34   struct list_head    f_ep_links;
35   struct list_head    f_tfile_llink;
36  #endif                                   /* #ifdef CONFiG_EPOLL */
37   struct address_space *f_mapping;
38  } __attribute__((aligned(4)));           /* lest something weird decides that 2 is OK */
```

文件读/写模式 f_mode、标志 f_flags 都是设备驱动关心的内容,而私有数据指针 private_data 在设备驱动中被广泛应用,大多被指向设备驱动自定义以用于描述设备的结构体。

下面的代码可用于判断以阻塞还是非阻塞方式打开设备文件:

```
if (file->f_flags & O_NONBLOCK)                    /* 非阻塞 */
      pr_debug("open: non-blocking\n");
else                                               /* 阻塞 */
      pr_debug("open: blocking\n");
```

2. inode 结构体

VFS inode 包含文件访问权限、属主、组、大小、生成时间、访问时间、最后修改时间等信息。它是 Linux 管理文件系统的最基本单位,也是文件系统连接任何子目录、文件的桥梁,inode 结构体的定义如代码清单 5.4 所示。

代码清单 5.4 inode 结构体

```
1   struct inode {
2       ...
3       umode_t i_mode;             /* inode 的权限 */
4       uid_t i_uid;                /* inode 拥有者的 id */
5       gid_t i_gid;                /* inode 所属的群组 id */
6       dev_t i_rdev;               /* 若是设备文件,此字段将记录设备的设备号 */
7       loff_t i_size;              /* inode 所代表的文件大小 */
8
9       struct timespec i_atime;    /* inode 最近一次的存取时间 */
10      struct timespec i_mtime;    /* inode 最近一次的修改时间 */
11      struct timespec i_ctime;    /* inode 的产生时间 */
12
13      unsigned int        i_blkbits;
14      blkcnt_t            i_blocks; /* inode 所使用的 block 数,一个 block 为 512 字节 */
15      union {
16          struct pipe_inode_info *i_pipe;
17          struct block_device *i_bdev;
18                                  /* 若是块设备,为其对应的 block_device 结构体指针 */
19          struct cdev *i_cdev;    /* 若是字符设备,为其对应的 cdev 结构体指针 */
20      }
21      ...
22  };
```

对于表示设备文件的 inode 结构,i_rdev 字段包含设备编号。Linux 内核设备编号分为主设备编号和次设备编号,前者为 dev_t 的高 12 位,后者为 dev_t 的低 20 位。下列操作用于从一个 inode 中获得主设备号和次设备号:

```
unsigned int iminor(struct inode *inode);
unsigned int imajor(struct inode *inode);
```

查看 /proc/devices 文件可以获知系统中注册的设备,第 1 列为主设备号,第 2 列为设备名,如:

```
Character devices:
   1 mem
   2 pty
```

```
    3 ttyp
    4 /dev/vc/0
    4 tty
    5 /dev/tty
    5 /dev/console
    5 /dev/ptmx
    7 vcs
   10 misc
   13 input
   21 sg
   29 fb
  128 ptm
  136 pts
  171 ieee1394
  180 usb
  189 usb_device

Block devices:
    1 ramdisk
    2 fd
    8 sd
    9 md
   22 ide1
  ...
```

查看 /dev 目录可以获知系统中包含的设备文件，日期的前两列给出了对应设备的主设备号和次设备号：

```
crw-rw----    1 root     uucp     4,  64 Jan 30  2003 /dev/ttyS0
brw-rw----    1 root     disk     8,   0 Jan 30  2003 /dev/sda
```

主设备号是与驱动对应的概念，同一类设备一般使用相同的主设备号，不同类的设备一般使用不同的主设备号（但是也不排除在同一主设备号下包含有一定差异的设备）。因为同一驱动可支持多个同类设备，因此用次设备号来描述使用该驱动的设备的序号，序号一般从 0 开始。

内核 Documents 目录下的 devices.txt 文件描述了 Linux 设备号的分配情况，它由 LANANA（the Linux Assigned Names and Numbers authority，网址为 http://www.lanana.org/）组织维护，Torben Mathiasen（device@lanana.org）是其中的主要维护者。

5.3 devfs

devfs（设备文件系统）是由 Linux 2.4 内核引入的，引入时被许多工程师给予了高度评价，它的出现使得设备驱动程序能自主地管理自己的设备文件。具体来说，devfs 具有如下优点。

1）可以通过程序在设备初始化时在 /dev 目录下创建设备文件，卸载设备时将它删除。

2）设备驱动程序可以指定设备名、所有者和权限位，用户空间程序仍可以修改所有者和权限位。

3）不再需要为设备驱动程序分配主设备号以及处理次设备号，在程序中可以直接给register_chrdev()传递0主设备号以获得可用的主设备号，并在devfs_register()中指定次设备号。

驱动程序应调用下面这些函数来进行设备文件的创建和撤销工作。

```
/* 创建设备目录 */
devfs_handle_t devfs_mk_dir(devfs_handle_t dir, const char *name, void *info);
/* 创建设备文件 */
devfs_handle_t devfs_register(devfs_handle_t dir, const char *name, unsigned
    int flags, unsigned int major, unsigned int minor, umode_t mode, void *ops,
    void *info);
/* 撤销设备文件 */
void devfs_unregister(devfs_handle_t de);
```

在Linux 2.4的设备驱动编程中，分别在模块加载、卸载函数中创建和撤销设备文件是被普遍采用并值得大力推荐的好方法。代码清单5.5给出了一个使用devfs的范例。

代码清单 5.5　devfs 的使用范例

```
1  static devfs_handle_t devfs_handle;
2  static int __init xxx_init(void)
3  {
4      int ret;
5      int i;
6      /* 在内核中注册设备 */
7      ret = register_chrdev(XXX_MAJOR, DEVICE_NAME, &xxx_fops);
8      if (ret < 0) {
9          printk(DEVICE_NAME " can't register major number\n");
10         return ret;
11     }
12     /* 创建设备文件 */
13     devfs_handle = devfs_register(NULL, DEVICE_NAME, DEVFS_FL_DEFAULT,
14         XXX_MAJOR, 0, S_IFCHR | S_IRUSR | S_IWUSR, &xxx_fops, NULL);
15     ...
16     printk(DEVICE_NAME " initialized\n");
17     return 0;
18 }
19
20 static void __exit xxx_exit(void)
21 {
22     devfs_unregister(devfs_handle);              /* 撤销设备文件 */
23     unregister_chrdev(XXX_MAJOR, DEVICE_NAME);   /* 注销设备 */
24 }
25
26 module_init(xxx_init);
27 module_exit(xxx_exit);
```

代码中第 7 行和第 23 行分别用于注册和注销字符设备，使用的 register_chrdev() 和 unregister_chrdev() 在 Linux 2.6 以后的内核中仍被采用。第 13 和 22 行分别用于创建和删除 devfs 文件节点，这些 API 已经被删除了。

5.4 udev 用户空间设备管理

5.4.1 udev 与 devfs 的区别

尽管 devfs 有这样和那样的优点，但是，在 Linux 2.6 内核中，devfs 被认为是过时的方法，并最终被抛弃了，udev 取代了它。Linux VFS 内核维护者 Al Viro 指出了几点 udev 取代 devfs 的原因：

1）devfs 所做的工作被确信可以在用户态来完成。
2）devfs 被加入内核之时，大家期望它的质量可以迎头赶上。
3）发现 devfs 有一些可修复和无法修复的 bug。
4）对于可修复的 bug，几个月前就已经被修复了，其维护者认为一切良好。
5）对于后者，在相当长的一段时间内没有改观。
6）devfs 的维护者和作者对它感到失望并且已经停止了对代码的维护工作。

Linux 内核的两位贡献者，Richard Gooch（devfs 的作者）和 Greg Kroah-Hartman（sysfs 的主要作者）就 devfs/udev 进行了激烈的争论：

Greg:Richard had stated that udev was a proper replacement for devfs.

Richard:Well, that's news to me!

Greg:devfs should be taken out because policy should exist in userspace and not in the kernel.

Richard:sysfs, developed in large part by Greg, also implemented policy in the kernel.

Greg:devfs was broken and unfixable

Richard:No proof. Never say never...

这段有趣的争论可意译如下：

Greg：Richard 已经指出，udev 是 devfs 合适的替代品。

Richard：哦，我怎么不知道？

Greg：devfs 应该下课，因为策略应该位于用户空间而不是内核空间。

Richard：哦，由 Greg 完成大部分工作的 sysfs 也在内核中实现了策略。

Greg：devfs 很蹩脚，也不稳定。

Richard：呵呵，没证据，别那么武断……

在 Richard Gooch 和 Greg Kroah-Hartman 的争论中，Greg Kroah-Hartman 使用的理论依据就在于 policy（策略）不能位于内核空间中。Linux 设计中强调的一个基本观点是机制和策略的分离。机制是做某样事情的固定步骤、方法，而策略就是每一个步骤所采取的不同方式。机制是相对固定的，而每个步骤采用的策略是不固定的。机制是稳定的，而策略则是灵活的，因此，在 Linux 内核中，不应该实现策略。

比如 Linux 提供 API 可以让人把线程的优先级调高或者调低，或者调整调度策略为 SCHED_FIFO 什么的，但是 Linux 内核本身却不管谁高谁低。提供 API 属于机制，谁高谁低这属于策略，所以应该是应用程序自己去告诉内核要高或低，而内核不管这些杂事。同理，Greg Kroah-Hartman 认为，属于策略的东西应该被移到用户空间中，谁爱给哪个设备创建什么名字或者想做更多的处理，谁自己去设定。内核只管把这些信息告诉用户就行了。这就是位于内核空间的 devfs 应该被位于用户空间的 udev 取代的原因，应该 devfs 管了一些不靠谱的事情。

下面举一个通俗的例子来理解 udev 设计的出发点。以谈恋爱为例，Greg Kroah-Hartman 认为，可以让内核提供谈恋爱的机制，但是不能在内核空间中限制跟谁谈恋爱，不能把谈恋爱的策略放在内核空间。因为恋爱是自由的，用户应该可以在用户空间中实现"萝卜白菜，各有所爱"的理想，可以根据对方的外貌、籍贯、性格等自由选择。对应 devfs 而言，第 1 个相亲的女孩被命名为 /dev/girl0，第 2 个相亲的女孩被命名为 /dev/girl1，以此类推。而在用户空间实现的 udev 则可以使得用户实现这样的自由：不管你中意的女孩是第几个，只要它与你定义的规则符合，都命名为 /dev/mygirl！

udev 完全在用户态工作，利用设备加入或移除时内核所发送的热插拔事件（Hotplug Event）来工作。在热插拔时，设备的详细信息会由内核通过 netlink 套接字发送出来，发出的事情叫 uevent。udev 的设备命名策略、权限控制和事件处理都是在用户态下完成的，它利用从内核收到的信息来进行创建设备文件节点等工作。代码清单 5.6 给出了从内核通过 netlink 接收热插拔事件并冲刷掉的范例，udev 采用了类似的做法。

代码清单 5.6　netlink 的使用范例

```
1   #include <linux/netlink.h>
2
3   static void die(char *s)
4   {
5    write(2, s, strlen(s));
6    exit(1);
7   }
8
9   int main(int argc, char *argv[])
10  {
11    struct sockaddr_nl nls;
12    struct pollfd pfd;
13    char buf[512];
14
15    // Open hotplug event netlink socket
16
17    memset(&nls, 0, sizeof(struct sockaddr_nl));
18    nls.nl_family = AF_NETLINK;
```

```
19      nls.nl_pid = getpid();
20      nls.nl_groups = -1;
21
22      pfd.events = POLLIN;
23      pfd.fd = socket(PF_NETLINK, SOCK_DGRAM, NETLINK_KOBJECT_UEVENT);
24      if (pfd.fd == -1)
25          die("Not root\n");
26
27      // Listen to netlink socket
28      if (bind(pfd.fd, (void *)&nls, sizeof(struct sockaddr_nl)))
29          die("Bind failed\n");
30      while (-1 != poll(&pfd, 1, -1)) {
31          int i, len = recv(pfd.fd, buf, sizeof(buf), MSG_DONTWAIT);
32          if (len == -1)
33              die("recv\n");
34
35          // Print the data to stdout.
36          i = 0;
37          while (i < len) {
38              printf("%s\n", buf + i);
39              i += strlen(buf + i) + 1;
40          }
41      }
42      die("poll\n");
43
44      // Dear gcc: shut up.
45      return 0;
46  }
```

编译上述程序并运行,把 Apple Facetime HD Camera USB 摄像头插入 Ubuntu,该程序会 dump 类似如下的信息:

```
ACTION=add
DEVLINKS=/dev/input/by-id/usb-Apple_Inc._FaceTime_HD_Camera__Built-in__
CC2B2F0TLSDG6LL0-event-if00 /dev/input/by-path/pci-0000:00:0b.0-usb-0:1:1.0-event
DEVNAME=/dev/input/event6
DEVPATH=/devices/pci0000:00/0000:00:0b.0/usb1/1-1/1-1:1.0/input/input6/event6
ID_BUS=usb
ID_INPUT=1
ID_INPUT_KEY=1
ID_MODEL=FaceTime_HD_Camera__Built-in_
ID_MODEL_ENC=FaceTime\x20HD\x20Camera\x20\x28Built-in\x29
ID_MODEL_ID=8509
ID_PATH=pci-0000:00:0b.0-usb-0:1:1.0
ID_PATH_TAG=pci-
```

udev 就是采用这种方式接收 netlink 消息,并根据它的内容和用户设置给 udev 的规则做匹配来进行工作的。这里有一个问题,就是冷插拔的设备怎么办?冷插拔的设备在开机时就存在,在 udev 启动前已经被插入了。对于冷插拔的设备,Linux 内核提供了 sysfs 下面一个 uevent 节点，可以往该节点写一个"add"，导致内核重新发送 netlink，之后 udev 就可以收到冷插拔的 netlink 消息了。我们还是运行代码清单 5.6 的程序，并手动往 /sys/module/psmouse/uevent 写一个"add"，上述程序会 dump 出来这样的信息：

```
ACTION=add
DEVPATH=/module/psmouse
SEQNUM=1682
SUBSYSTEM=module
UDEV_LOG=3
USEC_INITIALIZED=220903546792
```

devfs 与 udev 的另一个显著区别在于：采用 devfs，当一个并不存在的 /dev 节点被打开的时候，devfs 能自动加载对应的驱动，而 udev 则不这么做。这是因为 udev 的设计者认为 Linux 应该在设备被发现的时候加载驱动模块，而不是当它被访问的时候。udev 的设计者认为 devfs 所提供的打开 /dev 节点时自动加载驱动的功能对一个配置正确的计算机来说是多余的。系统中所有的设备都应该产生热插拔事件并加载恰当的驱动，而 udev 能注意到这点并且为它创建对应的设备节点。

5.4.2 sysfs 文件系统与 Linux 设备模型

Linux 2.6 以后的内核引入了 sysfs 文件系统，sysfs 被看成是与 proc、devfs 和 devpty 同类别的文件系统，该文件系统是一个虚拟的文件系统，它可以产生一个包括所有系统硬件的层级视图，与提供进程和状态信息的 proc 文件系统十分类似。

sysfs 把连接在系统上的设备和总线组织成为一个分级的文件，它们可以由用户空间存取，向用户空间导出内核数据结构以及它们的属性。sysfs 的一个目的就是展示设备驱动模型中各组件的层次关系，其顶级目录包括 block、bus、dev、devices、class、fs、kernel、power 和 firmware 等。

block 目录包含所有的块设备；devices 目录包含系统所有的设备，并根据设备挂接的总线类型组织成层次结构；bus 目录包含系统中所有的总线类型；class 目录包含系统中的设备类型（如网卡设备、声卡设备、输入设备等）。在 /sys 目录下运行 tree 会得到一个相当长的树形目录，下面摘取一部分：

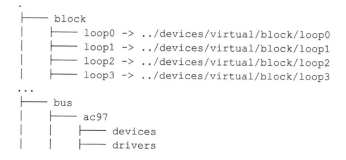

```
│   │       ├── drivers_autoprobe
│   │       ├── drivers_probe
│   │       └── uevent
│   ├── acpi
...
│   ├── i2c
│   │       ├── devices
│   │       ├── drivers
│   │       ├── drivers_autoprobe
│   │       ├── drivers_probe
│   │       └── uevent
...
├── class
│   ├── ata_device
│   │       ├── dev1.0 -> ../../devices/pci0000:00/0000:00:01.1/ata1/link1/dev1.0/
│   │       │   ata_device/dev1.0
│   │       ├── dev1.1 -> ../../devices/pci0000:00/0000:00:01.1/ata1/link1/dev1.1/
│   │       │   ata_device/dev1.1
│   │       ├── dev2.0 -> ../../devices/pci0000:00/0000:00:01.1/ata2/link2/dev2.0/
│   │       │   ata_device/dev2.0
│   │       ├── dev2.1 -> ../../devices/pci0000:00/0000:00:01.1/ata2/link2/dev2.1/
│   │       │   ata_device/dev2.1
...
├── dev
│   ├── block
│   │       ├── 1:0 -> ../../devices/virtual/block/ram0
│   │       ├── 1:1 -> ../../devices/virtual/block/ram1
│   │       ├── 1:10 -> ../../devices/virtual/block/ram10
│   │       ├── 11:0 -> ../../devices/pci0000:00/0000:00:01.1/ata2/host1/target1:0:0/
│   │       │   1:0:0:0/block/sr0
...
│   └── char
│           ├── 10:1 -> ../../devices/virtual/misc/psaux
│           ├── 10:184 -> ../../devices/virtual/misc/microcode
│           ├── 10:200 -> ../../devices/virtual/misc/tun
│           ├── 10:223 -> ../../devices/virtual/misc/uinput
...
├── devices
│   ├── breakpoint
│   │       ├── power
│   │       ├── subsystem -> ../../bus/event_source
│   │       ├── type
│   │       └── uevent
│   ├── isa
│   │       ├── power
│   │       └── uevent
...
├── firmware
...
├── fs
│   ├── cgroup
│   ├── ecryptfs
│   │       └── version
```

```
│   │   ├── ext4
│   │   │   ├── features
│   │   │   ├── sda1
│   │   │   └── sdb1
│   │   └── fuse
│   │       └── connections
│   ├── hypervisor
│   ├── kernel
│   │   ├── debug
│   │   │   ├── acpi
│   │   │   └── bdi
...
│   ├── module
│   │   ├── 8250
│   │   │   ├── parameters
│   │   │   └── uevent
│   │   ├── 8250_core
│   │   │   ├── parameters
│   │   │   └── uevent
...
└── power
    ├── disk
    ├── image_size
    ├── pm_async
    ├── reserved_size
    ├── resume
    ├── state
    ├── wake_lock
    ├── wake_unlock
    └── wakeup_count
```

在 /sys/bus 的 pci 等子目录下，又会再分出 drivers 和 devices 目录，而 devices 目录中的文件是对 /sys/devices 目录中文件的符号链接。同样地，/sys/class 目录下也包含许多对 /sys/devices 下文件的链接。如图 5.3 所示，Linux 设备模型与设备、驱动、总线和类的现实状况是直接对应的，也正符合 Linux 2.6 以后内核的设备模型。

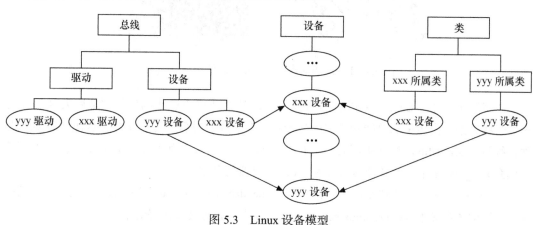

图 5.3　Linux 设备模型

随着技术的不断进步，系统的拓扑结构越来越复杂，对智能电源管理、热插拔以及即插即用的支持要求也越来越高，Linux 2.4 内核已经难以满足这些需求。为适应这种形势的需要，Linux 2.6 以后的内核开发了上述全新的设备、总线、类和驱动环环相扣的设备模型。图 5.4 形象地表示了 Linux 驱动模型中设备、总线和类之间的关系。

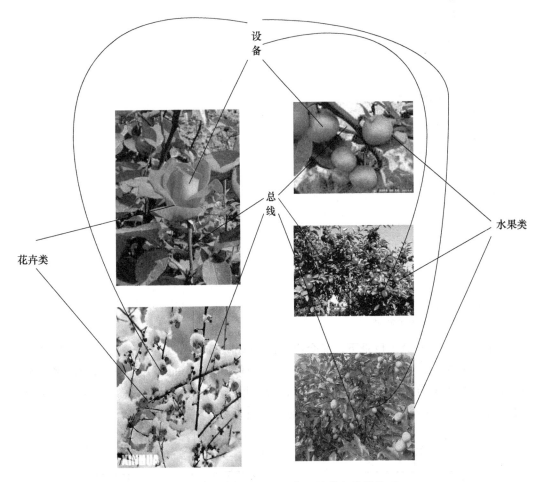

图 5.4　Linux 驱动模型中设备、总线和类的关系

大多数情况下，Linux 2.6 以后的内核中的设备驱动核心层代码作为"幕后大佬"可处理好这些关系，内核中的总线和其他内核子系统会完成与设备模型的交互，这使得驱动工程师在编写底层驱动的时候几乎不需要关心设备模型，只需要按照每个框架的要求，"填鸭式"地填充 xxx_driver 里面的各种回调函数，xxx 是总线的名字。

在 Linux 内核中，分别使用 bus_type、device_driver 和 device 来描述总线、驱动和设备，这 3 个结构体定义于 include/linux/device.h 头文件中，其定义如代码清单 5.7 所示。

代码清单5.7　bus_type、device_driver 和 device 结构体

```
1   struct bus_type {
2           const char                  *name;
3           const char                  *dev_name;
4           struct device               *dev_root;
5           struct device_attribute     *dev_attrs;     /* use dev_groups instead */
6           const struct attribute_group **bus_groups;
7           const struct attribute_group **dev_groups;
8           const struct attribute_group **drv_groups;
9
10          int (*match)(struct device *dev, struct device_driver *drv);
11          int (*uevent)(struct device *dev, struct kobj_uevent_env *env);
12          int (*probe)(struct device *dev);
13          int (*remove)(struct device *dev);
14          void (*shutdown)(struct device *dev);
15
16          int (*online)(struct device *dev);
17          int (*offline)(struct device *dev);
18
19          int (*suspend)(struct device *dev, pm_message_t state);
20          int (*resume)(struct device *dev);
21
22          const struct dev_pm_ops *pm;
23
24          struct iommu_ops *iommu_ops;
25
26          struct subsys_private *p;
27          struct lock_class_key lock_key;
28  };
29
30  struct device_driver {
31          const char                  *name;
32          struct bus_type             *bus;
33
34          struct module               *owner;
35          const char                  *mod_name;      /* used for built-in modules */
36
37          bool suppress_bind_attrs;                   /* disables bind/unbind via sysfs */
38
39          const struct of_device_id   *of_match_table;
40          const struct acpi_device_id *acpi_match_table;
41
42          int (*probe) (struct device *dev);
43          int (*remove) (struct device *dev);
44          void (*shutdown) (struct device *dev);
45          int (*suspend) (struct device *dev, pm_message_t state);
46          int (*resume) (struct device *dev);
47          const struct attribute_group **groups;
48
49          const struct dev_pm_ops *pm;
```

```c
50
51          struct driver_private *p;
52  };
53
54  struct device {
55  struct device           *parent;
56
57  struct device_private       *p;
58
59  struct kobject kobj;
60  const char              *init_name; /* initial name of the device */
61  const struct device_type *type;
62
63  struct mutex        mutex;  /* mutex to synchronize calls to
64                               * its driver.
65                               */
66
67  struct bus_type         *bus;       /* type of bus device is on */
68  struct device_driver *driver;       /* which driver has allocated this
69                                          device */
70  void            *platform_data;     /* Platform specific data, device
71                                          core doesn't touch it */
72  struct dev_pm_info  power;
73  struct dev_pm_domain *pm_domain;
74
75  #ifdef CONFIG_PINCTRL
76  struct dev_pin_info *pins;
77  #endif
78
79  #ifdef CONFIG_NUMA
80  int         numa_node;  /* NUMA node this device is close to */
81  #endif
82  u64         *dma_mask;  /* dma mask (if dma'able device) */
83  u64         coherent_dma_mask;/* Like dma_mask, but for
84                           alloc_coherent mappings as
85                           not all hardware supports
86                           64 bit addresses for consistent
87                           allocations such descriptors. */
88
89  struct device_dma_parameters *dma_parms;
90
91  struct list_head dma_pools; /* dma pools (if dma'ble) */
92
93  struct dma_coherent_mem     *dma_mem; /* internal for coherent mem
94                                          override */
95  #ifdef CONFIG_DMA_CMA
96  struct cma *cma_area;       /* contiguous memory area for dma
97                                  allocations */
98  #endif
99  /* arch specific additions */
```

```
100     struct dev_archdata     archdata;
101
102     struct device_node      *of_node;       /* associated device tree node */
103     struct acpi_dev_node    acpi_node;      /* associated ACPI device node */
104
105     dev_t                   devt;           /* dev_t, creates the sysfs "dev" */
106     u32                     id;             /* device instance */
107
108     spinlock_t              devres_lock;
109     struct list_head        devres_head;
110
111     struct klist_node       knode_class;
112     struct class            *class;
113     const struct attribute_group **groups;  /* optional groups */
114
115     void    (*release)(struct device *dev);
116     struct iommu_group      *iommu_group;
117
118     bool                    offline_disabled:1;
119     bool                    offline:1;
120 };
```

device_driver 和 device 分别表示驱动和设备，而这两者都必须依附于一种总线，因此都包含 struct bus_type 指针。在 Linux 内核中，设备和驱动是分开注册的，注册 1 个设备的时候，并不需要驱动已经存在，而 1 个驱动被注册的时候，也不需要对应的设备已经被注册。设备和驱动各自涌向内核，而每个设备和驱动涌入内核的时候，都会去寻找自己的另一半，而正是 bus_type 的 match() 成员函数将两者捆绑在一起。简单地说，设备和驱动就是红尘中漂浮的男女，而 bus_type 的 match() 则是牵引红线的月老，它可以识别什么设备与什么驱动是可配对的。一旦配对成功，xxx_driver 的 probe() 就被执行（xxx 是总线名，如 platform、pci、i2c、spi、usb 等）。

注意：总线、驱动和设备最终都会落实为 sysfs 中的 1 个目录，因为进一步追踪代码会发现，它们实际上都可以认为是 kobject 的派生类，kobject 可看作是所有总线、设备和驱动的抽象基类，1 个 kobject 对应 sysfs 中的 1 个目录。

总线、设备和驱动中的各个 attribute 则直接落实为 sysfs 中的 1 个文件，attribute 会伴随着 show() 和 store() 这两个函数，分别用于读写该 attribute 对应的 sysfs 文件，代码清单 5.8 给出了 attribute、bus_attribute、driver_attribute 和 device_attribute 这几个结构体的定义。

代码清单 5.8　attribute、bus_attribute、driver_attribute 和 device_attribute 结构体

```
1  struct attribute {
2          const char              *name;
3          umode_t                 mode;
4  #ifdef CONFIG_DEBUG_LOCK_ALLOC
5          bool                    ignore_lockdep:1;
```

```c
6              struct lock_class_key   *key;
7              struct lock_class_key   skey;
8  #endif
9  };
10
11 struct bus_attribute {
12         struct attribute        attr;
13         ssize_t (*show)(struct bus_type *bus, char *buf);
14         ssize_t (*store)(struct bus_type *bus, const char *buf, size_t count);
15 };
16
17 struct driver_attribute {
18         struct attribute attr;
19         ssize_t (*show)(struct device_driver *driver, char *buf);
20         ssize_t (*store)(struct device_driver *driver, const char *buf,
21                          size_t count);
22 };
23
24 struct device_attribute {
25         struct attribute        attr;
26         ssize_t (*show)(struct device *dev, struct device_attribute *attr,
27                         char *buf);
28         ssize_t (*store)(struct device *dev, struct device_attribute *attr,
29                          const char *buf, size_t count);
30 };
```

事实上，sysfs 中的目录来源于 bus_type、device_driver、device，而目录中的文件则来源于 attribute。Linux 内核中也定义了一些快捷方式以方便 attribute 的创建工作。

```c
#define DRIVER_ATTR(_name, _mode, _show, _store) \
struct driver_attribute driver_attr_##_name = __ATTR(_name, _mode, _show, _store)
#define DRIVER_ATTR_RW(_name) \
        struct driver_attribute driver_attr_##_name = __ATTR_RW(_name)
#define DRIVER_ATTR_RO(_name) \
        struct driver_attribute driver_attr_##_name = __ATTR_RO(_name)
#define DRIVER_ATTR_WO(_name) \
        struct driver_attribute driver_attr_##_name = __ATTR_WO(_name)

#define DEVICE_ATTR(_name, _mode, _show, _store) \
        struct device_attribute dev_attr_##_name = __ATTR(_name, _mode, _show, _store)
#define DEVICE_ATTR_RW(_name) \
        struct device_attribute dev_attr_##_name = __ATTR_RW(_name)
#define DEVICE_ATTR_RO(_name) \
        struct device_attribute dev_attr_##_name = __ATTR_RO(_name)
#define DEVICE_ATTR_WO(_name) \
        struct device_attribute dev_attr_##_name = __ATTR_WO(_name)

#define BUS_ATTR(_name, _mode, _show, _store)   \
        struct bus_attribute bus_attr_##_name = __ATTR(_name, _mode, _show, _store)
#define BUS_ATTR_RW(_name) \
```

```
            struct bus_attribute bus_attr_##_name = __ATTR_RW(_name)
#define BUS_ATTR_RO(_name) \
            struct bus_attribute bus_attr_##_name = __ATTR_RO(_name)
```

比如，我们在 drivers/base/bus.c 文件中可以找到这样的代码：

```
static BUS_ATTR(drivers_probe, S_IWUSR, NULL, store_drivers_probe);
static BUS_ATTR(drivers_autoprobe, S_IWUSR | S_IRUGO,
            show_drivers_autoprobe, store_drivers_autoprobe);
static BUS_ATTR(uevent, S_IWUSR, NULL, bus_uevent_store);
```

而在 /sys/bus/platform 等里面就可以找到对应的文件：

```
barry@barry-VirtualBox:/sys/bus/platform$ ls
devices  drivers  drivers_autoprobe  drivers_probe  uevent
```

代码清单 5.9 的脚本可以遍历整个 sysfs，并且 dump 出来总线、设备和驱动信息。

代码清单 5.9　遍历 sysfs

```
 1  #!/bin/bash
 2
 3    # Populate block devices
 4
 5    for i in /sys/block/*/dev /sys/block/*/*/dev
 6    do
 7      if [ -f $i ]
 8      then
 9        MAJOR=$(sed 's/:.*//' < $i)
10        MINOR=$(sed 's/.*://' < $i)
11        DEVNAME=$(echo $i | sed -e 's@/dev@@' -e 's@.*/@@')
12        echo /dev/$DEVNAME b $MAJOR $MINOR
13        #mknod /dev/$DEVNAME b $MAJOR $MINOR
14      fi
15    done
16
17    # Populate char devices
18
19    for i in /sys/bus/*/devices/*/dev /sys/class/*/*/dev
20    do
21      if [ -f $i ]
22      then
23        MAJOR=$(sed 's/:.*//' < $i)
24        MINOR=$(sed 's/.*://' < $i)
25        DEVNAME=$(echo $i | sed -e 's@/dev@@' -e 's@.*/@@')
26        echo /dev/$DEVNAME c $MAJOR $MINOR
27        #mknod /dev/$DEVNAME c $MAJOR $MINOR
28      fi
29    done
```

上述脚本遍历 sysfs，找出所有的设备，并分析出来设备名和主次设备号。如果我们把

27 行前的"#"去掉,该脚本实际上还可以为整个系统中的设备建立 /dev/ 下面的节点。

5.4.3 udev 的组成

udev 目前和 systemd 项目合并在一起了,见位于 https://lwn.net/Articles/490413/ 的文档《Udev and systemd to merge》,可以从 http://cgit.freedesktop.org/systemd/、https://github.com/systemd/systemd 等位置下载最新的代码。udev 在用户空间中执行,动态建立 / 删除设备文件,允许每个人都不用关心主 / 次设备号而提供 LSB(Linux 标准规范,Linux Standard Base)名称,并且可以根据需要固定名称。udev 的工作过程如下。

1)当内核检测到系统中出现了新设备后,内核会通过 netlink 套接字发送 uevent。

2)udev 获取内核发送的信息,进行规则的匹配。匹配的事物包括 SUBSYSTEM、ACTION、atttribute、内核提供的名称(通过 KERNEL=)以及其他的环境变量。

假设在 Linux 系统上插入一个 Kingston 的 U 盘,我们可以通过 udev 的工具"udevadm monitor --kernel --property --udev"捕获到的 uevent 包含的信息为:

```
UDEV  [6328.797974] add
/devices/pci0000:00/0000:00:0b.0/usb1/1-1/1-1:1.0/host7/target7:0:0/7:0:0:0/block/sdc (block)
ACTION=add
DEVLINKS=/dev/disk/by-id/usb-Kingston_DataTraveler_2.0_5B8212000047-0:0 /dev/
    disk/by-path/pci-0000:00:0b.0-usb-0:1:1.0-scsi-0:0:0:0
DEVNAME=/dev/sdc
DEVPATH=/devices/pci0000:00/0000:00:0b.0/usb1/1-1/1-1:1.0/host7/target7:0:0/7:0:0:0/
    block/sdc
DEVTYPE=disk
ID_BUS=usb
ID_INSTANCE=0:0
ID_MODEL=DataTraveler_2.0
ID_MODEL_ENC=DataTraveler\x202.0
ID_MODEL_ID=6545
ID_PART_TABLE_TYPE=dos
ID_PATH=pci-0000:00:0b.0-usb-0:1:1.0-scsi-0:0:0:0
ID_PATH_TAG=pci-0000_00_0b_0-usb-0_1_1_0-scsi-0_0_0_0
ID_REVISION=PMAP
ID_SERIAL=Kingston_DataTraveler_2.0_5B8212000047-0:0
ID_SERIAL_SHORT=5B8212000047
ID_TYPE=disk
ID_USB_DRIVER=usb-storage
ID_USB_INTERFACES=:080650:
ID_USB_INTERFACE_NUM=00
ID_VENDOR=Kingston
ID_VENDOR_ENC=Kingston
ID_VENDOR_ID=0930
MAJOR=8
MINOR=32
SEQNUM=2335
SUBSYSTEM=block
```

我们可以根据这些信息，创建一个规则，以便每次插入的时候，为该盘创建一个 /dev/kingstonUD 的符号链接，这个规则可以写成代码清单 5.10 的样子。

代码清单 5.10　设备命名规则范例

```
# Kingston USB mass storage
SUBSYSTEM=="block", ACTION=="add", KERNEL=="*sd?", ENV{ID_TYPE}=="disk",
    ENV{ID_VENDOR}=="Kingston", ENV{ID_USB_DRIVER}=="usb-storage", SYMLINK+="kingstonUD"
```

插入 kingston U 盘后，/dev/ 会自动创建一个符号链接：

```
root@barry-VirtualBox:/dev# ls -l kingstonUD
lrwxrwxrwx 1 root root 3 Jun 30 19:31 kingstonUD -> sdc
```

5.4.4　udev 规则文件

udev 的规则文件以行为单位，以"#"开头的行代表注释行。其余的每一行代表一个规则。每个规则分成一个或多个匹配部分和赋值部分。匹配部分用匹配专用的关键字来表示，相应的赋值部分用赋值专用的关键字来表示。匹配关键字包括：ACTION（行为）、KERNEL（匹配内核设备名）、BUS（匹配总线类型）、SUBSYSTEM（匹配子系统名）、ATTR（属性）等，赋值关键字包括：NAME（创建的设备文件名）、SYMLINK（符号创建链接名）、OWNER（设置设备的所有者）、GROUP（设置设备的组）、IMPORT（调用外部程序）、MODE（节点访问权限）等。

例如，如下规则：

```
SUBSYSTEM=="net", ACTION=="add", DRIVERS=="?*", ATTR{address}=="08:00:27:35:be:ff",
    ATTR{dev_id}=="0x0", ATTR{type}=="1", KERNEL=="eth*", NAME="eth1"
```

其中的"匹配"部分包括 SUBSYSTEM、ACTION、ATTR、KERNEL 等，而"赋值"部分有一项，是 NAME。这个规则的意思是：当系统中出现的新硬件属于 net 子系统范畴，系统对该硬件采取的动作是"add"这个硬件，且这个硬件的"address"属性信息等于"08:00:27:35:be:ff"，"dev_id"属性等于"0x0"、"type"属性为 1 等，此时，对这个硬件在 udev 层次施行的动作是创建 /dev/eth1。

通过一个简单的例子可以看出 udev 和 devfs 在命名方面的差异。如果系统中有两个 USB 打印机，一个可能被称为 /dev/usb/lp0，另外一个便是 /dev/usb/lp1。但是到底哪个文件对应哪个打印机是无法确定的，lp0、lp1 和实际的设备没有一一对应的关系，映射关系会因设备发现的顺序、打印机本身关闭等而不确定。因此，理想的方式是两个打印机应该采用基于它们的序列号或者其他标识信息的办法来进行确定的映射，devfs 无法做到这一点，udev 却可以做到。使用如下规则：

```
SUBSYSTEM="usb",ATTR{serial}="HXOLL0012202323480",NAME="lp_epson",SYMLINK+="printers/
    epson_stylus"
```

该规则中的匹配项目有 SUBSYSTEM 和 ATTR，赋值项目为 NAME 和 SYMLINK，它意味着当一台 USB 打印机的序列号为 "HXOLL0012202323480" 时，创建 /dev/lp_epson 文件，并同时创建一个符号链接 /dev/printers/epson_styles。序列号为 "HXOLL0012202323480" 的 USB 打印机不管何时被插入，对应的设备名都是 /dev/lp_epson，而 devfs 显然无法实现设备的这种固定命名。

udev 规则的写法非常灵活，在匹配部分，可以通过 "*"、"?"、[a ~ c]、[1 ~ 9] 等 shell 通配符来灵活匹配多个项目。* 类似于 shell 中的 * 通配符，代替任意长度的任意字符串，? 代替一个字符。此外，%k 就是 KERNEL，%n 则是设备的 KERNEL 序号（如存储设备的分区号）。

可以借助 udev 中的 udevadm info 工具查找规则文件能利用的内核信息和 sysfs 属性信息，如运行 "udevadm info -a -p /sys/devices/platform/serial8250/tty/ttyS0" 命令将得到：

```
udevadm info -a -p  /sys/devices/platform/serial8250/tty/ttyS0

Udevadm info starts with the device specified by the devpath and then
walks up the chain of parent devices. It prints for every device
found, all possible attributes in the udev rules key format.
A rule to match, can be composed by the attributes of the device
and the attributes from one single parent device.

  looking at device '/devices/platform/serial8250/tty/ttyS0':
    KERNEL=="ttyS0"
    SUBSYSTEM=="tty"
    DRIVER==""
    ATTR{irq}=="4"
    ATTR{line}=="0"
    ATTR{port}=="0x3F8"
    ATTR{type}=="0"
    ATTR{flags}=="0x10000040"
    ATTR{iomem_base}=="0x0"
    ATTR{custom_divisor}=="0"
    ATTR{iomem_reg_shift}=="0"
    ATTR{uartclk}=="1843200"
    ATTR{xmit_fifo_size}=="0"
    ATTR{close_delay}=="50"
    ATTR{closing_wait}=="3000"
    ATTR{io_type}=="0"

  looking at parent device '/devices/platform/serial8250':
    KERNELS=="serial8250"
    SUBSYSTEMS=="platform"
    DRIVERS=="serial8250"

  looking at parent device '/devices/platform':
    KERNELS=="platform"
    SUBSYSTEMS==""
```

```
          DRIVERS==""
```

如果 /dev/ 下面的节点已经被创建，但是不知道它对应的 /sys 具体节点路径，可以采用
"udevadm info -a -p $(udevadm info -q path -n /dev/< 节点名 >)"命令反向分析，比如：

```
udevadm info -a -p  $(udevadm info -q path -n /dev/sdb)

Udevadm info starts with the device specified by the devpath and then
walks up the chain of parent devices. It prints for every device
found, all possible attributes in the udev rules key format.
A rule to match, can be composed by the attributes of the device
and the attributes from one single parent device.

  looking at device '/devices/pci0000:00/0000:00:0d.0/ata4/host3/target3:0:0/3:0:0:0/block/sdb':
    KERNEL=="sdb"
    SUBSYSTEM=="block"
    DRIVER==""
    ATTR{ro}=="0"
    ATTR{size}=="71692288"
    ATTR{stat}=="     584     1698     4669     7564        0        0        0
              0        0     7564     7564"
    ATTR{range}=="16"
    ATTR{discard_alignment}=="0"
    ATTR{events}==""
    ATTR{ext_range}=="256"
    ATTR{events_poll_msecs}=="-1"
    ATTR{alignment_offset}=="0"
    ATTR{inflight}=="       0        0"
    ATTR{removable}=="0"
    ATTR{capability}=="50"
    ATTR{events_async}==""

  looking at parent device '/devices/pci0000:00/0000:00:0d.0/ata4/host3/
      target3:0:0/3:0:0:0':
    KERNELS=="3:0:0:0"
    SUBSYSTEMS=="scsi"
    DRIVERS=="sd"
    ATTRS{rev}=="1.0 "
    ATTRS{type}=="0"
    ATTRS{scsi_level}=="6"
    ATTRS{model}=="VBOX HARDDISK   "
    ATTRS{state}=="running"
    ATTRS{queue_type}=="simple"
    ATTRS{iodone_cnt}=="0x299"
    ATTRS{iorequest_cnt}=="0x29a"
    ATTRS{queue_ramp_up_period}=="120000"
    ATTRS{timeout}=="30"
    ATTRS{evt_media_change}=="0"
    ATTRS{ioerr_cnt}=="0x7"
    ATTRS{queue_depth}=="31"
```

```
    ATTRS{vendor}=="ATA     "
    ATTRS{device_blocked}=="0"
    ATTRS{iocounterbits}=="32"

  looking at parent device '/devices/pci0000:00/0000:00:0d.0/ata4/host3/
     target3:0:0':
    KERNELS=="target3:0:0"
    SUBSYSTEMS=="scsi"
    DRIVERS==""

  looking at parent device '/devices/pci0000:00/0000:00:0d.0/ata4/host3':
    KERNELS=="host3"
    SUBSYSTEMS=="scsi"
    DRIVERS==""

  looking at parent device '/devices/pci0000:00/0000:00:0d.0/ata4':
    KERNELS=="ata4"
    SUBSYSTEMS==""
    DRIVERS==""

  looking at parent device '/devices/pci0000:00/0000:00:0d.0':
    KERNELS=="0000:00:0d.0"
    SUBSYSTEMS=="pci"
    DRIVERS=="ahci"
    ATTRS{irq}=="21"
    ATTRS{subsystem_vendor}=="0x0000"
    ATTRS{broken_parity_status}=="0"
    ATTRS{class}=="0x010601"
    ATTRS{consistent_dma_mask_bits}=="64"
    ATTRS{dma_mask_bits}=="64"
    ATTRS{local_cpus}=="ff"
    ATTRS{device}=="0x2829"
    ATTRS{enable}=="1"
    ATTRS{msi_bus}==""
    ATTRS{local_cpulist}=="0-7"
    ATTRS{vendor}=="0x8086"
    ATTRS{subsystem_device}=="0x0000"
    ATTRS{d3cold_allowed}=="1"

  looking at parent device '/devices/pci0000:00':
    KERNELS=="pci0000:00"
    SUBSYSTEMS==""
    DRIVERS==""
```

在嵌入式系统中，也可以用 udev 的轻量级版本 mdev，mdev 集成于 busybox 中。在编译 busybox 的时候，选中 mdev 相关项目即可。

Android 也没有采用 udev，它采用的是 vold。vold 的机制和 udev 是一样的，理解了 udev，也就理解了 vold。Android 的源代码 NetlinkManager.cpp 同样是监听基于 netlink 的套接字，并解析收到的消息。

5.5 总结

Linux 用户空间的文件编程有两种方法，即通过 Linux API 和通过 C 库函数访问文件。用户空间看不到设备驱动，能看到的只有与设备对应的文件，因此文件编程也就是用户空间的设备编程。

Linux 按照功能对文件系统的目录结构进行了良好的规划。/dev 是设备文件的存放目录，devfs 和 udev 分别是 Linux 2.4 和 Linux 2.6 以后的内核生成设备文件节点的方法，前者运行于内核空间，后者运行于用户空间。

Linux 2.6 以后的内核通过一系列数据结构定义了设备模型，设备模型与 sysfs 文件系统中的目录和文件存在一种对应关系。设备和驱动分离，并通过总线进行匹配。

udev 可以利用内核通过 netlink 发出的 uevent 信息动态创建设备文件节点。

第6章 字符设备驱动

本章导读

在整个 Linux 设备驱动的学习中,字符设备驱动较为基础。本章将讲解 Linux 字符设备驱动程序的结构,并解释其主要组成部分的编程方法。

6.1 节讲解了 Linux 字符设备驱动的关键数据结构 cdev 及 file_operations 结构体的操作方法,并分析了 Linux 字符设备的整体结构,给出了简单的设计模板。

6.2 节描述了本章及后续各章节所基于的 globalmem 虚拟字符设备,第 6 ~ 9 章都将基于该虚拟设备实例进行字符设备驱动及并发控制等知识的讲解。

6.3 节依据 6.1 节的知识讲解 globalmem 的设备驱动编写方法,对读写函数、seek() 函数和 I/O 控制函数等进行了重点分析。该节的最后也讲解了 Linux 驱动编程"私有数据"的用法。

6.4 节给出了 6.3 节的 globalmem 设备驱动在用户空间的验证。

6.1 Linux 字符设备驱动结构

6.1.1 cdev 结构体

在 Linux 内核中,使用 cdev 结构体描述一个字符设备,cdev 结构体的定义如代码清单 6.1。

代码清单 6.1 cdev 结构体

```
1  struct cdev {
2    struct kobject kobj;              /* 内嵌的 kobject 对象 */
3    struct module *owner;             /* 所属模块 */
4    struct file_operations *ops;      /* 文件操作结构体 */
5    struct list_head list;
6    dev_t dev;                        /* 设备号 */
7    unsigned int count;
8  };
```

cdev 结构体的 dev_t 成员定义了设备号,为 32 位,其中 12 位为主设备号,20 位为次设

备号。使用下列宏可以从 dev_t 获得主设备号和次设备号:

```
MAJOR(dev_t dev)
MINOR(dev_t dev)
```

而使用下列宏则可以通过主设备号和次设备号生成 dev_t:

```
MKDEV(int major, int minor)
```

cdev 结构体的另一个重要成员 file_operations 定义了字符设备驱动提供给虚拟文件系统的接口函数。

Linux 内核提供了一组函数以用于操作 cdev 结构体:

```
void cdev_init(struct cdev *, struct file_operations *);
struct cdev *cdev_alloc(void);
void cdev_put(struct cdev *p);
int cdev_add(struct cdev *, dev_t, unsigned);
void cdev_del(struct cdev *);
```

cdev_init() 函数用于初始化 cdev 的成员,并建立 cdev 和 file_operations 之间的连接,其源代码如代码清单 6.2 所示。

代码清单 6.2　cdev_init() 函数

```
1  void cdev_init(struct cdev *cdev, struct file_operations *fops)
2  {
3      memset(cdev, 0, sizeof *cdev);
4      INIT_LIST_HEAD(&cdev->list);
5      kobject_init(&cdev->kobj, &ktype_cdev_default);
6      cdev->ops = fops; /* 将传入的文件操作结构体指针赋值给 cdev 的 ops*/
7  }
```

cdev_alloc() 函数用于动态申请一个 cdev 内存,其源代码如代码清单 6.3 所示。

代码清单 6.3　cdev_alloc() 函数

```
1  struct cdev *cdev_alloc(void)
2  {
3          struct cdev *p = kzalloc(sizeof(struct cdev), GFP_KERNEL);
4          if (p) {
5              INIT_LIST_HEAD(&p->list);
6              kobject_init(&p->kobj, &ktype_cdev_dynamic);
7          }
8          return p;
9  }
```

cdev_add() 函数和 cdev_del() 函数分别向系统添加和删除一个 cdev,完成字符设备的注册和注销。对 cdev_add() 的调用通常发生在字符设备驱动模块加载函数中,而对 cdev_del() 函数的调用则通常发生在字符设备驱动模块卸载函数中。

6.1.2 分配和释放设备号

在调用 cdev_add() 函数向系统注册字符设备之前，应首先调用 register_chrdev_region() 或 alloc_chrdev_region() 函数向系统申请设备号，这两个函数的原型为：

```
int register_chrdev_region(dev_t from, unsigned count, const char *name);
int alloc_chrdev_region(dev_t *dev, unsigned baseminor, unsigned count,
        const char *name);
```

register_chrdev_region() 函数用于已知起始设备的设备号的情况，而 alloc_chrdev_region() 用于设备号未知，向系统动态申请未被占用的设备号的情况，函数调用成功之后，会把得到的设备号放入第一个参数 dev 中。alloc_chrdev_region() 相比于 register_chrdev_region() 的优点在于它会自动避开设备号重复的冲突。

相应地，在调用 cdev_del() 函数从系统注销字符设备之后，unregister_chrdev_region() 应该被调用以释放原先申请的设备号，这个函数的原型为：

```
void unregister_chrdev_region(dev_t from, unsigned count);
```

6.1.3 file_operations 结构体

file_operations 结构体中的成员函数是字符设备驱动程序设计的主体内容，这些函数实际会在应用程序进行 Linux 的 open()、write()、read()、close() 等系统调用时最终被内核调用。file_operations 结构体目前已经比较庞大，它的定义如代码清单 6.4 所示。

代码清单 6.4　file_operations 结构体

```
1   struct file_operations {
2       struct module *owner;
3       loff_t (*llseek) (struct file *, loff_t, int);
4       ssize_t (*read) (struct file *, char __user *, size_t, loff_t *);
5       ssize_t (*write) (struct file *, const char __user *, size_t, loff_t *);
6       ssize_t (*aio_read) (struct kiocb *, const struct iovec *, unsigned long, loff_t);
7       ssize_t (*aio_write) (struct kiocb *, const struct iovec *, unsigned long, loff_t);
8       int (*iterate) (struct file *, struct dir_context *);
9       unsigned int (*poll) (struct file *, struct poll_table_struct *);
10      long (*unlocked_ioctl) (struct file *, unsigned int, unsigned long);
11      long (*compat_ioctl) (struct file *, unsigned int, unsigned long);
12      int (*mmap) (struct file *, struct vm_area_struct *);
13      int (*open) (struct inode *, struct file *);
14      int (*flush) (struct file *, fl_owner_t id);
15      int (*release) (struct inode *, struct file *);
16      int (*fsync) (struct file *, loff_t, loff_t, int datasync);
17      int (*aio_fsync) (struct kiocb *, int datasync);
18      int (*fasync) (int, struct file *, int);
19      int (*lock) (struct file *, int, struct file_lock *);
20      ssize_t (*sendpage) (struct file *, struct page *, int, size_t, loff_t *, int);
21      unsigned long (*get_unmapped_area)(struct file *, unsigned long, unsigned long,
              unsigned long, unsigned long);
```

```
22      int (*check_flags)(int);
23      int (*flock) (struct file *, int, struct file_lock *);
24      ssize_t (*splice_write)(struct pipe_inode_info *, struct file *, loff_t *,
        size_t, unsigned int);
25      ssize_t (*splice_read)(struct file *, loff_t *, struct pipe_inode_info *,
        size_t, unsigned int);
26      int (*setlease)(struct file *, long, struct file_lock **);
27      long (*fallocate)(struct file *file, int mode, loff_t offset,
28                       loff_t len);
29      int (*show_fdinfo)(struct seq_file *m, struct file *f);
30      };
```

下面我们对 file_operations 结构体中的主要成员进行分析。

llseek() 函数用来修改一个文件的当前读写位置，并将新位置返回，在出错时，这个函数返回一个负值。

read() 函数用来从设备中读取数据，成功时函数返回读取的字节数，出错时返回一个负值。它与用户空间应用程序中的 ssize_t read(int fd, void *buf, size_t count) 和 size_t fread(void *ptr, size_t size, size_t nmemb, FILE *stream) 对应。

write() 函数向设备发送数据，成功时该函数返回写入的字节数。如果此函数未被实现，当用户进行 write() 系统调用时，将得到 -EINVAL 返回值。它与用户空间应用程序中的 ssize_t write(int fd, const void *buf, size_t count) 和 size_t fwrite(const void *ptr, size_t size, size_t nmemb, FILE *stream) 对应。

read() 和 write() 如果返回 0，则暗示 end-of-file (EOF)。

unlocked_ioctl() 提供设备相关控制命令的实现（既不是读操作，也不是写操作），当调用成功时，返回给调用程序一个非负值。它与用户空间应用程序调用的 int fcntl(int fd, int cmd, ... /* arg */) 和 int ioctl (int d, int request, ...) 对应。

mmap() 函数将设备内存映射到进程的虚拟地址空间中，如果设备驱动未实现此函数，用户进行 mmap() 系统调用时将获得 -ENODEV 返回值。这个函数对于帧缓冲等设备特别有意义，帧缓冲被映射到用户空间后，应用程序可以直接访问它而无须在内核和应用间进行内存复制。它与用户空间应用程序中的 void *mmap(void *addr, size_t length, int prot, int flags, int fd, off_t offset) 函数对应。

当用户空间调用 Linux API 函数 open() 打开设备文件时，设备驱动的 open() 函数最终被调用。驱动程序可以不实现这个函数，在这种情况下，设备的打开操作永远成功。与 open() 函数对应的是 release() 函数。

poll() 函数一般用于询问设备是否可被非阻塞地立即读写。当询问的条件未触发时，用户空间进行 select() 和 poll() 系统调用将引起进程的阻塞。

aio_read() 和 aio_write() 函数分别对与文件描述符对应的设备进行异步读、写操作。设备实现这两个函数后，用户空间可以对该设备文件描述符执行 SYS_io_setup、SYS_io_submit、SYS_io_getevents、SYS_io_destroy 等系统调用进行读写。

6.1.4 Linux 字符设备驱动的组成

在 Linux 中，字符设备驱动由如下几个部分组成。

1. 字符设备驱动模块加载与卸载函数

在字符设备驱动模块加载函数中应该实现设备号的申请和 cdev 的注册，而在卸载函数中应实现设备号的释放和 cdev 的注销。

Linux 内核的编码习惯是为设备定义一个设备相关的结构体，该结构体包含设备所涉及的 cdev、私有数据及锁等信息。常见的设备结构体、模块加载和卸载函数形式如代码清单 6.5 所示。

代码清单 6.5 字符设备驱动模块加载与卸载函数模板

```
1  /* 设备结构体
2  struct xxx_dev_t {
3      struct cdev cdev;
4      ...
5  } xxx_dev;
6  /* 设备驱动模块加载函数
7  static int __init xxx_init(void)
8  {
9      ...
10     cdev_init(&xxx_dev.cdev, &xxx_fops);           /* 初始化 cdev */
11     xxx_dev.cdev.owner = THIS_MODULE;
12     /* 获取字符设备号 */
13     if (xxx_major) {
14         register_chrdev_region(xxx_dev_no, 1, DEV_NAME);
15     } else {
16         alloc_chrdev_region(&xxx_dev_no, 0, 1, DEV_NAME);
17     }
18
19     ret = cdev_add(&xxx_dev.cdev, xxx_dev_no, 1);   /* 注册设备 */
20     ...
21 }
22 /* 设备驱动模块卸载函数 */
23 static void __exit xxx_exit(void)
24 {
25     cdev_del(&xxx_dev.cdev);                        /* 注销设备 */
26     unregister_chrdev_region(xxx_dev_no, 1);        /* 释放占用的设备号 */
27     ...
28 }
```

2. 字符设备驱动的 file_operations 结构体中的成员函数

file_operations 结构体中的成员函数是字符设备驱动与内核虚拟文件系统的接口，是用户空间对 Linux 进行系统调用最终的落实者。大多数字符设备驱动会实现 read()、write() 和 ioctl() 函数，常见的字符设备驱动的这 3 个函数的形式如代码清单 6.6 所示。

代码清单 6.6　字符设备驱动读、写、I/O 控制函数模板

```
1   /* 读设备 */
2   ssize_t xxx_read(struct file *filp, char __user *buf, size_t count,
3       loff_t*f_pos)
4   {
5       ...
6       copy_to_user(buf, ..., ...);
7       ...
8   }
9   /* 写设备 */
10  ssize_t xxx_write(struct file *filp, const char __user *buf, size_t count,
11      loff_t *f_pos)
12  {
13      ...
14      copy_from_user(..., buf, ...);
15      ...
16  }
17  /* ioctl 函数 */
18  long xxx_ioctl(struct file *filp, unsigned int cmd,
19      unsigned long arg)
20  {
21      ...
22      switch (cmd) {
23      case XXX_CMD1:
24          ...
25          break;
26      case XXX_CMD2:
27          ...
28          break;
29      default:
30          /* 不能支持的命令 */
31          return - ENOTTY;
32      }
33      return 0;
34  }
```

设备驱动的读函数中，filp 是文件结构体指针，buf 是用户空间内存的地址，该地址在内核空间不宜直接读写，count 是要读的字节数，f_pos 是读的位置相对于文件开头的偏移。

设备驱动的写函数中，filp 是文件结构体指针，buf 是用户空间内存的地址，该地址在内核空间不宜直接读写，count 是要写的字节数，f_pos 是写的位置相对于文件开头的偏移。

由于用户空间不能直接访问内核空间的内存，因此借助了函数 copy_from_user() 完成用户空间缓冲区到内核空间的复制，以及 copy_to_user() 完成内核空间到用户空间缓冲区的复制，见代码第 6 行和第 14 行。

完成内核空间和用户空间内存复制的 copy_from_user() 和 copy_to_user() 的原型分别为：

```
unsigned long copy_from_user(void *to, const void __user *from, unsigned long count);
unsigned long copy_to_user(void __user *to, const void *from, unsigned long count);
```

上述函数均返回不能被复制的字节数，因此，如果完全复制成功，返回值为 0。如果复制失败，则返回负值。

如果要复制的内存是简单类型，如 char、int、long 等，则可以使用简单的 put_user() 和 get_user()，如：

```
int val;                            /* 内核空间整型变量 */
...
get_user(val, (int *) arg);         /* 用户→内核，arg 是用户空间的地址 */
...
put_user(val, (int *) arg);         /* 内核→用户，arg 是用户空间的地址 */
```

读和写函数中的 __user 是一个宏，表明其后的指针指向用户空间，实际上更多地充当了代码自注释的功能。这个宏定义为：

```
#ifdef __CHECKER__
# define __user     __attribute__((noderef, address_space(1)))
#else
# define __user
#endif
```

内核空间虽然可以访问用户空间的缓冲区，但是在访问之前，一般需要先检查其合法性，通过 access_ok(type, addr, size) 进行判断，以确定传入的缓冲区的确属于用户空间，例如：

```
static ssize_t read_port(struct file *file, char __user *buf,
                         size_t count, loff_t *ppos)
{
        unsigned long i = *ppos;
        char __user *tmp = buf;

        if (!access_ok(VERIFY_WRITE, buf, count))
                return -EFAULT;
        while (count-- > 0 && i < 65536) {
                if (__put_user(inb(i), tmp) < 0)
                        return -EFAULT;
                i++;
                tmp++;
        }
        *ppos = i;
        return tmp-buf;
}
```

上述代码中引用的 __put_user() 与前文讲解的 put_user() 的区别在于前者不进行类似 access_ok() 的检查，而后者会进行这一检查。在本例中，不使用 put_user() 而使用 __put_ user() 的原因是在 __put_user() 调用之前，已经手动检查了用户空间缓冲区（buf 指向的大小为 count 的内存）的合法性。get_user() 和 __get_user() 的区别也相似。

特别要提醒读者注意的是：在内核空间与用户空间的界面处，内核检查用户空间缓冲区的合法性显得尤其必要，Linux 内核的许多安全漏洞都是因为遗忘了这一检查造成的，非法侵入者可以伪造一片内核空间的缓冲区地址传入系统调用的接口，让内核对这个 evil 指针指向的内核空间填充数据。有兴趣的读者可以从 http://www.cvedetails.com/ 网站查阅 Linux CVE(Common Vulnerabilities and Exposures) 列表。

其实 copy_from_user()、copy_to_user() 内部也进行了这样的检查：

```
static inline unsigned long __must_check copy_from_user(void *to, const void __user
    *from, unsigned long n)
{
        if (access_ok(VERIFY_READ, from, n))
                n = __copy_from_user(to, from, n);
        else /* security hole - plug it */
                memset(to, 0, n);
        return n;
}

static inline unsigned long __must_check copy_to_user(void __user *to, const void
    *from, unsigned long n)
{
        if (access_ok(VERIFY_WRITE, to, n))
                n = __copy_to_user(to, from, n);
        return n;
}
```

I/O 控制函数的 cmd 参数为事先定义的 I/O 控制命令，而 arg 为对应于该命令的参数。例如对于串行设备，如果 SET_BAUDRATE 是一道设置波特率的命令，那后面的 arg 就应该是波特率值。

在字符设备驱动中，需要定义一个 file_operations 的实例，并将具体设备驱动的函数赋值给 file_operations 的成员，如代码清单 6.7 所示。

代码清单 6.7　字符设备驱动文件操作结构体模板

```
1  struct file_operations xxx_fops = {
2          .owner = THIS_MODULE,
3          .read = xxx_read,
4          .write = xxx_write,
5          .unlocked_ioctl= xxx_ioctl,
6          ...
7  };
```

上述 xxx_fops 在代码清单 6.5 第 10 行的 cdev_init(&xxx_dev.cdev, &xxx_fops) 的语句中建立与 cdev 的连接。

图 6.1 所示为字符设备驱动的结构、字符设备驱动与字符设备以及字符设备驱动与用户空间访问该设备的程序之间的关系。

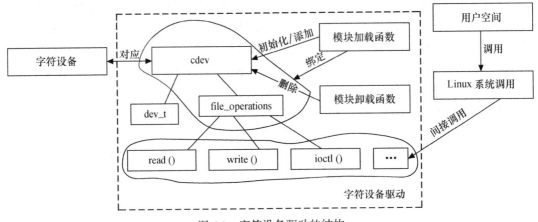

图 6.1　字符设备驱动的结构

6.2　globalmem 虚拟设备实例描述

从本章开始，后续的数章都将基于虚拟的 globalmem 设备进行字符设备驱动的讲解。globalmem 意味着"全局内存"，在 globalmem 字符设备驱动中会分配一片大小为 GLOBALMEM_SIZE（4KB）的内存空间，并在驱动中提供针对该片内存的读写、控制和定位函数，以供用户空间的进程能通过 Linux 系统调用获取或设置这片内存的内容。

实际上，这个虚拟的 globalmem 设备几乎没有任何实用价值，仅仅是一种为了讲解问题的方便而凭空制造的设备。

本章将给出 globalmem 设备驱动的雏形，而后续章节会在这个雏形的基础上添加并发与同步控制等复杂功能。

6.3　globalmem 设备驱动

6.3.1　头文件、宏及设备结构体

在 globalmem 字符设备驱动中，应包含它要使用的头文件，并定义 globalmem 设备结构体及相关宏。

代码清单 6.8　globalmem 设备结构体和宏

```
1  #include <linux/module.h>
2  #include <linux/fs.h>
3  #include <linux/init.h>
```

```
4  #include <linux/cdev.h>
5  #include <linux/slab.h>
6  #include <linux/uaccess.h>
7
8  #define GLOBALMEM_SIZE    0x1000
9  #define MEM_CLEAR 0x1
10 #define GLOBALMEM_MAJOR 230
11
12 static int globalmem_major = GLOBALMEM_MAJOR;
13 module_param(globalmem_major, int, S_IRUGO);
14
15 struct globalmem_dev {
16   struct cdev cdev;
17   unsigned char mem[GLOBALMEM_SIZE];
18 };
19
20 struct globalmem_dev *globalmem_devp;
```

从第 15 ~ 18 行代码可以看出，定义的 globalmem_dev 设备结构体包含了对应于 globalmem 字符设备的 cdev、使用的内存 mem[GLOBALMEM_SIZE]。当然，程序中并不一定要把 mem[GLOBALMEM_SIZE] 和 cdev 包含在一个设备结构体中，但这样定义的好处在于，它借用了面向对象程序设计中"封装"的思想，体现了一种良好的编程习惯。

6.3.2 加载与卸载设备驱动

globalmem 设备驱动的模块加载和卸载函数遵循代码清单 6.5 的类似模板，其实现的工作与代码清单 6.5 完全一致，如代码清单 6.9 所示。

代码清单 6.9 globalmem 设备驱动模块的加载与卸载函数

```
1  static void globalmem_setup_cdev(struct globalmem_dev *dev, int index)
2  {
3    int err, devno = MKDEV(globalmem_major, index);
4
5    cdev_init(&dev->cdev, &globalmem_fops);
6    dev->cdev.owner = THIS_MODULE;
7    err = cdev_add(&dev->cdev, devno, 1);
8    if (err)
9        printk(KERN_NOTICE "Error %d adding globalmem%d", err, index);
10 }
11
12 static int __init globalmem_init(void)
13 {
14   int ret;
15   dev_t devno = MKDEV(globalmem_major, 0);
16
17   if (globalmem_major)
18       ret = register_chrdev_region(devno, 1, "globalmem");
19   else {
```

```
20          ret = alloc_chrdev_region(&devno, 0, 1, "globalmem");
21          globalmem_major = MAJOR(devno);
22      }
23      if (ret < 0)
24          return ret;
25
26      globalmem_devp = kzalloc(sizeof(struct globalmem_dev), GFP_KERNEL);
27      if (!globalmem_devp) {
28          ret = -ENOMEM;
29          goto fail_malloc;
30      }
31
32      globalmem_setup_cdev(globalmem_devp, 0);
33      return 0;
34
35   fail_malloc:
36      unregister_chrdev_region(devno, 1);
37      return ret;
38  }
39  module_init(globalmem_init);
```

第 1~10 行的 globalmem_setup_cdev() 函数完成 cdev 的初始化和添加, 17 ~ 22 行完成了设备号的申请, 第 26 行调用 kzalloc() 申请了一份 globalmem_dev 结构体的内存并清 0。在 cdev_init() 函数中, 与 globalmem 的 cdev 关联的 file_operations 结构体如代码清单 6.10 所示。

代码清单 6.10   globalmem 设备驱动的文件操作结构体

```
1   static const struct file_operations globalmem_fops = {
2       .owner = THIS_MODULE,
3       .llseek = globalmem_llseek,
4       .read = globalmem_read,
5       .write = globalmem_write,
6       .unlocked_ioctl = globalmem_ioctl,
7       .open = globalmem_open,
8       .release = globalmem_release,
9   };
```

6.3.3 读写函数

globalmem 设备驱动的读写函数主要是让设备结构体的 mem[] 数组与用户空间交互数据, 并随着访问的字节数变更更新文件读写偏移位置。读和写函数的实现分别如代码清单 6.11 和 6.12 所示。

代码清单 6.11   globalmem 设备驱动的读函数

```
1   static ssize_t globalmem_read(struct file *filp, char __user * buf, size_t size,
2           loff_t * ppos)
3   {
```

```
4   unsigned long p = *ppos;
5   unsigned int count = size;
6   int ret = 0;
7   struct globalmem_dev *dev = filp->private_data;
8
9   if (p >= GLOBALMEM_SIZE)
10      return 0;
11  if (count > GLOBALMEM_SIZE - p)
12      count = GLOBALMEM_SIZE - p;
13
14  if (copy_to_user(buf, dev->mem + p, count)) {
15      ret = -EFAULT;
16  } else {
17      *ppos += count;
18      ret = count;
19
20      printk(KERN_INFO "read %u bytes(s) from %lu\n", count, p);
21  }
22
23  return ret;
24 }
```

*ppos 是要读的位置相对于文件开头的偏移，如果该偏移大于或等于 GLOBALMEM_SIZE，意味着已经到达文件末尾，所以返回 0 (EOF)。

代码清单 6.12　globalmem 设备驱动的写函数

```
1  static ssize_t globalmem_write(struct file *filp, const char __user * buf,
2              size_t size, loff_t * ppos)
3  {
4   unsigned long p = *ppos;
5   unsigned int count = size;
6   int ret = 0;
7   struct globalmem_dev *dev = filp->private_data;
8
9   if (p >= GLOBALMEM_SIZE)
10      return 0;
11  if (count > GLOBALMEM_SIZE - p)
12      count = GLOBALMEM_SIZE - p;
13
14  if (copy_from_user(dev->mem + p, buf, count))
15      ret = -EFAULT;
16  else {
17      *ppos += count;
18      ret = count;
19
20      printk(KERN_INFO "written %u bytes(s) from %lu\n", count, p);
21  }
22
23  return ret;
24 }
```

6.3.4 seek 函数

seek() 函数对文件定位的起始地址可以是文件开头（SEEK_SET，0）、当前位置（SEEK_CUR，1）和文件尾（SEEK_END，2），假设 globalmem 支持从文件开头和当前位置的相对偏移。

在定位的时候，应该检查用户请求的合法性，若不合法，函数返回 -EINVAL，合法时更新文件的当前位置并返回该位置，如代码清单 6.13 所示。

代码清单 6.13　globalmem 设备驱动的 seek() 函数

```c
static loff_t globalmem_llseek(struct file *filp, loff_t offset, int orig)
{
  loff_t ret = 0;
  switch (orig) {
  case 0: /* 从文件开头位置 seek */
      if (offset< 0) {
            ret = -EINVAL;
            break;
      }
      if ((unsigned int)offset > GLOBALMEM_SIZE) {
            ret = -EINVAL;
            break;
      }
      filp->f_pos = (unsigned int)offset;
      ret = filp->f_pos;
      break;
  case 1: /* 从文件当前位置开始 seek */
      if ((filp->f_pos + offset) > GLOBALMEM_SIZE) {
            ret = -EINVAL;
            break;
      }
      if ((filp->f_pos + offset) < 0) {
            ret = -EINVAL;
            break;
      }
      filp->f_pos += offset;
      ret = filp->f_pos;
      break;
  default:
      ret = -EINVAL;
      break;
  }
  return ret;
}
```

6.3.5 ioctl 函数

1. globalmem 设备驱动的 ioctl() 函数

globalmem 设备驱动的 ioctl() 函数接受 MEM_CLEAR 命令，这个命令会将全局内存的有效数据长度清 0,对于设备不支持的命令,ioctl() 函数应该返回 - EINVAL,如代码清单 6.14 所示。

代码清单 6.14　globalmem 设备驱动的 I/O 控制函数

```
1   static long globalmem_ioctl(struct file *filp, unsigned int cmd,
2                   unsigned long arg)
3   {
4     struct globalmem_dev *dev = filp->private_data;
5
6     switch (cmd) {
7     case MEM_CLEAR:
8           memset(dev->mem, 0, GLOBALMEM_SIZE);
9           printk(KERN_INFO "globalmem is set to zero\n");
10          break;
11
12    default:
13          return -EINVAL;
14    }
15
16    return 0;
17  }
```

在上述程序中,MEM_CLEAR 被宏定义为 0x01,实际上这并不是一种值得推荐的方法,简单地对命令定义为 0x0、0x1、0x2 等类似值会导致不同的设备驱动拥有相同的命令号。如果设备 A、B 都支持 0x0、0x1、0x2 这样的命令,就会造成命令码的污染。因此,Linux 内核推荐采用一套统一的 ioctl() 命令生成方式。

2. ioctl() 命令

Linux 建议以如图 6.2 所示的方式定义 ioctl() 的命令。

设备类型	序列号	方向	数据尺寸
8位	8位	2位	13/14位

图 6.2　I/O 控制命令的组成

命令码的设备类型字段为一个"幻数",可以是 0 ~ 0xff 的值,内核中的 ioctl-number.txt 给出了一些推荐的和已经被使用的"幻数",新设备驱动定义"幻数"的时候要避免与其冲突。

命令码的序列号也是 8 位宽。

命令码的方向字段为 2 位,该字段表示数据传送的方向,可能的值是 _IOC_NONE(无数据传输)、_IOC_READ(读)、_IOC_WRITE(写)和 _IOC_READ|_IOC_WRITE(双向)。数据传送的方向是从应用程序的角度来看的。

命令码的数据长度字段表示涉及的用户数据的大小,这个成员的宽度依赖于体系结构,通常是 13 或者 14 位。

内核还定义了 _IO()、_IOR()、_IOW() 和 _IOWR() 这 4 个宏来辅助生成命令,这 4 个宏的通用定义如代码清单 6.15 所示。

代码清单 6.15　_IO()、_IOR()、_IOW() 和 _IOWR() 宏定义

```
1   #define _IO(type,nr)            _IOC(_IOC_NONE,(type),(nr),0)
2   #define _IOR(type,nr,size)      _IOC(_IOC_READ,(type),(nr),\
3                                        (_IOC_TYPECHECK(size)))
4   #define _IOW(type,nr,size)      _IOC(_IOC_WRITE,(type),(nr),\
5                                        (_IOC_TYPECHECK(size)))
6   #define _IOWR(type,nr,size)     _IOC(_IOC_READ|_IOC_WRITE,(type),(nr), \
7                                        (_IOC_TYPECHECK(size)))
8   /* _IO、_IOR 等使用的 _IOC 宏 */
9   #define _IOC(dir,type,nr,size) \
10       (((dir)  << _IOC_DIRSHIFT) | \
11        ((type) << _IOC_TYPESHIFT) | \
12        ((nr)   << _IOC_NRSHIFT) | \
13        ((size) << _IOC_SIZESHIFT))
```

由此可见，这几个宏的作用是根据传入的 type（设备类型字段）、nr（序列号字段）、size（数据长度字段）和宏名隐含的方向字段移位组合生成命令码。

由于 globalmem 的 MEM_CLEAR 命令不涉及数据传输，所以它可以定义为：

```
#define GLOBALMEM_MAGIC 'g'
#define MEM_CLEAR _IO(GLOBALMEM_MAGIC,0)
```

3. 预定义命令

内核中预定义了一些 I/O 控制命令，如果某设备驱动中包含了与预定义命令一样的命令码，这些命令会作为预定义命令被内核处理而不是被设备驱动处理，下面列举一些常用的预定义命令。

FIOCLEX：即 File IOctl Close on Exec，对文件设置专用标志，通知内核当 exec() 系统调用发生时自动关闭打开的文件。

FIONCLEX：即 File IOctl Not Close on Exec，与 FIOCLEX 标志相反，清除由 FIOCLEX 命令设置的标志。

FIOQSIZE：获得一个文件或者目录的大小，当用于设备文件时，返回一个 ENOTTY 错误。

FIONBIO：即 File IOctl Non-Blocking I/O，这个调用修改在 filp->f_flags 中的 O_NONBLOCK 标志。

FIOCLEX、FIONCLEX、FIOQSIZE 和 FIONBIO 这些宏定义在内核的 include/uapi/asm-generic/ioctls.h 文件中。

6.3.6　使用文件私有数据

6.3.1 ~ 6.3.5 节给出的代码完整地实现了预期的 globalmem 雏形，代码清单 6.11 的第 7 行、代码清单 6.12 的第 7 行、代码清单 6.14 的第 4 行，都使用了 struct globalmem_dev *dev = filp->private_data 获取 globalmem_dev 的实例指针。实际上，大多数 Linux 驱动遵循一个"潜规则"，那就是将文件的私有数据 private_data 指向设备结构体，再用 read()、write()、 ioctl()、llseek() 等函数通过 private_data 访问设备结构体。私有数据的概念在 Linux 驱动的各个子系统中广泛存在，实际上体现了 Linux 的面向对象的设计思想。对于 globalmem 驱动而言，私有数据的设置是在 globalmem_open() 中完成的，如代码清单 6.16 所示。

代码清单 6.16　globalmem 设备驱动的 open() 函数

```
1  static int globalmem_open(struct inode *inode, struct file *filp)
2  {
3      filp->private_data = globalmem_devp;
4      return 0;
5  }
```

为了让读者建立字符设备驱动的全貌视图，代码清单 6.17 列出了完整的使用文件私有数据的 globalmem 的设备驱动，本程序位于本书配套虚拟机代码的 /kernel/drivers/globalmem/ch6 目录下。

代码清单 6.17　使用文件私有数据的 globalmem 的设备驱动

```
1   /*
2    * a simple char device driver: globalmem without mutex
3    *
4    * Copyright (C) 2014 Barry Song  (baohua@kernel.org)
5    *
6    * Licensed under GPLv2 or later.
7    */
8
9   #include <linux/module.h>
10  #include <linux/fs.h>
11  #include <linux/init.h>
12  #include <linux/cdev.h>
13  #include <linux/slab.h>
14  #include <linux/uaccess.h>
15
16  #define GLOBALMEM_SIZE    0x1000
17  #define MEM_CLEAR 0x1
18  #define GLOBALMEM_MAJOR 230
19
20  static int globalmem_major = GLOBALMEM_MAJOR;
21  module_param(globalmem_major, int, S_IRUGO);
22
23  struct globalmem_dev {
24      struct cdev cdev;
25      unsigned char mem[GLOBALMEM_SIZE];
26  };
27
28  struct globalmem_dev *globalmem_devp;
29
30  static int globalmem_open(struct inode *inode, struct file *filp)
31  {
```

```c
32      filp->private_data = globalmem_devp;
33      return 0;
34  }
35
36  static int globalmem_release(struct inode *inode, struct file *filp)
37  {
38      return 0;
39  }
40
41  static long globalmem_ioctl(struct file *filp, unsigned int cmd,
42                  unsigned long arg)
43  {
44      struct globalmem_dev *dev = filp->private_data;
45
46      switch (cmd) {
47      case MEM_CLEAR:
48          memset(dev->mem, 0, GLOBALMEM_SIZE);
49          printk(KERN_INFO "globalmem is set to zero\n");
50          break;
51
52      default:
53          return -EINVAL;
54      }
55
56      return 0;
57  }
58
59  static ssize_t globalmem_read(struct file *filp, char __user * buf, size_t size,
60                   loff_t * ppos)
61  {
62      unsigned long p = *ppos;
63      unsigned int count = size;
64      int ret = 0;
65      struct globalmem_dev *dev = filp->private_data;
66
67      if (p >= GLOBALMEM_SIZE)
68          return 0;
69      if (count > GLOBALMEM_SIZE - p)
70          count = GLOBALMEM_SIZE - p;
71
72      if (copy_to_user(buf, dev->mem + p, count)) {
73          ret = -EFAULT;
74      } else {
75          *ppos += count;
76          ret = count;
77
78          printk(KERN_INFO "read %u bytes(s) from %lu\n", count, p);
79      }
80
81      return ret;
82  }
```

```c
83
84  static ssize_t globalmem_write(struct file *filp, const char __user * buf,
85                  size_t size, loff_t * ppos)
86  {
87      unsigned long p = *ppos;
88      unsigned int count = size;
89      int ret = 0;
90      struct globalmem_dev *dev = filp->private_data;
91
92      if (p >= GLOBALMEM_SIZE)
93          return 0;
94      if (count > GLOBALMEM_SIZE - p)
95          count = GLOBALMEM_SIZE - p;
96
97      if (copy_from_user(dev->mem + p, buf, count))
98          ret = -EFAULT;
99      else {
100         *ppos += count;
101         ret = count;
102
103         printk(KERN_INFO "written %u bytes(s) from %lu\n", count, p);
104     }
105
106     return ret;
107 }
108
109 static loff_t globalmem_llseek(struct file *filp, loff_t offset, int orig)
110 {
111     loff_t ret = 0;
112     switch (orig) {
113     case 0:
114         if (offset < 0) {
115             ret = -EINVAL;
116             break;
117         }
118         if ((unsigned int)offset > GLOBALMEM_SIZE) {
119             ret = -EINVAL;
120             break;
121         }
122         filp->f_pos = (unsigned int)offset;
123         ret = filp->f_pos;
124         break;
125     case 1:
126         if ((filp->f_pos + offset) > GLOBALMEM_SIZE) {
127             ret = -EINVAL;
128             break;
129         }
130         if ((filp->f_pos + offset) < 0) {
131             ret = -EINVAL;
132             break;
133         }
```

```
134            filp->f_pos += offset;
135            ret = filp->f_pos;
136            break;
137    default:
138            ret = -EINVAL;
139            break;
140    }
141    return ret;
142 }
143
144 static const struct file_operations globalmem_fops = {
145    .owner = THIS_MODULE,
146    .llseek = globalmem_llseek,
147    .read = globalmem_read,
148    .write = globalmem_write,
149    .unlocked_ioctl = globalmem_ioctl,
150    .open = globalmem_open,
151    .release = globalmem_release,
152 };
153
154 static void globalmem_setup_cdev(struct globalmem_dev *dev, int index)
155 {
156    int err, devno = MKDEV(globalmem_major, index);
157
158    cdev_init(&dev->cdev, &globalmem_fops);
159    dev->cdev.owner = THIS_MODULE;
160    err = cdev_add(&dev->cdev, devno, 1);
161    if (err)
162            printk(KERN_NOTICE "Error %d adding globalmem%d", err, index);
163 }
164
165 static int __init globalmem_init(void)
166 {
167  int ret;
168  dev_t devno = MKDEV(globalmem_major, 0);
169
170  if (globalmem_major)
171          ret = register_chrdev_region(devno, 1, "globalmem");
172  else {
173          ret = alloc_chrdev_region(&devno, 0, 1, "globalmem");
174          globalmem_major = MAJOR(devno);
175  }
176  if (ret < 0)
177          return ret;
178
179  globalmem_devp = kzalloc(sizeof(struct globalmem_dev), GFP_KERNEL);
180  if (!globalmem_devp) {
181          ret = -ENOMEM;
182          goto fail_malloc;
183  }
184
```

```
185     globalmem_setup_cdev(globalmem_devp, 0);
186     return 0;
187
188  fail_malloc:
189     unregister_chrdev_region(devno, 1);
190     return ret;
191  }
192  module_init(globalmem_init);
193
194  static void __exit globalmem_exit(void)
195  {
196     cdev_del(&globalmem_devp->cdev);
197     kfree(globalmem_devp);
198     unregister_chrdev_region(MKDEV(globalmem_major, 0), 1);
199  }
200  module_exit(globalmem_exit);
201
202  MODULE_AUTHOR("Barry Song <baohua@kernel.org>");
203  MODULE_LICENSE("GPL v2");
```

 读者朋友们，这个时候，请您翻到本书的第1章，再次阅读代码清单1.4，即Linux下LED的设备驱动，是否会豁然开朗？

如果globalmem不只包括一个设备，而是同时包括两个或两个以上的设备，采用private_data的优势就会集中显现出来。在不对代码清单6.17中的globalmem_read()、globalmem_write()、globalmem_ioctl()等重要函数及globalmem_fops结构体等数据结构进行任何修改的前提下，只是简单地修改globalmem_init()、globalmem_exit()和globalmem_open()，就可以轻松地让globalmem驱动中包含N个同样的设备（次设备号分为0 ~ N），如代码清单6.18列出了支持多个实例的globalmem和支持单实例的globalmem驱动的差异部分。

代码清单6.18　支持N个globalmem设备的globalmem驱动

```
1   #define GLOBALMEM_SIZE    0x1000
2   #define MEM_CLEAR 0x1
3   #define GLOBALMEM_MAJOR 230
4   #define DEVICE_NUM    10
5
6   static int globalmem_open(struct inode *inode, struct file *filp)
7   {
8       struct globalmem_dev *dev = container_of(inode->i_cdev,
9               struct globalmem_dev, cdev);
10      filp->private_data = dev;
11      return 0;
12  }
13
14  static int __init globalmem_init(void)
15  {
```

```c
16    int ret;
17    int i;
18    dev_t devno = MKDEV(globalmem_major, 0);
19
20    if (globalmem_major)
21        ret = register_chrdev_region(devno, DEVICE_NUM, "globalmem");
22    else {
23        ret = alloc_chrdev_region(&devno, 0, DEVICE_NUM, "globalmem");
24        globalmem_major = MAJOR(devno);
25    }
26    if (ret < 0)
27        return ret;
28
29    globalmem_devp = kzalloc(sizeof(struct globalmem_dev) * DEVICE_NUM, GFP_KERNEL);
30    if (!globalmem_devp) {
31        ret = -ENOMEM;
32        goto fail_malloc;
33    }
34
35    for (i = 0; i < DEVICE_NUM; i++)
36        globalmem_setup_cdev(globalmem_devp + i, i);
37
38    return 0;
39
40  fail_malloc:
41    unregister_chrdev_region(devno, DEVICE_NUM);
42    return ret;
43  }
44  module_init(globalmem_init);
45
46  static void __exit globalmem_exit(void)
47  {
48    int i;
49    for (i = 0; i < DEVICE_NUM; i++)
50        cdev_del(&(globalmem_devp + i)->cdev);
51    kfree(globalmem_devp);
52    unregister_chrdev_region(MKDEV(globalmem_major, 0), DEVICE_NUM);
53  }
54  module_exit(globalmem_exit);
```

代码清单 6.18 第 8 行调用的 container_of() 的作用是通过结构体成员的指针找到对应结构体的指针，这个技巧在 Linux 内核编程中十分常用。在 container_of(inode->i_cdev, struct globalmem_dev, cdev) 语句中，传给 container_of() 的第 1 个参数是结构体成员的指针，第 2 个参数为整个结构体的类型，第 3 个参数为传入的第 1 个参数即结构体成员的类型，container_of() 返回值为整个结构体的指针。

从代码清单 6.18 可以看出，我们仅仅进行了极其少量的更改就使得 globalmem 驱动支持多个实例，这一点可以看出私有数据的魔力。完整的代码位于 kernel/drivers/globalmem/ch6/ multi_globalmem.c 下。高亮 globalmem.c 和 multi_globalmem.c(以 "-" 和 "+" 开头的代码) 的区别如下：

```diff
@@ -29,7 +30,9 @@ struct globalmem_dev *globalmem_devp;
 static int globalmem_open(struct inode *inode, struct file *filp)
 {
-    filp->private_data = globalmem_devp;
+    struct globalmem_dev *dev = container_of(inode->i_cdev,
+                     struct globalmem_dev, cdev);
+    filp->private_data = dev;
     return 0;
 }

@@ -165,37 +168,42 @@ static void globalmem_setup_cdev(struct globalmem_dev *dev,
     int index)
 static int __init globalmem_init(void)
 {
     int ret;
+    int i;
     dev_t devno = MKDEV(globalmem_major, 0);

     if (globalmem_major)
-        ret = register_chrdev_region(devno, 1, "globalmem");
+        ret = register_chrdev_region(devno, DEVICE_NUM, "globalmem");
     else {
-        ret = alloc_chrdev_region(&devno, 0, 1, "globalmem");
+        ret = alloc_chrdev_region(&devno, 0, DEVICE_NUM, "globalmem");
         globalmem_major = MAJOR(devno);
     }
     if (ret < 0)
         return ret;

-    globalmem_devp = kzalloc(sizeof(struct globalmem_dev), GFP_KERNEL);
+    globalmem_devp = kzalloc(sizeof(struct globalmem_dev) * DEVICE_NUM, GFP_KERNEL);
     if (!globalmem_devp) {
         ret = -ENOMEM;
         goto fail_malloc;
     }

-    globalmem_setup_cdev(globalmem_devp, 0);
+    for (i = 0; i < DEVICE_NUM; i++)
+        globalmem_setup_cdev(globalmem_devp + i, i);
+
     return 0;

- fail_malloc:
-    unregister_chrdev_region(devno, 1);
+fail_malloc:
+    unregister_chrdev_region(devno, DEVICE_NUM);
     return ret;
 }
 module_init(globalmem_init);

 static void __exit globalmem_exit(void)
 {
```

```
-       cdev_del(&globalmem_devp->cdev);
+       int i;
+       for (i = 0; i < DEVICE_NUM; i++)
+           cdev_del(&(globalmem_devp + i)->cdev);
        kfree(globalmem_devp);
-       unregister_chrdev_region(MKDEV(globalmem_major, 0), 1);
+       unregister_chrdev_region(MKDEV(globalmem_major, 0), DEVICE_NUM);
}
module_exit(globalmem_exit);
```

6.4 globalmem 驱动在用户空间中的验证

在 globalmem 的源代码目录通过"make"命令编译 globalmem 的驱动，得到 globalmem.ko 文件。运行

```
baohua@baohua-VirtualBox:~/develop/training/kernel/drivers/globalmem/ch6$ sudo
    insmod globalmem.ko
```

命令加载模块，通过"lnsmod"命令，发现 globalmem 模块已被加载。再通过"cat /proc/devices"命令查看，发现多出了主设备号为 230 的"globalmem"字符设备驱动：

```
$ cat /proc/devices
Character devices:
  1 mem
  4 /dev/vc/0
  4 tty
  4 ttyS
  5 /dev/tty
  5 /dev/console
  5 /dev/ptmx
  7 vcs
 10 misc
 13 input
 14 sound
 21 sg
 29 fb
116 alsa
128 ptm
136 pts
180 usb
189 usb_device
202 cpu/msr
203 cpu/cpuid
226 drm
230 globalmem
249 hidraw
250 usbmon
251 bsg
252 ptp
253 pps
254 rtc
```

接下来，通过命令

#mknod /dev/globalmem c 230 0

创建"/dev/globalmem"设备节点，并通过"echo 'hello world' > /dev/globalmem"命令和"cat /dev/globalmem"命令分别验证设备的写和读，结果证明"hello world"字符串被正确地写入了 globalmem 字符设备：

```
# echo "hello world" > /dev/globalmem

# cat /dev/globalmem
hello world
```

如果启用了 sysfs 文件系统，将发现多出了 /sys/module/globalmem 目录，该目录下的树形结构为：

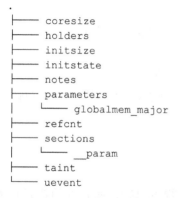

refcnt 记录了 globalmem 模块的引用计数，sections 下包含的几个文件则给出了 globalmem 所包含的 BSS、数据段和代码段等的地址及其他信息。

对于代码清单 6.18 给出的支持 N 个 globalmem 设备的驱动，在加载模块后需创建多个设备节点，如运行 mknod /dev/globalmem0 c 230 0 使得 /dev/globalmem0 对应主设备号为 globalmem_major、次设备号为 0 的设备，运行 mknod /dev/globalmem1 c 230 1 使得 /dev/globalmem1 对应主设备号为 globalmem_major、次设备号为 1 的设备。分别读写 /dev/globalmem0 和 /dev/globalmem1，发现都读写到了正确的对应的设备。

6.5 总结

字符设备是 3 大类设备（字符设备、块设备和网络设备）中的一类，其驱动程序完成的主要工作是初始化、添加和删除 cdev 结构体，申请和释放设备号，以及填充 file_operations 结构体中的操作函数，实现 file_operations 结构体中的 read()、write() 和 ioctl() 等函数是驱动设计的主体工作。

第 7 章
Linux 设备驱动中的并发控制

本章导读

在 Linux 设备驱动中必须解决的一个问题是多个进程对共享资源的并发访问,并发的访问会导致竞态,即使是经验丰富的驱动工程师也会常常设计出包含并发问题 bug 的驱动程序。

Linux 提供了多种解决竞态问题的方式,这些方式适合不同的应用场景。

7.1 节讲解了并发和竞态的概念及发生场合。

7.2 节则讲解了编译乱序、执行乱序的问题,以及内存屏障。

7.3 ~ 7.8 节分别讲解了中断屏蔽、原子操作、自旋锁、信号量和互斥体等并发控制机制。

7.9 节讲解增加并发控制后的 globalmem 的设备驱动。

7.1 并发与竞态

并发(Concurrency)指的是多个执行单元同时、并行被执行,而并发的执行单元对共享资源(硬件资源和软件上的全局变量、静态变量等)的访问则很容易导致竞态(Race Conditions)。例如,对于 globalmem 设备,假设一个执行单元 A 对其写入 3000 个字符 "a",而另一个执行单元 B 对其写入 4000 个 "b",第三个执行单元 C 读取 globalmem 的所有字符。如果执行单元 A、B 的写操作按图 7.1 那样顺序发生,执行单元 C 的读操作当然不会有什么问题。但是,如果执行单元 A、B 按图 7.2 那样被执行,而执行单元 C 又"不合时宜"地读,则会读出 3000 个 "b"。

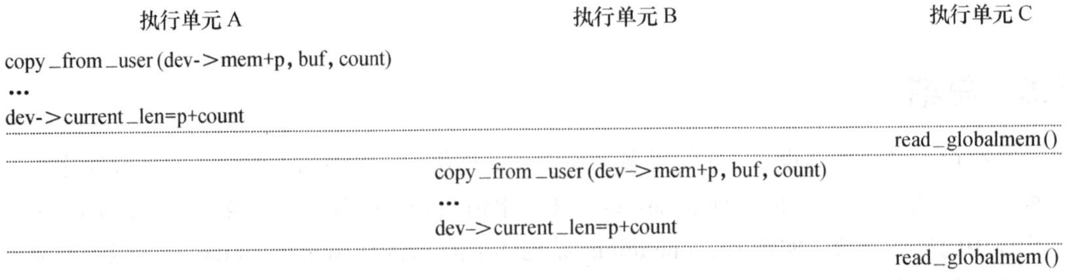

执行单元 A	执行单元 B	执行单元 C
copy_from_user(dev->mem+p, buf, count) ... dev->current_len=p+count		
		read_globalmem()
	copy_from_user(dev->mem+p, buf, count) ... dev->current_len=p+count	
		read_globalmem()

图 7.1 并发执行单元的顺序执行

执行单元 A	执行单元 B	执行单元 C
copy_from_user(dev->mem+p, buf, count)		
…	copy_from_user(dev->mem+p, buf, count)	
dev->current_len=p+count		
	…	read_globalmem()
	dev->current_len=p+count	

图 7.2 并发执行单元的交错执行

比图 7.2 更复杂、更混乱的并发大量存在于设备驱动中,只要并发的多个执行单元存在对共享资源的访问,竞态就可能发生。在 Linux 内核中,主要的竞态发生于如下几种情况。

1. 对称多处理器(SMP)的多个 CPU

SMP 是一种紧耦合、共享存储的系统模型,其体系结构如图 7.3 所示,它的特点是多个 CPU 使用共同的系统总线,因此可访问共同的外设和储存器。

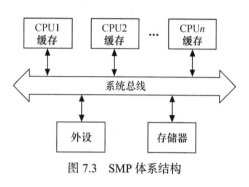

图 7.3 SMP 体系结构

在 SMP 的情况下,两个核(CPU0 和 CPU1)的竞态可能发生于 CPU0 的进程与 CPU1 的进程之间、CPU0 的进程与 CPU1 的中断之间以及 CPU0 的中断与 CPU1 的中断之间,图 7.4 中任何一条线连接的两个实体都有核间并发可能性。

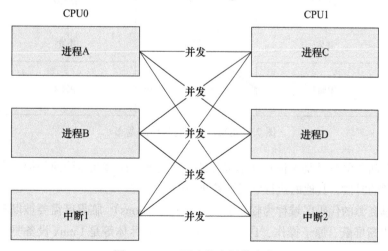

图 7.4 SMP 下多核之间的竞态

2. 单 CPU 内进程与抢占它的进程

Linux 2.6 以后的内核支持内核抢占调度,一个进程在内核执行的时候可能耗完了自己的时间片(timeslice),也可能被另一个高优先级进程打断,进程与抢占它的进程访问共享资源的情况类似于 SMP 的多个 CPU。

3. 中断（硬中断、软中断、Tasklet、底半部）与进程之间

中断可以打断正在执行的进程，如果中断服务程序访问进程正在访问的资源，则竞态也会发生。

此外，中断也有可能被新的更高优先级的中断打断，因此，多个中断之间本身也可能引起并发而导致竞态。但是 Linux 2.6.35 之后，就取消了中断的嵌套。老版本的内核可以在申请中断时，设置标记 IRQF_DISABLED 以避免中断嵌套，由于新内核直接就默认不嵌套中断，这个标记反而变得无用了。详情见 https://lwn.net/Articles/380931/ 文档《Disabling IRQF_DISABLED》。

上述并发的发生除了 SMP 是真正的并行以外，其他的都是单核上的"宏观并行，微观串行"，但其引发的实质问题和 SMP 相似。图 7.5 再现了 SMP 情况下总的竞争状态可能性，既包含某一个核内的，也包括两个核间的竞态。

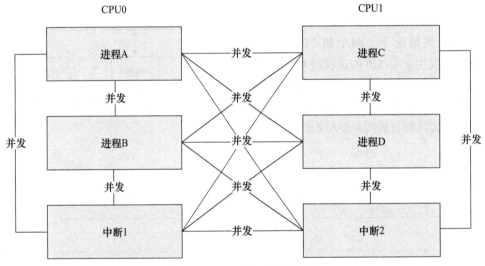

图 7.5　SMP 下核间与核内竞态

解决竞态问题的途径是保证对共享资源的互斥访问，所谓互斥访问是指一个执行单元在访问共享资源的时候，其他的执行单元被禁止访问。

访问共享资源的代码区域称为临界区（Critical Sections），临界区需要被以某种互斥机制加以保护。中断屏蔽、原子操作、自旋锁、信号量、互斥体等是 Linux 设备驱动中可采用的互斥途径。

7.2　编译乱序和执行乱序

理解 Linux 内核的锁机制，还需要理解编译器和处理器的特点。比如下面一段代码，写端申请一个新的 struct foo 结构体并初始化其中的 a、b、c，之后把结构体地址赋值给全局 gp 指针：

```
struct foo {
  int a;
  int b;
  int c;
};
struct foo *gp = NULL;

/* . . . */

p = kmalloc(sizeof(*p), GFP_KERNEL);
p->a = 1;
p->b = 2;
p->c = 3;
gp = p;
```

而读端如果简单做如下处理，则程序的运行可能是不符合预期的：

```
p = gp;
if (p != NULL) {
  do_something_with(p->a, p->b, p->c);
}
```

有两种可能的原因会造成程序出错，一种可能性是编译乱序，另外一种可能性是执行乱序。

关于编译方面，C 语言顺序的 "p->a = 1; p->b = 2; p->c = 3; gp = p;" 的编译结果的指令顺序可能是 gp 的赋值指令发生在 a、b、c 的赋值之前。现代的高性能编译器在目标码优化上都具备对指令进行乱序优化的能力。编译器可以对访存的指令进行乱序，减少逻辑上不必要的访存，以及尽量提高 Cache 命中率和 CPU 的 Load/Store 单元的工作效率。因此在打开编译器优化以后，看到生成的汇编码并没有严格按照代码的逻辑顺序，这是正常的。

解决编译乱序问题，需要通过 barrier() 编译屏障进行。我们可以在代码中设置 barrier() 屏障，这个屏障可以阻挡编译器的优化。对于编译器来说，设置编译屏障可以保证屏障前的语句和屏障后的语句不乱"串门"。

比如，下面的一段代码在 e = d[4095] 与 b = a、c = a 之间没有编译屏障：

```
int main(int argc, char *argv[])
{
    int a = 0, b, c, d[4096], e;

    e = d[4095];
    b = a;
    c = a;

    printf("a:%d b:%d c:%d e:%d\n", a, b, c, e);

    return 0;
}
```

用"arm-linux-gnueabihf-gcc -O2"优化编译，反汇编结果是：

```
int main(int argc, char *argv[])
{
   831c: b530           push    {r4, r5, lr}
   831e: f5ad 4d80      sub.w   sp, sp, #16384    ; 0x4000
   8322: b083           sub     sp, #12
   8324: 2100           movs    r1, #0
   8326: f50d 4580      add.w   r5, sp, #16384    ; 0x4000
   832a: f248 4018      movw r0, #33816          ; 0x8418
   832e: 3504           adds r5, #4
   8330: 460a           mov  r2, r1              -> b= a;
   8332: 460b           mov  r3, r1              -> c= a;
   8334: f2c0 0000      movt r0, #0
   8338: 682c           ldr  r4, [r5, #0]
   833a: 9400           str  r4, [sp, #0]        -> e = d[4095];
   833c: f7ff efd4      blx  82e8 <_init+0x20>
}
```

显然，尽管源代码级别 b = a、c = a 发生在 e = d[4095] 之后，但是目标代码的 b = a、c = a 指令发生在 e = d[4095] 之前。

假设我们重新编写代码，在 e = d[4095] 与 b = a、c = a 之间加上编译屏障：

```
#define barrier() __asm__ __volatile__("": : :"memory")

int main(int argc, char *argv[])
{
    int a = 0, b, c, d[4096], e;

    e = d[4095];
    barrier();
    b = a;
    c = a;

    printf("a:%d b:%d c:%d e:%d\n", a, b, c, e);

    return 0;
}
```

再次用"arm-linux-gnueabihf-gcc -O2"优化编译，反汇编结果是：

```
int main(int argc, char *argv[])
{
   831c: b510           push {r4, lr}
   831e: f5ad 4d80      sub.w   sp, sp, #16384    ; 0x4000
   8322: b082           sub     sp, #8
   8324: f50d 4380      add.w    r3, sp, #16384    ; 0x4000
   8328: 3304           adds r3, #4
   832a: 681c           ldr  r4, [r3, #0]
   832c: 2100           movs r1, #0
```

```
832e: f248 4018        movw r0, #33816       ; 0x8418
8332: f2c0 0000        movt r0, #0
8336: 9400             str  r4, [sp, #0]            -> e = d[4095];
8338: 460a             mov  r2, r1                  -> b= a;
833a: 460b             mov  r3, r1                  -> c= a;
833c: f7ff efd4        blx  82e8 <_init+0x20>
}
```

因为"`__asm__ __volatile__("":::"memory")`"这个编译屏障的存在，原来的 3 条指令的顺序"拨乱反正"了。

关于解决编译乱序的问题，C 语言 volatile 关键字的作用较弱，它更多的只是避免内存访问行为的合并，对 C 编译器而言，volatile 是暗示除了当前的执行线索以外，其他的执行线索也可能改变某内存，所以它的含义是"易变的"。换句话说，就是如果线程 A 读取 var 这个内存中的变量两次而没有修改 var，编译器可能觉得读一次就行了，第 2 次直接取第 1 次的结果。但是如果加了 volatile 关键字来形容 var，则就是告诉编译器线程 B、线程 C 或者其他执行实体可能把 var 改掉了，因此编译器就不会再把线程 A 代码的第 2 次内存读取优化掉了。另外，volatile 也不具备保护临界资源的作用。总之，Linux 内核明显不太喜欢 volatile，这可参考内核源代码下的文档 Documentation/volatile-considered-harmful.txt。

编译乱序是编译器的行为，而执行乱序则是处理器运行时的行为。执行乱序是指即便编译的二进制指令的顺序按照"p->a = 1; p->b = 2; p->c = 3; gp = p;"排放，在处理器上执行时，后发射的指令还是可能先执行完，这是处理器的"乱序执行（Out-of-Order Execution）"策略。高级的 CPU 可以根据自己缓存的组织特性，将访存指令重新排序执行。连续地址的访问可能会先执行，因为这样缓存命中率高。有的还允许访存的非阻塞，即如果前面一条访存指令因为缓存不命中，造成长延时的存储访问时，后面的访存指令可以先执行，以便从缓存中取数。因此，即使是从汇编上看顺序正确的指令，其执行的顺序也是不可预知的。

举个例子，ARM v6/v7 的处理器会对以下指令顺序进行优化。

```
LDR r0, [r1] ;
STR r2, [r3] ;
```

假设第一条 LDR 指令导致缓存未命中，这样缓存就会填充行，并需要较多的时钟周期才能完成。老的 ARM 处理器，比如 ARM926EJ-S 会等待这个动作完成，再执行下一条 STR 指令。而 ARM v6/v7 处理器会识别出下一条指令（STR）且不需要等待第一条指令（LDR）完成（并不依赖于 r0 的值），即会先执行 STR 指令，而不是等待 LDR 指令完成。

对于大多数体系结构而言，尽管每个 CPU 都是乱序执行，但是这一乱序对于单核的程序执行是不可见的，因为单个 CPU 在碰到依赖点（后面的指令依赖于前面指令的执行结果）的时候会等待，所以程序员可能感觉不到这个乱序过程。但是这个依赖点等待的过程，在 SMP 处理器里面对于其他核是不可见的。比如若在 CPU0 上执行：

```
while (f == 0);
print x;
```

CPU1 上执行：

```
x = 42;
f = 1;
```

我们不能武断地认为 CPU0 上打印的 x 一定等于 42，因为 CPU1 上即便"f = 1"编译在"x = 42"后面，执行时仍然可能先于"x = 42"完成，所以这个时候 CPU0 上打印的 x 不一定就是 42。

处理器为了解决多核间一个核的内存行为对另外一个核可见的问题，引入了一些内存屏障的指令。譬如，ARM 处理器的屏障指令包括：

DMB（数据内存屏障）：在 DMB 之后的显式内存访问执行前，保证所有在 DMB 指令之前的内存访问完成；

DSB（数据同步屏障）：等待所有在 DSB 指令之前的指令完成（位于此指令前的所有显式内存访问均完成，位于此指令前的所有缓存、跳转预测和 TLB 维护操作全部完成）；

ISB（指令同步屏障）：Flush 流水线，使得所有 ISB 之后执行的指令都是从缓存或内存中获得的。

Linux 内核的自旋锁、互斥体等互斥逻辑，需要用到上述指令：在请求获得锁时，调用屏障指令；在解锁时，也需要调用屏障指令。代码清单 7.1 的汇编代码描绘了一个简单的互斥逻辑，留意其中的第 14 行和 22 行。关于 ldrex 和 strex 指令的作用，会在 7.3 节详述。

代码清单 7.1　基于内存屏障指令的互斥逻辑

```
1   LOCKED   EQU 1
2   UNLOCKED EQU 0
3   lock_mutex
4       ; 互斥量是否锁定？
5       LDREX r1, [r0]          ; 检查是否锁定
6       CMP r1, #LOCKED         ; 和 "locked" 比较
7       WFEEQ                   ; 互斥量已经锁定，进入休眠
8       BEQ lock_mutex          ; 被唤醒，重新检查互斥量是否锁定
9       ; 尝试锁定互斥量
10      MOV r1, #LOCKED
11      STREX r2, r1, [r0]      ; 尝试锁定
12      CMP r2, #0x0            ; 检查 STR 指令是否完成
13      BNE lock_mutex          ; 如果失败，重试
14      DMB                     ; 进入被保护的资源前需要隔离，保证互斥量已经被更新
15      BX lr
16
17  unlock_mutex
18      DMB                     ; 保证资源的访问已经结束
19      MOV r1, #UNLOCKED       ; 向锁定域写 "unlocked"
20      STR r1, [r0]
21
22      DSB                     ; 保证在 CPU 唤醒前完成互斥量状态更新
23      SEV                     ; 像其他 CPU 发送事件，唤醒任何等待事件的 CPU
24
25      BX lr
```

前面提到每个 CPU 都是乱序执行，但是单个 CPU 在碰到依赖点的时候会等待，所以执行乱序对单核不一定可见。但是，当程序在访问外设的寄存器时，这些寄存器的访问顺序在 CPU 的逻辑上构不成依赖关系，但是从外设的逻辑角度来讲，可能需要固定的寄存器读写顺序，这个时候，也需要使用 CPU 的内存屏障指令。内核文档 Documentation/memory-barriers.txt 和 Documentation/io_ordering.txt 对此进行了描述。

在 Linux 内核中，定义了读写屏障 mb()、读屏障 rmb()、写屏障 wmb()、以及作用于寄存器读写的 __iormb()、__iowmb() 这样的屏障 API。读写寄存器的 readl_relaxed() 和 readl()、writel_relaxed() 和 writel() API 的区别就体现在有无屏障方面。

```
#define readb(c)         ({ u8  __v = readb_relaxed(c); __iormb(); __v; })
#define readw(c)         ({ u16 __v = readw_relaxed(c); __iormb(); __v; })
#define readl(c)         ({ u32 __v = readl_relaxed(c); __iormb(); __v; })

#define writeb(v,c)      ({ __iowmb(); writeb_relaxed(v,c); })
#define writew(v,c)      ({ __iowmb(); writew_relaxed(v,c); })
#define writel(v,c)      ({ __iowmb(); writel_relaxed(v,c); })
```

比如我们通过 writel_relaxed() 写完 DMA 的开始地址、结束地址、大小之后，我们一定要调用 writel() 来启动 DMA。

```
writel_relaxed(DMA_SRC_REG, src_addr);
writel_relaxed(DMA_DST_REG, dst_addr);
writel_relaxed(DMA_SIZE_REG, size);
writel (DMA_ENABLE, 1);
```

7.3 中断屏蔽

在单 CPU 范围内避免竞态的一种简单而有效的方法是在进入临界区之前屏蔽系统的中断，但是在驱动编程中不值得推荐，驱动通常需要考虑跨平台特点而不假定自己在单核上运行。CPU 一般都具备屏蔽中断和打开中断的功能，这项功能可以保证正在执行的内核执行路径不被中断处理程序所抢占，防止某些竞态条件的发生。具体而言，中断屏蔽将使得中断与进程之间的并发不再发生，而且，由于 Linux 内核的进程调度等操作都依赖中断来实现，内核抢占进程之间的并发也得以避免了。

中断屏蔽的使用方法为：

```
local_irq_disable()    /* 屏蔽中断 */
 . . .
critical section       /* 临界区 */
 . . .
local_irq_enable()     /* 开中断 */
```

其底层的实现原理是让 CPU 本身不响应中断，比如，对于 ARM 处理器而言，其底层的实现是屏蔽 ARM CPSR 的 I 位：

```
static inline void arch_local_irq_disable(void)
{
        asm volatile(
                "       cpsid i                 @ arch_local_irq_disable"
                :
                :
                : "memory", "cc");
}
```

由于 Linux 的异步 I/O、进程调度等很多重要操作都依赖于中断，中断对于内核的运行非常重要，在屏蔽中断期间所有的中断都无法得到处理，因此长时间屏蔽中断是很危险的，这有可能造成数据丢失乃至系统崩溃等后果。这就要求在屏蔽了中断之后，当前的内核执行路径应当尽快地执行完临界区的代码。

local_irq_disable() 和 local_irq_enable() 都只能禁止和使能本 CPU 内的中断，因此，并不能解决 SMP 多 CPU 引发的竞态。因此，单独使用中断屏蔽通常不是一种值得推荐的避免竞态的方法（换句话说，驱动中使用 local_irq_disable/enable() 通常意味着一个 bug），它适合与下文将要介绍的自旋锁联合使用。

与 local_irq_disable() 不同的是，local_irq_save(flags) 除了进行禁止中断的操作以外，还保存目前 CPU 的中断位信息，local_irq_restore(flags) 进行的是与 local_irq_save(flags) 相反的操作。对于 ARM 处理器而言，其实就是保存和恢复 CPSR。

如果只是想禁止中断的底半部，应使用 local_bh_disable()，使能被 local_bh_disable() 禁止的底半部应该调用 local_bh_enable()。

7.4 原子操作

原子操作可以保证对一个整型数据的修改是排他性的。Linux 内核提供了一系列函数来实现内核中的原子操作，这些函数又分为两类，分别针对位和整型变量进行原子操作。位和整型变量的原子操作都依赖于底层 CPU 的原子操作，因此所有这些函数都与 CPU 架构密切相关。对于 ARM 处理器而言，底层使用 LDREX 和 STREX 指令，比如 atomic_inc() 底层的实现会调用到 atomic_add()，其代码如下：

```
static inline void atomic_add(int i, atomic_t *v)
{
        unsigned long tmp;
        int result;

        prefetchw(&v->counter);
        __asm__ __volatile__("@ atomic_add\n"
"1:     ldrex   %0, [%3]\n"
"       add     %0, %0, %4\n"
"       strex   %1, %0, [%3]\n"
"       teq     %1, #0\n"
```

```
"       bne     1b"
: "=&r" (result), "=&r" (tmp), "+Qo" (v->counter)
: "r" (&v->counter), "Ir" (i)
: "cc");
}
```

ldrex 指令跟 strex 配对使用，可以让总线监控 ldrex 到 strex 之间有无其他的实体存取该地址，如果有并发的访问，执行 strex 指令时，第一个寄存器的值被设置为 1（Non-Exclusive Access）并且存储的行为也不成功；如果没有并发的存取，strex 在第一个寄存器里设置 0（Exclusive Access）并且存储的行为也是成功的。本例中，如果 CPU0 和 CPU1 两个并发实体同时调用 ldrex + strex，如图 7.6 所示，在 T4 时间点上，CPU1 的 strex 会执行失败，在 T3 时间点上 CPU0 的 strex 会执行成功。所以 CPU0 和 CPU1 之间只有 CPU0 执行成功了，执行 strex 失败的 CPU1 的 "teq %1, #0" 判断语句不会成立，于是失败的 CPU1 通过 "bne 1b" 再次进入 ldrex。ldrex 和 strex 的排它性过程不仅适用于多核之间的并发，也适用于同一个核内部并发的情况。

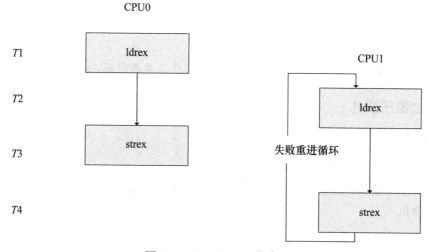

图 7.6 ldrex 和 strex 指令

7.4.1 整型原子操作

1. 设置原子变量的值

```
void atomic_set(atomic_t *v, int i);    /* 设置原子变量的值为 i */
atomic_t v = ATOMIC_INIT(0);             /* 定义原子变量 v 并初始化为 0 */
```

2. 获取原子变量的值

```
atomic_read(atomic_t *v);               /* 返回原子变量的值 */
```

3. 原子变量加 / 减

```
void atomic_add(int i, atomic_t *v);    /* 原子变量增加 i */
```

```c
void atomic_sub(int i, atomic_t *v);    /* 原子变量减少 i */
```

4. 原子变量自增 / 自减

```c
void atomic_inc(atomic_t *v);           /* 原子变量增加 1 */
void atomic_dec(atomic_t *v);           /* 原子变量减少 1 */
```

5. 操作并测试

```c
int atomic_inc_and_test(atomic_t *v);
int atomic_dec_and_test(atomic_t *v);
int atomic_sub_and_test(int i, atomic_t *v);
```

上述操作对原子变量执行自增、自减和减操作后（注意没有加），测试其是否为 0，为 0 返回 true，否则返回 false。

6. 操作并返回

```c
int atomic_add_return(int i, atomic_t *v);
int atomic_sub_return(int i, atomic_t *v);
int atomic_inc_return(atomic_t *v);
int atomic_dec_return(atomic_t *v);
```

上述操作对原子变量进行加 / 减和自增 / 自减操作，并返回新的值。

7.4.2 位原子操作

1. 设置位

```c
void set_bit(nr, void *addr);
```

上述操作设置 addr 地址的第 nr 位，所谓设置位即是将位写为 1。

2. 清除位

```c
void clear_bit(nr, void *addr);
```

上述操作清除 addr 地址的第 nr 位，所谓清除位即是将位写为 0。

3. 改变位

```c
void change_bit(nr, void *addr);
```

上述操作对 addr 地址的第 nr 位进行反置。

4. 测试位

```c
test_bit(nr, void *addr);
```

上述操作返回 addr 地址的第 nr 位。

5. 测试并操作位

```c
int test_and_set_bit(nr, void *addr);
```

```
int test_and_clear_bit(nr, void *addr);
int test_and_change_bit(nr, void *addr);
```

上述 test_and_xxx_bit(nr, void *addr) 操作等同于执行 test_bit(nr, void *addr) 后再执行 xxx_bit(nr, void *addr)。

代码清单 7.2 给出了原子变量的使用例子，它使得设备最多只能被一个进程打开。

代码清单 7.2　使用原子变量使设备只能被一个进程打开

```
 1  static atomic_t xxx_available = ATOMIC_INIT(1); /* 定义原子变量 */
 2
 3  static int xxx_open(struct inode *inode, struct file *filp)
 4  {
 5    ...
 6    if (!atomic_dec_and_test(&xxx_available))  {
 7        atomic_inc(&xxx_available);
 8        return  - EBUSY;             /* 已经打开 */
 9    }
10    ...
11    return 0;                         /* 成功 */
12  }
13
14  static int xxx_release(struct inode *inode, struct file *filp)
15  {
16    atomic_inc(&xxx_available);       /* 释放设备 */
17    return 0;
18  }
```

7.5　自旋锁

7.5.1　自旋锁的使用

自旋锁（Spin Lock）是一种典型的对临界资源进行互斥访问的手段，其名称来源于它的工作方式。为了获得一个自旋锁，在某 CPU 上运行的代码需先执行一个原子操作，该操作测试并设置（Test-And-Set）某个内存变量。由于它是原子操作，所以在该操作完成之前其他执行单元不可能访问这个内存变量。如果测试结果表明锁已经空闲，则程序获得这个自旋锁并继续执行；如果测试结果表明锁仍被占用，程序将在一个小的循环内重复这个"测试并设置"操作，即进行所谓的"自旋"，通俗地说就是"在原地打转"，如图 7.7 所示。当自旋锁的持有者通过重置该变量释放这个自旋锁后，某个等待的"测试并设置"操作向其调用者报告锁已释放。

理解自旋锁最简单的方法是把它作为一个变量看待，该变量把一个临界区标记为"我当前在运行，请稍等一会"或者标记为"我当前不在运行，可以被使用"。如果 A 执行单元首先进入例程，它将持有自旋锁；当 B 执行单元试图进入同一个例程时，将获知自旋锁已被持有，需等到 A 执行单元释放后才能进入。

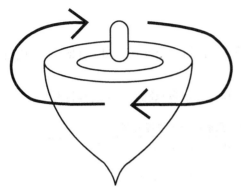 

图 7.7 自旋

在 ARM 体系结构下,自旋锁的实现借用了 ldrex 指令、strex 指令、ARM 处理器内存屏障指令 dmb 和 dsb、wfe 指令和 sev 指令,这类似于代码清单 7.1 的逻辑。可以说既要保证排他性,也要处理好内存屏障。

Linux 中与自旋锁相关的操作主要有以下 4 种。

1. 定义自旋锁

```
spinlock_t lock;
```

2. 初始化自旋锁

```
spin_lock_init(lock)
```

该宏用于动态初始化自旋锁 lock。

3. 获得自旋锁

```
spin_lock(lock)
```

该宏用于获得自旋锁 lock,如果能够立即获得锁,它就马上返回,否则,它将在那里自旋,直到该自旋锁的保持者释放。

```
spin_trylock(lock)
```

该宏尝试获得自旋锁 lock,如果能立即获得锁,它获得锁并返回 true,否则立即返回 false,实际上不再"在原地打转"。

4. 释放自旋锁

```
spin_unlock(lock)
```

该宏释放自旋锁 lock,它与 spin_trylock 或 spin_lock 配对使用。

自旋锁一般这样被使用:

```
/* 定义一个自旋锁 */
spinlock_t lock;
```

```
spin_lock_init(&lock);

spin_lock (&lock) ;         /* 获取自旋锁，保护临界区 */
.../* 临界区 */
spin_unlock (&lock) ;       /* 解锁 */
```

自旋锁主要针对 SMP 或单 CPU 但内核可抢占的情况，对于单 CPU 和内核不支持抢占的系统，自旋锁退化为空操作。在单 CPU 和内核可抢占的系统中，自旋锁持有期间中内核的抢占将被禁止。由于内核可抢占的单 CPU 系统的行为实际上很类似于 SMP 系统，因此，在这样的单 CPU 系统中使用自旋锁仍十分必要。另外，在多核 SMP 的情况下，任何一个核拿到了自旋锁，该核上的抢占调度也暂时禁止了，但是没有禁止另外一个核的抢占调度。

尽管用了自旋锁可以保证临界区不受别的 CPU 和本 CPU 内的抢占进程打扰，但是得到锁的代码路径在执行临界区的时候，还可能受到中断和底半部（BH，稍后的章节会介绍）的影响。为了防止这种影响，就需要用到自旋锁的衍生。spin_lock()/spin_unlock() 是自旋锁机制的基础，它们和关中断 local_irq_disable()/ 开中断 local_irq_enable()、关底半部 local_bh_disable()/ 开底半部 local_bh_enable()、关中断并保存状态字 local_irq_save()/ 开中断并恢复状态字 local_irq_restore() 结合就形成了整套自旋锁机制，关系如下：

```
spin_lock_irq() = spin_lock() + local_irq_disable()
spin_unlock_irq() = spin_unlock() + local_irq_enable()
spin_lock_irqsave() = spin_lock() + local_irq_save()
spin_unlock_irqrestore() = spin_unlock() + local_irq_restore()
spin_lock_bh() = spin_lock() + local_bh_disable()
spin_unlock_bh() = spin_unlock() + local_bh_enable()
```

spin_lock_irq()、spin_lock_irqsave()、spin_lock_bh() 类似函数会为自旋锁的使用系好"安全带"以避免突如其来的中断驶入对系统造成的伤害。

在多核编程的时候，如果进程和中断可能访问同一片临界资源，我们一般需要在进程上下文中调用 spin_lock_irqsave()/spin_unlock_irqrestore()，在中断上下文中调用 spin_lock() / spin_unlock()，如图 7.8 所示。这样，在 CPU0 上，无论是进程上下文，还是中断上下文获得了自旋锁，此后，如果 CPU1 无论是进程上下文，还是中断上下文，想获得同一自旋锁，都必须忙等待，这避免一切核间并发的可能性。同时，由于每个核的进程上下文持有锁的时候用的是 spin_lock_irqsave()，所以该核上的中断是不可能进入的，这避免了核内并发的可能性。

驱动工程师应谨慎使用自旋锁，而且在使用中还要特别注意如下几个问题。

1）自旋锁实际上是忙等锁，当锁不可用时，CPU 一直循环执行"测试并设置"该锁直到可用而取得该锁，CPU 在等待自旋锁时不做任何有用的工作，仅仅是等待。因此，只有在占用锁的时间极短的情况下，使用自旋锁才是合理的。当临界区很大，或有共享设备的时候，需要较长时间占用锁，使用自旋锁会降低系统的性能。

2）自旋锁可能导致系统死锁。引发这个问题最常见的情况是递归使用一个自旋锁，即如果一个已经拥有某个自旋锁的 CPU 想第二次获得这个自旋锁，则该 CPU 将死锁。

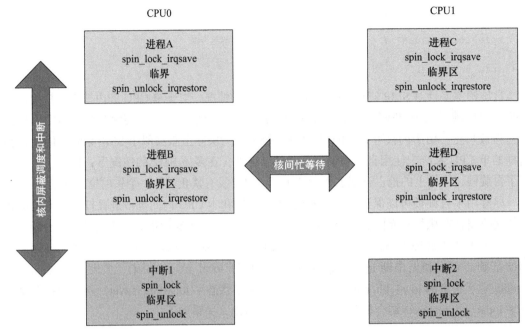

图 7.8 自旋锁的使用实例

3）在自旋锁锁定期间不能调用可能引起进程调度的函数。如果进程获得自旋锁之后再阻塞，如调用 copy_from_user()、copy_to_user()、kmalloc() 和 msleep() 等函数，则可能导致内核的崩溃。

4）在单核情况下编程的时候，也应该认为自己的 CPU 是多核的，驱动特别强调跨平台的概念。比如，在单 CPU 的情况下，若中断和进程可能访问同一临界区，进程里调用 spin_lock_irqsave() 是安全的，在中断里其实不调用 spin_lock() 也没有问题，因为 spin_lock_irqsave() 可以保证这个 CPU 的中断服务程序不可能执行。但是，若 CPU 变成多核，spin_lock_irqsave() 不能屏蔽另外一个核的中断，所以另外一个核就可能造成并发问题。因此，无论如何，我们在中断服务程序里也应该调用 spin_lock()。

代码清单 7.3 给出了自旋锁的使用例子，它被用于实现使得设备只能被最多 1 个进程打开，功能和代码清单与 7.2 类似。

代码清单 7.3　使用自旋锁使设备只能被一个进程打开

```
1  int xxx_count = 0;    /* 定义文件打开次数计数 */
2
3  static int xxx_open(struct inode *inode, struct file *filp)
4  {
5    ...
6    spinlock(&xxx_lock);
7    if (xxx_count) {    /* 已经打开 */
8        spin_unlock(&xxx_lock);
```

```
 9          return  -EBUSY;
10      }
11      xxx_count++;         /* 增加使用计数 */
12      spin_unlock(&xxx_lock);
13      ...
14      return 0;            /* 成功 */
15  }
16
17  static int xxx_release(struct inode *inode, struct file *filp)
18  {
19      ...
20      spinlock(&xxx_lock);
21      xxx_count--;         /* 减少使用计数 */
22      spin_unlock(&xxx_lock);
23
24      return 0;
25  }
```

7.5.2 读写自旋锁

自旋锁不关心锁定的临界区究竟在进行什么操作，不管是读还是写，它都一视同仁。即便多个执行单元同时读取临界资源也会被锁住。实际上，对共享资源并发访问时，多个执行单元同时读取它是不会有问题的，自旋锁的衍生锁读写自旋锁（rwlock）可允许读的并发。读写自旋锁是一种比自旋锁粒度更小的锁机制，它保留了"自旋"的概念，但是在写操作方面，只能最多有1个写进程，在读操作方面，同时可以有多个读执行单元。当然，读和写也不能同时进行。

读写自旋锁涉及的操作如下。

1. 定义和初始化读写自旋锁

```
rwlock_t my_rwlock;
rwlock_init(&my_rwlock);   /* 动态初始化 */
```

2. 读锁定

```
void read_lock(rwlock_t *lock);
void read_lock_irqsave(rwlock_t *lock, unsigned long flags);
void read_lock_irq(rwlock_t *lock);
void read_lock_bh(rwlock_t *lock);
```

3. 读解锁

```
void read_unlock(rwlock_t *lock);
void read_unlock_irqrestore(rwlock_t *lock, unsigned long flags);
void read_unlock_irq(rwlock_t *lock);
void read_unlock_bh(rwlock_t *lock);
```

在对共享资源进行读取之前，应该先调用读锁定函数，完成之后应调用读解锁函数。

read_lock_irqsave()、read_lock_irq() 和 read_lock_bh() 也分别是 read_lock() 分别与 local_irq_save()、local_irq_disable() 和 local_bh_disable() 的组合，读解锁函数 read_unlock_irqrestore()、read_unlock_irq()、read_unlock_bh() 的情况与此类似。

4. 写锁定

```
void write_lock(rwlock_t *lock);
void write_lock_irqsave(rwlock_t *lock, unsigned long flags);
void write_lock_irq(rwlock_t *lock);
void write_lock_bh(rwlock_t *lock);
int write_trylock(rwlock_t *lock);
```

5. 写解锁

```
void write_unlock(rwlock_t *lock);
void write_unlock_irqrestore(rwlock_t *lock, unsigned long flags);
void write_unlock_irq(rwlock_t *lock);
void write_unlock_bh(rwlock_t *lock);
```

write_lock_irqsave()、write_lock_irq()、write_lock_bh() 分别是 write_lock() 与 local_irq_save()、local_irq_disable() 和 local_bh_disable() 的组合，写解锁函数 write_unlock_irqrestore()、write_unlock_irq()、write_unlock_bh() 的情况与此类似。

在对共享资源进行写之前，应该先调用写锁定函数，完成之后应调用写解锁函数。和 spin_trylock() 一样，write_trylock() 也只是尝试获取读写自旋锁，不管成功失败，都会立即返回。

读写自旋锁一般这样被使用：

```
rwlock_t lock;              /* 定义 rwlock */
rwlock_init(&lock);         /* 初始化 rwlock */

/* 读时获取锁 */
read_lock(&lock);
...                         /* 临界资源 */
read_unlock(&lock);

/* 写时获取锁 */
write_lock_irqsave(&lock, flags);
...                         /* 临界资源 */
write_unlock_irqrestore(&lock, flags);
```

7.5.3　顺序锁

顺序锁（seqlock）是对读写锁的一种优化，若使用顺序锁，读执行单元不会被写执行单元阻塞，也就是说，读执行单元在写执行单元对被顺序锁保护的共享资源进行写操作时仍然可以继续读，而不必等待写执行单元完成写操作，写执行单元也不需要等待所有读执行单元完成读操作才去进行写操作。但是，写执行单元与写执行单元之间仍然是互斥的，即如果有写执行单元在进行写操作，其他写执行单元必须自旋在那里，直到写执行单元释放了顺序锁。

对于顺序锁而言，尽管读写之间不互相排斥，但是如果读执行单元在读操作期间，写执行单元已经发生了写操作，那么，读执行单元必须重新读取数据，以便确保得到的数据是完整的。所以，在这种情况下，读端可能反复读多次同样的区域才能读到有效的数据。

在 Linux 内核中，写执行单元涉及的顺序锁操作如下。

1. 获得顺序锁

```
void write_seqlock(seqlock_t *sl);
int write_tryseqlock(seqlock_t *sl);
write_seqlock_irqsave(lock, flags)
write_seqlock_irq(lock)
write_seqlock_bh(lock)
```

其中，

```
write_seqlock_irqsave() = loal_irq_save() + write_seqlock()
write_seqlock_irq() = local_irq_disable() + write_seqlock()
write_seqlock_bh() = local_bh_disable() + write_seqlock()
```

2. 释放顺序锁

```
void write_sequnlock(seqlock_t *sl);
write_sequnlock_irqrestore(lock, flags)
write_sequnlock_irq(lock)
write_sequnlock_bh(lock)
```

其中，

```
write_sequnlock_irqrestore() = write_sequnlock() + local_irq_restore()
write_sequnlock_irq() = write_sequnlock() + local_irq_enable()
write_sequnlock_bh() = write_sequnlock() + local_bh_enable()
```

写执行单元使用顺序锁的模式如下：

```
write_seqlock(&seqlock_a);
.../* 写操作代码块 */
write_sequnlock(&seqlock_a);
```

因此，对写执行单元而言，它的使用与自旋锁相同。

读执行单元涉及的顺序锁操作如下。

1. 读开始

```
unsigned read_seqbegin(const seqlock_t *sl);
read_seqbegin_irqsave(lock, flags)
```

读执行单元在对被顺序锁 sl 保护的共享资源进行访问前需要调用该函数，该函数返回顺序锁 sl 的当前顺序号。其中，

```
read_seqbegin_irqsave() = local_irq_save() + read_seqbegin()
```

2. 重读

```
int read_seqretry(const seqlock_t *sl, unsigned iv);
read_seqretry_irqrestore(lock, iv, flags)
```

读执行单元在访问完被顺序锁 sl 保护的共享资源后需要调用该函数来检查，在读访问期间是否有写操作。如果有写操作，读执行单元就需要重新进行读操作。其中，

```
read_seqretry_irqrestore() = read_seqretry() + local_irq_restore()
```

读执行单元使用顺序锁的模式如下：

```
do {
    seqnum = read_seqbegin(&seqlock_a);
    /* 读操作代码块 */
    ...
} while (read_seqretry(&seqlock_a, seqnum));
```

7.5.4 读-复制-更新

RCU（Read-Copy-Update，读-复制-更新），它是基于其原理命名的。RCU 并不是新的锁机制，早在 20 世纪 80 年代就有了这种机制，而在 Linux 中是在开发内核 2.5.43 时引入该技术的，并正式包含在 2.6 内核中。

Linux 社区关于 RCU 的经典文档位于 https://www.kernel.org/doc/ols/2001/read-copy.pdf，Linux 内核源代码 Documentation/RCU/ 也包含了 RCU 的一些讲解。

不同于自旋锁，使用 RCU 的读端没有锁、内存屏障、原子指令类的开销，几乎可以认为是直接读（只是简单地标明读开始和读结束），而 RCU 的写执行单元在访问它的共享资源前首先复制一个副本，然后对副本进行修改，最后使用一个回调机制在适当的时机把指向原来数据的指针重新指向新的被修改的数据，这个时机就是所有引用该数据的 CPU 都退出对共享数据读操作的时候。等待适当时机的这一时期称为宽限期（Grace Period）。

比如，有下面的一个由 struct foo 结构体组成的链表：

```
struct foo {
  struct list_head list;
  int a;
  int b;
  int c;
};
```

假设进程 A 要修改链表中某个节点 N 的成员 a、b。自旋锁的思路是排他性地访问这个链表，等所有其他持有自旋锁的进程或者中断把自旋锁释放后，进程 A 再拿到自旋锁访问链表并找到 N 节点，之后修改它的 a、b 两个成员，完成后解锁。而 RCU 的思路则不同，它直接制造一个新的节点 M，把 N 的内容复制给 M，之后在 M 上修改 a、b，并用 M 来代替 N 原本在链表的位置。之后进程 A 等待在链表前期已经存在的所有读端结束后（即宽限期，通

过下文说的 synchronize_rcu() API 完成），再释放原来的 N。用代码来描述这个逻辑就是：

```
struct foo {
  struct list_head list;
  int a;
  int b;
  int c;
};
LIST_HEAD(head);

/* . . . */

p = search(head, key);
if (p == NULL) {
  /* Take appropriate action, unlock, and return. */
}
q = kmalloc(sizeof(*p), GFP_KERNEL);
*q = *p;
q->b = 2;
q->c = 3;
list_replace_rcu(&p->list, &q->list);
synchronize_rcu();
kfree(p);
```

RCU 可以看作读写锁的高性能版本，相比读写锁，RCU 的优点在于既允许多个读执行单元同时访问被保护的数据，又允许多个读执行单元和多个写执行单元同时访问被保护的数据。但是，RCU 不能替代读写锁，因为如果写比较多时，对读执行单元的性能提高不能弥补写执行单元同步导致的损失。因为使用 RCU 时，写执行单元之间的同步开销会比较大，它需要延迟数据结构的释放，复制被修改的数据结构，它也必须使用某种锁机制来同步并发的其他写执行单元的修改操作。

Linux 中提供的 RCU 操作包括如下 4 种。

1. 读锁定

```
rcu_read_lock()
rcu_read_lock_bh()
```

2. 读解锁

```
rcu_read_unlock()
rcu_read_unlock_bh()
```

使用 RCU 进行读的模式如下：

```
rcu_read_lock()
.../* 读临界区 */
rcu_read_unlock()
```

3. 同步 RCU

```
synchronize_rcu()
```

该函数由 RCU 写执行单元调用,它将阻塞写执行单元,直到当前 CPU 上所有的已经存在(Ongoing)的读执行单元完成读临界区,写执行单元才可以继续下一步操作。synchronize_rcu() 并不需要等待后续(Subsequent)读临界区的完成,如图 7.9 所示。

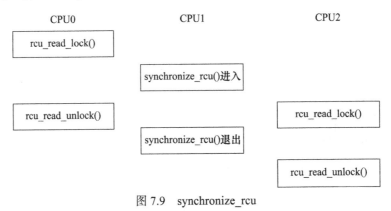

图 7.9 synchronize_rcu

探测所有的 rcu_read_lock() 被 rcu_read_unlock() 结束的过程很类似 Java 语言垃圾回收的工作。

4. 挂接回调

```
void call_rcu(struct rcu_head *head,
              void (*func)(struct rcu_head *rcu));
```

函数 call_rcu() 也由 RCU 写执行单元调用,与 synchronize_rcu() 不同的是,它不会使写执行单元阻塞,因而可以在中断上下文或软中断中使用。该函数把函数 func 挂接到 RCU 回调函数链上,然后立即返回。挂接的回调函数会在一个宽限期结束(即所有已经存在的 RCU 读临界区完成)后被执行。

```
rcu_assign_pointer(p, v)
```

给 RCU 保护的指针赋一个新的值。

```
rcu_dereference(p)
```

读端使用 rcu_dereference() 获取一个 RCU 保护的指针,之后既可以安全地引用它(访问它指向的区域)。一般需要在 rcu_read_lock()/rcu_read_unlock() 保护的区间引用这个指针,例如:

```
rcu_read_lock();
irq_rt = rcu_dereference(kvm->irq_routing);
if (irq < irq_rt->nr_rt_entries)
        hlist_for_each_entry(e, &irq_rt->map[irq], link) {
                if (likely(e->type == KVM_IRQ_ROUTING_MSI))
                        ret = kvm_set_msi_inatomic(e, kvm);
                else
                        ret = -EWOULDBLOCK;
```

```
        break;
    }
rcu_read_unlock();
```

上述代码取自 virt/kvm/irq_comm.c 的 kvm_set_irq_inatomic() 函数。

`rcu_access_pointer(p)`

读端使用 rcu_access_pointer () 获取一个 RCU 保护的指针，之后并不引用它。这种情况下，我们只关心指针本身的值，而不关心指针指向的内容。比如我们可以使用该 API 来判断指针是否为 NULL。

把 rcu_assign_pointer() 和 rcu_dereference() 结合起来使用，写端分配一个新的 struct foo 内存，并初始化其中的成员，之后把该结构体的地址赋值给全局的 gp 指针：

```
struct foo {
  int a;
  int b;
  int c;
};
struct foo *gp = NULL;

/* . . . */

p = kmalloc(sizeof(*p), GFP_KERNEL);
p->a = 1;
p->b = 2;
p->c = 3;
rcu_assign_pointer(gp, p);
```

读端访问该片区域：

```
rcu_read_lock();
p = rcu_dereference(gp);
if (p != NULL) {
  do_something_with(p->a, p->b, p->c);
}
rcu_read_unlock();
```

在上述代码中，我们可以把写端 rcu_assign_pointer() 看成发布（Publish）了 gp，而读端 rcu_dereference() 看成订阅（Subscribe）了 gp。它保证读端可以看到 rcu_assign_pointer() 之前所有内存被设置的情况（即 gp->a, gp->b, gp->c 等于 1、2、3 对于读端可见）。由此可见，与 RCU 相关的原语已经内嵌了相关的编译屏障或内存屏障。

对于链表数据结构而言，Linux 内核增加了专门的 RCU 保护的链表操作 API：

```
static inline void list_add_rcu(struct list_head *new, struct list_head *head);
```

该函数把链表元素 new 插入 RCU 保护的链表 head 的开头。

```
static inline void list_add_tail_rcu(struct list_head *new,
```

```
                struct list_head *head);
```

该函数类似于 list_add_rcu(),它将把新的链表元素 new 添加到被 RCU 保护的链表的末尾。

```
static inline void list_del_rcu(struct list_head *entry);
```

该函数从 RCU 保护的链表中删除指定的链表元素 entry。

```
static inline void list_replace_rcu(struct list_head *old, struct list_head *new);
```

它使用新的链表元素 new 取代旧的链表元素 old。

```
list_for_each_entry_rcu(pos, head)
```

该宏用于遍历由 RCU 保护的链表 head,只要在读执行单元临界区使用该函数,它就可以安全地和其他 RCU 保护的链表操作函数(如 list_add_rcu())并发运行。

链表的写端代码模型如下:

```
struct foo {
  struct list_head list;
  int a;
  int b;
  int c;
};
LIST_HEAD(head);

/* ... */

p = kmalloc(sizeof(*p), GFP_KERNEL);
p->a = 1;
p->b = 2;
p->c = 3;
list_add_rcu(&p->list, &head);
```

链表的读端代码则形如:

```
rcu_read_lock();
list_for_each_entry_rcu(p, head, list) {
  do_something_with(p->a, p->b, p->c);
}
rcu_read_unlock();
```

前面已经看到了对 RCU 保护链表中节点进行修改以及添加新节点的动作,下面我们看一下 RCU 保护的链表删除节点 N 的工作。写端分为两个步骤,第 1 步是从链表中删除 N,之后等一个宽限期结束,再释放 N 的内存。下面的代码分别用读写锁和 RCU 两种不同的方法来描述这一过程:

```
1  struct el {                        1  struct el {
2    struct list_head lp;             2    struct list_head lp;
3    long key;                        3    long key;
```

```
 4   spinlock_t mutex;                          4   spinlock_t mutex;
 5   int data;                                  5   int data;
 6   /* Other data fields */                    6   /* Other data fields */
 7  };                                          7  };
 8  DEFINE_RWLOCK(listmutex);                   8  DEFINE_SPINLOCK(listmutex);
 9  LIST_HEAD(head);                            9  LIST_HEAD(head);

 1  int search(long key, int *result)           1  int search(long key, int *result)
 2  {                                           2  {
 3    struct el *p;                             3    struct el *p;
 4                                              4
 5    read_lock(&listmutex);                    5    rcu_read_lock();
 6    list_for_each_entry(p, &head, lp) {       6    list_for_each_entry_rcu(p, &head, lp) {
 7      if (p->key == key) {                    7      if (p->key == key) {
 8        *result = p->data;                    8        *result = p->data;
 9        read_unlock(&listmutex);              9        rcu_read_unlock();
10        return 1;                            10        return 1;
11      }                                      11      }
12    }                                        12    }
13    read_unlock(&listmutex);                 13    rcu_read_unlock();
14    return 0;                                14    return 0;
15  }                                          15  }

 1  int delete(long key)                        1  int delete(long key)
 2  {                                           2  {
 3    struct el *p;                             3    struct el *p;
 4                                              4
 5    write_lock(&listmutex);                   5    spin_lock(&listmutex);
 6    list_for_each_entry(p, &head, lp) {       6    list_for_each_entry(p, &head, lp) {
 7      if (p->key == key) {                    7      if (p->key == key) {
 8        list_del(&p->lp);                     8        list_del_rcu(&p->lp);
 9        write_unlock(&listmutex);             9        spin_unlock(&listmutex);
10        kfree(p);                            10        synchronize_rcu();
11        return 1;                            11        kfree(p);
12      }                                      12        return 1;
13    }                                        13      }
14    write_unlock(&listmutex);                14    }
15    return 0;                                15    spin_unlock(&listmutex);
16  }                                          16    return 0;
                                               17  }
```

7.6 信号量

信号量（Semaphore）是操作系统中最典型的用于同步和互斥的手段，信号量的值可以是 0、1 或者 n。信号量与操作系统中的经典概念 PV 操作对应。

P（S）：①如果信号量 S 的值大于零，该进程继续执行。

②如果 S 的值为零，将该进程置为等待状态，排入信号量的等待队列，直到 V 操作唤醒之。

Linux 中与信号量相关的操作主要有下面几种。

1. 定义信号量

下列代码定义名称为 sem 的信号量：

```
struct semaphore sem;
```

2. 初始化信号量

```
void sema_init(struct semaphore *sem, int val);
```

该函数初始化信号量，并设置信号量 sem 的值为 val。

3. 获得信号量

```
void down(struct semaphore * sem);
```

该函数用于获得信号量 sem，它会导致睡眠，因此不能在中断上下文中使用。

```
int down_interruptible(struct semaphore * sem);
```

该函数功能与 down 类似，不同之处为，因为 down() 进入睡眠状态的进程不能被信号打断，但因为 down_interruptible() 进入睡眠状态的进程能被信号打断，信号也会导致该函数返回，这时候函数的返回值非 0。

```
int down_trylock(struct semaphore * sem);
```

该函数尝试获得信号量 sem，如果能够立刻获得，它就获得该信号量并返回 0，否则，返回非 0 值。它不会导致调用者睡眠，可以在中断上下文中使用。

在使用 down_interruptible() 获取信号量时，对返回值一般会进行检查，如果非 0，通常立即返回 - ERESTARTSYS，如：

```
if (down_interruptible(&sem))
    return -ERESTARTSYS;
```

4. 释放信号量

```
void up(struct semaphore * sem);
```

该函数释放信号量 sem，唤醒等待者。

作为一种可能的互斥手段，信号量可以保护临界区，它的使用方式和自旋锁类似。与自旋锁相同，只有得到信号量的进程才能执行临界区代码。但是，与自旋锁不同的是，当获取不到信号量时，进程不会原地打转而是进入休眠等待状态。用作互斥时，信号量一般这样被使用：

进程 P1	进程 P2	......	进程 Pn
......	......		......
P(S);	P(S);		P(S);

临界区；	临界区；		临界区；
V(S);	V(S);		V(S);
……	……	……	……

由于新的 Linux 内核倾向于直接使用 mutex 作为互斥手段，信号量用作互斥不再被推荐使用。

信号量也可以用于同步，一个进程 A 执行 down() 等待信号量，另外一个进程 B 执行 up() 释放信号量，这样进程 A 就同步地等待了进程 B。其过程类似：

进程 P1　　　进程 P2
代码区 C1；　P(S);
V(S);
　　　　　　代码区 C2；

此外，对于关心具体数值的生产者/消费者问题，使用信号量则较为合适。因为生产者/消费者问题也是一种同步问题。

7.7　互斥体

尽管信号量已经可以实现互斥的功能，但是"正宗"的 mutex 在 Linux 内核中还是真实地存在着。

下面代码定义了名为 my_mutex 的互斥体并初始化它：

```
struct mutex my_mutex;
mutex_init(&my_mutex);
```

下面的两个函数用于获取互斥体：

```
void mutex_lock(struct mutex *lock);
int mutex_lock_interruptible(struct mutex *lock);
int mutex_trylock(struct mutex *lock);
```

mutex_lock() 与 mutex_lock_interruptible() 的区别和 down() 与 down_interruptible() 的区别完全一致，前者引起的睡眠不能被信号打断，而后者可以。mutex_trylock() 用于尝试获得 mutex，获取不到 mutex 时不会引起进程睡眠。

下列函数用于释放互斥体：

```
void mutex_unlock(struct mutex *lock);
```

mutex 的使用方法和信号量用于互斥的场合完全一样：

```
struct mutex my_mutex;      /* 定义 mutex */
mutex_init(&my_mutex);      /* 初始化 mutex */

mutex_lock(&my_mutex);      /* 获取 mutex */
```

```
...                          /* 临界资源 */
mutex_unlock(&my_mutex);      /* 释放 mutex */
```

自旋锁和互斥体都是解决互斥问题的基本手段,面对特定的情况,应该如何取舍这两种手段呢？选择的依据是临界区的性质和系统的特点。

从严格意义上说,互斥体和自旋锁属于不同层次的互斥手段,前者的实现依赖于后者。在互斥体本身的实现上,为了保证互斥体结构存取的原子性,需要自旋锁来互斥。所以自旋锁属于更底层的手段。

互斥体是进程级的,用于多个进程之间对资源的互斥,虽然也是在内核中,但是该内核执行路径是以进程的身份,代表进程来争夺资源的。如果竞争失败,会发生进程上下文切换,当前进程进入睡眠状态,CPU 将运行其他进程。鉴于进程上下文切换的开销也很大,因此,只有当进程占用资源时间较长时,用互斥体才是较好的选择。

当所要保护的临界区访问时间比较短时,用自旋锁是非常方便的,因为它可节省上下文切换的时间。但是 CPU 得不到自旋锁会在那里空转直到其他执行单元解锁为止,所以要求锁不能在临界区里长时间停留,否则会降低系统的效率。

由此,可以总结出自旋锁和互斥体选用的 3 项原则。

1）当锁不能被获取到时,使用互斥体的开销是进程上下文切换时间,使用自旋锁的开销是等待获取自旋锁（由临界区执行时间决定）。若临界区比较小,宜使用自旋锁,若临界区很大,应使用互斥体。

2）互斥体所保护的临界区可包含可能引起阻塞的代码,而自旋锁则绝对要避免用来保护包含这样代码的临界区。因为阻塞意味着要进行进程的切换,如果进程被切换出去后,另一个进程企图获取本自旋锁,死锁就会发生。

3）互斥体存在于进程上下文,因此,如果被保护的共享资源需要在中断或软中断情况下使用,则在互斥体和自旋锁之间只能选择自旋锁。当然,如果一定要使用互斥体,则只能通过 mutex_trylock() 方式进行,不能获取就立即返回以避免阻塞。

7.8 完成量

Linux 提供了完成量（Completion,关于这个名词,至今没有好的翻译,笔者将其译为"完成量"）,它用于一个执行单元等待另一个执行单元执行完某事。

Linux 中与完成量相关的操作主要有以下 4 种。

1. 定义完成量

下列代码定义名为 my_completion 的完成量：

```
struct completion my_completion;
```

2. 初始化完成量

下列代码初始化或者重新初始化 my_completion 这个完成量的值为 0（即没有完成的状态）：

```
init_completion(&my_completion);
reinit_completion(&my_completion)
```

3. 等待完成量

下列函数用于等待一个完成量被唤醒：

```
void wait_for_completion(struct completion *c);
```

4. 唤醒完成量

下面两个函数用于唤醒完成量：

```
void complete(struct completion *c);
void complete_all(struct completion *c);
```

前者只唤醒一个等待的执行单元，后者释放所有等待同一完成量的执行单元。
完成量用于同步的流程一般如下：

进程 P1	进程 P2
代码区 C1;	wait_for_completion(&done);
complete(&done);	
	代码区 C2;

7.9 增加并发控制后的 globalmem 的设备驱动

在 globalmem() 的读写函数中，由于要调用 copy_from_user()、copy_to_user() 这些可能导致阻塞的函数，因此不能使用自旋锁，宜使用互斥体。

驱动工程师习惯将某设备所使用的自旋锁、互斥体等辅助手段也放在设备结构中，因此，可如代码清单 7.4 那样修改 globalmem_dev 结构体的定义，并在模块初始化函数中初始化这个信号量，如代码清单 7.5 所示。

代码清单 7.4　增加并发控制后的 globalmem 设备结构体

```
1  struct globalmem_dev {
2      struct cdev cdev;
3      unsigned char mem[GLOBALMEM_SIZE];
4      struct mutex mutex;
5  };
```

代码清单 7.5　增加并发控制后的 globalmem 设备驱动模块加载函数

```
1  static int __init globalmem_init(void)
2  {
3      int ret;
4      dev_t devno = MKDEV(globalmem_major, 0);
5
6      if (globalmem_major)
```

```
 7          ret = register_chrdev_region(devno, 1, "globalmem");
 8      else {
 9          ret = alloc_chrdev_region(&devno, 0, 1, "globalmem");
10          globalmem_major = MAJOR(devno);
11      }
12      if (ret < 0)
13          return ret;
14
15      globalmem_devp = kzalloc(sizeof(struct globalmem_dev), GFP_KERNEL);
16      if (!globalmem_devp) {
17          ret = -ENOMEM;
18          goto fail_malloc;
19      }
20
21      mutex_init(&globalmem_devp->mutex);
22      globalmem_setup_cdev(globalmem_devp, 0);
23      return 0;
24
25  fail_malloc:
26      unregister_chrdev_region(devno, 1);
27      return ret;
28  }
29  module_init(globalmem_init);
```

在访问 globalmem_dev 中的共享资源时,需先获取这个互斥体,访问完成后,随即释放这个互斥体。驱动中新的 globalmem 读、写操作如代码清单 7.6 所示。

代码清单 7.6 增加并发控制后的 globalmem 读、写操作

```
 1  static ssize_t globalmem_read(struct file *filp, char __user * buf, size_t size,
 2                  loff_t * ppos)
 3  {
 4      unsigned long p = *ppos;
 5      unsigned int count = size;
 6      int ret = 0;
 7      struct globalmem_dev *dev = filp->private_data;
 8
 9      if (p >= GLOBALMEM_SIZE)
10          return 0;
11      if (count > GLOBALMEM_SIZE - p)
12          count = GLOBALMEM_SIZE - p;
13
14      mutex_lock(&dev->mutex);
15
16      if (copy_to_user(buf, dev->mem + p, count)) {
17          ret = -EFAULT;
18      } else {
19          *ppos += count;
20          ret = count;
21
```

```c
22      printk(KERN_INFO "read %u bytes(s) from %lu\n", count, p);
23    }
24
25    mutex_unlock(&dev->mutex);
26
27    return ret;
28 }
29
30 static ssize_t globalmem_write(struct file *filp, const char __user * buf,
31                size_t size, loff_t * ppos)
32 {
33    unsigned long p = *ppos;
34    unsigned int count = size;
35    int ret = 0;
36    struct globalmem_dev *dev = filp->private_data;
37
38    if (p >= GLOBALMEM_SIZE)
39        return 0;
40    if (count > GLOBALMEM_SIZE - p)
41        count = GLOBALMEM_SIZE - p;
42
43    mutex_lock(&dev->mutex);
44
45    if (copy_from_user(dev->mem + p, buf, count))
46        ret = -EFAULT;
47    else {
48        *ppos += count;
49        ret = count;
50
51        printk(KERN_INFO "written %u bytes(s) from %lu\n", count, p);
52    }
53
54    mutex_unlock(&dev->mutex);
55
56    return ret;
57 }
```

代码第 14 行和第 43 行用于获取互斥体，代码第 25 和 54 行用于在对临界资源访问结束后释放互斥体。

除了 globalmem 的读、写操作之外，如果在读、写的同时，另一个执行单元执行 MEM_CLEAR IO 控制命令，也会导致全局内存的混乱，因此，globalmem_ioctl() 函数也需被重写，如代码清单 7.7 所示。

代码清单 7.7　增加并发控制后的 globalmem 设备驱动 ioctl() 函数

```c
1 static long globalmem_ioctl(struct file *filp, unsigned int cmd,
2             unsigned long arg)
3 {
4   struct globalmem_dev *dev = filp->private_data;
```

```
 5
 6      switch (cmd) {
 7      case MEM_CLEAR:
 8          mutex_lock(&dev->mutex);
 9          memset(dev->mem, 0, GLOBALMEM_SIZE);
10          mutex_unlock(&dev->mutex);
11
12          printk(KERN_INFO "globalmem is set to zero\n");
13          break;
14
15      default:
16          return -EINVAL;
17      }
18
19      return 0;
20      }
```

增加并发控制后 globalmem 的完整驱动位于本书虚拟机的例子 /kernel/drivers/globalmem/ch7 目录下，其使用方法与第 6 章 globalmem 驱动在用户空间的验证一致。

7.10 总结

并发和竞态广泛存在，中断屏蔽、原子操作、自旋锁和互斥体都是解决并发问题的机制。中断屏蔽很少单独被使用，原子操作只能针对整数进行，因此自旋锁和互斥体应用最为广泛。

自旋锁会导致死循环，锁定期间不允许阻塞，因此要求锁定的临界区小。互斥体允许临界区阻塞，可以适用于临界区大的情况。

第 8 章
Linux 设备驱动中的阻塞与非阻塞 I/O

本章导读

阻塞和非阻塞 I/O 是设备访问的两种不同模式，驱动程序可以灵活地支持这两种用户空间对设备的访问方式。

8.1 节讲述了阻塞和非阻塞 I/O 的区别，并讲解了实现阻塞 I/O 的等待队列机制，以及在 globalfifo 设备驱动中增加对阻塞 I/O 支持的方法，并进行了用户空间的验证。

8.2 节讲述了设备驱动轮询（Poll）操作的概念和编程方法，轮询可以帮助用户了解是否能对设备进行无阻塞访问。

8.3 节讲解在 globalfifo 中增加轮询操作的方法，并使用 select、epoll 在用户空间进行了验证。

8.1 阻塞与非阻塞 I/O

阻塞操作是指在执行设备操作时，若不能获得资源，则挂起进程直到满足可操作的条件后再进行操作。被挂起的进程进入睡眠状态，被从调度器的运行队列移走，直到等待的条件被满足。而非阻塞操作的进程在不能进行设备操作时，并不挂起，它要么放弃，要么不停地查询，直至可以进行操作为止。

驱动程序通常需要提供这样的能力：当应用程序进行 read()、write() 等系统调用时，若设备的资源不能获取，而用户又希望以阻塞的方式访问设备，驱动程序应在设备驱动的 xxx_read()、xxx_write() 等操作中将进程阻塞直到资源可以获取，此后，应用程序的 read()、write() 等调用才返回，整个过程仍然进行了正确的设备访问，用户并没有感知到；若用户以非阻塞的方式访问设备文件，则当设备资源不可获取时，设备驱动的 xxx_read()、xxx_write() 等操作应立即返回，read()、write() 等系统调用也随即被返回，应用程序收到 -EAGAIN 返回值。

如图 8.1 所示，在阻塞访问时，不能获取资源的进程将进入休眠，它将 CPU 资源 "礼让" 给其他进程。因为阻塞的进程会进入休眠状态，所以必须确保有一个地方能够唤醒休眠的进程，否则，进程就真的 "寿终正寝" 了。唤醒进程的地方最大可能发生在中断里面，因为在硬件资源获得的同时往往伴随着一个中断。而非阻塞的进程则不断尝试，直到可以进行 I/O。

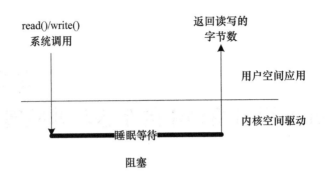

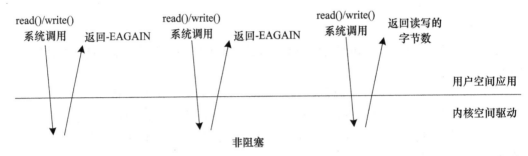

图 8.1 阻塞与非阻塞 I/O

代码清单 8.1 和 8.2 分别演示了以阻塞和非阻塞方式读取串口一个字符的代码。前者在打开文件的时候没有 O_NONBLOCK 标记，后者使用 O_NONBLOCK 标记打开文件。

代码清单 8.1 阻塞地读串口一个字符

```
char buf;
fd = open("/dev/ttyS1", O_RDWR);
...
res = read(fd,&buf,1);    /* 当串口上有输入时才返回 */
if(res==1)
printf("%c\n", buf);
```

代码清单 8.2 非阻塞地读串口一个字符

```
char buf;
fd = open("/dev/ttyS1", O_RDWR| O_NONBLOCK);
...
while(read(fd,&buf,1)!=1)
     continue;             /* 串口上无输入也返回，因此要循环尝试读取串口 */
printf("%c\n", buf);
```

除了在打开文件时可以指定阻塞还是非阻塞方式以外，在文件打开后，也可以通过 ioctl() 和 fcntl() 改变读写的方式，如从阻塞变更为非阻塞或者从非阻塞变更为阻塞。例如，调用 fcntl(fd, F_SETFL, O_NONBLOCK) 可以设置 fd 对应的 I/O 为非阻塞。

8.1.1 等待队列

在 Linux 驱动程序中，可以使用等待队列（Wait Queue）来实现阻塞进程的唤醒。等待队列很早就作为一个基本的功能单位出现在 Linux 内核里了，它以队列为基础数据结构，与进程调度机制紧密结合，可以用来同步对系统资源的访问，第 7 章中所讲述的信号量在内核中也依赖等待队列来实现。

Linux 内核提供了如下关于等待队列的操作。

1. 定义"等待队列头部"

```
wait_queue_head_t my_queue;
```

wait_queue_head_t 是 __wait_queue_head 结构体的一个 typedef。

2. 初始化"等待队列头部"

```
init_waitqueue_head(&my_queue);
```

而下面的 DECLARE_WAIT_QUEUE_HEAD() 宏可以作为定义并初始化等待队列头部的"快捷方式"。

```
DECLARE_WAIT_QUEUE_HEAD (name)
```

3. 定义等待队列元素

```
DECLARE_WAITQUEUE(name, tsk)
```

该宏用于定义并初始化一个名为 name 的等待队列元素。

4. 添加 / 移除等待队列

```
void add_wait_queue(wait_queue_head_t *q, wait_queue_t *wait);
void remove_wait_queue(wait_queue_head_t *q, wait_queue_t *wait);
```

add_wait_queue() 用于将等待队列元素 wait 添加到等待队列头部 q 指向的双向链表中，而 remove_wait_queue() 用于将等待队列元素 wait 从由 q 头部指向的链表中移除。

5. 等待事件

```
wait_event(queue, condition);
wait_event_interruptible(queue, condition);
wait_event_timeout(queue, condition, timeout);
wait_event_interruptible_timeout(queue, condition, timeout);
```

等待第 1 个参数 queue 作为等待队列头部的队列被唤醒，而且第 2 个参数 condition 必须满足，否则继续阻塞。wait_event() 和 wait_event_interruptible() 的区别在于后者可以被信号打断，而前者不能。加上 _timeout 后的宏意味着阻塞等待的超时时间，以 jiffy 为单位，在第 3 个参数的 timeout 到达时，不论 condition 是否满足，均返回。

6. 唤醒队列

```
void wake_up(wait_queue_head_t *queue);
```

```
void wake_up_interruptible(wait_queue_head_t *queue);
```
上述操作会唤醒以 queue 作为等待队列头部的队列中所有的进程。

wake_up() 应该与 wait_event() 或 wait_event_timeout() 成对使用，而 wake_up_interruptible() 则应与 wait_event_interruptible() 或 wait_event_interruptible_timeout() 成对使用。wake_up() 可唤醒处于 TASK_INTERRUPTIBLE 和 TASK_UNINTERRUPTIBLE 的进程，而 wake_up_interruptible() 只能唤醒处于 TASK_INTERRUPTIBLE 的进程。

7. 在等待队列上睡眠

```
sleep_on(wait_queue_head_t *q );
interruptible_sleep_on(wait_queue_head_t *q );
```

sleep_on() 函数的作用就是将目前进程的状态置成 TASK_UNINTERRUPTIBLE，并定义一个等待队列元素，之后把它挂到等待队列头部 q 指向的双向链表，直到资源可获得，q 队列指向链接的进程被唤醒。

interruptible_sleep_on() 与 sleep_on() 函数类似，其作用是将目前进程的状态置成 TASK_INTERRUPTIBLE，并定义一个等待队列元素，之后把它附属到 q 指向的队列，直到资源可获得（q 指引的等待队列被唤醒）或者进程收到信号。

sleep_on() 函数应该与 wake_up() 成对使用，interruptible_sleep_on() 应该与 wake_up_interruptible() 成对使用。

代码清单 8.3 演示了一个在设备驱动中使用等待队列的模版，在进行写 I/O 操作的时候，判断设备是否可写，如果不可写且为阻塞 I/O，则进程睡眠并挂起到等待队列。

代码清单 8.3　在设备驱动中使用等待队列

```
1  static ssize_t xxx_write(struct file *file, const char *buffer, size_t count,
2    loff_t *ppos)
3  {
4    ...
5    DECLARE_WAITQUEUE(wait, current);            /* 定义等待队列元素 */
6    add_wait_queue(&xxx_wait, &wait);            /* 添加元素到等待队列 */
7
8    /* 等待设备缓冲区可写 */
9    do {
10     avail = device_writable(...);
11     if (avail < 0) {
12       if (file->f_flags &O_NONBLOCK)  {        /* 非阻塞 */
13            ret =  -EAGAIN;
14            goto out;
15       }
16       __set_current_state(TASK_INTERRUPTIBLE); /* 改变进程状态 */
17       schedule();                              /* 调度其他进程执行 */
18       if (signal_pending(current))  {          /* 如果是因为信号唤醒 */
19            ret =  -ERESTARTSYS;
20            goto out;
21       }
22     }
23   } while (avail < 0);
```

```
24
25      /* 写设备缓冲区 */
26      device_write(...)
27    out:
28      remove_wait_queue(&xxx_wait, &wait);    /* 将元素移出 xxx_wait 指引的队列 */
29      set_current_state(TASK_RUNNING);        /* 设置进程状态为 TASK_RUNNING */
30      return ret;
31    }
```

读懂代码清单 8.3 对理解 Linux 进程状态切换非常重要,所以提请读者反复阅读此段代码(尤其注意其中黑体的部分),直至完全领悟,几个要点如下。

1)如果是非阻塞访问(O_NONBLOCK 被设置),设备忙时,直接返回"-EAGAIN"。

2)对于阻塞访问,会调用 __set_current_state(TASK_INTERRUPTIBLE) 进行进程状态切换并显示通过"schedule()"调度其他进程执行。

3)醒来的时候要注意,由于调度出去的时候,进程状态是 TASK_INTERRUPTIBLE,即浅度睡眠,所以唤醒它的有可能是信号,因此,我们首先通过 signal_pending(current) 了解是不是信号唤醒的,如果是,立即返回"-ERESTARTSYS"。

DECLARE_WAITQUEUE、add_wait_queue 这两个动作加起来完成的效果如图 8.2 所示。在 wait_queue_head_t 指向的链表上,新定义的 wait_queue 元素被插入,而这个新插入的元素绑定了一个 task_struct(当前做 xxx_write 的 current,这也是 DECLARE_WAITQUEUE 使用"current"作为参数的原因)。

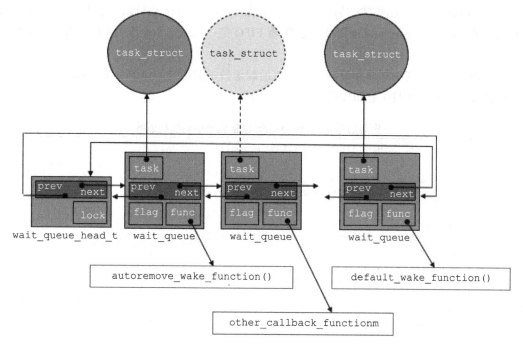

图 8.2 wait_queque_head_t、wait_queque 和 task_struct 之间的关系

8.1.2 支持阻塞操作的 globalfifo 设备驱动

现在我们给 globalmem 增加这样的约束：把 globalmem 中的全局内存变成一个 FIFO，只有当 FIFO 中有数据的时候（即有进程把数据写到这个 FIFO 而且没有被读进程读空），读进程才能把数据读出，而且读取后的数据会从 globalmem 的全局内存中被拿掉；只有当 FIFO 不是满的时（即还有一些空间未被写，或写满后被读进程从这个 FIFO 中读出了数据），写进程才能往这个 FIFO 中写入数据。

现在，将 globalmem 重命名为 "globalfifo"，在 globalfifo 中，读 FIFO 将唤醒写 FIFO 的进程（如果之前 FIFO 正好是满的），而写 FIFO 也将唤醒读 FIFO 的进程（如果之前 FIFO 正好是空的）。首先，需要修改设备结构体，在其中增加两个等待队列头部，分别对应于读和写，如代码清单 8.4 所示。

代码清单 8.4　globalfifo 设备结构体

```
1  struct globalfifo_dev {
2      struct cdev cdev;
3      unsigned int current_len;
4      unsigned char mem[GLOBALFIFO_SIZE];
5      struct mutex mutex;
6      wait_queue_head_t r_wait;
7      wait_queue_head_t w_wait;
8  };
```

与 globalfifo 设备结构体的另一个不同是增加了 current_len 成员以用于表征目前 FIFO 中有效数据的长度。current_len 等于 0 意味着 FIFO 空，current_len 等于 GLOBALFIFO_SIZE 意味着 FIFO 满。

这两个等待队列头部需在设备驱动模块加载函数中调用 init_waitqueue_head() 被初始化，新的设备驱动模块加载函数如代码清单 8.5 所示。

代码清单 8.5　globalfifo 设备驱动模块加载函数

```
1  static int __init globalfifo_init(void)
2  {
3      int ret;
4      dev_t devno = MKDEV(globalfifo_major, 0);
5
6      if (globalfifo_major)
7          ret = register_chrdev_region(devno, 1, "globalfifo");
8      else {
9          ret = alloc_chrdev_region(&devno, 0, 1, "globalfifo");
10         globalfifo_major = MAJOR(devno);
11     }
12     if (ret < 0)
13         return ret;
14
15     globalfifo_devp = kzalloc(sizeof(struct globalfifo_dev), GFP_KERNEL);
```

```
16     if (!globalfifo_devp) {
17         ret = -ENOMEM;
18         goto fail_malloc;
19     }
20
21     globalfifo_setup_cdev(globalfifo_devp, 0);
22
23     mutex_init(&globalfifo_devp->mutex);
24     init_waitqueue_head(&globalfifo_devp->r_wait);
25     init_waitqueue_head(&globalfifo_devp->w_wait);
26
27     return 0;
28
29 fail_malloc:
30     unregister_chrdev_region(devno, 1);
31     return ret;
32 }
33 module_init(globalfifo_init);
```

设备驱动读写操作需要被修改，在读函数中需增加唤醒 globalfifo_devp->w_wait 的语句，而在写操作中唤醒 globalfifo_devp->r_wait，如代码清单 8.6 所示。

代码清单 8.6　增加等待队列后的 globalfifo 读写函数

```
1  static ssize_t globalfifo_read(struct file *filp, char __user *buf,
2          size_t count, loff_t *ppos)
3  {
4  int ret;
5  struct globalfifo_dev *dev = filp->private_data;
6  DECLARE_WAITQUEUE(wait, current);
7
8  mutex_lock(&dev->mutex);
9  add_wait_queue(&dev->r_wait, &wait);
10
11 while (dev->current_len == 0) {
12     if (filp->f_flags & O_NONBLOCK) {
13         ret = -EAGAIN;
14         goto out;
15     }
16     __set_current_state(TASK_INTERRUPTIBLE);
17     mutex_unlock(&dev->mutex);
18
19     schedule();
20     if (signal_pending(current)) {
21         ret = -ERESTARTSYS;
22         goto out2;
23     }
24
25     mutex_lock(&dev->mutex);
26 }
```

```
27
28   if (count > dev->current_len)
29       count = dev->current_len;
30
31   if (copy_to_user(buf, dev->mem, count)) {
32       ret = -EFAULT;
33       goto out;
34   } else {
35       memcpy(dev->mem, dev->mem + count, dev->current_len - count);
36       dev->current_len -= count;
37       printk(KERN_INFO "read %d bytes(s),current_len:%d\n", count,
38           dev->current_len);
39
40       wake_up_interruptible(&dev->w_wait);
41
42       ret = count;
43   }
44    out:
45   mutex_unlock(&dev->mutex);;
46    out2:
47   remove_wait_queue(&dev->r_wait, &wait);
48   set_current_state(TASK_RUNNING);
49   return ret;
50   }
51
52   static ssize_t globalfifo_write(struct file *filp, const char __user * buf,
53               size_t count, loff_t *ppos)
54   {
55   struct globalfifo_dev *dev = filp->private_data;
56   int ret;
57   DECLARE_WAITQUEUE(wait, current);
58
59   mutex_lock(&dev->mutex);
60   add_wait_queue(&dev->w_wait, &wait);
61
62   while (dev->current_len == GLOBALFIFO_SIZE) {
63       if (filp->f_flags & O_NONBLOCK) {
64           ret = -EAGAIN;
65           goto out;
66       }
67       __set_current_state(TASK_INTERRUPTIBLE);
68
69       mutex_unlock(&dev->mutex);
70
71       schedule();
72       if (signal_pending(current)) {
73           ret = -ERESTARTSYS;
74           goto out2;
75       }
76
77       mutex_lock(&dev->mutex);
78   }
```

```
 79
 80    if (count > GLOBALFIFO_SIZE - dev->current_len)
 81        count = GLOBALFIFO_SIZE - dev->current_len;
 82
 83    if (copy_from_user(dev->mem + dev->current_len, buf, count)) {
 84        ret = -EFAULT;
 85        goto out;
 86    } else {
 87        dev->current_len += count;
 88        printk(KERN_INFO "written %d bytes(s),current_len:%d\n", count,
 89            dev->current_len);
 90
 91        wake_up_interruptible(&dev->r_wait);
 92
 93        ret = count;
 94    }
 95
 96  out:
 97    mutex_unlock(&dev->mutex);;
 98  out2:
 99    remove_wait_queue(&dev->w_wait, &wait);
100    set_current_state(TASK_RUNNING);
101    return ret;
102  }
```

globalfifo_read() 通过第 6 行和第 9 行将自己加到了 r_wait 这个队列里面，但是此时读的进程并未睡眠，之后第 16 行调用 __set_current_state(TASK_INTERRUPTIBLE) 时，也只是标记了 task_struct 的一个浅度睡眠标记，并未真正睡眠，直到第 19 行调用 schedule()，读进程进入睡眠。进行完读操作后，第 40 行调用 wake_up_interruptible(&dev->w_wait) 唤醒可能阻塞的写进程。globalfifo_write() 的过程与此类似。

关注代码的第 17 行和 69 行，无论是读函数还是写函数，进入 schedule() 把自己切换出去之前，都主动释放了互斥体。原因是如果读进程阻塞，实际意味着 FIFO 空，必须依赖写的进程往 FIFO 里面写东西来唤醒它，但是写的进程为了写 FIFO，它也必须拿到这个互斥体来访问 FIFO 这个临界资源，如果读进程把自己调度出去之前不释放这个互斥体，那么读写进程之间就死锁了。所谓死锁，就是多个进程循环等待他方占有的资源而无限期地僵持下去。如果没有外力的作用，那么死锁涉及的各个进程都将永远处于封锁状态。因此，驱动工程师一定要注意：当多个等待队列、信号量、互斥体等机制同时出现时，谨防死锁！

现在回过来了看一下代码清单 8.6 的第 12 行和 63 行，发现在设备驱动的 read()、write() 等功能函数中，可以通过 filp->f_flags 标志获得用户空间是否要求非阻塞访问。驱动中可以依据此标志判断用户究竟要求阻塞还是非阻塞访问，从而进行不同的处理。

代码中还有一个关键点，就是无论读函数还是写函数，在进入真正的读写之前，都要再次判断设备是否可以读写，见第 11 行的 while(dev->current_len == 0) 和第 62 行的 while (dev->current_len == GLOBALFIFO_SIZE)。主要目的是为了让并发的读或者并发的写都正确。设想如果两个读进程都阻塞在读上，写进程执行的 wake_up_interruptible(&dev->r_wait) 实际会同时唤醒它们，其中先执行的那个进程可能会率先将 FIFO 再次读空！

8.1.3 在用户空间验证 globalfifo 的读写

本书代码仓库的 /kernel/drivers/globalfifo/ch8 包含了 globalfifo 的驱动，运行"make"命令编译得到 globalfifo.ko。接着用 insmod 模块

```
# insmod globalfifo.ko
```

创建设备文件节点"/dev/globalfifo"，具体如下：

```
# mknod /dev/globalfifo c 231 0
```

启动两个进程，一个进程 `cat /dev/globalfifo&` 在后台执行，一个进程"echo 字符串 /dev/globalfifo"在前台执行：

```
# cat /dev/globalfifo &
[1] 20910

# echo 'I want to be' > /dev/globalfifo
I want to be

# echo 'a great Chinese Linux Kernel Developer' > /dev/globalfifo
a great Chinese Linux kernel Developer
```

每当 echo 进程向 /dev/globalfifo 写入一串数据，cat 进程就立即将该串数据显现出来，好的，让我们抱着这个信念"I want to be a great Chinese Linux Kernel Developer"继续前行吧！

往 /dev/globalfifo 里面 echo 需要 root 权限，直接运行"sudo echo"是不行的，可以先执行：

```
baohua@baohua-VirtualBox://sys/module/globalmem$ sudo su
[sudo] password for baohua:
```

这段代码的密码也是"baohua"。之后再进行 echo。

8.2 轮询操作

8.2.1 轮询的概念与作用

在用户程序中，select() 和 poll() 也是与设备阻塞与非阻塞访问息息相关的论题。使用非阻塞 I/O 的应用程序通常会使用 select() 和 poll() 系统调用查询是否可对设备进行无阻塞的访问。select() 和 poll() 系统调用最终会使设备驱动中的 poll() 函数被执行，在 Linux2.5.45 内核中还引入了 epoll()，即扩展的 poll()。

select() 和 poll() 系统调用的本质一样，前者在 BSD UNIX 中引入，后者在 System V 中引入。

8.2.2 应用程序中的轮询编程

应用程序中最广泛用到的是 BSD UNIX 中引入的 select() 系统调用，其原型为：

```
int select(int numfds, fd_set *readfds, fd_set *writefds, fd_set *exceptfds,
       struct timeval *timeout);
```

其中 readfds、writefds、exceptfds 分别是被 select() 监视的读、写和异常处理的文件描述符集合，numfds 的值是需要检查的号码最高的 fd 加 1。readfds 文件集中的任何一个文件变得可读，select() 返回；同理，writefds 文件集中的任何一个文件变得可写，select 也返回。

如图 8.3 所示，第一次对 n 个文件进行 select() 的时候，若任何一个文件满足要求，select() 就直接返回；第 2 次再进行 select() 的时候，没有文件满足读写要求，select() 的进程阻塞且睡眠。由于调用 select() 的时候，每个驱动的 poll() 接口都会被调用到，实际上执行 select() 的进程被挂到了每个驱动的等待队列上，可以被任何一个驱动唤醒。如果 FD_n 变得可读写，select() 返回。

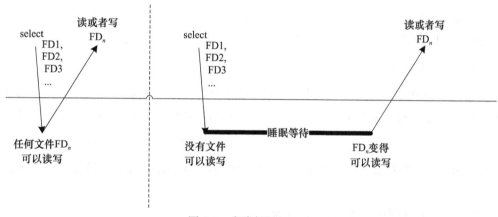

图 8.3　多路复用 select()

timeout 参数是一个指向 struct timeval 类型的指针，它可以使 select() 在等待 timeout 时间后若仍然没有文件描述符准备好则超时返回。struct timeval 数据结构的定义如代码清单 8.7 所示。

代码清单 8.7　timeval 结构体定义

```
1  struct timeval  {
2       int tv_sec;      /* 秒 */
3       int tv_usec;     /* 微秒 */
4  };
```

下列操作用来设置、清除、判断文件描述符集合：

```
FD_ZERO(fd_set *set)
```

清除一个文件描述符集合；

```
FD_SET(int fd,fd_set *set)
```

将一个文件描述符加入文件描述符集合中；

```
FD_CLR(int fd,fd_set *set)
```

将一个文件描述符从文件描述符集合中清除；

```
FD_ISSET(int fd,fd_set *set)
```

判断文件描述符是否被置位。

poll() 的功能和实现原理与 select() 相似，其函数原型为：

```
int poll(struct pollfd *fds, nfds_t nfds, int timeout);
```

当多路复用的文件数量庞大、I/O 流量频繁的时候，一般不太适合使用 select() 和 poll()，此种情况下，select() 和 poll() 的性能表现较差，我们宜使用 epoll。epoll 的最大好处是不会随着 fd 的数目增长而降低效率，select() 则会随着 fd 的数量增大性能下降明显。

与 epoll 相关的用户空间编程接口包括：

```
int epoll_create(int size);
```

创建一个 epoll 的句柄，size 用来告诉内核要监听多少个 fd。需要注意的是，当创建好 epoll 句柄后，它本身也会占用一个 fd 值，所以在使用完 epoll 后，必须调用 close() 关闭。

```
int epoll_ctl(int epfd, int op, int fd, struct epoll_event *event);
```

告诉内核要监听什么类型的事件。第 1 个参数是 epoll_create() 的返回值，第 2 个参数表示动作，包含：

EPOLL_CTL_ADD：注册新的 fd 到 epfd 中。

EPOLL_CTL_MOD：修改已经注册的 fd 的监听事件。

EPOLL_CTL_DEL：从 epfd 中删除一个 fd。

第 3 个参数是需要监听的 fd，第 4 个参数是告诉内核需要监听的事件类型，struct epoll_event 结构如下：

```
struct epoll_event {
    __uint32_t events;   /* Epoll events */
    epoll_data_t data;   /* User data variable */
};
```

events 可以是以下几个宏的"或"：

EPOLLIN：表示对应的文件描述符可以读。

EPOLLOUT：表示对应的文件描述符可以写。

EPOLLPRI：表示对应的文件描述符有紧急的数据可读（这里应该表示的是有 socket 带

外数据到来）。

EPOLLERR：表示对应的文件描述符发生错误。

EPOLLHUP：表示对应的文件描述符被挂断。

EPOLLET：将 epoll 设为边缘触发（Edge Triggered）模式，这是相对于水平触发（Level Triggered）来说的。LT（Level Triggered）是缺省的工作方式，在 LT 情况下，内核告诉用户一个 fd 是否就绪了，之后用户可以对这个就绪的 fd 进行 I/O 操作。但是如果用户不进行任何操作，该事件并不会丢失，而 ET (Edge-Triggered) 是高速工作方式，在这种模式下，当 fd 从未就绪变为就绪时，内核通过 epoll 告诉用户，然后它会假设用户知道 fd 已经就绪，并且不会再为那个 fd 发送更多的就绪通知。

EPOLLONESHOT：意味着一次性监听，当监听完这次事件之后，如果还需要继续监听这个 fd 的话，需要再次把这个 fd 加入到 epoll 队列里。

```
int epoll_wait(int epfd, struct epoll_event * events, int maxevents, int timeout);
```

等待事件的产生，其中 events 参数是输出参数，用来从内核得到事件的集合，maxevents 告诉内核本次最多收多少事件，maxevents 的值不能大于创建 epoll_create() 时的 size，参数 timeout 是超时时间（以毫秒为单位，0 意味着立即返回，-1 意味着永久等待）。该函数的返回值是需要处理的事件数目，如返回 0，则表示已超时。

位于 https://www.kernel.org/doc/ols/2004/ols2004v1-pages-215-226.pdf 的文档《Comparing and Evaluating epoll, select, and poll Event Mechanisms》对比了 select、epoll、poll 之间的一些性能。一般来说，当涉及的 fd 数量较少的时候，使用 select 是合适的；如果涉及的 fd 很多，如在大规模并发的服务器中侦听许多 socket 的时候，则不太适合选用 select，而适合选用 epoll。

8.2.3 设备驱动中的轮询编程

设备驱动中 poll() 函数的原型是：

```
unsigned int(*poll)(struct file * filp, struct poll_table* wait);
```

第 1 个参数为 file 结构体指针，第 2 个参数为轮询表指针。这个函数应该进行两项工作。

1）对可能引起设备文件状态变化的等待队列调用 poll_wait() 函数，将对应的等待队列头部添加到 poll_table 中。

2）返回表示是否能对设备进行无阻塞读、写访问的掩码。

用于向 poll_table 注册等待队列的关键 poll_wait() 函数的原型如下：

```
void poll_wait(struct file *filp, wait_queue_heat_t *queue, poll_table * wait);
```

poll_wait() 函数的名称非常容易让人产生误会，以为它和 wait_event() 等一样，会阻塞地等待某事件的发生，其实这个函数并不会引起阻塞。poll_wait() 函数所做的工作是把当前进程添加到 wait 参数指定的等待列表（poll_table）中，实际作用是让唤醒参数 queue 对应的等待队列可以唤醒因 select() 而睡眠的进程。

驱动程序 poll() 函数应该返回设备资源的可获取状态，即 POLLIN、POLLOUT、POLLPRI、POLLERR、POLLNVAL 等宏的位"或"结果。每个宏的含义都表明设备的一种状态，如 POLLIN（定义为 0x0001）意味着设备可以无阻塞地读，POLLOUT（定义为 0x0004）意味着设备可以无阻塞地写。

通过以上分析，可得出设备驱动中 poll() 函数的典型模板，如代码清单 8.8 所示。

代码清单 8.8　poll() 函数典型模板

```
1   static unsigned int xxx_poll(struct file *filp, poll_table *wait)
2   {
3       unsigned int mask = 0;
4       struct xxx_dev *dev = filp->private_data; /* 获得设备结构体指针 */
5
6       ...
7       poll_wait(filp, &dev->r_wait, wait);      /* 加入读等待队列 */
8       poll_wait(filp, &dev->w_wait, wait);      /* 加入写等待队列 */
9
10      if (...)                                   /* 可读 */
11          mask |= POLLIN | POLLRDNORM;          /* 标示数据可获得（对用户可读）*/
12
13      if (...)                                   /* 可写 */
14          mask |= POLLOUT | POLLWRNORM;         /* 标示数据可写入 */
15      ...
16      return mask;
17  }
```

8.3　支持轮询操作的 globalfifo 驱动

8.3.1　在 globalfifo 驱动中增加轮询操作

在 globalfifo 的 poll() 函数中，首先将设备结构体中的 r_wait 和 w_wait 等待队列头部添加到等待列表中（意味着因调用 select 而阻塞的进程可以被 r_wait 和 w_wait 唤醒），然后通过判断 dev->current_len 是否等于 0 来获得设备的可读状态，通过判断 dev->current_len 是否等于 GLOBALFIFO_SIZE 来获得设备的可写状态，如代码清单 8.9 所示。

代码清单 8.9　globalfifo 设备驱动的 poll() 函数

```
1   static unsigned int globalfifo_poll(struct file *filp, poll_table * wait)
2   {
3       unsigned int mask = 0;
4       struct globalfifo_dev *dev = filp->private_data;
5
6       mutex_lock(&dev->mutex);;
7
```

```
8      poll_wait(filp, &dev->r_wait, wait);
9      poll_wait(filp, &dev->w_wait, wait);
10
11     if (dev->current_len != 0) {
12         mask |= POLLIN | POLLRDNORM;
13     }
14
15     if (dev->current_len != GLOBALFIFO_SIZE) {
16         mask |= POLLOUT | POLLWRNORM;
17     }
18
19     mutex_unlock(&dev->mutex);;
20     return mask;
21 }
```

注意，要把 globalfifo_poll 赋给 globalfifo_fops 的 poll 成员：

```
static const struct file_operations globalfifo_fops = {
    ...
    .poll = globalfifo_poll,
    ...
};
```

8.3.2 在用户空间中验证 globalfifo 设备的轮询

编写一个应用程序 globalfifo_poll.c，以用 select() 监控 globalfifo 的可读写状态，这个程序如代码清单 8.10 所示。

代码清单 8.10 使用 select 监控 globalfifo 是否可非阻塞读、写的应用程序

```
1  #define FIFO_CLEAR 0x1
2  #define BUFFER_LEN 20
3  void main(void)
4  {
5      int fd, num;
6      char rd_ch[BUFFER_LEN];
7      fd_set rfds, wfds;  /* 读/写文件描述符集 */
8
9      /* 以非阻塞方式打开 /dev/globalfifo 设备文件 */
10     fd = open("/dev/globalfifo", O_RDONLY | O_NONBLOCK);
11     if (fd != -1) {
12         /* FIFO 清 0 */
13         if (ioctl(fd, FIFO_CLEAR, 0) < 0)
14             printf("ioctl command failed\n");
15
16         while (1) {
17             FD_ZERO(&rfds);
18             FD_ZERO(&wfds);
19             FD_SET(fd, &rfds);
20             FD_SET(fd, &wfds);
```

```
21
22              select(fd + 1, &rfds, &wfds, NULL, NULL);
23              /* 数据可获得 */
24              if (FD_ISSET(fd, &rfds))
25                  printf("Poll monitor:can be read\n");
26              /* 数据可写入 */
27              if (FD_ISSET(fd, &wfds))
28                  printf("Poll monitor:can be written\n");
29          }
30      } else {
31          printf("Device open failure\n");
32      }
33  }
```

在运行时可看到，当没有任何输入，即 FIFO 为空时，程序不断地输出 Poll monitor:can be written，当通过 echo 向 /dev/globalfifo 写入一些数据后，将输出 Poll monitor:can be read 和 Poll monitor:can be written，如果不断地通过 echo 向 /dev/globalfifo 写入数据直至写满 FIFO，则发现 pollmonitor 程序将只输出 Poll monitor:can be read。对于 globalfifo 而言，不会出现既不能读，又不能写的情况。

编写一个应用程序 globalfifo_epoll.c，以用 epoll 监控 globalfifo 的可读状态，这个程序如代码清单 8.11 所示。

代码清单 8.11　使用 epoll 监控 globalfifo 是否可非阻塞读的应用程序

```
1   #define FIFO_CLEAR 0x1
2   #define BUFFER_LEN 20
3   void main(void)
4   {
5       int fd;
6
7       fd = open("/dev/globalfifo", O_RDONLY | O_NONBLOCK);
8       if (fd != -1) {
9           struct epoll_event ev_globalfifo;
10          int err;
11          int epfd;
12
13          if (ioctl(fd, FIFO_CLEAR, 0) < 0)
14              printf("ioctl command failed\n");
15
16          epfd = epoll_create(1);
17          if (epfd < 0) {
18              perror("epoll_create()");
19              return;
20          }
21
22          bzero(&ev_globalfifo, sizeof(struct epoll_event));
23          ev_globalfifo.events = EPOLLIN | EPOLLPRI;
24
```

```c
25       err = epoll_ctl(epfd, EPOLL_CTL_ADD, fd, &ev_globalfifo);
26       if (err < 0) {
27           perror("epoll_ctl()");
28           return;
29       }
30       err = epoll_wait(epfd, &ev_globalfifo, 1, 15000);
31       if (err < 0) {
32           perror("epoll_wait()");
33       } else if (err == 0) {
34           printf("No data input in FIFO within 15 seconds.\n");
35       } else {
36           printf("FIFO is not empty\n");
37       }
38       err = epoll_ctl(epfd, EPOLL_CTL_DEL, fd, &ev_globalfifo);
39       if (err < 0)
40           perror("epoll_ctl()");
41   } else {
42       printf("Device open failure\n");
43   }
44 }
```

上述程序第 25 行 epoll_ctl(epfd, EPOLL_CTL_ADD, fd, &ev_globalfifo) 将 globalfifo 对应的 fd 加入到了侦听的行列，第 23 行设置侦听读事件，第 30 行进行等待，若 15 秒内没有人写 /dev/globalfifo，该程序会打印 No data input in FIFO within 15 seconds，否则程序会打印 FIFO is not empty。

8.4 总结

阻塞与非阻塞访问是 I/O 操作的两种不同模式，前者在暂时不可进行 I/O 操作时会让进程睡眠，后者则不然。

在设备驱动中阻塞 I/O 一般基于等待队列或者基于等待队列的其他 Linux 内核 API 来实现，等待队列可用于同步驱动中事件发生的先后顺序。使用非阻塞 I/O 的应用程序也可借助轮询函数来查询设备是否能立即被访问，用户空间调用 select()、poll() 或者 epoll 接口，设备驱动提供 poll() 函数。设备驱动的 poll() 本身不会阻塞，但是与 poll()、select() 和 epoll 相关的系统调用则会阻塞地等待至少一个文件描述符集合可访问或超时。

第 9 章
Linux 设备驱动中的异步通知与异步 I/O

本章导读

在设备驱动中使用异步通知可以使得在进行对设备的访问时,由驱动主动通知应用程序进行访问。这样,使用非阻塞 I/O 的应用程序无须轮询设备是否可访问,而阻塞访问也可以被类似"中断"的异步通知所取代。

除了异步通知以外,应用还可以在发起 I/O 请求后,立即返回。之后,再查询 I/O 完成情况,或者 I/O 完成后被调回。这个过程叫作异步 I/O。

9.1 节讲解了异步通知的概念与作用。

9.2 节讲解了 Linux 异步通知的编程方法。

9.3 节给出了增加异步通知的 globalfifo 驱动及其在用户空间的验证。

9.4 节则讲解了 Linux 基于 C 库的异步 I/O 和内核本身异步 I/O 的用户空间编程接口,以及驱动如何支持 AIO。

9.1 异步通知的概念与作用

阻塞与非阻塞访问、poll() 函数提供了较好的解决设备访问的机制,但是如果有了异步通知,整套机制则更加完整了。

异步通知的意思是:一旦设备就绪,则主动通知应用程序,这样应用程序根本就不需要查询设备状态,这一点非常类似于硬件上"中断"的概念,比较准确的称谓是"信号驱动的异步 I/O"。信号是在软件层次上对中断机制的一种模拟,在原理上,一个进程收到一个信号与处理器收到一个中断请求可以说是一样的。信号是异步的,一个进程不必通过任何操作来等待信号的到达,事实上,进程也不知道信号到底什么时候到达。

阻塞 I/O 意味着一直等待设备可访问后再访问,非阻塞 I/O 中使用 poll() 意味着查询设备是否可访问,而异步通知则意味着设备通知用户自身可访问,之后用户再进行 I/O 处理。由此可见,这几种 I/O 方式可以相互补充。

图 9.1 呈现了阻塞 I/O,结合轮询的非阻塞 I/O 及基于 SIGIO 的异步通知在时间先后顺序上的不同。

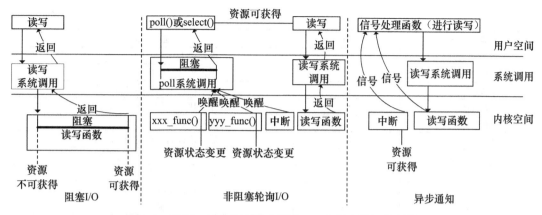

图 9.1 阻塞、结合轮询的非阻塞 I/O 和异步通知的区别

这里要强调的是：阻塞、非阻塞 I/O、异步通知本身没有优劣，应该根据不同的应用场景合理选择。

9.2 Linux 异步通知编程

9.2.1 Linux 信号

使用信号进行进程间通信（IPC）是 UNIX 中的一种传统机制，Linux 也支持这种机制。在 Linux 中，异步通知使用信号来实现，Linux 中可用的信号及其定义如表 9.1 所示。

表 9.1 Linux 信号及其定义

信 号	值	含 义
SIGHUP	1	挂起
SIGINT	2	终端中断
SIGQUIT	3	终端退出
SIGILL	4	无效命令
SIGTRAP	5	跟踪陷阱
SIGIOT	6	IOT 陷阱
SIGBUS	7	BUS 错误
SIGFPE	8	浮点异常
SIGKILL	9	强行终止（不能被捕获或忽略）
SIGUSR1	10	用户定义的信号 1
SIGSEGV	11	无效的内存段处理
SIGUSR2	12	用户定义的信号 2
SIGPIPE	13	半关闭管道的写操作已经发生
SIGALRM	14	计时器到期
SIGTERM	15	终止

（续）

信 号	值	含 义
SIGSTKFLT	16	堆栈错误
SIGCHLD	17	子进程已经停止或退出
SIGCONT	18	如果停止了，继续执行
SIGSTOP	19	停止执行（不能被捕获或忽略）
SIGTSTP	20	终端停止信号
SIGTTIN	21	后台进程需要从终端读取输入
SIGTTOU	22	后台进程需要向从终端写出
SIGURG	23	紧急的套接字事件
SIGXCPU	24	超额使用 CPU 分配的时间
SIGXFSZ	25	文件尺寸超额
SIGVTALRM	26	虚拟时钟信号
SIGPROF	27	时钟信号描述
SIGWINCH	28	窗口尺寸变化
SIGIO	29	I/O
SIGPWR	30	断电重启

除了 SIGSTOP 和 SIGKILL 两个信号外，进程能够忽略或捕获其他的全部信号。一个信号被捕获的意思是当一个信号到达时有相应的代码处理它。如果一个信号没有被这个进程所捕获，内核将采用默认行为处理。

9.2.2 信号的接收

在用户程序中，为了捕获信号，可以使用 signal() 函数来设置对应信号的处理函数：

```
void (*signal(int signum, void (*handler))(int)))(int);
```

该函数原型较难理解，它可以分解为：

```
typedef void (*sighandler_t)(int);
sighandler_t signal(int signum, sighandler_t handler));
```

第一个参数指定信号的值，第二个参数指定针对前面信号值的处理函数，若为 SIG_IGN，表示忽略该信号；若为 SIG_DFL，表示采用系统默认方式处理信号；若为用户自定义的函数，则信号被捕获到后，该函数将被执行。

如果 signal() 调用成功，它返回最后一次为信号 signum 绑定的处理函数的 handler 值，失败则返回 SIG_ERR。

在进程执行时，按下"Ctrl+C"将向其发出 SIGINT 信号，正在运行 kill 的进程将向其发出 SIGTERM 信号，代码清单 9.1 的进程可捕获这两个信号并输出信号值。

代码清单 9.1　signal() 捕获信号范例

```
1  void sigterm_handler(int signo)
2  {
```

```
3      printf("Have caught sig N.O. %d\n", signo);
4      exit(0);
5  }
6
7  int main(void)
8  {
9      signal(SIGINT, sigterm_handler);
10     signal(SIGTERM, sigterm_handler);
11     while(1);
12
13     return 0;
14 }
```

除了 signal() 函数外，sigaction() 函数可用于改变进程接收到特定信号后的行为，它的原型为：

```
int sigaction(int signum,const struct sigaction *act,struct sigaction *oldact));
```

该函数的第一个参数为信号的值，可以是除 SIGKILL 及 SIGSTOP 外的任何一个特定有效的信号。第二个参数是指向结构体 sigaction 的一个实例的指针，在结构体 sigaction 的实例中，指定了对特定信号的处理函数，若为空，则进程会以缺省方式对信号处理；第三个参数 oldact 指向的对象用来保存原来对相应信号的处理函数，可指定 oldact 为 NULL。如果把第二、第三个参数都设为 NULL，那么该函数可用于检查信号的有效性。

先来看一个使用信号实现异步通知的例子，它通过 signal(SIGIO, input_handler) 对标准输入文件描述符 STDIN_FILENO 启动信号机制。用户输入后，应用程序将接收到 SIGIO 信号，其处理函数 input_handler() 将被调用，如代码清单 9.2 所示。

代码清单 9.2　使用信号实现异步通知的应用程序实例

```
1  #include <sys/types.h>
2  #include <sys/stat.h>
3  #include <stdio.h>
4  #include <fcntl.h>
5  #include <signal.h>
6  #include <unistd.h>
7  #define MAX_LEN 100
8  void input_handler(int num)
9  {
10     char data[MAX_LEN];
11     int len;
12
13     /* 读取并输出 STDIN_FILENO 上的输入 */
14     len = read(STDIN_FILENO, &data, MAX_LEN);
15     data[len] = 0;
16     printf("input available:%s\n", data);
17 }
18
```

```
19  main()
20  {
21    int oflags;
22
23    /* 启动信号驱动机制 */
24    signal(SIGIO, input_handler);
25    fcntl(STDIN_FILENO, F_SETOWN, getpid());
26    oflags = fcntl(STDIN_FILENO, F_GETFL);
27    fcntl(STDIN_FILENO, F_SETFL, oflags | FASYNC);
28
29    /* 最后进入一个死循环，仅为保持进程不终止，如果程序中
30    没有这个死循环会立即执行完毕 */
31    while (1);
32  }
```

上述代码 24 行为 SIGIO 信号安装 input_handler() 作为处理函数，第 25 行设置本进程为 STDIN_FILENO 文件的拥有者，没有这一步，内核不会知道应该将信号发给哪个进程。而为了启用异步通知机制，还需对设备设置 FASYNC 标志，第 26 行、27 行代码可实现此目的。整个程序的执行效果如下：

```
[root@localhost driver_study]# ./signal_test
I am Chinese.                              -> 用户输入
input available: I am Chinese.             -> signal_test 程序打印

I love Linux driver.                       -> 用户输入
input available: I love Linux driver.      -> signal_test 程序打印
```

从中可以看出，当用户输入一串字符后，标准输入设备释放 SIGIO 信号，这个信号"中断"与驱使对应的应用程序中的 input_handler() 得以执行，并将用户输入显示出来。

由此可见，为了能在用户空间中处理一个设备释放的信号，它必须完成 3 项工作。

1）通过 F_SETOWN IO 控制命令设置设备文件的拥有者为本进程，这样从设备驱动发出的信号才能被本进程接收到。

2）通过 F_SETFL IO 控制命令设置设备文件以支持 FASYNC，即异步通知模式。

3）通过 signal() 函数连接信号和信号处理函数。

9.2.3 信号的释放

在设备驱动和应用程序的异步通知交互中，仅仅在应用程序端捕获信号是不够的，因为信号的源头在设备驱动端。因此，应该在合适的时机让设备驱动释放信号，在设备驱动程序中增加信号释放的相关代码。

为了使设备支持异步通知机制，驱动程序中涉及 3 项工作。

1）支持 F_SETOWN 命令，能在这个控制命令处理中设置 filp->f_owner 为对应进程 ID。不过此项工作已由内核完成，设备驱动无须处理。

2）支持 F_SETFL 命令的处理，每当 FASYNC 标志改变时，驱动程序中的 fasync() 函数

将得以执行。因此，驱动中应该实现 fasync() 函数。

3）在设备资源可获得时，调用 kill_fasync() 函数激发相应的信号。

驱动中的上述 3 项工作和应用程序中的 3 项工作是一一对应的，图 9.2 所示为异步通知处理过程中用户空间和设备驱动的交互。

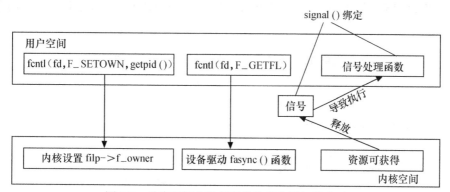

图 9.2 异步通知中设备驱动和异步通知的交互

设备驱动中异步通知编程比较简单，主要用到一项数据结构和两个函数。数据结构是 fasync_struct 结构体，两个函数分别是：

1）处理 FASYNC 标志变更的函数。

```
int fasync_helper(int fd, struct file *filp, int mode, struct fasync_struct **fa);
```

2）释放信号用的函数。

```
void kill_fasync(struct fasync_struct **fa, int sig, int band);
```

和其他的设备驱动一样，将 fasync_struct 结构体指针放在设备结构体中仍然是最佳选择，代码清单 9.3 给出了支持异步通知的设备结构体模板。

代码清单 9.3　支持异步通知的设备结构体模板

```
1  struct xxx_dev {
2      struct cdev cdev;                    /* cdev 结构体 */
3      ...
4      struct fasync_struct *async_queue;   /* 异步结构体指针 */
5  };
```

在设备驱动的 fasync() 函数中，只需要简单地将该函数的 3 个参数以及 fasync_struct 结构体指针的指针作为第 4 个参数传入 fasync_helper() 函数即可。代码清单 9.4 给出了支持异步通知的设备驱动程序 fasync() 函数的模板。

代码清单 9.4　支持异步通知的设备驱动 fasync() 函数模板

```
1  static int xxx_fasync(int fd, struct file *filp, int mode)
2  {
```

```
3      struct xxx_dev *dev = filp->private_data;
4      return fasync_helper(fd, filp, mode, &dev->async_queue);
5  }
```

在设备资源可以获得时，应该调用 kill_fasync() 释放 SIGIO 信号。在可读时，第 3 个参数设置为 POLL_IN，在可写时，第 3 个参数设置为 POLL_OUT。代码清单 9.5 给出了释放信号的范例。

代码清单 9.5　支持异步通知的设备驱动信号释放范例

```
1  static ssize_t xxx_write(struct file *filp, const char __user *buf, size_t count,
2                           loff_t *f_pos)
3  {
4      struct xxx_dev *dev = filp->private_data;
5      ...
6      /* 产生异步读信号 */
7      if (dev->async_queue)
8          kill_fasync(&dev->async_queue, SIGIO, POLL_IN);
9  ...
10 }
```

最后，在文件关闭时，即在设备驱动的 release() 函数中，应调用设备驱动的 fasync() 函数将文件从异步通知的列表中删除。代码清单 9.5 给出了支持异步通知的设备驱动 release() 函数的模板。

代码清单 9.6　支持异步通知的设备驱动 release() 函数模板

```
1  static int xxx_release(struct inode *inode, struct file *filp)
2  {
3      /* 将文件从异步通知列表中删除 */
4      xxx_fasync(-1, filp, 0);
5      ...
6      return 0;
7  }
```

9.3　支持异步通知的 globalfifo 驱动

9.3.1　在 globalfifo 驱动中增加异步通知

首先，参考代码清单 9.3，应该将异步结构体指针添加到 globalfifo_dev 设备结构体内，如代码清单 9.7 所示。

代码清单 9.7　增加异步通知后的 globalfifo 设备结构体

```
1  struct globalfifo_dev {
2      struct cdev cdev;
3      unsigned int current_len;
4      unsigned char mem[GLOBALFIFO_SIZE];
```

```
5    struct mutex mutex;
6    wait_queue_head_t r_wait;
7    wait_queue_head_t w_wait;
8    struct fasync_struct *async_queue;
9  };
```

参考代码清单9.4的fasync()函数模板，globalfifo的这个函数如代码清单9.8所示。

代码清单9.8　支持异步通知的globalfifo设备驱动fasync()函数

```
1  static int globalfifo_fasync(int fd, struct file *filp, int mode)
2  {
3      struct globalfifo_dev *dev = filp->private_data;
4      return fasync_helper(fd, filp, mode, &dev->async_queue);
5  }
```

在globalfifo设备被正确写入之后，它变得可读，这个时候驱动应释放SIGIO信号，以便应用程序捕获，代码清单9.9给出了支持异步通知的globalfifo设备驱动的写函数。

代码清单9.9　支持异步通知的globalfifo设备驱动写函数

```
1  static ssize_t globalfifo_write(struct file *filp, const char __user *buf,
2                  size_t count, loff_t *ppos)
3  {
4      struct globalfifo_dev *dev = filp->private_data;
5      int ret;
6      DECLARE_WAITQUEUE(wait, current);
7
8      mutex_lock(&dev->mutex);
9      add_wait_queue(&dev->w_wait, &wait);
10
11     while (dev->current_len == GLOBALFIFO_SIZE) {
12         if (filp->f_flags & O_NONBLOCK) {
13             ret = -EAGAIN;
14             goto out;
15         }
16         __set_current_state(TASK_INTERRUPTIBLE);
17
18         mutex_unlock(&dev->mutex);
19
20         schedule();
21         if (signal_pending(current)) {
22             ret = -ERESTARTSYS;
23             goto out2;
24         }
25
26         mutex_lock(&dev->mutex);
27     }
28
29     if (count > GLOBALFIFO_SIZE - dev->current_len)
30         count = GLOBALFIFO_SIZE - dev->current_len;
31
```

```c
32      if (copy_from_user(dev->mem + dev->current_len, buf, count)) {
33          ret = -EFAULT;
34          goto out;
35      } else {
36          dev->current_len += count;
37          printk(KERN_INFO "written %d bytes(s),current_len:%d\n", count,
38                  dev->current_len);
39
40          wake_up_interruptible(&dev->r_wait);
41
42          if (dev->async_queue) {
43              kill_fasync(&dev->async_queue, SIGIO, POLL_IN);
44              printk(KERN_DEBUG "%s kill SIGIO\n", __func__);
45          }
46
47          ret = count;
48      }
49
50  out:
51      mutex_unlock(&dev->mutex);
52  out2:
53      remove_wait_queue(&dev->w_wait, &wait);
54      set_current_state(TASK_RUNNING);
55      return ret;
56  }
```

参考代码清单 9.6，增加异步通知后的 globalfifo 设备驱动的 release() 函数中需调用 globalfifo_fasync() 函数将文件从异步通知列表中删除，代码清单 9.10 给出了支持异步通知的 globalfifo_release() 函数。

代码清单 9.10　增加异步通知后的 globalfifo 设备驱动 release() 函数

```c
1  static int globalfifo_release(struct inode *inode, struct file *filp)
2  {
3      globalfifo_fasync(-1, filp, 0);
4      return 0;
5  }
```

9.3.2　在用户空间中验证 globalfifo 的异步通知

现在，我们可以采用与代码清单 9.2 类似的方法，编写一个在用户空间验证 globalfifo 异步通知的程序，这个程序在接收到由 globalfifo 发出的信号后将输出信号值，如代码清单 9.11 所示。

代码清单 9.11　监控 globalfifo 异步通知信号的应用程序

```c
1  static void signalio_handler(int signum)
2  {
3      printf("receive a signal from globalfifo,signalnum:%d\n", signum);
```

```c
  4  }
  5
  6  void main(void)
  7  {
  8      int fd, oflags;
  9      fd = open("/dev/globalfifo", O_RDWR, S_IRUSR | S_IWUSR);
 10      if (fd != -1) {
 11          signal(SIGIO, signalio_handler);
 12          fcntl(fd, F_SETOWN, getpid());
 13          oflags = fcntl(fd, F_GETFL);
 14          fcntl(fd, F_SETFL, oflags | FASYNC);
 15          while (1) {
 16              sleep(100);
 17          }
 18      } else {
 19          printf("device open failure\n");
 20      }
 21  }
```

本书代码 /kernel/drivers/globalfifo/ch9 包含了支持异步通知的 globalfifo 驱动以及代码清单 9.11 对应的 globalfifo_test.c 测试程序，在该目录运行 make 将得到 globalfifo.ko 和 globalfifo_test。

按照与第 8 章相同的方法加载新的 globalfifo 设备驱动并创建设备文件节点，运行上述程序，每当通过 echo 向 /dev/globalfifo 写入新的数据时，signalio_handler() 将会被调用：

```
baohua@baohua-VirtualBox:~/develop/training/kernel/drivers/globalfifo/ch9$ sudo su

# ./globalfifo_test&
[1] 25251

# echo 1 > /dev/globalfifo
receive a signal from globalfifo,signalnum:29       -> globalfifo_test 程序打印

# echo hello > /dev/globalfifo
receive a signal from globalfifo,signalnum:29       -> globalfifo_test 程序打印
```

9.4 Linux 异步 I/O

9.4.1 AIO 概念与 GNU C 库 AIO

Linux 中最常用的输入 / 输出（I/O）模型是同步 I/O。在这个模型中，当请求发出之后，应用程序就会阻塞，直到请求满足为止。这是一种很好的解决方案，调用应用程序在等待 I/O 请求完成时不需要占用 CPU。但是在许多应用场景中，I/O 请求可能需要与 CPU 消耗产生交叠，以充分利用 CPU 和 I/O 提高吞吐率。

图 9.3 描绘了异步 I/O 的时序，应用程序发起 I/O 动作后，直接开始执行，并不等待 I/O

结束,它要么过一段时间来查询之前的 I/O 请求完成情况,要么 I/O 请求完成了会自动被调用与 I/O 完成绑定的回调函数。

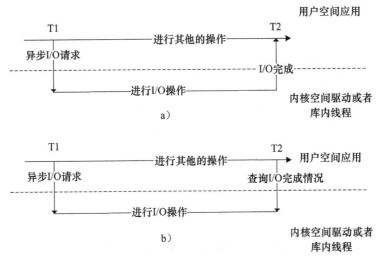

图 9.3 异步 I/O 的时序

Linux 的 AIO 有多种实现,其中一种实现是在用户空间的 glibc 库中实现的,它本质上是借用了多线程模型,用开启新的线程以同步的方法来做 I/O,新的 AIO 辅助线程与发起 AIO 的线程以 pthread_cond_signal() 的形式进行线程间的同步。glibc 的 AIO 主要包括如下函数。

1. aio_read()

aio_read() 函数请求对一个有效的文件描述符进行异步读操作。这个文件描述符可以表示一个文件、套接字,甚至管道。aio_read 函数的原型如下:

```
int aio_read( struct aiocb *aiocbp );
```

aio_read() 函数在请求进行排队之后会立即返回(尽管读操作并未完成)。如果执行成功,返回值就为 0;如果出现错误,返回值就为 –1,并设置 errno 的值。

参数 aiocb(AIO I/O Control Block)结构体包含了传输的所有信息,以及为 AIO 操作准备的用户空间缓冲区。在产生 I/O 完成通知时,aiocb 结构就被用来唯一标识所完成的 I/O 操作。

2. aio_write()

aio_write() 函数用来请求一个异步写操作。其函数原型如下:

```
int aio_write( struct aiocb *aiocbp );
```

aio_write() 函数会立即返回,并且它的请求已经被排队(成功时返回值为 0,失败时返回值为 –1,并相应地设置 errno)。

3. aio_error()

aio_error() 函数被用来确定请求的状态。其原型如下:

```
int aio_error( struct aiocb *aiocbp );
```

这个函数可以返回以下内容。

EINPROGRESS:说明请求尚未完成。

ECANCELED:说明请求被应用程序取消了。

–1:说明发生了错误,具体错误原因由 errno 记录。

4. aio_return()

异步 I/O 和同步阻塞 I/O 方式之间的一个区别是不能立即访问这个函数的返回状态,因为异步 I/O 并没有阻塞在 read() 调用上。在标准的同步阻塞 read() 调用中,返回状态是在该函数返回时提供的。但是在异步 I/O 中,我们要使用 aio_return() 函数。这个函数的原型如下:

```
ssize_t aio_return( struct aiocb *aiocbp );
```

只有在 aio_error() 调用确定请求已经完成(可能成功,也可能发生了错误)之后,才会调用这个函数。aio_return() 的返回值就等价于同步情况中 read() 或 write() 系统调用的返回值(所传输的字节数如果发生错误,返回值为负数)。

代码清单 9.12 给出了用户空间应用程序进行异步读操作的一个例程,它首先打开文件,然后准备 aiocb 结构体,之后调用 aio_read(&my_aiocb) 进行提出异步读请求,当 aio_error(&my_aiocb) == EINPROGRESS,即操作还在进行中时,一直等待,结束后通过 aio_return(&my_aiocb) 获得返回值。

代码清单 9.12 用户空间异步读例程

```
1   #include <aio.h>
2   ...
3   int fd, ret;
4   struct aiocb my_aiocb;
5
6   fd = open("file.txt", O_RDONLY);
7   if (fd < 0)
8      perror("open");
9
10  /* 清零 aiocb 结构体 */
11  bzero(&my_aiocb, sizeof(struct aiocb));
12
13  /* 为 aiocb 请求分配数据缓冲区 */
14  my_aiocb.aio_buf = malloc(BUFSIZE + 1);
15  if (!my_aiocb.aio_buf)
16     perror("malloc");
17
18  /* 初始化 aiocb 的成员 */
19  my_aiocb.aio_fildes = fd;
20  my_aiocb.aio_nbytes = BUFSIZE;
21  my_aiocb.aio_offset = 0;
22
23  ret = aio_read(&my_aiocb);
```

```
24    if (ret < 0)
25      perror("aio_read");
26
27    while (aio_error(&my_aiocb) == EINPROGRESS)
28      continue;
29
30    if ((ret = aio_return(&my_iocb)) > 0) {
31      /* 获得异步读的返回值 */
32    } else {
33      /* 读失败,分析errorno */
34    }
```

5. aio_suspend()

用户可以使用 aio_suspend() 函数来阻塞调用进程,直到异步请求完成为止。调用者提供了一个 aiocb 引用列表,其中任何一个完成都会导致 aio_suspend() 返回。aio_suspend() 的函数原型如下:

```
int aio_suspend( const struct aiocb *const cblist[],
                 int n, const struct timespec *timeout );
```

代码清单 9.13 给出了用户空间进行异步读操作时使用 aio_suspend() 函数的例子。

代码清单 9.13 用户空间异步 I/O aio_suspend() 函数使用例程

```
1   struct aioct *cblist[MAX_LIST]
2   /* 清零 aioct 结构体链表 */
3   bzero( (char *)cblist, sizeof(cblist) );
4   /* 将一个或更多的 aiocb 放入 aioct 的结构体链表中 */
5   cblist[0] = &my_aiocb;
6   ret = aio_read(&my_aiocb);
7   ret = aio_suspend(cblist, MAX_LIST, NULL );
```

当然,在 glibc 实现的 AIO 中,除了上述同步的等待方式以外,也可以使用信号或者回调机制来异步地标明 AIO 的完成。

6. aio_cancel()

aio_cancel() 函数允许用户取消对某个文件描述符执行的一个或所有 I/O 请求。其原型如下:

```
int aio_cancel(int fd, struct aiocb *aiocbp);
```

要取消一个请求,用户需提供文件描述符和 aiocb 指针。如果这个请求被成功取消了,那么这个函数就会返回 AIO_CANCELED。如果请求完成了,这个函数就会返回 AIO_NOTCANCELED。

要取消对某个给定文件描述符的所有请求,用户需要提供这个文件的描述符,并将 aiocbp 参数设置为 NULL。如果所有的请求都取消了,这个函数就会返回 AIO_CANCELED;如果至少有一个请求没有被取消,那么这个函数就会返回 AIO_NOT_CANCELED;如果没有一个请求可以被取消,那么这个函数就会返回 AIO_ALLDONE。然后,可以使用 aio_error()

来验证每个 AIO 请求，如果某请求已经被取消了，那么 aio_error() 就会返回 −1，并且 errno 会被设置为 ECANCELED。

7. lio_listio()

lio_listio() 函数可用于同时发起多个传输。这个函数非常重要，它使得用户可以在一个系统调用中启动大量的 I/O 操作。lio_listio API 函数的原型如下：

```
int lio_listio( int mode, struct aiocb *list[], int nent, struct sigevent *sig );
```

mode 参数可以是 LIO_WAIT 或 LIO_NOWAIT。LIO_WAIT 会阻塞这个调用，直到所有的 I/O 都完成为止。但是若是 LIO_NOWAIT 模型，在 I/O 操作进行排队之后，该函数就会返回。list 是一个 aiocb 引用的列表，最大元素的个数是由 nent 定义的。如果 list 的元素为 NULL，lio_listio() 会将其忽略。

代码清单 9.14 给出了用户空间进行异步 I/O 操作时使用 lio_listio() 函数的例子。

代码清单 9.14　用户空间异步 I/O lio_listio() 函数使用例程

```
1  struct aiocb aiocb1, aiocb2;
2  struct aiocb *list[MAX_LIST];
3  ...
4  /* 准备第一个 aiocb */
5  aiocb1.aio_fildes = fd;
6  aiocb1.aio_buf = malloc( BUFSIZE+1 );
7  aiocb1.aio_nbytes = BUFSIZE;
8  aiocb1.aio_offset = next_offset;
9  aiocb1.aio_lio_opcode = LIO_READ;                     /* 异步读操作 */
10 ...   /* 准备多个 aiocb */
11 bzero( (char *)list, sizeof(list) );
12
13 /* 将 aiocb 填入链表 */
14 list[0] = &aiocb1;
15 list[1] = &aiocb2;
16 ...
17 ret = lio_listio( LIO_WAIT, list, MAX_LIST, NULL );   /* 发起大量 I/O 操作 */
```

上述代码第 9 行中，因为是进行异步读操作，所以操作码为 LIO_READ，对于写操作来说，应该使用 LIO_WRITE 作为操作码，而 LIO_NOP 意味着空操作。

网页 http://www.gnu.org/software/libc/manual/html_node/Asynchronous-I_002fO.html 包含了 AIO 库函数的详细信息。

9.4.2　Linux 内核 AIO 与 libaio

Linux AIO 也可以由内核空间实现，异步 I/O 是 Linux 2.6 以后版本内核的一个标准特性。对于块设备而言，AIO 可以一次性发出大量的 read/write 调用并且通过通用块层的 I/O 调度来获得更好的性能，用户程序也可以减少过多的同步负载，还可以在业务逻辑中更灵活地进行并发控制和负载均衡。相较于 glibc 的用户空间多线程同步等实现也减少了线程的负载和上下文切换等。对于网络设备而言，在 socket 层面上，也可以使用 AIO，让 CPU 和网卡的收发动作充分交叠以改善吞吐性能。选择正确的 I/O 模型对系统性能的影响很大，有兴趣的读者可以参阅著名的 C10K 问题（指的是服务器同时支持成千上万个客户端的问题），详见网址 http://www.kegel.com/c10k.html。

在用户空间中，我们一般要结合 libaio 来进行内核 AIO 的系统调用。内核 AIO 提供的系统调用主要包括：

```
int io_setup(int maxevents, io_context_t *ctxp);
int io_destroy(io_context_t ctx);
int io_submit(io_context_t ctx, long nr, struct iocb *ios[]);
int io_cancel(io_context_t ctx, struct iocb *iocb, struct io_event *evt);
int io_getevents(io_context_t ctx_id, long min_nr, long nr, struct io_event *events,
    struct timespec *timeout);
void io_set_callback(struct iocb *iocb, io_callback_t cb);
void io_prep_pwrite(struct iocb *iocb, int fd, void *buf, size_t count, long long offset);
void io_prep_pread(struct iocb *iocb, int fd, void *buf, size_t count, long long offset);
void io_prep_pwritev(struct iocb *iocb, int fd, const struct iovec *iov, int iovcnt,
    long long offset);
void io_prep_preadv(struct iocb *iocb, int fd, const struct iovec *iov, int iovcnt,
    long long offset);
```

AIO 的读写请求都用 io_submit() 下发。下发前通过 io_prep_pwrite() 和 io_prep_pread() 生成 iocb 的结构体，作为 io_submit() 的参数。这个结构体指定了读写类型、起始地址、长度和设备标志符等信息。读写请求下发之后，使用 io_getevents() 函数等待 I/O 完成事件。io_set_callback() 则可设置一个 AIO 完成的回调函数。

代码清单 9.15 演示了一个简单的利用 libaio 向内核发起 AIO 请求的模版。该程序位于本书源代码的 /kernel/drivers/globalfifo/ch9/aior.c 下，使用命令 gcc aior.c -o aior –laio 编译，运行时带 1 个文本文件路径作为参数，该程序会打印该文本文件前 4 096 个字节的内容。

代码清单 9.15　使用 libaio 调用内核 AIO 的范例

```
1  #define _GNU_SOURCE    /* O_DIRECT is not POSIX */
2  #include <stdio.h>     /* for perror() */
3  #include <unistd.h>    /* for syscall() */
4  #include <fcntl.h>     /* O_RDWR */
5  #include <string.h>    /* memset() */
6  #include <inttypes.h>  /* uint64_t */
7  #include <stdlib.h>
8
9  #include <libaio.h>
10
11 #define BUF_SIZE 4096
12
13 int main(int argc, char **argv)
14 {
15     io_context_t ctx = 0;
```

```
16      struct iocb cb;
17      struct iocb *cbs[1];
18      unsigned char *buf;
19      struct io_event events[1];
20      int ret;
21      int fd;
22
23      if (argc < 2) {
24          printf("the command format: aior [FILE]\n");
25          exit(1);
26      }
27
28      fd = open(argv[1], O_RDWR | O_DIRECT);
29      if (fd < 0) {
30          perror("open error");
31          goto err;
32      }
33
34      /* Allocate aligned memory */
35      ret = posix_memalign((void **)&buf, 512, (BUF_SIZE + 1));
36      if (ret < 0) {
37          perror("posix_memalign failed");
38          goto err1;
39      }
40      memset(buf, 0, BUF_SIZE + 1);
41
42      ret = io_setup(128, &ctx);
43      if (ret < 0) {
44          printf("io_setup error:%s", strerror(-ret));
45          goto err2;
46      }
47
48      /* setup I/O control block */
49      io_prep_pread(&cb, fd, buf, BUF_SIZE, 0);
50
51      cbs[0] = &cb;
52      ret = io_submit(ctx, 1, cbs);
53      if (ret != 1) {
54          if (ret < 0) {
55              printf("io_submit error:%s", strerror(-ret));
56          } else {
57              fprintf(stderr, "could not sumbit IOs");
58          }
59          goto err3;
60      }
61
62      /* get the reply */
63      ret = io_getevents(ctx, 1, 1, events, NULL);
64      if (ret != 1) {
65          if (ret < 0) {
66              printf("io_getevents error:%s", strerror(-ret));
```

```
67          } else {
68              fprintf(stderr, "could not get Events");
69          }
70          goto err3;
71      }
72      if (events[0].res2 == 0) {
73          printf("%s\n", buf);
74      } else {
75          printf("AIO error:%s", strerror(-events[0].res));
76          goto err3;
77      }
78
79      if ((ret = io_destroy(ctx)) < 0) {
80          printf("io_destroy error:%s", strerror(-ret));
81          goto err2;
82      }
83
84      free(buf);
85      close(fd);
86      return 0;
87
88  err3:
89      if ((ret = io_destroy(ctx)) < 0)
90          printf("io_destroy error:%s", strerror(-ret));
91  err2:
92      free(buf);
93  err1:
94      close(fd);
95  err:
96      return -1;
97  }
```

9.4.3 AIO 与设备驱动

用户空间调用 io_submit() 后,对应于用户传递的每一个 iocb 结构,内核会生成一个与之对应的 kiocb 结构。file_operations 包含 3 个与 AIO 相关的成员函数:

```
ssize_t (*aio_read) (struct kiocb *iocb, const struct iovec *iov, unsigned long
    nr_segs, loff_t pos);
ssize_t (*aio_write) (struct kiocb *iocb, const struct iovec *iov, unsigned
    long nr_segs, loff_t pos);
int (*aio_fsync) (struct kiocb *iocb, int datasync);
```

io_submit() 系统调用间接引起了 file_operations 中的 aio_read() 和 aio_write() 的调用。
在早期的 Linux 内核中,aio_read() 和 aio_write() 的原型是:

```
ssize_t (*aio_read) (struct kiocb *iocb, char __user *buffer,
                     size_t size, loff_t pos);
ssize_t (*aio_write) (struct kiocb *iocb, const char *buffer,
```

```
size_t count, loff_t offset);
```

在这个老的原型里,只含有一个缓冲区指针,而在新的原型中,则可以传递一个向量 iovec,它含有多段缓冲区。详见位于 https://lwn.net/Articles/170954/ 的文档《Asynchronous I/O and vectored operations》。

AIO 一般由内核空间的通用代码处理,对于块设备和网络设备而言,一般在 Linux 核心层的代码已经解决。字符设备驱动一般不需要实现 AIO 支持。Linux 内核中对字符设备驱动实现 AIO 的特例包括 drivers/char/mem.c 里实现的 null、zero 等,由于 zero 这样的虚拟设备其实也不存在在要去读的时候读不到东西的情况,所以 aio_read_zero() 本质上也不包含异步操作,不过从代码清单 9.16 我们可以一窥 iovec 的全貌。

代码清单 9.16 zero 设备的 aio_read 实现

```
1   static ssize_t aio_read_zero(struct kiocb *iocb, const struct iovec *iov,
2                               unsigned long nr_segs, loff_t pos)
3   {
4           size_t written = 0;
5           unsigned long i;
6           ssize_t ret;
7
8           for (i = 0; i < nr_segs; i++) {
9                   ret = read_zero(iocb->ki_filp, iov[i].iov_base, iov[i].iov_len,
10                                  &pos);
11                  if (ret < 0)
12                          break;
13                  written += ret;
14          }
15
16          return written ? written : -EFAULT;
17  }
```

9.5 总结

本章主要讲述了 Linux 中的异步 I/O,异步 I/O 可以使得应用程序在等待 I/O 操作的同时进行其他操作。

使用信号可以实现设备驱动与用户程序之间的异步通知,总体而言,设备驱动和用户空间要分别完成 3 项对应的工作,用户空间设置文件的拥有者、FASYNC 标志及捕获信号,内核空间响应对文件的拥有者、FASYNC 标志的设置并在资源可获得时释放信号。

Linux 2.6 以后的内核包含对 AIO 的支持,它为用户空间提供了统一的异步 I/O 接口。另外,glibc 也提供了一个不依赖于内核的用户空间的 AIO 支持。

第 10 章
中断与时钟

本章导读

本章主要讲解 Linux 设备驱动编程中的中断与定时器处理。由于中断服务程序的执行并不存在于进程上下文中,所以要求中断服务程序的时间要尽量短。因此,Linux 在中断处理中引入了顶半部和底半部分离的机制。另外,内核对时钟的处理也采用中断方式,而内核软件定时器最终依赖于时钟中断。

10.1 节讲解中断和定时器的概念及处理流程。

10.2 节讲解 Linux 中断处理程序的架构,以及顶半部、底半部之间的关系。

10.3 节讲解 Linux 中断编程的方法,涉及申请和释放中断、使能和屏蔽中断以及中断底半部 tasklet、工作队列、软中断机制和 threaded_irq。

10.4 节讲解多个设备共享同一个中断号时的中断处理过程。

10.5 节和 10.6 节分别讲解 Linux 设备驱动编程中定时器的编程以及内核延时的方法。

10.1 中断与定时器

所谓中断是指 CPU 在执行程序的过程中,出现了某些突发事件急待处理,CPU 必须暂停当前程序的执行,转去处理突发事件,处理完毕后又返回原程序被中断的位置继续执行。

根据中断的来源,中断可分为内部中断和外部中断,内部中断的中断源来自 CPU 内部(软件中断指令、溢出、除法错误等,例如,操作系统从用户态切换到内核态需借助 CPU 内部的软件中断),外部中断的中断源来自 CPU 外部,由外设提出请求。

根据中断是否可以屏蔽,中断可分为可屏蔽中断与不可屏蔽中断(NMI),可屏蔽中断可以通过设置中断控制器寄存器等方法被屏蔽,屏蔽后,该中断不再得到响应,而不可屏蔽中断不能被屏蔽。

根据中断入口跳转方法的不同,中断可分为向量中断和非向量中断。采用向量中断的 CPU 通常为不同的中断分配不同的中断号,当检测到某中断号的中断到来后,就自动跳转到与该中断号对应的地址执行。不同中断号的中断有不同的入口地址。非向量中断的多个中断共享一个入口地址,进入该入口地址后,再通过软件判断中断标志来识别具体是哪个中断。

也就是说，向量中断由硬件提供中断服务程序入口地址，非向量中断由软件提供中断服务程序入口地址。

一个典型的非向量中断服务程序如代码清单 10.1 所示，它先判断中断源，然后调用不同中断源的中断服务程序。

代码清单 10.1　非向量中断服务程序的典型结构

```
1   irq_handler()
2   {
3      ...
4      int int_src = read_int_status();        /* 读硬件的中断相关寄存器 */
5      switch (int_src) {                      /* 判断中断源 */
6      case DEV_A:
7          dev_a_handler();
8          break;
9      case DEV_B:
10         dev_b_handler();
11         break;
12     ...
13     default:
14         break;
15     }
16     ...
17  }
```

嵌入式系统以及 x86 PC 中大多包含可编程中断控制器（PIC），许多 MCU 内部就集成了 PIC。如在 80386 中，PIC 是两片 i8259A 芯片的级联。通过读写 PIC 的寄存器，程序员可以屏蔽/使能某中断及获得中断状态，前者一般通过中断 MASK 寄存器完成，后者一般通过中断 PEND 寄存器完成。

定时器在硬件上也依赖中断来实现，图 10.1 所示为典型的嵌入式微处理器内可编程间隔定时器（PIT）的工作原理，它接收一个时钟输入，当时钟脉冲到来时，将目前计数值增 1 并与预先设置的计数值（计数目标）比较，若相等，证明计数周期满，并产生定时器中断且复位目前计数值。

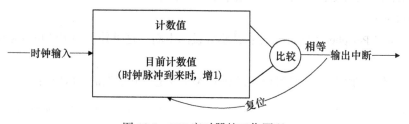

图 10.1　PIT 定时器的工作原理

在 ARM 多核处理器里最常用的中断控制器是 GIC（Generic Interrupt Controller），如图 10.2 所示，它支持 3 种类型的中断。

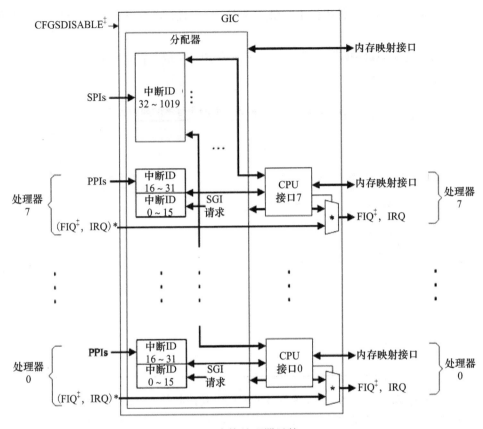

图 10.2 ARM 多核处理器里的 GIC

SGI（Software Generated Interrupt）：软件产生的中断，可以用于多核的核间通信，一个 CPU 可以通过写 GIC 的寄存器给另外一个 CPU 产生中断。多核调度用的 IPI_WAKEUP、IPI_TIMER、IPI_RESCHEDULE、IPI_CALL_FUNC、IPI_CALL_FUNC_SINGLE、IPI_CPU_STOP、IPI_IRQ_WORK、IPI_COMPLETION 都是由 SGI 产生的。

PPI（Private Peripheral Interrupt）：某个 CPU 私有外设的中断，这类外设的中断只能发给绑定的那个 CPU。

SPI（Shared Peripheral Interrupt）：共享外设的中断，这类外设的中断可以路由到任何一个 CPU。

对于 SPI 类型的中断，内核可以通过如下 API 设定中断触发的 CPU 核：

```
extern int irq_set_affinity (unsigned int irq, const struct cpumask *m);
```

在 ARM Linux 默认情况下，中断都是在 CPU0 上产生的，比如，我们可以通过如下代码把中断 irq 设定到 CPU i 上去：

```
irq_set_affinity(irq, cpumask_of(i));
```

10.2　Linux 中断处理程序架构

设备的中断会打断内核进程中的正常调度和运行，系统对更高吞吐率的追求势必要求中断服务程序尽量短小精悍。但是，这个良好的愿望往往与现实并不吻合。在大多数真实的系统中，当中断到来时，要完成的工作往往并不会是短小的，它可能要进行较大量的耗时处理。

图 10.3 描述了 Linux 内核的中断处理机制。为了在中断执行时间尽量短和中断处理需完成的工作尽量大之间找到一个平衡点，Linux 将中断处理程序分解为两个半部：顶半部（Top Half）和底半部（Bottom Half）。

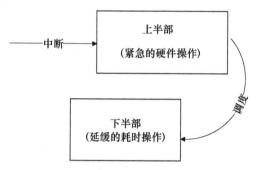

图 10.3　Linux 中断处理机制

顶半部用于完成尽量少的比较紧急的功能，它往往只是简单地读取寄存器中的中断状态，并在清除中断标志后就进行"登记中断"的工作。"登记中断"意味着将底半部处理程序挂到该设备的底半部执行队列中去。这样，顶半部执行的速度就会很快，从而可以服务更多的中断请求。

现在，中断处理工作的重心就落在了底半部的头上，需用它来完成中断事件的绝大多数任务。底半部几乎做了中断处理程序所有的事情，而且可以被新的中断打断，这也是底半部和顶半部的最大不同，因为顶半部往往被设计成不可中断。底半部相对来说并不是非常紧急的，而且相对比较耗时，不在硬件中断服务程序中执行。

尽管顶半部、底半部的结合能够改善系统的响应能力，但是，僵化地认为 Linux 设备驱动中的中断处理一定要分两个半部则是不对的。如果中断要处理的工作本身很少，则完全可以直接在顶半部全部完成。

其他操作系统中对中断的处理也采用了类似于 Linux 的方法，真正的硬件中断服务程序都应该尽量短。因此，许多操作系统都提供了中断上下文和非中断上下文相结合的机制，将中断的耗时工作保留到非中断上下文去执行。例如，在 VxWorks 中，网络设备包接收中断到来后，中断服务程序会通过 netJobAdd() 函数将耗时的包接收和上传工作交给 tNetTask 任务去执行。

在 Linux 中，查看 /proc/interrupts 文件可以获得系统中中断的统计信息，并能统计出每一个中断号上的中断在每个 CPU 上发生的次数，具体如图 10.4 所示。

```
baohua@baohua-VirtualBox://sys/module/globalmem$ cat /proc/interrupts
            CPU0       CPU1
   0:        119          0   IO-APIC-edge       timer
   1:      14444          0   IO-APIC-edge       i8042
   8:          0          0   IO-APIC-edge       rtc0
   9:          0          0   IO-APIC-fasteoi    acpi
  12:       2483          0   IO-APIC-edge       i8042
  14:          0          0   IO-APIC-edge       ata_piix
  15:      11679          0   IO-APIC-edge       ata_piix
  19:      14749          0   IO-APIC  19-fasteoi   ehci_hcd:usb1, eth0
  20:      17379          0   IO-APIC  20-fasteoi   vboxguest
  21:     105402          0   IO-APIC  21-fasteoi   0000:00:0d.0
  22:         30          0   IO-APIC  22-fasteoi   ohci_hcd:usb2
 NMI:          0          0   Non-maskable interrupts
 LOC:     564521     478738   Local timer interrupts
 SPU:          0          0   Spurious interrupts
 PMI:          0          0   Performance monitoring interrupts
 IWI:          0          0   IRQ work interrupts
 RTR:          0          0   APIC ICR read retries
 RES:     263390     382214   Rescheduling interrupts
 CAL:         52         50   Function call interrupts
 TLB:        830       1201   TLB shootdowns
 TRM:          0          0   Thermal event interrupts
 THR:          0          0   Threshold APIC interrupts
 MCE:          0          0   Machine check exceptions
 MCP:         40         40   Machine check polls
 ERR:          0
 MIS:          0
```

图 10.4　Linux 中的中断统计信息

10.3　Linux 中断编程

10.3.1　申请和释放中断

在 Linux 设备驱动中，使用中断的设备需要申请和释放对应的中断，并分别使用内核提供的 request_irq() 和 free_irq() 函数。

1. 申请 irq

```
int request_irq(unsigned int irq, irq_handler_t handler, unsigned long flags,
        const char *name, void *dev);
```

irq 是要申请的硬件中断号。

handler 是向系统登记的中断处理函数（顶半部），是一个回调函数，中断发生时，系统调用这个函数，dev 参数将被传递给它。

irqflags 是中断处理的属性，可以指定中断的触发方式以及处理方式。在触发方式方面，可以是 IRQF_TRIGGER_RISING、IRQF_TRIGGER_FALLING、IRQF_TRIGGER_HIGH、IRQF_TRIGGER_LOW 等。在处理方式方面，若设置了 IRQF_SHARED，则表示多个设备共享中断，dev 是要传递给中断服务程序的私有数据，一般设置为这个设备的设备结构体或者 NULL。

request_irq() 返回 0 表示成功，返回 -EINVAL 表示中断号无效或处理函数指针为 NULL，返回 -EBUSY 表示中断已经被占用且不能共享。

```
int devm_request_irq(struct device *dev, unsigned int irq, irq_handler_t handler,
                unsigned long irqflags, const char *devname, void *dev_id);
```

此函数与 request_irq() 的区别是 devm_ 开头的 API 申请的是内核"managed"的资源，一般不需要在出错处理和 remove() 接口里再显式的释放。有点类似 Java 的垃圾回收机制。比如，对于 at86rf230 驱动，如下的补丁中改用 devm_request_irq() 后就删除了 free_irq()，该补丁对应的内核 commit ID 是 652355c5。

```
--- a/drivers/net/ieee802154/at86rf230.c
+++ b/drivers/net/ieee802154/at86rf230.c
@@ -1190,24 +1190,22 @@ static int at86rf230_probe(struct spi_device *spi)
        if (rc)
            goto err_hw_init;

-       rc = request_irq(spi->irq, irq_handler, IRQF_SHARED,
-                   dev_name(&spi->dev), lp);
+       rc = devm_request_irq(&spi->dev, spi->irq, irq_handler, IRQF_SHARED,
+                   dev_name(&spi->dev), lp);
        if (rc)
            goto err_hw_init;

        /* Read irq status register to reset irq line */
        rc = at86rf230_read_subreg(lp, RG_IRQ_STATUS, 0xff, 0, &status);
        if (rc)
-           goto err_irq;
+           goto err_hw_init;

        rc = ieee802154_register_device(lp->dev);
        if (rc)
-           goto err_irq;
+           goto err_hw_init;

        return rc;

-err_irq:
-       free_irq(spi->irq, lp);
 err_hw_init:
        flush_work(&lp->irqwork);
        spi_set_drvdata(spi, NULL);
@@ -1232,7 +1230,6 @@ static int at86rf230_remove(struct spi_device *spi)
```

```
        at86rf230_write_subreg(lp, SR_IRQ_MASK, 0);
        ieee802154_unregister_device(lp->dev);

-       free_irq(spi->irq, lp);
        flush_work(&lp->irqwork);

        if (gpio_is_valid(pdata->slp_tr))
```

顶半部 handler 的类型 irq_handler_t 定义为：

```
typedef irqreturn_t (*irq_handler_t)(int, void *);
typedef int irqreturn_t;
```

2. 释放 irq

与 request_irq() 相对应的函数为 free_irq()，free_irq() 的原型为：

```
void free_irq(unsigned int irq,void *dev_id);
```

free_irq() 中参数的定义与 request_irq() 相同。

10.3.2 使能和屏蔽中断

下列 3 个函数用于屏蔽一个中断源：

```
void disable_irq(int irq);
void disable_irq_nosync(int irq);
void enable_irq(int irq);
```

disable_irq_nosync() 与 disable_irq() 的区别在于前者立即返回，而后者等待目前的中断处理完成。由于 disable_irq() 会等待指定的中断被处理完，因此如果在 n 号中断的顶半部调用 disable_irq(n)，会引起系统的死锁，这种情况下，只能调用 disable_irq_nosync(n)。

下列两个函数（或宏，具体实现依赖于 CPU 的体系结构）将屏蔽本 CPU 内的所有中断：

```
#define local_irq_save(flags) ...
void local_irq_disable(void);
```

前者会将目前的中断状态保留在 flags 中（注意 flags 为 unsigned long 类型，被直接传递，而不是通过指针），后者直接禁止中断而不保存状态。

与上述两个禁止中断对应的恢复中断的函数（或宏）是：

```
#define local_irq_restore(flags) ...
void local_irq_enable(void);
```

以上各以 local_ 开头的方法的作用范围是本 CPU 内。

10.3.3 底半部机制

Linux 实现底半部的机制主要有 tasklet、工作队列、软中断和线程化 irq。

1. tasklet

tasklet 的使用较简单,它的执行上下文是软中断,执行时机通常是顶半部返回的时候。我们只需要定义 tasklet 及其处理函数,并将两者关联则可,例如:

```
void my_tasklet_func(unsigned long); /* 定义一个处理函数 */
DECLARE_TASKLET(my_tasklet, my_tasklet_func, data);
 /* 定义一个 tasklet 结构 my_tasklet,与 my_tasklet_func(data) 函数相关联 */
```

代码 DECLARE_TASKLET(my_tasklet, my_tasklet_func, data) 实现了定义名称为 my_tasklet 的 tasklet,并将其与 my_tasklet_func() 这个函数绑定,而传入这个函数的参数为 data。

在需要调度 tasklet 的时候引用一个 tasklet_schedule() 函数就能使系统在适当的时候进行调度运行:

```
tasklet_schedule(&my_tasklet);
```

使用 tasklet 作为底半部处理中断的设备驱动程序模板如代码清单 10.2 所示(仅包含与中断相关的部分)。

代码清单 10.2　tasklet 使用模板

```
1  /* 定义 tasklet 和底半部函数并将它们关联 */
2  void xxx_do_tasklet(unsigned long);
3  DECLARE_TASKLET(xxx_tasklet, xxx_do_tasklet, 0);
4
5  /* 中断处理底半部 */
6  void xxx_do_tasklet(unsigned long)
7  {
8      ...
9  }
10
11 /* 中断处理顶半部 */
12 irqreturn_t xxx_interrupt(int irq, void *dev_id)
13 {
14     ...
15     tasklet_schedule(&xxx_tasklet);
16     ...
17 }
18
19 /* 设备驱动模块加载函数 */
20 int __init xxx_init(void)
21 {
22     ...
23     /* 申请中断 */
24     result = request_irq(xxx_irq, xxx_interrupt,
25         0, "xxx", NULL);
26     ...
27     return IRQ_HANDLED;
28 }
```

```
29
30   /* 设备驱动模块卸载函数 */
31   void __exit xxx_exit(void)
32   {
33     ...
34     /* 释放中断 */
35     free_irq(xxx_irq, xxx_interrupt);
36     ...
37   }
```

上述程序在模块加载函数中申请中断(第 24 ~ 25 行),并在模块卸载函数中释放它(第 35 行)。对应于 xxx_irq 的中断处理程序被设置为 xxx_interrupt() 函数,在这个函数中,第 15 行的 tasklet_schedule(&xxx_tasklet) 调度被定义的 tasklet 函数 xxx_do_tasklet() 在适当的时候执行。

2. 工作队列

工作队列的使用方法和 tasklet 非常相似,但是工作队列的执行上下文是内核线程,因此可以调度和睡眠。下面的代码用于定义一个工作队列和一个底半部执行函数:

```
struct work_struct my_wq;                          /* 定义一个工作队列 */
void my_wq_func(struct work_struct *work);         /* 定义一个处理函数 */
```

通过 INIT_WORK() 可以初始化这个工作队列并将工作队列与处理函数绑定:

```
INIT_WORK(&my_wq, my_wq_func);
  /* 初始化工作队列并将其与处理函数绑定 */
```

与 tasklet_schedule() 对应的用于调度工作队列执行的函数为 schedule_work(),如:

```
schedule_work(&my_wq);                             /* 调度工作队列执行 */
```

与代码清单 10.2 对应的使用工作队列处理中断底半部的设备驱动程序模板如代码清单 10.3 所示(仅包含与中断相关的部分)。

代码清单 10.3 工作队列使用模板

```
1   /* 定义工作队列和关联函数 */
2   struct work_struct xxx_wq;
3   void xxx_do_work(struct work_struct *work);
4
5   /* 中断处理底半部 */
6   void xxx_do_work(struct work_struct *work)
7   {
8     ...
9   }
10
11  /* 中断处理顶半部 */
12  irqreturn_t xxx_interrupt(int irq, void *dev_id)
13  {
```

```
14   ...
15   schedule_work(&xxx_wq);
16   ...
17   return IRQ_HANDLED;
18  }
19
20  /* 设备驱动模块加载函数 */
21  int xxx_init(void)
22  {
23   ...
24   /* 申请中断 */
25   result = request_irq(xxx_irq, xxx_interrupt,
26        0, "xxx", NULL);
27   ...
28   /* 初始化工作队列 */
29   INIT_WORK(&xxx_wq, xxx_do_work);
30   ...
31  }
32
33  /* 设备驱动模块卸载函数 */
34  void xxx_exit(void)
35  {
36   ...
37   /* 释放中断 */
38   free_irq(xxx_irq, xxx_interrupt);
39   ...
40  }
```

与代码清单 10.2 不同的是，上述程序在设计驱动模块加载函数中增加了初始化工作队列的代码（第 29 行）。

工作队列早期的实现是在每个 CPU 核上创建一个 worker 内核线程，所有在这个核上调度的工作都在该 worker 线程中执行，其并发性显然差强人意。在 Linux 2.6.36 以后，转而实现了 "Concurrency-managed workqueues"，简称 cmwq，cmwq 会自动维护工作队列的线程池以提高并发性，同时保持了 API 的向后兼容。

3. 软中断

软中断（Softirq）也是一种传统的底半部处理机制，它的执行时机通常是顶半部返回的时候，tasklet 是基于软中断实现的，因此也运行于软中断上下文。

在 Linux 内核中，用 softirq_action 结构体表征一个软中断，这个结构体包含软中断处理函数指针和传递给该函数的参数。使用 open_softirq() 函数可以注册软中断对应的处理函数，而 raise_softirq() 函数可以触发一个软中断。

软中断和 tasklet 运行于软中断上下文，仍然属于原子上下文的一种，而工作队列则运行于进程上下文。因此，在软中断和 tasklet 处理函数中不允许睡眠，而在工作队列处理函数中允许睡眠。

local_bh_disable() 和 local_bh_enable() 是内核中用于禁止和使能软中断及 tasklet 底半部

机制的函数。

内核中采用 softirq 的地方包括 HI_SOFTIRQ、TIMER_SOFTIRQ、NET_TX_SOFTIRQ、NET_RX_SOFTIRQ、SCSI_SOFTIRQ、TASKLET_SOFTIRQ 等，一般来说，驱动的编写者不会也不宜直接使用 softirq。

第 9 章异步通知所基于的信号也类似于中断，现在，总结一下硬中断、软中断和信号的区别：硬中断是外部设备对 CPU 的中断，软中断是中断底半部的一种处理机制，而信号则是由内核（或其他进程）对某个进程的中断。在涉及系统调用的场合，人们也常说通过软中断（例如 ARM 为 swi）陷入内核，此时软中断的概念是指由软件指令引发的中断，和我们这个地方说的 softirq 是两个完全不同的概念，一个是 software，一个是 soft。

需要特别说明的是，软中断以及基于软中断的 tasklet 如果在某段时间内大量出现的话，内核会把后续软中断放入 ksoftirqd 内核线程中执行。总的来说，中断优先级高于软中断，软中断又高于任何一个线程。软中断适度线程化，可以缓解高负载情况下系统的响应。

4. threaded_irq

在内核中，除了可以通过 request_irq()、devm_request_irq() 申请中断以外，还可以通过 request_threaded_irq() 和 devm_request_threaded_irq() 申请。这两个函数的原型为：

```
int request_threaded_irq(unsigned int irq, irq_handler_t handler,
                    irq_handler_t thread_fn,
                    unsigned long flags, const char *name, void *dev);
int devm_request_threaded_irq(struct device *dev, unsigned int irq,
                    irq_handler_t handler, irq_handler_t thread_fn,
                    unsigned long irqflags, const char *devname,
                    void *dev_id);
```

由此可见，它们比 request_irq()、devm_request_irq() 多了一个参数 thread_fn。用这两个 API 申请中断的时候，内核会为相应的中断号分配一个对应的内核线程。注意这个线程只针对这个中断号，如果其他中断也通过 request_threaded_irq() 申请，自然会得到新的内核线程。

参数 handler 对应的函数执行于中断上下文，thread_fn 参数对应的函数则执行于内核线程。如果 handler 结束的时候，返回值是 IRQ_WAKE_THREAD，内核会调度对应线程执行 thread_fn 对应的函数。

request_threaded_irq() 和 devm_request_threaded_irq() 支持在 irqflags 中设置 IRQF_ONESHOT 标记，这样内核会自动帮助我们在中断上下文中屏蔽对应的中断号，而在内核调度 thread_fn 执行后，重新使能该中断号。对于我们无法在上半部清除中断的情况，IRQF_ONESHOT 特别有用，避免了中断服务程序一退出，中断就洪泛的情况。

handler 参数可以设置为 NULL，这种情况下，内核会用默认的 irq_default_primary_handler() 代替 handler，并会使用 IRQF_ONESHOT 标记。irq_default_primary_handler() 定义为：

```
/*
 * Default primary interrupt handler for threaded interrupts. Is
```

```
 * assigned as primary handler when request_threaded_irq is called
 * with handler == NULL. Useful for oneshot interrupts.
 */
static irqreturn_t irq_default_primary_handler(int irq, void *dev_id)
{
        return IRQ_WAKE_THREAD;
}
```

10.3.4 实例：GPIO 按键的中断

drivers/input/keyboard/gpio_keys.c 是一个放之四海皆准的 GPIO 按键驱动，为了让该驱动在特定的电路板上工作，通常只需要修改 arch/arm/mach-xxx 下的板文件或者修改 device tree 对应的 dts。该驱动会为每个 GPIO 申请中断，在 gpio_keys_setup_key() 函数中进行。注意最后一个参数 bdata，会被传入中断服务程序。

代码清单 10.4　GPIO 按键驱动中断申请

```
1   static int gpio_keys_setup_key(struct platform_device *pdev,
2                   struct input_dev *input,
3                   struct gpio_button_data *bdata,
4                   const struct gpio_keys_button *button)
5   {
6     ...
7
8     error = request_any_context_irq(bdata->irq, isr, irqflags, desc, bdata);
9     if (error < 0) {
10        dev_err(dev, "Unable to claim irq %d; error %d\n",
11            bdata->irq, error);
12        goto fail;
13     }
14     ...
15  }
```

第 8 行的 request_any_context_irq() 会根据 GPIO 控制器本身的"上级"中断是否为 threaded_irq 来决定采用 request_irq() 还是 request_threaded_irq()。一组 GPIO（如 32 个 GPIO）虽然每个都提供一个中断，并且都有中断号，但是在硬件上一组 GPIO 通常是嵌套在上一级的中断控制器上的一个中断。

request_any_context_irq() 也有一个变体是 devm_request_any_context_irq()。

在 GPIO 按键驱动的 remove_key() 函数中，会释放 GPIO 对应的中断，如代码清单 10.5 所示。

代码清单 10.5　GPIO 按键驱动中断释放

```
1   static void gpio_remove_key(struct gpio_button_data *bdata)
2   {
3       free_irq(bdata->irq, bdata);
```

```
4       if (bdata->timer_debounce)
5           del_timer_sync(&bdata->timer);
6       cancel_work_sync(&bdata->work);
7       if (gpio_is_valid(bdata->button->gpio))
8           gpio_free(bdata->button->gpio);
9   }
```

GPIO 按键驱动的中断处理比较简单，没有明确地分为上下两个半部，而只存在顶半部，如代码清单 10.6 所示。

代码清单 10.6　GPIO 按键驱动中断处理程序

```
1   static irqreturn_t gpio_keys_gpio_isr(int irq, void *dev_id)
2   {
3       struct gpio_button_data *bdata = dev_id;
4
5       BUG_ON(irq != bdata->irq);
6
7       if (bdata->button->wakeup)
8           pm_stay_awake(bdata->input->dev.parent);
9       if (bdata->timer_debounce)
10          mod_timer(&bdata->timer,
11              jiffies + msecs_to_jiffies(bdata->timer_debounce));
12      else
13          schedule_work(&bdata->work);
14
15      return IRQ_HANDLED;
16  }
```

第 3 行直接从 dev_id 取出了 bdata，这就是对应的那个 GPIO 键的数据结构，之后根据情况启动 timer 以进行 debounce 或者直接调度工作队列去汇报按键事件。在 GPIO 按键驱动初始化的时候，通过 INIT_WORK(&bdata->work, gpio_keys_gpio_work_func) 初始化了 bdata->work，对应的处理函数是 gpio_keys_gpio_work_func()，如代码清单 10.7 所示。

代码清单 10.7　GPIO 按键驱动的工作队列底半部

```
1   static void gpio_keys_gpio_work_func(struct work_struct *work)
2   {
3       struct gpio_button_data *bdata =
4           container_of(work, struct gpio_button_data, work);
5
6       gpio_keys_gpio_report_event(bdata);
7
8       if (bdata->button->wakeup)
9           pm_relax(bdata->input->dev.parent);
10  }
```

观察其中的第 3～4 行，它通过 container_of() 再次从 work_struct 反向解析出了 bdata。

原因是 work_struct 本身在定义时，就嵌入在 gpio_button_data 结构体内。读者朋友们应该掌握 Linux 的这种可以到处获取一个结构体指针的技巧，它实际上类似于面向对象里面的"this"指针。

```
struct gpio_button_data {
        const struct gpio_keys_button *button;
        struct input_dev *input;
        struct timer_list timer;
        struct work_struct work;
        unsigned int timer_debounce;      /* in msecs */
        unsigned int irq;
        spinlock_t lock;
        bool disabled;
        bool key_pressed;
};
```

10.4 中断共享

多个设备共享一根硬件中断线的情况在实际的硬件系统中广泛存在，Linux 支持这种中断共享。下面是中断共享的使用方法。

1）共享中断的多个设备在申请中断时，都应该使用 IRQF_SHARED 标志，而且一个设备以 IRQF_SHARED 申请某中断成功的前提是该中断未被申请，或该中断虽然被申请了，但是之前申请该中断的所有设备也都以 IRQF_SHARED 标志申请该中断。

2）尽管内核模块可访问的全局地址都可以作为 request_irq(…, void *dev_id) 的最后一个参数 dev_id，但是设备结构体指针显然是可传入的最佳参数。

3）在中断到来时，会遍历执行共享此中断的所有中断处理程序，直到某一个函数返回 IRQ_HANDLED。在中断处理程序顶半部中，应根据硬件寄存器中的信息比照传入的 dev_id 参数迅速地判断是否为本设备的中断，若不是，应迅速返回 IRQ_NONE，如图 10.5 所示。

代码清单 10.8 给出了使用共享中断的设备驱动程序的模板（仅包含与共享中断机制相关的部分）。

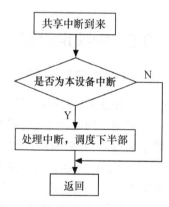

图 10.5 共享中断的处理

代码清单 10.8 共享中断编程模板

```
1  /* 中断处理顶半部 */
2  irqreturn_t xxx_interrupt(int irq, void *dev_id)
3  {
4      ...
5      int status = read_int_status();   /* 获知中断源 */
```

```
 6    if(!is_myint(dev_id,status))       /* 判断是否为本设备中断 */
 7            return IRQ_NONE;            /* 不是本设备中断，立即返回 */
 8
 9    /* 是本设备中断，进行处理 */
10    ...
11    return IRQ_HANDLED;                 /* 返回 IRQ_HANDLED 表明中断已被处理 */
12 }
13
14 /* 设备驱动模块加载函数 */
15 int xxx_init(void)
16 {
17    ...
18    /* 申请共享中断 */
19    result = request_irq(sh_irq, xxx_interrupt,
20          IRQF_SHARED, "xxx", xxx_dev);
21    ...
22 }
23
24 /* 设备驱动模块卸载函数 */
25 void xxx_exit(void)
26 {
27    ...
28    /* 释放中断 */
29    free_irq(xxx_irq, xxx_interrupt);
30    ...
31 }
```

10.5 内核定时器

10.5.1 内核定时器编程

软件意义上的定时器最终依赖硬件定时器来实现，内核在时钟中断发生后检测各定时器是否到期，到期后的定时器处理函数将作为软中断在底半部执行。实质上，时钟中断处理程序会唤起 TIMER_SOFTIRQ 软中断，运行当前处理器上到期的所有定时器。

在 Linux 设备驱动编程中，可以利用 Linux 内核中提供的一组函数和数据结构来完成定时触发工作或者完成某周期性的事务。这组函数和数据结构使得驱动工程师在多数情况下不用关心具体的软件定时器究竟对应着怎样的内核和硬件行为。

Linux 内核所提供的用于操作定时器的数据结构和函数如下。

1. timer_list

在 Linux 内核中，timer_list 结构体的一个实例对应一个定时器，如代码清单 10.9 所示。

代码清单 10.9　timer_list 结构体

```
1 struct timer_list {
2        /*
3         * All fields that change during normal runtime grouped to the
```

```
4               * same cacheline
5               */
6              struct list_head entry;
7              unsigned long expires;
8              struct tvec_base *base;
9
10             void (*function)(unsigned long);
11             unsigned long data;
12
13             int slack;
14
15     #ifdef CONFIG_TIMER_STATS
16             int start_pid;
17             void *start_site;
18             char start_comm[16];
19     #endif
20     #ifdef CONFIG_LOCKDEP
21             struct lockdep_map lockdep_map;
22     #endif
23     };
```

当定时器期满后，其中第 10 行的 function() 成员将被执行，而第 11 行的 data 成员则是传入其中的参数，第 7 行的 expires 则是定时器到期的时间（jiffies）。

如下代码定义一个名为 my_timer 的定时器：

```
struct timer_list my_timer;
```

2. 初始化定时器

init_timer 是一个宏，它的原型等价于：

```
void init_timer(struct timer_list * timer);
```

上述 init_timer() 函数初始化 timer_list 的 entry 的 next 为 NULL，并给 base 指针赋值。

TIMER_INITIALIZER(_function, _expires, _data) 宏用于赋值定时器结构体的 function、expires、data 和 base 成员，这个宏等价于：

```
#define TIMER_INITIALIZER(_function, _expires, _data) {         \
                .entry = { .prev = TIMER_ENTRY_STATIC },        \
                .function = (_function),                        \
                .expires = (_expires),                          \
                .data = (_data),                                \
                .base = &boot_tvec_bases,                       \
        }
```

DEFINE_TIMER(_name, _function, _expires, _data) 宏是定义并初始化定时器成员的"快捷方式"，这个宏定义为：

```
#define DEFINE_TIMER(_name, _function, _expires, _data)         \
```

```
struct timer_list _name =                                    \
                TIMER_INITIALIZER(_function, _expires, _data)
```

此外，setup_timer() 也可用于初始化定时器并赋值其成员，其源代码为：

```
#define __setup_timer(_timer, _fn, _data, _flags)            \
        do {                                                 \
                __init_timer((_timer), (_flags));            \
                (_timer)->function = (_fn);                  \
                (_timer)->data = (_data);                    \
        } while (0)
```

3. 增加定时器

```
void add_timer(struct timer_list * timer);
```

上述函数用于注册内核定时器，将定时器加入到内核动态定时器链表中。

4. 删除定时器

```
int del_timer(struct timer_list * timer);
```

上述函数用于删除定时器。

del_timer_sync() 是 del_timer() 的同步版，在删除一个定时器时需等待其被处理完，因此该函数的调用不能发生在中断上下文中。

5. 修改定时器的 expire

```
int mod_timer(struct timer_list *timer, unsigned long expires);
```

上述函数用于修改定时器的到期时间，在新的被传入的 expires 到来后才会执行定时器函数。

代码清单 10.10 给出了一个完整的内核定时器使用模板，在大多数情况下，设备驱动都如这个模板那样使用定时器。

代码清单 10.10　内核定时器使用模板

```
1  /* xxx 设备结构体 */
2  struct xxx_dev {
3      struct cdev cdev;
4      ...
5      timer_list xxx_timer;               /* 设备要使用的定时器 */
6  };
7
8  /* xxx 驱动中的某函数 */
9  xxx_func1(…)
10 {
11     struct xxx_dev *dev = filp->private_data;
12     ...
13     /* 初始化定时器 */
14     init_timer(&dev->xxx_timer);
```

```
15    dev->xxx_timer.function = &xxx_do_timer;
16    dev->xxx_timer.data = (unsigned long)dev;
17                    /* 设备结构体指针作为定时器处理函数参数 */
18    dev->xxx_timer.expires = jiffies + delay;
19    /* 添加（注册）定时器 */
20    add_timer(&dev->xxx_timer);
21    ...
22  }
23
24  /* xxx 驱动中的某函数 */
25  xxx_func2(…)
26  {
27    ...
28    /* 删除定时器 */
29    del_timer (&dev->xxx_timer);
30    ...
31  }
32
33  /* 定时器处理函数 */
34  static void xxx_do_timer(unsigned long arg)
35  {
36    struct xxx_device *dev = (struct xxx_device *)(arg);
37    ...
38    /* 调度定时器再执行 */
39    dev->xxx_timer.expires = jiffies + delay;
40    add_timer(&dev->xxx_timer);
41    ...
42  }
```

从代码清单第 18、39 行可以看出，定时器的到期时间往往是在目前 jiffies 的基础上添加一个时延，若为 Hz，则表示延迟 1s。

在定时器处理函数中，在完成相应的工作后，往往会延后 expires 并将定时器再次添加到内核定时器链表中，以便定时器能再次被触发。

此外，Linux 内核支持 tickless 和 NO_HZ 模式后，内核也包含对 hrtimer（高精度定时器）的支持，它可以支持到微秒级别的精度。内核也定义了 hrtimer 结构体，hrtimer_set_expires()、hrtimer_start_expires()、hrtimer_forward_now()、hrtimer_restart() 等类似的 API 来完成 hrtimer 的设置、时间推移以及到期回调。我们可以从 sound/soc/fsl/imx-pcm-fiq.c 中提取出一个使用范例，如代码清单 10.11 所示。

代码清单 10.11　内核高精度定时器（hrtimer）使用模板

```
1  static enum hrtimer_restart snd_hrtimer_callback(struct hrtimer *hrt)
2  {
3          ...
4
5          hrtimer_forward_now(hrt, ns_to_ktime(iprtd->poll_time_ns));
6
```

```
 7               return HRTIMER_RESTART;
 8       }
 9
10      static int snd_imx_pcm_trigger(struct snd_pcm_substream *substream, int cmd)
11      {
12              struct snd_pcm_runtime *runtime = substream->runtime;
13              struct imx_pcm_runtime_data *iprtd = runtime->private_data;
14
15              switch (cmd) {
16              case SNDRV_PCM_TRIGGER_START:
17              case SNDRV_PCM_TRIGGER_RESUME:
18              case SNDRV_PCM_TRIGGER_PAUSE_RELEASE:
19                      ...
20                      hrtimer_start(&iprtd->hrt, ns_to_ktime(iprtd->poll_time_ns),
21                              HRTIMER_MODE_REL);
22                      ...
23      }
24
25      static int snd_imx_open(struct snd_pcm_substream *substream)
26      {
27              ...
28              hrtimer_init(&iprtd->hrt, CLOCK_MONOTONIC, HRTIMER_MODE_REL);
29              iprtd->hrt.function = snd_hrtimer_callback;
30
31              ...
32              return 0;
33      }
34      static int snd_imx_close(struct snd_pcm_substream *substream)
35      {
36              ...
37              hrtimer_cancel(&iprtd->hrt);
38              ...
39      }
```

第 28 ~ 29 行在声卡打开的时候通过 hrtimer_init() 初始化了 hrtimer，并指定回调函数为 snd_hrtimer_callback()；在启动播放（第 15 ~ 21 行 SNDRV_PCM_TRIGGER_START）等时刻通过 hrtimer_start() 启动了 hrtimer；iprtd->poll_time_ns 纳秒后，时间到 snd_hrtimer_callback() 函数在中断上下文被执行，它紧接着又通过 hrtimer_forward_now() 把 hrtimer 的时间前移了 iprtd->poll_time_ns 纳秒，这样周而复始；直到声卡被关闭，第 37 行又调用了 hrtimer_cancel() 取消在 open 时初始化的 hrtimer。

10.5.2　内核中延迟的工作 delayed_work

对于周期性的任务，除了定时器以外，在 Linux 内核中还可以利用一套封装得很好的快捷机制，其本质是利用工作队列和定时器实现，这套快捷机制就是 delayed_work，delayed_work 结构体的定义如代码清单 10.12 所示。

代码清单 10.12　delayed_work 结构体

```
1  struct delayed_work {
2      struct work_struct work;
3      struct timer_list timer;
4
5      /* target workqueue and CPU ->timer uses to queue ->work */
6      struct workqueue_struct *wq;
7      int cpu;
8  };
```

我们可以通过如下函数调度一个 delayed_work 在指定的延时后执行：

`int schedule_delayed_work(struct delayed_work *work, unsigned long delay);`

当指定的 delay 到来时，delayed_work 结构体中的 work 成员 work_func_t 类型成员 func() 会被执行。work_func_t 类型定义为：

`typedef void (*work_func_t)(struct work_struct *work);`

其中，delay 参数的单位是 jiffies，因此一种常见的用法如下：

`schedule_delayed_work(&work, msecs_to_jiffies(poll_interval));`

msecs_to_jiffies() 用于将毫秒转化为 jiffies。

如果要周期性地执行任务，通常会在 delayed_work 的工作函数中再次调用 schedule_delayed_work()，周而复始。

如下函数用来取消 delayed_work：

```
int cancel_delayed_work(struct delayed_work *work);
int cancel_delayed_work_sync(struct delayed_work *work);
```

10.5.3　实例：秒字符设备

下面我们编写一个字符设备"second"（即"秒"）的驱动，它在被打开的时候初始化一个定时器并将其添加到内核定时器链表中，每秒输出一次当前的 jiffies（为此，定时器处理函数中每次都要修改新的 expires），整个程序如代码清单 10.13 所示。

代码清单 10.13　使用内核定时器的 second 字符设备驱动

```
1  #include <linux/module.h>
2  #include <linux/fs.h>
3  #include <linux/mm.h>
4  #include <linux/init.h>
5  #include <linux/cdev.h>
6  #include <linux/slab.h>
7  #include <linux/uaccess.h>
8
9  #define SECOND_MAJOR 248
```

```c
10
11   static int second_major = SECOND_MAJOR;
12   module_param(second_major, int, S_IRUGO);
13
14   struct second_dev {
15       struct cdev cdev;
16       atomic_t counter;
17       struct timer_list s_timer;
18   };
19
20   static struct second_dev *second_devp;
21
22   static void second_timer_handler(unsigned long arg)
23   {
24    mod_timer(&second_devp->s_timer, jiffies + HZ);       /* 触发下一次定时 */
25    atomic_inc(&second_devp->counter);                    /* 增加秒计数 */
26
27    printk(KERN_INFO "current jiffies is %ld\n", jiffies);
28   }
29
30   static int second_open(struct inode *inode, struct file *filp)
31   {
32    init_timer(&second_devp->s_timer);
33    second_devp->s_timer.function = &second_timer_handler;
34    second_devp->s_timer.expires = jiffies + HZ;
35
36    add_timer(&second_devp->s_timer);
37
38    atomic_set(&second_devp->counter, 0);                 /* 初始化秒计数为0 */
39
40    return 0;
41   }
42
43   static int second_release(struct inode *inode, struct file *filp)
44   {
45    del_timer(&second_devp->s_timer);
46
47    return 0;
48   }
49
50   static ssize_t second_read(struct file *filp, char __user * buf, size_t count,
51    loff_t * ppos)
52   {
53    int counter;
54
55    counter = atomic_read(&second_devp->counter);
56    if (put_user(counter, (int *)buf))                    /* 复制counter到userspace */
57        return -EFAULT;
58    else
59        return sizeof(unsigned int);
60   }
```

```c
61
62  static const struct file_operations second_fops = {
63      .owner = THIS_MODULE,
64      .open = second_open,
65      .release = second_release,
66      .read = second_read,
67  };
68
69  static void second_setup_cdev(struct second_dev *dev, int index)
70  {
71      int err, devno = MKDEV(second_major, index);
72
73      cdev_init(&dev->cdev, &second_fops);
74      dev->cdev.owner = THIS_MODULE;
75      err = cdev_add(&dev->cdev, devno, 1);
76      if (err)
77          printk(KERN_ERR "Failed to add second device\n");
78  }
79
80  static int __init second_init(void)
81  {
82      int ret;
83      dev_t devno = MKDEV(second_major, 0);
84
85      if (second_major)
86          ret = register_chrdev_region(devno, 1, "second");
87      else {
88          ret = alloc_chrdev_region(&devno, 0, 1, "second");
89          second_major = MAJOR(devno);
90      }
91      if (ret < 0)
92          return ret;
93
94      second_devp = kzalloc(sizeof(*second_devp), GFP_KERNEL);
95      if (!second_devp) {
96          ret = -ENOMEM;
97          goto fail_malloc;
98      }
99
100     second_setup_cdev(second_devp, 0);
101
102     return 0;
103
104 fail_malloc:
105     unregister_chrdev_region(devno, 1);
106     return ret;
107 }
108 module_init(second_init);
109
110 static void __exit second_exit(void)
```

```
111 {
112     cdev_del(&second_devp->cdev);
113     kfree(second_devp);
114     unregister_chrdev_region(MKDEV(second_major, 0), 1);
115 }
116 module_exit(second_exit);
117
118 MODULE_AUTHOR("Barry Song <21cnbao@gmail.com>");
119 MODULE_LICENSE("GPL v2");
```

在 second 的 open() 函数中，将启动定时器，此后每 1s 会再次运行定时器处理函数，在 second 的 release() 函数中，定时器被删除。

second_dev 结构体中的原子变量 counter 用于秒计数，每次在定时器处理函数中调用的 atomic_inc() 会令其原子性地增 1，second 的 read() 函数会将这个值返回给用户空间。

本书配套的 Ubuntu 中 /home/baohua/develop/training/kernel/drivers/second/ 包含了 second 设备驱动以及 second_test.c 用户空间测试程序，运行 make 命令编译得到 second.ko 和 second_test，加载 second.ko 内核模块并创建 /dev/second 设备文件节点：

```
# mknod /dev/second c 248 0
```

代码清单 10.14 给出了 second_test.c 这个应用程序，它打开 /dev/second，其后不断地读取自 /dev/second 设备文件打开以后经历的秒数。

代码清单 10.14　second 设备用户空间测试程序

```
1  #include ...
2
3  main()
4  {
5      int fd;
6      int counter = 0;
7      int old_counter = 0;
8
9      /* 打开 /dev/second 设备文件 */
10     fd = open("/dev/second", O_RDONLY);
11     if (fd != - 1) {
13         while (1) {
15             read(fd,&counter, sizeof(unsigned int));/* 读目前经历的秒数 */
16             if(counter!=old_counter) {
18                 printf("seconds after open /dev/second :%d\n",counter);
19                 old_counter = counter;
20             }
21         }
22     } else {
25         printf("Device open failure\n");
26     }
27 }
```

运行 second_test 后,内核将不断地输出目前的 jiffies 值:

```
[13935.122093] current jiffies is 13635122
[13936.124441] current jiffies is 13636124
[13937.126078] current jiffies is 13637126
[13952.832648] current jiffies is 13652832
[13953.834078] current jiffies is 13653834
[13954.836090] current jiffies is 13654836
[13955.838389] current jiffies is 13655838
[13956.840453] current jiffies is 13656840
...
```

从上述内核的打印消息也可以看出,本书配套 Ubuntu 上的每秒 jiffies 大概走 1000 次。而应用程序将不断输出自 /dec/second 打开以后经历的秒数:

```
# ./second_test
seconds after open /dev/second :1
seconds after open /dev/second :2
seconds after open /dev/second :3
seconds after open /dev/second :4
seconds after open /dev/second :5
...
```

10.6 内核延时

10.6.1 短延迟

Linux 内核中提供了下列 3 个函数以分别进行纳秒、微秒和毫秒延迟:

```
void ndelay(unsigned long nsecs);
void udelay(unsigned long usecs);
void mdelay(unsigned long msecs);
```

上述延迟的实现原理本质上是忙等待,它根据 CPU 频率进行一定次数的循环。有时候,人们在软件中进行下面的延迟:

```
void delay(unsigned int time)
{
    while(time--);
}
```

ndelay()、udelay() 和 mdelay() 函数的实现方式原理与此类似。内核在启动时,会运行一个延迟循环校准(Delay Loop Calibration),计算出 lpj(Loops Per Jiffy),内核启动时会打印如下类似信息:

```
Calibrating delay loop... 530.84 BogoMIPS (lpj=1327104)
```

如果我们直接在 bootloader 传递给内核的 bootargs 中设置 lpj=1327104,则可以省掉这个校准的过程，节省约百毫秒级的开机时间。

毫秒时延（以及更大的秒时延）已经比较大了，在内核中，最好不要直接使用 mdelay() 函数，这将耗费 CPU 资源，对于毫秒级以上的时延，内核提供了下述函数：

```
void msleep(unsigned int millisecs);
unsigned long msleep_interruptible(unsigned int millisecs);
void ssleep(unsigned int seconds);
```

上述函数将使得调用它的进程睡眠参数指定的时间为 millisecs，msleep()、ssleep() 不能被打断，而 msleep_interruptible() 则可以被打断。

受系统 Hz 以及进程调度的影响，msleep() 类似函数的精度是有限的。

10.6.2 长延迟

在内核中进行延迟的一个很直观的方法是比较当前的 jiffies 和目标 jiffies（设置为当前 jiffies 加上时间间隔的 jiffies），直到未来的 jiffies 达到目标 jiffies。代码清单 10.15 给出了使用忙等待先延迟 100 个 jiffies 再延迟 2s 的实例。

代码清单 10.15 忙等待时延实例

```
1  /* 延迟100个jiffies */
2  unsigned long delay = jiffies + 100;
3  while(time_before(jiffies, delay));
4
5  /* 再延迟2s */
6  unsigned long delay = jiffies + 2*Hz;
7  while(time_before(jiffies, delay));
```

与 time_before() 对应的还有一个 time_after()，它们在内核中定义为（实际上只是将传入的未来时间 jiffies 和被调用时的 jiffies 进行一个简单的比较）：

```
#define time_after(a,b)         \
    (typecheck(unsigned long, a) && \
     typecheck(unsigned long, b) && \
     ((long)(b) - (long)(a) < 0))
#define time_before(a,b)    time_after(b,a)
```

为了防止在 time_before() 和 time_after() 的比较过程中编译器对 jiffies 的优化，内核将其定义为 volatile 变量，这将保证每次都会重新读取这个变量。因此 volatile 更多的作用还是避免这种读合并。

10.6.3 睡着延迟

睡着延迟无疑是比忙等待更好的方式，睡着延迟是在等待的时间到来之前进程处于睡眠状态，CPU 资源被其他进程使用。schedule_timeout() 可以使当前任务休眠至指定的 jiffies 之后再重新被调度执行，msleep() 和 msleep_interruptible() 在本质上都是依靠包含了 schedule_timeout() 的 schedule_timeout_uninterruptible() 和 schedule_timeout_interruptible() 来实现的，如代码清单 10.16 所示。

代码清单 10.16　schedule_timeout() 的使用

```
1  void msleep(unsigned int msecs)
2  {
3      unsigned long timeout = msecs_to_jiffies(msecs) + 1;
4
5      while (timeout)
6          timeout = schedule_timeout_uninterruptible(timeout);
7  }
8
9  unsigned long msleep_interruptible(unsigned int msecs)
10 {
11     unsigned long timeout = msecs_to_jiffies(msecs) + 1;
12
13     while (timeout && !signal_pending(current))
14         timeout = schedule_timeout_interruptible(timeout);
15     return jiffies_to_msecs(timeout);
16 }
```

实际上，schedule_timeout() 的实现原理是向系统添加一个定时器，在定时器处理函数中唤醒与参数对应的进程。

代码清单 10.16 中第 6 行和第 14 行分别调用 schedule_timeout_uninterruptible() 和 schedule_timeout_interruptible()，这两个函数的区别在于前者在调用 schedule_timeout() 之前置进程状态为 TASK_INTERRUPTIBLE，后者置进程状态为 TASK_UNINTERRUPTIBLE，如代码清单 10.17 所示。

代码清单 10.17　schedule_timeout_interruptible() 和 schedule_timeout_interruptible()

```
1  signed long __sched schedule_timeout_interruptible(signed long timeout)
2  {
3      __set_current_state(TASK_INTERRUPTIBLE);
4      return schedule_timeout(timeout);
5  }
6
7  signed long __sched schedule_timeout_uninterruptible(signed long timeout)
8  {
9      __set_current_state(TASK_UNINTERRUPTIBLE);
10     return schedule_timeout(timeout);
11 }
```

另外，下面两个函数可以将当前进程添加到等待队列中，从而在等待队列上睡眠。当超时发生时，进程将被唤醒（后者可以在超时前被打断）：

```
sleep_on_timeout(wait_queue_head_t *q, unsigned long timeout);
interruptible_sleep_on_timeout(wait_queue_head_t*q, unsigned long timeout);
```

10.7 总结

Linux 的中断处理分为两个半部，顶半部处理紧急的硬件操作，底半部处理不紧急的耗时操作。tasklet 和工作队列都是调度中断底半部的良好机制，tasklet 基于软中断实现。内核定时器也依靠软中断实现。

内核中的延时可以采用忙等待或睡眠等待，为了充分利用 CPU 资源，使系统有更好的吞吐性能，在对延迟时间的要求并不是很精确的情况下，睡眠等待通常是值得推荐的，而 ndelay()、udelay() 忙等待机制在驱动中通常是为了配合硬件上的短时延迟要求。

第 11 章
内存与 I/O 访问

本章导读

由于 Linux 系统提供了复杂的内存管理功能，所以内存的概念在 Linux 系统中相对复杂，有常规内存、高端内存、虚拟地址、逻辑地址、总线地址、物理地址、I/O 内存、设备内存、预留内存等概念。本章将系统地讲解内存和 I/O 的访问编程，带读者走出内存和 I/O 的概念迷宫。

11.1 节讲解内存和 I/O 的硬件机制，主要涉及内存空间、I/O 空间和 MMU。

11.2 节讲解 Linux 的内存管理、内存区域的分布、常规内存与高端内存的区别。

11.3 节讲解 Linux 内存存取的方法，主要涉及内存动态申请以及通过虚拟地址存取物理地址的方法。

11.4 节讲解设备 I/O 端口和 I/O 内存的访问流程，这一节对于编写设备驱动的意义非常重大，设备驱动使用此节的方法访问物理设备。

11.5 节讲解 I/O 内存静态映射。

11.6 节讲解设备驱动中的 DMA 与 Cache 一致性问题以及 DMA 的编程方法。

11.1 CPU 与内存、I/O

11.1.1 内存空间与 I/O 空间

在 X86 处理器中存在着 I/O 空间的概念，I/O 空间是相对于内存空间而言的，它通过特定的指令 in、out 来访问。端口号标识了外设的寄存器地址。Intel 语法中的 in、out 指令格式如下：

```
IN  累加器, {端口号 | DX}
OUT {端口号 | DX}, 累加器
```

目前，大多数嵌入式微控制器（如 ARM、PowerPC 等）中并不提供 I/O 空间，而仅存在内存空间。内存空间可以直接通过地址、指针来访问，程序及在程序运行中使用的变量和其他数据都存在于内存空间中。

内存地址可以直接由 C 语言指针操作，例如在 186 处理器中执行如下代码：

```
unsigned char *p = (unsigned char *)0xF000FF00;
*p=11;
```

以上程序的意义是在绝对地址 0xF0000+0xFF00（186 处理器使用 16 位段地址和 16 位偏移地址）中写入 11。

而在 ARM、PowerPC 等未采用段地址的处理器中，p 指向的内存空间就是 0xF000FF00，而 *p = 11 就是在该地址写入 11。

再如，186 处理器启动后会在绝对地址 0xFFFF0（对应的 C 语言指针是 0xF000FFF0，0xF000 为段地址，0xFFF0 为段内偏移）中执行，请看下面的代码：

```
typedef void (*lpFunction) ( ); /* 定义一个无参数、无返回类型的函数指针类型 */
lpFunction lpReset = (lpFunction)0xF000FFF0; /* 定义一个函数指针，指向 */
/* CPU 启动后所执行的第一条指令的位置 */
lpReset(); /* 调用函数 */
```

在以上程序中，没有定义任何一个函数实体，但是程序却执行了这样的函数调用：lpReset()，它实际上起到了"软重启"的作用，跳转到 CPU 启动后第一条要执行的指令的位置。因此，可以通过函数指针调用一个没有函数体的"函数"，这本质上只是换一个地址开始执行。

即便是在 X86 处理器中，虽然提供了 I/O 空间，如果由我们自己设计电路板，外设仍然可以只挂接在内存空间中。此时，CPU 可以像访问一个内存单元那样访问外设 I/O 端口，而不需要设立专门的 I/O 指令。因此，内存空间是必需的，而 I/O 空间是可选的。图 11.1 给出了内存空间和 I/O 空间的对比。

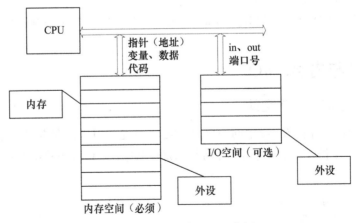

图 11.1　内存空间和 I/O 空间

11.1.2　内存管理单元

高性能处理器一般会提供一个内存管理单元（MMU），该单元辅助操作系统进行内存管理，提供虚拟地址和物理地址的映射、内存访问权限保护和 Cache 缓存控制等硬件支持。操作系统内核借助 MMU 可以让用户感觉到程序好像可以使用非常大的内存空间，从而使得编程人员在写程序时不用考虑计算机中物理内存的实际容量。

为了理解基本的 MMU 操作原理，需先明晰几个概念。

1）TLB（Translation Lookaside Buffer）：即转换旁路缓存，TLB 是 MMU 的核心部件，它缓存少量的虚拟地址与物理地址的转换关系，是转换表的 Cache，因此也经常被称为"快表"。

2）TTW（Translation Table walk）：即转换表漫游，当 TLB 中没有缓冲对应的地址转换关系时，需要通过对内存中转换表（大多数处理器的转换表为多级页表，如图 11.2 所示）的访问来获得虚拟地址和物理地址的对应关系。TTW 成功后，结果应写入 TLB 中。

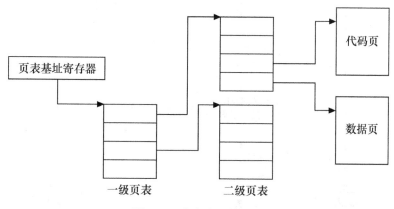

图 11.2　内存中的转换表

图 11.3 给出了一个典型的 ARM 处理器访问内存的过程，其他处理器也执行类似过程。当 ARM 要访问存储器时，MMU 先查找 TLB 中的虚拟地址表。如果 ARM 的结构支持分开的数据 TLB（DTLB）和指令 TLB（ITLB），则除了取指令使用 ITLB 外，其他的都使用 DTLB。ARM 处理器的 MMU 如图 11.3 所示。

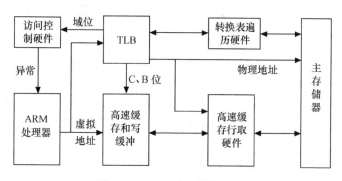

图 11.3　ARM 处理器的 MMU

若 TLB 中没有虚拟地址的入口，则转换表遍历硬件并从存放于主存储器内的转换表中获取地址转换信息和访问权限（即执行 TTW），同时将这些信息放入 TLB，它或者被放在一个没有使用的入口或者替换一个已经存在的入口。之后，在 TLB 条目中控制信息的控制下，当访问权限允许时，对真实物理地址的访问将在 Cache 或者在内存中发生，如图 11.4 所示。

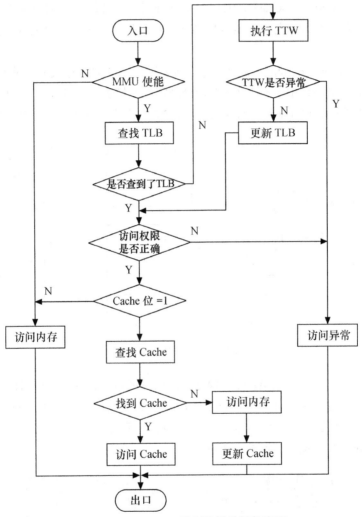

图 11.4　ARM CPU 进行数据访问的流程

ARM 内 TLB 条目中的控制信息用于控制对对应地址的访问权限以及 Cache 的操作。
- C（高速缓存）和 B（缓冲）位被用来控制对应地址的高速缓存和写缓冲，并决定是否进行高速缓存。
- 访问权限和域位用来控制读写访问是否被允许。如果不允许，MMU 则向 ARM 处理器发送一个存储器异常，否则访问将被允许进行。

上述描述的 MMU 机制针对的虽然是 ARM 处理器，但 PowerPC、MIPS 等其他处理器也均有类似的操作。

MMU 具有虚拟地址和物理地址转换、内存访问权限保护等功能，这将使得 Linux 操作系统能单独为系统的每个用户进程分配独立的内存空间并保证用户空间不能访问内核空间的地址，为操作系统的虚拟内存管理模块提供硬件基础。

在 Linux 2.6.11 之前，Linux 内核硬件无关层使用了三级页表 PGD、PMD 和 PTE；从 Linux 2.6.11 开始，为了配合 64 位 CPU 的体系结构，硬件无关层则使用了 4 级页表目录管理的方式，即 PGD、PUD、PMD 和 PTE。注意这仅仅是一种软件意义上的抽象，实际硬件的页表级数可能少于 4。代码清单 11.1 给出了一个典型的从虚拟地址得到 PTE 的页表查询 (Page Table Walk) 过程，它取自 arch/arm/lib/uaccess_with_memcpy.c。

代码清单 11.1　Linux 的四级页表与页表查询

```
1  static int
2  pin_page_for_write(const void __user *_addr, pte_t **ptep, spinlock_t **ptlp)
3  {
4   unsigned long addr = (unsigned long)_addr;
5   pgd_t *pgd;
6   pmd_t *pmd;
7   pte_t *pte;
8   pud_t *pud;
9   spinlock_t *ptl;
10
11  pgd = pgd_offset(current->mm, addr);
12  if (unlikely(pgd_none(*pgd) || pgd_bad(*pgd)))
13      return 0;
14
15  pud = pud_offset(pgd, addr);
16  if (unlikely(pud_none(*pud) || pud_bad(*pud)))
17      return 0;
18
19  pmd = pmd_offset(pud, addr);
20  if (unlikely(pmd_none(*pmd)))
21      return 0;
22
23  /*
24   * A pmd can be bad if it refers to a HugeTLB or THP page.
25   *
26   * Both THP and HugeTLB pages have the same pmd layout
27   * and should not be manipulated by the pte functions.
28   *
29   * Lock the page table for the destination and check
30   * to see that it's still huge and whether or not we will
31   * need to fault on write, or if we have a splitting THP.
32   */
33  if (unlikely(pmd_thp_or_huge(*pmd))) {
34      ptl = &current->mm->page_table_lock;
```

```
35         spin_lock(ptl);
36         if (unlikely(!pmd_thp_or_huge(*pmd)
37             ||pmd_hugewillfault(*pmd)
38             ||pmd_trans_splitting(*pmd))) {
39             spin_unlock(ptl);
40             return 0;
41         }
42
43         *ptep = NULL;
44         *ptlp = ptl;
45         return 1;
46     }
47
48     if (unlikely(pmd_bad(*pmd)))
49         return 0;
50
51     pte = pte_offset_map_lock(current->mm, pmd, addr, &ptl);
52     if (unlikely(!pte_present(*pte) ||!pte_young(*pte) ||
53         !pte_write(*pte) ||!pte_dirty(*pte))) {
54         pte_unmap_unlock(pte, ptl);
55         return 0;
56     }
57
58     *ptep = pte;
59     *ptlp = ptl;
60
61     return 1;
62 }
```

第 11 行的类型为 struct mm_struct 的参数 mm 用于描述 Linux 进程所占有的内存资源。上述代码中的 pgd_offset、pud_offset、pmd_offset 分别用于得到一级页表、二级页表和三级页表的入口，最后通过 pte_offset_map_lock 得到目标页表项 pte。而且第 33 行还通过 pmd_thp_or_huge() 判断是否有巨页的情况，如果是巨页，就直接访问 pmd。

但是，MMU 并不是对所有的处理器都是必需的，例如常用的 SAMSUNG 基于 ARM7TDMI 系列的 S3C44B0X 不附带 MMU，新版的 Linux 2.6 支持不带 MMU 的处理器。在嵌入式系统中，仍存在大量无 MMU 的处理器，Linux 2.6 为了更广泛地应用于嵌入式系统，融合了 uClinux，以支持这些无 MMU 系统，如 Dragonball、ColdFire、Hitachi H8/300、Blackfin 等。

11.2　Linux 内存管理

对于包含 MMU 的处理器而言，Linux 系统提供了复杂的存储管理系统，使得进程所能访问的内存达到 4GB。

在 Linux 系统中，进程的 4GB 内存空间被分为两个部分——用户空间与内核空间。用户空间的地址一般分布为 0 ~ 3GB(即 PAGE_OFFSET，在 0x86 中它等于 0xC0000000)，这样，剩下的 3 ~ 4GB 为内核空间，如图 11.5 所示。用户进程通常只能访问用户空间的虚拟地址，不能访问内核空间的虚拟地址。用户进程只有通过系统调用（代表用户进程在内核态执行）等方式才可以访问到内核空间。

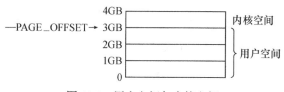

图 11.5　用户空间与内核空间

每个进程的用户空间都是完全独立、互不相干的，用户进程各自有不同的页表。而内核空间是由内核负责映射，它并不会跟着进程改变，是固定的。内核空间的虚拟地址到物理地址映射是被所有进程共享的，内核的虚拟空间独立于其他程序。

Linux 中 1GB 的内核地址空间又被划分为物理内存映射区、虚拟内存分配区、高端页面映射区、专用页面映射区和系统保留映射区这几个区域，如图 11.6 所示。

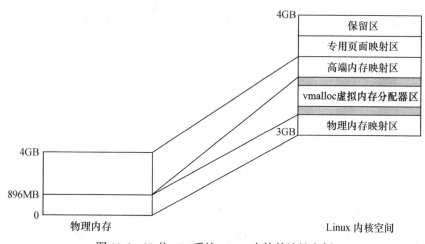

图 11.6　32 位 x86 系统 Linux 内核的地址空间

对于 x86 系统而言，一般情况下，物理内存映射区最大长度为 896MB，系统的物理内存被顺序映射在内核空间的这个区域中。当系统物理内存大于 896MB 时，超过物理内存映射区的那部分内存称为高端内存（而未超过物理内存映射区的内存通常被称为常规内存），内核在存取高端内存时必须将它们映射到高端页面映射区。

Linux 保留内核空间最顶部 FIXADDR_TOP ~ 4GB 的区域作为保留区。

紧接着最顶端的保留区以下的一段区域为专用页面映射区（FIXADDR_START ~ FIXADDR_TOP），它的总尺寸和每一页的用途由 fixed_address 枚举结构在编译时预定义，用

__fix_to_virt(index) 可获取专用区内预定义页面的逻辑地址。其开始地址和结束地址宏定义如下：

```
#define FIXADDR_START          (FIXADDR_TOP - __FIXADDR_SIZE)
#define FIXADDR_TOP            ((unsigned long)__FIXADDR_TOP)
#define __FIXADDR_TOP          0xfffff000
```

接下来，如果系统配置了高端内存，则位于专用页面映射区之下的就是一段高端内存映射区，其起始地址为 PKMAP_BASE，定义如下：

```
#define PKMAP_BASE ( (FIXADDR_BOOT_START - PAGE_SIZE*(LAST_PKMAP + 1)) & PMD_MASK )
```

其中所涉及的宏定义如下：

```
#define FIXADDR_BOOT_START     (FIXADDR_TOP - __FIXADDR_BOOT_SIZE)
#define LAST_PKMAP      PTRS_PER_PTE
#define PTRS_PER_PTE    512
#define PMD_MASK        (~(PMD_SIZE-1))
#define PMD_SIZE        (1UL << PMD_SHIFT)
#define PMD_SHIFT       21
```

在物理区和高端映射区之间为虚拟内存分配器区（VMALLOC_START ~ VMALLOC_END），用于 vmalloc() 函数，它的前部与物理内存映射区有一个隔离带，后部与高端映射区也有一个隔离带，vmalloc 区域定义如下：

```
#define VMALLOC_OFFSET (8*1024*1024)
#define VMALLOC_START    (((unsigned long) high_memory + \
    vmalloc_earlyreserve + 2*VMALLOC_OFFSET-1) & ~(VMALLOC_OFFSET-1))

#ifdef CONFIG_HIGHMEM                         /* 支持高端内存 */
#define VMALLOC_END    (PKMAP_BASE-2*PAGE_SIZE)
#else                                         /* 不支持高端内存 */
#define VMALLOC_END    (FIXADDR_START-2*PAGE_SIZE)
#endif
```

当系统物理内存超过 4GB 时，必须使用 CPU 的扩展分页（PAE）模式所提供的 64 位页目录项才能存取到 4GB 以上的物理内存，这需要 CPU 的支持。加入了 PAE 功能的 Intel Pentium Pro 及以后的 CPU 允许内存最大可配置到 64GB，它们具备 36 位物理地址空间寻址能力。

由此可见，对于 32 位的 x86 而言，在 3 ~ 4GB 之间的内核空间中，从低地址到高地址依次为：物理内存映射区→隔离带→vmalloc 虚拟内存分配器区→隔离带→高端内存映射区→专用页面映射区→保留区。

直接进行映射的 896MB 物理内存其实又分为两个区域，在低于 16MB 的区域，ISA 设备可以做 DMA，所以该区域为 DMA 区域（内核为了保证 ISA 驱动在申请 DMA 缓冲区的时候，通过 GFP_DMA 标记可以确保申请到 16MB 以内的内存，所以必须把这个区域列为一个单独的区域管理)；16MB ~ 896MB 之间的为常规（NORMAL）区域。高于 896MB 的就称为高端内存区域了。

32 位 ARM Linux 的内核空间地址映射与 x86 不太一样，内核文档 Documentation/arm/memory.txt 给出了 ARM Linux 的内存映射情况。0xffff0000 ~ 0xffff0fff 是 "CPU vector page"，即向量表的地址。较老的内核中 0xffc00000 ~ 0xffefffff 是 DMA 内存映射区域，dma_alloc_xxx 族函数把 DMA 缓冲区映射在这一段，VMALLOC_START ~ VMALLOC_END-1 是 vmalloc 和 ioremap 区域（在 vmalloc 区域的大小可以配置，通过 "vmalloc=" 这个启动参数可以指定，新的内核 dma_alloc_xxx 族函数也一般映射在此区域），PAGE_OFFSET ~ high_memory-1 是 DMA 和常规区域的映射区域，MODULES_VADDR ~ MODULES_END-1 是内核模块区域，PKMAP_BASE ~ PAGE_OFFSET-1 是高端内存映射区。假设我们把 PAGE_OFFSET 定义为 3GB，实际上 Linux 内核模块位于 3GB-16MB ~ 3GB - 2MB，高端内存映射区则通常位于 3GB-2MB ~ 3GB。

图 11.7 给出了 32 位 ARM 系统 Linux 内核地址空间中的内核模块区域、高端内存映射区、vmalloc、向量表区域等。我们假定编译内核的时候选择的是 VMSPLIT_3G（3G/1G user/kernel split）。如果用户选择的是 VMSPLIT_2G（2G/2G user/kernel split），则图 11.7 中的内核模块开始于 2GB-16MB，DMA 和常规内存区域映射区也开始于 2GB。

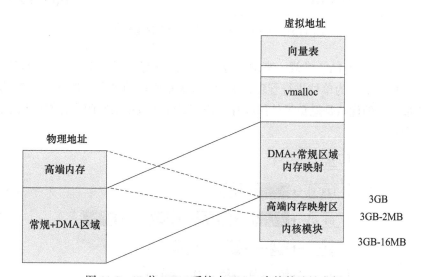

图 11.7 32 位 ARM 系统中 Linux 内核的地址空间

ARM 系统的 Linux 之所以把内核模块安置在 3GB 或者 2GB 附近的 16MB 范围内，主要是为了实现内核模块和内核本身的代码段之间的短跳转。

对于 ARM SoC 而言，如果芯片内部有的硬件组件的 DMA 引擎访问内存时有地址空间限制（某些空间访问不到），比如假设 UART 控制器的 DMA 只能访问 32MB，那么这个低 32MB 就是 DMA 区域；32MB 到高端内存地址的这段称为常规区域；再之上的称为高端内存区域。

图 11.8 给出了几种 DMA、常规、高端内存区域可能的分布，在第一种情况下，有硬件的 DMA 引擎不能访问全部地址，且内存较大而无法全部在内核空间虚拟地址映射下，存放有 3 个区域；第二种情况下，没有硬件的 DMA 引擎不能访问全部地址，且内存较大而无法全部在内核空间虚拟地址映射下，则常规区域实际退化为 0；第三种情况下，有硬件的 DMA 引擎不能访问全部地址，且内存较小，因而可以全部在内核空间虚拟地址映射下，则高端内存区域实际退化为 0；第四种情况下，没有硬件的 DMA 引擎不能访问全部地址，且内存较小可以全部在内核空间虚拟地址映射下，则常规和高端内存区域实际退化为 0。

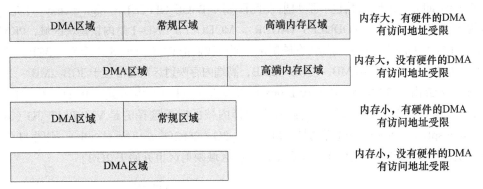

图 11.8　DMA、常规、高端内存区域分布

如图 11.9 所示，DMA、常规、高端内存这 3 个区域都采用 buddy 算法进行管理，把空闲的页面以 2 的 n 次方为单位进行管理，因此 Linux 最底层的内存申请都是以 2^n 为单位的。Buddy 算法最主要的优点是避免了外部碎片，任何时候区域里的空闲内存都能以 2 的 n 次方进行拆分或合并。

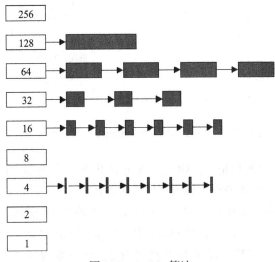

图 11.9　buddy 算法

/proc/buddyinfo 会显示每个区域里面 2^n 的空闲页面分布情况，比如：

```
$cat /proc/buddyinfo
Node 0, zone      DMA       8      5      2      7      8      3      0      0
0        1        0
Node 0, zone      Normal    2002   1252   524    187    183    71     7      0
0        1        1
```

上述结果显示高端内存区域为 0，DMA 区域里 1 页空闲的内存还有 8 个，连续 2 页空闲的有 5 个，连续 4 页空闲的有 2 个，以此类推；常规区域里面 1 页空闲的还有 2002 个，连续 2 页空闲的有 1252 个，以此类推。

对于内核物理内存映射区的虚拟内存（即从 DMA 和常规区域映射过来的），使用 virt_to_phys() 可以实现内核虚拟地址转化为物理地址。与之对应的函数为 phys_to_virt()，它将物理地址转化为内核虚拟地址。

注意：上述 virt_to_phys() 和 phys_to_virt() 方法仅适用于 DMA 和常规区域，高端内存的虚拟地址与物理地址之间不存在如此简单的换算关系。

11.3 内存存取

11.3.1 用户空间内存动态申请

在用户空间中动态申请内存的函数为 malloc()，这个函数在各种操作系统上的使用都是一致的，malloc() 申请的内存的释放函数为 free()。对于 Linux 而言，C 库的 malloc() 函数一般通过 brk() 和 mmap() 两个系统调用从内核申请内存。

由于用户空间 C 库的 malloc 算法实际上具备一个二次管理能力，所以并不是每次申请和释放内存都一定伴随着对内核的系统调用。比如，代码清单 11.2 的应用程序可以从内核拿到内存后，立即调用 free()，由于 free() 之前调用了 mallopt(M_TRIM_THRESHOLD, −1) 和 mallopt(M_MMAP_MAX, 0)，这个 free() 并不会把内存还给内核，而只是还给了 C 库的分配算法（内存仍然属于这个进程），因此之后所有的动态内存申请和释放都在用户态下进行。

代码清单 11.2　用户空间内存申请以及 mallopt

```
1   #include <malloc.h>
2   #include <sys/mman.h>
3
4   #define SOMESIZE (100*1024*1024)          // 100MB
5
6   int main(int argc, char *argv[])
7   {
8     unsigned char *buffer;
9     int i;
10
11    if (mlockall(MCL_CURRENT | MCL_FUTURE))
```

```
12          mallopt(M_TRIM_THRESHOLD, -1);
13     mallopt(M_MMAP_MAX, 0);
14
15     buffer = malloc(SOMESIZE);
16     if (!buffer)
17          exit(-1);
18
19     /*
20      * Touch each page in this piece of memory to get it
21      * mapped into RAM
22      */
23     for (i = 0; i < SOMESIZE; i += page_size)
24          buffer[i] = 0;
25     free(buffer);
26     /* <do your RT-thing> */
27
28     return 0;
29 }
```

另外，Linux 内核总是采用按需调页（Demand Paging），因此当 malloc() 返回的时候，虽然是成功返回，但是内核并没有真正给这个进程内存，这个时候如果去读申请的内存，内容全部是 0，这个页面的映射是只读的。只有当写到某个页面的时候，内核才在页错误后，真正把这个页面给这个进程。

11.3.2 内核空间内存动态申请

在 Linux 内核空间中申请内存涉及的函数主要包括 kmalloc()、__get_free_pages() 和 vmalloc() 等。kmalloc() 和 __get_free_pages()（及其类似函数）申请的内存位于 DMA 和常规区域的映射区，而且在物理上也是连续的，它们与真实的物理地址只有一个固定的偏移，因此存在较简单的转换关系。而 vmalloc() 在虚拟内存空间给出一块连续的内存区，实质上，这片连续的虚拟内存在物理内存中并不一定连续，而 vmalloc() 申请的虚拟内存和物理内存之间也没有简单的换算关系。

1. kmalloc()

```
void *kmalloc(size_t size, int flags);
```

给 kmalloc() 的第一个参数是要分配的块的大小；第二个参数为分配标志，用于控制 kmalloc() 的行为。

最常用的分配标志是 GFP_KERNEL，其含义是在内核空间的进程中申请内存。kmalloc() 的底层依赖于 __get_free_pages() 来实现，分配标志的前缀 GFP 正好是这个底层函数的缩写。使用 GFP_KERNEL 标志申请内存时，若暂时不能满足，则进程会睡眠等待页，即会引起阻塞，因此不能在中断上下文或持有自旋锁的时候使用 GFP_KERNEL 申请内存。

由于在中断处理函数、tasklet 和内核定时器等非进程上下文中不能阻塞，所以此时驱动应当使用 GFP_ATOMIC 标志来申请内存。当使用 GFP_ATOMIC 标志申请内存时，若不存在空闲页，则不等待，直接返回。

其他的申请标志还包括 GFP_USER（用来为用户空间页分配内存，可能阻塞）、GFP_HIGHUSER（类似 GFP_USER，但是它从高端内存分配）、GFP_DMA（从 DMA 区域分配内存）、GFP_NOIO（不允许任何 I/O 初始化）、GFP_NOFS（不允许进行任何文件系统调用）、__GFP_HIGHMEM（指示分配的内存可以位于高端内存）、__GFP_COLD（请求一个较长时间不访问的页）、__GFP_NOWARN（当一个分配无法满足时，阻止内核发出警告）、__GFP_HIGH（高优先级请求，允许获得被内核保留给紧急状况使用的最后的内存页）、__GFP_REPEAT（分配失败，则尽力重复尝试）、__GFP_NOFAIL（标志只许申请成功，不推荐）和 __GFP_NORETRY（若申请不到，则立即放弃）等。

使用 kmalloc() 申请的内存应使用 kfree() 释放，这个函数的用法和用户空间的 free() 类似。

2. __get_free_pages ()

__get_free_pages() 系列函数 / 宏本质上是 Linux 内核最底层用于获取空闲内存的方法，因为底层的 buddy 算法以 2^n 页为单位管理空闲内存，所以最底层的内存申请总是以 2^n 页为单位的。

__get_free_pages() 系列函数 / 宏包括 get_zeroed_page()、__get_free_page() 和 __get_free_pages()。

```
get_zeroed_page(unsigned int flags);
```

该函数返回一个指向新页的指针并且将该页清零。

```
__get_free_page(unsigned int flags);
```

该宏返回一个指向新页的指针但是该页不清零，它实际上为：

```
#define __get_free_page(gfp_mask) \
        __get_free_pages((gfp_mask),0)
```

就是调用了下面的 __get_free_pages() 申请 1 页。

```
__get_free_pages(unsigned int flags, unsigned int order);
```

该函数可分配多个页并返回分配内存的首地址，分配的页数为 2^{order}，分配的页也不清零。order 允许的最大值是 10（即 1024 页）或者 11（即 2048 页），这取决于具体的硬件平台。

__get_free_pages() 和 get_zeroed_page() 在实现中调用了 alloc_pages() 函数，alloc_pages() 既可以在内核空间分配，也可以在用户空间分配，其原型为：

```
struct page * alloc_pages(int gfp_mask, unsigned long order);
```

参数含义与 __get_free_pages() 类似，但它返回分配的第一个页的描述符而非首地址。

使用 __get_free_pages() 系列函数/宏申请的内存应使用下列函数释放:

```
void free_page(unsigned long addr);
void free_pages(unsigned long addr, unsigned long order);
```

__get_free_pages 等函数在使用时,其申请标志的值与 kmalloc() 完全一样,各标志的含义也与 kmalloc() 完全一致,最常用的是 GFP_KERNEL 和 GFP_ATOMIC。

3. vmalloc()

vmalloc() 一般只为存在于软件中(没有对应的硬件意义)的较大的顺序缓冲区分配内存,vmalloc() 远大于 __get_free_pages() 的开销,为了完成 vmalloc(),新的页表项需要被建立。因此,只是调用 vmalloc() 来分配少量的内存(如 1 页以内的内存)是不妥的。

vmalloc() 申请的内存应使用 vfree() 释放,vmalloc() 和 vfree() 的函数原型如下:

```
void *vmalloc(unsigned long size);
void vfree(void * addr);
```

vmalloc() 不能用在原子上下文中,因为它的内部实现使用了标志为 GFP_KERNEL 的 kmalloc()。

使用 vmalloc() 函数的一个例子函数是 create_module() 系统调用,它利用 vmalloc() 函数来获取被创建模块需要的内存空间。

vmalloc() 在申请内存时,会进行内存的映射,改变页表项,不像 kmalloc() 实际用的是开机过程中就映射好的 DMA 和常规区域的页表项。因此 vmalloc() 的虚拟地址和物理地址不是一个简单的线性映射。

4. slab 与内存池

一方面,完全使用页为单元申请和释放内存容易导致浪费(如果要申请少量字节,也需要用 1 页);另一方面,在操作系统的运作过程中,经常会涉及大量对象的重复生成、使用和释放内存问题。在 Linux 系统中所用到的对象,比较典型的例子是 inode、task_struct 等。如果我们能够用合适的方法使得对象在前后两次被使用时分配在同一块内存或同一类内存空间且保留了基本的数据结构,就可以大大提高效率。slab 算法就是针对上述特点设计的。实际上 kmalloc() 就是使用 slab 机制实现的。

slab 是建立在 buddy 算法之上的,它从 buddy 算法拿到 2^n 页面后再次进行二次管理,这一点和用户空间的 C 库很像。slab 申请的内存以及基于 slab 的 kmalloc() 申请的内存,与物理内存之间也是一个简单的线性偏移。

(1) 创建 slab 缓存

```
struct kmem_cache *kmem_cache_create(const char *name, size_t size,
    size_t align, unsigned long flags,
    void (*ctor)(void*, struct kmem_cache *, unsigned long),
    void (*dtor)(void*, struct kmem_cache *, unsigned long));
```

kmem_cache_create() 用于创建一个 slab 缓存,它是一个可以保留任意数目且全部同样大小的后备缓存。参数 size 是要分配的每个数据结构的大小，参数 flags 是控制如何进行分配的位掩码，包括 SLAB_HWCACHE_ALIGN（每个数据对象被对齐到一个缓存行）、SLAB_CACHE_DMA（要求数据对象在 DMA 区域中分配）等。

（2）分配 slab 缓存

```
void *kmem_cache_alloc(struct kmem_cache *cachep, gfp_t flags);
```

上述函数在 kmem_cache_create() 创建的 slab 后备缓存中分配一块并返回首地址指针。

（3）释放 slab 缓存

```
void kmem_cache_free(struct kmem_cache *cachep, void *objp);
```

上述函数释放由 kmem_cache_alloc() 分配的缓存。

（4）收回 slab 缓存

```
int kmem_cache_destroy(struct kmem_cache *cachep);
```

代码清单 11.3 给出了 slab 缓存的使用范例。

代码清单 11.3　slab 缓存使用范例

```
1  /* 创建 slab 缓存 */
2  static kmem_cache_t    *xxx_cachep;
3  xxx_cachep = kmem_cache_create("xxx", sizeof(struct xxx),
4                  0, SLAB_HWCACHE_ALIGN|SLAB_PANIC, NULL, NULL);
5  /* 分配 slab 缓存 */
6  struct xxx *ctx;
7  ctx = kmem_cache_alloc(xxx_cachep, GFP_KERNEL);
8  .../* 使用 slab 缓存 */
9  /* 释放 slab 缓存 */
10 kmem_cache_free(xxx_cachep, ctx);
11 kmem_cache_destroy(xxx_cachep);
```

在系统中通过 /proc/slabinfo 节点可以获知当前 slab 的分配和使用情况，运行 cat /proc/slabinfo：

```
# cat /proc/slabinfo
slabinfo - version: 2.1
# name            <active_objs> <num_objs> <objsize> <objperslab> <pagesperslab> :
     tunables <limit> <batchcount> <sharedfactor> : slabdata <active_slabs>
     <num_slabs> <sharedavail>
isofs_inode_cache      66     66    360   22    2 : tunables    0    0    0 :
     slabdata       3      3      0
ext4_groupinfo_4k     156    156    104   39    1 : tunables    0    0    0 :
     slabdata       4      4      0
UDPLITEv6               0      0    768   21    4 : tunables    0    0    0 :
     slabdata       0      0      0
UDPv6                  84     84    768   21    4 : tunables    0    0    0 :
     slabdata       4      4      0
tw_sock_TCPv6           0      0    192   21    1 : tunables    0    0    0 :
     slabdata       0      0      0
```

```
TCPv6                  88      88   1472   22    8 : tunables    0    0    0 :
    slabdata            4       4      0
zcache_objnode                  0      0    272   30    2 : tunables    0    0    0 :
    slabdata            0       0      0
kcopyd_job                      0      0   2344   13    8 : tunables    0    0    0 :
    slabdata            0       0      0
dm_uevent                       0      0   2464   13    8 : tunables    0    0    0 :
    slabdata            0       0      0
...
```

注意：slab 不是要代替 __get_free_pages()，其在最底层仍然依赖于 __get_free_pages()，slab 在底层每次申请 1 页或多页，之后再分隔这些页为更小的单元进行管理，从而节省了内存，也提高了 slab 缓冲对象的访问效率。

除了 slab 以外，在 Linux 内核中还包含对内存池的支持，内存池技术也是一种非常经典的用于分配大量小对象的后备缓存技术。

在 Linux 内核中，与内存池相关的操作包括如下几种。

(1) 创建内存池

```
mempool_t *mempool_create(int min_nr, mempool_alloc_t *alloc_fn,
    mempool_free_t *free_fn, void *pool_data);
```

mempool_create() 函数用于创建一个内存池，min_nr 参数是需要预分配对象的数目，alloc_fn 和 free_fn 是指向内存池机制提供的标准对象分配和回收函数的指针，其原型分别为：

```
typedef void *(mempool_alloc_t)(int gfp_mask, void *pool_data);
```

和

```
typedef void (mempool_free_t)(void *element, void *pool_data);
```

pool_data 是分配和回收函数用到的指针，gfp_mask 是分配标记。只有当 __GFP_WAIT 标记被指定时，分配函数才会休眠。

(2) 分配和回收对象

在内存池中分配和回收对象需由以下函数来完成：

```
void *mempool_alloc(mempool_t *pool, int gfp_mask);
void mempool_free(void *element, mempool_t *pool);
```

mempool_alloc() 用来分配对象，如果内存池分配器无法提供内存，那么就可以用预分配的池。

(3) 回收内存池

```
void mempool_destroy(mempool_t *pool);
```

由 mempool_create() 函数创建的内存池需由 mempool_destroy() 来回收。

11.4 设备 I/O 端口和 I/O 内存的访问

设备通常会提供一组寄存器来控制设备、读写设备和获取设备状态，即控制寄存器、数据寄存器和状态寄存器。这些寄存器可能位于 I/O 空间中，也可能位于内存空间中。当位于 I/O 空间时，通常被称为 I/O 端口；当位于内存空间时，对应的内存空间被称为 I/O 内存。

11.4.1 Linux I/O 端口和 I/O 内存访问接口

1. I/O 端口

在 Linux 设备驱动中，应使用 Linux 内核提供的函数来访问定位于 I/O 空间的端口，这些函数包括如下几种。

1）读写字节端口（8 位宽）。

```
unsigned inb(unsigned port);
void outb(unsigned char byte, unsigned port);
```

2）读写字端口（16 位宽）。

```
unsigned inw(unsigned port);
void outw(unsigned short word, unsigned port);
```

3）读写长字端口（32 位宽）。

```
unsigned inl(unsigned port);
void outl(unsigned longword, unsigned port);
```

4）读写一串字节。

```
void insb(unsigned port, void *addr, unsigned long count);
void outsb(unsigned port, void *addr, unsigned long count);
```

5）insb() 从端口 port 开始读 count 个字节端口，并将读取结果写入 addr 指向的内存；outsb() 将 addr 指向的内存中的 count 个字节连续写入以 port 开始的端口。

6）读写一串字。

```
void insw(unsigned port, void *addr, unsigned long count);
void outsw(unsigned port, void *addr, unsigned long count);
```

7）读写一串长字。

```
void insl(unsigned port, void *addr, unsigned long count);
void outsl(unsigned port, void *addr, unsigned long count);
```

上述各函数中 I/O 端口号 port 的类型高度依赖于具体的硬件平台，因此，这里只是写出了 unsigned。

2. I/O 内存

在内核中访问 I/O 内存（通常是芯片内部的各个 I^2C、SPI、USB 等控制器的寄存器或者外部内存总线上的设备）之前，需首先使用 ioremap() 函数将设备所处的物理地址映射到虚拟地址上。ioremap() 的原型如下：

```
void *ioremap(unsigned long offset, unsigned long size);
```

ioremap() 与 vmalloc() 类似，也需要建立新的页表，但是它并不进行 vmalloc() 中所执行的内存分配行为。ioremap() 返回一个特殊的虚拟地址，该地址可用来存取特定的物理地址范围，这个虚拟地址位于 vmalloc 映射区域。通过 ioremap() 获得的虚拟地址应该被 iounmap() 函数释放，其原型如下：

```
void iounmap(void * addr);
```

ioremap() 有个变体是 devm_ioremap()，类似于其他以 devm_ 开头的函数，通过 devm_ioremap() 进行的映射通常不需要在驱动退出和出错处理的时候进行 iounmap()。devm_ioremap() 的原型为：

```
void __iomem *devm_ioremap(struct device *dev, resource_size_t offset,
                           unsigned long size);
```

在设备的物理地址（一般都是寄存器）被映射到虚拟地址之后，尽管可以直接通过指针访问这些地址，但是 Linux 内核推荐用一组标准的 API 来完成设备内存映射的虚拟地址的读写。

读寄存器用 readb_relaxed()、readw_relaxed()、readl_relaxed()、readb()、readw()、readl() 这一组 API，以分别读 8bit、16bit、32bit 的寄存器，没有 _relaxed 后缀的版本与有 _relaxed 后缀的版本的区别是没有 _relaxed 后缀的版本包含一个内存屏障，如：

```
#define readb(c)          ({ u8  __v = readb_relaxed(c); __iormb(); __v; })
#define readw(c)          ({ u16 __v = readw_relaxed(c); __iormb(); __v; })
#define readl(c)          ({ u32 __v = readl_relaxed(c); __iormb(); __v; })
```

写寄存器用 writeb_relaxed()、writew_relaxed()、writel_relaxed()、writeb()、writew()、writel() 这一组 API，以分别写 8bit、16bit、32bit 的寄存器，没有 _relaxed 后缀的版本与有 _relaxed 后缀的版本的区别是前者包含一个内存屏障，如：

```
#define writeb(v,c)       ({ __iowmb(); writeb_relaxed(v,c); })
#define writew(v,c)       ({ __iowmb(); writew_relaxed(v,c); })
#define writel(v,c)       ({ __iowmb(); writel_relaxed(v,c); })
```

11.4.2　申请与释放设备的 I/O 端口和 I/O 内存

1. I/O 端口申请

Linux 内核提供了一组函数以申请和释放 I/O 端口，表明该驱动要访问这片区域。

```
struct resource *request_region(unsigned long first, unsigned long n, const char *name);
```

这个函数向内核申请 n 个端口，这些端口从 first 开始，name 参数为设备的名称。如果分配成功，则返回值不是 NULL，如果返回 NULL，则意味着申请端口失败。

当用 request_region() 申请的 I/O 端口使用完成后，应当使用 release_region() 函数将它们归还给系统，这个函数的原型如下：

```
void release_region(unsigned long start, unsigned long n);
```

2. I/O 内存申请

同样，Linux 内核也提供了一组函数以申请和释放 I/O 内存的范围。此处的"申请"表明该驱动要访问这片区域，它不会做任何内存映射的动作，更多的是类似于"reservation"的概念。

```
struct resource *request_mem_region(unsigned long start, unsigned long len, char *name);
```

这个函数向内核申请 n 个内存地址，这些地址从 first 开始，name 参数为设备的名称。如果分配成功，则返回值不是 NULL，如果返回 NULL，则意味着申请 I/O 内存失败。

当用 request_mem_region() 申请的 I/O 内存使用完成后，应当使用 release_mem_region() 函数将它们归还给系统，这个函数的原型如下：

```
void release_mem_region(unsigned long start, unsigned long len);
```

request_region() 和 request_mem_region() 也分别有变体，其为 devm_request_region() 和 devm_request_mem_region()。

11.4.3 设备 I/O 端口和 I/O 内存访问流程

综合 11.3 节和本节的内容，可以归纳出设备驱动访问 I/O 端口和 I/O 内存的步骤。

I/O 端口访问的一种途径是直接使用 I/O 端口操作函数：在设备打开或驱动模块被加载时申请 I/O 端口区域，之后使用 inb()、outb() 等进行端口访问，最后，在设备关闭或驱动被卸载时释放 I/O 端口范围。整个流程如图 11.10 所示。

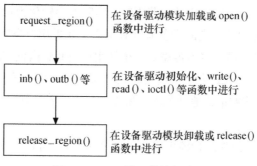

图 11.10 I/O 端口的访问流程

I/O 内存的访问步骤如图 11.11 所示，首先是调用 request_mem_region() 申请资源，接着将寄存器地址通过 ioremap() 映射到内核空间虚拟地址，之后就可以通过 Linux 设备访问编程接口访问这些设备的寄存器了。访问完成后，应对 ioremap() 申请的虚拟地址进行释放，并释放 release_mem_region() 申请的 I/O 内存资源。

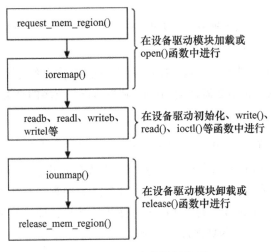

图 11.11 I/O 内存访问流程

有时候，驱动在访问寄存器或 I/O 端口前，会省去 request_mem_region()、request_region() 这样的调用。

11.4.4 将设备地址映射到用户空间

1. 内存映射与 VMA

一般情况下，用户空间是不可能也不应该直接访问设备的寄存器或地址空间的，但是，设备驱动程序中可实现 mmap() 函数，这个函数可使得用户空间能直接访问设备的寄存器或地址空间。实际上，mmap() 实现了这样的一个映射过程：它将用户空间的一段内存与设备内存关联，当用户访问用户空间的这段地址范围时，实际上会转化为对设备的访问。

这种能力对于显示适配器一类的设备非常有意义，如果用户空间可直接通过内存映射访问显存的话，屏幕帧的各点像素将不再需要一个从用户空间到内核空间的复制的过程。

mmap() 必须以 PAGE_SIZE 为单位进行映射，实际上，内存只能以页为单位进行映射，若要映射非 PAGE_SIZE 整数倍的地址范围，要先进行页对齐，强行以 PAGE_SIZE 的倍数大小进行映射。

从 file_operations 文件操作结构体可以看出，驱动中 mmap() 函数的原型如下：

```
int(*mmap)(struct file *, struct vm_area_struct*);
```

驱动中的 mmap() 函数将在用户进行 mmap() 系统调用时最终被调用，mmap() 系统调用的原型与 file_operations 中 mmap() 的原型区别很大，如下所示：

```
caddr_t mmap (caddr_t addr, size_t len, int prot, int flags, int fd, off_t offset);
```

参数 fd 为文件描述符，一般由 open() 返回，fd 也可以指定为 -1，此时需指定 flags 参数中的 MAP_ANON，表明进行的是匿名映射。

len 是映射到调用者用户空间的字节数，它从被映射文件开头 offset 个字节开始算起，offset 参数一般设为 0，表示从文件头开始映射。

prot 参数指定访问权限，可取如下几个值的"或"：PROT_READ(可读)、PROT_WRITE(可写)、PROT_EXEC（可执行）和 PROT_NONE（不可访问）。

参数 addr 指定文件应被映射到用户空间的起始地址，一般被指定为 NULL，这样，选择起始地址的任务将由内核完成，而函数的返回值就是映射到用户空间的地址。其类型 caddr_t 实际上就是 void*。

当用户调用 mmap() 的时候，内核会进行如下处理。

1）在进程的虚拟空间查找一块 VMA。
2）将这块 VMA 进行映射。
3）如果设备驱动程序或者文件系统的 file_operations 定义了 mmap() 操作，则调用它。
4）将这个 VMA 插入进程的 VMA 链表中。

file_operations 中 mmap() 函数的第 2 个参数就是步骤 1）找到的 VMA。

由 mmap() 系统调用映射的内存可由 munmap() 解除映射，这个函数的原型如下：

```
int munmap(caddr_t addr, size_t len );
```

驱动程序中 mmap() 的实现机制是建立页表，并填充 VMA 结构体中 vm_operations_struct 指针。VMA 就是 vm_area_struct，用于描述一个虚拟内存区域，VMA 结构体的定义如代码清单 11.4 所示。

代码清单 11.4　VMA 结构体

```
1   struct vm_area_struct {
2       /* The first cache line has the info for VMA tree walking. */
3
4       unsigned long vm_start;        /* Our start address within vm_mm. */
5       unsigned long vm_end;          /* The first byte after our end address
6                                         within vm_mm. */
7
8       /* linked list of VM areas per task, sorted by address */
9       struct vm_area_struct *vm_next, *vm_prev;
10
11      struct rb_node vm_rb;
12
13      ...
14
15      /* Second cache line starts here. */
```

```
16
17    struct mm_struct *vm_mm;           /* The address space we belong to. */
18    pgprot_t vm_page_prot;             /* Access permissions of this VMA. */
19    unsigned long vm_flags;            /* Flags, see mm.h. */
20
21    ...
22    const struct vm_operations_struct *vm_ops;
23
24    /* Information about our backing store: */
25    unsigned long vm_pgoff;            /* Offset (within vm_file) in PAGE_SIZE
26                                          units, *not* PAGE_CACHE_SIZE */
27    struct file * vm_file;             /* File we map to (can be NULL). */
28    void * vm_private_data;            /* was vm_pte (shared mem) */
29    ...
30 };
```

VMA结构体描述的虚地址介于vm_start和vm_end之间，而其vm_ops成员指向这个VMA的操作集。针对VMA的操作都被包含在vm_operations_struct结构体中，vm_operations_struct结构体的定义如代码清单11.5所示。

代码清单11.5　vm_operations_struct结构体

```
1  struct vm_operations_struct {
2    void (*open)(struct vm_area_struct * area);
3    void (*close)(struct vm_area_struct * area);
4    int (*fault)(struct vm_area_struct *vma, struct vm_fault *vmf);
5    void (*map_pages)(struct vm_area_struct *vma, struct vm_fault *vmf);
6
7    /* notification that a previously read-only page is about to become
8     * writable, if an error is returned it will cause a SIGBUS */
9    int (*page_mkwrite)(struct vm_area_struct *vma, struct vm_fault *vmf);
10
11   /* called by access_process_vm when get_user_pages() fails, typically
12    * for use by special VMAs that can switch between memory and hardware
13    */
14   int (*access)(struct vm_area_struct *vma, unsigned long addr,
15          void *buf, int len, int write);
16   ...
17 };
```

整个vm_operations_struct结构体的实体会在file_operations的mmap()成员函数里被赋值给相应的vma->vm_ops，而上述open()函数也通常在mmap()里调用，close()函数会在用户调用munmap()的时候被调用到。代码清单11.6给出了一个vm_operations_struct的操作范例。

代码清单11.6　vm_operations_struct操作范例

```
1  static int xxx_mmap(struct file *filp, struct vm_area_struct *vma)
2  {
3      if (remap_pfn_range(vma, vma->vm_start, vm->vm_pgoff, vma->vm_end - vma
```

```
4          ->vm_start, vma->vm_page_prot))                    /* 建立页表 */
5          return -EAGAIN;
6      vma->vm_ops = &xxx_remap_vm_ops;
7      xxx_vma_open(vma);
8      return 0;
9  }
10
11 static void xxx_vma_open(struct vm_area_struct *vma)        /* VMA 打开函数 */
12 {
13     ...
14     printk(KERN_NOTICE "xxx VMA open, virt %lx, phys %lx\n", vma->vm_start,
15         vma->vm_pgoff << PAGE_SHIFT);
16 }
17
18 static void xxx_vma_close(struct vm_area_struct *vma)       /* VMA 关闭函数 */
19 {
20     ...
21     printk(KERN_NOTICE "xxx VMA close.\n");
22 }
23
24 static struct vm_operations_struct xxx_remap_vm_ops = {     /* VMA 操作结构体 */
25     .open = xxx_vma_open,
26     .close = xxx_vma_close,
27     ...
28 };
```

第 3 行调用的 remap_pfn_range() 创建页表项，以 VMA 结构体的成员（VMA 的数据成员是内核根据用户的请求自己填充的）作为 remap_pfn_range() 的参数，映射的虚拟地址范围是 vma->vm_start 至 vma->vm_end。

remap_pfn_range() 函数的原型如下：

```
int remap_pfn_range(struct vm_area_struct *vma, unsigned long addr,
        unsigned long pfn, unsigned long size, pgprot_t prot);
```

其中的 addr 参数表示内存映射开始处的虚拟地址。remap_pfn_range() 函数为 addr ～ addr+size 的虚拟地址构造页表。

pfn 是虚拟地址应该映射到的物理地址的页帧号，实际上就是物理地址右移 PAGE_SHIFT 位。若 PAGE_SIZE 为 4KB，则 PAGE_SHIFT 为 12，因为 PAGE_SIZE 等于 1<<PAGE_SHIFT。

prot 是新页所要求的保护属性。

在驱动程序中，我们能使用 remap_pfn_range() 映射内存中的保留页、设备 I/O、framebuffer、camera 等内存。在 remap_pfn_range() 上又可以进一步封装出 io_remap_pfn_range()、vm_iomap_memory() 等 API。

```
#define io_remap_pfn_range remap_pfn_range

int vm_iomap_memory(struct vm_area_struct *vma, phys_addr_t start, unsigned long len)
```

```
{
    unsigned long vm_len, pfn, pages;

    ...
    len += start & ~PAGE_MASK;
    pfn = start >> PAGE_SHIFT;
    pages = (len + ~PAGE_MASK) >> PAGE_SHIFT;
    ...
    pfn += vma->vm_pgoff;
    pages -= vma->vm_pgoff;

    /* Can we fit all of the mapping? */
    vm_len = vma->vm_end - vma->vm_start;
    ...

    /* Ok, let it rip */
    return io_remap_pfn_range(vma, vma->vm_start, pfn, vm_len, vma->vm_page_prot);
}
```

代码清单11.7给出了LCD驱动映射framebuffer物理地址到用户空间的典型范例,代码取自drivers/video/fbdev/core/fbmem.c。

代码清单11.7 LCD 驱动映射 framebuffer 的 mmap

```
 1  static int
 2  fb_mmap(struct file *file, struct vm_area_struct * vma)
 3  {
 4      struct fb_info *info = file_fb_info(file);
 5      struct fb_ops *fb;
 6      unsigned long mmio_pgoff;
 7      unsigned long start;
 8      u32 len;
 9
10      if (!info)
11          return -ENODEV;
12      fb = info->fbops;
13      if (!fb)
14          return -ENODEV;
15      mutex_lock(&info->mm_lock);
16      if (fb->fb_mmap) {
17          int res;
18          res = fb->fb_mmap(info, vma);
19          mutex_unlock(&info->mm_lock);
20          return res;
21      }
22
23      /*
24       * Ugh. This can be either the frame buffer mapping, or
25       * if pgoff points past it, the mmio mapping.
26       */
27      start = info->fix.smem_start;
```

```
28      len = info->fix.smem_len;
29      mmio_pgoff = PAGE_ALIGN((start & ~PAGE_MASK) + len) >> PAGE_SHIFT;
30      if (vma->vm_pgoff >= mmio_pgoff) {
31          if (info->var.accel_flags) {
32                  mutex_unlock(&info->mm_lock);
33                  return -EINVAL;
34          }
35
36          vma->vm_pgoff -= mmio_pgoff;
37          start = info->fix.mmio_start;
38          len = info->fix.mmio_len;
39      }
40      mutex_unlock(&info->mm_lock);
41
42      vma->vm_page_prot = vm_get_page_prot(vma->vm_flags);
43      fb_pgprotect(file, vma, start);
44
45      return vm_iomap_memory(vma, start, len);
46  }
```

通常，I/O 内存被映射时需要是 nocache 的，这时候，我们应该对 vma->vm_page_prot 设置 nocache 标志之后再映射，如代码清单 11.8 所示。

代码清单 11.8　以 nocache 方式将内核空间映射到用户空间

```
1   static int xxx_nocache_mmap(struct file *filp, struct vm_area_struct *vma)
2   {
3       vma->vm_page_prot = pgprot_noncached(vma->vm_page_prot);/* 赋 nocache 标志 */
4       vma->vm_pgoff = ((u32)map_start >> PAGE_SHIFT);
5       /* 映射 */
6       if (remap_pfn_range(vma, vma->vm_start, vma->vm_pgoff, vma->vm_end - vma
7         ->vm_start, vma->vm_page_prot))
8           return -EAGAIN;
9       return 0;
10  }
```

上述代码第 3 行的 pgprot_noncached() 是一个宏，它高度依赖于 CPU 的体系结构，ARM 的 pgprot_noncached() 定义如下：

```
#define pgprot_noncached(prot) \
        __pgprot_modify(prot, L_PTE_MT_MASK, L_PTE_MT_UNCACHED)
```

另一个比 pgprot_noncached() 稍微少一些限制的宏是 pgprot_writecombine()，它的定义如下：

```
#define pgprot_writecombine(prot) \
        __pgprot_modify(prot, L_PTE_MT_MASK, L_PTE_MT_BUFFERABLE)
```

pgprot_noncached() 实际禁止了相关页的 Cache 和写缓冲（Write Buffer），pgprot_writecombine() 则没有禁止写缓冲。ARM 的写缓冲器是一个非常小的 FIFO 存储器，位于处理器核与主存之间,其目的在于将处理器核和 Cache 从较慢的主存写操作中解脱出来。写缓冲区与 Cache 在存储层次上处于同一层次,但是它只作用于写主存。

2. fault() 函数

除了 remap_pfn_range() 以外,在驱动程序中实现 VMA 的 fault() 函数通常可以为设备提供更加灵活的内存映射途径。当访问的页不在内存里,即发生缺页异常时,fault() 会被内核自动调用,而 fault() 的具体行为可以自定义。这是因为当发生缺页异常时,系统会经过如下处理过程。

1)找到缺页的虚拟地址所在的 VMA。

2)如果必要,分配中间页目录表和页表。

3)如果页表项对应的物理页面不存在,则调用这个 VMA 的 fault() 方法,它返回物理页面的页描述符。

4)将物理页面的地址填充到页表中。

fault() 函数在 Linux 的早期版本中命名为 nopage(),后来变更为了 fault()。代码清单 11.9 给出了一个设备驱动中使用 fault() 的典型范例。

代码清单 11.9　fault () 函数使用范例

```
1  static int xxx_fault(struct vm_area_struct *vma, struct vm_fault *vmf)
2  {
3      unsigned long paddr;
4      unsigned long pfn;
5      pgoff_t index = vmf->pgoff;
6      struct vma_data *vdata = vma->vm_private_data;
7
8      ...
9
10     pfn = paddr >> PAGE_SHIFT;
11
12     vm_insert_pfn(vma, (unsigned long)vmf->virtual_address, pfn);
13
14     return VM_FAULT_NOPAGE;
15 }
```

大多数设备驱动都不需要提供设备内存到用户空间的映射能力,因为,对于串口等面向流的设备而言,实现这种映射毫无意义。而对于显示、视频等设备,建立映射可减少用户空间和内核空间之间的内存复制。

11.5　I/O 内存静态映射

在将 Linux 移植到目标电路板的过程中,有的会建立外设 I/O 内存物理地址到虚拟地址的静态映射,这个映射通过在与电路板对应的 map_desc 结构体数组中添加新的成员来完成,

map_desc 结构体的定义如代码清单 11.10 所示。

代码清单 11.10　map_desc 结构体

```
1  struct map_desc {
2    unsigned long virtual;        /* 虚拟地址 */
3    unsigned long pfn ;           /* __phys_to_pfn(phy_addr) */
4    unsigned long length;         /* 大小 */
5    unsigned int type;            /* 类型 */
6  };
```

例如，在内核 arch/arm/mach-ixp2000/ixdp2x01.c 文件对应的 Intel IXDP2401 和 IXDP2801 平台上包含一个 CPLD，该文件中就进行了 CPLD 物理地址到虚拟地址的静态映射，如代码清单 11.11 所示。

代码清单 11.11　在电路板文件中增加物理地址到虚拟地址的静态映射

```
1  static struct map_desc ixdp2x01_io_desc __initdata = {
2          .virtual        = IXDP2X01_VIRT_CPLD_BASE,
3          .pfn            = __phys_to_pfn(IXDP2X01_PHYS_CPLD_BASE),
4          .length         = IXDP2X01_CPLD_REGION_SIZE,
5          .type           = MT_DEVICE
6  };
7
8  static void __init ixdp2x01_map_io(void)
9  {
10         ixp2000_map_io();
11         iotable_init(&ixdp2x01_io_desc, 1);
12 }
```

代码清单 11.11 中的第 11 行 iotable_init() 是最终建立页映射的函数，它通过 MACHINE_START、MACHINE_END 宏赋值给电路板的 map_io() 函数。将 Linux 操作系统移植到特定平台上，MACHINE_START（或者 DT_MACHINE_START）、MACHINE_END 宏之间的定义针对特定电路板而设计，其中的 map_io() 成员函数完成 I/O 内存的静态映射。

在一个已经移植好操作系统的内核中，驱动工程师可以对非常规内存区域的 I/O 内存（外设控制器寄存器、MCU 内部集成的外设控制器寄存器等）依照电路板的资源使用情况添加到 map_desc 数组中，但是目前该方法已经不值得推荐。

11.6　DMA

DMA 是一种无须 CPU 的参与就可以让外设与系统内存之间进行双向数据传输的硬件机制。使用 DMA 可以使系统 CPU 从实际的 I/O 数据传输过程中摆脱出来，从而大大提高系统的吞吐率。DMA 通常与硬件体系结构，特别是外设的总线技术密切相关。

DMA 方式的数据传输由 DMA 控制器（DMAC）控制，在传输期间，CPU 可以并发地执行其他任务。当 DMA 结束后，DMAC 通过中断通知 CPU 数据传输已经结束，然后由 CPU 执行相应的中断服务程序进行后处理。

11.6.1 DMA 与 Cache 一致性

Cache 和 DMA 本身似乎是两个毫不相关的事物。Cache 被用作 CPU 针对内存的缓存，利用程序的空间局部性和时间局部性原理，达到较高的命中率，从而避免 CPU 每次都必须要与相对慢速的内存交互数据来提高数据的访问速率。DMA 可以作为内存与外设之间传输数据的方式，在这种传输方式之下，数据并不需要经过 CPU 中转。

假设 DMA 针对内存的目的地址与 Cache 缓存的对象没有重叠区域（如图 11.12 所示），DMA 和 Cache 之间将相安无事。但是，如果 DMA 的目的地址与 Cache 所缓存的内存地址访问有重叠（如图 11.13 所示），经过 DMA 操作，与 Cache 缓存对应的内存中的数据已经被修改，而 CPU 本身并不知道，它仍然认为 Cache 中的数据就是内存中的数据，那在以后访问 Cache 映射的内存时，它仍然使用陈旧的 Cache 数据。这样就会发生 Cache 与内存之间数据"不一致性"的错误。

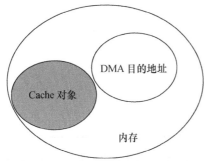

图 11.12　DMA 目的地址与 Cache 对象没有重叠

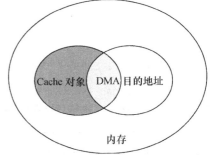

图 11.13　DMA 目的地址与 Cache 对象有重叠

所谓 Cache 数据与内存数据的不一致性，是指在采用 Cache 的系统中，同样一个数据可能既存在于 Cache 中，也存在于主存中，Cache 与主存中的数据一样则具有一致性，数据若不一样则具有不一致性。

需要特别注意的是，Cache 与内存的一致性问题经常被初学者遗忘。在发生 Cache 与内存不一致性错误后，驱动将无法正常运行。如果没有相关的背景知识，工程师几乎无法定位错误的原因，因为这时所有的程序看起来都是完全正确的。Cache 的不一致性问题并不是只发生在 DMA 的情况下，实际上，它还存在于 Cache 使能和关闭的时刻。例如，对于带 MMU 功能的 ARM 处理器，在开启 MMU 之前，需要先置 Cache 无效，对于 TLB，也是如此，代码清单 11.12 给出的这段汇编可用来完成此任务。

代码清单 11.12　置 ARM 的 Cache 无效

```
1  /* 使 cache 无效 */
2  "mov    r0, #0\n"
```

```
3   "mcr    p15, 0, r0, c7, c7, 0\n"         /* 使数据和指令 cache 无效 */
4   "mcr    p15, 0, r0, c7, c10, 4\n"        /* 放空写缓冲 */
5   "mcr    p15, 0, r0, c8, c7, 0\n"         /* 使 TLB 无效 */
```

11.6.2 Linux 下的 DMA 编程

首先 DMA 本身不属于一种等同于字符设备、块设备和网络设备的外设，它只是一种外设与内存交互数据的方式。因此，本节的标题不是"Linux 下的 DMA 驱动"而是"Linux 下的 DMA 编程"。

内存中用于与外设交互数据的一块区域称为 DMA 缓冲区，在设备不支持 scatter/gather（分散 / 聚集，简称 SG）操作的情况下，DMA 缓冲区在物理上必须是连续的。

1. DMA 区域

对于 x86 系统的 ISA 设备而言，其 DMA 操作只能在 16MB 以下的内存中进行，因此，在使用 kmalloc()、__get_free_pages() 及其类似函数申请 DMA 缓冲区时应使用 GFP_DMA 标志，这样能保证获得的内存位于 DMA 区域中，并具备 DMA 能力。

在内核中定义了 __get_free_pages() 针对 DMA 的"快捷方式"__get_dma_pages()，它在申请标志中添加了 GFP_DMA，如下所示：

```
#define __get_dma_pages(gfp_mask, order) \
        __get_free_pages((gfp_mask) | GFP_DMA,(order))
```

如果不想使用 $\log_2 size$（即 order）为参数申请 DMA 内存，则可以使用另一个函数 dma_mem_alloc()，其源代码如代码清单 11.13 所示。

代码清单 11.13　dma_mem_alloc() 函数

```
1   static unsigned long dma_mem_alloc(int size)
2   {
3       int order = get_order(size);         /* 大小 -> 指数 */
4       return __get_dma_pages(GFP_KERNEL, order);
5   }
```

对于大多数现代嵌入式处理器而言，DMA 操作可以在整个常规内存区域进行，因此 DMA 区域就直接覆盖了常规内存。

2. 虚拟地址、物理地址和总线地址

基于 DMA 的硬件使用的是总线地址而不是物理地址，总线地址是从设备角度上看到的内存地址，物理地址则是从 CPU MMU 控制器外围角度上看到的内存地址（从 CPU 核角度看到的是虚拟地址）。虽然在 PC 上，对于 ISA 和 PCI 而言，总线地址即为物理地址，但并不是每个平台都是如此。因为有时候接口总线通过桥接电路连接，桥接电路会将 I/O 地址映射为不同的物理地址。例如，在 PReP（PowerPC Reference Platform）系统中，物理地址 0 在设备端看起来是 0x80000000，而 0 通常又被映射为虚拟地址 0xC0000000，所以同一地址就具备了三重身份：物理地址 0、总线地址 0x80000000 及虚拟地址 0xC0000000。还有一些系统提供了页面映射机制，它能将任意的页面映射为连续的外设总线地址。内核提供了如下函数以进行简单的虚拟地址／总线地址转换：

```
unsigned long virt_to_bus(volatile void *address);
void *bus_to_virt(unsigned long address);
```

在使用 IOMMU 或反弹缓冲区的情况下，上述函数一般不会正常工作。而且，这两个函数并不建议使用。如图 11.14 所示，IOMMU 的工作原理与 CPU 内的 MMU 非常类似，不过它针对的是外设总线地址和内存地址之间的转化。由于 IOMMU 可以使得外设 DMA 引擎看到"虚拟地址"，因此在使用 IOMMU 的情况下，在修改映射寄存器后，可以使得 SG 中分段的缓冲区地址对外设变得连续。

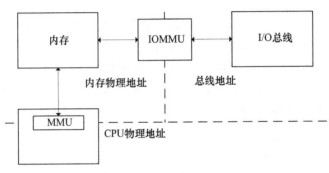

图 11.14　MMU 与 IOMMU

3. DMA 地址掩码

设备并不一定能在所有的内存地址上执行 DMA 操作，在这种情况下应该通过下列函数执行 DMA 地址掩码：

```
int dma_set_mask(struct device *dev, u64 mask);
```

例如，对于只能在 24 位地址上执行 DMA 操作的设备而言，就应该调用 dma_set_mask (dev, 0xffffff)。

其实该 API 本质上就是修改 device 结构体中的 dma_mask 成员，如 ARM 平台的定义为：

```
int arm_dma_set_mask(struct device *dev, u64 dma_mask)
{
        if (!dev->dma_mask || !dma_supported(dev, dma_mask))
                return -EIO;

        *dev->dma_mask = dma_mask;

        return 0;
}
```

在 device 结构体中，除了有 dma_mask 以外，还有一个 coherent_dma_mask 成员。dma_ mask 是设备 DMA 可以寻址的范围，而 coherent_dma_mask 作用于申请一致性的 DMA 缓冲区。

4. 一致性 DMA 缓冲区

DMA 映射包括两个方面的工作：分配一片 DMA 缓冲区；为这片缓冲区产生设备可访问的地址。同时，DMA 映射也必须考虑 Cache 一致性问题。内核中提供了如下函数以分配一个 DMA 一致性的内存区域：

```
void * dma_alloc_coherent(struct device *dev, size_t size, dma_addr_t *handle,
    gfp_t gfp);
```

上述函数的返回值为申请到的 DMA 缓冲区的虚拟地址，此外，该函数还通过参数 handle 返回 DMA 缓冲区的总线地址。handle 的类型为 dma_addr_t，代表的是总线地址。

dma_alloc_coherent() 申请一片 DMA 缓冲区，以进行地址映射并保证该缓冲区的 Cache 一致性。与 dma_alloc_coherent() 对应的释放函数为：

```
void dma_free_coherent(struct device *dev, size_t size, void *cpu_addr,
    dma_addr_t handle);
```

以下函数用于分配一个写合并（Writecombining）的 DMA 缓冲区：

```
void * dma_alloc_writecombine(struct device *dev, size_t size, dma_addr_t
    *handle, gfp_t gfp);
```

与 dma_alloc_writecombine() 对应的释放函数 dma_free_writecombine() 实际上就是 dma_free_coherent()，它定义为：

```
#define dma_free_writecombine(dev,size,cpu_addr,handle) \
    dma_free_coherent(dev,size,cpu_addr,handle)
```

此外，Linux 内核还提供了 PCI 设备申请 DMA 缓冲区的函数 pci_alloc_consistent()，其原型为：

```
void * pci_alloc_consistent(struct pci_dev *pdev, size_t size, dma_addr_t *dma_addrp);
```

对应的释放函数为 pci_free_consistent()，其原型为：

```
void pci_free_consistent(struct pci_dev *pdev, size_t size, void *cpu_addr,
    dma_addr_t dma_addr);
```

这里我们要强调的是，dma_alloc_xxx() 函数虽然是以 dma_alloc_ 开头的，但是其申请的区域不一定在 DMA 区域里面。以 32 位 ARM 处理器为例，当 coherent_dma_mask 小于 0xffffffff 时，才会设置 GFP_DMA 标记，并从 DMA 区域去申请内存。

在我们使用 ARM 等嵌入式 Linux 系统的时候，一个头疼的问题是 GPU、Camera、HDMI 等都需要预留大量连续内存，这部分内存平时不用，但是一般的做法又必须先预留着。目前，Marek Szyprowski 和 Michal Nazarewicz 实现了一套全新的 CMA，（Contiguous Memory Allocator）。通过这套机制，我们可以做到不预留内存，这些内存平时是可用的，只有当需要的时候才被分配给 Camera、HDMI 等设备。

CMA 对上呈现的接口是标准的 DMA，也是一致性缓冲区 API。关于 CMA 的进一步介绍，可以参考 http://lwn.net/Articles/486301/ 的文档《A deep dive into CMA》。

5. 流式 DMA 映射

并不是所有的 DMA 缓冲区都是驱动申请的，如果是驱动申请的，用一致性 DMA 缓冲区自然最方便，这直接考虑了 Cache 一致性问题。但是，在许多情况下，缓冲区来自内核的较上层（如网卡驱动中的网络报文、块设备驱动中要写入设备的数据等），上层很可能用普通的 kmalloc()、__get_free_pages() 等方法申请，这时候就要使用流式 DMA 映射。流式 DMA 缓冲区使用的一般步骤如下。

1）进行流式 DMA 映射。

2）执行 DMA 操作。

3）进行流式 DMA 去映射。

流式 DMA 映射操作在本质上大多就是进行 Cache 的使无效或清除操作，以解决 Cache 一致性问题。

相对于一致性 DMA 映射而言，流式 DMA 映射的接口较为复杂。对于单个已经分配的缓冲区而言，使用 dma_map_single() 可实现流式 DMA 映射，该函数原型为：

```
dma_addr_t dma_map_single(struct device *dev, void *buffer, size_t size,
enum dma_data_direction direction);
```

如果映射成功，返回的是总线地址，否则，返回 NULL。第 4 个参数为 DMA 的方向，可能的值包括 DMA_TO_DEVICE、DMA_FROM_DEVICE、DMA_BIDIRECTIONAL 和 DMA_NONE。

dma_map_single() 的反函数为 dma_unmap_single()，原型是：

```
void dma_unmap_single(struct device *dev, dma_addr_t dma_addr, size_t size,
enum dma_data_direction direction);
```

通常情况下，设备驱动不应该访问 unmap 的流式 DMA 缓冲区，如果一定要这么做，可先使用如下函数获得 DMA 缓冲区的拥有权：

```
void dma_sync_single_for_cpu(struct device *dev, dma_handle_t bus_addr,
size_t size, enum dma_data_direction direction);
```

在驱动访问完 DMA 缓冲区后，应该将其所有权返还给设备，这可通过如下函数完成：

```
void dma_sync_single_for_device(struct device *dev, dma_handle_t bus_addr,
size_t size, enum dma_data_direction direction);
```

如果设备要求较大的 DMA 缓冲区，在其支持 SG 模式的情况下，申请多个相对较小的不连续的 DMA 缓冲区通常是防止申请太大的连续物理空间的方法。在 Linux 内核中，使用如下函数映射 SG：

```c
int dma_map_sg(struct device *dev, struct scatterlist *sg, int nents,
 enum dma_data_direction direction);
```

nents 是散列表（scatterlist）入口的数量，该函数的返回值是 DMA 缓冲区的数量，可能小于 nents。对于 scatterlist 中的每个项目，dma_map_sg() 为设备产生恰当的总线地址，它会合并物理上临近的内存区域。

scatterlist 结构体的定义如代码清单 11.14 所示，它包含了与 scatterlist 对应的页结构体指针、缓冲区在页中的偏移（offset）、缓冲区长度（length）以及总线地址（dma_address）。

代码清单 11.14　scatterlist 结构体

```c
1  struct scatterlist {
2  #ifdef CONFIG_DEBUG_SG
3        unsigned long    sg_magic;
4  #endif
5        unsigned long    page_link;
6        unsigned int     offset;
7        unsigned int     length;
8        dma_addr_t       dma_address;
9  #ifdef CONFIG_NEED_SG_DMA_LENGTH
10       unsigned int     dma_length;
11 #endif
12 };
```

执行 dma_map_sg() 后，通过 sg_dma_address() 可返回 scatterlist 对应缓冲区的总线地址，sg_dma_len() 可返回 scatterlist 对应缓冲区的长度，这两个函数的原型为：

```c
dma_addr_t sg_dma_address(struct scatterlist *sg);
unsigned int sg_dma_len(struct scatterlist *sg);
```

在 DMA 传输结束后，可通过 dma_map_sg() 的反函数 dma_unmap_sg() 除去 DMA 映射：

```c
void dma_unmap_sg(struct device *dev, struct scatterlist *list,
 int nents, enum dma_data_direction direction);
```

SG 映射属于流式 DMA 映射，与单一缓冲区情况下的流式 DMA 映射类似，如果设备驱动一定要访问映射情况下的 SG 缓冲区，应该先调用如下函数：

```c
void dma_sync_sg_for_cpu(struct device *dev, struct scatterlist *sg,
 int nents, enum dma_data_direction direction);
```

访问完后，通过下列函数将所有权返回给设备：

```c
void dma_sync_sg_for_device(struct device *dev, struct scatterlist *sg,
 int nents, enum dma_data_direction direction);
```

在 Linux 系统中可以用一个相对简单的方法预先分配缓冲区，那就是同步"mem="参数预留内存。例如，对于内存为 64MB 的系统，通过给其传递 mem=62MB 命令行参数可以使得顶部的 2MB 内存被预留出来作为 I/O 内存使用，这 2MB 内存可以被静态映射，也可以被执行 ioremap()。

6. dmaengine 标准 API

Linux 内核目前推荐使用 dmaengine 的驱动架构来编写 DMA 控制器的驱动，同时外设的驱动使用标准的 dmaengine API 进行 DMA 的准备、发起和完成时的回调工作。

和中断一样，在使用 DMA 之前，设备驱动程序需首先向 dmaengine 系统申请 DMA 通道，申请 DMA 通道的函数如下：

```
struct dma_chan *dma_request_slave_channel(struct device *dev, const char *name);
struct dma_chan *__dma_request_channel(const dma_cap_mask_t *mask,
                                       dma_filter_fn fn, void *fn_param);
```

使用完 DMA 通道后，应该利用如下函数释放该通道：

```
void dma_release_channel(struct dma_chan *chan);
```

之后，一般通过如代码清单 11.15 的方法初始化并发起一次 DMA 操作。它通过 dmaengine_prep_slave_single() 准备好一些 DMA 描述符，并填充其完成回调为 xxx_dma_fini_callback()，之后通过 dmaengine_submit() 把这个描述符插入队列，再通过 dma_async_issue_pending() 发起这次 DMA 动作。DMA 完成后，xxx_dma_fini_callback() 函数会被 dmaengine 驱动自动调用。

代码清单 11.15　利用 dmaengine API 发起一次 DMA 操作

```
1  static void xxx_dma_fini_callback(void *data)
2  {
3          struct completion *dma_complete = data;
4
5          complete(dma_complete);
6  }
7
8  issue_xxx_dma(...)
9  {
10         rx_desc = dmaengine_prep_slave_single(xxx->rx_chan,
11             xxx->dst_start, t->len, DMA_DEV_TO_MEM,
12             DMA_PREP_INTERRUPT | DMA_CTRL_ACK);
13         rx_desc->callback = xxx_dma_fini_callback;
14         rx_desc->callback_param = &xxx->rx_done;
15
16         dmaengine_submit(rx_desc);
17         dma_async_issue_pending(xxx->rx_chan);
18  }
```

11.7 总结

外设可处于 CPU 的内存空间和 I/O 空间，除 x86 外，嵌入式处理器一般只存在内存空间。在 Linux 系统中，为 I/O 内存和 I/O 端口的访问提高了一套统一的方法，访问流程一般为"申请资源→映射→访问→去映射→释放资源"。

对于有 MMU 的处理器而言，Linux 系统的内部布局比较复杂，可直接映射的物理内存称为常规内存，超出部分为高端内存。kmalloc() 和 __get_free_pages() 申请的内存在物理上连续，而 vmalloc() 申请的内存在物理上不连续。

DMA 操作可能导致 Cache 的不一致性问题，因此，对于 DMA 缓冲，应该使用 dma_alloc_coherent() 等方法申请。在 DMA 操作中涉及总线地址、物理地址和虚拟地址等概念，区分这 3 类地址非常重要。

第 12 章
Linux 设备驱动的软件架构思想

本章导读

在前面几章我们看到了 globalmem、globalfifo 这样类型的简单的字符设备驱动，但是，纵观 Linux 内核的源代码，读者几乎找不到有如此简单形式的驱动。

在实际的 Linux 驱动中，Linux 内核尽量做得更多，以便于底层的驱动可以做得更少。而且，也特别强调了驱动的跨平台特性。因此，Linux 内核势必会为不同的驱动子系统设计不同的框架。

12.1 节从总体上分析了 Linux 驱动的软件架构设计的出发点。

12.2 以 platform 为例，全面介绍了 platform 设备和驱动，以及 platform 的意义。从而讲明了 Linux 内核中驱动和设备分离的优点。

12.3 节以 RTC、Framebuffer、input、tty、混杂设备驱动等为例，讲解了驱动分层、核心层与底层交互的一般方法。

12.4 节分析了 Linux 设备驱动中主机与外设驱动分离的设计思想，并以 SPI 主机和外设驱动为例进行了佐证。

12.1 Linux 驱动的软件架构

Linux 不是为了某单一电路板而设计的操作系统，它可以支持约 30 种体系结构下一定数量的硬件，因此，它的驱动架构很显然不能像 RTOS 下或者无操作系统下那么小儿科的做法。

Linux 设备驱动非常重视软件的可重用和跨平台能力。譬如，如果我们写下一个 DM9000 网卡的驱动，Linux 的想法是这个驱动应该最好一行都不要改就可以在任何一个平台上跑起来。为了做到这一点（看似很难，因为每个板子连接 DM9000 的基地址，中断号什么的都可能不一样），驱动中势必会有类似这样的代码：

```
#ifdef  BOARD_XXX
#define DM9000_BASE 0x10000
#define DM9000_IRQ 8
#elif defined(BOARD_YYY)
```

```
#define DM9000_BASE 0x20000
#define DM9000_IRQ 7
#elif defined(BOARD_ZZZ)
#define DM9000_BASE 0x30000
#define DM9000_IRQ 9
…
#endif
```

上述代码主要有如下问题：

1）此段代码看起来面目可憎，如果有 100 个板子，就要 if/else 100 次，到了第 101 个板子，又得重新加 if/else。代码进行着简单的"复制—粘贴"，"复制—粘贴"式的简单重复通常意味着代码编写者的水平很差。

2）非常难做到一个驱动支持多个设备，如果某个电路板上有两个 DM9000 网卡，则 DM9000_BASE 这个宏就不够用了，此时势必要定义出来 DM9000_BASE 1、DM9000_BASE 2、DM9000_IRQ 1、DM9000_IRQ 2 类的宏；定义了 DM9000_BASE 1、DM9000_BASE 2 后，如果又有第 3 个 DM9000 网卡加到板子上，前面的代码就又不适用了。

3）依赖于 make menuconfig 选择的项目来编译内核，因此，在不同的硬件平台下要依赖于所选择的 BOARD_XXX、BOARD_YYY 选项来决定代码逻辑。这不符合 ARM Linux 3.x 一个映像适用于多个硬件的目标。实际上，我们可能同时选择了 BOARD_XXX、BOARD_YYY、BOARD_ZZZ。

我们按照上面的方法编写代码的时候，相信自己编着编着也会觉得奇怪，闻到了代码里不好的味道。这个时候，请停下你飞奔的脚步，等一等你的灵魂。我们有没有办法把设备端的信息从驱动里面剥离出来，让驱动以某种标准方法拿到这些平台信息呢？Linux 总线、设备和驱动模型实际上可以做到这一点，驱动只管驱动，设备只管设备，总线则负责匹配设备和驱动，而驱动则以标准途径拿到板级信息，这样，驱动就可以放之四海而皆准了，如图 12.1 所示。

Linux 的字符设备驱动需要编写 file_operations 成员函数，并负责处理阻塞、非组塞、多路复用、SIGIO 等复杂事物。但是，当我们面对一个真实的硬件驱动时，假如要编写一个按键的驱动，作为一个"懒惰"的程序员，你真的只想做最简单的工作，譬如，收到一个按键中断、汇报一个按键值，至于什么 file_operations、几种 I/O 模型，那是 Linux 的事情，为什么要我管？Linux 也是程序员写出来的，因此，程序员怎么想，它必然要怎么做。于是，这里就衍生出来了一个软件分层的想法，尽管 file_operations、I/O 模型不可或缺，但是关于此部分的代码，全世界恐怕所有的输入设备都是一样的，为什么不提炼一个中间层出来，把这些事情搞定，也就是在底层编写驱动的时候，搞定具体的硬件操作呢？

将软件进行分层设计应该是软件工程最基本的一个思想，如果提炼一个 input 的核心层出来，把跟 Linux 接口以及整个一套 input 事件的汇报机制都在这里面实现，如图 12.2 所示，显然是非常好的。

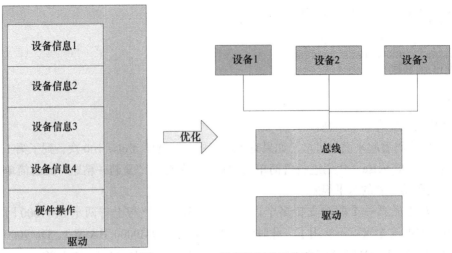

图 12.1　Linux 设备和驱动的分离

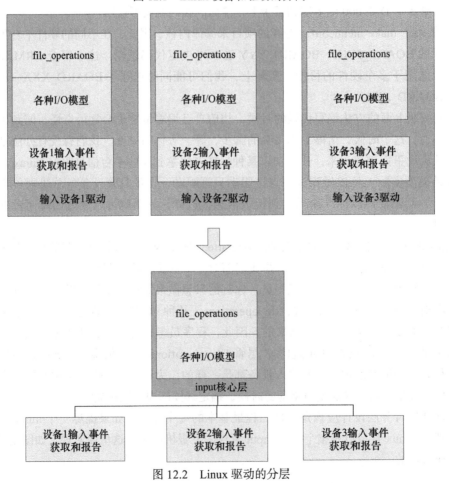

图 12.2　Linux 驱动的分层

在 Linux 设备驱动框架的设计中，除了有分层设计以外，还有分隔的思想。举一个简单的例子，假设我们要通过 SPI 总线访问某外设，假设 CPU 的名字叫 XXX1，SPI 外设叫 YYY1。在访问 YYY1 外设的时候，要通过操作 CPU XXX1 上的 SPI 控制器的寄存器才能达到访问 SPI 外设 YYY1 的目的，最简单的代码逻辑是：

```
cpu_xxx1_spi_reg_write()
cpu_xxx1_spi_reg_read()
spi_client_yyy1_work1()
cpu_xxx1_spi_reg_write()
cpu_xxx1_spi_reg_read()
spi_client_yyy1_work2()
```

如果按照这种方式来设计驱动，结果对于任何一个 SPI 外设来讲，它的驱动代码都是与 CPU 相关的。也就是说，当代码用在 CPU XXX1 上的时候，它访问 XXX1 的 SPI 主机控制寄存器，当用在 XXX2 上的时候，它访问 XXX2 的 SPI 主机控制寄存器：

```
cpu_xxx2_spi_reg_write()
cpu_xxx2_spi_reg_read()
spi_client_yyy1_work1()
cpu_xxx2_spi_reg_write()
cpu_xxx2_spi_reg_read()
spi_client_yyy1_work2()
```

这显然是不被接受的，因为这意味着外设 YYY1 用在不同的 CPU XXX1 和 XXX2 上的时候需要不同的驱动。同时，如果 CPU XXX1 除了支持 YYY1 以外，还要支持外设 YYY2、YYY3、YYY4 等，这个 XXX 的代码就要重复出现在 YYY1、YYY2、YYY3、YYY4 的驱动里面：

```
cpu_xxx1_spi_reg_write()
cpu_xxx1_spi_reg_read()
spi_client_yyy2_work1()
cpu_xxx1_spi_reg_write()
cpu_xxx1_spi_reg_read()
spi_client_yyy2_work2()
...
```

按照这样的逻辑，如果要让 N 个不同的 YYY 在 M 个不同的 CPU XXX 上跑起来，需要 $M*N$ 份代码。这是一种典型的强耦合，不符合软件工程"高内聚、低耦合"和"信息隐蔽"的基本原则。

这种软件架构是一种典型的网状耦合，网状耦合一般不太适合人类的思维逻辑，会把我们的思维搞乱。对于网状耦合的 $M:N$，我们一般要提炼出一个中间"1"，让 M 与"1"耦合，N 也与这个"1"耦合，如图 12.3 所示。

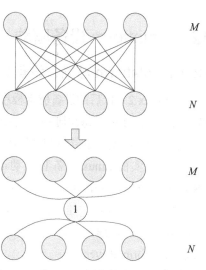

图 12.3 将 $M:N$ 耦合转化为 $M:1:N$ 耦合

那么，我们可以用如图 12.4 所示的思想对主机控制器驱动和外设驱动进行分离。这样的结果是，外设 YYY1、YYY2、YYY3、YYY4 的驱动与主机控制器 XXX1、XXX2、XXX3、XXX4 的驱动不相关，主机控制器驱动不关心外设，而外设驱动也不关心主机，外设只是访问核心层的通用 API 进行数据传输，主机和外设之间可以进行任意组合。

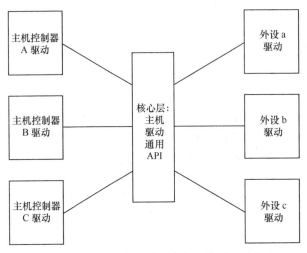

图 12.4　Linux 设备驱动的主机、外设驱动分离

如果我们不进行如图 12.4 所示的主机和外设分离，外设 YYY1、YYY2、YYY3 和主机 XXX1、XXX2、XXX3 进行组合的时候，需要 9 个不同的驱动。设想一共有 m 个主机控制器，n 个外设，分离的结果是需要 $m + n$ 个驱动，不分离则需要 $m*n$ 个驱动。因为，m 个主机控制器，n 个外设的驱动都可以被充分地复用了。

12.2　platform 设备驱动

12.2.1　platform 总线、设备与驱动

在 Linux 2.6 以后的设备驱动模型中，需关心总线、设备和驱动这 3 个实体，总线将设备和驱动绑定。在系统每注册一个设备的时候，会寻找与之匹配的驱动；相反的，在系统每注册一个驱动的时候，会寻找与之匹配的设备，而匹配由总线完成。

一个现实的 Linux 设备和驱动通常都需要挂接在一种总线上，对于本身依附于 PCI、USB、I^2C、SPI 等的设备而言，这自然不是问题，但是在嵌入式系统里面，在 SoC 系统中集成的独立外设控制器、挂接在 SoC 内存空间的外设等却不依附于此类总线。基于这一背景，Linux 发明了一种虚拟的总线，称为 platform 总线，相应的设备称为 platform_device，而驱动成为 platform_driver。

注意：所谓的 platform_device 并不是与字符设备、块设备和网络设备并列的概念，而是

Linux 系统提供的一种附加手段，例如，我们通常把在 SoC 内部集成的 I²C、RTC、LCD、看门狗等控制器都归纳为 platform_device，而它们本身就是字符设备。platform_device 结构体的定义如代码清单 12.1 所示。

代码清单 12.1　platform_device 结构体

```
1   struct platform_device {
2       const char      *name;
3       int             id;
4       boo     id_auto;
5       struct devicedev;
6       u32             num_resources;
7       struct resource    *resource;
8
9       const struct platform_device_id   *id_entry;
10      char *driver_override; /* Driver name to force a match */
11
12      /* MFD cell pointer */
13      struct mfd_cell *mfd_cell;
14
15      /* arch specific additions */
16      struct pdev_archdata    archdata;
17  };
```

platform_driver 这个结构体中包含 probe()、remove()、一个 device_driver 实例、电源管理函数 suspend()、resume()，如代码清单 12.2 所示。

代码清单 12.2　platform_driver 结构体

```
1   struct platform_driver {
2    int (*probe)(struct platform_device *);
3    int (*remove)(struct platform_device *);
4    void (*shutdown)(struct platform_device *);
5    int (*suspend)(struct platform_device *, pm_message_t state);
6    int (*resume)(struct platform_device *);
7    struct device_driver driver;
8    const struct platform_device_id *id_table;
9    bool prevent_deferred_probe;
10  };
```

直接填充 platform_driver 的 suspend()、resume() 做电源管理回调的方法目前已经过时，较好的做法是实现 platform_driver 的 device_driver 中的 dev_pm_ops 结构体成员（后续的 Linux 电源管理章节会对此进行更细致的介绍），代码清单 12.3 给出了 device_driver 的定义。

代码清单 12.3　device_driver 结构体

```
1   struct device_driver {
2           const char      *name;
3           struct bus_type     *bus;
```

```
4
5          struct module               *owner;
6          const char                  *mod_name;       /* used for built-in modules */
7
8          bool suppress_bind_attrs;                    /* disables bind/unbind via sysfs */
9
10         const struct of_device_id           *of_match_table;
11         const struct acpi_device_id         *acpi_match_table;
12
13         int (*probe) (struct device *dev);
14         int (*remove) (struct device *dev);
15         void (*shutdown) (struct device *dev);
16         int (*suspend) (struct device *dev, pm_message_t state);
17         int (*resume) (struct device *dev);
18         const struct attribute_group **groups;
19
20         const struct dev_pm_ops *pm;
21
22         struct driver_private *p;
23     };
```

与 platform_driver 地位对等的 i2c_driver、spi_driver、usb_driver、pci_driver 中都包含了 device_driver 结构体实例成员。它其实描述了各种 xxx_driver（xxx 是总线名）在驱动意义上的一些共性。

系统为 platform 总线定义了一个 bus_type 的实例 platform_bus_type，其定义位于 drivers/base/platform.c 下，如代码清单 12.4 所示。

代码清单 12.4 platform 总线的 bus_type 实例 platform_bus_type

```
1   struct bus_type platform_bus_type = {
2       .name         = "platform",
3       .dev_groups   = platform_dev_groups,
4       .match        = platform_match,
5       .uevent       = platform_uevent,
6       .pm           = &platform_dev_pm_ops,
7   };
```

这里要重点关注其 match() 成员函数，正是此成员函数确定了 platform_device 和 platform_driver 之间是如何进行匹配的，如代码清单 12.5 所示。

代码清单 12.5 platform_bus_type 的 match() 成员函数

```
1   static int platform_match(struct device *dev, struct device_driver *drv)
2   {
3       struct platform_device *pdev = to_platform_device(dev);
4       struct platform_driver *pdrv = to_platform_driver(drv);
5
6       /* Attempt an OF style match first */
```

```
 7          if (of_driver_match_device(dev, drv))
 8                  return 1;
 9
10          /* Then try ACPI style match */
11          if (acpi_driver_match_device(dev, drv))
12                  return 1;
13
14          /* Then try to match against the id table */
15          if (pdrv->id_table)
16                  return platform_match_id(pdrv->id_table, pdev) != NULL;
17
18          /* fall-back to driver name match */
19          return (strcmp(pdev->name, drv->name) == 0);
20 }
```

从代码清单 12.5 可以看出，匹配 platform_device 和 platform_driver 有 4 种可能性，一是基于设备树风格的匹配；二是基于 ACPI 风格的匹配；三是匹配 ID 表（即 platform_device 设备名是否出现在 platform_driver 的 ID 表内）；第四种是匹配 platform_device 设备名和驱动的名字。

对于 Linux 2.6 ARM 平台而言，对 platform_device 的定义通常在 BSP 的板文件中实现，在板文件中，将 platform_device 归纳为一个数组，最终通过 platform_add_devices() 函数统一注册。platform_add_devices() 函数可以将平台设备添加到系统中，这个函数的原型为：

```
int platform_add_devices(struct platform_device **devs, int num);
```

该函数的第一个参数为平台设备数组的指针，第二个参数为平台设备的数量，它内部调用了 platform_device_register() 函数以注册单个的平台设备。

Linux 3.x 之后，ARM Linux 不太喜欢人们以编码的形式去填写 platform_device 和注册，而倾向于根据设备树中的内容自动展开 platform_device。

12.2.2　将 globalfifo 作为 platform 设备

现在我们将前面章节的 globalfifo 驱动挂接到 platform 总线上，这要完成两个工作。

1）将 globalfifo 移植为 platform 驱动。

2）在板文件中添加 globalfifo 这个 platform 设备。

为完成将 globalfifo 移植到 platform 驱动的工作，需要在原始的 globalfifo 字符设备驱动中套一层 platform_driver 的外壳，如代码清单 12.6 所示。注意进行这一工作后，并没有改变 globalfifo 是字符设备的本质，只是将其挂接到了 platform 总线上。

代码清单 12.6　为 globalfifo 添加 platform_driver

```
1 static int globalfifo_probe(struct platform_device *pdev)
2 {
3         int ret;
```

```c
 4          dev_t devno = MKDEV(globalfifo_major, 0);
 5
 6          if (globalfifo_major)
 7                  ret = register_chrdev_region(devno, 1, "globalfifo");
 8          else {
 9                  ret = alloc_chrdev_region(&devno, 0, 1, "globalfifo");
10                  globalfifo_major = MAJOR(devno);
11          }
12          if (ret < 0)
13                  return ret;
14
15          globalfifo_devp = devm_kzalloc(&pdev->dev, sizeof(*globalfifo_devp),
              GFP_KERNEL);
16          if (!globalfifo_devp) {
17                  ret = -ENOMEM;
18                  goto fail_malloc;
19          }
20
21          globalfifo_setup_cdev(globalfifo_devp, 0);
22
23          mutex_init(&globalfifo_devp->mutex);
24          init_waitqueue_head(&globalfifo_devp->r_wait);
25          init_waitqueue_head(&globalfifo_devp->w_wait);
26
27          return 0;
28
29 fail_malloc:
30          unregister_chrdev_region(devno, 1);
31          return ret;
32  }
33
34  static int globalfifo_remove(struct platform_device *pdev)
35  {
36          cdev_del(&globalfifo_devp->cdev);
37          unregister_chrdev_region(MKDEV(globalfifo_major, 0), 1);
38
39          return 0;
40  }
41
42  static struct platform_driver globalfifo_driver = {
43          .driver = {
44                  .name = "globalfifo",
45                  .owner = THIS_MODULE,
46          },
47          .probe = globalfifo_probe,
48          .remove = globalfifo_remove,
49  };
50
51  module_platform_driver(globalfifo_driver);
```

在代码清单 12.6 中，module_platform_driver() 宏所定义的模块加载和卸载函数仅仅通过 platform_driver_register()、platform_driver_unregister() 函数进行 platform_driver 的注册与注销，而原先注册和注销字符设备的工作已经被移交到 platform_driver 的 probe() 和 remove() 成员函数中。

代码清单 12.6 未列出的部分与原始的 globalfifo 驱动相同，都是实现作为字符设备驱动核心的 file_operations 的成员函数。注册完 globalfifo 对应的 platform_driver 后，我们会发现 /sys/bus/platform/drivers 目录下多出了一个名字叫 globalfifo 的子目录。

为了完成在板文件中添加 globalfifo 这个 platform 设备的工作，需要在板文件 arch/arm/mach-<soc 名>/mach-<板名>.c）中添加相应的代码，如代码清单 12.7 所示。

代码清单 12.7 与 globalfifo 对应的 platform_device

```
1  static struct platform_device globalfifo_device = {
2      .name          = "globalfifo",
3      .id            = -1,
4  };
```

并最终通过类似于 platform_add_devices() 的函数把这个 platform_device 注册进系统。如果一切顺利，我们会在 /sys/devices/platform 目录下看到一个名字叫 globalfifo 的子目录，/sys/devices/platform/globalfifo 中会有一个 driver 文件，它是指向 /sys/bus/platform/drivers/globalfifo 的符号链接，这证明驱动和设备匹配上了。

12.2.3 platform 设备资源和数据

留意一下代码清单 12.1 中 platform_device 结构体定义的第 6 ~ 7 行，它们描述了 platform_device 的资源，资源本身由 resource 结构体描述，其定义如代码清单 12.8 所示。

代码清单 12.8 resource 结构体定义

```
1  struct resource {
2      resource_size_t start;
3      resource_size_t end;
4      const char *name;
5      unsigned long flags;
6      struct resource *parent, *sibling, *child;
7  };
```

我们通常关心 start、end 和 flags 这 3 个字段，它们分别标明了资源的开始值、结束值和类型，flags 可以为 IORESOURCE_IO、IORESOURCE_MEM、IORESOURCE_IRQ、IORESOURCE_DMA 等。start、end 的含义会随着 flags 而变更，如当 flags 为 IORESOURCE_MEM 时，start、end 分别表示该 platform_device 占据的内存的开始地址和结束地址；当 flags 为 IORESOURCE_IRQ 时，start、end 分别表示该 platform_device 使用的中断号的开始值和

结束值，如果只使用了 1 个中断号，开始和结束值相同。对于同种类型的资源而言，可以有多份，例如说某设备占据了两个内存区域，则可以定义两个 IORESOURCE_MEM 资源。

对 resource 的定义也通常在 BSP 的板文件中进行，而在具体的设备驱动中通过 platform_get_resource() 这样的 API 来获取，此 API 的原型为：

```
struct resource *platform_get_resource(struct platform_device *, unsigned int,
    unsigned int);
```

例如在 arch/arm/mach-at91/board-sam9261ek.c 板文件中为 DM9000 网卡定义了如下 resouce：

```
static struct resource dm9000_resource[] = {
    [0] = {
        .start  = AT91_CHIPSELECT_2,
        .end    = AT91_CHIPSELECT_2 + 3,
        .flags  = IORESOURCE_MEM
    },
    [1] = {
        .start  = AT91_CHIPSELECT_2 + 0x44,
        .end    = AT91_CHIPSELECT_2 + 0xFF,
        .flags  = IORESOURCE_MEM
    },
    [2] = {
        .flags  = IORESOURCE_IRQ
              | IORESOURCE_IRQ_LOWEDGE | IORESOURCE_IRQ_HIGHEDGE,
    }
};
```

在 DM9000 网卡的驱动中则是通过如下办法拿到这 3 份资源：

```
db->addr_res = platform_get_resource(pdev, IORESOURCE_MEM, 0);
db->data_res = platform_get_resource(pdev, IORESOURCE_MEM, 1);
db->irq_res  = platform_get_resource(pdev, IORESOURCE_IRQ, 0);
```

对于 IRQ 而言，platform_get_resource() 还有一个进行了封装的变体 platform_get_irq()，其原型为：

```
int platform_get_irq(struct platform_device *dev, unsigned int num);
```

它实际上调用了"platform_get_resource(dev, IORESOURCE_IRQ, num);"。

设备除了可以在 BSP 中定义资源以外，还可以附加一些数据信息，因为对设备的硬件描述除了中断、内存等标准资源以外，可能还会有一些配置信息，而这些配置信息也依赖于板，不适宜直接放置在设备驱动上。因此，platform 也提供了 platform_data 的支持，platform_data 的形式是由每个驱动自定义的，如对于 DM9000 网卡而言，platform_data 为一个 dm9000_plat_data 结构体，完成定义后，就可以将 MAC 地址、总线宽度、板上有无 EEPROM 信息等放入 platform_data 中，如代码清单 12.9 所示。

代码清单 12.9　platform_data 的使用

```
1   static struct dm9000_plat_data dm9000_platdata = {
2           .flags          = DM9000_PLATF_16BITONLY | DM9000_PLATF_NO_EEPROM,
3   };
4
5   static struct platform_device dm9000_device = {
6           .name           = "dm9000",
7           .id             = 0,
8           .num_resources  = ARRAY_SIZE(dm9000_resource),
9           .resource       = dm9000_resource,
10          .dev            = {
11                  .platform_data  = &dm9000_platdata,
12          }
13  };
```

而在 DM9000 网卡的驱动 drivers/net/ethernet/davicom/dm9000.c 的 probe() 中，通过如下方式就拿到了 platform_data：

```
struct dm9000_plat_data *pdata = dev_get_platdata(&pdev->dev);
```

其中，pdev 为 platform_device 的指针。

由以上分析可知，在设备驱动中引入 platform 的概念至少有如下好处。

1）使得设备被挂接在一个总线上，符合 Linux 2.6 以后内核的设备模型。其结果是使配套的 sysfs 节点、设备电源管理都成为可能。

2）隔离 BSP 和驱动。在 BSP 中定义 platform 设备和设备使用的资源、设备的具体配置信息，而在驱动中，只需要通过通用 API 去获取资源和数据，做到了板相关代码和驱动代码的分离，使得驱动具有更好的可扩展性和跨平台性。

3）让一个驱动支持多个设备实例。譬如 DM9000 的驱动只有一份，但是我们可以在板级添加多份 DM9000 的 platform_device，它们都可以与唯一的驱动匹配。

在 Linux 3.x 之后的内核中，DM9000 驱动实际上已经可以通过设备树的方法被枚举，可以参见补丁 net: dm9000: Allow instantiation using device tree（内核 commit 的 ID 是 0b8bf1ba）。

```
index a2408c8..dd243a1 100644
--- a/drivers/net/ethernet/davicom/dm9000.c
+++ b/drivers/net/ethernet/davicom/dm9000.c
@@ -29,6 +29,8 @@
 #include <linux/spinlock.h>
 #include <linux/crc32.h>
 #include <linux/mii.h>
+#include <linux/of.h>
+#include <linux/of_net.h>
 #include <linux/ethtool.h>
 #include <linux/dm9000.h>
 #include <linux/delay.h>
@@ -1351,6 +1353,31 @@ static const struct net_device_ops dm9000_netdev_ops = {
 #endif
 };
```

```
+static struct dm9000_plat_data *dm9000_parse_dt(struct device *dev)
+{
+    ...
+}
+
/*
 * Search DM9000 board, allocate space and register it
 */
@@ -1366,6 +1393,12 @@ dm9000_probe(struct platform_device *pdev)
 int i;
 u32 id_val;
+    if (!pdata) {
+        pdata = dm9000_parse_dt(&pdev->dev);
+        if (IS_ERR(pdata))
+            return PTR_ERR(pdata);
+    }
+
 /* Init network device */
 ndev = alloc_etherdev(sizeof(struct board_info));
 if (!ndev)
@@ -1676,11 +1709,20 @@ dm9000_drv_remove(struct platform_device *pdev)
 return 0;
 }
+#ifdef CONFIG_OF
+static const struct of_device_id dm9000_of_matches[] = {
+    { .compatible = "davicom,dm9000", },
+    { /* sentinel */ }
+};
+MODULE_DEVICE_TABLE(of, dm9000_of_matches);
+#endif
+
 static struct platform_driver dm9000_driver = {
     .driver = {
         .name = "dm9000",
         .owner = THIS_MODULE,
         .pm = &dm9000_drv_pm_ops,
+        .of_match_table = of_match_ptr(dm9000_of_matches),
     },
     .probe = dm9000_probe,
     .remove = dm9000_drv_remove,
```

改为设备树后，在板上添加 DM9000 网卡的动作就变成了简单地修改 dts 文件，如 arch/arm/boot/dts/ s3c6410-mini6410.dts 中就有这样的代码：

```
srom-cs1@18000000 {
        compatible = "simple-bus";
        #address-cells = <1>;
        #size-cells = <1>;
        reg = <0x18000000 0x8000000>;
        ranges;

        ethernet@18000000 {
```

```
            compatible = "davicom,dm9000";
            reg = <0x18000000 0x2 0x18000004 0x2>;
            interrupt-parent = <&gpn>;
            interrupts = <7 IRQ_TYPE_LEVEL_HIGH>;
            davicom,no-eeprom;
        };
};
```

关于设备树情况下驱动与设备的匹配，以及驱动如何获取平台属性的更详细细节，将在后续章节介绍。

12.3 设备驱动的分层思想

12.3.1 设备驱动核心层和例化

在 12.1 节，我们已经从感性上认识了 Linux 驱动软件分层的意义。其实，在分层设计的时候，Linux 内核大量使用了面向对象的设计思想。

在面向对象的程序设计中，可以为某一类相似的事物定义一个基类，而具体的事物可以继承这个基类中的函数。如果对于继承的这个事物而言，某成员函数的实现与基类一致，那它就可以直接继承基类的函数；相反，它也可以重写（Overriding），对父类的函数进行重新定义。若子类中的方法与父类中的某方法具有相同的方法名、返回类型和参数表，则新方法将覆盖原有的方法。这种面向对象的"多态"设计思想极大地提高了代码的可重用能力，是对现实世界中事物之间关系的一种良好呈现。

Linux 内核完全是由 C 语言和汇编语言写成，但是却频繁地用到了面向对象的设计思想。在设备驱动方面，往往为同类的设备设计了一个框架，而框架中的核心层则实现了该设备通用的一些功能。同样的，如果具体的设备不想使用核心层的函数，也可以重写。举个例子：

```
return_type core_funca(xxx_device * bottom_dev, param1_type param1, param1_type param2)
{
    if (bottom_dev->funca)
        return bottom_dev->funca(param1, param2);
    /* 核心层通用的 funca 代码 */
    ...
}
```

在上述 core_funca 的实现中，会检查底层设备是否重写了 funca()，如果重写了，就调用底层的代码，否则，直接使用通用层的。这样做的好处是，核心层的代码可以处理绝大多数与该类设备的 funca() 对应的功能，只有少数特殊设备需要重新实现 funca()。

再看一个例子：

```
return_type core_funca(xxx_device * bottom_dev, param1_type param1, param1_type param2)
{
    /* 通用的步骤代码 A */
```

```
    typea_dev_commonA();
    ...

    /* 底层操作 ops1 */
    bottom_dev->funca_ops1();

    /* 通用的步骤代码 B */
    typea_dev_commonB();
    ...

    /* 底层操作 ops2 */
    bottom_dev->funca_ops2();

    /* 通用的步骤代码 C */
    typea_dev_commonB();
    ...

    /** 底层操作 ops3 */
    bottom_dev->funca_ops3();
}
```

上述代码假定为了实现 funca(), 对于同类设备而言, 操作流程一致, 都要经过"通用代码 A、底层 ops1、通用代码 B、底层 ops2、通用代码 C、底层 ops3"这几步, 分层设计带来的明显好处是, 对于通用代码 A、B、C, 具体的底层驱动不需要再实现, 而仅仅只要关心其底层的操作 ops1、ops2、ops3 则可。

图 12.5 明确反映了设备驱动的核心层与具体设备驱动的关系, 实际上, 这种分层可能只有两层 (见图 12.5a), 也可能是多层的 (图 12.5b)。

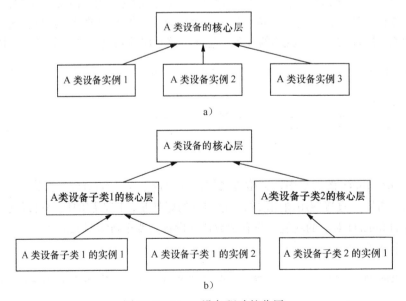

图 12.5 Linux 设备驱动的分层

这样的分层化设计在 Linux 的 input、RTC、MTD、I²C、SPI、tty、USB 等诸多类型设备驱动中屡见不鲜。下面的几小节以 input、RTC、Framebuffer 等为例先进行一番讲解，当然，后续的章节会对与几个大的设备类型对应的驱动层次进行更详细的分析。

12.3.2 输入设备驱动

输入设备（如按键、键盘、触摸屏、鼠标等）是典型的字符设备，其一般的工作机理是底层在按键、触摸等动作发送时产生一个中断（或驱动通过 Timer 定时查询），然后 CPU 通过 SPI、I²C 或外部存储器总线读取键值、坐标等数据，并将它们放入一个缓冲区，字符设备驱动管理该缓冲区，而驱动的 read() 接口让用户可以读取键值、坐标等数据。

显然，在这些工作中，只是中断、读键值 / 坐标值是与设备相关的，而输入事件的缓冲区管理以及字符设备驱动的 file_operations 接口则对输入设备是通用的。基于此，内核设计了输入子系统，由核心层处理公共的工作。Linux 内核输入子系统的框架如图 12.6 所示。

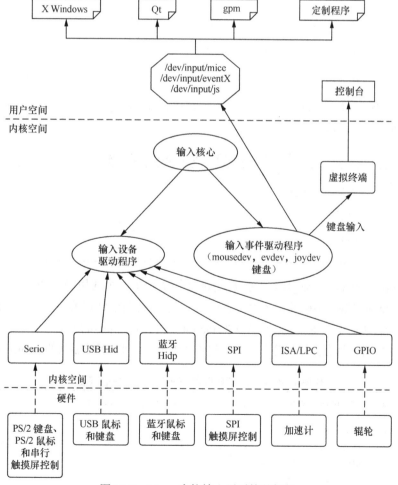

图 12.6　Linux 内核输入子系统的框架

输入核心提供了底层输入设备驱动程序所需的 API，如分配/释放一个输入设备：

```
struct input_dev *input_allocate_device(void);
void input_free_device(struct input_dev *dev);
```

input_allocate_device() 返回的是 1 个 input_dev 的结构体，此结构体用于表征 1 个输入设备。

注册/注销输入设备用的接口如下：

```
int __must_check input_register_device(struct input_dev *);
void input_unregister_device(struct input_dev *);
```

报告输入事件用的接口如下：

```
/* 报告指定 type、code 的输入事件 */
void input_event(struct input_dev *dev, unsigned int type, unsigned int code, int value);
/* 报告键值 */
void input_report_key(struct input_dev *dev, unsigned int code, int value);
/* 报告相对坐标 */
void input_report_rel(struct input_dev *dev, unsigned int code, int value);
/* 报告绝对坐标 */
void input_report_abs(struct input_dev *dev, unsigned int code, int value);
/* 报告同步事件 */
void input_sync(struct input_dev *dev);
```

而对于所有的输入事件，内核都用统一的数据结构来描述，这个数据结构是 input_event，如代码清单 12.10 所示。

代码清单 12.10　input_event 结构体

```
1  struct input_event {
2      struct timeval time;
3      __u16 type;
4      __u16 code;
5      __s32 value;
6  };
```

drivers/input/keyboard/gpio_keys.c 基于 input 架构实现了一个通用的 GPIO 按键驱动。该驱动是基于 platform_driver 架构的，名为 "gpio-keys"。它将与硬件相关的信息（如使用的 GPIO 号，按下和抬起时的电平等）屏蔽在板文件 platform_device 的 platform_data 中，因此该驱动可应用于各个处理器，具有良好的跨平台性。代码清单 12.11 列出了该驱动的 probe() 函数。

代码清单 12.11　GPIO 按键驱动的 probe() 函数

```
1  static int gpio_keys_probe(struct platform_device *pdev)
2  {
3      struct device *dev = &pdev->dev;
4      const struct gpio_keys_platform_data *pdata = dev_get_platdata(dev);
5      struct gpio_keys_drvdata *ddata;
6      struct input_dev *input;
7      size_t size;
```

```
8    int i, error;
9    int wakeup = 0;
10
11   if (!pdata) {
12       pdata = gpio_keys_get_devtree_pdata(dev);
13       if (IS_ERR(pdata))
14           return PTR_ERR(pdata);
15   }
16
17   size = sizeof(struct gpio_keys_drvdata) +
18           pdata->nbuttons * sizeof(struct gpio_button_data);
19   ddata = devm_kzalloc(dev, size, GFP_KERNEL);
20   if (!ddata) {
21       dev_err(dev, "failed to allocate state\n");
22       return -ENOMEM;
23   }
24
25   input = devm_input_allocate_device(dev);
26   if (!input) {
27       dev_err(dev, "failed to allocate input device\n");
28       return -ENOMEM;
29   }
30
31   ddata->pdata = pdata;
32   ddata->input = input;
33   mutex_init(&ddata->disable_lock);
34
35   platform_set_drvdata(pdev, ddata);
36   input_set_drvdata(input, ddata);
37
38   input->name = pdata->name ? : pdev->name;
39   input->phys = "gpio-keys/input0";
40   input->dev.parent = &pdev->dev;
41   input->open = gpio_keys_open;
42   input->close = gpio_keys_close;
43
44   input->id.bustype = BUS_HOST;
45   input->id.vendor = 0x0001;
46   input->id.product = 0x0001;
47   input->id.version = 0x0100;
48
49   /* Enable auto repeat feature of Linux input subsystem */
50   if (pdata->rep)
51       __set_bit(EV_REP, input->evbit);
52
53   for (i = 0; i < pdata->nbuttons; i++) {
54       const struct gpio_keys_button *button = &pdata->buttons[i];
55       struct gpio_button_data *bdata = &ddata->data[i];
56
57       error = gpio_keys_setup_key(pdev, input, bdata, button);
58       if (error)
```

```
59         return error;
60
61     if (button->wakeup)
62         wakeup = 1;
63 }
64
65 error = sysfs_create_group(&pdev->dev.kobj, &gpio_keys_attr_group);
66 ...
67 error = input_register_device(input);
68 ...
69 }
```

上述代码的第 25 行分配了 1 个输入设备，第 31～47 行初始化了该 input_dev 的一些属性，第 53～63 行则初始化了所用到的 GPIO，第 67 行完成了这个输入设备的注册。

在注册输入设备后，底层输入设备驱动的核心工作只剩下在按键、触摸等人为动作发生时报告事件。代码清单 12.12 列出了 GPIO 按键中断发生时的事件报告代码。

代码清单 12.12　GPIO 按键中断发生时的事件报告

```
1  static irqreturn_t gpio_keys_irq_isr(int irq, void *dev_id)
2  {
3      struct gpio_button_data *bdata = dev_id;
4      const struct gpio_keys_button *button = bdata->button;
5      struct input_dev *input = bdata->input;
6      unsigned long flags;
7
8      BUG_ON(irq != bdata->irq);
9
10     spin_lock_irqsave(&bdata->lock, flags);
11
12     if (!bdata->key_pressed) {
13         if (bdata->button->wakeup)
14             pm_wakeup_event(bdata->input->dev.parent, 0);
15
16         input_event(input, EV_KEY, button->code, 1);
17         input_sync(input);
18
19         if (!bdata->timer_debounce) {
20             input_event(input, EV_KEY, button->code, 0);
21             input_sync(input);
22             goto out;
23         }
24
25         bdata->key_pressed = true;
26     }
27
28     if (bdata->timer_debounce)
29         mod_timer(&bdata->timer,
```

```
30                     jiffies + msecs_to_jiffies(bdata->timer_debounce));
31     out:
32         spin_unlock_irqrestore(&bdata->lock, flags);
33         return IRQ_HANDLED;
34     }
```

GPIO 按键驱动通过 input_event()、input_sync() 这样的函数来汇报按键事件以及同步事件。从底层的 GPIO 按键驱动可以看出，该驱动中没有任何 file_operations 的动作，也没有各种 I/O 模型，注册进入系统也用的是 input_register_device() 这样的与 input 相关的 API。这是由于与 Linux VFS 接口的这一部分代码全部都在 drivers/input/evdev.c 中实现了，代码清单 12.13 摘取了部分关键代码。

代码清单 12.13　input 核心层的 file_operations 和 read() 函数

```
1   static ssize_t evdev_read(struct file *file, char __user *buffer,
2                size_t count, loff_t *ppos)
3   {
4       struct evdev_client *client = file->private_data;
5       struct evdev *evdev = client->evdev;
6       struct input_event event;
7       size_t read = 0;
8       int error;
9
10      if (count != 0 && count < input_event_size())
11          return -EINVAL;
12
13      for (;;) {
14          if (!evdev->exist || client->revoked)
15              return -ENODEV;
16
17          if (client->packet_head == client->tail &&
18              (file->f_flags & O_NONBLOCK))
19              return -EAGAIN;
20
21          /*
22           * count == 0 is special - no IO is done but we check
23           * for error conditions (see above).
24           */
25          if (count == 0)
26              break;
27
28          while (read + input_event_size() <= count &&
29                 evdev_fetch_next_event(client, &event)) {
30
31              if (input_event_to_user(buffer + read, &event))
32                  return -EFAULT;
33
34              read += input_event_size();
35          }
36
```

```
37        if (read)
38            break;
39
40        if (!(file->f_flags & O_NONBLOCK)) {
41            error = wait_event_interruptible(evdev->wait,
42                    client->packet_head != client->tail ||
43                    !evdev->exist ||client->revoked);
44            if (error)
45                return error;
46        }
47    }
48
49    return read;
50 }
51
52 static const struct file_operations evdev_fops = {
53    .owner          = THIS_MODULE,
54    .read           = evdev_read,
55    .write          = evdev_write,
56    .pol            = evdev_poll,
57    .open           = evdev_open,
58    .release        = evdev_release,
59    .unlocked_ioct= evdev_ioctl,
60 #ifdef CONFIG_COMPAT
61    .compat_ioct= evdev_ioctl_compat,
62 #endif
63    .fasync         = evdev_fasync,
64    .flush          = evdev_flush,
65    .llseek         = no_llseek,
66 };
```

上述代码中的 17 ~ 19 行在检查出是非阻塞访问后，立即返回 EAGAIN 错误，而第 29 行和第 41 ~ 43 行的代码则处理了阻塞的睡眠情况。回过头来想，其实 gpio_keys 驱动里面调用的 input_event()、input_sync() 有间接唤醒这个等待队列 evdev->wait 的功能，只不过这些代码都隐藏在其内部实现里了。

12.3.3 RTC 设备驱动

RTC（实时钟）借助电池供电，在系统掉电的情况下依然可以正常计时。它通常还具有产生周期性中断以及闹钟（Alarm）中断的能力，是一种典型的字符设备。作为一种字符设备驱动，RTC 需要有 file_operations 中接口函数的实现，如 open()、release()、read()、poll()、ioctl() 等，而典型的 IOCTL 包括 RTC_SET_TIME、RTC_ALM_READ、RTC_ALM_SET、RTC_IRQP_SET、RTC_IRQP_READ 等，这些对于所有的 RTC 是通用的，只有底层的具体实现是与设备相关的。

因此，drivers/rtc/rtc-dev.c 实现了 RTC 驱动通用的字符设备驱动层，它实现了 file_opearations 的成员函数以及一些通用的关于 RTC 的控制代码，并向底层导出 rtc_device_register()、rtc_device_unregister() 以注册和注销 RTC；导出 rtc_class_ops 结构体以描述底层的

RTC 硬件操作。这个 RTC 通用层实现的结果是，底层的 RTC 驱动不再需要关心 RTC 作为字符设备驱动的具体实现，也无需关心一些通用的 RTC 控制逻辑，图 12.7 表明了这种关系。

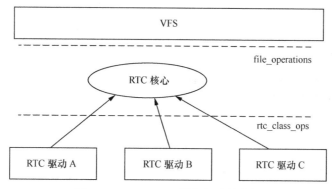

图 12.7　Linux RTC 设备驱动的分层

drivers/rtc/rtc-s3c.c 实现了 S3C6410 的 RTC 驱动，其注册 RTC 以及绑定 rtc_class_ops 的代码如代码清单 12.14 所示。

代码清单 12.14　S3C6410 RTC 驱动的 rtc_class_ops 实例与 RTC 注册

```
1  static const struct rtc_class_ops s3c_rtcops = {
2      .read_time       = s3c_rtc_gettime,
3      .set_time        = s3c_rtc_settime,
4      .read_alarm      = s3c_rtc_getalarm,
5      .set_alarm       = s3c_rtc_setalarm,
6      .proc            = s3c_rtc_proc,
7      .alarm_irq_enable = s3c_rtc_setaie,
8  };
9
10 static int s3c_rtc_probe(struct platform_device *pdev)
11 {
12     ...
13     rtc = devm_rtc_device_register(&pdev->dev, "s3c", &s3c_rtcops,
14                 THIS_MODULE);
15     ...
16 }
```

drivers/rtc/rtc-dev.c 以及其调用的 drivers/rtc/interface.c 等 RTC 核心层相当于把 file_operations 中的 open()、release()、读取和设置时间等都间接"转发"给了底层的实例，代码清单 12.15 摘取了部分 RTC 核心层调用具体底层驱动 callback 的过程。

代码清单 12.15　RTC 核心层"转发"到底层 RTC 驱动 callback

```
1  static int rtc_dev_open(struct inode *inode, struct file *file)
2  {
3      ...
4      err = ops->open ? ops->open(rtc->dev.parent) : 0;
```

```
5   ...
6   }
7
8   static int __rtc_read_time(struct rtc_device *rtc, struct rtc_time *tm)
9   {
10      int err;
11      if (!rtc->ops)
12          err = -ENODEV;
13      else if (!rtc->ops->read_time)
14          err = -EINVAL;
15      ...
16      return err;
17  }
18
19  int rtc_read_time(struct rtc_device *rtc, struct rtc_time *tm)
20  {
21      int err;
22
23      err = mutex_lock_interruptible(&rtc->ops_lock);
24      if (err)
25          return err;
26
27      err = __rtc_read_time(rtc, tm);
28      mutex_unlock(&rtc->ops_lock);
29      return err;
30  }
31
32  int rtc_set_time(struct rtc_device *rtc, struct rtc_time *tm)
33  {
34      ...
35
36      if (!rtc->ops)
37          err = -ENODEV;
38      else if (rtc->ops->set_time)
39          err = rtc->ops->set_time(rtc->dev.parent, tm);
40      ...
41      return err;
42  }
43
44  static long rtc_dev_ioctl(struct file *file,
45          unsigned int cmd, unsigned long arg)
46  {
47      ...
48
49      case RTC_RD_TIME:
50          mutex_unlock(&rtc->ops_lock);
51
52          err = rtc_read_time(rtc, &tm);
53          if (err < 0)
54              return err;
55
```

```
56        if (copy_to_user(uarg, &tm, sizeof(tm)))
57            err = -EFAULT;
58        return err;
59
60   case RTC_SET_TIME:
61        mutex_unlock(&rtc->ops_lock);
62
63        if (copy_from_user(&tm, uarg, sizeof(tm)))
64            return -EFAULT;
65
66        return rtc_set_time(rtc, &tm);
67   ...
68   }
```

12.3.4 Framebuffer 设备驱动

Framebuffer（帧缓冲）是 Linux 系统为显示设备提供的一个接口，它将显示缓冲区抽象，屏蔽图像硬件的底层差异，允许上层应用程序在图形模式下直接对显示缓冲区进行读写操作。对于帧缓冲设备而言，只要在显示缓冲区中与显示点对应的区域内写入颜色值，对应的颜色会自动在屏幕上显示。

图 12.8 所示为 Linux 帧缓冲设备驱动的主要结构，帧缓冲设备提供给用户空间的 file_operations 结构体由 drivers/video/fbdev/core/fbmem.c 中的 file_operations 提供，而特定帧缓冲设备 fb_info 结构体的注册、注销以及其中成员的维护，尤其是 fb_ops 中成员函数的实现则由对应的 xxxfb.c 文件实现，fb_ops 中的成员函数最终会操作 LCD 控制其硬件寄存器。

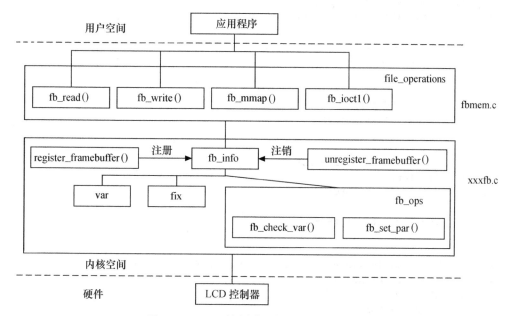

图 12.8 Linux 帧缓冲设备驱动的程序结构

多数显存的操作方法都是规范的,可以按照像素点格式的要求顺序写帧缓冲区。但是有少量 LCD 的显存写法可能比较特殊,这时候,在核心层 drivers/video/fbdev/core/fbmem.c 实现的 fb_write() 中,实际上可以给底层提供一个重写自己的机会,如代码清单 12.16 所示。

代码清单 12.16 LCD 的 framebuffer write() 函数

```
1  static ssize_t
2  fb_write(struct file *file, const char __user *buf, size_t count, loff_t *ppos)
3  {
4      unsigned long p = *ppos;
5      struct fb_info *info = file_fb_info(file);
6      u8 *buffer, *src;
7      u8 __iomem *dst;
8      int c, cnt = 0, err = 0;
9      unsigned long total_size;
10
11     if (!info || !info->screen_base)
12         return -ENODEV;
13
14     if (info->state != FBINFO_STATE_RUNNING)
15         return -EPERM;
16
17     if (info->fbops->fb_write)
18         return info->fbops->fb_write(info, buf, count, ppos);
19
20     total_size = info->screen_size;
21
22     if (total_size == 0)
23         total_size = info->fix.smem_len;
24
25     if (p > total_size)
26         return -EFBIG;
27
28     if (count > total_size) {
29         err = -EFBIG;
30         count = total_size;
31     }
32
33     if (count + p > total_size) {
34         if (!err)
35             err = -ENOSPC;
36
37         count = total_size - p;
38     }
39
40     buffer = kmalloc((count > PAGE_SIZE) ? PAGE_SIZE : count,
41             GFP_KERNEL);
42     if (!buffer)
43         return -ENOMEM;
44
```

```c
45      dst = (u8 __iomem *) (info->screen_base + p);
46
47      if (info->fbops->fb_sync)
48          info->fbops->fb_sync(info);
49
50      while (count) {
51          c = (count > PAGE_SIZE) ? PAGE_SIZE : count;
52          src = buffer;
53
54          if (copy_from_user(src, buf, c)) {
55              err = -EFAULT;
56              break;
57          }
58
59          fb_memcpy_tofb(dst, src, c);
60          dst += c;
61          src += c;
62          *ppos += c;
63          buf += c;
64          cnt += c;
65          count -= c;
66      }
67
68      kfree(buffer);
69
70      return (cnt) ? cnt : err;
71  }
```

第 17 ~ 18 行是一个检查底层 LCD 有没有实现自己特殊显存写法的代码，如果有，直接调底层的；如果没有，用中间层标准的显存写法就搞定了底层的那个不特殊的 LCD。

12.3.5 终端设备驱动

在 Linux 系统中，终端是一种字符型设备，它有多种类型，通常使用 tty（Teletype）来简称各种类型的终端设备。对于嵌入式系统而言，最普遍采用的是 UART（Universal Asynchronous Receiver/Transmitter）串行端口，日常生活中简称串口。

Linux 内核中 tty 的层次结构如图 12.9 所示，它包含 tty 核心 tty_io.c、tty 线路规程 n_tty.c（实现 N_TTY 线路规程）和 tty 驱动实例 xxx_tty.c，tty 线路规程的工作是以特殊的方式格式化从一个用户或者硬件收到的数据，这种格式化常常采用一个协议转换的形式。

tty_io.c 本身是一个标准的字符设备驱动，它对上有字符设备的职责，实现 file_operations 成员函数。但是 tty 核心层对下又定义了 tty_driver 的架构，这样 tty 设备驱动的主体工作就变成了填充 tty_driver 结构体中的成员，实现其中的 tty_operations 的成员函数，而不再是去实现 file_operations 这一级的工作。tty_driver 结构体和 tty_operations 的定义分别如代码清单 12.17 和 12.18 所示。

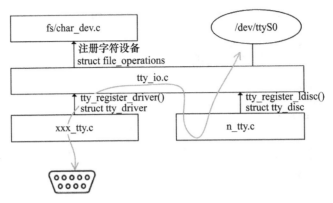

图 12.9 Linux 内核中 tty 的层次结构

代码清单 12.17   tty_driver 结构体

```
1    struct tty_driver {
2        int      magic;               /* magic number for this structure */
3        struct kref kref;             /* Reference management */
4        struct cdev *cdevs;
5        struct module   *owner;
6        const char      *driver_name;
7        const char      *name;
8        int      name_base;           /* offset of printed name */
9        int      major;               /* major device number */
10       int      minor_start;         /* start of minor device number */
11       unsigned int    num;          /* number of devices allocated */
12       short    type;                /* type of tty driver */
13       short    subtype;             /* subtype of tty driver */
14       struct ktermios init_termios; /* Initial termios */
15       unsigned long   flags;        /* tty driver flags */
16       struct proc_dir_entry *proc_entry;    /* /proc fs entry */
17       struct tty_driver *other;     /* only used for the PTY driver */
18
19       /*
20        * Pointer to the tty data structures
21        */
22       struct tty_struct **ttys;
23       struct tty_port **ports;
24       struct ktermios **termios;
25       void *driver_state;
26
27       /*
28        * Driver methods
29        */
30
31       const struct tty_operations *ops;
32       struct list_head tty_drivers;
33   };
```

代码清单 12.18　tty_operations 结构体

```
1  struct tty_operations {
2   struct tty_struct * (*lookup)(struct tty_driver *driver,
3           struct inode *inode, int idx);
4   int  (*install)(struct tty_driver *driver, struct tty_struct *tty);
5   void (*remove)(struct tty_driver *driver, struct tty_struct *tty);
6   int  (*open)(struct tty_struct * tty, struct file * filp);
7   void (*close)(struct tty_struct * tty, struct file * filp);
8   void (*shutdown)(struct tty_struct *tty);
9   void (*cleanup)(struct tty_struct *tty);
10  int  (*write)(struct tty_struct * tty,
11          const unsigned char *buf, int count);
12  int  (*put_char)(struct tty_struct *tty, unsigned char ch);
13  void (*flush_chars)(struct tty_struct *tty);
14  int  (*write_room)(struct tty_struct *tty);
15  int  (*chars_in_buffer)(struct tty_struct *tty);
16  int  (*ioctl)(struct tty_struct *tty,
17          unsigned int cmd, unsigned long arg);
18  long (*compat_ioctl)(struct tty_struct *tty,
19              unsigned int cmd, unsigned long arg);
20  void (*set_termios)(struct tty_struct *tty, struct ktermios * old);
21  void (*throttle)(struct tty_struct * tty);
22  void (*unthrottle)(struct tty_struct * tty);
23  void (*stop)(struct tty_struct *tty);
24  void (*start)(struct tty_struct *tty);
25  void (*hangup)(struct tty_struct *tty);
26  int (*break_ctl)(struct tty_struct *tty, int state);
27  void (*flush_buffer)(struct tty_struct *tty);
28  void (*set_ldisc)(struct tty_struct *tty);
29  void (*wait_until_sent)(struct tty_struct *tty, int timeout);
30  void (*send_xchar)(struct tty_struct *tty, char ch);
31  int (*tiocmget)(struct tty_struct *tty);
32  int (*tiocmset)(struct tty_struct *tty,
33          unsigned int set, unsigned int clear);
34  int (*resize)(struct tty_struct *tty, struct winsize *ws);
35  int (*set_termiox)(struct tty_struct *tty, struct termiox *tnew);
36  int (*get_icount)(struct tty_struct *tty,
37          struct serial_icounter_struct *icount);
38  #ifdef CONFIG_CONSOLE_POLL
39  int (*poll_init)(struct tty_driver *driver, int line, char *options);
40  int (*poll_get_char)(struct tty_driver *driver, int line);
41  void (*poll_put_char)(struct tty_driver *driver, int line, char ch);
42  #endif
43  const struct file_operations *proc_fops;
44  };
```

如图 12.10 所示，tty 设备发送数据的流程为：tty 核心从一个用户获取将要发送给一个 tty 设备的数据，tty 核心将数据传递给 tty 线路规程驱动，接着数据被传递到 tty 驱动，tty 驱动将数据转换为可以发送给硬件的格式。接收数据的流程为：从 tty 硬件接收到的数据向上交给 tty 驱动,接着进入 tty 线路规程驱动,再进入 tty 核心,在这里它被一个用户获取。

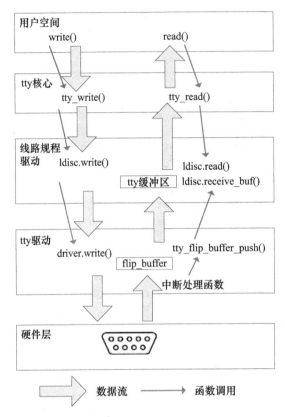

图 12.10 tty 设备发送、接收数据流的流程

代码清单 12.18 中第 10 行的 tty_driver 操作集 tty_operations 的成员函数 write() 函数接收 3 个参数:tty_struct、发送数据指针及要发送的字节数。该函数是被 file_operations 的 write() 成员函数间接触发调用的。从接收角度看,tty 驱动一般收到字符后会通过 tty_flip_buffer_push() 将接收缓冲区推到线路规程。

尽管一个特定的底层 UART 设备驱动完全可以遵循上述 tty_driver 的方法来设计,即定义 tty_driver 并实现 tty_operations 中的成员函数,但是鉴于串口之间的共性,Linux 考虑在文件 drivers/tty/serial/serial_core.c 中实现了 UART 设备的通用 tty 驱动层(我们可以称其为串口核心层)。这样,UART 驱动的主要任务就进一步演变成了实现 serial-core.c 中定义的一组 uart_xxx 接口而不是 tty_xxx 接口,如图 12.11 所示。因此,按照面向对象的思想,可以认为 tty_driver 是字符设备的特化、serial-core 是 tty_driver 的特化,而具体的串口驱动又是 serial-core 的特化。

第12章 Linux设备驱动的软件架构思想

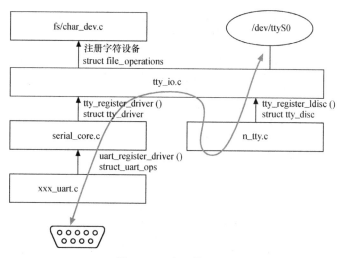

图 12.11 串口核心层

串口核心层又定义了新的 uart_driver 结构体和其操作集 uart_ops。一个底层的 UART 驱动需要创建和通过 uart_register_driver() 注册一个 uart_driver 而不是 tty_driver，代码清单 12.19 给出了 uart_driver 的定义。

代码清单 12.19　uart_driver 结构体

```
1  struct uart_driver {
2      struct module           *owner;
3      const char              *driver_name;
4      const char              *dev_name;
5      int                     major;
6      int                     minor;
7      int                     nr;
8      struct console          *cons;
9
10     /*
11      * these are private; the low level driver should not
12      * touch these; they should be initialised to NULL
13      */
14     struct uart_state       *state;
15     struct tty_driver       *tty_driver;
16 };
```

uart_driver 结构体在本质上是派生自 tty_driver 结构体，因此，它的第 15 行也包含了一个 tty_driver 结构体成员。tty_operations 在 UART 这个层面上也被进一步特化为了 uart_ops，其定义如代码清单 12.20 所示。

代码清单 12.20　uart_ops 结构体

```
1  struct uart_ops {
2     unsigned int    (*tx_empty)(struct uart_port *);
```

```
3     void        (*set_mctrl)(struct uart_port *, unsigned int mctrl);
4     unsigned int    (*get_mctrl)(struct uart_port *);
5     void        (*stop_tx)(struct uart_port *);
6     void        (*start_tx)(struct uart_port *);
7     void        (*throttle)(struct uart_port *);
8     void        (*unthrottle)(struct uart_port *);
9     void        (*send_xchar)(struct uart_port *, char ch);
10    void        (*stop_rx)(struct uart_port *);
11    void        (*enable_ms)(struct uart_port *);
12    void        (*break_ctl)(struct uart_port *, int ctl);
13    int         (*startup)(struct uart_port *);
14    void        (*shutdown)(struct uart_port *);
15    void        (*flush_buffer)(struct uart_port *);
16    void        (*set_termios)(struct uart_port *, struct ktermios *new,
17                     struct ktermios *old);
18    void        (*set_ldisc)(struct uart_port *, struct ktermios *);
19    void        (*pm)(struct uart_port *, unsigned int state,
20                  unsigned int oldstate);
21
22    const char  *(*type)(struct uart_port *);
23
24    void        (*release_port)(struct uart_port *);
25
26    int         (*request_port)(struct uart_port *);
27    void        (*config_port)(struct uart_port *, int);
28    int         (*verify_port)(struct uart_port *, struct serial_struct *);
29    int         (*ioctl)(struct uart_port *, unsigned int, unsigned long);
30 #ifdef CONFIG_CONSOLE_POLL
31    int         (*poll_init)(struct uart_port *);
32    void        (*poll_put_char)(struct uart_port *, unsigned char);
33    int         (*poll_get_char)(struct uart_port *);
34 #endif
35 };
```

由于 drivers/tty/serial/serial_core.c 是一个 tty_driver，因此在 serial_core.c 中，存在一个 tty_operations 的实例，这个实例的成员函数会进一步调用 struct uart_ops 的成员函数，这样就把 file_operations 里的成员函数、tty_operations 的成员函数和 uart_ops 的成员函数串起来了。

12.3.6 misc 设备驱动

由于 Linux 驱动倾向于分层设计，所以各个具体的设备都可以找到它归属的类型，从而套到它相应的架构里面去，并且只需要实现最底层的那一部分。但是，也有部分类似 globalmem、globalfifo 的字符设备，确实不知道它属于什么类型，我们一般推荐大家采用 miscdevice 框架结构。miscdevice 本质上也是字符设备，只是在 miscdevice 核心层的 misc_init() 函数中，通过 register_chrdev(MISC_MAJOR, "misc", &misc_fops) 注册了字符设备，而具体 miscdevice 实例调用 misc_register() 的时候又自动完成了 device_create()、获取动态次设备号的动作。

miscdevice 的主设备号是固定的，MISC_MAJOR 定义为 10，在 Linux 内核中，大概可以找到 200 多处使用 miscdevice 框架结构的驱动。

miscdevice 结构体的定义如代码清单 12.21 所示，在它的第 4 行，指向了一个 file_operations 的结构体。miscdevice 结构体内 file_operations 中的成员函数实际上是由 drivers/char/misc.c 中 misc 驱动核心层的 misc_fops 成员函数间接调用的，比如 misc_open() 就会间接调用底层注册的 miscdevice 的 fops->open。

代码清单 12.21　miscdevice 结构体

```
1   struct miscdevice  {
2         int minor;
3         const char *name;
4         const struct file_operations *fops;
5         struct list_head list;
6         struct device *parent;
7         struct device *this_device;
8         const char *nodename;
9         umode_t mode;
10  };
```

如果上述代码第 2 行的 minor 为 MISC_DYNAMIC_MINOR，miscdevice 核心层会自动找一个空闲的次设备号，否则用 minor 指定的次设备号。第 3 行的 name 是设备的名称。

miscdevice 驱动的注册和注销分别用下面两个 API：

```
int misc_register(struct miscdevice * misc);
int misc_deregister(struct miscdevice *misc);
```

因此 miscdevice 驱动的一般结构形如：

```
static const struct file_operations xxx_fops = {
      .unlocked_ioctl = xxx_ioctl,
      .mmap           = xxx_mmap,
            ...
};

static struct miscdevice xxx_dev = {
      .minor  = MISC_DYNAMIC_MINOR,
      .name   = "xxx",
      .fops   = &xxx_fops
};

static int __init xxx_init(void)
{
      pr_info("ARC Hostlink driver mmap at 0x%p\n", __HOSTLINK__);
      return misc_register(&xxx_dev);
}
```

在调用 misc_register(&xxx_dev) 时，该函数内部会自动调用 device_create()，而 device_create() 会以 xxx_dev 作为 drvdata 参数。其次，在 miscdevice 核心层 misc_open() 函数的帮助下，在 file_operations 的成员函数中，xxx_dev 会自动成为 file 的 private_data（misc_open 会完成 file->private_data 的赋值操作）。

如果我们用面向对象的封装思想把一个设备的属性、自旋锁、互斥体、等待队列、miscdevice 等封装在一个结构体里面：

```
struct xxx_dev {
    unsigned int version;
    unsigned int size;
    spinlock_t lock;
    ...
    struct miscdevice miscdev;
};
```

在 file_operations 的成员函数中，就可以通过 container_of() 和 file->private_data 反推出 xxx_dev 的实例。

```
static long xxx_ioctl(struct file *file, unsigned int cmd, unsigned long arg)
{
    struct xxx_dev *xxx = container_of(file->private_data,
            struct xxx_dev, miscdev);
    ...
}
```

下面我们把 globalfifo 驱动改造成基于 platform_driver 且采用 miscdevice 框架的结构体。首先这个新的驱动变成了要通过 platform_driver 的 probe() 函数来初始化，其次不再直接采用 register_chrdev ()、cdev_add() 之类的原始 API，而采用 miscdevice 的注册方法。代码清单 12.22 列出了新的 globalfifo 驱动相对于第 9 章 globalfifo 驱动变化的部分。

代码清单 12.22　新的 globalfifo 驱动相对于第 9 章 globalfifo 驱动变化的部分

```
1  struct globalfifo_dev {
2      ...
3      struct miscdevice miscdev;
4  };
5
6  static int globalfifo_fasync(int fd, struct file *filp, int mode)
7  {
8      struct globalfifo_dev *dev = container_of(filp->private_data,
9          struct globalfifo_dev, miscdev);
10     ...
11 }
12
13 static long globalfifo_ioctl(struct file *filp, unsigned int cmd,
14         unsigned long arg)
15 {
```

```
16      struct globalfifo_dev *dev = container_of(filp->private_data,
17          struct globalfifo_dev, miscdev);
18      ...
19  }
20
21  static unsigned int globalfifo_poll(struct file *filp, poll_table * wait)
22  {
23      struct globalfifo_dev *dev = container_of(filp->private_data,
24          struct globalfifo_dev, miscdev);
25      ...
26  }
27
28  static ssize_t globalfifo_read(struct file *filp, char __user *buf,
29                  size_t count, loff_t *ppos)
30  {
31      struct globalfifo_dev *dev = container_of(filp->private_data,
32          struct globalfifo_dev, miscdev);
33      ...
34  }
35
36  static ssize_t globalfifo_write(struct file *filp, const char __user *buf,
37                  size_t count, loff_t *ppos)
38  {
39      struct globalfifo_dev *dev = container_of(filp->private_data,
40          struct globalfifo_dev, miscdev);
41      ...
42  }
43
44  static int globalfifo_probe(struct platform_device *pdev)
45  {
46      struct globalfifo_dev *gl;
47      int ret;
48
49      gl = devm_kzalloc(&pdev->dev, sizeof(*gl), GFP_KERNEL);
50      if (!gl)
51          return -ENOMEM;
52      gl->miscdev.minor = MISC_DYNAMIC_MINOR;
53      gl->miscdev.name = "globalfifo";
54      gl->miscdev.fops = &globalfifo_fops;
55
56      mutex_init(&gl->mutex);
57      init_waitqueue_head(&gl->r_wait);
58      init_waitqueue_head(&gl->w_wait);
59      platform_set_drvdata(pdev, gl);
60
61      ret = misc_register(&gl->miscdev);
62      if (ret < 0)
63          goto err;
64      ...
65      return 0;
66  err:
```

```
67          return ret;
68    }
69
70    static int globalfifo_remove(struct platform_device *pdev)
71    {
72          struct globalfifo_dev *gl = platform_get_drvdata(pdev);
73          misc_deregister(&gl->miscdev);
74          return 0;
75    }
76
77    static struct platform_driver globalfifo_driver = {
78          .driver = {
79                .name = "globalfifo",
80                .owner = THIS_MODULE,
81          },
82          .probe = globalfifo_probe,
83          .remove = globalfifo_remove,
84    };
85    module_platform_driver(globalfifo_driver);
```

在上述代码中，file_operations 的各个成员函数都使用 container_of() 反向求出 private_data，第 61 行在 platform_driver 的 probe() 函数中完成了 miscdev 的注册，而在 remove() 函数中使用 misc_deregister() 完成了 miscdev 的注销。

上述代码也改用了 platform_device 和 platform_driver 的体系结构。我们增加了一个模块来完成 platform_device 的注册，在模块初始化的时候通过 platform_device_alloc() 和 platform_device_add() 分配并添加 platform_device，而在模块卸载的时候则通过 platform_device_unregister() 注销 platform_device，如代码清单 12.23 所示。

代码清单 12.23　与 globalfifo 对应的 platform_device 的注册和注销

```
1     static struct platform_device *globalfifo_pdev;
2
3     static int __init globalfifodev_init(void)
4     {
5           int ret;
6
7           globalfifo_pdev = platform_device_alloc("globalfifo", -1);
8           if (!globalfifo_pdev)
9                 return -ENOMEM;
10
11          ret = platform_device_add(globalfifo_pdev);
12          if (ret) {
13                platform_device_put(globalfifo_pdev);
14                return ret;
15          }
16
17          return 0;
18
```

```
19  }
20  module_init(globalfifodev_init);
21
22  static void __exit globalfifodev_exit(void)
23  {
24          platform_device_unregister(globalfifo_pdev);
25  }
26  module_exit(globalfifodev_exit);
```

本书配套代码 /home/baohua/develop/training/kernel/drivers/globalfifo/ch12 中包含了 globalfifo driver 和 device 端的两个模块。在该目录运行 make，会生成两个模块：globalfifo.ko 和 globalfifo-dev.ko，把 globalfifo.ko 和 globalfifo-dev.ko 先后 insmod，会导致 platform_driver 和 platform_device 的匹配，globalfifo_probe() 会执行，/dev/globalfifo 节点会自动生成，默认情况下需要 root 权限来访问 /dev/globalfifo。

如果此后我们 rmmod globalfifo-dev.ko，则会导致 platform_driver 的 remove() 成员函数，即 globalfifo_remove() 函数被执行，/dev/globalfifo 节点会自动消失。

12.3.7 驱动核心层

分析了上述多个实例，我们可以归纳出核心层肩负的 3 大职责：

1）对上提供接口。file_operations 的读、写、ioctl 都被中间层搞定，各种 I/O 模型也被处理掉了。

2）中间层实现通用逻辑。可以被底层各种实例共享的代码都被中间层搞定，避免底层重复实现。

3）对下定义框架。底层的驱动不再需要关心 Linux 内核 VFS 的接口和各种可能的 I/O 模型，而只需处理与具体硬件相关的访问。

这种分层有时候还不是两层，可以有更多层，在软件上呈现为面向对象里类继承和多态的状态。上一节介绍的终端设备驱动，在软件层次上类似图 12.12 的效果。

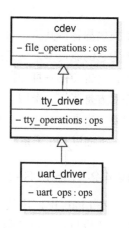

图 12.12 tty 驱动各层泛化

12.4 主机驱动与外设驱动分离的设计思想

12.4.1 主机驱动与外设驱动分离

Linux 中的 SPI、I²C、USB 等子系统都利用了典型的把主机驱动和外设驱动分离的想法，让主机端只负责产生总线上的传输波形，而外设端只是通过标准的 API 来让主机端以适当的波形访问自身。因此这里面就涉及了 4 个软件模块：

1）主机端的驱动。根据具体的 I²C、SPI、USB 等控制器的硬件手册，操作具体的 I²C、SPI、USB 等控制器，产生总线的各种波形。

2）连接主机和外设的纽带。外设不直接调用主机端的驱动来产生波形，而是调一个标准的 API。由这个标准的 API 把这个波形的传输请求间接"转发"给了具体的主机端驱动。当然，在这里，最好把关于波形的描述也以某种数据结构标准化。

3）外设端的驱动。外设接在 I²C、SPI、USB 这样的总线上，但是它们本身可以是触摸屏、网卡、声卡或者任意一种类型的设备。我们在相关的 i2c_driver、spi_driver、usb_driver 这种 xxx_driver 的 probe() 函数中去注册它具体的类型。当这些外设要求 I²C、SPI、USB 等去访问它的时候，它调用"连接主机和外设的纽带"模块的标准 API。

4）板级逻辑。板级逻辑用来描述主机和外设是如何互联的，它相当于一个"路由表"。假设板子上有多个 SPI 控制器和多个 SPI 外设，那究竟谁接在谁上面？管理互联关系，既不是主机端的责任，也不是外设端的责任，这属于板级逻辑的责任。这部分通常出现在 arch/arm/mach-xxx 下面或者 arch/arm/boot/dts 下面。

什么叫良好的软件设计？一言以蔽之，让正确的代码出现在正确的位置。不要在错误的时间、错误的地点，编写一段错误的代码。在 LKML 中，关于代码出现在错误的位置，常见的台词是代码"out of place"。

Linux 通过上述的设计方法，把一堆杂乱不友好的代码变成了 4 个轻量级的小模块，每个模块都各得其所。每个模块都觉得很"爽"，站在主机端想一想，它其实也是很"爽"的，因为它的职责本来就是产生波形，而现在我们就让它只产生波形不干别的；站在外设端想一想，它也变得一身轻松，因为它根本就不需要知道自己接在主机的哪个控制器上，根本不关心对方是张三、李四、王五还是六麻子；站在板级逻辑的角度上，你做了一个板子，自己自然要知道谁接在谁上面了。

下面以 SPI 子系统为例来展开说明，后续章节的 I²C、USB 等是类似的。

12.4.2　Linux SPI 主机和设备驱动

在 Linux 中，用代码清单 12.24 的 spi_master 结构体来描述一个 SPI 主机控制器驱动，其主要成员是主机控制器的序号（系统中可能存在多个 SPI 主机控制器）、片选数量、SPI 模式、时钟设置用到的和数据传输用到的函数等。

代码清单 12.24　spi_master 结构体

```
1  struct spi_master {
2    struct devicedev;
3
4    s16            bus_num;
5
6    /* chipselects will be integral to many controllers; some others
7     * might use board-specific GPIOs.
8     */
```

```
 9   u16            num_chipselect;
10
11   ...
12
13   /* limits on transfer speed */
14   u32            min_speed_hz;
15   u32            max_speed_hz;
16
17   ...
18
19   /* Setup mode and clock, etc (spi driver may call many times).
20    *
21    * IMPORTANT:  this may be called when transfers to another
22    * device are active.  DO NOT UPDATE SHARED REGISTERS in ways
23    * which could break those transfers.
24    */
25   int            (*setup)(struct spi_device *spi);
26
27   /* bidirectional bulk transfers
28    *
29    * + The transfer() method may not sleep; its main role is
30    *   just to add the message to the queue.
31    * + For now there's no remove-from-queue operation, or
32    *   any other request management
33    * + To a given spi_device, message queueing is pure fifo
34    *
35    * + The master's main job is to process its message queue,
36    *   selecting a chip then transferring data
37    * + If there are multiple spi_device children, the i/o queue
38    *   arbitration algorithm is unspecified (round robin, fifo,
39    *   priority, reservations, preemption, etc)
40    *
41    * + Chipselect stays active during the entire message
42    *   (unless modified by spi_transfer.cs_change != 0).
43    * + The message transfers use clock and SPI mode parameters
44    *   previously established by setup() for this device
45    */
46   int            (*transfer)(struct spi_device *spi,
47                  struct spi_message *mesg);
48
49   /* called on release() to free memory provided by spi_master */
50   void           (*cleanup)(struct spi_device *spi);
51
52
53   ...
54   /*
55    * These hooks are for drivers that use a generic implementation
56    * of transfer_one_message() provied by the core.
57    */
58   void (*set_cs)(struct spi_device *spi, bool enable);
59   int (*transfer_one)(struct spi_master *master, struct spi_device *spi,
```

```
60                 struct spi_transfer *transfer);
61
62    /* gpio chip select */
63    int            *cs_gpios;
64
65    ...
66  };
```

分配、注册和注销 SPI 主机的 API 由 SPI 核心提供：

```
struct spi_master * spi_alloc_master(struct device *host, unsigned size);
int spi_register_master(struct spi_master *master);
void spi_unregister_master(struct spi_master *master);
```

在 Linux 中，用代码清单 12.25 的 spi_driver 结构体来描述一个 SPI 外设驱动，这个外设驱动可以认为是 spi_master 的客户端驱动。

代码清单 12.25 spi_driver 结构体

```
1   struct spi_driver {
2     const struct spi_device_id *id_table;
3     int            (*probe)(struct spi_device *spi);
4     int            (*remove)(struct spi_device *spi);
5     void           (*shutdown)(struct spi_device *spi);
6     int            (*suspend)(struct spi_device *spi, pm_message_t mesg);
7     int            (*resume)(struct spi_device *spi);
8     struct device_driver    driver;
9   };
```

可以看出，spi_driver 结构体和 platform_driver 结构体有极大的相似性，都有 probe()、remove()、suspend()、resume() 这样的接口和 device_driver 的实例。是的，这几乎是一切客户端驱动的常用模板。

在 SPI 外设驱动中，当通过 SPI 总线进行数据传输的时候，使用了一套与 CPU 无关的统一的接口。这套接口的第 1 个关键数据结构就是 spi_transfer，它用于描述 SPI 传输，如代码清单 12.26 所示。

代码清单 12.26 spi_transfer 结构体

```
1   struct spi_transfer {
2     /* it's ok if tx_buf == rx_buf (right?)
3      * for MicroWire, one buffer must be null
4      * buffers must work with dma_*map_single() calls, unless
5      *   spi_message.is_dma_mapped reports a pre-existing mapping
6      */
7     const void     *tx_buf;
8     void           *rx_buf;
9     unsigned       len;
10
11    dma_addr_t     tx_dma;
```

```
12      dma_addr_t       rx_dma;
13      struct sg_table tx_sg;
14      struct sg_table rx_sg;
15
16      unsigned        cs_change:1;
17      unsigned        tx_nbits:3;
18      unsigned        rx_nbits:3;
19 #define        SPI_NBITS_SINGLE      0x01    /* 1bit transfer */
20 #define        SPI_NBITS_DUA         0x02    /* 2bits transfer */
21 #define        SPI_NBITS_QUAD        0x04    /* 4bits transfer */
22      u8              bits_per_word;
23      u16             delay_usecs;
24      u32             speed_hz;
25
26      struct list_head transfer_list;
27 };
```

而一次完整的 SPI 传输流程可能不是只包含一次 spi_transfer，它可能包含一个或多个 spi_transfer，这些 spi_transfer 最终通过 spi_message 组织在一起，其定义如代码清单 12.27 所示。

代码清单 12.27 spi_message 结构体

```
1  struct spi_message {
2      struct list_head        transfers;
3
4      struct spi_device       *spi;
5
6      unsigned                is_dma_mapped:1;
7
8      /* REVISIT: we might want a flag affecting the behavior of the
9       * last transfer ... allowing things like "read 16 bit length L"
10      * immediately followed by "read L bytes".  Basically imposing
11      * a specific message scheduling algorithm.
12      *
13      * Some controller drivers (message-at-a-time queue processing)
14      * could provide that as their default scheduling algorithm.  But
15      * others (with multi-message pipelines) could need a flag to
16      * tell them about such special cases.
17      */
18
19     /* completion is reported through a callback */
20     void                    (*complete)(void *context);
21     void                    *context;
22     unsigned                frame_length;
23     unsigned                actual_length;
24     int                     status;
25
26     /* for optional use by whatever driver currently owns the
27      * spi_message ... between calls to spi_async and then later
```

```
28        * complete(), that's the spi_master controller driver.
29        */
30       struct list_head     queue;
31       void                *state;
32  };
```

通过 spi_message_init() 可以初始化 spi_message，而将 spi_transfer 添加到 spi_message 队列的方法则是：

```
void spi_message_add_tail(struct spi_transfer *t, struct spi_message *m);
```

发起一次 spi_message 的传输有同步和异步两种方式，使用同步 API 时，会阻塞等待这个消息被处理完。同步操作时使用的 API 是：

```
int spi_sync(struct spi_device *spi, struct spi_message *message);
```

使用异步 API 时，不会阻塞等待这个消息被处理完，但是可以在 spi_message 的 complete 字段挂接一个回调函数，当消息被处理完成后，该函数会被调用。在异步操作时使用的 API 是：

```
int spi_async(struct spi_device *spi, struct spi_message *message);
```

代码清单 12.28 是非常典型的初始化 spi_transfer、spi_message 并进行 SPI 数据传输的例子，同时 spi_write()、spi_read() 也是 SPI 核心层的两个通用快捷 API，在 SPI 外设驱动中可以直接调用它们进行简单的纯写和纯读操作。

代码清单 12.28　SPI 传输实例 spi_write()、spi_read() API

```
1   static inline int
2   spi_write(struct spi_device *spi, const u8 *buf, size_t len)
3   {
4           struct spi_transfer     t = {
5                           .tx_buf         = buf,
6                           .len            = len,
7           };
8           struct spi_message      m;
9
10          spi_message_init(&m);
11          spi_message_add_tail(&t, &m);
12          return spi_sync(spi, &m);
13  }
14
15  static inline int
16  spi_read(struct spi_device *spi, u8 *buf, size_t len)
17  {
18          struct spi_transfer     t = {
19                          .rx_buf         = buf,
20                          .len            = len,
21          };
```

```
22        struct spi_message       m;
23
24        spi_message_init(&m);
25        spi_message_add_tail(&t, &m);
26        return spi_sync(spi, &m);
27 }
```

SPI 主机控制器驱动位于 drivers/spi/，这些驱动的主体是实现了 spi_master 的 transfer()、transfer_one()、setup() 这样的成员函数，当然，也可能是实现 spi_bitbang 的 txrx_bufs()、setup_transfer()、chipselect() 这样的成员函数。代码清单 12.29 摘取了 drivers/spi/spi-pl022.c 的部分代码。

代码清单 12.29　SPI 主机端驱动完成的波形传输

```
1  static int pl022_transfer_one_message(struct spi_master *master,
2                  struct spi_message *msg)
3  {
4    struct pl022 *pl022 = spi_master_get_devdata(master);
5
6    /* Initial message state */
7    pl022->cur_msg = msg;
8    msg->state = STATE_START;
9
10   pl022->cur_transfer = list_entry(msg->transfers.next,
11                  struct spi_transfer, transfer_list);
12
13   /* Setup the SPI using the per chip configuration */
14   pl022->cur_chip = spi_get_ctldata(msg->spi);
15   pl022->cur_cs = pl022->chipselects[msg->spi->chip_select];
16
17   restore_state(pl022);
18   flush(pl022);
19
20   if (pl022->cur_chip->xfer_type == POLLING_TRANSFER)
21       do_polling_transfer(pl022);
22   else
23       do_interrupt_dma_transfer(pl022);
24
25   return 0;
26  }
27
28  static int pl022_setup(struct spi_device *spi)
29  {
30   ...
31   /* Stuff that is common for all versions */
32   if (spi->mode & SPI_CPOL)
33       tmp = SSP_CLK_POL_IDLE_HIGH;
34   else
35       tmp = SSP_CLK_POL_IDLE_LOW;
```

```
36      SSP_WRITE_BITS(chip->cr0, tmp, SSP_CR0_MASK_SPO, 6);
37
38      if (spi->mode & SPI_CPHA)
39          tmp = SSP_CLK_SECOND_EDGE;
40      else
41          tmp = SSP_CLK_FIRST_EDGE;
42      SSP_WRITE_BITS(chip->cr0, tmp, SSP_CR0_MASK_SPH, 7);
43
44      ...
45  }
46
47  static int pl022_probe(struct amba_device *adev, const struct amba_id *id)
48  {
49      ...
50
51      /*
52       * Bus Number Which has been Assigned to this SSP controller
53       * on this board
54       */
55      master->bus_num = platform_info->bus_id;
56      master->num_chipselect = num_cs;
57      master->cleanup = pl022_cleanup;
58      master->setup = pl022_setup;
59      master->auto_runtime_pm = true;
60      master->transfer_one_message = pl022_transfer_one_message;
61      master->unprepare_transfer_hardware = pl022_unprepare_transfer_hardware;
62      master->rt = platform_info->rt;
63      master->dev.of_node = dev->of_node;
64
65      ...
66  }
```

SPI 外设驱动遍布于内核的 drivers、sound 的各个子目录之下，SPI 只是一种总线，spi_driver 的作用只是将 SPI 外设挂接在该总线上，因此在 spi_driver 的 probe() 成员函数中，将注册 SPI 外设本身所属设备驱动的类型。

和 platform_driver 对应着一个 platform_device 一样，spi_driver 也对应着一个 spi_device；platform_device 需要在 BSP 的板文件中添加板信息数据，而 spi_device 也同样需要。spi_device 的板信息用 spi_board_info 结构体描述，该结构体记录着 SPI 外设使用的主机控制器序号、片选序号、数据比特率、SPI 传输模式（即 CPOL、CPHA）等。诺基亚 770 上的两个 SPI 设备的板信息数据如代码清单 12.30 所示，位于板文件 arch/arm/mach-omap1/board-nokia770.c 中。

代码清单 12.30　诺基亚 770 板文件中的 spi_board_info

```
1  static struct spi_board_info nokia770_spi_board_info[] __initdata = {
2      [0] = {
3          .modalias       = "lcd_mipid",
```

```
4            .bus_num         = 2,          /* 用到的 SPI 主机控制器序号 */
5            .chip_select     = 3,          /* 使用哪个片选 */
6            .max_speed_hz    = 12000000,   /* SPI 数据传输比特率 */
7            .platform_data   = &nokia770_mipid_platform_data,
8       },
9       [1] = {
10           .modalias        = "ads7846",
11           .bus_num         = 2,
12           .chip_select     = 0,
13           .max_speed_hz    = 2500000,
14           .irq             = OMAP_GPIO_IRQ(15),
15           .platform_data   = &nokia770_ads7846_platform_data,
16      },
17 };
```

在 Linux 启动过程中，在机器的 init_machine() 函数中，会通过如下语句注册这些 spi_board_info：

```
spi_register_board_info(nokia770_spi_board_info,
                ARRAY_SIZE(nokia770_spi_board_info));
```

这一点和启动时通过 platform_add_devices() 添加 platform_device 非常相似。

ARM Linux 3.x 之后的内核在改为设备树后，不再需要在 arch/arm/mach-xxx 中编码 SPI 的板级信息了，而倾向于在 SPI 控制器节点下填写子节点，如代码清单 12.31 给出了 arch/arm/boot/dts/omap3-overo-common-lcd43.dtsi 中包含的 ads7846 节点。

代码清单 12.31 通过设备树添加 SPI 外设

```
1  &mcspi1 {
2       pinctrl-names = "default";
3       pinctrl-0 = <&mcspi1_pins>;
4
5       /* touch controller */
6       ads7846@0 {
7             pinctrl-names = "default";
8             pinctrl-0 = <&ads7846_pins>;
9
10            compatible = "ti,ads7846";
11            vcc-supply = <&ads7846reg>;
12
13            reg = <0>;                              /* CS0 */
14            spi-max-frequency = <1500000>;
15
16            interrupt-parent = <&gpio4>;
17            interrupts = <18 0>;                    /* gpio_114 */
18            pendown-gpio = <&gpio4 18 0>;
19
20            ti,x-min = /bits/ 16 <0x0>;
21            ti,x-max = /bits/ 16 <0x0fff>;
```

```
22              ti,y-min = /bits/ 16  <0x0>;
23              ti,y-max = /bits/ 16  <0x0fff>;
24              ti,x-plate-ohms = /bits/ 16  <180>;
25              ti,pressure-max = /bits/ 16  <255>;
26
27              linux,wakeup;
28          };
29  };
```

12.5 总结

真实生活中的驱动并不像第 6 ~ 11 章里那样的驱动,它往往包含了 platform、分层、分离等诸多概念,因此,学习和领悟第 12 章的内容是我们将驱动的理论用于工程开发的必要环节。Linux 内核目前有一百多个驱动子系统,一个个去学肯定是不现实的,在方法上也是错误的。我们要掌握其规律,以不变应万变,以无招胜有招。

第 13 章
Linux 块设备驱动

本章导读

块设备是与字符设备并列的概念,这两类设备在 Linux 中的驱动结构有较大差异,总体而言,块设备驱动比字符设备驱动要复杂得多,在 I/O 操作上也表现出极大的不同。缓冲、I/O 调度、请求队列等都是与块设备驱动相关的概念。本章将详细讲解 Linux 块设备驱动的编程方法。

13.1 节讲解块设备的 I/O 操作特点,分析字符设备与块设备在 I/O 操作上的差异。

13.2 节从整体上描述 Linux 块设备驱动的结构,分析主要的数据结构、函数及其关系。

13.3 ~ 13.5 节分别讲解块设备驱动模块的加载与卸载、打开与释放和 ioctl() 函数。

13.6 节非常重要,讲述了块设备 I/O 操作所依赖的请求、bio 处理方法。

13.7 节在 13.1 ~ 13.6 节所讲解内容的基础上,总结在 Linux 下块设备的读写流程,实现了块设备驱动的一个具体实例,即 vmem_disk 驱动。

13.8 节简单地讲解了 Linux 的 MMC 子系统以及它与块设备的关系。

13.1 块设备的 I/O 操作特点

字符设备与块设备 I/O 操作的不同如下。

1) 块设备只能以块为单位接收输入和返回输出,而字符设备则以字节为单位。大多数设备是字符设备,因为它们不需要缓冲而且不以固定块大小进行操作。

2) 块设备对于 I/O 请求有对应的缓冲区,因此它们可以选择以什么顺序进行响应,字符设备无须缓冲且被直接读写。对于存储设备而言,调整读写的顺序作用巨大,因为在读写连续的扇区的存储速度比分离的扇区更快。

3) 字符设备只能被顺序读写,而块设备可以随机访问。

虽然块设备可随机访问,但是对于磁盘这类机械设备而言,顺序地组织块设备的访问可以提高性能,如图 13.1 所示,对扇区 1、10、3、2 的请求被调整为对扇区 1、2、3、10 的请求。

在 Linux 中,我们通常通过磁盘文件系统 EXT4、UBIFS 等访问磁盘,但是磁盘也有一种原始设备的访问方式,如直接访问 /dev/sdb1 等。所有的 EXT4、UBIFS、原始块设备又都工作于 VFS 之下，而 EXT4、UBIFS、原始块设备之下又包含块 I/O 调度层以进行排序和合并（见图 13.2）。

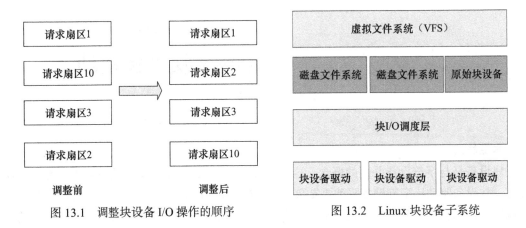

图 13.1　调整块设备 I/O 操作的顺序　　　　图 13.2　Linux 块设备子系统

I/O 调度层的基本目的是将请求按照它们对应在块设备上的扇区号进行排列，以减少磁头的移动，提高效率。

13.2　Linux 块设备驱动结构

13.2.1　block_device_operations 结构体

在块设备驱动中，有一个类似于字符设备驱动中 file_operations 结构体的 block_device_operations 结构体，它是对块设备操作的集合，定义如代码清单 13.1 所示。

代码清单 13.1　block_device_operations 结构体

```
1  struct block_device_operations {
2      int (*open) (struct block_device *, fmode_t);
3      void (*release) (struct gendisk *, fmode_t);
4      int (*rw_page)(struct block_device *, sector_t, struct page *, int rw);
5      int (*ioctl) (struct block_device *, fmode_t, unsigned, unsigned long);
6      int (*compat_ioctl) (struct block_device *, fmode_t, unsigned, unsigned long);
7      int (*direct_access) (struct block_device *, sector_t,
8                            void **, unsigned long *);
9      unsigned int (*check_events) (struct gendisk *disk,
10                            unsigned int clearing);
11     /* ->media_changed() is DEPRECATED, use ->check_events() instead */
12     int (*media_changed) (struct gendisk *);
13     void (*unlock_native_capacity) (struct gendisk *);
14     int (*revalidate_disk) (struct gendisk *);
15     int (*getgeo)(struct block_device *, struct hd_geometry *);
16     /* this callback is with swap_lock and sometimes page table lock held */
17     void (*swap_slot_free_notify) (struct block_device *, unsigned long);
18     struct module *owner;
19  };
```

下面对其主要成员函数进行分析。

1. 打开和释放

```
int (*open) (struct block_device *, fmode_t);
void (*release) (struct gendisk *, fmode_t);
```

与字符设备驱动类似，当设备被打开和关闭时将调用它们。

2. I/O 控制

```
int (*ioctl) (struct block_device *, fmode_t, unsigned, unsigned long);
int (*compat_ioctl) (struct block_device *, fmode_t, unsigned, unsigned long);
```

上述函数是 ioctl() 系统调用的实现，块设备包含大量的标准请求，这些标准请求由 Linux 通用块设备层处理，因此大部分块设备驱动的 ioctl() 函数相当短。当一个 64 位系统内的 32 位进程调用 ioctl() 的时候，调用的是 compat_ioctl()。

3. 介质改变

```
int (*media_changed) (struct gendisk *gd);
```

被内核调用以检查驱动器中的介质是否已经改变，如果是，则返回一个非 0 值，否则返回 0。这个函数仅适用于支持可移动介质的驱动器，通常需要在驱动中增加一个表示介质状态是否改变的标志变量，非可移动设备的驱动不需要实现这个方法。

```
unsigned int (*check_events) (struct gendisk *disk,
                              unsigned int clearing);
```

media_changed() 这个回调函数目前已经过时了，已被 check_events() 替代。Tejun Heo<tj@kernel.org> 在内核提交了一个补丁，完成了 "implement in-kernel gendisk events handling" 的工作，这个补丁对应的 commit ID 是 77ea887e。老的 Linux 在用户空间里轮询可移动磁盘介质是否存在，而新的内核则在内核空间里轮询。check_events() 函数检查有没有挂起的事件，如果有 DISK_EVENT_MEDIA_CHANGE 和 DISK_EVENT_EJECT_REQUEST 事件，就返回。

4. 使介质有效

```
int (*revalidate_disk) (struct gendisk *gd);
```

revalidate_disk() 函数被调用来响应一个介质改变，它给驱动一个机会来进行必要的工作以使新介质准备好。

5. 获得驱动器信息

```
int (*getgeo)(struct block_device *, struct hd_geometry *);
```

该函数根据驱动器的几何信息填充一个 hd_geometry 结构体，hd_geometry 结构体包含磁头、扇区、柱面等信息，其定义于 include/linux/hdreg.h 头文件中。

6. 模块指针

```
struct module *owner;
```

一个指向拥有这个结构体的模块的指针,它通常被初始化为 THIS_MODULE。

13.2.2 gendisk 结构体

在 Linux 内核中,使用 gendisk(通用磁盘)结构体来表示一个独立的磁盘设备(或分区),这个结构体的定义如代码清单 13.2 所示。

代码清单 13.2 gendisk 结构体

```
1   struct gendisk {
2           /* major, first_minor and minors are input parameters only,
3            * don't use directly.  Use disk_devt() and disk_max_parts().
4            */
5           int major;                      /* major number of driver */
6           int first_minor;
7           int minors;                     /* maximum number of minors, =1 for
8                                            * disks that can't be partitioned. */
9
10          char disk_name[DISK_NAME_LEN];  /* name of major driver */
11          char *(*devnode)(struct gendisk *gd, umode_t *mode);
12
13          unsigned int events;            /* supported events */
14          unsigned int async_events;      /* async events, subset of all */
15
16          /* Array of pointers to partitions indexed by partno.
17           * Protected with matching bdev lock but stat and other
18           * non-critical accesses use RCU.  Always access through
19           * helpers.
20           */
21          struct disk_part_tbl __rcu *part_tbl;
22          struct hd_struct part0;
23
24          const struct block_device_operations *fops;
25          struct request_queue *queue;
26          void *private_data;
27
28          int flags;
29          struct device *driverfs_dev;  // FIXME: remove
30          struct kobject *slave_dir;
31
32          struct timer_rand_state *random;
33          atomic_t sync_io;                       /* RAID */
34          struct disk_events *ev;
35  #ifdef  CONFIG_BLK_DEV_INTEGRITY
36          struct blk_integrity *integrity;
37  #endif
38          int node_id;
39  };
```

major、first_minor 和 minors 共同表征了磁盘的主、次设备号，同一个磁盘的各个分区共享一个主设备号，而次设备号则不同。fops 为 block_device_operations，即上节描述的块设备操作集合。queue 是内核用来管理这个设备的 I/O 请求队列的指针。private_data 可用于指向磁盘的任何私有数据，用法与字符设备驱动 file 结构体的 private_data 类似。hd_struct 成员表示一个分区，而 disk_part_tbl 成员用于容纳分区表，part0 和 part_tbl 两者的关系在于：

```
disk->part_tbl->part[0] = &disk->part0;
```

Linux 内核提供了一组函数来操作 gendisk，如下所示。

1. 分配 gendisk

gendisk 结构体是一个动态分配的结构体，它需要特别的内核操作来初始化，驱动不能自己分配这个结构体，而应该使用下列函数来分配 gendisk：

```
struct gendisk *alloc_disk(int minors);
```

minors 参数是这个磁盘使用的次设备号的数量，一般也就是磁盘分区的数量，此后 minors 不能被修改。

2. 增加 gendisk

gendisk 结构体被分配之后，系统还不能使用这个磁盘，需要调用如下函数来注册这个磁盘设备。

```
void add_disk(struct gendisk *disk);
```

特别要注意的是：对 add_disk() 的调用必须发生在驱动程序的初始化工作完成并能响应磁盘的请求之后。

3. 释放 gendisk

当不再需要磁盘时，应当使用如下函数释放 gendisk。

```
void del_gendisk(struct gendisk *gp);
```

4. gendisk 引用计数

通过 get_disk() 和 put_disk() 函数可操作 gendisk 的引用计数，这个工作一般不需要驱动亲自做。这两个函数的原型分别为：

```
struct kobject *get_disk(struct gendisk *disk);
void put_disk(struct gendisk *disk);
```

前者最终会调用"kobject_get(&disk_to_dev(disk)->kobj);"，而后者则会调用"kobject_put(&disk_to_dev(disk)->kobj);"。

13.2.3　bio、request 和 request_queue

通常一个 bio 对应上层传递给块层的 I/O 请求。每个 bio 结构体实例及其包含的 bvec_

iter、bio_vec 结构体实例描述了该 I/O 请求的开始扇区、数据方向（读还是写）、数据放入的页，其定义如代码清单 13.3 所示。

代码清单 13.3　bio 结构体

```
1   struct bvec_iter {
2           sector_t                bi_sector;  /* device address in 512 byte
3                                                  sectors */
4           unsigned int            bi_size;    /* residual I/O count */
5
6           unsigned int            bi_idx;     /* current index into bvl_vec */
7
8           unsigned int            bi_bvec_done;  /* number of bytes completed
9                                                     in current bvec */
10  };
11
12  /*
13   * main unit of I/O for the block layer and lower layers (ie drivers and
14   * stacking drivers)
15   */
16  struct bio {
17          struct bio              *bi_next;   /* request queue link */
18          struct block_device     *bi_bdev;
19          unsigned long           bi_flags;   /* status, command, etc */
20          unsigned long           bi_rw;      /* bottom bits READ/WRITE,
21                                               * top bits priority
22                                               */
23
24          struct bvec_iter        bi_iter;
25
26          /* Number of segments in this BIO after
27           * physical address coalescing is performed.
28           */
29          unsigned int            bi_phys_segments;
30
31          ...
32
33          struct bio_vec          *bi_io_vec; /* the actual vec list */
34
35          struct bio_set          *bi_pool;
36
37          /*
38           * We can inline a number of vecs at the end of the bio, to avoid
39           * double allocations for a small number of bio_vecs. This member
40           * MUST obviously be kept at the very end of the bio.
41           */
42          struct bio_vec          bi_inline_vecs[0];
43  };
```

与 bio 对应的数据每次存放的内存不一定是连续的，bio_vec 结构体用来描述与这个 bio

请求对应的所有的内存,它可能不总是在一个页面里面,因此需要一个向量,定义如代码清单13.4 所示。向量中的每个元素实际是一个 [page, offset, len],我们一般也称它为一个片段。

代码清单 13.4　bio_vec 结构体

```
1  struct bio_vec {
2          struct page        *bv_page;
3          unsigned int       bv_len;
4          unsigned int       bv_offset;
5  };
```

I/O 调度算法可将连续的 bio 合并成一个请求。请求是 bio 经由 I/O 调度进行调整后的结果,这是请求和 bio 的区别。因此,一个 request 可以包含多个 bio。当 bio 被提交给 I/O 调度器时,I/O 调度器可能会将这个 bio 插入现存的请求中,也可能生成新的请求。

每个块设备或者块设备的分区都对应有自身的 request_queue,从 I/O 调度器合并和排序出来的请求会被分发(Dispatch)到设备级的 request_queue。图 13.3 描述了 request_queue、request、bio、bio_vec 之间的关系。

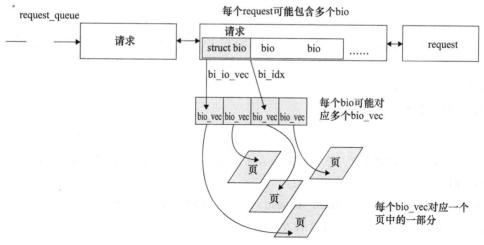

图 13.3　request_queue、request、bio 和 bio_vec

下面看一下驱动中涉及的处理 bio、request 和 request_queue 的主要 API。
(1) 初始化请求队列

```
request_queue *blk_init_queue(request_fn_proc *rfn, spinlock_t *lock);
```

该函数的第一个参数是请求处理函数的指针,第二个参数是控制访问队列权限的自旋锁,这个函数会发生内存分配的行为,它可能会失败,因此一定要检查它的返回值。这个函数一般在块设备驱动的初始化过程中调用。

（2）清除请求队列

```
void blk_cleanup_queue(request_queue * q);
```

这个函数完成将请求队列返回给系统的任务，一般在块设备驱动卸载过程中调用。

（3）分配请求队列

```
request_queue *blk_alloc_queue(int gfp_mask);
```

对于 RAMDISK 这种完全随机访问的非机械设备，并不需要进行复杂的 I/O 调度，这个时候，可以直接"踢开"I/O 调度器，使用如下函数来绑定请求队列和"制造请求"函数（make_request_fn）。

```
void blk_queue_make_request(request_queue * q, make_request_fn * mfn);
```

blk_alloc_queue() 和 blk_queue_make_request() 结合起来使用的逻辑一般是：

```
xxx_queue = blk_alloc_queue(GFP_KERNEL);
blk_queue_make_request(xxx_queue, xxx_make_request);
```

（4）提取请求

```
struct request * blk_peek_request(struct request_queue *q);
```

上述函数用于返回下一个要处理的请求（由 I/O 调度器决定），如果没有请求则返回 NULL。它不会清除请求，而是仍然将这个请求保留在队列上。原先的老的函数 elv_next_request() 已经不再存在。

（5）启动请求

```
void blk_start_request(struct request *req);
```

从请求队列中移除请求。原先的老的 API blkdev_dequeue_request() 会在 blk_start_request() 内部被调用。

我们可以考虑使用 blk_fetch_request() 函数，它同时做完了 blk_peek_request() 和 blk_start_request() 的工作，如代码清单 13.5 所示。

代码清单 13.5 blk_fetch_request() 函数

```
1  struct request *blk_fetch_request(struct request_queue *q)
2  {
3      struct request *rq;
4
5      rq = blk_peek_request(q);
6      if (rq)
7          blk_start_request(rq);
8      return rq;
9  }
```

（6）遍历 bio 和片段

```
#define __rq_for_each_bio(_bio, rq)                              \
        if ((rq->bio))                                           \
                for (_bio = (rq)->bio; _bio; _bio = _bio->bi_next)
```

__rq_for_each_bio() 遍历一个请求的所有 bio。

```
#define __bio_for_each_segment(bvl, bio, iter, start)            \
        for (iter = (start);                                     \
             (iter).bi_size &&                                   \
                ((bvl = bio_iter_iovec((bio), (iter))), 1);      \
             bio_advance_iter((bio), &(iter), (bvl).bv_len))

#define bio_for_each_segment(bvl, bio, iter)                     \
        __bio_for_each_segment(bvl, bio, iter, (bio)->bi_iter)
```

bio_for_each_segment() 遍历一个 bio 的所有 bio_vec。

```
#define rq_for_each_segment(bvl, _rq, _iter)                     \
        __rq_for_each_bio(_iter.bio, _rq)                        \
                bio_for_each_segment(bvl, _iter.bio, _iter.iter)
```

rq_for_each_segment() 迭代遍历一个请求所有 bio 中的所有 segment。

（7）报告完成

```
void __blk_end_request_all(struct request *rq, int error);
void blk_end_request_all(struct request *rq, int error);
```

上述两个函数用于报告请求是否完成，error 为 0 表示成功，小于 0 表示失败。__blk_end_request_all() 需要在持有队列锁的场景下调用。

类似的函数还有 blk_end_request_cur()、blk_end_request_err()、__blk_end_request()、__blk_end_request_all()、__blk_end_request_cur() 以及 __blk_end_request_err()。其中 xxx_end_request_cur() 只是表明完成了 request 中当前的那个 chunk，也就是完成了当前的 bio_cur_bytes(rq->bio) 的传输。

若我们用 blk_queue_make_request() 绕开 I/O 调度，但是在 bio 处理完成后应该使用 bio_endio() 函数通知处理结束：

```
void bio_endio(struct bio *bio, int error);
```

如果是 I/O 操作故障，可以调用快捷函数 bio_io_error()，它定义为：

```
#define bio_io_error(bio) bio_endio((bio), -EIO)
```

13.2.4　I/O 调度器

Linux 2.6 以后的内核包含 4 个 I/O 调度器，它们分别是 Noop I/O 调度器、Anticipatory I/

O 调度器、Deadline I/O 调度器与 CFQ I/O 调度器。其中，Anticipatory I/O 调度器算法已经在 2010 年从内核中去掉了。

Noop I/O 调度器是一个简化的调度程序，该算法实现了一个简单 FIFO 队列，它只进行最基本的合并，比较适合基于 Flash 的存储器。

Anticipatory I/O 调度器算法推迟 I/O 请求，以期能对它们进行排序，获得最高的效率。在每次处理完读请求之后，不是立即返回，而是等待几个微秒。在这段时间内，任何来自临近区域的请求都被立即执行。超时以后，继续原来的处理。

Deadline I/O 调度器是针对 Anticipatory I/O 调度器的缺点进行改善而得来的，它试图把每次请求的延迟降至最低，该算法重排了请求的顺序来提高性能。它使用轮询的调度器，简洁小巧，提供了最小的读取延迟和尚佳的吞吐量，特别适合于读取较多的环境（比如数据库）。

CFQ I/O 调度器为系统内的所有任务分配均匀的 I/O 带宽，提供一个公平的工作环境，在多媒体应用中，能保证音、视频及时从磁盘中读取数据。

内核 4.0-rc1 block 目录中的 noop-iosched.c、deadline-iosched.c 和 cfq-iosched.c 文件分别实现了 IOSCHED_NOOP、IOSCHED_DEADLINE 和 IOSCHED_CFQ 调度算法。as-iosched.c 这个文件目前已经不再存在。当前情况下，默认的调度器是 CFQ。

可以通过给内核添加启动参数，选择所使用的 I/O 调度算法，如：

```
kernel elevator=deadline
```

也可以通过类似如下的命令，改变一个设备的调度器：

```
echo SCHEDULER > /sys/block/DEVICE/queue/scheduler
```

13.3 Linux 块设备驱动的初始化

在块设备的注册和初始化阶段，与字符设备驱动类似，块设备驱动要注册它们自己到内核，申请设备号，完成这个任务的函数是 register_blkdev()，其原型为：

```
int register_blkdev(unsigned int major, const char *name);
```

major 参数是块设备要使用的主设备号，name 为设备名，它会显示在 /proc/devices 中。如果 major 为 0，内核会自动分配一个新的主设备号，register_blkdev() 函数的返回值就是这个主设备号。如果 register_blkdev() 返回一个负值，表明发生了一个错误。

与 register_blkdev() 对应的注销函数是 unregister_blkdev()，其原型为：

```
int unregister_blkdev(unsigned int major, const char *name);
```

这里，传递给 unregister_blkdev() 的参数必须与传递给 register_blkdev() 的参数匹配，否则这个函数返回 -EINVAL。

除此之外，在块设备驱动初始化过程中，通常需要完成分配、初始化请求队列，绑定请求队列和请求处理函数的工作，并且可能会分配、初始化 gendisk，给 gendisk 的 major、fops、queue 等成员赋值，最后添加 gendisk。

代码清单 13.6 演示了一个典型的块设备驱动的初始化过程，其中包含了 register_blkdev()、blk_init_queue() 和 add_disk() 的工作。

代码清单 13.6　块设备驱动的初始化

```
1   static int xxx_init(void)
2   {
3       /* 块设备驱动注册 */
4       if (register_blkdev(XXX_MAJOR, "xxx")) {
5           err = -EIO;
6           goto out;
7       }
8
9       /* 请求队列初始化 */
10      xxx_queue = blk_init_queue(xxx_request, xxx_lock);
11      if (!xxx_queue)
12          goto out_queue;
13      blk_queue_max_hw_sectors(xxx_queue, 255);
14      blk_queue_logical_block_size(xxx_queue, 512);
15
16      /* gendisk 初始化 */
17      xxx_disks->major = XXX_MAJOR;
18      xxx_disks->first_minor = 0;
19      xxx_disks->fops = &xxx_op;
20      xxx_disks->queue = xxx_queue;
21      sprintf(xxx_disks->disk_name, "xxx%d", i);
22      set_capacity(xxx_disks, xxx_size *2);
23      add_disk(xxx_disks); /* 添加 gendisk */
24
25      return 0;
26  out_queue: unregister_blkdev(XXX_MAJOR, "xxx");
27  out: put_disk(xxx_disks);
28      blk_cleanup_queue(xxx_queue);
29
30      return -ENOMEM;
31  }
```

上述代码第 13 行的 blk_queue_max_hw_sectors() 用于通知通用块层和 I/O 调度器该请求队列支持的每个请求中能够包含的最大扇区数，第 14 行 blk_queue_logical_block_size() 则用于告知该请求队列的逻辑块大小。

在块设备驱动的卸载过程中完成与模块加载函数相反的工作。

1）清除请求队列，使用 blk_cleanup_queue()。

2）删除对 gendisk 的引用，使用 put_disk()。

3）删除对块设备的引用，注销块设备驱动，使用 unregister_blkdev()。

13.4 块设备的打开与释放

块设备驱动的 open() 函数和其字符设备驱动的对等体不太相似,前者不以相关的 inode 和 file 结构体指针作为参数(因为 file 和 inode 概念位于文件系统层中)。在 open() 中我们可以通过 block_device 参数 bdev 获取 private_data、在 release() 函数中则通过 gendisk 参数 disk 获取,如代码清单 13.7 所示。

代码清单 13.7 在块设备的 open()/release() 函数中获取 private_data

```
1  static int xxx_open(struct block_device *bdev, fmode_t mode)
2  {
3    struct xxx_dev *dev = bdev->bd_disk->private_data;
4    ...
5    return 0;
6  }
7
8  static void xxx_release(struct gendisk *disk, fmode_t mode)
9  {
10   struct xxx_dev *dev = disk->private_data;
11   ...
12 }
```

13.5 块设备驱动的 ioctl 函数

与字符设备驱动一样,块设备可以包含一个 ioctl() 函数以提供对设备的 I/O 控制能力。实际上,高层的块设备层代码处理了绝大多数 I/O 控制,如 BLKFLSBUF、BLKROSET、BLKDISCARD、HDIO_GETGEO、BLKROGET 和 BLKSECTGET 等,因此,在具体的块设备驱动中通常只需要实现与设备相关的特定 ioctl 命令。例如,源代码文件为 drivers/block/floppy.c 实现了与软驱相关的命令(如 FDEJECT、FDSETPRM、FDFMTTRK 等)。

Linux MMC 子系统支持一个 IOCTL 命令 MMC_IOC_CMD,drivers/mmc/card/block.c 实现了这个命令的处理,如代码清单 13.8 所示。

代码清单 13.8 Linux MMC 块设备的 ioctl() 函数

```
1  static int mmc_blk_ioctl(struct block_device *bdev, fmode_t mode,
2         unsigned int cmd, unsigned long arg)
3  {
4         int ret = -EINVAL;
5         if (cmd == MMC_IOC_CMD)
6                 ret = mmc_blk_ioctl_cmd(bdev, (struct mmc_ioc_cmd __user *)arg);
7         return ret;
8  }
```

13.6 块设备驱动的 I/O 请求处理

13.6.1 使用请求队列

块设备驱动在使用请求队列的场景下,会用 blk_init_queue() 初始化 request_queue,而该函数的第一个参数就是请求处理函数的指针。request_queue 会作为参数传递给我们在调用 blk_init_queue() 时指定的请求处理函数,块设备驱动请求处理函数的原型为:

```
static void xxx_req(struct request_queue *q)
```

这个函数不能由驱动自己调用,只有当内核认为是时候让驱动处理对设备的读写等操作时,它才调用这个函数。该函数的主要工作就是发起与 request 对应的块设备 I/O 动作(但是具体的 I/O 工作不一定要在该函数内同步完成)。代码清单 13.9 给出了一个简单的请求处理函数的例子,它来源于 drivers/memstick/core/ms_block.c。

代码清单 13.9 块设备驱动请求函数例程

```
1   static void msb_submit_req(struct request_queue *q)
2   {
3           struct memstick_dev *card = q->queuedata;
4           struct msb_data *msb = memstick_get_drvdata(card);
5           struct request *req = NULL;
6   
7           dbg_verbose("Submit request");
8   
9           if (msb->card_dead) {
10                  dbg("Refusing requests on removed card");
11  
12                  WARN_ON(!msb->io_queue_stopped);
13  
14                  while ((req = blk_fetch_request(q)) != NULL)
15                          __blk_end_request_all(req, -ENODEV);
16                  return;
17          }
18  
19          if (msb->req)
20                  return;
21  
22          if (!msb->io_queue_stopped)
23                  queue_work(msb->io_queue, &msb->io_work);
24  }
```

上述代码第 14 行使用 blk_fetch_request() 获得队列中第一个未完成的请求,由于 msb->card_dead 成立,实际上我们处理不了该请求,所以就直接通过 __blk_end_request_all(req, -ENODEV) 返回错误了。

正常的情况下,通过 queue_work(msb->io_queue, &msb->io_work) 启动工作队列执行 msb_io_work(struct work_struct *work) 这个函数,它的原型如代码清单 13.10 所示。

代码清单13.10 msb_io_work()完成请求处理

```
1   static void msb_io_work(struct work_struct *work)
2   {
3       struct msb_data *msb = container_of(work, struct msb_data, io_work);
4       int page, error, len;
5       sector_t lba;
6       unsigned long flags;
7       struct scatterlist *sg = msb->prealloc_sg;
8
9       dbg_verbose("IO: work started");
10
11      while (1) {
12          spin_lock_irqsave(&msb->q_lock, flags);
13
14          if (msb->need_flush_cache) {
15              msb->need_flush_cache = false;
16              spin_unlock_irqrestore(&msb->q_lock, flags);
17              msb_cache_flush(msb);
18              continue;
19          }
20
21          if (!msb->req) {
22              msb->req = blk_fetch_request(msb->queue);
23              if (!msb->req) {
24                  dbg_verbose("IO: no more requests exiting");
25                  spin_unlock_irqrestore(&msb->q_lock, flags);
26                  return;
27              }
28          }
29
30          spin_unlock_irqrestore(&msb->q_lock, flags);
31
32          /* If card was removed meanwhile */
33          if (!msb->req)
34              return;
35
36          /* process the request */
37          dbg_verbose("IO: processing new request");
38          blk_rq_map_sg(msb->queue, msb->req, sg);
39
40          lba = blk_rq_pos(msb->req);
41
42          sector_div(lba, msb->page_size / 512);
43          page = do_div(lba, msb->pages_in_block);
44
45          if (rq_data_dir(msb->req) == READ)
46              error = msb_do_read_request(msb, lba, page, sg,
47                  blk_rq_bytes(msb->req), &len);
48          else
49              error = msb_do_write_request(msb, lba, page, sg,
```

```
50                         blk_rq_bytes(msb->req), &len);
51
52              spin_lock_irqsave(&msb->q_lock, flags);
53
54              if (len)
55                      if (!__blk_end_request(msb->req, 0, len))
56                              msb->req = NULL;
57
58              if (error && msb->req) {
59                      dbg_verbose("IO: ending one sector of the request with error");
60                      if (!__blk_end_request(msb->req, error, msb->page_size))
61                              msb->req = NULL;
62              }
63
64              if (msb->req)
65                      dbg_verbose("IO: request still pending");
66
67              spin_unlock_irqrestore(&msb->q_lock, flags);
68      }
69 }
```

在读写无错的情况下，第 55 行调用的 __blk_end_request(msb->req, 0, len) 实际上告诉了上层该请求处理完成。如果读写有错，则调用 __blk_end_request(msb->req, error, msb->page_size)，把出错原因作为第 2 个参数传入上层。

第 38 行调用的 blk_rq_map_sg() 函数实现于 block/blk-merge.c 文件。代码清单 13.11 列出了该函数的实现中比较精华的部分，它通过 rq_for_each_bio()、bio_for_each_segment() 来遍历所有的 bio，以及所有的片段，将所有与某请求相关的页组成一个 scatter/gather 的列表。

代码清单 13.11　blk_rq_map_sg() 函数

```
 1  int blk_rq_map_sg(struct request_queue *q, struct request *rq,
 2                   struct scatterlist *sglist)
 3  {
 4          struct scatterlist *sg = NULL;
 5          int nsegs = 0;
 6
 7          if (rq->bio)
 8                  nsegs = __blk_bios_map_sg(q, rq->bio, sglist, &sg);
 9          ...
10  }
11
12  static int __blk_bios_map_sg(struct request_queue *q, struct bio *bio,
13                   struct scatterlist *sglist,
14                   struct scatterlist **sg)
15  {
16          struct bio_vec bvec, bvprv = { NULL };
17          struct bvec_iter iter;
18          int nsegs, cluster;
```

```
19
20          nsegs = 0;
21          cluster = blk_queue_cluster(q);
22          ...
23          for_each_bio(bio)
24                  bio_for_each_segment(bvec, bio, iter)
25                          __blk_segment_map_sg(q, &bvec, sglist, &bvprv, sg,
26                                               &nsegs, &cluster);
27
28          return nsegs;
29   }
30
31   static inline void
32   __blk_segment_map_sg(struct request_queue *q, struct bio_vec *bvec,
33                        struct scatterlist *sglist, struct bio_vec *bvprv,
34                        struct scatterlist **sg, int *nsegs, int *cluster)
35   {
36
37          int nbytes = bvec->bv_len;
38
39          if (*sg && *cluster) {
40                  if ((*sg)->length + nbytes > queue_max_segment_size(q))
41                          goto new_segment;
42
43                  if (!BIOVEC_PHYS_MERGEABLE(bvprv, bvec))
44                          goto new_segment;
45                  if (!BIOVEC_SEG_BOUNDARY(q, bvprv, bvec))
46                          goto new_segment;
47
48                  (*sg)->length += nbytes;
49          } else {
50   new_segment:
51                  if (!*sg)
52                          *sg = sglist;
53                  else {
54                          /*
55                           * If the driver previously mapped a shorter
56                           * list, we could see a termination bit
57                           * prematurely unless it fully inits the sg
58                           * table on each mapping. We KNOW that there
59                           * must be more entries here or the driver
60                           * would be buggy, so force clear the
61                           * termination bit to avoid doing a full
62                           * sg_init_table() in drivers for each command.
63                           */
64                          sg_unmark_end(*sg);
65                          *sg = sg_next(*sg);
66                  }
67
```

```
68                    sg_set_page(*sg, bvec->bv_page, nbytes, bvec->bv_offset);
69                    (*nsegs)++;
70            }
71            *bvprv = *bvec;
```

一般情况下，若外设支持 scatter/gather 模式的 DMA 操作，紧接着，它就会执行 pci_map_sg() 或者 dma_map_sg() 来进行上述 scatter/gather 列表的 DMA 映射了，之后进行硬件的访问。

13.6.2 不使用请求队列

使用请求队列对于一个机械磁盘设备而言的确有助于提高系统的性能，但是对于 RAMDISK、ZRAM（Compressed RAM Block Device）等完全可真正随机访问的设备而言，无法从高级的请求队列逻辑中获益。对于这些设备，块层支持"无队列"的操作模式，为使用这个模式，驱动必须提供一个"制造请求"函数，而不是一个请求处理函数，"制造请求"函数的原型为：

```
static void xxx_make_request(struct request_queue *queue, struct bio *bio);
```

块设备驱动初始化的时候不再调用 blk_init_queue()，而是调用 blk_alloc_queue() 和 blk_queue_make_request()，xxx_make_request 则会成为 blk_queue_make_request() 的第 2 个参数。

xxx_make_request() 函数的第一个参数仍然是"请求队列"，但是这个"请求队列"实际不包含任何请求，因为块层没有必要将 bio 调整为请求。因此，"制造请求"函数的主要参数是 bio 结构体。代码清单 13.12 所示为一个"制造请求"函数的例子，它取材于 drivers/block/zram/zram_drv.c。

代码清单 13.12 "制造请求"函数例程

```
1  static void zram_make_request(struct request_queue *queue, struct bio *bio)
2  {
3          ...
4          __zram_make_request(zram, bio);
5          ...
6  }
7
8  static void __zram_make_request(struct zram *zram, struct bio *bio)
9  {
10         int offset;
11         u32 index;
12         struct bio_vec bvec;
13         struct bvec_iter iter;
14
15         index = bio->bi_iter.bi_sector >> SECTORS_PER_PAGE_SHIFT;
16         offset = (bio->bi_iter.bi_sector &
17                  (SECTORS_PER_PAGE - 1)) << SECTOR_SHIFT;
18
```

```
19              if (unlikely(bio->bi_rw & REQ_DISCARD)) {
20                      zram_bio_discard(zram, index, offset, bio);
21                      bio_endio(bio, 0);
22                      return;
23              }
24
25              bio_for_each_segment(bvec, bio, iter) {
26                      int max_transfer_size = PAGE_SIZE - offset;
27
28                      if (bvec.bv_len > max_transfer_size) {
29                              /*
30                               * zram_bvec_rw() can only make operation on a single
31                               * zram page. Split the bio vector.
32                               */
33                              struct bio_vec bv;
34
35                              bv.bv_page = bvec.bv_page;
36                              bv.bv_len = max_transfer_size;
37                              bv.bv_offset = bvec.bv_offset;
38
39                              if (zram_bvec_rw(zram, &bv, index, offset, bio) < 0)
40                                      goto out;
41
42                              bv.bv_len = bvec.bv_len - max_transfer_size;
43                              bv.bv_offset += max_transfer_size;
44                              if (zram_bvec_rw(zram, &bv, index + 1, 0, bio) < 0)
45                                      goto out;
46                      } else
47                              if (zram_bvec_rw(zram, &bvec, index, offset, bio) < 0)
48                                      goto out;
49
50                      update_position(&index, &offset, &bvec);
51              }
52
53              set_bit(BIO_UPTODATE, &bio->bi_flags);
54              bio_endio(bio, 0);
55              return;
56
57      out:
58              bio_io_error(bio);
59      }
```

上述代码通过 bio_for_each_segment() 迭代 bio 中的每个 segement，最终调用 zram_bvec_rw() 完成内存的压缩、解压、读取和写入。

ZRAM 是 Linux 的一种内存优化技术，它划定一片内存区域作为 SWAP 的交换分区，但是它本身具备自动压缩功能，从而可以达到辅助 Linux 匿名页的交换效果，变相"增大"了内存。

13.7 实例：vmem_disk 驱动

13.7.1 vmem_disk 的硬件原理

vmem_disk 是一种模拟磁盘，其数据实际上存储在 RAM 中。它使用通过 vmalloc() 分配出来的内存空间来模拟出一个磁盘，以块设备的方式来访问这片内存。该驱动是对字符设备驱动章节中 globalmem 驱动的块方式改造。

加载 vmem_disk.ko 后，在使用默认模块参数的情况下，系统会增加 4 个块设备节点：

```
# ls -l /dev/vmem_disk*
brw-rw---- 1 root disk 252,  0  2月 25 14:00 /dev/vmem_diska
brw-rw---- 1 root disk 252, 16  2月 25 14:00 /dev/vmem_diskb
brw-rw---- 1 root disk 252, 32  2月 25 14:00 /dev/vmem_diskc
brw-rw---- 1 root disk 252, 48  2月 25 14:00 /dev/vmem_diskd
```

其中，mkfs.ext2/dev/vmem_diska 命令的执行会回馈如下信息：

```
$ sudo mkfs.ext2  /dev/vmem_diska
mke2fs 1.42.9 (4-Feb-2014)
Filesystem label=
OS type: Linux
Block size=1024 (log=0)
Fragment size=1024 (log=0)
Stride=0 blocks, Stripe width=0  blocks
64 inodes, 512 blocks
25 blocks (4.88%) reserved for the super user
First data block=1
Maximum filesystem blocks=524288
1 block group
8192 blocks per group, 8192  fragments per group
64 inodes per group

Allocating group tables: done
Writing inode tables: done
Writing superblocks and filesystem accounting information: done
```

它将 /dev/vmem_diska 格式化为 EXT2 文件系统。之后我们可以 mount 这个分区并在其中进行文件读写。

13.7.2 vmem_disk 驱动模块的加载与卸载

vmem_disk 驱动的模块加载函数完成的工作与 13.3 节给出的模板完全一致，它支持"制造请求"（对应于代码清单 13.9）、请求队列（对应于代码清单 13.10）两种模式（请注意在请求队列方面又支持简、繁两种模式），使用模块参数 request_mode 进行区分。代码清单 13.13 给出了 vmem_disk 设备驱动的模块加载与卸载函数。

代码清单 13.13　vmem_disk 设备驱动的模块加载与卸载函数

```
1   static void setup_device(struct vmem_disk_dev *dev, int which)
2   {
3       memset (dev, 0, sizeof (struct vmem_disk_dev));
4       dev->size = NSECTORS*HARDSECT_SIZE;
5       dev->data = vmalloc(dev->size);
6       if (dev->data == NULL) {
7           printk (KERN_NOTICE "vmalloc failure.\n");
8           return;
9       }
10      spin_lock_init(&dev->lock);
11
12      /*
13       * The I/O queue, depending on whether we are using our own
14       * make_request function or not.
15       */
16      switch (request_mode) {
17      case VMEMD_NOQUEUE:
18          dev->queue = blk_alloc_queue(GFP_KERNEL);
19          if (dev->queue == NULL)
20              goto out_vfree;
21          blk_queue_make_request(dev->queue, vmem_disk_make_request);
22          break;
23      default:
24          printk(KERN_NOTICE "Bad request mode %d, using simple\n", request_mode);
25      case VMEMD_QUEUE:
26          dev->queue = blk_init_queue(vmem_disk_request, &dev->lock);
27          if (dev->queue == NULL)
28              goto out_vfree;
29          break;
30      }
31      blk_queue_logical_block_size(dev->queue, HARDSECT_SIZE);
32      dev->queue->queuedata = dev;
33
34      dev->gd = alloc_disk(VMEM_DISK_MINORS);
35      if (!dev->gd) {
36          printk (KERN_NOTICE "alloc_disk failure\n");
37          goto out_vfree;
38      }
39      dev->gd->major = vmem_disk_major;
40      dev->gd->first_minor = which*VMEM_DISK_MINORS;
41      dev->gd->fops = &vmem_disk_ops;
42      dev->gd->queue = dev->queue;
43      dev->gd->private_data = dev;
44      snprintf (dev->gd->disk_name, 32, "vmem_disk%c", which + 'a');
45      set_capacity(dev->gd, NSECTORS*(HARDSECT_SIZE/KERNEL_SECTOR_SIZE));
46      add_disk(dev->gd);
47      return;
48
49  out_vfree:
50      if (dev->data)
```

```
51            vfree(dev->data);
52    }
53
54
55    static int __init vmem_disk_init(void)
56    {
57        int i;
58
59        vmem_disk_major = register_blkdev(vmem_disk_major, "vmem_disk");
60        if (vmem_disk_major <= 0) {
61            printk(KERN_WARNING "vmem_disk: unable to get major number\n");
62            return -EBUSY;
63        }
64
65        devices = kmalloc(NDEVICES*sizeof (struct vmem_disk_dev), GFP_KERNEL);
66        if (!devices)
67            goto out_unregister;
68        for (i = 0; i < NDEVICES; i++)
69            setup_device(devices + i, i);
70
71        return 0;
72
73    out_unregister:
74        unregister_blkdev(vmem_disk_major, "sbd");
75        return -ENOMEM;
76    }
77    module_init(vmem_disk_init);
```

注意上述代码的第 16 ~ 30 行，我们实际上支持两种 I/O 请求模式，一种是 make_request，另一种是 request_queue。make_request 的版本直接使用 vmem_disk_make_request() 来处理 bio，而 request_queue 的版本则使用 vmem_disk_request 来处理请求队列。

13.7.3 vmem_disk 设备驱动的 block_device_operations

vmem_disk 提供 block_device_operations 结构体中的 getgeo() 成员函数，代码清单 13.14 给出了 vmem_disk 设备驱动的 block_device_operations 结构体定义及其成员函数的实现。

代码清单 13.14 vmem_disk 设备驱动的 block_device_operations 结构体及成员函数

```
1     static int vmem_disk_getgeo(struct block_device *bdev, struct hd_geometry *geo)
2     {
3         long size;
4         struct vmem_disk_dev *dev = bdev->bd_disk->private_data;
5
6         size = dev->size*(HARDSECT_SIZE/KERNEL_SECTOR_SIZE);
7         geo->cylinders = (size & ~0x3f) >> 6;
8         geo->heads = 4;
9         geo->sectors = 16;
10        geo->start = 4;
```

```
11
12      return 0;
13  }
14
15  static struct block_device_operations vmem_disk_ops = {
16      .getgeo             = vmem_disk_getgeo,
17  };
```

13.7.4 vmem_disk 的 I/O 请求处理

在 vmem_disk 驱动中，通过模块参数 request_mode 的方式来支持 3 种不同的请求处理模式以加深读者对它们的理解，代码清单 13.15 列出了 vmem_disk 设备驱动的请求处理代码。

代码清单 13.15 vmem_disk 设备驱动的请求处理函数

```
1   /*
2    * Handle an I/O request.
3    */
4   static void vmem_disk_transfer(struct vmem_disk_dev *dev, unsigned long sector,
5           unsigned long nsect, char *buffer, int write)
6   {
7       unsigned long offset = sector*KERNEL_SECTOR_SIZE;
8       unsigned long nbytes = nsect*KERNEL_SECTOR_SIZE;
9
10      if ((offset + nbytes) > dev->size) {
11          printk (KERN_NOTICE "Beyond-end write (%ld %ld)\n", offset, nbytes);
12          return;
13      }
14      if (write)
15          memcpy(dev->data + offset, buffer, nbytes);
16      else
17          memcpy(buffer, dev->data + offset, nbytes);
18  }
19
20  /*
21   * Transfer a single BIO.
22   */
23  static int vmem_disk_xfer_bio(struct vmem_disk_dev *dev, struct bio *bio)
24  {
25      struct bio_vec bvec;
26      struct bvec_iter iter;
27      sector_t sector = bio->bi_iter.bi_sector;
28
29      bio_for_each_segment(bvec, bio, iter) {
30          char *buffer = __bio_kmap_atomic(bio, iter);
31          vmem_disk_transfer(dev, sector, bio_cur_bytes(bio) >> 9,
32              buffer, bio_data_dir(bio) == WRITE);
33          sector += bio_cur_bytes(bio) >> 9;
34          __bio_kunmap_atomic(buffer);
35      }
```

```
36            return 0;
37    }
38
39    /*
40     * The request_queue version.
41     */
42    static void vmem_disk_request(struct request_queue *q)
43    {
44         struct request *req;
45         struct bio *bio;
46
47         while ((req = blk_peek_request(q)) != NULL) {
48              struct vmem_disk_dev *dev = req->rq_disk->private_data;
49              if (req->cmd_type != REQ_TYPE_FS) {
50                   printk (KERN_NOTICE "Skip non-fs request\n");
51                   blk_start_request(req);
52                   __blk_end_request_all(req, -EIO);
53                   continue;
54              }
55
56              blk_start_request(req);
57              __rq_for_each_bio(bio, req)
58                   vmem_disk_xfer_bio(dev, bio);
59              __blk_end_request_all(req, 0);
60         }
61    }
62
63
64    /*
65     * The direct make request version.
66     */
67    static void vmem_disk_make_request(struct request_queue *q, struct bio *bio)
68    {
69         struct vmem_disk_dev *dev = q->queuedata;
70         int status;
71
72         status = vmem_disk_xfer_bio(dev, bio);
73         bio_endio(bio, status);
74    }
```

第 4 行的 vmem_disk_transfer() 完成真实的硬件 I/O 操作（对于本例而言，就是一个 memcpy），第 23 行的 vmem_disk_xfer_bio() 函数调用它来完成一个与 bio 对应的硬件操作，在完成的过程中通过第 29 行的 bio_for_each_segment() 展开了该 bio 中的每个 segment。

vmem_disk_make_request() 直接调用 vmem_disk_xfer_bio() 来完成一个 bio 操作，而 vmem_disk_request() 则通过第 47 行的 blk_peek_request() 先从 request_queue 拿出一个请求，再通过第 57 行的 __rq_for_each_bio() 从该请求中取出一个 bio，之后调用 vmem_disk_xfer_bio() 来完成该 I/O 请求，图 13.4 描述了这个过程。

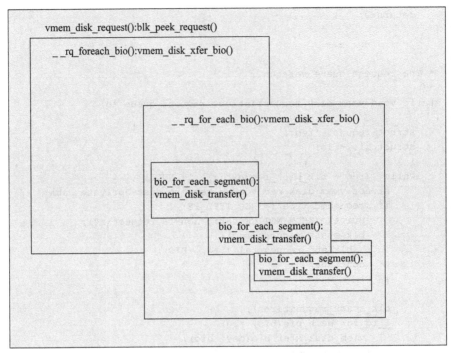

图 13.4　vmem_disk 的 I/O 处理过程

13.8　Linux MMC 子系统

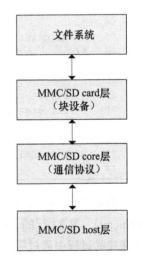

Linux MMC/SD 存储卡是一种典型的块设备，它的实现位于 drivers/mmc。drivers/mmc 下又分为 card、core 和 host 这 3 个子目录。card 实际上跟 Linux 的块设备子系统对接，实现块设备驱动以及完成请求，但是具体的协议经过 core 层的接口，最终通过 host 完成传输，因此整个 MMC 子系统的框架结构如图 13.5 所示。另外，card 目录除了实现标准的 MMC/SD 存储卡以外，该目录还包含一些 SDIO 外设的卡驱动，如 drivers/mmc/card/sdio_uart.c。core 目录除了给 card 提供接口外，实际上也定义好了 host 驱动的框架。

drivers/mmc/card/queue.c 的 mmc_init_queue() 函数通过 blk_init_queue(mmc_request_fn, lock) 绑定了请求处理函数 mmc_request_fn()：

图 13.5　Linux MMC 子系统

```
int mmc_init_queue(struct mmc_queue *mq, struct mmc_card *card,
                   spinlock_t *lock, const char *subname)
{
    ...
```

```c
            mq->queue = blk_init_queue(mmc_request_fn, lock);
            ...
}
```

而 mmc_request_fn() 函数会唤醒与 MMC 对应的内核线程来处理请求，与该线程对应的处理函数 mmc_queue_thread() 执行与 MMC 对应的 mq->issue_fn(mq, req)：

```c
static int mmc_queue_thread(void *d)
{
        ...
        do {
                ...
                req = blk_fetch_request(q);
                mq->mqrq_cur->req = req;
                ...
                if (req || mq->mqrq_prev->req) {
                        set_current_state(TASK_RUNNING);
                        cmd_flags = req ? req->cmd_flags : 0;
                        mq->issue_fn(mq, req);
                        ...

        return 0;
}
```

对于存储设备而言，mq->issue_fn() 函数指向 drivers/mmc/card/block.c 中的 mmc_blk_issue_rq()：

```c
static struct mmc_blk_data *mmc_blk_alloc_req(struct mmc_card *card,
                                              struct device *parent,
                                              sector_t size,
                                              bool default_ro,
                                              const char *subname,
                                              int area_type)
{
        ...

        md->queue.issue_fn = mmc_blk_issue_rq;
        md->queue.data = md;
        ...
}
```

其中的 mmc_blk_issue_rw_rq() 等函数最终会调用 drivers/mmc/core/core.c 中的 mmc_start_req() 这样的函数：

```c
static int mmc_blk_issue_rw_rq(struct mmc_queue *mq, struct request *rqc)
{
        ...
                areq = mmc_start_req(card->host, areq, (int *) &status);
        ...
}
```

mmc_start_req() 反过来又调用 host 驱动的 host->ops->pre_req()、host->ops->enable()、host->ops->disable()、host->ops->request() 等成员函数,这些函数实现于 drivers/mmc/host 目录中。

host->ops 实际上是一个 MMC host 操作的集合,对应的结构体为 mmc_host_ops,它的定义如代码清单 13.16 所示。MMC 主机驱动的主体工作就是实现该结构体的成员函数,如 drivers/mmc/host/mmc_spi.c、drivers/mmc/host/bfin_sdh.c、drivers/mmc/host/sdhci.c 等。

代码清单 13.16 mmc_host_ops 结构体

```
1   struct mmc_host_ops {
2       /*
3        * 'enable' is called when the host is claimed and 'disable' is called
4        * when the host is released. 'enable' and 'disable' are deprecated.
5        */
6       int (*enable)(struct mmc_host *host);
7       int (*disable)(struct mmc_host *host);
8       /*
9        * It is optional for the host to implement pre_req and post_req in
10       * order to support double buffering of requests (prepare one
11       * request while another request is active).
12       * pre_req() must always be followed by a post_req().
13       * To undo a call made to pre_req(), call post_req() with
14       * a nonzero err condition.
15       */
16      void    (*post_req)(struct mmc_host *host, struct mmc_request *req,
17                          int err);
18      void    (*pre_req)(struct mmc_host *host, struct mmc_request *req,
19                          bool is_first_req);
20      void    (*request)(struct mmc_host *host, struct mmc_request *req);
21      /*
22       * Avoid calling these three functions too often or in a "fast path",
23       * since underlaying controller might implement them in an expensive
24       * and/or slow way.
25       *
26       * Also note that these functions might sleep, so don't call them
27       * in the atomic contexts!
28       *
29       * Return values for the get_ro callback should be:
30       *   0 for a read/write card
31       *   1 for a read-only card
32       *   -ENOSYS when not supported (equal to NULL callback)
33       *   or a negative errno value when something bad happened
34       *
35       * Return values for the get_cd callback should be:
36       *   0 for a absent card
37       *   1 for a present card
38       *   -ENOSYS when not supported (equal to NULL callback)
39       *   or a negative errno value when something bad happened
40       */
```

```
41          void       (*set_ios)(struct mmc_host *host, struct mmc_ios *ios);
42          int        (*get_ro)(struct mmc_host *host);
43          int        (*get_cd)(struct mmc_host *host);
44
45          void       (*enable_sdio_irq)(struct mmc_host *host, int enable);
46
47          /* optional callback for HC quirks */
48          void       (*init_card)(struct mmc_host *host, struct mmc_card *card);
49
50          int        (*start_signal_voltage_switch)(struct mmc_host *host, struct
                          mmc_ios *ios);
51
52          /* Check if the card is pulling dat[0:3] low */
53          int        (*card_busy)(struct mmc_host *host);
54
55          /* The tuning command opcode value is different for SD and eMMC cards */
56          int        (*execute_tuning)(struct mmc_host *host, u32 opcode);
57
58          /* Prepare HS400 target operating frequency depending host driver */
59          int        (*prepare_hs400_tuning)(struct mmc_host *host, struct mmc_ios *ios);
60          int        (*select_drive_strength)(unsigned int max_dtr, int host_drv,
                          int card_drv);
61          void       (*hw_reset)(struct mmc_host *host);
62          void       (*card_event)(struct mmc_host *host);
63    };
```

由于目前大多数 SoC 内嵌的 MMC/SD/SDIO 控制器是 SDHCI（Secure Digital Host Controller Interface），所以更多是直接重用 drivers/mmc/host/sdhci.c 驱动，很多芯片甚至还可以进一步使用基于 drivers/mmc/host/sdhci.c 定义的 drivers/mmc/host/sdhci-pltfm.c 框架。

13.9 总结

块设备的 I/O 操作方式与字符设备的存在较大的不同，因而引入了 request_queue、request、bio 等一系列数据结构。在整个块设备的 I/O 操作中，贯穿始终的就是"请求"，字符设备的 I/O 操作则是直接进行不绕弯，块设备的 I/O 操作会排队和整合。

驱动的任务是处理请求，对请求的排队和整合由 I/O 调度算法解决，因此，块设备驱动的核心就是请求处理函数或"制造请求"函数。

尽管在块设备驱动中仍然存在 block_device_operations 结构体及其成员函数，但不再包含读写类的成员函数，而只是包含打开、释放及 I/O 控制等与具体读写无关的函数。

块设备驱动的结构相对复杂，但幸运的是，块设备不像字符设备那样包罗万象，它通常就是存储设备，而且驱动的主体已经由 Linux 内核提供，针对一个特定的硬件系统，驱动工程师所涉及的工作往往只是编写极其少量的与硬件平台相关的代码。

第 14 章
Linux 网络设备驱动

本章导读

网络设备是完成用户数据包在网络媒介上发送和接收的设备，它将上层协议传递下来的数据包以特定的媒介访问控制方式进行发送，并将接收到的数据包传递给上层协议。

与字符设备和块设备不同，网络设备并不对应于 /dev 目录下的文件，应用程序最终使用套接字完成与网络设备的接口。因而在网络设备身上并不能体现出"一切都是文件"的思想。

Linux 系统对网络设备驱动定义了 4 个层次，这 4 个层次为网络协议接口层、网络设备接口层、提供实际功能的设备驱动功能层和网络设备与媒介层。

14.1 节讲解 Linux 网络设备驱动的层次结构，描述其中 4 个层次各自的作用以及它们是如何协同合作以实现向下驱动网络设备硬件、向上提供数据包收发接口能力的。

14.2 ～ 14.8 节主要讲解设备驱动功能层的各主要函数和数据结构，包括设备注册与注销、设备初始化、数据包收发函数、打开与释放函数等，在分析的基础上给出了抽象的设计模板。

14.9 节介绍 DM9000 网卡的设备驱动及其在具体开发板上的移植。

14.1 Linux 网络设备驱动的结构

Linux 网络设备驱动程序的体系结构如图 14.1 所示，从上到下可以划分为 4 层，依次为网络协议接口层、网络设备接口层、提供实际功能的设备驱动功能层以及网络设备与媒介层，这 4 层的作用如下所示。

1）网络协议接口层向网络层协议提供统一的数据包收发接口，不论上层协议是 ARP，还是 IP，都通过 dev_queue_xmit() 函数发送数据，并通过 netif_rx() 函数接收数据。这一层的存在使得上层协议独立于具体的设备。

2）网络设备接口层向协议接口层提供统一的用于描述具体网络设备属性和操作的结构体 net_device，该结构体是设备驱动功能层中各函数的容器。实际上，网络设备接口层从宏观上规划了具体操作硬件的设备驱动功能层的结构。

3）设备驱动功能层的各函数是网络设备接口层 net_device 数据结构的具体成员，是驱使网络设备硬件完成相应动作的程序，它通过 hard_start_xmit() 函数启动发送操作，并通过网络设备上的中断触发接收操作。

4）网络设备与媒介层是完成数据包发送和接收的物理实体，包括网络适配器和具体的传输媒介，网络适配器被设备驱动功能层中的函数在物理上驱动。对于 Linux 系统而言，网络设备和媒介都可以是虚拟的。

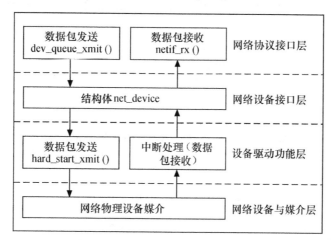

图 14.1　Linux 网络设备驱动程序的体系结构

在设计具体的网络设备驱动程序时，我们需要完成的主要工作是编写设备驱动功能层的相关函数以填充 net_device 数据结构的内容并将 net_device 注册入内核。

14.1.1　网络协议接口层

网络协议接口层最主要的功能是给上层协议提供透明的数据包发送和接收接口。当上层 ARP 或 IP 需要发送数据包时，它将调用网络协议接口层的 dev_queue_xmit() 函数发送该数据包，同时需传递给该函数一个指向 struct sk_buff 数据结构的指针。dev_queue_xmit() 函数的原型为：

```
int dev_queue_xmit(struct sk_buff *skb);
```

同样地，上层对数据包的接收也通过向 netif_rx() 函数传递一个 struct sk_buff 数据结构的指针来完成。netif_rx() 函数的原型为：

```
int netif_rx(struct sk_buff *skb);
```

sk_buff 结构体非常重要，它定义于 include/linux/skbuff.h 文件中，含义为"套接字缓冲区"，用于在 Linux 网络子系统中的各层之间传递数据，是 Linux 网络子系统数据传递的"中枢神经"。

当发送数据包时，Linux 内核的网络处理模块必须建立一个包含要传输的数据包的 sk_

buff，然后将 sk_buff 递交给下层，各层在 sk_buff 中添加不同的协议头直至交给网络设备发送。同样地，当网络设备从网络媒介上接收到数据包后，它必须将接收到的数据转换为 sk_buff 数据结构并传递给上层，各层剥去相应的协议头直至交给用户。代码清单 14.1 列出了 sk_buff 结构体中的几个关键数据成员以及描述。

代码清单 14.1　sk_buff 结构体中的几个关键数据成员以及描述

```
1   /**
2    * struct sk_buff - socket buffer
3    * @next: Next buffer in list
4    * @prev: Previous buffer in list
5    * @len: Length of actual data
6    * @data_len: Data length
7    * @mac_len: Length of link layer header
8    * @hdr_len: writable header length of cloned skb
9    * @csum: Checksum (must include start/offset pair)
10   * @csum_start: Offset from skb->head where checksumming should start
11   * @csum_offset: Offset from csum_start where checksum should be stored
12   * @priority: Packet queueing priority
13   * @protocol: Packet protocol from driver
14   * @inner_protocol: Protocol (encapsulation)
15   * @inner_transport_header: Inner transport layer header (encapsulation)
16   * @inner_network_header: Network layer header (encapsulation)
17   * @inner_mac_header: Link layer header (encapsulation)
18   * @transport_header: Transport layer header
19   * @network_header: Network layer header
20   * @mac_header: Link layer header
21   * @tail: Tail pointer
22   * @end: End pointer
23   * @head: Head of buffer
24   * @data: Data head pointer
25   */
26
27  struct sk_buff {
28      /* These two members must be first. */
29      struct sk_buff          *next;
30      struct sk_buff          *prev;
31
32      ...
33      unsigned int            len,
34                              data_len;
35      __u16                   mac_len,
36                              hdr_len;
37      ...
38      __u32                   priority;
39      ...
40      __be16                  protocol;
41
42      ...
43
```

```
44            __be16                inner_protocol;
45            __u16                 inner_transport_header;
46            __u16                 inner_network_header;
47            __u16                 inner_mac_header;
48            __u16                 transport_header;
49            __u16                 network_header;
50            __u16                 mac_header;
51     /* These elements must be at the end, see alloc_skb() for details. */
52            sk_buff_data_t        tail;
53            sk_buff_data_t        end;
54            unsigned char         *head,
55                                  *data;
56            ...
57     };
```

如图 14.1 所示，尤其值得注意的是 head 和 end 指向缓冲区的头部和尾部，而 data 和 tail 指向实际数据的头部和尾部。每一层会在 head 和 data 之间填充协议头，或者在 tail 和 end 之间添加新的协议数据。

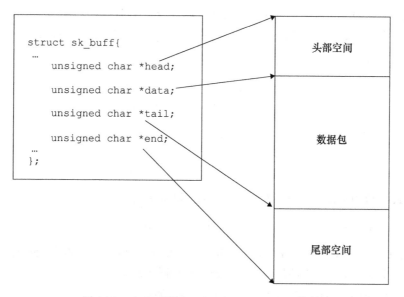

图 14.2　sk_buff 的 head、data、tail、end 指针

下面我们来分析套接字缓冲区涉及的操作函数，Linux 套接字缓冲区支持分配、释放、变更等功能函数。

（1）分配

Linux 内核中用于分配套接字缓冲区的函数有：

```
struct sk_buff *alloc_skb(unsigned int len, gfp_t priority);
struct sk_buff *dev_alloc_skb(unsigned int len);
```

alloc_skb() 函数分配一个套接字缓冲区和一个数据缓冲区，参数 len 为数据缓冲区的空间大小，通常以 L1_CACHE_BYTES 字节（对于 ARM 为 32）对齐，参数 priority 为内存分配的优先级。dev_alloc_skb() 函数以 GFP_ATOMIC 优先级进行 skb 的分配，原因是该函数经常在设备驱动的接收中断里被调用。

（2）释放

Linux 内核中用于释放套接字缓冲区的函数有：

```
void kfree_skb(struct sk_buff *skb);
void dev_kfree_skb(struct sk_buff *skb);
void dev_kfree_skb_irq(struct sk_buff *skb);
void dev_kfree_skb_any(struct sk_buff *skb);
```

上述函数用于释放被 alloc_skb() 函数分配的套接字缓冲区和数据缓冲区。

Linux 内核内部使用 kfree_skb() 函数，而在网络设备驱动程序中则最好用 dev_kfree_skb()、dev_kfree_skb_irq() 或 dev_kfree_skb_any() 函数进行套接字缓冲区的释放。其中，dev_kfree_skb() 函数用于非中断上下文，dev_kfree_skb_irq() 函数用于中断上下文，而 dev_kfree_skb_any() 函数在中断和非中断上下文中皆可采用，它其实是做一个非常简单的上下文判断，然后再调用 __dev_kfree_skb_irq() 或者 dev_kfree_skb()，这从其代码的实现中也可以看出：

```
void __dev_kfree_skb_any(struct sk_buff *skb, enum skb_free_reason reason)
{
        if (in_irq() || irqs_disabled())
                __dev_kfree_skb_irq(skb, reason);
        else
                dev_kfree_skb(skb);
}
```

（3）变更

在 Linux 内核中可以用如下函数在缓冲区尾部增加数据：

```
unsigned char *skb_put(struct sk_buff *skb, unsigned int len);
```

它会导致 skb->tail 后移 len（skb->tail += len），而 skb->len 会增加 len 的大小（skb->len += len）。通常，在设备驱动的接收数据处理中会调用此函数。

在 Linux 内核中可以用如下函数在缓冲区开头增加数据：

```
unsigned char *skb_push(struct sk_buff *skb, unsigned int len);
```

它会导致 skb->data 前移 len（skb->data -= len），而 skb->len 会增加 len 的大小（skb->len += len）。与该函数的功能完成相反的函数是 skb_pull()，它可以在缓冲区开头移除数据，执行的动作是 skb->len -= len、skb->data += len。

对于一个空的缓冲区而言，调用如下函数可以调整缓冲区的头部：

```
static inline void skb_reserve(struct sk_buff *skb, int len);
```

它会将 skb->data 和 skb->tail 同时后移 len，执行 skb->data += len、skb->tail += len。内核里存在许多这样的代码：

```
skb=alloc_skb(len+headspace, GFP_KERNEL);
skb_reserve(skb, headspace);
skb_put(skb,len);
memcpy_fromfs(skb->data,data,len);
pass_to_m_protocol(skb);
```

上述代码先分配一个全新的 sk_buff，接着调用 skb_reserve() 腾出头部空间，之后调用 skb_put() 腾出数据空间，然后把数据复制进来，最后把 sk_buff 传给协议栈。

14.1.2 网络设备接口层

网络设备接口层的主要功能是为千变万化的网络设备定义统一、抽象的数据结构 net_device 结构体，以不变应万变，实现多种硬件在软件层次上的统一。

net_device 结构体在内核中指代一个网络设备，它定义于 include/linux/netdevice.h 文件中，网络设备驱动程序只需通过填充 net_device 的具体成员并注册 net_device 即可实现硬件操作函数与内核的挂接。

net_device 是一个巨大的结构体，定义于 include/linux/netdevice.h 中，包含网络设备的属性描述和操作接口，下面介绍其中的一些关键成员。

（1）全局信息

```
char name[IFNAMESIZ];
```

name 是网络设备的名称。

（2）硬件信息

```
unsigned long mem_end;
unsigned long mem_start;
```

mem_start 和 mem_end 分别定义了设备所使用的共享内存的起始和结束地址。

```
unsigned long base_addr;
unsigned char irq;
unsigned char if_port;
unsigned char dma;
```

base_addr 为网络设备 I/O 基地址。

irq 为设备使用的中断号。

if_port 指定多端口设备使用哪一个端口，该字段仅针对多端口设备。例如，如果设备同时支持 IF_PORT_10BASE2（同轴电缆）和 IF_PORT_10BASET（双绞线），则可使用该字段。

dma 指定分配给设备的 DMA 通道。

（3）接口信息

`unsigned short hard_header_len;`

hard_header_len 是网络设备的硬件头长度，在以太网设备的初始化函数中，该成员被赋为 ETH_HLEN，即 14。

`unsigned short type;`

type 是接口的硬件类型。

`unsigned mtu;`

mtu 指最大传输单元（MTU）。

`unsigned char       *dev_addr;`

用于存放设备的硬件地址，驱动可能提供了设置 MAC 地址的接口，这会导致用户设置的 MAC 地址等存入该成员，如代码清单 14.2 drivers/net/ethernet/moxa/moxart_ether.c 中的 moxart_set_mac_address() 函数所示。

代码清单 14.2　set_mac_address() 函数

```
1  static int moxart_set_mac_address(struct net_device *ndev, void *addr)
2  {
3          struct sockaddr *address = addr;
4  
5          if (!is_valid_ether_addr(address->sa_data))
6                  return -EADDRNOTAVAIL;
7  
8          memcpy(ndev->dev_addr, address->sa_data, ndev->addr_len);
9          moxart_update_mac_address(ndev);
10 
11         return 0;
12 }
```

上述代码完成了 memcpy() 以及最终硬件上的 MAC 地址变更。

`unsigned short flags;`

flags 指网络接口标志，以 IFF_（Interface Flags）开头，部分标志由内核来管理，其他的在接口初始化时被设置以说明设备接口的能力和特性。接口标志包括 IFF_UP（当设备被激活并可以开始发送数据包时，内核设置该标志）、IFF_AUTOMEDIA（设备可在多种媒介间切换）、IFF_BROADCAST（允许广播）、IFF_DEBUG（调试模式，可用于控制 printk 调用的详细程度）、IFF_LOOPBACK（回环）、IFF_MULTICAST（允许组播）、IFF_NOARP（接口不能执行 ARP）和 IFF_POINTOPOINT（接口连接到点到点链路）等。

(4) 设备操作函数

```
const struct net_device_ops *netdev_ops;
```

该结构体是网络设备的一系列硬件操作行数的集合，它也定义于 include/linux/netdevice.h 中，这个结构体很大，代码清单 14.3 列出了其中的一些基础部分。

代码清单 14.3　net_device_ops 结构体

```
 1  struct net_device_ops {
 2      int             (*ndo_init)(struct net_device *dev);
 3      void            (*ndo_uninit)(struct net_device *dev);
 4      int             (*ndo_open)(struct net_device *dev);
 5      int             (*ndo_stop)(struct net_device *dev);
 6      netdev_tx_t     (*ndo_start_xmit) (struct sk_buff *skb,
 7                                          struct net_device *dev);
 8      u16             (*ndo_select_queue)(struct net_device *dev,
 9                                          struct sk_buff *skb,
10                                          void *accel_priv,
11                                          select_queue_fallback_t fallback);
12      void            (*ndo_change_rx_flags)(struct net_device *dev,
13                                          int flags);
14      void            (*ndo_set_rx_mode)(struct net_device *dev);
15      int             (*ndo_set_mac_address)(struct net_device *dev,
16                                          void *addr);
17      int             (*ndo_validate_addr)(struct net_device *dev);
18      int             (*ndo_do_ioctl)(struct net_device *dev,
19                                          struct ifreq *ifr, int cmd);
20      ...
21  };
```

ndo_open() 函数的作用是打开网络接口设备，获得设备需要的 I/O 地址、IRQ、DMA 通道等。stop() 函数的作用是停止网络接口设备，与 open() 函数的作用相反。

```
int     (*ndo_start_xmit) (struct sk_buff *skb,struct net_device *dev);
```

ndo_start_xmit() 函数会启动数据包的发送，当系统调用驱动程序的 xmit 函数时，需要向其传入一个 sk_buff 结构体指针，以使得驱动程序能获取从上层传递下来的数据包。

```
void    (*ndo_tx_timeout)(struct net_device *dev);
```

当数据包的发送超时时，ndo_tx_timeout() 函数会被调用，该函数需采取重新启动数据包发送过程或重新启动硬件等措施来恢复网络设备到正常状态。

```
struct net_device_stats*    (*ndo_get_stats)(struct net_device *dev);
```

ndo_get_stats() 函数用于获得网络设备的状态信息，它返回一个 net_device_stats 结构体指针。net_device_stats 结构体保存了详细的网络设备流量统计信息，如发送和接收的数据包数、字节数等，详见 14.8 节。

```c
int (*ndo_do_ioctl)(struct net_device *dev, struct ifreq *ifr, int cmd);
int (*ndo_set_config)(struct net_device *dev, struct ifmap *map);
int (*ndo_set_mac_address)(struct net_device *dev, void *addr);
```

ndo_do_ioctl() 函数用于进行设备特定的 I/O 控制。

ndo_set_config() 函数用于配置接口，也可用于改变设备的 I/O 地址和中断号。

ndo_set_mac_address() 函数用于设置设备的 MAC 地址。

除了 netdev_ops 以外，在 net_device 中还存在类似于 ethtool_ops、header_ops 这样的操作集：

```c
const struct ethtool_ops *ethtool_ops;
const struct header_ops *header_ops;
```

ethtool_ops 成员函数与用户空间 ethtool 工具的各个命令选项对应，ethtool 提供了网卡及网卡驱动管理能力，能够为 Linux 网络开发人员和管理人员提供对网卡硬件、驱动程序和网络协议栈的设置、查看以及调试等功能。

header_ops 对应于硬件头部操作，主要是完成创建硬件头部和从给定的 sk_buff 分析出硬件头部等操作。

（5）辅助成员

```c
unsigned long trans_start;
unsigned long last_rx;
```

trans_start 记录最后的数据包开始发送时的时间戳，last_rx 记录最后一次接收到数据包时的时间戳，这两个时间戳记录的都是 jiffies，驱动程序应维护这两个成员。

通常情况下，网络设备驱动以中断方式接收数据包，而 poll_controller() 则采用纯轮询方式，另外一种数据接收方式是 NAPI（New API），其数据接收流程为"接收中断来临→关闭接收中断→以轮询方式接收所有数据包直到收空→开启接收中断→接收中断来临……"。内核中提供了如下与 NAPI 相关的 API：

```c
static inline void netif_napi_add(struct net_device *dev,
                                  struct napi_struct *napi,
                                  int (*poll)(struct napi_struct *, int),
                                  int weight);
static inline void netif_napi_del(struct napi_struct *napi);
```

以上两个函数分别用于初始化和移除一个 NAPI，netif_napi_add() 的 poll 参数是 NAPI 要调度执行的轮询函数。

```c
static inline void napi_enable(struct napi_struct *n);
static inline void napi_disable(struct napi_struct *n);
```

以上两个函数分别用于使能和禁止 NAPI 调度。

```c
static inline int napi_schedule_prep(struct napi_struct *n);
```

该函数用于检查 NAPI 是否可以调度，而 napi_schedule() 函数用于调度轮询实例的运行，其原型为：

```
static inline void napi_schedule(struct napi_struct *n);
```

在 NAPI 处理完成的时候应该调用：

```
static inline void napi_complete(struct napi_struct *n);
```

14.1.3 设备驱动功能层

net_device 结构体的成员（属性和 net_device_ops 结构体中的函数指针）需要被设备驱动功能层赋予具体的数值和函数。对于具体的设备 xxx，工程师应该编写相应的设备驱动功能层的函数，这些函数形如 xxx_open()、xxx_stop()、xxx_tx()、xxx_hard_header()、xxx_get_stats() 和 xxx_tx_timeout() 等。

由于网络数据包的接收可由中断引发，设备驱动功能层中的另一个主体部分将是中断处理函数，它负责读取硬件上接收到的数据包并传送给上层协议，因此可能包含 xxx_interrupt() 和 xxx_rx() 函数，前者完成中断类型判断等基本工作，后者则需完成数据包的生成及将其递交给上层等复杂工作。

14.2 ~ 14.8 节将对上述函数进行详细分析并给出参考设计模板。

对于特定的设备，我们还可以定义相关的私有数据和操作，并封装为一个私有信息结构体 xxx_private，让其指针赋值给 net_device 的私有成员。在 xxx_private 结构体中可包含设备的特殊属性和操作、自旋锁与信号量、定时器以及统计信息等，这都由工程师自定义。在驱动中，要用到私有数据的时候，则使用在 netdevice.h 中定义的接口：

```
static inline void *netdev_priv(const struct net_device *dev);
```

比如在驱动 drivers/net/ethernet/davicom/dm9000.c 的 dm9000_probe() 函数中，使用 alloc_etherdev(sizeof(struct board_info)) 分配网络设备，board_info 结构体就成了这个网络设备的私有数据，在其他函数中可以简单地提取这个私有数据，例如：

```
static int
dm9000_start_xmit(struct sk_buff *skb, struct net_device *dev)
{
        unsigned long flags;
        board_info_t *db = netdev_priv(dev);
        ...
}
```

14.2 网络设备驱动的注册与注销

网络设备驱动的注册与注销由 register_netdev() 和 unregister_netdev() 函数完成，这两个函数的原型为：

```
int register_netdev(struct net_device *dev);
void unregister_netdev(struct net_device *dev);
```

这两个函数都接收一个 net_device 结构体指针为参数，可见 net_device 数据结构在网络设备驱动中的核心地位。

net_device 的生成和成员的赋值并不一定要由工程师亲自动手逐个完成，可以利用下面的宏帮助我们填充：

```
#define alloc_netdev(sizeof_priv, name, setup) \
        alloc_netdev_mqs(sizeof_priv, name, setup, 1, 1)
#define alloc_etherdev(sizeof_priv) alloc_etherdev_mq(sizeof_priv, 1)
#define alloc_etherdev_mq(sizeof_priv, count) alloc_etherdev_mqs(sizeof_priv,
    count, count)
```

alloc_netdev 以及 alloc_etherdev 宏引用的 alloc_netdev_mqs() 函数的原型为：

```
struct net_device *alloc_netdev_mqs(int sizeof_priv, const char *name,
            void (*setup)(struct net_device *),
            unsigned int txqs, unsigned int rxqs);
```

alloc_netdev_mqs() 函数生成一个 net_device 结构体，对其成员赋值并返回该结构体的指针。第一个参数为设备私有成员的大小，第二个参数为设备名，第三个参数为 net_device 的 setup() 函数指针，第四、五个参数为要分配的发送和接收子队列的数量。setup() 函数接收的参数也为 struct net_device 指针，用于预置 net_device 成员的值。

free_netdev() 完成与 alloc_netdev() 和 alloc_etherdev() 函数相反的功能，即释放 net_device 结构体的函数：

```
void free_netdev(struct net_device *dev);
```

net_device 结构体的分配和网络设备驱动的注册需在网络设备驱动程序初始化时进行，而 net_device 结构体的释放和网络设备驱动的注销在设备或驱动被移除的时候执行，如代码清单 14.4 所示。

代码清单 14.4　网络设备驱动程序的注册和注销

```
1  static int xxx_register(void)
2  {
3    ...
4    /* 分配 net_device 结构体并对其成员赋值 */
5    xxx_dev = alloc_netdev(sizeof(struct xxx_priv), "sn%d", xxx_init);
6    if (xxx_dev == NULL)
7      ... /* 分配 net_device 失败 */
8
9    /* 注册 net_device 结构体 */
10     if ((result = register_netdev(xxx_dev)))
11     ...
```

```
12  }
13
14  static void xxx_unregister(void)
15  {
16      ...
17      /* 注销 net_device 结构体 */
18      unregister_netdev(xxx_dev);
19      /* 释放 net_device 结构体 */
20      free_netdev(xxx_dev);
21  }
```

14.3 网络设备的初始化

网络设备的初始化主要需要完成如下几个方面的工作。

- 进行硬件上的准备工作，检查网络设备是否存在，如果存在，则检测设备所使用的硬件资源。
- 进行软件接口上的准备工作，分配 net_device 结构体并对其数据和函数指针成员赋值。
- 获得设备的私有信息指针并初始化各成员的值。如果私有信息中包括自旋锁或信号量等并发或同步机制，则需对其进行初始化。

对 net_device 结构体成员及私有数据的赋值都可能需要与硬件初始化工作协同进行，即硬件检测出了相应的资源，需要根据检测结果填充 net_device 结构体成员和私有数据。

网络设备驱动的初始化函数模板如代码清单 14.5 所示，具体的设备驱动初始化函数并不一定完全和本模板一样，但其本质过程是一致的。

代码清单 14.5　网络设备驱动的初始化函数模板

```
1   void xxx_init(struct net_device *dev)
2   {
3       /* 设备的私有信息结构体 */
4       struct xxx_priv *priv;
5
6       /* 检查设备是否存在和设备所使用的硬件资源 */
7       xxx_hw_init();
8
9       /* 初始化以太网设备的公用成员 */
10      ether_setup(dev);
11
12      /* 设置设备的成员函数指针 */
13      ndev->netdev_ops       = &xxx_netdev_ops;
14      ndev->ethtool_ops      = &xxx_ethtool_ops;
15      dev->watchdog_timeo = timeout;
16
17      /* 取得私有信息，并初始化它 */
```

```
18      priv = netdev_priv(dev);
19      ...  /* 初始化设备私有数据区 */
20  }
```

上述代码第 7 行的 xxx_hw_init() 函数完成的与硬件相关的初始化操作如下。
- 探测 xxx 网络设备是否存在。探测的方法类似于数学上的"反证法",即先假设存在设备 xxx,访问该设备,如果设备的表现与预期一致,就确定设备存在;否则,假设错误,设备 xxx 不存在。
- 探测设备的具体硬件配置。一些设备驱动编写得非常通用,对于同类的设备使用统一的驱动,我们需要在初始化时探测设备的具体型号。另外,即便是同一设备,在硬件上的配置也可能不一样,我们也可以探测设备所使用的硬件资源。
- 申请设备所需要的硬件资源,如用 request_region() 函数进行 I/O 端口的申请等,但是这个过程可以放在设备的打开函数 xxx_open() 中完成。

14.4 网络设备的打开与释放

网络设备的打开函数需要完成如下工作。
- 使能设备使用的硬件资源,申请 I/O 区域、中断和 DMA 通道等。
- 调用 Linux 内核提供的 netif_start_queue() 函数,激活设备发送队列。

网络设备的关闭函数需要完成如下工作。
- 调用 Linux 内核提供的 netif_stop_queue() 函数,停止设备传输包。
- 释放设备所使用的 I/O 区域、中断和 DMA 资源。

Linux 内核提供的 netif_start_queue() 和 netif_stop_queue() 两个函数的原型为:

```
void netif_start_queue(struct net_device *dev);
void netif_stop_queue (struct net_device *dev);
```

根据以上分析,可得出如代码清单 14.6 所示的网络设备打开和释放函数的模板。

代码清单 14.6 网络设备打开和释放函数模板

```
1   static int xxx_open(struct net_device *dev)
2   {
3       /* 申请端口、IRQ 等,类似于 fops->open */
4       ret = request_irq(dev->irq, &xxx_interrupt, 0, dev->name, dev);
5       ...
6       netif_start_queue(dev);
7       ...
8   }
9
10  static int xxx_release(struct net_device *dev)
11  {
12      /* 释放端口、IRQ 等,类似于 fops->close */
```

```
13     free_irq(dev->irq, dev);
14     ...
15     netif_stop_queue(dev);              /* can't transmit any more */
16     ...
17 }
```

14.5 数据发送流程

从 14.1 节网络设备驱动程序的结构分析可知，Linux 网络子系统在发送数据包时，会调用驱动程序提供的 hard_start_transmit() 函数，该函数用于启动数据包的发送。在设备初始化的时候，这个函数指针需被初始化以指向设备的 xxx_tx() 函数。

网络设备驱动完成数据包发送的流程如下。

1）网络设备驱动程序从上层协议传递过来的 sk_buff 参数获得数据包的有效数据和长度，将有效数据放入临时缓冲区。

2）对于以太网，如果有效数据的长度小于以太网冲突检测所要求数据帧的最小长度 ETH_ZLEN，则给临时缓冲区的末尾填充 0。

3）设置硬件的寄存器，驱使网络设备进行数据发送操作。

完成以上 3 个步骤的网络设备驱动程序的数据包发送函数模板如代码清单 14.7 所示。

代码清单 14.7 网络设备驱动程序的数据包发送函数模板

```
1  int xxx_tx(struct sk_buff *skb, struct net_device *dev)
2  {
3      int len;
4      char *data, shortpkt[ETH_ZLEN];
5      if (xxx_send_available(...)) { /* 发送队列未满，可以发送 */
6      /* 获得有效数据指针和长度 */
7      data = skb->data;
8      len = skb->len;
9      if (len < ETH_ZLEN) {
10         /* 如果帧长小于以太网帧最小长度，补 0 */
11         memset(shortpkt, 0, ETH_ZLEN);
12         memcpy(shortpkt, skb->data, skb->len);
13         len = ETH_ZLEN;
14         data = shortpkt;
15     }
16
17     dev->trans_start = jiffies;  /* 记录发送时间戳 */
18
19     if (avail) {/* 设置硬件寄存器，让硬件把数据包发送出去 */
20         xxx_hw_tx(data, len, dev);
21     } else {
22         netif_stop_queue(dev);
23         ...
24     }
25 }
```

这里特别要强调第 22 行对 netif_stop_queue() 的调用,当发送队列为满或因其他原因来不及发送当前上层传下来的数据包时,则调用此函数阻止上层继续向网络设备驱动传递数据包。当忙于发送的数据包被发送完成后,在以 TX 结束的中断处理中,应该调用 netif_wake_queue() 唤醒被阻塞的上层,以启动它继续向网络设备驱动传送数据包。

当数据传输超时时,意味着当前的发送操作失败或硬件已陷入未知状态,此时,数据包发送超时处理函数 xxx_tx_timeout() 将被调用。这个函数也需要调用由 Linux 内核提供的 netif_wake_queue() 函数以重新启动设备发送队列,如代码清单 14.8 所示。

代码清单 14.8 网络设备驱动程序的数据包发送超时函数模板

```
1  void xxx_tx_timeout(struct net_device *dev)
2  {
3    ...
4    netif_wake_queue(dev);              /* 重新启动设备发送队列 */
5  }
```

从前文可知,netif_wake_queue() 和 netif_stop_queue() 是数据发送流程中要调用的两个非常重要的函数,分别用于唤醒和阻止上层向下传送数据包,它们的原型定义于 include/linux/netdevice.h 中,如下:

```
static inline void netif_wake_queue(struct net_device *dev);
static inline void netif_stop_queue(struct net_device *dev);
```

14.6 数据接收流程

网络设备接收数据的主要方法是由中断引发设备的中断处理函数,中断处理函数判断中断类型,如果为接收中断,则读取接收到的数据,分配 sk_buffer 数据结构和数据缓冲区,将接收到的数据复制到数据缓冲区,并调用 netif_rx() 函数将 sk_buffer 传递给上层协议。代码清单 14.9 所示为完成这个过程的函数模板。

代码清单 14.9 网络设备驱动的中断处理函数模板

```
1  static void xxx_interrupt(int irq, void *dev_id)
2  {
3    ...
4    switch (status &ISQ_EVENT_MASK) {
5    case ISQ_RECEIVER_EVENT:
6      /* 获取数据包 */
7      xxx_rx(dev);
8      break;
9    /* 其他类型的中断 */
10   }
11 }
12 static void xxx_rx(struct xxx_device *dev)
13 {
```

```
14      ...
15      length = get_rev_len (...);
16      /* 分配新的套接字缓冲区 */
17      skb = dev_alloc_skb(length + 2);
18
19      skb_reserve(skb, 2); /* 对齐 */
20      skb->dev = dev;
21
22      /* 读取硬件上接收到的数据 */
23      insw(ioaddr + RX_FRAME_PORT, skb_put(skb, length), length >> 1);
24      if (length &1)
25        skb->data[length - 1] = inw(ioaddr + RX_FRAME_PORT);
26
27      /* 获取上层协议类型 */
28      skb->protocol = eth_type_trans(skb, dev);
29
30      /* 把数据包交给上层 */
31      netif_rx(skb);
32
33      /* 记录接收时间戳 */
34      dev->last_rx = jiffies;
35      ...
36    }
```

从上述代码的第 4～7 行可以看出，当设备的中断处理程序判断中断类型为数据包接收中断时，它调用第 12～36 行定义的 xxx_rx() 函数完成更深入的数据包接收工作。xxx_rx() 函数代码中的第 15 行从硬件读取到接收数据包有效数据的长度，第 16～19 行分配 sk_buff 和数据缓冲区，第 22～25 行读取硬件上接收到的数据并放入数据缓冲区，第 27～28 行解析接收数据包上层协议的类型，最后，第 30～31 行代码将数据包上交给上层协议。

如果是 NAPI 兼容的设备驱动，则可以通过 poll 方式接收数据包。在这种情况下，我们需要为该设备驱动提供作为 netif_napi_add() 参数的 xxx_poll() 函数，如代码清单 14.10 所示。

代码清单 14.10　网络设备驱动的 xxx_poll() 函数模板

```
1   static int xxx_poll(struct napi_struct *napi, int budget)
2   {
3     int npackets = 0;
4     struct sk_buff *skb;
5     struct xxx_priv *priv = container_of(napi, struct xxx_priv, napi);
6     struct xxx_packet *pkt;
7
8     while (npackets < budget && priv->rx_queue) {
9       /* 从队列中取出数据包 */
10      pkt = xxx_dequeue_buf(dev);
11
12      /* 接下来的处理和中断触发的数据包接收一致 */
13      skb = dev_alloc_skb(pkt->datalen + 2);
14      ...
```

```
15          skb_reserve(skb, 2);
16          memcpy(skb_put(skb, pkt->datalen), pkt->data, pkt->datalen);
17          skb->dev = dev;
18          skb->protocol = eth_type_trans(skb, dev);
19          /* 调用 netif_receive_skb,而不是 net_rx,将数据包交给上层协议 */
20          netif_receive_skb(skb);
21
22          /* 更改统计数据 */
23          priv->stats.rx_packets++;
24          priv->stats.rx_bytes += pkt->datalen;
25          xxx_release_buffer(pkt);
26          npackets++;
27       }
28       if (npackets < budget) {
29          napi_complete(napi);
30          xxx_enable_rx_int(…); /* 再次启动网络设备的接收中断 */
31       }
32       return npackets;
33    }
```

上述代码中的 budget 是在初始化阶段分配给接口的 weight 值,xxx_poll() 函数每次只能接收最多 budget 个数据包。第 8 行的 while() 循环读取设备的接收缓冲区,同时读取数据包并提交给上层。这个过程和中断触发的数据包接收过程一致,但是最后使用的是 netif_receive_skb() 函数而不是 netif_rx() 函数将数据包提交给上层。这里体现出了中断处理机制和轮询机制之间的差别。

当一个轮询过程结束时,第 29 行代码调用 napi_complete() 宣布这一消息,而第 30 行代码则再次启动网络设备的接收中断。

虽然 NAPI 兼容的设备驱动以 xxx_poll() 方式接收数据包,但是仍然需要首次数据包接收中断来触发这个过程。与数据包的中断接收方式不同的是,以轮询方式接收数据包时,当第一次中断发生后,中断处理程序要禁止设备的数据包接收中断并调度 NAPI,如代码清单 14.11 所示。

代码清单 14.11 网络设备驱动的 poll 中断处理

```
1   static void xxx_interrupt(int irq, void *dev_id)
2   {
3     switch (status &ISQ_EVENT_MASK) {
4     case ISQ_RECEIVER_EVENT:
5        … /* 获取数据包 */
6        xxx_disable_rx_int(...);  /* 禁止接收中断 */
7        napi_schedule(&priv->napi);
8        break;
9     … /* 其他类型的中断 */
10    }
11  }
```

上述代码第 7 行的 napi_schedule() 函数被轮询方式驱动的中断程序调用，将设备的 poll 方法添加到网络层的 poll 处理队列中，排队并且准备接收数据包，最终触发一个 NET_RX_SOFTIRQ 软中断，从而通知网络层接收数据包。图 14.3 所示为 NAPI 驱动程序各部分的调用关系。

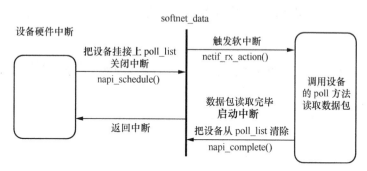

图 14.3　NAPI 驱动程序各部分的调用关系

在支持 NAPI 的网络设备驱动中，通常还会进行如下与 NAPI 相关的工作。

1）在私有数据结构体（如 xxx_priv）中增加一个成员：

```
struct napi_struct napi;
```

在代码中就可以方便地使用 container_of() 通过 NAPI 成员反向获得对应的 xxx_priv 指针。

2）通常会在设备驱动初始化时调用：

```
netif_napi_add(dev, napi, xxx_poll, XXX_NET_NAPI_WEIGHT);
```

3）通常会在 net_device 结构体的 open() 和 stop() 成员函数中分别调用 napi_enable() 和 napi_disable()。

14.7　网络连接状态

网络适配器硬件电路可以检测出链路上是否有载波，载波反映了网络的连接是否正常。网络设备驱动可以通过 netif_carrier_on() 和 netif_carrier_off() 函数改变设备的连接状态，如果驱动检测到连接状态发生变化，也应该以 netif_carrier_on() 和 netif_carrier_off() 函数显式地通知内核。

除了 netif_carrier_on() 和 netif_carrier_off() 函数以外，另一个函数 netif_carrier_ok() 可用于向调用者返回链路上的载波信号是否存在。

这几个函数都接收一个 net_device 设备结构体指针作为参数，原型分别为：

```
void netif_carrier_on(struct net_device *dev);
```

```c
void netif_carrier_off(struct net_device *dev);
int netif_carrier_ok(struct net_device *dev);
```

在网络设备驱动程序中可采取一定的手段来检测和报告链路状态,最常见的方法是采用中断,其次可以设置一个定时器来对链路状态进行周期性的检查。当定时器到期之后,在定时器处理函数中读取物理设备的相关寄存器以获得载波状态,从而更新设备的连接状态,如代码清单 14.12 所示。

代码清单 14.12 网络设备驱动用定时器周期性检查链路状态

```c
1  static void xxx_timer(unsigned long data)
2  {
3    struct net_device *dev = (struct net_device*)data;
4    u16  link;
5    …
6    if (!(dev->flags &IFF_UP))
7      goto set_timer;
8
9    /* 获得物理上的连接状态 */
10   if (link = xxx_chk_link(dev)) {
11     if (!(dev->flags &IFF_RUNNING)) {
12       netif_carrier_on(dev);
13       dev->flags |= IFF_RUNNING;
14       printk(KERN_DEBUG "%s: link up\n", dev->name);
15     }
16   } else {
17     if (dev->flags &IFF_RUNNING) {
18       netif_carrier_off(dev);
19       dev->flags &= ~IFF_RUNNING;
20       printk(KERN_DEBUG "%s: link down\n", dev->name);
21     }
22   }
23
24   set_timer:
25   priv->timer.expires = jiffies + 1 * Hz;
26   priv->timer.data = (unsigned long)dev;
27   priv->timer.function = &xxx_timer; /* timer handler */
28   add_timer(&priv->timer);
29  }
```

上述代码第 10 行调用 xxx_chk_link() 函数来读取网络适配器硬件的相关寄存器,以获得链路连接状态,具体实现由硬件决定。当链路连接上时,第 12 行的 netif_carrier_on() 函数显式地通知内核链路正常;反之,第 18 行的 netif_carrier_off() 同样显式地通知内核链路失去连接。

此外,从上述源代码还可以看出,定时器处理函数会不停地利用第 24 ~ 28 行代码启动新的定时器以实现周期性检测的目的。那么最初启动定时器的地方在哪里呢?很显然,它最适合在设备的打开函数中完成,如代码清单 14.13 所示。

代码清单 14.13　在网络设备驱动的打开函数中初始化定时器

```
1  static int xxx_open(struct net_device *dev)
2  {
3      struct xxx_priv *priv = netdev_priv(dev);
4  
5      ...
6      priv->timer.expires = jiffies + 3 * Hz;
7      priv->timer.data = (unsigned long)dev;
8      priv->timer.function = &xxx_timer; /* 定时器处理函数 */
9      add_timer(&priv->timer);
10     ...
11 }
```

14.8　参数设置和统计数据

网络设备的驱动程序还提供一些供系统对设备的参数进行设置或读取设备相关信息的方法。

当用户调用 ioctl() 函数，并指定 SIOCSIFHWADDR 命令时，意味着要设置这个设备的 MAC 地址。设置网络设备的 MAC 地址可用如代码清单 14.14 所示的模板。

代码清单 14.14　设置网络设备的 MAC 地址

```
1  static int set_mac_address(struct net_device *dev, void *addr)
2  {
3      if (netif_running(dev))
4          return -EBUSY;   /* 设备忙 */
5  
6      /* 设置以太网的 MAC 地址 */
7      xxx_set_mac(dev, addr);
8  
9      return 0;
10 }
```

上述程序首先用 netif_running() 宏判断设备是否正在运行，如果是，则意味着设备忙，此时不允许设置 MAC 地址；否则，调用 xxx_set_mac() 函数在网络适配器硬件内写入新的 MAC 地址。这要求设备在硬件上支持 MAC 地址的修改，而实际上，许多设备并不提供修改 MAC 地址的接口。

netif_running() 宏的定义为：

```
static inline bool netif_running(const struct net_device *dev)
{
        return test_bit(__LINK_STATE_START, &dev->state);
}
```

当用户调用 ioctl() 函数时，若命令为 SIOCSIFMAP（如在控制台中运行网络配置命令 ifconfig 就会引发这一调用），系统会调用驱动程序的 set_config() 函数。

系统会向 set_config() 函数传递一个 ifmap 结构体，该结构体主要包含用户欲设置的设备要使用的 I/O 地址、中断等信息。注意，并不是 ifmap 结构体中给出的所有修改都是可以接受的。实际上，大多数设备并不适合包含 set_config() 函数。set_config() 函数的例子如代码清单 14.15 所示。

代码清单 14.15　网络设备驱动的 set_config 函数模板

```
1  static int xxx_config(struct net_device *dev, struct ifmap *map)
2  {
3    if (netif_running(dev))    /* 不能设置一个正在运行状态的设备 */
4      return - EBUSY;
5
6    /* 假设不允许改变 I/O 地址 */
7    if (map->base_addr != dev->base_addr) {
8      printk(KERN_WARNING "xxx: Can't change I/O address\n");
9      return - EOPNOTSUPP;
10   }
11
12   /* 假设允许改变 IRQ */
13   if (map->irq != dev->irq)
14     dev->irq = map->irq;
15
16   return 0;
17 }
```

上述代码中的 set_config() 函数接受 IRQ 的修改，拒绝设备 I/O 地址的修改。具体的设备是否接受这些信息的修改，要视硬件的设计而定。

如果用户调用 ioctl() 时，命令类型在 SIOCDEVPRIVATE 和 SIOCDEVPRIVATE+15 之间，系统会调用驱动程序的 do_ioctl() 函数，以进行设备专用数据的设置。这个设置在大多数情况下也并不需要。

驱动程序还应提供 get_stats() 函数以向用户反馈设备状态和统计信息，该函数返回的是一个 net_device_stats 结构体，如代码清单 14.16 所示。

代码清单 14.16　网络设备驱动的 get_stats() 函数模板

```
1  struct net_device_stats *xxx_stats(struct net_device *dev)
2  {
3    …
4    return &dev->stats;
5  }
```

有的网卡硬件比较强大，可以从硬件的寄存器中读出一些统计信息，如 rx_missed_errors、tx_aborted_errors、rx_dropped、rx_length_errors 等。这个时候，我们应该从硬件寄存器读取统计信息，填充到 net_device 的 stats 字段中，并返回。具体例子可见 drivers/net/ethernet/adaptec/starfire.c 中的 get_stats() 函数。

net_device_stats 结构体定义在内核的 include/linux/netdevice.h 文件中，它包含了比较完整的统计信息，如代码清单 14.17 所示。

代码清单 14.17　net_device_stats 结构体

```
1  struct net_device_stats
2  {
3    unsigned long rx_packets;        /* 收到的数据包数 */
4    unsigned long tx_packets;        /* 发送的数据包数 */
5    unsigned long rx_bytes;          /* 收到的字节数 */
6    unsigned long tx_bytes;          /* 发送的字节数 */
7    unsigned long rx_errors;         /* 收到的错误数据包数 */
8    unsigned long tx_errors;         /* 发生发送错误的数据包数 */
9    ...
10 };
```

上述代码清单只是列出了 net_device_stats 包含的主项目统计信息，实际上，这些项目还可以进一步细分，net_device_stats 中的其他信息给出了更详细的子项目统计，详见 Linux 源代码。

net_device_stats 结构体已经内嵌在与网络设备对应的 net_device 结构体中，而其中统计信息的修改则应该在设备驱动的与发送和接收相关的具体函数中完成，这些函数包括中断处理程序、数据包发送函数、数据包发送超时函数和数据包接收相关函数等。我们应该在这些函数中添加相应的代码，如代码清单 14.18 所示。

代码清单 14.18　net_device_stats 结构体中统计信息的维护

```
1  /* 发送超时函数 */
2  void xxx_tx_timeout(struct net_device *dev)
3  {
4    ...
5    dev->stats.tx_errors++;             /* 发送错误包数加 1 */
6    ...
7  }
8
9  /* 中断处理函数 */
10 static void xxx_interrupt(int irq, void *dev_id)
11 {
12   struct net_device *dev = dev_id;
13   switch (status &ISQ_EVENT_MASK) {
14   ...
15   case ISQ_TRANSMITTER_EVENT:            /
16     dev->stats.tx_packets++;            /* 数据包发送成功，tx_packets 信息加 1 */
17     netif_wake_queue(dev);              /* 通知上层协议 */
18     if ((status &(TX_OK | TX_LOST_CRS | TX_SQE_ERROR |
19        TX_LATE_COL | TX_16_COL)) != TX_OK) { /* 读取硬件上的出错标志 */
```

```
20              /* 根据错误的不同情况，对 net_device_stats 的不同成员加 1 */
21              if ((status &TX_OK) == 0)
22                dev->stats.tx_errors++;
23              if (status &TX_LOST_CRS)
24                dev->stats.tx_carrier_errors++;
25              if (status &TX_SQE_ERROR)
26                dev->stats.tx_heartbeat_errors++;
27              if (status &TX_LATE_COL)
28                dev->stats.tx_window_errors++;
29              if (status &TX_16_COL)
30                dev->stats.tx_aborted_errors++;
31            }
32            break;
33         case ISQ_RX_MISS_EVENT:
34            dev->stats.rx_missed_errors += (status >> 6);
35            break;
36         case ISQ_TX_COL_EVENT:
37            dev->stats.collisions += (status >> 6);
38            break;
39      }
40    }
```

上述代码的第 5 行意味着在发送数据包超时时，将发生发送错误的数据包数加 1。而第 13 ~ 38 行则意味着当网络设备中断产生时，中断处理程序读取硬件的相关信息以决定修改 net_device_stats 统计信息中的哪些项目和子项目，并将相应的项目加 1。

14.9　DM9000 网卡设备驱动实例

14.9.1　DM9000 网卡硬件描述

DM9000 是开发板采用的网络芯片，是一个高度集成且功耗很低的高速网络控制器，可以和 CPU 直连，支持 10/100MB 以太网连接，芯片内部自带 4KB 双字节的 SRAM（3KB 用来发送，13KB 用来接收）。针对不同的处理器，接口支持 8 位、16 位和 32 位。DM9000 一般直接挂在外面的内存总线上。

14.9.2　DM9000 网卡驱动设计分析

DM9000 网卡驱动位于内核源代码的 drivers/net/dm9000.c 中，它基于平台驱动架构，代码清单 14.19 抽取了它的主干。其核心工作是实现了前文所述 net_device 结构体中的 hard_start_xmit()、open()、stop()、set_multicast_list()、do_ioctl()、tx_timeout() 等成员函数，并借助中断辅助进行网络数据包的收发，另外它也实现了 ethtool_ops 中的成员函数。特别注意代码中的黑体部分，它标明了关键的数据收发流程。

代码清单 14.19　DM9000 网卡驱动

```
1   static const struct ethtool_ops dm9000_ethtool_ops = {
2           .get_drvinfo            = dm9000_get_drvinfo,
3           .get_settings           = dm9000_get_settings,
4           .set_settings           = dm9000_set_settings,
5           .get_msglevel           = dm9000_get_msglevel,
6           .set_msglevel           = dm9000_set_msglevel,
7           ...
8   };
9
10  /* Our watchdog timed out. Called by the networking layer */
11  static void dm9000_timeout(struct net_device *dev)
12  {
13          ...
14          netif_stop_queue(dev);
15          dm9000_init_dm9000(dev);
16          dm9000_unmask_interrupts(db);
17          /* We can accept TX packets again */
18          dev->trans_start = jiffies; /* prevent tx timeout */
19          netif_wake_queue(dev);
20
21          ...
22  }
23
24  static int
25  dm9000_start_xmit(struct sk_buff *skb, struct net_device *dev)
26  {
27          ...
28          /* TX control: First packet immediately send, second packet queue */
29          if (db->tx_pkt_cnt == 1) {
30                  dm9000_send_packet(dev, skb->ip_summed, skb->len);
31          } else {
32                  /* Second packet */
33                  db->queue_pkt_len = skb->len;
34                  db->queue_ip_summed = skb->ip_summed;
35                  netif_stop_queue(dev);
36          }
37
38          spin_unlock_irqrestore(&db->lock, flags);
39
40          /* free this SKB */
41          dev_consume_skb_any(skb);
42
43          return NETDEV_TX_OK;
44  }
45
46  static void dm9000_tx_done(struct net_device *dev, board_info_t *db)
47  {
48          int tx_status = ior(db, DM9000_NSR);    /* Got TX status */
49
```

```c
50              if (tx_status & (NSR_TX2END | NSR_TX1END)) {
51                      /* One packet sent complete */
52                      db->tx_pkt_cnt--;
53                      dev->stats.tx_packets++;
54
55                      if (netif_msg_tx_done(db))
56                              dev_dbg(db->dev, "tx done, NSR %02x\n", tx_status);
57
58                      /* Queue packet check & send */
59                      if (db->tx_pkt_cnt > 0)
60                              dm9000_send_packet(dev, db->queue_ip_summed,
61                                                 db->queue_pkt_len);
62                      netif_wake_queue(dev);
63              }
64      }
65
66      static void
67      dm9000_rx(struct net_device *dev)
68      {
69              ...
70
71              /* Check packet ready or not */
72              do {
73                      ...
74
75                      /* Move data from DM9000 */
76                      if (GoodPacket &&
77                          ((skb = netdev_alloc_skb(dev, RxLen + 4)) != NULL)) {
78                              skb_reserve(skb, 2);
79                              rdptr = (u8 *) skb_put(skb, RxLen - 4);
80
81                              /* Read received packet from RX SRAM */
82
83                              (db->inblk)(db->io_data, rdptr, RxLen);
84                              dev->stats.rx_bytes += RxLen;
85
86                              /* Pass to upper layer */
87                              skb->protocol = eth_type_trans(skb, dev);
88                              if (dev->features & NETIF_F_RXCSUM) {
89                                      if ((((rxbyte & 0x1c) << 3) & rxbyte) == 0)
90                                              skb->ip_summed = CHECKSUM_UNNECESSARY;
91                                      else
92                                              skb_checksum_none_assert(skb);
93                              }
94                              netif_rx(skb);
95                              dev->stats.rx_packets++;
96
97                      }...
98              } while (rxbyte & DM9000_PKT_RDY);
99      }
100
```

```c
101  static irqreturn_t dm9000_interrupt(int irq, void *dev_id)
102  {
103          ...
104          /* Received the coming packet */
105          if (int_status & ISR_PRS)
106                  dm9000_rx(dev);
107
108          /* Trnasmit Interrupt check */
109          if (int_status & ISR_PTS)
110                  dm9000_tx_done(dev, db);
111
112          ...
113          return IRQ_HANDLED;
114  }
115
116  static int
117  dm9000_open(struct net_device *dev)
118  {
119          ...
120
121          /* Initialize DM9000 board */
122          dm9000_init_dm9000(dev);
123
124          if (request_irq(dev->irq, dm9000_interrupt, irqflags, dev->name, dev))
125                  return -EAGAIN;
126          ...
127
128          mii_check_media(&db->mii, netif_msg_link(db), 1);
129          netif_start_queue(dev);
130
131          return 0;
132  }
133
134  static int
135  dm9000_stop(struct net_device *ndev)
136  {
137          ...
138
139          netif_stop_queue(ndev);
140          netif_carrier_off(ndev);
141
142          /* free interrupt */
143          free_irq(ndev->irq, ndev);
144
145          dm9000_shutdown(ndev);
146
147          return 0;
148  }
149
150  static const struct net_device_ops dm9000_netdev_ops = {
151          .ndo_open               = dm9000_open,
```

```
152                .ndo_stop               = dm9000_stop,
153                .ndo_start_xmit         = dm9000_start_xmit,
154                .ndo_tx_timeout         = dm9000_timeout,
155                .ndo_set_rx_mode        = dm9000_hash_table,
156                .ndo_do_ioctl           = dm9000_ioctl,
157                .ndo_change_mtu         = eth_change_mtu,
158                .ndo_set_features       = dm9000_set_features,
159                .ndo_validate_addr      = eth_validate_addr,
160                .ndo_set_mac_address    = eth_mac_addr,
161     #ifdef CONFIG_NET_POLL_CONTROLLER
162                .ndo_poll_controller    = dm9000_poll_controller,
163     #endif
164     };
165
166
167     /*
168      * Search DM9000 board, allocate space and register it
169      */
170     static int
171     dm9000_probe(struct platform_device *pdev)
172     {
173            ...
174
175            /* Init network device */
176            ndev = alloc_etherdev(sizeof(struct board_info));
177            ...
178
179            /* setup board info structure */
180            db = netdev_priv(ndev);
181
182            ...
183
184            ...
185            /* driver system function */
186            ether_setup(ndev);
187
188            ndev->netdev_ops        = &dm9000_netdev_ops;
189            ndev->watchdog_timeo    = msecs_to_jiffies(watchdog);
190            ndev->ethtool_ops       = &dm9000_ethtool_ops;
191
192            ...
193            ret = register_netdev(ndev);
194
195     }
196
197     static int
198     dm9000_drv_remove(struct platform_device *pdev)
199     {
200            struct net_device *ndev = platform_get_drvdata(pdev);
201
202            unregister_netdev(ndev);
```

```
203                dm9000_release_board(pdev, netdev_priv(ndev));
204                free_netdev(ndev);              /* free device structure */
205                ...
206     }
207
208     #ifdef CONFIG_OF
209     static const struct of_device_id dm9000_of_matches[] = {
210             { .compatible = "davicom,dm9000", },
211             { /* sentinel */ }
212     };
213     MODULE_DEVICE_TABLE(of, dm9000_of_matches);
214     #endif
215
216     static struct platform_driver dm9000_driver = {
217             .driver = {
218                     .name    = "dm9000",
219                     .owner   = THIS_MODULE,
220                     .pm      = &dm9000_drv_pm_ops,
221                     .of_match_table = of_match_ptr(dm9000_of_matches),
222             },
223             .probe   = dm9000_probe,
224             .remove  = dm9000_drv_remove,
225     };
226
227     module_platform_driver(dm9000_driver);
```

DM9000 驱动的实现与具体 CPU 无关，在将该驱动移植到特定电路板时，只需要在板文件中为与板上 DM9000 对应的平台设备的寄存器和数据基地址进行赋值，并指定正确的 IRQ 资源即可，代码清单 14.20 给出了在 arch/arm/mach-at91/board-sam9261ek.c 板文件中对 DM9000 添加的内容。

代码清单 14.20   board-sam9261ek 板文件中的 DM9000 的平台设备

```
1   static struct resource dm9000_resource[] = {
2           [0] = {
3                   .start = AT91_CHIPSELECT_2,
4                   .end   = AT91_CHIPSELECT_2 + 3,
5                   .flags = IORESOURCE_MEM
6           },
7           [1] = {
8                   .start = AT91_CHIPSELECT_2 + 0x44,
9                   .end   = AT91_CHIPSELECT_2 + 0xFF,
10                  .flags = IORESOURCE_MEM
11          },
12          [2] = {
13                  .flags = IORESOURCE_IRQ
14                          | IORESOURCE_IRQ_LOWEDGE | IORESOURCE_IRQ_HIGHEDGE,
15          }
16  };
```

```
17
18   static struct dm9000_plat_data dm9000_platdata = {
19           .flags          = DM9000_PLATF_16BITONLY | DM9000_PLATF_NO_EEPROM,
20   };
21
22   static struct platform_device dm9000_device = {
23           .name           = "dm9000",
24           .id             = 0,
25           .num_resources  = ARRAY_SIZE(dm9000_resource),
26           .resource       = dm9000_resource,
27           .dev            = {
28                   .platform_data  = &dm9000_platdata,
29           }
30   };
```

14.10　总结

对 Linux 网络设备驱动体系结构的层次化设计实现了对上层协议接口的统一和硬件驱动对下层多样化硬件设备的可适应。程序员需要完成的工作集中在设备驱动功能层，网络设备接口层 net_device 结构体的存在将千变万化的网络设备进行抽象，使得设备驱动功能层中除数据包接收以外的主体工作都由填充 net_device 的属性和函数指针完成。

在分析 net_device 数据结构的基础上，本章给出了设备驱动功能层设备初始化、数据包收发、打开和释放等函数的设计模板，这些模板对实际设备驱动的开发具有直接指导意义。有了这些模板，我们在设计具体设备的驱动时，不再需要关心程序的体系，而可以将精力集中于硬件操作本身。

在 Linux 网络子系统和设备驱动中，套接字缓冲区 sk_buff 发挥着巨大的作用，它是所有数据流动的载体。网络设备驱动和上层协议之间也基于此结构进行数据包交互，因此，我们要特别牢记它的操作方法。

第 15 章
Linux I²C 核心、总线与设备驱动

本章导读

I²C 总线仅仅使用 SCL、SDA 这两根信号线就实现了设备之间的数据交互,极大地简化了对硬件资源和 PCB 板布线空间的占用。因此,I²C 总线非常广泛地应用在 EEPROM、实时时钟、小型 LCD 等设备与 CPU 的接口中。

Linux 系统定义了 I²C 驱动体系结构。在 Linux 系统中,I²C 驱动由 3 部分组成,即 I²C 核心、I²C 总线驱动和 I²C 设备驱动。这 3 部分相互协作,形成了非常通用、可适应性很强的 I²C 框架。

15.1 节对 Linux 的 I²C 体系结构进行分析,讲解 3 个组成部分各自的功能及相互联系。

15.2 节对 Linux 的 I²C 核心进行分析,讲解 i2c-core.c 文件的功能和主要函数的实现。

15.3 节、15.4 节分别详细介绍 I²C 适配器驱动和 I²C 设备驱动的编写方法,给出可供参考的设计模板。

15.5 节、15.6 节以 15.3 节和 15.4 节给出的设计模板为基础,讲解 Tegra ARM 处理器的 I²C 总线驱动,以挂接在 I²C 总线上的 AT24XX 系列 EEPROM 为例讲解 I²C 设备驱动。

15.1 Linux I²C 体系结构

Linux 的 I²C 体系结构分为 3 个组成部分。

(1) I²C 核心

I²C 核心提供了 I²C 总线驱动和设备驱动的注册、注销方法,I²C 通信方法(即 Algorithm)上层的与具体适配器无关的代码以及探测设备、检测设备地址的上层代码等,如图 15.1 所示。

(2) I²C 总线驱动

I²C 总线驱动是对 I²C 硬件体系结构中适配器端的实现,适配器可由 CPU 控制,甚至可以直接集成在 CPU 内部。

I²C 总线驱动主要包含 I²C 适配器数据结构 i2c_adapter、I²C 适配器的 Algorithm 数据结构 i2c_algorithm 和控制 I²C 适配器产生通信信号的函数。

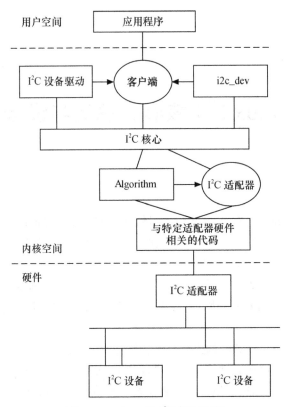

图 15.1 Linux 的 I²C 体系结构

经由 I²C 总线驱动的代码，我们可以控制 I²C 适配器以主控方式产生开始位、停止位、读写周期，以及以从设备方式被读写、产生 ACK 等。

（3）I²C 设备驱动

I²C 设备驱动（也称为客户驱动）是对 I²C 硬件体系结构中设备端的实现，设备一般挂接在受 CPU 控制的 I²C 适配器上，通过 I²C 适配器与 CPU 交换数据。

I²C 设备驱动主要包含数据结构 i2c_driver 和 i2c_client，我们需要根据具体设备实现其中的成员函数。

在 Linux 2.6 内核中，所有的 I²C 设备都在 sysfs 文件系统中显示，存于 /sys/bus/i2c/ 目录下，以适配器地址和芯片地址的形式列出，例如：

```
$ tree /sys/bus/i2c/
/sys/bus/i2c/
|-- devices
|   |-- i2c0 -> ../../../devices/platform/versatile-i2c.0/i2c-0
|   '-- i2c1 -> ../../../devices/platform/versatile-i2c.0/i2c-1
'-- drivers
    '-- dummy
```

在 Linux 内核源代码中的 drivers 目录下有一个 i2c 目录，而在 i2c 目录下又包含如下文件和文件夹。

（1）i2c-core.c

这个文件实现了 I^2C 核心的功能。

（2）i2c-dev.c

实现了 I^2C 适配器设备文件的功能，每一个 I^2C 适配器都被分配一个设备。通过适配器访问设备时的主设备号都为 89，次设备号为 0 ~ 255。应用程序通过"i2c-%d"（i2c-0, i2c-1, …, i2c-10, …）文件名并使用文件操作接口 open()、write()、read()、ioctl() 和 close() 等来访问这个设备。

i2c-dev.c 并不是针对特定的设备而设计的，只是提供了通用的 read()、write() 和 ioctl() 等接口，应用层可以借用这些接口访问挂接在适配器上的 I^2C 设备的存储空间或寄存器，并控制 I^2C 设备的工作方式。

（3）busses 文件夹

这个文件包含了一些 I^2C 主机控制器的驱动，如 i2c-tegra.c、i2c-omap.c、i2c-versatile.c、i2c-s3c2410.c 等。

（4）algos 文件夹

实现了一些 I^2C 总线适配器的通信方法。

此外，内核中的 i2c.h 头文件对 i2c_adapter、i2c_algorithm、i2c_driver 和 i2c_client 这 4 个数据结构进行了定义。理解这 4 个结构体的作用十分重要，它们的定义位于 include/linux/i2c.h 文件中，代码清单 15.1、15.2、15.3、15.4 分别对它们进行了描述。

代码清单 15.1　i2c_adapter 结构体

```
1   struct i2c_adapter {
2       struct module *owner;
3       unsigned int class;                 /* classes to allow probing for */
4       const struct i2c_algorithm *algo;   /* the algorithm to access the bus */
5       void *algo_data;
6
7       /* data fields that are valid for all devices   */
8       struct rt_mutex bus_lock;
9
10      int timeout;                        /* in jiffies */
11      int retries;
12      struct device dev;                  /* the adapter device */
13
14      int nr;
15      char name[48];
16      struct completion dev_released;
17
18      struct mutex userspace_clients_lock;
19      struct list_head userspace_clients;
```

```
20
21          struct i2c_bus_recovery_info *bus_recovery_info;
22   };
```

代码清单 15.2　i2c_algorithm 结构体

```
1    struct i2c_algorithm {
2           /* If an adapter algorithm can't do I2C-level access, set master_xfer
3              to NULL. If an adapter algorithm can do SMBus access, set
4              smbus_xfer. If set to NULL, the SMBus protocol is simulated
5              using common I2C messages */
6           /* master_xfer should return the number of messages successfully
7              processed, or a negative value on error */
8           int (*master_xfer)(struct i2c_adapter *adap, struct i2c_msg *msgs,
9                              int num);
10          int (*smbus_xfer) (struct i2c_adapter *adap, u16 addr,
11                             unsigned short flags, char read_write,
12                             u8 command, int size, union i2c_smbus_data *data);
13
14          /* To determine what the adapter supports */
15          u32 (*functionality) (struct i2c_adapter *);
16   };
```

上述第 8 行代码对应为 I²C 传输函数指针，I²C 主机驱动的大部分工作也聚集在这里。上述第 10 行代码对应为 SMBus 传输函数指针，SMBus 不需要增加额外引脚，与 I²C 总线相比，在访问时序上也有一定的差异。

代码清单 15.3　i2c_driver 结构体

```
1    struct i2c_driver {
2           unsigned int class;
3
4           /* Notifies the driver that a new bus has appeared. You should avoid
5            * using this, it will be removed in a near future.
6            */
7           int (*attach_adapter)(struct i2c_adapter *) __deprecated;
8
9           /* Standard driver model interfaces */
10          int (*probe)(struct i2c_client *, const struct i2c_device_id *);
11          int (*remove)(struct i2c_client *);
12
13          /* driver model interfaces that don't relate to enumeration */
14          void (*shutdown)(struct i2c_client *);
15          int (*suspend)(struct i2c_client *, pm_message_t mesg);
16          int (*resume)(struct i2c_client *);
17
18          /* Alert callback, for example for the SMBus alert protocol.
19           * The format and meaning of the data value depends on the protocol.
```

```
20            * For the SMBus alert protocol, there is a single bit of data passed
21            * as the alert response's low bit ("event flag").
22            */
23           void (*alert)(struct i2c_client *, unsigned int data);
24
25           /* a ioctl like command that can be used to perform specific functions
26            * with the device.
27            */
28           int (*command)(struct i2c_client *client, unsigned int cmd, void *arg);
29
30           struct device_driver driver;
31           const struct i2c_device_id *id_table;
32
33           /* Device detection callback for automatic device creation */
34           int (*detect)(struct i2c_client *, struct i2c_board_info *);
35           const unsigned short *address_list;
36           struct list_head clients;
37      };
```

代码清单 15.4　i2c_client 结构体

```
1    struct i2c_client {
2         unsigned short flags;         /* div., see below            */
3         unsigned short addr;          /* chip address - NOTE: 7bit  */
4                                       /* addresses are stored in the */
5                                       /* _LOWER_ 7 bits             */
6         char name[I2C_NAME_SIZE];
7         struct i2c_adapter *adapter;  /* the adapter we sit on      */
8         struct device dev;            /* the device structure       */
9         int irq;                      /* irq issued by device       */
10        struct list_head detected;
11   };
```

下面分析 i2c_adapter、i2c_algorithm、i2c_driver 和 i2c_client 这 4 个数据结构的作用及其盘根错节的关系。

（1）i2c_adapter 与 i2c_algorithm

i2c_adapter 对应于物理上的一个适配器，而 i2c_algorithm 对应一套通信方法。一个 I²C 适配器需要 i2c_algorithm 提供的通信函数来控制适配器产生特定的访问周期。缺少 i2c_algorithm 的 i2c_adapter 什么也做不了，因此 i2c_adapter 中包含所使用的 i2c_algorithm 的指针。

i2c_algorithm 中的关键函数 master_xfer() 用于产生 I²C 访问周期需要的信号，以 i2c_msg（即 I²C 消息）为单位。i2c_msg 结构体也是非常重要的，它定义于 include/uapi/linux/i2c.h（在 uapi 目录下，证明用户空间的应用也可能使用这个结构体）中，代码清单 15.5 给出了它的定义，其中的成员表明了 I²C 的传输地址、方向、缓冲区、缓冲区长度等信息。

代码清单 15.5　i2c_msg 结构体

```
1  struct i2c_msg {
2          __u16 addr;                        /* slave address          */
3          __u16 flags;
4  #define I2C_M_TEN          0x0010  /* this is a ten bit chip address */
5  #define I2C_M_RD           0x0001  /* read data, from slave to master */
6  #define I2C_M_STOP         0x8000  /* if I2C_FUNC_PROTOCOL_MANGLING */
7  #define I2C_M_NOSTART      0x4000  /* if I2C_FUNC_NOSTART */
8  #define I2C_M_REV_DIR_ADDR 0x2000  /* if I2C_FUNC_PROTOCOL_MANGLING */
9  #define I2C_M_IGNORE_NAK   0x1000  /* if I2C_FUNC_PROTOCOL_MANGLING */
10 #define I2C_M_NO_RD_ACK    0x0800  /* if I2C_FUNC_PROTOCOL_MANGLING */
11 #define I2C_M_RECV_LEN     0x0400  /* length will be first received byte */
12         __u16 len;                         /* msg length            */
13         __u8 *buf;                         /* pointer to msg data   */
14 };
```

（2）i2c_driver 与 i2c_client

i2c_driver 对应于一套驱动方法，其主要成员函数是 probe()、remove()、suspend()、resume() 等，另外，struct i2c_device_id 形式的 id_table 是该驱动所支持的 I²C 设备的 ID 表。i2c_client 对应于真实的物理设备，每个 I²C 设备都需要一个 i2c_client 来描述。i2c_driver 与 i2c_client 的关系是一对多，一个 i2c_driver 可以支持多个同类型的 i2c_client。

i2c_client 的信息通常在 BSP 的板文件中通过 i2c_board_info 填充，如下面的代码就定义了一个 I²C 设备的 ID 为 "ad7142_joystick"、地址为 0x2C、中断号为 IRQ_PF5 的 i2c_client：

```
static struct i2c_board_info __initdata xxx_i2c_board_info[] = {
#if defined(CONFiG_JOYSTICK_AD7142) || defined(CONFiG_JOYSTICK_AD7142_MODULE)
        {
                I2C_BOARD_INFO("ad7142_joystick", 0x2C),
                .irq = IRQ_PF5,
        },
...
}
```

在 I²C 总线驱动 i2c_bus_type 的 match() 函数 i2c_device_match() 中，会调用 i2c_match_id() 函数匹配在板文件中定义的 ID 和 i2c_driver 所支持的 ID 表。

（3）i2c_adapter 与 i2c_client

i2c_adapter 与 i2c_client 的关系与 I²C 硬件体系中适配器和设备的关系一致，即 i2c_client 依附于 i2c_adapter。由于一个适配器可以连接多个 I²C 设备，所以一个 i2c_adapter 也可以被多个 i2c_client 依附，i2c_adapter 中包括依附于它的 i2c_client 的链表。

假设 I²C 总线适配器 xxx 上有两个使用相同驱动程序的 yyy I²C 设备，在打开该 I²C 总线的设备节点后，相关数据结构之间的逻辑组织关系将如图 15.2 所示。

第15章 Linux I²C核心、总线与设备驱动

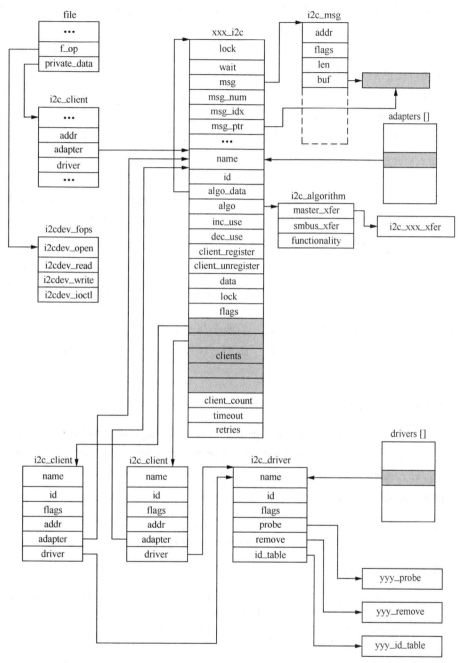

图15.2 I²C 驱动的各种数据结构的关系

从上面的分析可知,虽然 I²C 硬件体系结构比较简单,但是 I²C 体系结构在 Linux 中的实现却相当复杂。当工程师拿到实际的电路板时,面对复杂的 Linux I²C 子系统,应该如何

下手写驱动呢？究竟有哪些是需要亲自做的，哪些是内核已经提供的呢？理清这个问题非常有意义，可以使我们在面对具体问题时迅速抓住重点。

一方面，适配器驱动可能是 Linux 内核本身还不包含的；另一方面，挂接在适配器上的具体设备驱动可能也是 Linux 内核还不包含的。因此，工程师要实现的主要工作如下。

- 提供 I²C 适配器的硬件驱动，探测、初始化 I²C 适配器（如申请 I²C 的 I/O 地址和中断号）、驱动 CPU 控制的 I²C 适配器从硬件上产生各种信号以及处理 I²C 中断等。
- 提供 I²C 适配器的 Algorithm，用具体适配器的 xxx_xfer() 函数填充 i2c_algorithm 的 master_xfer 指针，并把 i2c_algorithm 指针赋值给 i2c_adapter 的 algo 指针。
- 实现 I²C 设备驱动中的 i2c_driver 接口，用具体设备 yyy 的 yyy_probe()、yyy_remove()、yyy_suspend()、yyy_resume() 函数指针和 i2c_device_id 设备 ID 表赋值给 i2c_driver 的 probe、remove、suspend、resume 和 id_table 指针。
- 实现 I²C 设备所对应类型的具体驱动，i2c_driver 只是实现设备与总线的挂接，而挂接在总线上的设备则千差万别。例如，如果是字符设备，就实现文件操作接口，即实现具体设备 yyy 的 yyy_read()、yyy_write() 和 yyy_ioctl() 函数等；如果是声卡，就实现 ALSA 驱动。

上述工作中前两个属于 I²C 总线驱动，后两个属于 I²C 设备驱动。15.3 ~ 15.4 节将详细分析这些工作的实施方法，给出设计模板，而 15.5 ~ 15.6 节将给出两个具体的实例。

15.2 Linux I²C 核心

I²C 核心（drivers/i2c/i2c-core.c）中提供了一组不依赖于硬件平台的接口函数，这个文件一般不需要被工程师修改，但是理解其中的主要函数非常关键，因为 I²C 总线驱动和设备驱动之间以 I²C 核心作为纽带。I²C 核心中的主要函数如下。

（1）增加 / 删除 i2c_adapter

```
int i2c_add_adapter(struct i2c_adapter *adap);
void i2c_del_adapter(struct i2c_adapter *adap);
```

（2）增加 / 删除 i2c_driver

```
int i2c_register_driver(struct module *owner, struct i2c_driver *driver);
void i2c_del_driver(struct i2c_driver *driver);
#define i2c_add_driver(driver) \
        i2c_register_driver(THIS_MODULE, driver)
```

（3）I²C 传输、发送和接收

```
int i2c_transfer(struct i2c_adapter * adap, struct i2c_msg *msgs, int num);
int i2c_master_send(struct i2c_client *client,const char *buf ,int count);
int i2c_master_recv(struct i2c_client *client, char *buf ,int count);
```

i2c_transfer() 函数用于进行 I²C 适配器和 I²C 设备之间的一组消息交互，其中第 2 个参数是一个指向 i2c_msg 数组的指针，所以 i2c_transfer() 一次可以传输多个 i2c_msg（考虑到很多外设的读写波形比较复杂，比如读寄存器可能要先写，所以需要两个以上的消息）。而对于时序比较简单的外设，i2c_master_send() 函数和 i2c_master_recv() 函数内部会调用 i2c_transfer() 函数分别完成一条写消息和一条读消息，如代码清单 15.6、15.7 所示。

代码清单 15.6 I²C 核心的 i2c_master_send() 函数

```
1   int i2c_master_send(const struct i2c_client *client, const char *buf, int count)
2   {
3       int ret;
4       struct i2c_adapter *adap = client->adapter;
5       struct i2c_msg msg;
6
7       msg.addr = client->addr;
8       msg.flags = client->flags & I2C_M_TEN;
9       msg.len = count;
10      msg.buf = (char *)buf;
11
12      ret = i2c_transfer(adap, &msg, 1);
13
14      /*
15       * If everything went ok (i.e. 1 msg transmitted), return #bytes
16       * transmitted, else error code.
17       */
18      return (ret == 1) ? count : ret;
19  }
```

代码清单 15.7 I²C 核心的 i2c_master_recv() 函数

```
1   int i2c_master_recv(const struct i2c_client *client, char *buf, int count)
2   {
3       struct i2c_adapter *adap = client->adapter;
4       struct i2c_msg msg;
5       int ret;
6
7       msg.addr = client->addr;
8       msg.flags = client->flags & I2C_M_TEN;
9       msg.flags |= I2C_M_RD;
10      msg.len = count;
11      msg.buf = buf;
12
13      ret = i2c_transfer(adap, &msg, 1);
14
15      /*
16       * If everything went ok (i.e. 1 msg received), return #bytes received,
17       * else error code.
18       */
```

```
19          return (ret == 1) ? count : ret;
20  }
```

i2c_transfer() 函数本身不具备驱动适配器物理硬件以完成消息交互的能力，它只是寻找到与 i2c_adapter 对应的 i2c_algorithm，并使用 i2c_algorithm 的 master_xfer() 函数真正驱动硬件流程，如代码清单 15.8 所示。

代码清单 15.8　I²C 核心的 i2c_transfer() 函数

```
1   int i2c_transfer(struct i2c_adapter * adap, struct i2c_msg *msgs, int num)
2   {
3     int ret;
4
5     if (adap->algo->master_xfer) {
6         ...
7         ret = adap->algo->master_xfer(adap,msgs,num);
8         ...
9         return ret;
10    } else {
11        dev_dbg(&adap->dev, "I2C level transfers not supported\n");
12        return -ENOSYS;
13    }
14  }
```

15.3　Linux I²C 适配器驱动

15.3.1　I²C 适配器驱动的注册与注销

由于 I²C 总线控制器通常是在内存上的，所以它本身也连接在 platform 总线上，要通过 platform_driver 和 platform_device 的匹配来执行。因此尽管 I²C 适配器给别人提供了总线，它自己也被认为是接在 platform 总线上的一个客户。Linux 的总线、设备和驱动模型实际上是一个树形结构，每个节点虽然可能成为别人的总线控制器，但是自己也被认为是从上一级总线枚举出来的。

通常我们会在与 I²C 适配器所对应的 platform_driver 的 probe() 函数中完成两个工作。

- 初始化 I²C 适配器所使用的硬件资源，如申请 I/O 地址、中断号、时钟等。
- 通过 i2c_add_adapter() 添加 i2c_adapter 的数据结构，当然这个 i2c_adapter 数据结构的成员已经被 xxx 适配器的相应函数指针所初始化。

通常我们会在 platform_driver 的 remove() 函数中完成与加载函数相反的工作。

- 释放 I²C 适配器所使用的硬件资源，如释放 I/O 地址、中断号、时钟等。
- 通过 i2c_del_adapter() 删除 i2c_adapter 的数据结构。

代码清单 15.9 所示为 I²C 适配器驱动的注册和注销模板。

代码清单 15.9　I²C 适配置驱动的注册和注销模板

```
1  static int xxx_i2c_probe(struct platform_device *pdev)
2  {
3          struct i2c_adapter *adap;
4
5          ...
6          xxx_adapter_hw_init()
7          adap->dev.parent = &pdev->dev;
8          adap->dev.of_node = pdev->dev.of_node;
9
10         rc = i2c_add_adapter(adap);
11         ...
12 }
13
14 static int xxx_i2c_remove(struct platform_device *pdev)
15 {
16         ...
17         xxx_adapter_hw_free()
18         i2c_del_adapter(&dev->adapter);
19
20         return 0;
21 }
22
23 static const struct of_device_id xxx_i2c_of_match[] = {
24         {.compatible = "vendor,xxx-i2c",},
25         {},
26 };
27 MODULE_DEVICE_TABLE(of, xxx_i2c_of_match);
28
29 static struct platform_driver xxx_i2c_driver = {
30         .driver = {
31                 .name = "xxx-i2c",
32                 .owner = THIS_MODULE,
33                 .of_match_table = xxx_i2c_of_match,
34                 },
35         .probe = xxx_i2c_probe,
36         .remove = xxx_i2c_remove,
37 };
38 module_platform_driver(xxx_i2c_driver);
```

上述代码中的 xxx_adapter_hw_init() 和 xxx_adapter_hw_free() 函数的实现都与具体的 CPU 和 I²C 适配器硬件直接相关。

15.3.2　I²C 总线的通信方法

我们需要为特定的 I²C 适配器实现通信方法，主要是实现 i2c_algorithm 的 functionality() 函数和 master_xfer() 函数。

functionality() 函数非常简单，用于返回 algorithm 所支持的通信协议，如 I2C_FUNC_

I2C、I2C_FUNC_10BIT_ADDR、I2C_FUNC_SMBUS_READ_BYTE、I2C_FUNC_SMBUS_WRITE_BYTE 等。

master_xfer() 函数在 I²C 适配器上完成传递给它的 i2c_msg 数组中的每个 I²C 消息，代码清单 15.10 所示为 xxx 设备的 master_xfer() 函数模板。

代码清单 15.10　master_xfer() 函数模板

```
1  static int i2c_adapter_xxx_xfer(struct i2c_adapter *adap, struct i2c_msg *msgs,
2      int num)
3  {
4      ...
5      for (i = 0; i < num; i++) {
6          i2c_adapter_xxx_start();                                /* 产生开始位 */
7          /* 是读消息 */
8          if (msgs[i]->flags &I2C_M_RD) {
9              i2c_adapter_xxx_setaddr((msg->addr << 1) | 1);      /* 发送从设备读地址 */
10             i2c_adapter_xxx_wait_ack();                         /* 获得从设备的 ack */
11             i2c_adapter_xxx_readbytes(msgs[i]->buf, msgs[i]->len);  /* 读取 msgs[i]->len
12                 长的数据到 msgs[i]->buf */
13         } else {                                                /* 是写消息 */
14             i2c_adapter_xxx_setaddr(msg->addr << 1);            /* 发送从设备写地址 */
15             i2c_adapter_xxx_wait_ack();                         /* 获得从设备的 ack */
16             i2c_adapter_xxx_writebytes(msgs[i]->buf, msgs[i]->len); /* 读取 msgs[i]->len
17                 长的数据到 msgs[i]->buf */
18         }
19     }
20     i2c_adapter_xxx_stop();                                     /* 产生停止位 */
21 }
```

上述代码实际上给出了一个 master_xfer() 函数处理 I²C 消息数组的流程，对于数组中的每个消息，先判断消息类型，若为读消息，则赋从设备地址为（msg->addr << 1）|1，否则为 msg->addr << 1。对每个消息产生一个开始位，紧接着传送从设备地址，然后开始数据的发送或接收，且对最后的消息还需产生一个停止位。图 15.3 所示为整个 master_xfer() 完成的时序。

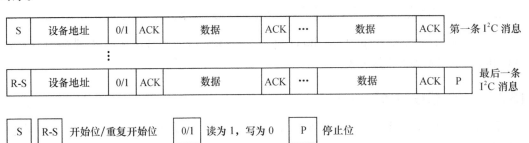

图 15.3　master_xfer() 完成的时序

master_xfer() 函数模板中的 i2c_adapter_xxx_start()、i2c_adapter_xxx_setaddr()、i2c_adapter_xxx_wait_ack()、i2c_adapter_xxx_readbytes()、i2c_adapter_xxx_writebytes() 和 i2c_adapter_xxx_stop() 函数用于完成适配器的底层硬件操作，与 I²C 适配器和 CPU 的具体硬件直接相关，需要由工程师根据芯片的数据手册来实现。

i2c_adapter_xxx_readbytes() 用于从从设备上接收一串数据，i2c_adapter_xxx_writebytes() 用于向从设备写入一串数据，这两个函数的内部也会涉及 I²C 总线协议中的 ACK 应答。

master_xfer() 函数的实现形式会很多种，多数驱动以中断方式来完成这个流程，比如发起硬件操作请求后，将自己调度出去，因此中间会伴随着睡眠的动作。

多数 I²C 总线驱动会定义一个 xxx_i2c 结构体，作为 i2c_adapter 的 algo_data（类似"私有数据"），其中包含 I²C 消息数组指针、数组索引及 I²C 适配器 Algorithm 访问控制用的自旋锁、等待队列等，而 master_xfer() 函数在完成 i2c_msg 数组中消息的处理时，也经常需要访问 xxx_i2c 结构体的成员以获取寄存器基地址、锁等信息。代码清单 15.11 所示为一个典型的 xxx_i2c 结构体的定义，与图 15.2 中的 xxx_i2c 是对应的，具体的实现因硬件而异。

代码清单 15.11   xxx_i2c 结构体模板

```
1   struct xxx_i2c {
2     spinlock_t          lock;
3     wait_queue_head_t   wait;
4     struct i2c_msg      *msg;
5     unsigned int        msg_num;
6     unsigned int        msg_idx;
7     unsigned int        msg_ptr;
8     ...
9     struct i2c_adapter  adap;
10  };
```

15.4　Linux I²C 设备驱动

I²C 设备驱动要使用 i2c_driver 和 i2c_client 数据结构并填充 i2c_driver 中的成员函数。i2c_client 一般被包含在设备的私有信息结构体 yyy_data 中，而 i2c_driver 则适合被定义为全局变量并初始化，代码清单 15.12 所示为已被初始化的 i2c_driver。

代码清单 15.12   被初始化的 i2c_driver

```
1   static struct i2c_driver yyy_driver = {
2     .driver = {
3       .name = "yyy",
4     },
5     .probe        = yyy_probe,
6     .remove       = yyy_remove,
7     .id_table     = yyy_id,
8   };
```

15.4.1　Linux I²C 设备驱动的模块加载与卸载

I²C 设备驱动的模块加载函数通过 I²C 核心的 i2c_add_driver() API 函数添加 i2c_driver 的工作，而模块卸载函数需要做相反的工作：通过 I²C 核心的 i2c_del_driver() 函数删除 i2c_driver。代码清单 15.13 所示为 I²C 设备驱动的模块加载与卸载函数模板。

代码清单 15.13　I²C 外设驱动的模块加载与卸载函数模板

```
1  static int __init yyy_init(void)
2  {
3          return i2c_add_driver(&yyy_driver);
4  }
5  module_initcall(yyy_init);
6
7  static void __exit yyy_exit(void)
8  {
9          i2c_del_driver(&yyy_driver);
10 }
11 module_exit(yyy_exit);
```

15.4.2　Linux I²C 设备驱动的数据传输

在 I²C 设备上读写数据的时序且数据通常通过 i2c_msg 数组进行组织，最后通过 i2c_transfer() 函数完成，代码清单 15.14 所示为一个读取指定偏移 offs 的寄存器。

代码清单 15.14　I²C 设备驱动的数据传输范例

```
1   struct i2c_msg msg[2];
2   /* 第一条消息是写消息 */
3   msg[0].addr = client->addr;
4   msg[0].flags = 0;
5   msg[0].len = 1;
6   msg[0].buf = &offs;
7   /* 第二条消息是读消息 */
8   msg[1].addr = client->addr;
9   msg[1].flags = I2C_M_RD;
10  msg[1].len = sizeof(buf);
11  msg[1].buf = &buf[0];
12
13  i2c_transfer(client->adapter, msg, 2);
```

15.4.3　Linux 的 i2c-dev.c 文件分析

i2c-dev.c 文件完全可以被看作是一个 I²C 设备驱动，不过，它实现的 i2c_client 是虚拟、临时的，主要是为了便于从用户空间操作 I²C 外设。i2c-dev.c 针对每个 I²C 适配器生成一个主设备号为 89 的设备文件，实现了 i2c_driver 的成员函数以及文件操作接口，因此 i2c-dev.c

的主体是"i2c_driver 成员函数＋字符设备驱动"。

i2c-dev.c 提供的 i2cdev_read()、i2cdev_write() 函数对应于用户空间要使用的 read() 和 write() 文件操作接口，这两个函数分别调用 I²C 核心的 i2c_master_recv() 和 i2c_master_send() 函数来构造一条 I²C 消息并引发适配器 Algorithm 通信函数的调用，以完成消息的传输，它们对应于如图 15.4 所示的时序。

开始	地址	数据	停止	IDLE

图 15.4　i2cdev_read() 和 i2cdev_write() 函数对应的时序

但是，很遗憾，大多数稍微复杂一点的 I²C 设备的读写流程并不对应于一条消息，往往需要两条甚至多条消息来进行一次读写周期（即如图 15.5 所示的重复开始位的 RepStart 模式），在这种情况下，在应用层仍然调用 read()、write() 文件 API 来读写 I²C 设备，将不能正确地读写。

开始	地址	数据	重复开始	地址	数据	停止	IDLE

图 15.5　RepStart 模式

鉴于上述原因，i2c-dev.c 中的 i2cdev_read() 和 i2cdev_write() 函数不具备太强的通用性，没有太大的实用价值，只能适用于非 RepStart 模式的情况。对于由两条以上消息组成的读写，在用户空间需要组织 i2c_msg 消息数组并调用 I2C_RDWR IOCTL 命令。代码清单 15.15 所示为 i2cdev_ioctl() 函数的框架。

代码清单 15.15　i2c-dev.c 中的 i2cdev_ioctl() 函数

```
1  static int i2cdev_ioctl(struct inode *inode, struct file *file,
2          unsigned int cmd, unsigned long arg)
3  {
4    struct i2c_client *client = (struct i2c_client *)file->private_data;
5    ...
6    switch ( cmd ) {
7    case I2C_SLAVE:
8    case I2C_SLAVE_FORCE:
9        ...                              /* 设置从设备地址 */
10   case I2C_TENBIT:
11       ...
12   case I2C_PEC:
13       ...
14   case I2C_FUNCS:
15       ...
16   case I2C_RDWR:
17       return i2cdev_ioctl_rdrw(client, arg);
18   case I2C_SMBUS:
```

```
19      ...
20   case I2C_RETRIES:
21      ...
22   case I2C_TIMEOUT:
23      ...
24   default:
25      return i2c_control(client,cmd,arg);
26   }
27   return 0;
28   }
```

常用的IOCTL包括I2C_SLAVE（设置从设备地址）、I2C_RETRIES（没有收到设备ACK情况下的重试次数，默认为1）、I2C_TIMEOU（超时）以及I2C_RDWR。

代码清单15.16和代码清单15.17所示为直接通过read()、write()接口和O_RDWR IOCTL读写I^2C设备的例子。

代码清单15.16　直接通过read()/write()读写I^2C设备

```
1    #include <stdio.h>
2    #include <linux/types.h>
3    #include <fcntl.h>
4    #include <unistd.h>
5    #include <stdlib.h>
6    #include <sys/types.h>
7    #include <sys/ioctl.h>
8    #include <linux/i2c.h>
9    #include <linux/i2c-dev.h>
10
11   int main(int argc, char **argv)
12   {
13     unsigned int fd;
14     unsigned short mem_addr;
15     unsigned short size;
16     unsigned short idx;
17   #define BUFF_SIZE    32
18     char buf[BUFF_SIZE];
19     char cswap;
20     union
21     {
22       unsigned short addr;
23       char bytes[2];
24     } tmp;
25
26     if (argc < 3) {
27       printf("Use:\n%s /dev/i2c-x mem_addr size\n", argv[0]);
28       return 0;
29     }
30     sscanf(argv[2], "%d", &mem_addr);
31     sscanf(argv[3], "%d", &size);
```

```
32
33   if (size > BUFF_SIZE)
34     size = BUFF_SIZE;
35
36   fd = open(argv[1], O_RDWR);
37
38   if (!fd) {
39     printf("Error on opening the device file\n");
40     return 0;
41   }
42
43   ioctl(fd, I2C_SLAVE, 0x50);       /* 设置EEPROM地址 */
44   ioctl(fd, I2C_TIMEOUT, 1);        /* 设置超时 */
45   ioctl(fd, I2C_RETRIES, 1);        /* 设置重试次数 */
46
47   for (idx = 0; idx < size; ++idx, ++mem_addr) {
48     tmp.addr = mem_addr;
49     cswap = tmp.bytes[0];
50     tmp.bytes[0] = tmp.bytes[1];
51     tmp.bytes[1] = cswap;
52     write(fd, &tmp.addr, 2);
53     read(fd, &buf[idx], 1);
54   }
55   buf[size] = 0;
56   close(fd);
57   printf("Read %d char: %s\n", size, buf);
58   return 0;
59 }
```

代码清单 15.17 通过 O_RDWR IOCTL 读写 I²C 设备

```
1  #include <stdio.h>
2  #include <linux/types.h>
3  #include <fcntl.h>
4  #include <unistd.h>
5  #include <stdlib.h>
6  #include <sys/types.h>
7  #include <sys/ioctl.h>
8  #include <errno.h>
9  #include <assert.h>
10 #include <string.h>
11 #include <linux/i2c.h>
12 #include <linux/i2c-dev.h>
13
14 int main(int argc, char **argv)
15 {
16   struct i2c_rdwr_ioctl_data work_queue;
17   unsigned int idx;
18   unsigned int fd;
19   unsigned int slave_address, reg_address;
```

```c
20     unsigned char val;
21     int i;
22     int ret;
23
24     if (argc < 4) {
25         printf("Usage:\n%s /dev/i2c-x start_addr reg_addr\n", argv[0]);
26         return 0;
27     }
28
29     fd = open(argv[1], O_RDWR);
30
31     if (!fd) {
32         printf("Error on opening the device file\n");
33         return 0;
34     }
35     sscanf(argv[2], "%x", &slave_address);
36     sscanf(argv[3], "%x", &reg_address);
37
38     work_queue.nmsgs = 2;                    /* 消息数量 */
39     work_queue.msgs = (struct i2c_msg*)malloc(work_queue.nmsgs *sizeof(struct
40             i2c_msg));
41     if (!work_queue.msgs) {
42         printf("Memory alloc error\n");
43         close(fd);
44         return 0;
45     }
46
47     ioctl(fd, I2C_TIMEOUT, 2);               /* 设置超时 */
48     ioctl(fd, I2C_RETRIES, 1);               /* 设置重试次数 */
49
50     for (i = reg_address; i < reg_address + 16; i++) {
51         val = i;
52         (work_queue.msgs[0]).len = 1;
53         (work_queue.msgs[0]).addr = slave_address;
54         (work_queue.msgs[0]).buf = &val;
55
56         (work_queue.msgs[1]).len = 1;
57         (work_queue.msgs[1]).flags = I2C_M_RD;
58         (work_queue.msgs[1]).addr = slave_address;
59         (work_queue.msgs[1]).buf = &val;
60
61         ret = ioctl(fd, I2C_RDWR, (unsigned long) &work_queue);
62         if (ret < 0)
63             printf("Error during I2C_RDWR ioctl with error code: %d\n", ret);
64         else
65             printf("reg:%02x val:%02x\n", i, val);
66     }
67     close(fd);
68     return ;
69 }
```

使用该工具可指定读取某 I²C 控制器上某 I²C 从设备的某寄存器，如读 I²C 控制器 0 上的地址为 0x18 的从设备，从寄存器 0x20 开始读：

```
# i2c-test /dev/i2c-0 0x18 0x20
reg:20 val:07
reg:21 val:00
reg:22 val:00
reg:23 val:00
reg:24 val:00
reg:25 val:00
reg:26 val:00
reg:27 val:00
reg:28 val:00
reg:29 val:00
reg:2a val:00
reg:2b val:00
reg:2c val:00
reg:2d val:00
reg:2e val:00
reg:2f val:00
```

15.5　Tegra I²C 总线驱动实例

NVIDIA Tegra I²C 总线驱动位于 drivers/i2c/busses/i2c-tegra.c 下，这里我们不具体研究它的硬件细节，只看一下驱动的框架和流程。

I²C 总线驱动是一个单独的驱动，在模块的加载和卸载函数中，只需注册和注销一个 platform_driver 结构体，如代码清单 15.18 所示。

代码清单 15.18　Tegra I²C 总线驱动的模块加载与卸载

```
1  /* Match table for of_platform binding */
2  static const struct of_device_id tegra_i2c_of_match[] = {
3      { .compatible = "nvidia,tegra114-i2c", .data = &tegra114_i2c_hw, },
4      { .compatible = "nvidia,tegra30-i2c", .data = &tegra30_i2c_hw, },
5      { .compatible = "nvidia,tegra20-i2c", .data = &tegra20_i2c_hw, },
6      { .compatible = "nvidia,tegra20-i2c-dvc", .data = &tegra20_i2c_hw, },
7      {},
8  };
9  MODULE_DEVICE_TABLE(of, tegra_i2c_of_match);
10
11 static struct platform_driver tegra_i2c_driver = {
12     .probe   = tegra_i2c_probe,
13     .remove  = tegra_i2c_remove,
14     .driver  = {
15         .name = "tegra-i2c",
16         .owner = THIS_MODULE,
17         .of_match_table = tegra_i2c_of_match,
18         .pm  = TEGRA_I2C_PM,
```

```
19    },
20  };
21
22  static int __init tegra_i2c_init_driver(void)
23  {
24      return platform_driver_register(&tegra_i2c_driver);
25  }
26
27  static void __exit tegra_i2c_exit_driver(void)
28  {
29      platform_driver_unregister(&tegra_i2c_driver);
30  }
31
32  subsys_initcall(tegra_i2c_init_driver);
33  module_exit(tegra_i2c_exit_driver);
```

当在 arch/arm/mach-tegra 下创建一个名字为 tegra-i2c 的同名 platform_device，或者在 tegra 的设备树中添加了 tegra_i2c_of_match 匹配表兼容的节点后，上述 platform_driver 中的 probe() 函数会执行。

其中 probe 指针指向的 tegra_i2c_probe () 函数将被调用，以初始化适配器硬件、申请适配器要的内存、时钟、中断等资源，最终注册适配器，如代码清单 15.19 所示。

代码清单 15.19　Tegra I²C 总线驱动中的 tegra_i2c_probe() 函数

```
1   static int tegra_i2c_probe(struct platform_device *pdev)
2   {
3       struct tegra_i2c_dev *i2c_dev;
4       struct resource *res;
5       struct clk *div_clk;
6       struct clk *fast_clk;
7       void __iomem *base;
8       int irq;
9       int ret = 0;
10
11      res = platform_get_resource(pdev, IORESOURCE_MEM, 0);
12      base = devm_ioremap_resource(&pdev->dev, res);
13      ...
14      res = platform_get_resource(pdev, IORESOURCE_IRQ, 0);
15      ...
16      irq = res->start;
17
18      div_clk = devm_clk_get(&pdev->dev, "div-clk");
19      ...
20
21      i2c_dev = devm_kzalloc(&pdev->dev, sizeof(*i2c_dev), GFP_KERNEL);
22      ...
23
24      i2c_dev->base = base;
25      i2c_dev->div_clk = div_clk;
```

```
26    i2c_dev->adapter.algo = &tegra_i2c_algo;
27    i2c_dev->irq = irq;
28    i2c_dev->cont_id = pdev->id;
29    i2c_dev->dev = &pdev->dev;
30
31    i2c_dev->rst = devm_reset_control_get(&pdev->dev, "i2c");
32    ...
33
34    ret = of_property_read_u32(i2c_dev->dev->of_node, "clock-frequency",
35                               &i2c_dev->bus_clk_rate);
36    if (ret)
37      i2c_dev->bus_clk_rate = 100000; /* default clock rate */
38
39    i2c_dev->hw = &tegra20_i2c_hw;
40
41    ...
42    init_completion(&i2c_dev->msg_complete);
43
44    ...
45
46    platform_set_drvdata(pdev, i2c_dev);
47
48    ret = tegra_i2c_init(i2c_dev);
49    ...
50
51    ret = devm_request_irq(&pdev->dev, i2c_dev->irq,
52                           tegra_i2c_isr, 0, dev_name(&pdev->dev), i2c_dev);
53    ...
54
55    i2c_set_adapdata(&i2c_dev->adapter, i2c_dev);
56    i2c_dev->adapter.owner = THIS_MODULE;
57    i2c_dev->adapter.class = I2C_CLASS_DEPRECATED;
58    strlcpy(i2c_dev->adapter.name, "Tegra I2C adapter",
59          sizeof(i2c_dev->adapter.name));
60    i2c_dev->adapter.algo = &tegra_i2c_algo;
61    i2c_dev->adapter.dev.parent = &pdev->dev;
62    i2c_dev->adapter.nr = pdev->id;
63    i2c_dev->adapter.dev.of_node = pdev->dev.of_node;
64
65    ret = i2c_add_numbered_adapter(&i2c_dev->adapter);
66    ...
67
68    return 0;
69  }
```

有与 tegra_i2c_probe() 函数相反功能的函数是 tegra_i2c_remove() 函数，它在适配器模块卸载函数调用 platform_driver_unregister() 函数时通过 platform_driver 的 remove 指针方式被调用。tegra_i2c_remove() 的代码如清单 15.20 所示。

代码清单 15.20　Tegra I²C 总线驱动中的 tegra_i2c_remove() 函数

```
1  static int tegra_i2c_remove(struct platform_device *pdev)
2  {
3      struct tegra_i2c_dev *i2c_dev = platform_get_drvdata(pdev);
4      i2c_del_adapter(&i2c_dev->adapter);
5      return 0;
6  }
```

代码清单 15.19 和代码清单 15.20 中的 tegra_i2c_dev 结构体可进行适配器所有信息的封装，类似于私有信息结构体，代码清单 15.21 所示为 tegra_i2c_dev 结构体的定义。我们在编程中要时刻牢记 Linux 这个编程习惯，这实际上也是面向对象的一种体现。

代码清单 15.21　tegra_i2c_dev 结构体

```
1  struct tegra_i2c_dev {
2      struct device *dev;
3      const struct tegra_i2c_hw_feature *hw;
4      struct i2c_adapter adapter;
5      struct clk *div_clk;
6      struct clk *fast_clk;
7      struct reset_control *rst;
8      void __iomem *base;
9      int cont_id;
10     int irq;
11     bool irq_disabled;
12     int is_dvc;
13     struct completion msg_complete;
14     int msg_err;
15     u8 *msg_buf;
16     size_t msg_buf_remaining;
17     int msg_read;
18     u32 bus_clk_rate;
19     bool is_suspended;
20 };
```

tegra_i2c_probe() 函数中的 platform_set_drvdata(pdev,i2c_dev) 和 i2c_set_adapdata(&i2c_dev->adapter,i2c_dev) 已经把这个结构体的实例依附到了 platform_device 和 i2c_adapter 的私有数据上了，在其他地方只要用相应的方法就可以把这个结构体的实例取出来。

由代码清单 15.19 的第 60 行可以看出，与 I²C 适配器对应的 i2c_algorithm 结构体实例为 tegra_i2c_algo，代码清单 15.22 给出为 tegra_i2c_algo 的定义。

代码清单 15.22　tegra_i2c_algo 结构体

```
1  static const struct i2c_algorithm tegra_i2c_algo = {
2      .master_xfer    = tegra_i2c_xfer,
3      .functionality  = tegra_i2c_func,
4  };
```

上述代码第一行指定了 Tegra I²C 总线通信传输函数 tegra_i2c_xfer()，这个函数非常关键，所有在 I²C 总线上对设备的访问最终应该由它来完成，代码清单 15.23 所示为这个重要函数以及其依赖的 tegra_i2c_xfer_msg () 函数的源代码。

代码清单 15.23　Tegra I²C 总线驱动的 tegra_i2c_xfer() 函数

```
1   static int tegra_i2c_xfer_msg(struct tegra_i2c_dev *i2c_dev,
2       struct i2c_msg *msg, enum msg_end_type end_state)
3   {
4       ...
5       i2c_dev->msg_buf = msg->buf;
6       i2c_dev->msg_buf_remaining = msg->len;
7       i2c_dev->msg_err = I2C_ERR_NONE;
8       i2c_dev->msg_read = (msg->flags & I2C_M_RD);
9       reinit_completion(&i2c_dev->msg_complete);
10
11      packet_header = (0 << PACKET_HEADER0_HEADER_SIZE_SHIFT) |
12              PACKET_HEADER0_PROTOCOL_I2C |
13              (i2c_dev->cont_id << PACKET_HEADER0_CONT_ID_SHIFT) |
14              (1 << PACKET_HEADER0_PACKET_ID_SHIFT);
15      i2c_writel(i2c_dev, packet_header, I2C_TX_FIFO);
16
17      packet_header = msg->len - 1;
18      i2c_writel(i2c_dev, packet_header, I2C_TX_FIFO);
19
20      ...
21
22      ret = wait_for_completion_timeout(&i2c_dev->msg_complete, TEGRA_I2C_TIMEOUT);
23      ...
24  }
25
26  static int tegra_i2c_xfer(struct i2c_adapter *adap, struct i2c_msg msgs[],
27      int num)
28  {
29      struct tegra_i2c_dev *i2c_dev = i2c_get_adapdata(adap);
30      int i;
31      int ret = 0;
32
33      ...
34
35      for (i = 0; i < num; i++) {
36          enum msg_end_type end_type = MSG_END_STOP;
37          if (i < (num - 1)) {
38              if (msgs[i + 1].flags & I2C_M_NOSTART)
39                  end_type = MSG_END_CONTINUE;
40              else
41                  end_type = MSG_END_REPEAT_START;
42          }
43          ret = tegra_i2c_xfer_msg(i2c_dev, &msgs[i], end_type);
44          if (ret)
```

```
45              break;
46      }
47      tegra_i2c_clock_disable(i2c_dev);
48      return ret ?: i;
49  }
```

从代码层面上看,第 35 行的 for 循环遍历所有的 i2c_msg,而每个 i2c_msg 则由 tegra_i2c_xfer_msg() 函数处理,它每次发起硬件操作后,实际上需要通过 wait_for_completion_timeout() 等待传输的完成,因此这里面就会有一个被调度出去的过程。中断到来且 I^2C 的包传输结束的时候,就是唤醒这个睡眠进程的时候,如代码清单 15.24 所示。

代码清单 15.24　Tegra I^2C 总线驱动的中断服务程序

```
1   static irqreturn_t tegra_i2c_isr(int irq, void *dev_id)
2   {
3       ...
4
5       if (status & I2C_INT_PACKET_XFER_COMPLETE) {
6           BUG_ON(i2c_dev->msg_buf_remaining);
7           complete(&i2c_dev->msg_complete);
8       }
9       return IRQ_HANDLED;
10      ...
11  }
```

15.6　AT24xx EEPROM 的 I^2C 设备驱动实例

drivers/misc/eeprom/at24.c 文件支持大多数 I^2C 接口的 EEPROM,正如我们之前所述,一个具体的 I^2C 设备驱动由 i2c_driver 的形式进行组织,用于将设备挂接于 I^2C 总线,组织好了后,再完成设备本身所属类型的驱动。对于 EEPROM 而言,设备本身的驱动以 bin_attribute 二进制 sysfs 节点形式呈现。代码清单 15.25 给出了该驱动的框架。

代码清单 15.25　AT24xx EEPROM 驱动

```
1   struct at24_data {
2       struct at24_platform_data chip;
3       ...
4       struct bin_attribute bin;
5       ...
6   };
7
8   static const struct i2c_device_id at24_ids[] = {
9       /* needs 8 addresses as A0-A2 are ignored */
10      { "24c00", AT24_DEVICE_MAGIC(128 / 8, AT24_FLAG_TAKE8ADDR) },
11      /* old variants can't be handled with this generic entry! */
12      { "24c01", AT24_DEVICE_MAGIC(1024 / 8, 0) },
```

```c
13              { "24c02", AT24_DEVICE_MAGIC(2048 / 8, 0) },
14              ...
15              { /* END OF LIST */ }
16      };
17      MODULE_DEVICE_TABLE(i2c, at24_ids);
18
19      static ssize_t at24_eeprom_read(struct at24_data *at24, char *buf,
20                      unsigned offset, size_t count)
21      {
22              struct i2c_msg msg[2];
23              ...
24              i2c_transfer(client->adapter, msg, 2);
25              ...
26      }
27
28      static ssize_t at24_read(struct at24_data *at24,
29                      char *buf, loff_t off, size_t count)
30      {
31              ...
32
33              status = at24_eeprom_read(at24, buf, off, count);
34              ...
35
36              return retval;
37      }
38
39      static ssize_t at24_bin_read(struct file *filp, struct kobject *kobj,
40                      struct bin_attribute *attr,
41                      char *buf, loff_t off, size_t count)
42      {
43              struct at24_data *at24;
44
45              at24 = dev_get_drvdata(container_of(kobj, struct device, kobj));
46              return at24_read(at24, buf, off, count);
47      }
48
49      ...
50
51      static int at24_probe(struct i2c_client *client, const struct i2c_device_id *id)
52      {
53              ...
54              sysfs_bin_attr_init(&at24->bin);
55              at24->bin.attr.name = "eeprom";
56              at24->bin.attr.mode = chip.flags & AT24_FLAG_IRUGO ? S_IRUGO : S_IRUSR;
57              at24->bin.read = at24_bin_read;
58              at24->bin.size = chip.byte_len;
59
60              ...
61              return err;
```

```
62  }
63
64  static int at24_remove(struct i2c_client *client)
65  {
66          ...
67          sysfs_remove_bin_file(&client->dev.kobj, &at24->bin);
68          ...
69
70          return 0;
71  }
72
73  static struct i2c_driver at24_driver = {
74          .driver = {
75                  .name = "at24",
76                  .owner = THIS_MODULE,
77          },
78          .probe = at24_probe,
79          .remove = at24_remove,
80          .id_table = at24_ids,
81  };
82
83  static int __init at24_init(void)
84  {
85          ...
86          return i2c_add_driver(&at24_driver);
87  }
88  module_init(at24_init);
89
90  static void __exit at24_exit(void)
91  {
92          i2c_del_driver(&at24_driver);
93  }
94  module_exit(at24_exit);
```

drivers/misc/eeprom/at24.c 不依赖于具体的 CPU 和 I^2C 控制器的硬件特性，因此，如果某一电路板包含该外设，只需要在板级文件中添加对应的 i2c_board_info，如：

```
static struct i2c_board_info i2c_devs0[] __initdata = {
    { I2C_BOARD_INFO("24c02", 0x57), },
};
```

在支持设备树的情况下，简单地在 .dts 文件中添加一个节点即可：

```
i2c@11000 {
        status = "okay";

        ...

        eeprom@57 {
                compatible = "atmel,24c02";
```

```
            reg = <0x57>;
        };
    };
```

15.7 总结

Linux 的 I²C 驱动体系结构相当复杂,它主要由 3 部分组成,即 I²C 核心、I²C 总线驱动和 I²C 设备驱动。I²C 核心是 I²C 总线驱动和 I²C 设备驱动的中间枢纽,它以通用的、与平台无关的接口实现了 I²C 中设备与适配器的沟通。I²C 总线驱动填充 i2c_adapter 和 i2c_algorithm 结构体,I²C 设备驱动填充 i2c_driver 结构体并实现其本身所对应设备类型的驱动。

另外,系统中 i2c-dev.c 文件定义的主设备号为 89 的设备可以方便地给应用程序提供读写 I²C 设备寄存器的能力,使得工程师在大多数时候并不需要为具体的 I²C 设备驱动定义文件操作接口。

第 16 章
USB 主机、设备与 Gadget 驱动

本章导读

在 Linux 系统中，提供了主机侧和设备侧视角的 USB 驱动框架，本章主要讲解从主机侧看到的 USB 主机控制器驱动和设备驱动，以及从设备侧看到的设备控制器和 Gadget 驱动。

16.1 节给出了 Linux 系统中 USB 驱动的整体视图，讲解了 Linux 中从主机侧和设备侧看到的 USB 驱动层次。

从主机侧的角度来看，需要编写的 USB 驱动程序包括主机控制器驱动和设备驱动两类，USB 主机控制器驱动程序控制插入其中的 USB 设备，而 USB 设备驱动程序控制该设备如何作为从设备与主机通信。16.2 节分析了 USB 主机控制器驱动的结构并给出 Chipidea USB 主机驱动实例，16.3 节讲解了 USB 设备驱动的结构及其设备请求块处理过程，并给出了 USB 键盘驱动实例。

从设备侧的角度来看，包含编写 USB 设备控制器（UDC）驱动和 Gadget Function 驱动两类，16.4 节对 UDC 和 Gadget 驱动进行了讲解，并给出了 Chipidea USB UDC 和 Loopback Function 作为实例。

16.5 节简单地介绍了一下 USB OTG 驱动。

16.1 节与 16.2 ~ 16.5 节是整体与部分的关系。

16.1 Linux USB 驱动层次

16.1.1 主机侧与设备侧 USB 驱动

USB 采用树形拓扑结构，主机侧和设备侧的 USB 控制器分别称为主机控制器（Host Controller）和 USB 设备控制器（UDC），每条总线上只有一个主机控制器，负责协调主机和设备间的通信，而设备不能主动向主机发送任何消息。如图 16.1 所示，在 Linux 系统中，USB 驱动可以从两个角度去观察，一个角度是主机侧，一个角度是设备侧。

如图 16.1 的左侧所示，从主机侧去看，在 Linux 驱动中，处于 USB 驱动最底层的是 USB 主机控制器硬件，在其上运行的是 USB 主机控制器驱动，在主机控制器上的为 USB 核

心层，再上层为 USB 设备驱动层（插在主机上的 U 盘、鼠标、USB 转串口等设备驱动）。因此，在主机侧的层次结构中，要实现的 USB 驱动包括两类：USB 主机控制器驱动和 USB 设备驱动，前者控制插入其中的 USB 设备，后者控制 USB 设备如何与主机通信。Linux 内核中的 USB 核心负责 USB 驱动管理和协议处理的主要工作。主机控制器驱动和设备驱动之间的 USB 核心非常重要，其功能包括：通过定义一些数据结构、宏和功能函数，向上为设备驱动提供编程接口，向下为 USB 主机控制器驱动提供编程接口；维护整个系统的 USB 设备信息；完成设备热插拔控制、总线数据传输控制等。

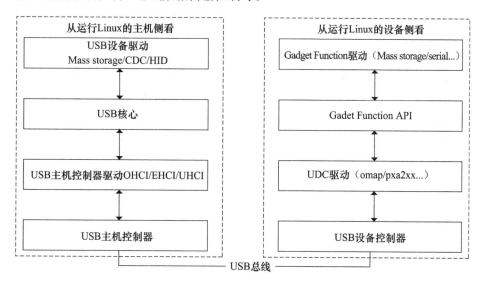

图 16.1　Linux USB 驱动总体结构

如图 16.1 的右侧所示，Linux 内核中 USB 设备侧驱动程序分为 3 个层次：UDC 驱动程序、Gadget Function API 和 Gadget Function 驱动程序。UDC 驱动程序直接访问硬件，控制 USB 设备和主机间的底层通信，向上层提供与硬件相关操作的回调函数。当前 Gadget Function API 是 UDC 驱动程序回调函数的简单包装。Gadget Function 驱动程序具体控制 USB 设备功能的实现，使设备表现出"网络连接"、"打印机"或"USB Mass Storage"等特性，它使用 Gadget Function API 控制 UDC 实现上述功能。Gadget Function API 把下层的 UDC 驱动程序和上层的 Gadget Function 驱动程序隔离开，使得在 Linux 系统中编写 USB 设备侧驱动程序时能够把功能的实现和底层通信分离。

16.1.2　设备、配置、接口、端点

在 USB 设备的逻辑组织中，包含设备、配置、接口和端点 4 个层次。

每个 USB 设备都提供不同级别的配置信息，可以包含一个或多个配置，不同的配置使设备表现出不同的功能组合（在探测 / 连接期间需从其中选定一个），配置由多个接口组成。

在 USB 协议中，接口由多个端点组成，代表一个基本的功能，是 USB 设备驱动程序控制的对象，一个功能复杂的 USB 设备可以具有多个接口。每个配置中可以有多个接口，而设备接口是端点的汇集（Collection）。例如，USB 扬声器可以包含一个音频接口以及对旋钮和按钮的接口。一个配置中的所有接口可以同时有效，并可被不同的驱动程序连接。每个接口可以有备用接口，以提供不同质量的服务参数。

端点是 USB 通信的最基本形式，每一个 USB 设备接口在主机看来就是一个端点的集合。主机只能通过端点与设备进行通信，以使用设备的功能。在 USB 系统中每一个端点都有唯一的地址，这是由设备地址和端点号给出的。每个端点都有一定的属性，其中包括传输方式、总线访问频率、带宽、端点号和数据包的最大容量等。一个 USB 端点只能在一个方向上承载数据，从主机到设备（称为输出端点）或者从设备到主机（称为输入端点），因此端点可看作是一个单向的管道。端点 0 通常为控制端点，用于设备初始化参数等。只要设备连接到 USB 上并且上电，端点 0 就可以被访问。端点 1、2 等一般用作数据端点，存放主机与设备间往来的数据。

总体而言，USB 设备非常复杂，由许多不同的逻辑单元组成，如图 16.2 所示，这些单元之间的关系如下：

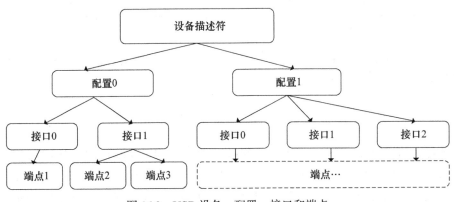

图 16.2　USB 设备、配置、接口和端点

- 设备通常有一个或多个配置；
- 配置通常有一个或多个接口；
- 接口通常有一个或多个设置；
- 接口有零个或多个端点。

这种层次化配置信息在设备中通过一组标准的描述符来描述，如下所示。

- 设备描述符：关于设备的通用信息，如供应商 ID、产品 ID 和修订 ID，支持的设备类、子类和适用的协议以及默认端点的最大包大小等。在 Linux 内核中，USB 设备用 usb_device 结构体来描述，USB 设备描述符定义为 usb_device_descriptor 结构体，位于 include/uapi/linux/usb/ch9.h 文件中，如代码清单 16.1 所示。

代码清单 16.1 usb_device_descriptor 结构体

```
1  struct usb_device_descriptor {
2      __u8  bLength;                /* 描述符长度 */
3      __u8  bDescriptorType;        /* 描述符类型编号 */
4
5      __le16 bcdUSB;                /* USB 版本号 */
6      __u8  bDeviceClass;           /* USB 分配的设备类 code */
7      __u8  bDeviceSubClass;        /* USB 分配的子类 code */
8      __u8  bDeviceProtocol;        /* USB 分配的协议 code */
9      __u8  bMaxPacketSize0;        /* endpoint0 最大包大小 */
10     __le16 idVendor;              /* 厂商编号 */
11     __le16 idProduct;             /* 产品编号 */
12     __le16 bcdDevice;             /* 设备出厂编号 */
13     __u8  iManufacturer;          /* 描述厂商字符串的索引 */
14     __u8  iProduct;               /* 描述产品字符串的索引 */
15     __u8  iSerialNumber;          /* 描述设备序列号字符串的索引 */
16     __u8  bNumConfigurations;     /* 可能的配置数量 */
17 } __attribute__ ((packed));
```

- 配置描述符：此配置中的接口数、支持的挂起和恢复能力以及功率要求。USB 配置在内核中使用 usb_host_config 结构体描述，而 USB 配置描述符定义为结构体 usb_config_descriptor，如代码清单 16.2 所示。

代码清单 16.2 usb_config_descriptor 结构体

```
1  struct usb_config_descriptor {
3      __u8  bLength;                /* 描述符长度 */
4      __u8  bDescriptorType;        /* 描述符类型编号 */
5
6      __le16 wTotalLength;          /* 配置所返回的所有数据的大小 */
7      __u8  bNumInterfaces;         /* 配置所支持的接口数 */
8      __u8  bConfigurationValue;    /* Set_Configuration 命令需要的参数值 */
9      __u8  iConfiguration;         /* 描述该配置的字符串的索引值 */
10     __u8  bmAttributes;           /* 供电模式的选择 */
11     __u8  bMaxPower;              /* 设备从总线提取的最大电流 */
12 } __attribute__ ((packed));
```

- 接口描述符：接口类、子类和适用的协议，接口备用配置的数目和端点数目。USB 接口在内核中使用 usb_interface 结构体描述，而 USB 接口描述符定义为结构体 usb_interface_descriptor，如代码清单 16.3 所示。

代码清单 16.3 usb_interface_descriptor 结构体

```
1  struct usb_interface_descriptor {
3      __u8  bLength;                /* 描述符长度 */
4      __u8  bDescriptorType;        /* 描述符类型 */
5
6      __u8  bInterfaceNumber;       /* 接口的编号 */
```

```
7       __u8  bAlternateSetting;    /* 备用的接口描述符编号 */
8       __u8  bNumEndpoints;        /* 该接口使用的端点数,不包括端点 0 */
9       __u8  bInterfaceClass;      /* 接口类型 */
10      __u8  bInterfaceSubClass;   /* 接口子类型 */
11      __u8  bInterfaceProtocol;   /* 接口所遵循的协议 */
12      __u8  iInterface;           /* 描述该接口的字符串索引值 */
13    } __attribute__ ((packed));
```

- 端点描述符:端点地址、方向和类型,支持的最大包大小,如果是中断类型的端点则还包括轮询频率。在 Linux 内核中,USB 端点使用 usb_host_endpoint 结构体来描述,而 USB 端点描述符定义为 usb_endpoint_descriptor 结构体,如代码清单 16.4 所示。

代码清单 16.4 usb_endpoint_descriptor 结构体

```
1     struct usb_endpoint_descriptor {
3       __u8  bLength;              /* 描述符长度 */
4       __u8  bDescriptorType;      /* 描述符类型 */
5       __u8  bEndpointAddress;     /* 端点地址:0~3位是端点号,第7位是方向(0为输出,1为输入) */
6       __u8  bmAttributes;         /* 端点属性:bit[0:1] 的值为 00 表示控制,为 01 表示同步,
                                       * 为 02 表示批量,为 03 表示中断 */
7       __le16 wMaxPacketSize;      /* 本端点接收或发送的最大信息包的大小 */
8       __u8  bInterval;            /* 轮询数据传送端点的时间间隔 */
9                                   /* 对于批量传送的端点以及控制传送的端点,此域忽略 */
10                                  /* 对于同步传送的端点,此域必须为 1 */
11                                  /* 对于中断传送的端点,此域值的范围为 1 ~ 255 */
12      __u8  bRefresh;
13      __u8  bSynchAddress;
14    } __attribute__ ((packed));
```

- 字符串描述符:在其他描述符中会为某些字段提供字符串索引,它们可被用来检索描述性字符串,可以以多种语言形式提供。字符串描述符是可选的,有的设备有,有的设备没有,字符串描述符对应于 usb_string_descriptor 结构体,如代码清单 16.5 所示。

代码清单 16.5 usb_string_descriptor 结构体

```
1     struct usb_string_descriptor {
3       __u8  bLength;              /* 描述符长度 */
4       __u8  bDescriptorType;      /* 描述符类型 */
5
6       __le16 wData[1];            /* 以 UTF-16LE 编码 */
7     } __attribute__ ((packed));
```

例如,笔者在 PC 上插入一个 SanDisk U 盘后,通过 lsusb 命令得到与这个 U 盘相关的描述符,从中可以显示这个 U 盘包含了一个设备描述符、一个配置描述符、一个接口描述符、批量输入和批量输出两个端点描述符。呈现出来的信息内容直接对应于 usb_device_descriptor、usb_config_descriptor、usb_interface_descriptor、usb_endpoint_descriptor、usb_string_descriptor 结构体,如下所示:

```
Bus 001 Device 004: ID 0781:5151 SanDisk Corp.
Device Descriptor:
  bLength                 18
  bDescriptorType         1
  bcdUSB                  2.00
  bDeviceClass            0 Interface
  bDeviceSubClass         0
  bDeviceProtocol         0
  bMaxPacketSize0         64
  idVendor                0x0781 SanDisk Corp.
  idProduct               0x5151
  bcdDevice               0.10
  iManufacturer           1 SanDisk Corporation
  iProduct                2 Cruzer Micro
  iSerial                 3 20060877500A1BE1FDE1
  bNumConfigurations      1
  Configuration Descriptor:
    bLength               9
    bDescriptorType       2
    wTotalLength          32
    bNumInterfaces        1
    bConfigurationValue   1
    iConfiguration        0
    bmAttributes          0x80
    MaxPower              200mA
    Interface Descriptor:
      bLength             9
      bDescriptorType     4
      bInterfaceNumber    0
      bAlternateSetting   0
      bNumEndpoints       2
      bInterfaceClass     8 Mass Storage
      bInterfaceSubClass  6 SCSI
      bInterfaceProtocol  80 Bulk (Zip)
      iInterface          0
      Endpoint Descriptor:
        bLength           7
        bDescriptorType   5
        bEndpointAddress  0x81  EP 1 IN
        bmAttributes      2
          Transfer Type       Bulk
          Synch Type          none
        wMaxPacketSize    512
        bInterval         0
      Endpoint Descriptor:
        bLength           7
        bDescriptorType   5
        bEndpointAddress  0x01  EP 1 OUT
        bmAttributes      2
          Transfer Type       Bulk
```

```
      Synch Type               none
      wMaxPacketSize            512
      bInterval                   1
Language IDs: (length=4)
   0409 English(US)
```

16.2 USB 主机控制器驱动

16.2.1 USB 主机控制器驱动的整体结构

USB 主机控制器有这些规格：OHCI (Open Host Controller Interface)、UHCI (Universal Host Controller Interface) 、EHCI (Enhanced Host Controller Interface) 和 xHCI（eXtensible Host Controller Interface）。OHCI 驱动程序用来为非 PC 系统上以及带有 SiS 和 ALi 芯片组的 PC 主板上的 USB 芯片提供支持。UHCI 驱动程序多用来为大多数其他 PC 主板（包括 Intel 和 Via）上的 USB 芯片提供支持。EHCI 由 USB 2.0 规范所提出，它兼容于 OHCI 和 UHCI。由于 UHCI 的硬件线路比 OHCI 简单，所以成本较低，但需要较复杂的驱动程序，CPU 负荷稍重。xHCI，即可扩展的主机控制器接口是 Intel 公司开发的一个 USB 主机控制器接口，它目前主要是面向 USB 3.0 的，同时它也支持 USB 2.0 及以下的设备。

1. 主机控制器驱动

在 Linux 内核中，用 usb_hcd 结构体描述 USB 主机控制器驱动，它包含 USB 主机控制器器的"家务"信息、硬件资源、状态描述和用于操作主机控制器的 hc_driver 等，其定义如代码清单 16.6 所示。

代码清单 16.6　usb_hcd 结构体

```
1  struct usb_hcd {
2      struct usb_bus        self;           /* hcd is-a bus */
3      struct kref           kref;           /* reference counter */
4
5      const char           *product_desc;   /* product/vendor string */
6      int                   speed;          /* Speed for this roothub.
7                                             * May be different from
8                                             * hcd->driver->flags & HCD_MASK
9                                             */
10     char                  irq_descr[24];  /* driver + bus # */
11
12     struct timer_list     rh_timer;       /* drives root-hub polling */
13     struct urb           *status_urb;     /* the current status urb */
14 #ifdef CONFIG_PM
15     struct work_struct    wakeup_work;    /* for remote wakeup */
16 #endif
17
18     const struct hc_driver *driver;       /* hw-specific hooks */
19
20     struct usb_phy       *usb_phy;
```

```
21    struct phy         *phy;
22
23    unsigned long      flags;
24
25    ...
26
27    /* The HC driver's private data is stored at the end of
28     * this structure.
29     */
30    unsigned long hcd_priv[0]
31            __attribute__ ((aligned(sizeof(s64))));
32 };
```

usb_hcd 结构体中第 18 行的 hc_driver 成员非常重要，它包含具体的用于操作主机控制器的钩子函数，即 "hw-specific hooks"，其定义如代码清单 16.7 所示。

代码清单 16.7　hc_driver 结构体

```
1  struct hc_driver {
2    const char    *description;         /* "ehci-hcd" etc */
3    const char    *product_desc;        /* product/vendor string */
4    size_t        hcd_priv_size;        /* size of private data */
5
6    /* irq handler */
7    irqreturn_t   (*irq) (struct usb_hcd *hcd);
8
9    int flags;
10
11   /* called to init HCD and root hub */
12   int (*reset) (struct usb_hcd *hcd);
13   int (*start) (struct usb_hcd *hcd);
14   ...
15   /* cleanly make HCD stop writing memory and doing I/O */
16   void (*stop) (struct usb_hcd *hcd);
17
18   /* shutdown HCD */
19   void (*shutdown) (struct usb_hcd *hcd);
20
21   /* return current frame number */
22   int (*get_frame_number) (struct usb_hcd *hcd);
23
24   /* manage i/o requests, device state */
25   int (*urb_enqueue)(struct usb_hcd *hcd,
26                      struct urb *urb, gfp_t mem_flags);
27   int (*urb_dequeue)(struct usb_hcd *hcd,
28                      struct urb *urb, int status);
29   ...
30       /* Allocate endpoint resources and add them to a new schedule */
31   int (*add_endpoint)(struct usb_hcd *, struct usb_device *,
32                       struct usb_host_endpoint *);
```

```
33          /* Drop an endpoint from a new schedule */
34      int (*drop_endpoint)(struct usb_hcd *, struct usb_device *,
35                           struct usb_host_endpoint *);
36
37      int (*check_bandwidth)(struct usb_hcd *, struct usb_device *);
38      void (*reset_bandwidth)(struct usb_hcd *, struct usb_device *);
39          /* Returns the hardware-chosen device address */
40      int (*address_device)(struct usb_hcd *, struct usb_device *udev);
41      ...
42      int (*set_usb2_hw_lpm)(struct usb_hcd *, struct usb_device *, int);
43      /* USB 3.0 Link Power Management */
44          /* Returns the USB3 hub-encoded value for the U1/U2 timeout. */
45      int (*enable_usb3_lpm_timeout)(struct usb_hcd *,
46              struct usb_device *, enum usb3_link_state state);
47      int (*disable_usb3_lpm_timeout)(struct usb_hcd *,
48              struct usb_device *, enum usb3_link_state state);
49      int (*find_raw_port_number)(struct usb_hcd *, int);
50      /* Call for power on/off the port if necessary */
51      int (*port_power)(struct usb_hcd *hcd, int portnum, bool enable);
52  };
```

在 Linux 内核中，使用如下函数来创建 HCD：

```
struct usb_hcd *usb_create_hcd (const struct hc_driver *driver,
        struct device *dev, char *bus_name);
```

如下函数被用来增加和移除 HCD：

```
int usb_add_hcd(struct usb_hcd *hcd,
        unsigned int irqnum, unsigned long irqflags);
void usb_remove_hcd(struct usb_hcd *hcd);
```

第 25 行的 urb_enqueue() 函数非常关键，实际上，上层通过 usb_submit_urb() 提交 1 个 USB 请求后，该函数调用 usb_hcd_submit_urb()，并最终调用至 usb_hcd 的 driver 成员（hc_driver 类型）的 urb_enqueue() 函数。

2. EHCI 主机控制器驱动

EHCI HCD 驱动属于 HCD 驱动的实例，它定义了一个 ehci_hcd 结构体，通常作为代码清单 16.6 定义的 usb_hcd 结构体的私有数据（hcd_priv），这个结构体的定义位于 drivers/usb/host/ehci.h 中，如代码清单 16.8 所示。

代码清单 16.8 ehci_hcd 结构体

```
1   struct ehci_hcd {                       /* one per controller */
2       /* timing support */
3       enum ehci_hrtimer_event    next_hrtimer_event;
4       unsigned        enabled_hrtimer_events;
5       ktime_t         hr_timeouts[EHCI_HRTIMER_NUM_EVENTS];
6       struct hrtimer         hrtimer;
```

```
7
8   int         PSS_poll_count;
9   int         ASS_poll_count;
10  int         died_poll_count;
11  ...
12  /* general schedule support */
13  bool        scanning:1;
14  bool        need_rescan:1;
15  bool        intr_unlinking:1;
16  bool        iaa_in_progress:1;
17  bool        async_unlinking:1;
18  bool        shutdown:1;
19  struct ehci_qh      *qh_scan_next;
20
21  /* async schedule support */
22  struct ehci_qh      *async;
23  struct ehci_qh      *dummy;         /* For AMD quirk use */
24  struct list_head  async_unlink;
25  struct list_head  async_idle;
26  unsigned    async_unlink_cycle;
27  unsigned    async_count;            /* async activity count */
28
29  /* periodic schedule support */
30  #define     DEFAULT_I_TDPS      1024        /* some HCs can do less */
31  unsigned    periodic_size;
32  __hc32      *periodic;              /* hw periodic table */
33  dma_addr_t  periodic_dma;
34  struct list_head  intr_qh_list;
35  unsigned    i_thresh;               /* uframes HC might cache */
36  ...
37  /* bandwidth usage */
38  #define EHCI_BANDWIDTH_SIZE 64
39  #define EHCI_BANDWIDTH_FRAMES   (EHCI_BANDWIDTH_SIZE >> 3)
40  u8          bandwidth[EHCI_BANDWIDTH_SIZE];
41                      /* us allocated per uframe */
42  u8          tt_budget[EHCI_BANDWIDTH_SIZE];
43                      /* us budgeted per uframe */
44  struct list_head tt_list;
45
46  /* platform-specific data -- must come last */
47  unsigned long   priv[0] __aligned(sizeof(s64));
48  };
```

使用如下内联函数可实现 usb_hcd 和 ehci_hcd 的相互转换：

```
struct ehci_hcd *hcd_to_ehci (struct usb_hcd *hcd);
struct usb_hcd *ehci_to_hcd (const struct ohci_hcd *ohci);
```

从 usb_hcd 得到 ehci_hcd 只是取得"私有"数据，而从 ehci_hcd 得到 usb_hcd 则是通过 container_of() 从结构体成员获得结构体指针。

使用如下函数可初始化 EHCI 主机控制器：

```
static int ehci_init(struct usb_hcd *hcd);
```

如下函数分别用于开启、停止及复位 EHCI 控制器：

```
static int ehci_run (struct usb_hcd *hcd);
static void ehci_stop (struct usb_hcd *hcd);
static int ehci_reset (struct ehci_hcd *ehci);
```

上述函数在 drivers/usb/host/ehci-hcd.c 文件中被填充给了一个 hc_driver 结构体的 generic 的实例 ehci_hc_driver。

```
static const struct hc_driver ehci_hc_driver = {
    ...
    .reset =                ehci_setup,
    .start =                ehci_run,
    .stop =                 ehci_stop,
    .shutdown =             ehci_shutdown,
}
```

drivers/usb/host/ehci-hcd.c 实现了绝大多数 EHCI 主机驱动的工作，具体的 EHCI 实例简单地调用

```
void ehci_init_driver(struct hc_driver *drv,
         const struct ehci_driver_overrides *over);
```

初始化 hc_driver 即可，这个函数会被 generic 的 ehci_hc_driver 实例复制给每个具体底层驱动的实例，当然底层驱动可以通过第 2 个参数，即 ehci_driver_overrides 重写中间层的 reset()、port_power() 这 2 个函数，另外也可以填充一些额外的私有数据，这一点从代码清单 16.9 ehci_init_driver() 的实现中可以看出。

代码清单 16.9　ehci_init_driver 的实现

```
 1  void ehci_init_driver(struct hc_driver *drv,
 2          const struct ehci_driver_overrides *over)
 3  {
 4      /* Copy the generic table to drv and then apply the overrides */
 5      *drv = ehci_hc_driver;
 6
 7      if (over) {
 8          drv->hcd_priv_size += over->extra_priv_size;
 9          if (over->reset)
10              drv->reset = over->reset;
11          if (over->port_power)
12              drv->port_power = over->port_power;
13      }
14  }
```

16.2.2 实例：Chipidea USB 主机驱动

Chipidea 的 USB IP 在嵌入式系统中应用比较广泛，它的驱动位于 drivers/usb/chipidea/ 目录下。

当 Chipidea USB 驱动的内核代码 drivers/usb/chipidea/core.c 中的 ci_hdrc_probe() 被执行后（即一个 platform_device 与 ci_hdrc_driver 这个 platform_driver 匹配上了），它会调用 drivers/usb/chipidea/host.c 中的 ci_hdrc_host_init() 函数，该函数完成 hc_driver 的初始化并赋值一系列与 Chipidea 平台相关的私有数据，如代码清单 16.10 所示。

代码清单 16.10　Chipidea USB host 驱动初始化

```
1  int ci_hdrc_host_init(struct ci_hdrc *ci)
2  {
3       struct ci_role_driver *rdrv;
4
5       if (!hw_read(ci, CAP_DCCPARAMS, DCCPARAMS_HC))
6               return -ENXIO;
7
8       rdrv = devm_kzalloc(ci->dev, sizeof(struct ci_role_driver), GFP_KERNEL);
9       if (!rdrv)
10              return -ENOMEM;
11
12      rdrv->start    = host_start;
13      rdrv->stop     = host_stop;
14      rdrv->irq      = host_irq;
15      rdrv->name     = "host";
16      ci->roles[CI_ROLE_HOST] = rdrv;
17
18      ehci_init_driver(&ci_ehci_hc_driver, &ehci_ci_overrides);
19
20      return 0;
21  }
```

16.3　USB 设备驱动

16.3.1　USB 设备驱动的整体结构

这里所说的 USB 设备驱动指的是从主机角度来看，怎样访问被插入的 USB 设备，而不是指 USB 设备内部本身运行的固件程序。Linux 系统实现了几类通用的 USB 设备驱动（也称客户驱动），划分为如下几个设备类。

- 音频设备类。
- 通信设备类。
- HID（人机接口）设备类。

- 显示设备类。
- 海量存储设备类。
- 电源设备类。
- 打印设备类。
- 集线器设备类。

一般的通用 Linux 设备（如 U 盘、USB 鼠标、USB 键盘等）都不需要工程师再编写驱动，而工程师需要编写的是特定厂商、特定芯片的驱动，而且往往也可以参考已经在内核中提供的驱动模板。

Linux 内核为各类 USB 设备分配了相应的设备号，如 ACM USB 调制解调器的主设备号为 166（默认设备名 /dev/ttyACMn）、USB 打印机的主设备号为 180，次设备号为 0 ~ 15（默认设备名 /dev/lpn）、USB 串口的主设备号为 188（默认设备名 /dev/ttyUSBn）等，详见 http://www.lanana.org/ 网站的设备列表。

在 debugfs 下，/sys/kernel/debug/usb/devices 包含了 USB 的设备信息，在 Ubuntu 上插入一个 U 盘后，我们在 /sys/kernel/debug/usb/devices 中可看到类似信息。

```
$ sudo cat /sys/kernel/debug/usb/devices

T:  Bus=02 Lev=00 Prnt=00 Port=00 Cnt=00 Dev#=  1 Spd=12   MxCh= 8
B:  Alloc=  2/900 us ( 0%), #Int=  1, #Iso=  0
D:  Ver= 1.10 Cls=09(hub  ) Sub=00 Prot=00 MxPS=64 #Cfgs=  1
P:  Vendor=1d6b ProdID=0001 Rev= 4.00
S:  Manufacturer=Linux 4.0.0-rc1 ohci_hcd
S:  Product=OHCI PCI host controller
S:  SerialNumber=0000:00:06.0
C:* #Ifs= 1 Cfg#= 1 Atr=e0 MxPwr=   0mA
I:* If#= 0 Alt= 0 #EPs= 1 Cls=09(hub  ) Sub=00 Prot=00 Driver=hub
E:  Ad=81(I) Atr=03(Int.) MxPS=   2 Ivl=255ms

...

T:  Bus=01 Lev=01 Prnt=01 Port=00 Cnt=01 Dev#=  2 Spd=480  MxCh= 0
D:  Ver= 2.10 Cls=00(>ifc ) Sub=00 Prot=00 MxPS=64 #Cfgs=  1
P:  Vendor=0930 ProdID=6545 Rev= 1.00
S:  Manufacturer=Kingston
S:  Product=DataTraveler 3.0
S:  SerialNumber=60A44C3FAE22EEA0797900F7
C:* #Ifs= 1 Cfg#= 1 Atr=80 MxPwr=498mA
I:* If#= 0 Alt= 0 #EPs= 2 Cls=08(stor.) Sub=06 Prot=50 Driver=usb-storage
E:  Ad=81(I) Atr=02(Bulk) MxPS= 512 Ivl=0ms
E:  Ad=02(O) Atr=02(Bulk) MxPS= 512 Ivl=0ms
```

通过分析上述记录信息，可以得到系统中 USB 的完整信息。USBView（http://www.kroah.com/linux-usb/）是一个图形化的 GTK 工具，可以显示 USB 信息。

此外，在 sysfs 文件系统中，同样包含了 USB 相关信息的描述，但只限于接口级别。

USB 设备和 USB 接口在 sysfs 中均表示为单独的 USB 设备，其目录命名规则如下：

根集线器－集线器端口号（－集线器端口号－...）：配置 . 接口

下面给出一个 /sys/bus/usb 目录下的树形结构实例，其中的多数文件都是锚定到 /sys/devices 及 /sys/drivers 中相应文件的链接。

```
.
├── devices
│   ├── 1-0:1.0 -> ../../../devices/pci0000:00/0000:00:0b.0/usb1/1-0:1.0
│   ├── 1-1 -> ../../../devices/pci0000:00/0000:00:0b.0/usb1/1-1
│   ├── 1-1:1.0 -> ../../../devices/pci0000:00/0000:00:0b.0/usb1/1-1/1-1:1.0
│   ├── 2-0:1.0 -> ../../../devices/pci0000:00/0000:00:06.0/usb2/2-0:1.0
│   ├── 2-1 -> ../../../devices/pci0000:00/0000:00:06.0/usb2/2-1
│   ├── 2-1:1.0 -> ../../../devices/pci0000:00/0000:00:06.0/usb2/2-1/2-1:1.0
│   ├── usb1 -> ../../../devices/pci0000:00/0000:00:0b.0/usb1
│   └── usb2 -> ../../../devices/pci0000:00/0000:00:06.0/usb2
├── drivers
│   ├── hub
│   │   ├── 1-0:1.0 -> ../../../../devices/pci0000:00/0000:00:0b.0/usb1/1-0:1.0
│   │   ├── 2-0:1.0 -> ../../../../devices/pci0000:00/0000:00:06.0/usb2/2-0:1.0
│   │   ├── bind
│   │   ├── module -> ../../../../module/usbcore
│   │   ├── new_id
│   │   ├── remove_id
│   │   ├── uevent
│   │   └── unbind
│   ├── usb
│   │   ├── 1-1 -> ../../../../devices/pci0000:00/0000:00:0b.0/usb1/1-1
│   │   ├── 2-1 -> ../../../../devices/pci0000:00/0000:00:06.0/usb2/2-1
│   │   ├── bind
│   │   ├── uevent
│   │   ├── unbind
│   │   ├── usb1 -> ../../../../devices/pci0000:00/0000:00:0b.0/usb1
│   │   └── usb2 -> ../../../../devices/pci0000:00/0000:00:06.0/usb2
```

正如 tty_driver、i2c_driver 等，在 Linux 内核中，使用 usb_driver 结构体描述一个 USB 设备驱动，usb_driver 结构体的定义如代码清单 16.11 所示。

代码清单 16.11　usb_driver 结构体

```
1   struct usb_driver {
2           const char *name;
3
4           int (*probe) (struct usb_interface *intf,
5                   const struct usb_device_id *id);
6
7           void (*disconnect) (struct usb_interface *intf);
8
9           int (*unlocked_ioctl) (struct usb_interface *intf, unsigned int code,
10                  void *buf);
```

```
11
12          int (*suspend) (struct usb_interface *intf, pm_message_t message);
13          int (*resume) (struct usb_interface *intf);
14          int (*reset_resume)(struct usb_interface *intf);
15
16          int (*pre_reset)(struct usb_interface *intf);
17          int (*post_reset)(struct usb_interface *intf);
18
19          const struct usb_device_id *id_table;
20
21          struct usb_dynids dynids;
22          struct usbdrv_wrap drvwrap;
23          unsigned int no_dynamic_id:1;
24          unsigned int supports_autosuspend:1;
25          unsigned int disable_hub_initiated_lpm:1;
26          unsigned int soft_unbind:1;
27  };
```

在编写新的 USB 设备驱动时，主要应该完成的工作是 probe() 和 disconnect() 函数，即探测和断开函数，它们分别在设备被插入和拔出的时候调用，用于初始化和释放软硬件资源。对 usb_driver 的注册和注销可通过下面两个函数完成：

```
int usb_register(struct usb_driver *new_driver)
void usb_deregister(struct usb_driver *driver);
```

usb_driver 结构体中的 id_table 成员描述了这个 USB 驱动所支持的 USB 设备列表，它指向一个 usb_device_id 数组，usb_device_id 结构体包含有 USB 设备的制造商 ID、产品 ID、产品版本、设备类、接口类等信息及其要匹配标志成员 match_flags（标明要与哪些成员匹配，包含 DEV_LO、DEV_HI、DEV_CLASS、DEV_SUBCLASS、DEV_PROTOCOL、INT_CLASS、INT_SUBCLASS、INT_PROTOCOL）。可以借助下面一组宏来生成 usb_device_id 结构体的实例：

```
USB_DEVICE(vendor, product)
```

该宏根据制造商 ID 和产品 ID 生成一个 usb_device_id 结构体的实例，在数组中增加该元素将意味着该驱动可支持与制造商 ID、产品 ID 匹配的设备。

```
USB_DEVICE_VER(vendor, product, lo, hi)
```

该宏根据制造商 ID、产品 ID、产品版本的最小值和最大值生成一个 usb_device_id 结构体的实例，在数组中增加该元素将意味着该驱动可支持与制造商 ID、产品 ID 匹配和 lo ~ hi 范围内版本的设备。

```
USB_DEVICE_INFO(class, subclass, protocol)
```

该宏用于创建一个匹配设备指定类型的 usb_device_id 结构体实例。

```
USB_INTERFACE_INFO(class, subclass, protocol)
```

该宏用于创建一个匹配接口指定类型的 usb_device_id 结构体实例。

代码清单 16.12 所示为两个用于描述某 USB 驱动支持的 USB 设备的 usb_device_id 结构体数组实例。

代码清单 16.12　usb_device_id 结构体数组实例

```
1   /* 本驱动支持的 USB 设备列表 */
2
3   /* 实例 1 */
4   static struct usb_device_id id_table [] = {
5     { USB_DEVICE(VENDOR_ID, PRODUCT_ID) },
6     { },
7   };
8   MODULE_DEVICE_TABLE (usb, id_table);
9
10  /* 实例 2 */
11  static struct usb_device_id id_table [] = {
12    { .idVendor = 0x10D2, .match_flags = USB_DEVICE_ID_MATCH_VENDOR, },
13    { },
14  };
15  MODULE_DEVICE_TABLE (usb, id_table);
```

当 USB 核心检测到某个设备的属性和某个驱动程序的 usb_device_id 结构体所携带的信息一致时，这个驱动程序的 probe() 函数就被执行（如果这个 USB 驱动是个模块的话，相关的 .ko 还应被 Linux 自动加载）。拔掉设备或者卸掉驱动模块后，USB 核心就执行 disconnect() 函数来响应这个动作。

上述 usb_driver 结构体中的函数是 USB 设备驱动中与 USB 相关的部分，而 USB 只是一个总线，USB 设备驱动真正的主体工作仍然是 USB 设备本身所属类型的驱动，如字符设备、tty 设备、块设备、输入设备等。因此 USB 设备驱动包含其作为总线上挂接设备的驱动和本身所属设备类型的驱动两部分。

与 platform_driver、i2c_driver 类似，usb_driver 起到了 "牵线" 的作用，即在 probe() 里注册相应的字符、tty 等设备，在 disconnect() 注销相应的字符、tty 等设备，而原先对设备的注册和注销一般直接发生在模块加载和卸载函数中。

尽管 USB 本身所属设备驱动的结构与其挂不挂在 USB 总线上没什么关系，但是据此在访问方式上却有很大的变化，例如，对于 USB 接口的字符设备而言，尽管仍然是 write()、read()、ioctl() 这些函数，但是在这些函数中，贯穿始终的是称为 URB 的 USB 请求块。

如图 16.3 所示，在这棵树里，我们把树根比作主机控制器，树叶比作具体的 USB 设备，树干和树枝就是 USB 总线。树叶本身与树枝通过 usb_driver 连接，而树叶本身的驱动（读写、控制）则需要通过其树叶设备本身所属类设备驱动来完成。树根和树叶之间的 "通信" 依靠在树干和树枝里 "流淌" 的 URB 来完成。

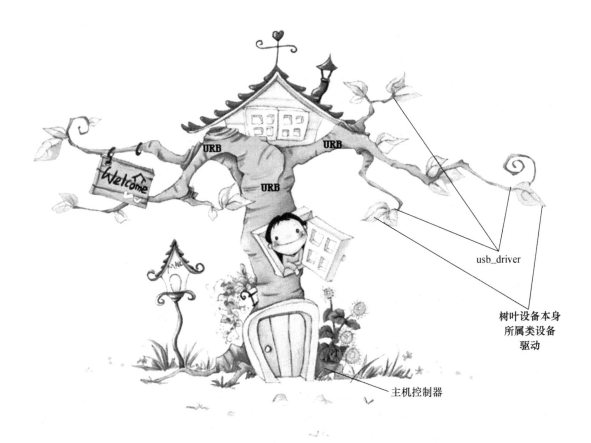

图 16.3　USB 设备驱动结构

由此可见，usb_driver 本身只是有找到 USB 设备、管理 USB 设备连接和断开的作用，也就是说，它是公司入口处的"打卡机"，可以获得员工（USB 设备）的上 / 下班情况。树叶和员工一样，可以是研发工程师也可以是销售工程师，而作为 USB 设备的树叶可以是字符树叶、网络树叶或块树叶，因此必须实现相应设备类的驱动。

16.3.2　USB 请求块

1. urb 结构体

USB 请求块（USB Request Block，URB）是 USB 设备驱动中用来描述与 USB 设备通信所用的基本载体和核心数据结构，非常类似于网络设备驱动中的 sk_buff 结构体。

代码清单 16.13　URB 结构体

```
1  struct urb {
2      ...
3      /* public: documented fields in the urb that can be used by drivers */
4      struct list_head urb_list;      /* list head for use by the urb's
```

```
5                                              * current owner */
6       ...
7       struct usb_host_endpoint *ep;           /* (internal) pointer to endpoint */
8       unsigned int pipe;                      /* (in) pipe information */
9       unsigned int stream_id;                 /* (in) stream ID */
10      int status;                             /* (return) non-ISO status */
11      unsigned int transfer_flags;            /* (in) URB_SHORT_NOT_OK | ...*/
12      void *transfer_buffer;                  /* (in) associated data buffer */
13      dma_addr_t transfer_dma;                /* (in) dma addr for transfer_buffer */
14      struct scatterlist *sg;                 /* (in) scatter gather buffer list */
15      int num_mapped_sgs;                     /* (internal) mapped sg entries */
16      int num_sgs;                            /* (in) number of entries in the sg list */
17      u32 transfer_buffer_length;             /* (in) data buffer length */
18      u32 actual_length;                      /* (return) actual transfer length */
19      unsigned char *setup_packet;            /* (in) setup packet (control only) */
20      dma_addr_t setup_dma;                   /* (in) dma addr for setup_packet */
21      int start_frame;                        /* (modify) start frame (ISO) */
22      int number_of_packets;                  /* (in) number of ISO packets */
23      int interval;                           /* (modify) transfer interval
24                                               * (INT/ISO) */
25      int error_count;                        /* (return) number of ISO errors */
26      void *context;                          /* (in) context for completion */
27      usb_complete_t complete;                /* (in) completion routine */
28      struct usb_iso_packet_descriptor iso_frame_desc[0];
29                                              /* (in) ISO ONLY */
30      };
```

2. URB 处理流程

USB 设备中的每个端点都处理一个 URB 队列,在队列被清空之前,一个 URB 的典型生命周期如下。

1)被一个 USB 设备驱动创建。

创建 URB 结构体的函数为:

```
struct urb *usb_alloc_urb(int iso_packets, gfp_t mem_flags);
```

iso_packets 是这个 URB 应当包含的等时数据包的数目,若为 0 表示不创建等时数据包。mem_flags 参数是分配内存的标志,和 kmalloc() 函数的分配标志参数含义相同。如果分配成功,该函数返回一个 URB 结构体指针,否则返回 0。

URB 结构体在驱动中不宜静态创建,因为这可能破坏 USB 核心给 URB 使用的引用计数方法。

usb_alloc_urb() 的"反函数"为:

```
void usb_free_urb(struct urb *urb);
```

该函数用于释放由 usb_alloc_urb() 分配的 URB 结构体。

2)初始化,被安排给一个特定 USB 设备的特定端点。

对于中断 URB，使用 usb_fill_int_urb() 函数来初始化 URB，如下所示：

```
void usb_fill_int_urb(struct urb *urb, struct usb_device *dev,
 unsigned int pipe, void *transfer_buffer,
 int buffer_length, usb_complete_t complete,
 void *context, int interval);
```

URB 参数指向要被初始化的 URB 的指针；dev 指向这个 URB 要被发送到的 USB 设备；pipe 是这个 URB 要被发送到的 USB 设备的特定端点；transfer_buffer 是指向发送数据或接收数据的缓冲区的指针，和 URB 一样，它也不能是静态缓冲区，必须使用 kmalloc() 来分配；buffer_length 是 transfer_buffer 指针所指向缓冲区的大小；complete 指针指向当这个 URB 完成时被调用的完成处理函数；context 是完成处理函数的"上下文"；interval 是这个 URB 应当被调度的间隔。

上述函数参数中的 pipe 使用 usb_sndintpipe() 或 usb_rcvintpipe() 创建。

对于批量 URB，使用 usb_fill_bulk_urb() 函数来初始化，如下所示：

```
void usb_fill_bulk_urb(struct urb *urb, struct usb_device *dev,
 unsigned int pipe, void *transfer_buffer,
 int buffer_length, usb_complete_t complete,
 void *context);
```

除了没有对应于调度间隔的 interval 参数以外，该函数的参数和 usb_fill_int_urb() 函数的参数含义相同。

上述函数参数中的 pipe 使用 usb_sndbulkpipe() 或者 usb_rcvbulkpipe() 函数来创建。

对于控制 URB，使用 usb_fill_control_urb() 函数来初始化，如下所示：

```
void usb_fill_control_urb(struct urb *urb, struct usb_device *dev,
 unsigned int pipe, unsigned char *setup_packet,
 void *transfer_buffer, int buffer_length,
 usb_complete_t complete, void *context);
```

除了增加了新的 setup_packet 参数以外，该函数的参数和 usb_fill_bulk_urb() 函数的参数含义相同。setup_packet 参数指向即将被发送到端点的设置数据包。

上述函数参数中的 pipe 使用 usb_sndctrlpipe() 或 usb_rcvictrlpipe() 函数来创建。

等时 URB 没有像中断、控制和批量 URB 的初始化函数 usb_fill_iso_urb()，我们只能手动对它初始化，而后才能提交给 USB 核心。代码清单 16.14 给出了初始化等时 URB 的例子，它来自 drivers/media/usb/uvc/uvc_video.c 文件。

代码清单 16.14　初始化等时 URB

```
1   for (i = 0; i < UVC_URBS; ++i) {
2       urb = usb_alloc_urb(npackets, gfp_flags);
3       if (urb == NULL) {
4           uvc_uninit_video(stream, 1);
5           return -ENOMEM;
```

```
 6                    }
 7
 8                    urb->dev = stream->dev->udev;
 9                    urb->context = stream;
10                    urb->pipe = usb_rcvisocpipe(stream->dev->udev,
11                                    ep->desc.bEndpointAddress);
12 #ifndef CONFIG_DMA_NONCOHERENT
13                    urb->transfer_flags = URB_ISO_ASAP | URB_NO_TRANSFER_DMA_MAP;
14                    urb->transfer_dma = stream->urb_dma[i];
15 #else
16                    urb->transfer_flags = URB_ISO_ASAP;
17 #endif
18                    urb->interval = ep->desc.bInterval;
19                    urb->transfer_buffer = stream->urb_buffer[i];
20                    urb->complete = uvc_video_complete;
21                    urb->number_of_packets = npackets;
22                    urb->transfer_buffer_length = size;
23
24                    for (j = 0; j < npackets; ++j) {
25                            urb->iso_frame_desc[j].offset = j * psize;
26                            urb->iso_frame_desc[j].length = psize;
27                    }
28
29                    stream->urb[i] = urb;
30            }
```

3）被 USB 设备驱动提交给 USB 核心。

在完成第 1）、2）步的创建和初始化 URB 后，URB 便可以提交给 USB 核心了，可通过 usb_submit_urb() 函数来完成，如下所示：

```
int usb_submit_urb(struct urb *urb, gfp_t mem_flags);
```

URB 参数是指向 URB 的指针，mem_flags 参数与传递给 kmalloc() 函数参数的意义相同，它用于告知 USB 核心如何在此时分配内存缓冲区。

在提交 URB 到 USB 核心后，直到完成函数被调用之前，不要访问 URB 中的任何成员。

usb_submit_urb() 在原子上下文和进程上下文中都可以被调用，mem_flags 变量需根据调用环境进行相应的设置，如下所示。

- GFP_ATOMIC：在中断处理函数、底半部、tasklet、定时器处理函数以及 URB 完成函数中，在调用者持有自旋锁或者读写锁时以及当驱动将 current->state 修改为非 TASK_RUNNING 时，应使用此标志。
- GFP_NOIO：在存储设备的块 I/O 和错误处理路径中，应使用此标志；
- GFP_KERNEL：如果没有任何理由使用 GFP_ATOMIC 和 GFP_NOIO，就使用 GFP_KERNEL。

如果 usb_submit_urb() 调用成功，即 URB 的控制权被移交给 USB 核心，该函数返回 0；否则，返回错误号。

4）提交由 USB 核心指定的 USB 主机控制器驱动。

5）被 USB 主机控制器处理，进行一次到 USB 设备的传送。

第 4）~ 5）步由 USB 核心和主机控制器完成，不受 USB 设备驱动的控制。

6）当 URB 完成，USB 主机控制器驱动通知 USB 设备驱动。

在如下 3 种情况下，URB 将结束，URB 完成回调函数将被调用（完成回调是通过 usb_fill_xxx_urb 的参数传入的）。在完成回调中，我们通常要进行 urb->status 的判断。

- URB 被成功发送给设备，并且设备返回正确的确认。如果 urb->status 为 0，意味着对于一个输出 URB，数据被成功发送；对于一个输入 URB，请求的数据被成功收到。
- 如果发送数据到设备或从设备接收数据时发生了错误，urb->status 将记录错误值。
- URB 被从 USB 核心"去除连接"，这发生在驱动通过 usb_unlink_urb() 或 usb_kill_urb() 函数取消或 URB 虽已提交而 USB 设备被拔出的情况下。

usb_unlink_urb() 和 usb_kill_urb() 这两个函数用于取消已提交的 URB，其参数为要被取消的 URB 指针。usb_unlink_urb() 是异步的，搞定后对应的完成回调会被调用；而 usb_kill_urb() 会彻底终止 URB 的生命周期并等待这一行为，它通常在设备的 disconnect() 函数中被调用。

当 URB 生命结束时（处理完成或被解除链接），在 URB 的完成回调中通过 URB 结构体的 status 成员可以获知其原因，如 0 表示传输成功，-ENOENT 表示被 usb_kill_urb() 杀死，-ECONNRESET 表示被 usb_unlink_urb() 杀死，-EPROTO 表示传输中发生了 bitstuff 错误或者硬件未能及时收到响应数据包，-ENODEV 表示 USB 设备已被移除，-EXDEV 表示等时传输仅完成了一部分等。

对以上 URB 的处理步骤进行一个总结，图 16.4 给出了一个 URB 的完整处理流程，虚线框的 usb_unlink_urb() 和 usb_kill_urb() 并不一定会发生，它们只是在 URB 正在被 USB 核心和主机控制器处理时又被驱动程序取消的情况下才发生。

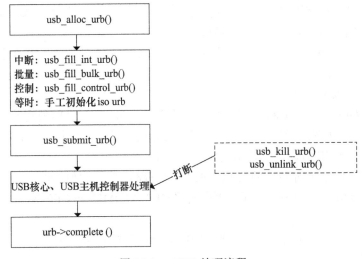

图 16.4　URB 处理流程

3. 简单的批量与控制 URB

有时 USB 驱动程序只是从 USB 设备上接收或向 USB 设备发送一些简单的数据，这时候，没有必要将 URB 创建、初始化、提交、完成处理的整个流程走一遍，而可以使用两个更简单的函数，如下所示。

（1）usb_bulk_msg()

usb_bulk_msg() 函数创建一个 USB 批量 URB 并将它发送到特定设备，这个函数是同步的，它一直等待 URB 完成后才返回。usb_bulk_msg() 函数的原型为：

```
int usb_bulk_msg(struct usb_device *usb_dev, unsigned int pipe,
                 void *data, int len, int *actual_length,
                 int timeout);
```

usb_dev 参数为批量消息要发送的 USB 设备的指针，pipe 为批量消息要发送到的 USB 设备的端点，data 参数为指向要发送或接收的数据缓冲区的指针，len 参数为 data 参数所指向的缓冲区的长度，actual_length 用于返回实际发送或接收的字节数，timeout 是发送超时，以 jiffies 为单位，0 意味着永远等待。

如果函数调用成功，返回 0；否则，返回 1 个负的错误值。

（2）usb_control_msg() 函数

usb_control_msg() 函数与 usb_bulk_msg() 函数类似，不过它提供给驱动发送和结束 USB 控制信息而不是批量信息的能力，该函数的原型为：

```
int usb_control_msg(struct usb_device *dev, unsigned int pipe, __u8 request,
                    __u8 requesttype, __u16 value, __u16 index, void *data,
                    __u16 size, int timeout);
```

dev 指向控制消息发往的 USB 设备，pipe 是控制消息要发往的 USB 设备的端点，request 是这个控制消息的 USB 请求值，requesttype 是这个控制消息的 USB 请求类型，value 是这个控制消息的 USB 消息值，index 是这个控制消息的 USB 消息索引值，data 指向要发送或接收的数据缓冲区，size 是 data 参数所指向的缓冲区的大小，timeout 是发送超时，以毫秒为单位，0 意味着永远等待。

参数 request、requesttype、value 和 index 与 USB 规范中定义的 USB 控制消息直接对应。

如果函数调用成功，该函数返回发送到设备或从设备接收到的字节数；否则，返回一个负的错误值。

对 usb_bulk_msg() 和 usb_control_msg() 函数的使用要特别慎重，由于它们是同步的，因此不能在中断上下文和持有自旋锁的情况下使用。而且，该函数也不能被任何其他函数取消，因此，务必要使得驱动程序的 disconnect() 函数掌握足够的信息，以判断和等待该调用的结束。

16.3.3 探测和断开函数

在 USB 设备驱动 usb_driver 结构体的 probe() 函数中，应该完成如下工作。

- 探测设备的端点地址、缓冲区大小，初始化任何可能用于控制 USB 设备的数据结构。
- 把已初始化的数据结构的指针保存到接口设备中。

usb_set_intfdata() 函数可以设置 usb_interface 的私有数据，这个函数的原型为：

```
void usb_set_intfdata (struct usb_interface *intf, void *data);
```

这个函数的"反函数"用于得到 usb_interface 的私有数据，其原型为：

```
void *usb_get_intfdata (struct usb_interface *intf);
```

- 注册 USB 设备。

如果是简单的字符设备，则可调用 usb_register_dev()，这个函数的原型为：

```
int usb_register_dev(struct usb_interface *intf,
                     struct usb_class_driver *class_driver);
```

上述函数中的第二个参数为 usb_class_driver 结构体，这个结构体的定义如代码清单 16.15 所示。

代码清单 16.15　usb_class_driver 结构体

```
1  struct usb_class_driver {
2      char *name;
3      char *(*devnode)(struct device *dev, umode_t *mode);
4      const struct file_operations *fops;
5      int minor_base;
6  };
```

对于字符设备而言，usb_class_driver 结构体的 fops 成员中的 write()、read()、ioctl() 等函数的地位完全等同于本书第 6 章中的 file_operations 成员函数。

如果是其他类型的设备，如 tty 设备，则调用对应设备的注册函数。

在 USB 设备驱动 usb_driver 结构体的 disconnect() 函数中，应该完成如下工作。

- 释放所有为设备分配的资源。
- 设置接口设备的数据指针为 NULL。
- 注销 USB 设备。

对于字符设备，可以直接调用 usb_register_dev() 函数的"反函数"，如下所示：

```
void usb_deregister_dev(struct usb_interface *intf,
                        struct usb_class_driver *class_driver);
```

对于其他类型的设备，如 tty 设备，则调用对应设备的注销函数。

16.3.4　USB 骨架程序

Linux 内核源代码中的 driver/usb/usb-skeleton.c 文件为我们提供了一个最基础的 USB 驱动程序，即 USB 骨架程序，它可被看作一个最简单的 USB 设备驱动实例。尽管具体的 USB

设备驱动千差万别,但其骨架则万变不离其宗。

首先看看 USB 骨架程序的 usb_driver 结构体定义,如代码清单 16.16 所示。

代码清单 16.16　USB 骨架程序的 usb_driver 结构体

```
1   static struct usb_driver skel_driver = {
2       .name =             "skeleton",
3       .probe =            skel_probe,
4       .disconnect =       skel_disconnect,
5       .suspend =          skel_suspend,
6       .resume =           skel_resume,
7       .pre_reset =        skel_pre_reset,
8       .post_reset =       skel_post_reset,
9       .id_table =         skel_table,
10      .supports_autosuspend = 1,
11  };
```

从上述代码第 9 行可以看出,它所支持的 USB 设备的列表数组为 skel_table[],其定义如代码清单 16.17 所示。

代码清单 16.17　USB 骨架程序的 id_table

```
1   static struct usb_device_id skel_table [] = {
2       { USB_DEVICE(USB_SKEL_VENDOR_ID, USB_SKEL_PRODUCT_ID) },
3       { }                         /* Terminating entry */
4   };
5   MODULE_DEVICE_TABLE(usb, skel_table);
```

对上述 usb_driver 的注册和注销发生在 USB 骨架程序的模块加载与卸载函数内,其分别调用了 usb_register() 和 usb_deregister(),不过这个注册和注销的代码却不用写出来,直接用一个快捷宏 module_usb_driver 即可,如代码清单 16.18 所示。

代码清单 16.18　USB 骨架程序的模块加载

```
1   static struct usb_driver skel_driver = {
2       .name =             "skeleton",
3       .probe =            skel_probe,
4       .disconnect =       skel_disconnect,
5       .suspend =          skel_suspend,
6       .resume =           skel_resume,
7       .pre_reset =        skel_pre_reset,
8       .post_reset =       skel_post_reset,
9       .id_table =         skel_table,
10      .supports_autosuspend = 1,
11  };
12
13  module_usb_driver(skel_driver);
```

在 usb_driver 的 probe() 成员函数中,会根据 usb_interface 的成员寻找第一个批量输入和输出端点，将端点地址、缓冲区等信息存入为 USB 骨架程序定义的 usb_skel 结构体中，并将 usb_skel 实例的指针传入 usb_set_intfdata() 中以作为 USB 接口的私有数据，最后，它会注册 USB 设备，如代码清单 16.19 所示。

代码清单 16.19　USB 骨架程序的 probe() 函数

```
1  static int skel_probe(struct usb_interface *interface,
2             const struct usb_device_id *id)
3  {
4    struct usb_skel *dev;
5    struct usb_host_interface *iface_desc;
6    struct usb_endpoint_descriptor *endpoint;
7    size_t buffer_size;
8    int i;
9    int retval = -ENOMEM;
10
11   /* allocate memory for our device state and initialize it */
12   dev = kzalloc(sizeof(*dev), GFP_KERNEL);
13   ...
14   kref_init(&dev->kref);
15   sema_init(&dev->limit_sem, WRITES_IN_FLIGHT);
16   mutex_init(&dev->io_mutex);
17   spin_lock_init(&dev->err_lock);
18   init_usb_anchor(&dev->submitted);
19   init_waitqueue_head(&dev->bulk_in_wait);
20
21   dev->udev = usb_get_dev(interface_to_usbdev(interface));
22   dev->interface = interface;
23
24   /* set up the endpoint information */
25   /* use only the first bulk-in and bulk-out endpoints */
26   iface_desc = interface->cur_altsetting;
27   for (i = 0; i < iface_desc->desc.bNumEndpoints; ++i) {
28     endpoint = &iface_desc->endpoint[i].desc;
29
30     if (!dev->bulk_in_endpointAddr &&
31       usb_endpoint_is_bulk_in(endpoint)) {
32       /* we found a bulk in endpoint */
33       buffer_size = usb_endpoint_maxp(endpoint);
34       dev->bulk_in_size = buffer_size;
35       dev->bulk_in_endpointAddr = endpoint->bEndpointAddress;
36       dev->bulk_in_buffer = kmalloc(buffer_size, GFP_KERNEL);
37       ...
38       dev->bulk_in_urb = usb_alloc_urb(0, GFP_KERNEL);
39       ...
40     }
41
42     if (!dev->bulk_out_endpointAddr &&
43       usb_endpoint_is_bulk_out(endpoint)) {
44       /* we found a bulk out endpoint */
```

```
45                dev->bulk_out_endpointAddr = endpoint->bEndpointAddress;
46          }
47    }
48    ...
49
50    /* save our data pointer in this interface device */
51    usb_set_intfdata(interface, dev);
52
53    /* we can register the device now, as it is ready */
54    retval = usb_register_dev(interface, &skel_class);
55    ...
56    return 0;
57    ...
58    }
```

usb_skel 结构体可以被看作是一个私有数据结构体,其定义如代码清单 16.20 所示,应该根据具体的设备量身定制。

代码清单 16.20　USB 骨架程序的自定义数据结构 usb_skel

```
1    struct usb_skel {
2          struct usb_device       *udev;      /* the usb device for this device */
3          struct usb_interface    *interface; /* the interface for this device */
4          struct semaphore limit_sem; /* limiting the number of writes in progress */
5          struct usb_anchor submitted;/* in case we need to retract our submissions */
6          struct urb   *bulk_in_urb;          /* the urb to read data with */
7          unsigned char  *bulk_in_buffer;     /* the buffer to receive data */
8          size_t bulk_in_size;                /* the size of the receive buffer */
9          size_t  bulk_in_filled;             /* number of bytes in the buffer */
10         size_t   bulk_in_copied;            /* already copied to user space */
11         __u8 bulk_in_endpointAddr;   /* the address of the bulk in endpoint */
12         __u8  bulk_out_endpointAddr;  /* the address of the bulk out endpoint */
13         int                 errors;         /* the last request tanked */
14         bool                ongoing_read;/* a read is going on */
15         spinlock_t          err_lock;  /* lock for errors */
16         struct kref         kref;
17         struct mutex        io_mutex;  /* synchronize I/O with disconnect */
18         wait_queue_head_t   bulk_in_wait; /* to wait for an ongoing read */
19    };
```

USB 骨架程序的断开函数会完成与 probe() 函数相反的工作,即设置接口数据为 NULL,注销 USB 设备,如代码清单 16.21 所示。

代码清单 16.21　USB 骨架程序的断开函数

```
1    static void skel_disconnect(struct usb_interface *interface)
2    {
3          struct usb_skel *dev;
4          int minor = interface->minor;
5
```

```
6          dev = usb_get_intfdata(interface);
7          usb_set_intfdata(interface, NULL);
8
9          /* give back our minor */
10         usb_deregister_dev(interface, &skel_class);
11
12         /* prevent more I/O from starting */
13         mutex_lock(&dev->io_mutex);
14         dev->interface = NULL;
15         mutex_unlock(&dev->io_mutex);
16
17         usb_kill_anchored_urbs(&dev->submitted);
18
19         /* decrement our usage count */
20         kref_put(&dev->kref, skel_delete);
21
22         dev_info(&interface->dev, "USB Skeleton #%d now disconnected", minor);
23     }
```

代码清单16.19第54行usb_register_dev(interface, &skel_class)中的第二个参数包含了字符设备的file_operations结构体指针，而这个结构体中的成员实现也是USB字符设备的另一个组成成分。代码清单16.22给出了USB骨架程序的字符设备文件操作file_operations结构体的定义。

代码清单16.22　USB骨架程序的字符设备文件操作结构体

```
1   static const struct file_operations skel_fops = {
2       .owner =    THIS_MODULE,
3       .read =     skel_read,
4       .write =    skel_write,
5       .open =     skel_open,
6       .release =  skel_release,
7       .flush =    skel_flush,
8       .llseek =   noop_llseek,
9   };
```

由于只是一个象征性的骨架程序，open()成员函数的实现非常简单，它根据usb_driver和次设备号通过usb_find_interface()获得USB接口，之后通过usb_get_intfdata()获得接口的私有数据并赋予file->private_data，如代码清单16.23所示。

代码清单16.23　USB骨架程序的字符设备open()函数

```
1   static int skel_open(struct inode *inode, struct file *file)
2   {
3       struct usb_skel *dev;
4       struct usb_interface *interface;
5       int subminor;
6       int retval = 0;
```

```
7
8              subminor = iminor(inode);
9
10             interface = usb_find_interface(&skel_driver, subminor);
11             ...
12             dev = usb_get_intfdata(interface);
13             ...
14
15             retval = usb_autopm_get_interface(interface);
16             if (retval)
17                     goto exit;
18
19             /* increment our usage count for the device */
20             kref_get(&dev->kref);
21
22             /* save our object in the file's private structure */
23             file->private_data = dev;
24
25     exit:
26             return retval;
27     }
```

由于在 open() 函数中并没有申请任何软件和硬件资源,所以与 open() 函数对应的 release() 函数不用进行资源的释放,而只需进行减少在 open() 中增加的引用计数等工作。

接下来要分析的是读写函数,前面已经提到,在访问 USB 设备的时候,贯穿其中的"中枢神经"是 URB 结构体。

在 skel_write() 函数中进行的关于 URB 的操作与 16.3.2 小节的描述完全对应,即进行了 URB 的分配(调用 usb_alloc_urb())、初始化(调用 usb_fill_bulk_urb())和提交(调用 usb_submit_urb())的操作,如代码清单 16.24 所示。

代码清单 16.24　USB 骨架程序的字符设备写函数

```
1   static ssize_t skel_write(struct file *file, const char *user_buffer,
2                   size_t count, loff_t *ppos)
3   {
4       struct usb_skel *dev;
5       int retval = 0;
6       struct urb *urb = NULL;
7       char *buf = NULL;
8       size_t writesize = min(count, (size_t)MAX_TRANSFER);
9
10      dev = file->private_data;
11      ...
12      spin_lock_irq(&dev->err_lock);
13      retval = dev->errors;
14      ...
15      spin_unlock_irq(&dev->err_lock);
16      ...
```

```
17
18    /* create a urb, and a buffer for it, and copy the data to the urb */
19    urb = usb_alloc_urb(0, GFP_KERNEL);
20      ...
21
22    buf = usb_alloc_coherent(dev->udev, writesize, GFP_KERNEL,
23                  &urb->transfer_dma);
24    ...
25
26    if (copy_from_user(buf, user_buffer, writesize)) {
27        retval = -EFAULT;
28        goto error;
29    }
30
31    /* this lock makes sure we don't submit URBs to gone devices */
32    mutex_lock(&dev->io_mutex);
33    ...
34
35    /* initialize the urb properly */
36    usb_fill_bulk_urb(urb, dev->udev,
37            usb_sndbulkpipe(dev->udev, dev->bulk_out_endpointAddr),
38            buf, writesize, skel_write_bulk_callback, dev);
39    urb->transfer_flags |= URB_NO_TRANSFER_DMA_MAP;
40    usb_anchor_urb(urb, &dev->submitted);
41
42    /* send the data out the bulk port */
43    retval = usb_submit_urb(urb, GFP_KERNEL);
44    mutex_unlock(&dev->io_mutex);
45    ...
46    usb_free_urb(urb);
47
48    return writesize;
49    ...
50 }
```

在写函数中发起的 URB 结束后，第 38 行填入的完成函数 skel_write_bulk_callback() 将被调用，它会进行 urb->status 的判断，如代码清单 16.25 所示。

代码清单 16.25　USB 骨架程序的字符设备写操作完成函数

```
1  static void skel_write_bulk_callback(struct urb *urb)
2  {
3      struct usb_skel *dev;
4
5      dev = urb->context;
6
7      /* sync/async unlink faults aren't errors */
8      if (urb->status) {
9          if (!(urb->status == -ENOENT ||
```

```
10                    urb->status == -ECONNRESET ||
11                    urb->status == -ESHUTDOWN))
12                dev_err(&dev->interface->dev,
13                    "%s - nonzero write bulk status received: %d\n",
14                    __func__, urb->status);
15
16          spin_lock(&dev->err_lock);
17          dev->errors = urb->status;
18          spin_unlock(&dev->err_lock);
19      }
20
21      /* free up our allocated buffer */
22      usb_free_coherent(urb->dev, urb->transfer_buffer_length,
23              urb->transfer_buffer, urb->transfer_dma);
24      up(&dev->limit_sem);
25  }
```

16.3.5 实例：USB 键盘驱动

在 Linux 系统中，键盘被认定为标准输入设备，对于一个 USB 键盘而言，其驱动主要由两部分组成：usb_driver 的成员函数以及输入设备驱动的 input_event 获取和报告。

在 USB 键盘设备驱动的模块加载和卸载函数中，将分别注册和注销对应于 USB 键盘的 usb_driver 结构体 usb_kbd_driver，代码清单 16.26 所示为模块加载与卸载函数以及 usb_driver 结构体的定义。

代码清单 16.26 USB 键盘设备驱动的模块加载与卸载函数以及 usb_driver 结构体

```
1  static struct usb_device_id usb_kbd_id_table [] = {
2      { USB_INTERFACE_INFO(USB_INTERFACE_CLASS_HID, USB_INTERFACE_SUBCLASS_BOOT,
3          USB_INTERFACE_PROTOCOL_KEYBOARD) },
4      { }                                         /* Terminating entry */
5  };
6
7  MODULE_DEVICE_TABLE (usb, usb_kbd_id_table);
8
9  static struct usb_driver usb_kbd_driver = {
10     .name =         "usbkbd",
11     .probe =        usb_kbd_probe,
12     .disconnect =   usb_kbd_disconnect,
13     .id_table =     usb_kbd_id_table,
14 };
15
16 module_usb_driver(usb_kbd_driver);
```

在 usb_driver 的 probe() 函数中，将进行输入设备的初始化和注册，USB 键盘要使用的中断 URB 和控制 URB 的初始化，并设置接口的私有数据，如代码清单 16.27 所示。

代码清单 16.27 USB 键盘设备驱动的 probe() 函数

```
1   static int usb_kbd_probe(struct usb_interface *iface,
2               const struct usb_device_id *id)
3   {
4       struct usb_device *dev = interface_to_usbdev(iface);
5       struct usb_host_interface *interface;
6       struct usb_endpoint_descriptor *endpoint;
7       struct usb_kbd *kbd;
8       struct input_dev *input_dev;
9       ...
10      interface = iface->cur_altsetting;
11
12      endpoint = &interface->endpoint[0].desc;
13
14      pipe = usb_rcvintpipe(dev, endpoint->bEndpointAddress);
15      maxp = usb_maxpacket(dev, pipe, usb_pipeout(pipe));
16
17      kbd = kzalloc(sizeof(struct usb_kbd), GFP_KERNEL);
18      input_dev = input_allocate_device();
19
20      if (usb_kbd_alloc_mem(dev, kbd))
21          goto fail2;
22
23      kbd->usbdev = dev;
24      kbd->dev = input_dev;
25      ...
26      usb_make_path(dev, kbd->phys, sizeof(kbd->phys));
27      strlcat(kbd->phys, "/input0", sizeof(kbd->phys));
28
29      input_dev->name = kbd->name;
30      input_dev->phys = kbd->phys;
31      usb_to_input_id(dev, &input_dev->id);
32      input_dev->dev.parent = &iface->dev;
33
34      input_set_drvdata(input_dev, kbd);
35
36      input_dev->evbit[0] = BIT_MASK(EV_KEY) | BIT_MASK(EV_LED) |
37          BIT_MASK(EV_REP);
38      ...
39      input_dev->event = usb_kbd_event;
40      input_dev->open = usb_kbd_open;
41      input_dev->close = usb_kbd_close;
42
43      usb_fill_int_urb(kbd->irq, dev, pipe,
44              kbd->new, (maxp > 8 ? 8 : maxp),
45              usb_kbd_irq, kbd, endpoint->bInterval);
46      kbd->irq->transfer_dma = kbd->new_dma;
47      kbd->irq->transfer_flags |= URB_NO_TRANSFER_DMA_MAP;
48      ...
49      usb_fill_control_urb(kbd->led, dev, usb_sndctrlpipe(dev, 0),
```

```
50                  (void *) kbd->cr, kbd->leds, 1,
51                  usb_kbd_led, kbd);
52   kbd->led->transfer_dma = kbd->leds_dma;
53   kbd->led->transfer_flags |= URB_NO_TRANSFER_DMA_MAP;
54
55   error = input_register_device(kbd->dev);
56   if (error)
57       goto fail2;
58
59   usb_set_intfdata(iface, kbd);
60   device_set_wakeup_enable(&dev->dev, 1);
61   return 0;
62   ...
63 }
```

在 usb_driver 的断开函数中,将设置接口私有数据为 NULL、终止已提交的 URB 并注销输入设备,如代码清单 16.28 所示。

代码清单 16.28　USB 键盘设备驱动的断开函数

```
1  static void usb_kbd_disconnect(struct usb_interface *intf)
2  {
3    struct usb_kbd *kbd = usb_get_intfdata (intf);
4
5    usb_set_intfdata(intf, NULL);
6    if (kbd) {
7       usb_kill_urb(kbd->irq);
8       input_unregister_device(kbd->dev);
9       usb_kill_urb(kbd->led);
10       usb_kbd_free_mem(interface_to_usbdev(intf), kbd);
11       kfree(kbd);
12    }
13 }
```

键盘主要依赖于中断传输模式,在键盘中断 URB 的完成函数 usb_kbd_irq() 中(通过代码清单 16.27 的第 45 行可以看出),将会通过 input_report_key() 报告按键事件,通过 input_sync() 报告同步事件,如代码清单 16.29 所示。

代码清单 16.29　USB 键盘设备驱动的中断 URB 完成函数

```
1  static void usb_kbd_irq(struct urb *urb)
2  {
3    ...
4    for (i = 0; i < 8; i++)
5        input_report_key(kbd->dev, usb_kbd_keycode[i + 224], (kbd->new[0] >> i) & 1);
6
7    for (i = 2; i < 8; i++) {
8
9        if (kbd->old[i]>3 && memscan(kbd->new + 2, kbd->old[i], 6)==kbd->new + 8) {
```

```
10              if (usb_kbd_keycode[kbd->old[i]])
11                  input_report_key(kbd->dev, usb_kbd_keycode[kbd->old[i]], 0);
12              else
13                  hid_info(urb->dev,
14                      "Unknown key (scancode %#x) released.\n",
15                      kbd->old[i]);
16          }
17
18          if (kbd->new[i] > 3&&memscan(kbd->old + 2, kbd->new[i], 6)==kbd->old + 8) {
19              if (usb_kbd_keycode[kbd->new[i]])
20                  input_report_key(kbd->dev, usb_kbd_keycode[kbd->new[i]], 1);
21              else
22                  hid_info(urb->dev,
23                      "Unknown key (scancode %#x) pressed.\n",
24                      kbd->new[i]);
25          }
26      }
27
28      input_sync(kbd->dev);
29
30      ...
31  }
```

从 USB 键盘驱动的例子中，我们进一步看到了 usb_driver 本身只是起一个挂接总线的作用，而具体设备类型的驱动仍然是工作的主体，例如键盘就是 input、USB 串口就是 tty，只是在这些设备底层进行硬件访问的时候，调用的都是与 URB 相关的接口，这套 USB 核心层 API——URB 的存在使我们无须关心底层 USB 主机控制器的具体细节，因此，USB 设备驱动也变得与平台无关，同样的驱动可应用于不同的 SoC。

16.4 USB UDC 与 Gadget 驱动

16.4.1 UDC 和 Gadget 驱动的关键数据结构与 API

这里的 USB 设备控制器（UDC）驱动指的是作为其他 USB 主机控制器外设的 USB 硬件设备上底层硬件控制器的驱动，该硬件和驱动负责将一个 USB 设备依附于一个 USB 主机控制器上。例如，当某运行 Linux 系统的手机作为 PC 的 U 盘时，手机中的底层 USB 控制器行使 USB 设备控制器的功能，这时候运行在底层的是 UDC 驱动，而手机要成为 U 盘，在 UDC 驱动之上仍然需要另外一个驱动，对于 USB 大容量存储器而言，这个驱动为 File Storage 驱动，称为 Function 驱动。从图 16.1 左边可以看出，USB 设备驱动调用 USB 核心的 API，因此具体驱动与 SoC 无关；同样，从图 16.1 右边可以看出，Function 驱动调用通用的 Gadget Function API，因此具体 Function 驱动也变得与 SoC 无关。软件分层设计的好处再一次得到了深刻的体现。

UDC 驱动和 Function 驱动都位于内核的 drivers/usb/gadget 目录中，如 drivers/usb/gadget/udc 下面的 fsl_mxc_udc.c、omap_udc.c、s3c2410_udc.c 等是对应 SoC 平台上的 UDC 驱动，而 drivers/usb/gadget/function 子目录的 f_serial.c、f_mass_storage.c、f_rndis.c 等文件实现了一些 Gadget 功能，重要的 Function 驱动如下所示。

Ethernet over USB：该驱动模拟以太网网口，它支持多种运行方式——CDC Ethernet（实现标准的 Communications Device Class "Ethernet Model" 协议）、CDC Subset 以及 RNDIS（微软公司对 CDC Ethernet 的变种实现）。

File-Backed Storage Gadget：最常见的 U 盘功能实现。

Serial Gadget：包括 Generic Serial 实现（只需要 Bulk-in/Bulk-out 端点 +ep0）和 CDC ACM 规范实现。内核源代码中的 Documentation/usb/gadget_serial.txt 文档讲解了如何将 Serial Gadget 与 Windows 和 Linux 主机连接。

Gadget MIDI：暴露 ALSA MIDI 接口。

USB Video Class Gadget 驱动：让 Linux 系统成为另外一个系统的 USB 视频采集源。

另外，drivers/usb/gadget 源代码还实现了一个 Gadget 文件系统（GadgetFS），可以将 Gadget API 接口暴露给应用层，以便在应用层实现用户空间的驱动。

在 USB 设备控制器驱动中，我们主要关心几个核心的数据结构，这些数据结构包括描述一个 USB 设备控制器的 usb_gadget、UDC 操作 usb_gadget_ops、描述一个端点的 usb_ep 以及描述端点操作的 usb_ep_ops 结构体。UDC 驱动围绕这些数据结构及其成员函数而展开，代码清单 16.30 列出了这些关键的数据结构，它们都定义于 include/linux/usb/gadget.h 文件。

代码清单 16.30　UDC 驱动的关键数据结构

```
1   struct usb_gadget {
2       struct work_struct         work;
3       /* readonly to gadget driver */
4       const struct usb_gadget_ops   *ops;
5       struct usb_ep              *ep0;
6       struct list_head           ep_list;       /* of usb_ep */
7       enum usb_device_speed      speed;
8       enum usb_device_speed      max_speed;
9       enum usb_device_state      state;
10      const char                 *name;
11      struct device              dev;
12      unsigned                   out_epnum;
13      unsigned                   in_epnum;
14
15      unsigned                   sg_supported:1;
16      unsigned                   is_otg:1;
17      unsigned                   is_a_peripheral:1;
18      unsigned                   b_hnp_enable:1;
19      unsigned                   a_hnp_support:1;
20      unsigned                   a_alt_hnp_support:1;
21      unsigned                   quirk_ep_out_aligned_size:1;
```

```c
22         unsigned                        is_selfpowered:1;
23  };
24
25  struct usb_ep {
26         void                    *driver_data;
27
28         const char              *name;
29         const struct usb_ep_ops *ops;
30         struct list_head        ep_list;
31         unsigned                maxpacket:16;
32         unsigned                maxpacket_limit:16;
33         unsigned                max_streams:16;
34         unsigned                mult:2;
35         unsigned                maxburst:5;
36         u8                      address;
37         const struct usb_endpoint_descriptor    *desc;
38         const struct usb_ss_ep_comp_descriptor  *comp_desc;
39  };
40
41  struct usb_gadget_ops {
42         int     (*get_frame)(struct usb_gadget *);
43         int     (*wakeup)(struct usb_gadget *);
44         int     (*set_selfpowered) (struct usb_gadget *, int is_selfpowered);
45         int     (*vbus_session) (struct usb_gadget *, int is_active);
46         int     (*vbus_draw) (struct usb_gadget *, unsigned mA);
47         int     (*pullup) (struct usb_gadget *, int is_on);
48         int     (*ioctl)(struct usb_gadget *,
49                         unsigned code, unsigned long param);
50         void    (*get_config_params)(struct usb_dcd_config_params *);
51         int     (*udc_start)(struct usb_gadget *,
52                         struct usb_gadget_driver *);
53         int     (*udc_stop)(struct usb_gadget *);
54  };
55  struct usb_ep_ops {
56         int (*enable) (struct usb_ep *ep,
57                 const struct usb_endpoint_descriptor *desc);
58         int (*disable) (struct usb_ep *ep);
59
60         struct usb_request *(*alloc_request) (struct usb_ep *ep,
61                 gfp_t gfp_flags);
62         void (*free_request) (struct usb_ep *ep, struct usb_request *req);
63
64         int (*queue) (struct usb_ep *ep, struct usb_request *req,
65                 gfp_t gfp_flags);
66         int (*dequeue) (struct usb_ep *ep, struct usb_request *req);
67
68         int (*set_halt) (struct usb_ep *ep, int value);
69         int (*set_wedge) (struct usb_ep *ep);
70
71         int (*fifo_status) (struct usb_ep *ep);
72         void (*fifo_flush) (struct usb_ep *ep);
73  };
```

在具体的 UDC 驱动中,需要封装 usb_gadget 和每个端点 usb_ep,实现 usb_gadget 的 usb_gadget_ops 并实现端点的 usb_ep_ops,完成 usb_request。这些事情都搞定后,就可以注册一个 UDC,它是通过 usb_add_gadget_udc() API 来进行的,其原型为:

```
int usb_add_gadget_udc(struct device *parent, struct usb_gadget *gadget);
```

在注册 UDC 之前,我们需要先把 usb_gadget 这个结构体内的 ep_list,即端点链表填充好,并填充好 usb_gadget 的 usb_gadget_ops 以及每个端点的 usb_ep_ops。

而 Gadget 的 Function 这边,则需要自己填充 usb_interface_descriptor、usb_endpoint_descriptor,合成一些 usb_descriptor_header,并实现 usb_function 结构体的成员函数,usb_function 结构体定义于 include/linux/usb/composite.h 中,其形式如代码清单 16.31 所示。

代码清单 16.31 usb_function 结构体

```
1   struct usb_function {
2       const char              *name;
3       struct usb_gadget_strings  **strings;
4       struct usb_descriptor_header  **fs_descriptors;
5       struct usb_descriptor_header  **hs_descriptors;
6       struct usb_descriptor_header  **ss_descriptors;
7
8       struct usb_configuration  *config;
9
10      struct usb_os_desc_table  *os_desc_table;
11      unsigned                os_desc_n;
12
13      /* configuration management: bind/unbind */
14      int            (*bind)(struct usb_configuration *,
15                          struct usb_function *);
16      void           (*unbind)(struct usb_configuration *,
17                          struct usb_function *);
18      void           (*free_func)(struct usb_function *f);
19      struct module  *mod;
20
21      /* runtime state management */
22      int            (*set_alt)(struct usb_function *,
23                          unsigned interface, unsigned alt);
24      int            (*get_alt)(struct usb_function *,
25                          unsigned interface);
26      void           (*disable)(struct usb_function *);
27      int            (*setup)(struct usb_function *,
28                          const struct usb_ctrlrequest *);
29      void           (*suspend)(struct usb_function *);
30      void           (*resume)(struct usb_function *);
31
32      /* USB 3.0 additions */
33      int            (*get_status)(struct usb_function *);
34      int            (*func_suspend)(struct usb_function *,
35                          u8 suspend_opt);
```

```
36      /* private: */
37      /* internals */
38      struct list_head        list;
39      DECLARE_BITMAP(endpoints, 32);
40      const struct usb_function_instance *fi;
41   };
```

第 4 行的 fs_descriptors 是全速和低速的描述符表；第 5 行的 hs_descriptors 是高速描述符表；ss_descriptors 是超高速描述符。bind() 完成在 Gadget 注册时获取 I/O 缓冲、端点等资源。

在 usb_function 的成员函数以及各种描述符准备好后，在内核通过 usb_function_register() API 来完成 Gadget Function 的注册，该 API 的原型为：

```
int usb_function_register(struct usb_function_driver *newf);
```

在 Gadget 驱动中，用 usb_request 结构体来描述一次传输请求，这个结构体的地位类似于 USB 主机侧的 URB。usb_request 结构体的定义如代码清单 16.32 所示。

代码清单 16.32　usb_request 结构体

```
1   struct usb_request {
2           void                    *buf; /* Buffer used for data */
3           unsigned                length;
4           dma_addr_t              dma;  /* DMA address corresponding to 'buf' */
5
6           struct scatterlist      *sg; /* a scatterlist for SG-capable controllers */
7           unsigned                num_sgs;
8           unsigned                num_mapped_sgs;
9
10          unsigned                stream_id:16;
11          unsigned                no_interrupt:1;
12          unsigned                zero:1;
13          unsigned                short_not_ok:1;
14
15          void                    (*complete)(struct usb_ep *ep,
16                  struct usb_request *req); /* Function called when request completes */
17          void                    *context;
18          struct list_head        list;
19
20          int                     status;
21          unsigned                actual;
22  };
```

在 include/linux/usb/gadget.h 文件中，还封装了一些常用的 API，以供 Gadget Function 驱动调用，从而便于它们操作端点，如下所示。

（1）使能和禁止端点

```
static inline int usb_ep_enable(struct usb_ep *ep);
static inline int usb_ep_disable(struct usb_ep *ep);
```

它们分别调用了"ep->ops->enable (ep, desc);"和"ep->ops->disable (ep);"。

（2）分配和释放 usb_request

```
struct usb_request *alloc_ep_req(struct usb_ep *ep, int len, int default_len);
static inline struct usb_request *usb_ep_alloc_request(struct usb_ep *ep,
                                                       gfp_t gfp_flags);
static inline void usb_ep_free_request(struct usb_ep *ep,
                                       struct usb_request *req);
```

usb_ep_alloc_request() 和 usb_ep_free_request() 分别调用了"ep->ops->alloc_request(ep, gfp_flags);"和"ep->ops->free_request(ep, req);"，以用于分配和释放一个依附于某端点的 usb_request，而 alloc_ep_req() 则是内嵌了对 usb_ep_alloc_request(ep, GFP_ATOMIC) 的调用，同时自动申请了 usb_request 的缓冲器的内存。

（3）提交和取消 usb_request

```
static inline int usb_ep_queue(struct usb_ep *ep,
                               struct usb_request *req, gfp_t gfp_flags);
static inline int usb_ep_dequeue(struct usb_ep *ep, struct usb_request *req);
```

它们分别调用"ep->ops->queue (ep, req, gfp_flags);"和"ep->ops->dequeue(ep, req);"。usb_ep_queue 函数告诉 UDC 完成 usb_request（读写缓冲），当请求被完成后，与该请求对应的 completion() 函数会被调用。

（4）端点 FIFO 管理

```
static inline int usb_ep_fifo_status(struct usb_ep *ep);
static inline void usb_ep_fifo_flush(struct usb_ep *ep);
```

前者调用"ep->ops->fifo_status (ep)"返回目前 FIFO 中的字节数，后者调用"ep->ops->fifo_flush(ep)"以冲刷掉 FIFO 中的数据。

（5）端点自动配置

```
struct usb_ep *usb_ep_autoconfig(
      struct usb_gadget           *gadget,
      struct usb_endpoint_descriptor *desc);
```

根据端点描述符及控制器端点情况，分配一个合适的端点。

16.4.2 实例：Chipidea USB UDC 驱动

drivers/usb/chipidea/udc.c 是 Chipidea USB UDC 驱动的主体代码，代码清单 16.33 列出了它的初始化流程部分。它定义了 usb_ep_ops、usb_gadget_ops，在最终进行 usb_add_gadget_udc() 之前填充好了 UDC 的端点列表。

代码清单 16.33　Chipidea USB UDC 驱动实例

```
1  static const struct usb_ep_ops usb_ep_ops = {
2      .enable        = ep_enable,
3      .disable       = ep_disable,
```

```
4      .alloc_request  = ep_alloc_request,
5      .free_request   = ep_free_request,
6      .queue          = ep_queue,
7      .dequeue        = ep_dequeue,
8      .set_halt       = ep_set_halt,
9      .set_wedge      = ep_set_wedge,
10     .fifo_flush     = ep_fifo_flush,
11 };
12
13 static const struct usb_gadget_ops usb_gadget_ops = {
14     .vbus_session= ci_udc_vbus_session,
15     .wakeup         = ci_udc_wakeup,
16     .set_selfpowered = ci_udc_selfpowered,
17     .pullup         = ci_udc_pullup,
18     .vbus_draw      = ci_udc_vbus_draw,
19     .udc_start      = ci_udc_start,
20     .udc_stop       = ci_udc_stop,
21 };
22
23 static int init_eps(struct ci_hdrc *ci)
24 {
25     int retval = 0, i, j;
26
27     for (i = 0; i < ci->hw_ep_max/2; i++)
28         for (j = RX; j <= TX; j++) {
29             int k = i + j * ci->hw_ep_max/2;
30             struct ci_hw_ep *hwep = &ci->ci_hw_ep[k];
31
32             ...
33
34             hwep->ep.name      = hwep->name;
35             hwep->ep.ops       = &usb_ep_ops;
36
37             usb_ep_set_maxpacket_limit(&hwep->ep, (unsigned short)~0);
38
39             ...
40
41             /*
42              * set up shorthands for ep0 out and in endpoints,
43              * don't add to gadget's ep_list
44              */
45             if (i == 0) {
46                 if (j == RX)
47                     ci->ep0out = hwep;
48                 else
49                     ci->ep0in = hwep;
50
51                 usb_ep_set_maxpacket_limit(&hwep->ep, CTRL_PAYLOAD_MAX);
52                 continue;
53             }
54
55             list_add_tail(&hwep->ep.ep_list, &ci->gadget.ep_list);
```

```
56      }
57
58      return retval;
59  }
60
61  static int udc_start(struct ci_hdrc *ci)
62  {
63      ...
64      ci->gadget.ops      = &usb_gadget_ops;
65      ci->gadget.speed    = USB_SPEED_UNKNOWN;
66      ci->gadget.max_speed = USB_SPEED_HIGH;
67      ci->gadget.is_otg   = ci->is_otg ? 1 : 0;
68      ci->gadget.name     = ci->platdata->name;
69
70      INIT_LIST_HEAD(&ci->gadget.ep_list);
71
72      ...
73
74      retval = init_eps(ci);
75      if (retval)
76          goto free_pools;
77
78      ci->gadget.ep0 = &ci->ep0in->ep;
79
80      retval = usb_add_gadget_udc(dev, &ci->gadget);
81      ...
82  }
```

16.4.3 实例：Loopback Function 驱动

drivers/usb/gadget/function/f_loopback.c 实现了一个最简单的 Loopback 驱动，它完成的主要工作如下。

1）实现 usb_function 实例及其中的成员函数 bind()、set_alt ()、disable ()、free_func () 等成员函数。

2）准备 USB 外设的配置描述符接口描述符 usb_interface_descriptor、端点描述符 usb_endpoint_descriptor 等。

3）发起 usb_request 处理 usb_request 的完成并回环。

代码清单 16.34 是抽取了 drivers/usb/gadget/function/f_loopback.c 文件中能反映一个 Function 驱动主体结构的少量代码。

代码清单 16.34 Loopback USB Gadget Function 驱动实例

```
1  static struct usb_interface_descriptor loopback_intf = {
2       .bLength =              sizeof loopback_intf,
3       .bDescriptorType =      USB_DT_INTERFACE,
4
```

```c
5          .bNumEndpoints =        2,
6          .bInterfaceClass =      USB_CLASS_VENDOR_SPEC,
7          /* .iInterface = DYNAMIC */
8  };
9
10 static struct usb_endpoint_descriptor fs_loop_source_desc = {
11         .bLength =              USB_DT_ENDPOINT_SIZE,
12         .bDescriptorType =      USB_DT_ENDPOINT,
13
14         .bEndpointAddress =     USB_DIR_IN,
15         .bmAttributes =         USB_ENDPOINT_XFER_BULK,
16 };
17 static struct usb_descriptor_header *fs_loopback_descs[] = {
18         (struct usb_descriptor_header *) &loopback_intf,
19         (struct usb_descriptor_header *) &fs_loop_sink_desc,
20         (struct usb_descriptor_header *) &fs_loop_source_desc,
21         NULL,
22 };
23 static struct usb_string strings_loopback[] = {
24         [0].s = "loop input to output",
25         { }                                     /* end of list */
26 };
27
28 static struct usb_gadget_strings stringtab_loop = {
29         .language    = 0x0409,          /* en-us */
30         .strings     = strings_loopback,
31 };
32
33 static struct usb_gadget_strings *loopback_strings[] = {
34         &stringtab_loop,
35         NULL,
36 };
37
38 static int loopback_bind(struct usb_configuration *c, struct usb_function *f)
39 {
40 ...
41 loop->in_ep = usb_ep_autoconfig(cdev->gadget, &fs_loop_source_desc);
42 ...
43 loop->out_ep = usb_ep_autoconfig(cdev->gadget, &fs_loop_sink_desc);
44         if (!loop->out_ep)
45             goto autoconf_fail;
46 loop->out_ep->driver_data = cdev;          /* claim */
47
48 /* support high speed hardware */
49 hs_loop_source_desc.bEndpointAddress =
50     fs_loop_source_desc.bEndpointAddress;
51 hs_loop_sink_desc.bEndpointAddress = fs_loop_sink_desc.bEndpointAddress;
52
53 /* support super speed hardware */
54 ss_loop_source_desc.bEndpointAddress =
```

```
55              fs_loop_source_desc.bEndpointAddress;
56     ss_loop_sink_desc.bEndpointAddress = fs_loop_sink_desc.bEndpointAddress;
57
58     ret = usb_assign_descriptors(f, fs_loopback_descs, hs_loopback_descs,
59             ss_loopback_descs);
60     ...
61     return 0;
62  }
63
64  static void lb_free_func(struct usb_function *f)
65  {
66  ...
67  usb_free_all_descriptors(f);
68  kfree(func_to_loop(f));
69  }
70
71  static struct usb_function *loopback_alloc(struct usb_function_instance *fi)
72  {
73         ...
74         loop->function.name = "loopback";
75         loop->function.bind = loopback_bind;
76         loop->function.set_alt = loopback_set_alt;
77         loop->function.disable = loopback_disable;
78         loop->function.strings = loopback_strings;
79
80         loop->function.free_func = lb_free_func;
81
82         return &loop->function;
83  }
84
85  static void loopback_complete(struct usb_ep *ep, struct usb_request *req)
86  {
87  ...
88  }
89
90  static int enable_endpoint(struct usb_composite_dev *cdev, struct f_loopback *loop,
91                             struct usb_ep *ep)
92  {
93     struct usb_request          *req;
94  ...
95     result = config_ep_by_speed(cdev->gadget, &(loop->function), ep);
96
97     result = usb_ep_enable(ep);
98
99     ep->driver_data = loop;
100
101    for (i = 0; i < qlen && result == 0; i++) {
102        req = lb_alloc_ep_req(ep, 0);
103        if (!req)
104            goto fail1;
```

```
105
106     req->complete = loopback_complete;
107     result = usb_ep_queue(ep, req, GFP_ATOMIC);
108     if (result) {
109         ERROR(cdev, "%s queue req --> %d\n",
110             ep->name, result);
111         goto fail1;
112     }
113 }
114
115 ...
116 }
```

16.5 USB OTG 驱动

USB OTG 标准在完全兼容 USB 2.0 标准的基础上，它允许设备既可作为主机，也可作为外设操作，OTG 新增了主机通令协议（HNP）和对话请求协议（SRP）。

在 OTG 中，初始主机设备称为 A 设备，外设称为 B 设备。可用电缆的连接方式来决定初始角色。两用设备使用新型 Mini-AB 插座，从而使 Mini-A 插头、Mini-B 插头和 Mini-AB 插座增添了第 5 个引脚（ID），以用于识别不同的电缆端点。Mini-A 插头中的 ID 引脚接地，Mini-B 插头中的 ID 引脚浮空。当 OTG 设备检测到接地的 ID 引脚时，表示默认的是 A 设备（主机），而检测到 ID 引脚浮空的设备则认为是 B 设备（外设）。系统一旦连接后，OTG 的角色还可以更换，以采用新的 HNP 协议。而 SRP 允许 B 设备请求 A 设备打开 VBUS 电源并启动一次对话。一次 OTG 对话可通过 A 设备提供 VBUS 电源的时间来确定。

自 Linux 2.6.9 开始，OTG 相关源代码已经被包含在内核中了，新增的主要内容包括：

（1）UDC 驱动端添加的 OTG 相关属性和函数

```
struct usb_gadget {
    ...
    unsigned            is_otg:1;
    unsigned            is_a_peripheral:1;
    unsigned            b_hnp_enable:1;
    unsigned            a_hnp_support:1;
    unsigned            a_alt_hnp_support:1;
    ...
};

int usb_gadget_vbus_connect(struct usb_gadget *gadget);
int usb_gadget_vbus_disconnect(struct usb_gadget *gadget);

int usb_gadget_vbus_draw(struct usb_gadget *gadget, unsigned mA);

/* 控制 USB D+ 的上拉 */
```

```
int usb_gadget_connect(struct usb_gadget *gadget);
int usb_gadget_disconnect(struct usb_gadget *gadget);

/* 尝试唤醒 USB host，它也会尝试 SRP 会话 */
int usb_gadget_wakeup(struct usb_gadget *gadget);
```

（2）Gadget 驱动端添加的 OTG 相关属性和函数

如果 gadget->is_otg 字段为真，则增加一个 OTG 描述符；通过 printk()、LED 等方式报告 HNP 可用；当挂起开始时，通过用户界面报告 HNP 切换开始（B-Peripheral 到 B-Host 或 A-Peripheral 到 A-Host）。

（3）主机侧添加的 OTG 相关属性和函数

在 USB 核心中新增了关于 OTG 设备枚举的信息：

```
struct usb_bus {
    ...
    u8 otg_port;                /* 0, or index of OTG/HNP port */
    unsigned is_b_host:1;       /* true during some HNP roleswitches */
    unsigned b_hnp_enable:1;    /* OTG: did A-Host enable HNP? */
    ...
};
```

为了实现 HNP 需要的挂起 / 恢复，新增如下通用接口：

```
int usb_suspend_device(struct usb_device *dev, u32 state);
int usb_resume_device(struct usb_device *dev);
```

（4）新增 OTG 功能切换和协议的描述结构体 usb_otg

```
struct usb_otg {
    u8                  default_a;

    struct phy          *phy;
    /* old usb_phy interface */
    struct usb_phy      *usb_phy;
    struct usb_bus      *host;
    struct usb_gadget   *gadget;

    enum usb_otg_state  state;

    /* bind/unbind the host controller */
    int     (*set_host)(struct usb_otg *otg, struct usb_bus *host);

    /* bind/unbind the peripheral controller */
    int     (*set_peripheral)(struct usb_otg *otg,
                    struct usb_gadget *gadget);

    /* effective for A-peripheral, ignored for B devices */
    int     (*set_vbus)(struct usb_otg *otg, bool enabled);

    /* for B devices only:  start session with A-Host */
```

```
            int     (*start_srp)(struct usb_otg *otg);

            /* start or continue HNP role switch */
            int     (*start_hnp)(struct usb_otg *otg);
    };
```

usb_otg 的代码一般在 USB 的 phy 端实现，目前，从内核的 drivers/usb/musb/musb_gadget.c、drivers/usb/phy/phy-twl6030-usb.c、drivers/usb/phy/phy-isp1301-omap.c 和 drivers/usb/phy/phy-fsl-usb.c 等驱动中可以找到类似的例子。

16.6 总结

USB 驱动分为 USB 主机驱动和 USB 设备驱动，如果系统的 USB 主机控制器符合 OHCI 等标准，那主机驱动的绝大部分工作都可以沿用通用的代码。

对于一个 USB 设备而言，它至少具备两重身份：首先它是"USB"的，其次它是"自己"的。USB 设备是"USB"的，指它挂接在 USB 总线上，其必须完成 usb_driver 的初始化和注册；USB 设备是"自己"的，意味着本身可能是一个字符设备、tty 设备、网络设备等，因此，在 USB 设备驱动中也必须实现符合相应框架的代码。

USB 设备驱动的自身设备驱动部分的读写等操作流程有其特殊性，即以 URB 来贯穿始终，一个 URB 的生命周期通常包含创建、初始化、提交和被 USB 核心及 USB 主机传递、完成后回调函数被调用的过程，当然，在 URB 被驱动提交后，也可以被取消。

在 UDC 和 Gadget Function 侧，UDC 关心底层的硬件操作，而 Function 驱动则只是利用通用的 API，并通过 usb_request 与底层 UDC 驱动交互。

第 17 章
I²C、SPI、USB 驱动架构类比

本章导读

本章类比 I²C、SPI、USB 的结构，从而进一步帮助读者理解本书第 12 章的内容，也进一步实证 Linux 驱动万变不离其宗的道理。

17.1 I²C、SPI、USB 驱动架构

根据图 12.4，Linux 倾向于将主机端的驱动与外设端的驱动分离，而通过一个核心层将某种总线的协议进行抽象，外设端的驱动调用核心层 API 间接过渡到对主机驱动传输函数的调用。对于 I²C、SPI 这类不具备热插拔能力的总线而言，一般在 arch/arm/mach-xxx 或者 arch/arm/boot/dts 中会有相应的板级描述信息，描述外设与主机的连接情况。

Linux 的各个子系统都呈现为相同的特点，表 17.1 类比了 I²C、SPI、USB 驱动架构，其他的 PCI 等都是类似的。

表 17.1 I²C、SPI、USB 驱动架构的类比

	项目	I²C	SPI	USB
主机侧	描述主机的数据结构	i2c_adapter	spi_master	usb_hcd
	主机驱动传输成员函数	master_xfer()	transfer()	urb_enqueue()
	主机的枚举方法	由 I²C 控制器挂接的总线决定（一般是 platform）	由 SPI 控制器挂接的总线决定（一般是 platform）	由 USB 控制器挂接的总线决定（一般是 platform）
核心层	描述传输协议的数据结构	i2c_msg	spi_message	URB
	传输 API	i2c_transfer()	spi_sync() spi_async()	usb_submit_urb()
外设端	外设的枚举方法	i2c_driver	spi_driver	usb_driver
	描述外设的数据结构	i2c_client	spi_device	usb_device
板级逻辑	非设备树模式	i2c_board_info	spi_board_info	总线具备热插拔能力
	设备树模式	在 I²C 控制器节点下添加子节点	在 SPI 控制器节点下添加子节点	总线具备热插拔能力

对于 USB、PCI 等总线而言，由于它们具备热插拔能力，所以实际上不存在类似 I²C、SPI 这样的板级描述信息。换句话说，即便是有这类信息，其实也没有什么用，因为如果写

了板子上有个 U 盘,但实际上没有,其实反而是制造了麻烦;相反,如果没有写,U 盘一旦插入,Linux USB 子系统会自动探测到一个 U 盘。

同时我们注意到,I²C、SPI、USB 控制器虽然给别人提供了总线,但是其实自己也是由它自身依附的总线枚举出来的。比如,对于 SoC 而言,这些控制器一般是直接集成在芯片内部,通过内存访问指令来访问的,因此它们自身是通过 platform_driver、platform_device 这种模型枚举进来的。

17.2 I²C 主机和外设眼里的 Linux 世界

I²C 控制器所在驱动的 platform_driver 与 arch/arm/mach-xxx 中的 platform_device(或者设备树中的节点)通过 platform 总线的 match() 函数匹配导致 platform_driver.probe() 执行,从而完成 I²C 控制器的注册;而 I²C 上面挂的触摸屏依附的 i2c_driver 与 arch/arm/mach-xxx 中的 i2c_board_info 指向的设备(或者设备树中的节点)通过 I²C 总线的 match() 函数匹配导致 i2c_driver.probe() 执行,从而使触摸屏展开。

图 17.1 虚线上方部分是 i2c_adapter 眼里的 Linux 世界;下方部分是 i2c_client 眼里的 Linux 世界。其实,Linux 中的每一个设备通过它依附的总线被枚举出来,尽管它自身可能给别人提供总线。

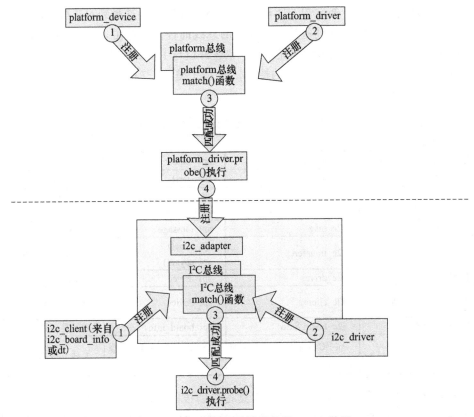

图 17.1 I²C 主机和外设眼里的 Linux 世界

第 18 章
ARM Linux 设备树

本章导读

本章将介绍 Linux 设备树（Device Tree）的起源、结构和因为设备树而引起的驱动和 BSP 变更。

18.1 节阐明了 ARM Linux 为什么要采用设备树。

18.2 节详细剖析了设备树的结构、节点和属性，设备树的编译方法以及如何用设备树来描述板上的设备、设备的地址、设备的中断号、时钟等信息。

18.3 节讲解了采用设备树后，BSP 和驱动的代码需要怎么改，哪些地方变了。

18.4 节补充了一些与设备树相关的 API 定义以及用法。

本章内容是步入 Linux 3.x 时代后，嵌入式 Linux 工程师必备的知识体系。

18.1 ARM 设备树起源

在过去的 ARM Linux 中，arch/arm/plat-xxx 和 arch/arm/mach-xxx 中充斥着大量的垃圾代码，很多代码只是在描述板级细节，而这些板级细节对于内核来讲，不过是垃圾，如板上的 platform 设备、resource、i2c_board_info、spi_board_info 以及各种硬件的 platform_data。读者若有兴趣，可以统计一下常见的 s3c2410、s3c6410 等板级目录，代码量在数万行。

设备树是一种描述硬件的数据结构，它起源于 OpenFirmware (OF)。在 Linux 2.6 中，ARM 架构的板极硬件细节过多地被硬编码在 arch/arm/plat-xxx 和 arch/arm/mach-xxx 中，采用设备树后，许多硬件的细节可以直接通过它传递给 Linux，而不再需要在内核中进行大量的冗余编码。

设备树由一系列被命名的节点（Node）和属性（Property）组成，而节点本身可包含子节点。所谓属性，其实就是成对出现的名称和值。在设备树中，可描述的信息包括（原先这些信息大多被硬编码在内核中）：

- CPU 的数量和类别。
- 内存基地址和大小。
- 总线和桥。
- 外设连接。
- 中断控制器和中断使用情况。

- GPIO 控制器和 GPIO 使用情况。
- 时钟控制器和时钟使用情况。

它基本上就是画一棵电路板上 CPU、总线、设备组成的树，Bootloader 会将这棵树传递给内核，然后内核可以识别这棵树，并根据它展开出 Linux 内核中的 platform_device、i2c_client、spi_device 等设备，而这些设备用到的内存、IRQ 等资源，也被传递给了内核，内核会将这些资源绑定给展开的相应的设备。

18.2 设备树的组成和结构

整个设备树牵涉面比较广，既增加了新的用于描述设备硬件信息的文本格式，又增加了编译这个文本的工具，同时 Bootloader 也需要支持将编译后的设备树传递给 Linux 内核。

18.2.1 DTS、DTC 和 DTB 等

1. DTS

文件 .dts 是一种 ASCII 文本格式的设备树描述，此文本格式非常人性化，适合人类的阅读习惯。基本上，在 ARM Linux 中，一个 .dts 文件对应一个 ARM 的设备，一般放置在内核的 arch/arm/boot/dts/ 目录中。值得注意的是，在 arch/powerpc/boot/dts、arch/powerpc/boot/dts、arch/c6x/boot/dts、arch/openrisc/boot/dts 等目录中，也存在大量的 .dts 文件，这证明 DTS 绝对不是 ARM 的专利。

由于一个 SoC 可能对应多个设备（一个 SoC 可以对应多个产品和电路板），这些 .dts 文件势必须包含许多共同的部分，Linux 内核为了简化，把 SoC 公用的部分或者多个设备共同的部分一般提炼为 .dtsi，类似于 C 语言的头文件。其他的设备对应的 .dts 就包括这个 .dtsi。譬如，对于 VEXPRESS 而言，vexpress-v2m.dtsi 就被 vexpress-v2p-ca9.dts 所引用，vexpress-v2p-ca9.dts 有如下一行代码：

```
/include/ "vexpress-v2m.dtsi"
```

当然，和 C 语言的头文件类似，.dtsi 也可以包括其他的 .dtsi，譬如几乎所有的 ARM SoC 的 .dtsi 都引用了 skeleton.dtsi。

文件 .dts（或者其包括的 .dtsi）的基本元素即为前文所述的节点和属性，代码清单 18.1 给出了一个设备树结构的模版。

代码清单 18.1　设备树结构模版

```
1  / {
2      node1 {
3          a-string-property = "A string";
4          a-string-list-property = "first string", "second string";
5          a-byte-data-property = [0x01 0x23 0x34 0x56];
6          child-node1 {
7              first-child-property;
```

```
 8              second-child-property = <1>;
 9              a-string-property = "Hello, world";
10          };
11          child-node2 {
12          };
13      };
14      node2 {
15          an-empty-property;
16          a-cell-property = <1 2 3 4>; /* each number (cell) is a uint32 */
17          child-node1 {
18          };
19      };
20  };
```

上述 .dts 文件并没有什么真实的用途，但它基本表征了一个设备树源文件的结构：

1 个 root 节点 "/"；root 节点下面含一系列子节点，本例中为 node1 和 node2；节点 node1 下又含有一系列子节点，本例中为 child-node1 和 child-node2；各节点都有一系列属性。这些属性可能为空，如 an-empty-property；可能为字符串，如 a-string-property；可能为字符串数组，如 a-string-list-property；可能为 Cells（由 u32 整数组成），如 second-child-property；可能为二进制数，如 a-byte-data-property。

下面以一个最简单的设备为例来看如何写一个 .dts 文件。如图 18.1 所示，假设此设备的配置如下：

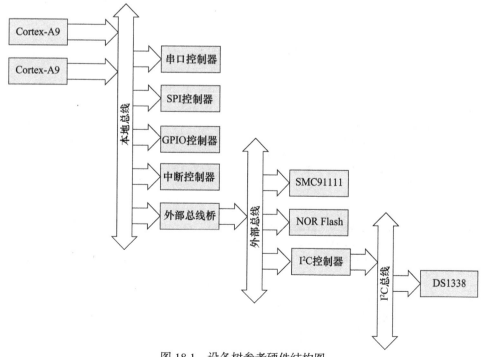

图 18.1　设备树参考硬件结构图

1个双核 ARM Cortex-A9 32 位处理器；ARM 本地总线上的内存映射区域分布有两个串口（分别位于 0x101F1000 和 0x101F2000）、GPIO 控制器（位于 0x101F3000）、SPI 控制器（位于 0x10170000）、中断控制器（位于 0x10140000）和一个外部总线桥；外部总线桥上又连接了 SMC SMC91111 以太网（位于 0x10100000）、I²C 控制器（位于 0x10160000）、64MB NOR Flash（位于 0x30000000）；外部总线桥上连接的 I²C 控制器所对应的 I²C 总线上又连接了 Maxim DS1338 实时钟（I²C 地址为 0x58）。

对于图 18.1 所示硬件结构图，如果用".dts"描述，则其对应的".dts"文件如代码清单 18.2 所示。

代码清单 18.2　参考硬件的设备树文件

```
1   / {
2       compatible = "acme,coyotes-revenge";
3       #address-cells = <1>;
4       #size-cells = <1>;
5       interrupt-parent = <&intc>;
6
7       cpus {
8           #address-cells = <1>;
9           #size-cells = <0>;
10          cpu@0 {
11              compatible = "arm,cortex-a9";
12              reg = <0>;
13          };
14          cpu@1 {
15              compatible = "arm,cortex-a9";
16              reg = <1>;
17          };
18      };
19
20      serial@101f0000 {
21          compatible = "arm,pl011";
22          reg = <0x101f0000 0x1000 >;
23          interrupts = < 1 0 >;
24      };
25
26      serial@101f2000 {
27          compatible = "arm,pl011";
28          reg = <0x101f2000 0x1000 >;
29          interrupts = < 2 0 >;
30      };
31
32      gpio@101f3000 {
33          compatible = "arm,pl061";
34          reg = <0x101f3000 0x1000
35                 0x101f4000 0x0010>;
36          interrupts = < 3 0 >;
37      };
```

```
38
39          intc: interrupt-controller@10140000 {
40              compatible = "arm,pl190";
41              reg = <0x10140000 0x1000 >;
42              interrupt-controller;
43              #interrupt-cells = <2>;
44          };
45
46          spi@10115000 {
47              compatible = "arm,pl022";
48              reg = <0x10115000 0x1000 >;
49              interrupts = < 4 0 >;
50          };
51
52          external-bus {
53              #address-cells = <2>
54              #size-cells = <1>;
55              ranges = <0 0   0x10100000   0x10000     // Chipselect 1, Ethernet
56                        1 0   0x10160000   0x10000     // Chipselect 2, i2c controller
57                        2 0   0x30000000   0x1000000>; // Chipselect 3, NOR Flash
58
59              ethernet@0,0 {
60                  compatible = "smc,smc91c111";
61                  reg = <0 0 0x1000>;
62                  interrupts = < 5 2 >;
63              };
64
65              i2c@1,0 {
66                  compatible = "acme,a1234-i2c-bus";
67                  #address-cells = <1>;
68                  #size-cells = <0>;
69                  reg = <1 0 0x1000>;
70                  interrupts = < 6 2 >;
71                  rtc@58 {
72                      compatible = "maxim,ds1338";
73                      reg = <58>;
74                      interrupts = < 7 3 >;
75                  };
76              };
77
78              flash@2,0 {
79                  compatible = "samsung,k8f1315ebm", "cfi-flash";
80                  reg = <2 0 0x4000000>;
81              };
82          };
83      };
```

在上述 .dts 文件中，可以看出 external-bus 是根节点的子节点，而 I^2C 又是 external-bus 的子节点，RTC 又进一步是 I^2C 的子节点。每一级节点都有一些属性信息，本章后续部分会进行详细解释。

2. DTC(Device Tree Compiler)

DTC 是将 .dts 编译为 .dtb 的工具。DTC 的源代码位于内核的 scripts/dtc 目录中，在 Linux 内核使能了设备树的情况下，编译内核的时候主机工具 DTC 会被编译出来，对应于 scripts/dtc/Makefile 中"hostprogs-y := dtc"这一 hostprogs 的编译目标。

当然，DTC 也可以在 Ubuntu 中单独安装，命令如下：

```
sudo apt-get install device-tree-compiler
```

在 Linux 内核的 arch/arm/boot/dts/Makefile 中，描述了当某种 SoC 被选中后，哪些 .dtb 文件会被编译出来，如与 VEXPRESS 对应的 .dtb 包括：

```
dtb-$(CONFiG_ARCH_VEXPRESS) += vexpress-v2p-ca5s.dtb \
vexpress-v2p-ca9.dtb \
vexpress-v2p-ca15-tc1.dtb \
vexpress-v2p-ca15_a7.dtb \
xenvm-4.2.dtb
```

在 Linux 下，我们可以单独编译设备树文件。当我们在 Linux 内核下运行 make dtbs 时，若我们之前选择了 ARCH_VEXPRESS，上述 .dtb 都会由对应的 .dts 编译出来，因为 arch/arm/Makefile 中含有一个 .dtbs 编译目标项目。

DTC 除了可以编译 .dts 文件以外，其实也可以"反汇编" .dtb 文件为 .dts 文件，其指令格式为：

```
./scripts/dtc/dtc -I dtb -O dts -o xxx.dts arch/arm/boot/dts/xxx.dtb
```

3. DTB(Device Tree Blob)

文件 .dtb 是 .dts 被 DTC 编译后的二进制格式的设备树描述，可由 Linux 内核解析，当然 U-Boot 这样的 bootloader 也是可以识别 .dtb 的。

通常在我们为电路板制作 NAND、SD 启动映像时，会为 .dtb 文件单独留下一个很小的区域以存放之，之后 bootloader 在引导内核的过程中，会先读取该 .dtb 到内存。

Linux 内核也支持一种变通的模式，可以不把 .dtb 文件单独存放，而是直接和 zImage 绑定在一起做成一个映像文件，类似 cat zImage xxx.dtb > zImage_with_dtb 的效果。当然内核编译时候要使能 CONFIG_ARM_APPENDED_DTB 这个选项，以支持"Use appended device tree blob to zImage"（见 Linux 内核中的菜单）。

4. 绑定（Binding）

对于设备树中的节点和属性具体是如何来描述设备的硬件细节的，一般需要文档来进行讲解，文档的后缀名一般为 .txt。在这个 .txt 文件中，需要描述对应节点的兼容性、必需的属性和可选的属性。

这些文档位于内核的 Documentation/devicetree/bindings 目录下，其下又分为很多子目录。譬如，Documentation/devicetree/bindings/i2c/i2c-xiic.txt 描述了 Xilinx 的 I^2C 控制器，其内容如下：

```
Xilinx IIC controller:

Required properties:
- compatible : Must be "xlnx,xps-iic-2.00.a"
- reg : IIC register location and length
- interrupts : IIC controller unterrupt
- #address-cells = <1>
- #size-cells = <0>

Optional properties:
- Child nodes conforming to i2c bus binding

Example:
        axi_iic_0: i2c@40800000 {
                compatible = "xlnx,xps-iic-2.00.a";
                interrupts = < 1 2 >;
                reg = < 0x40800000 0x10000 >;

                #size-cells = <0>;
                #address-cells = <1>;
        };
```

基本可以看出，设备树绑定文档的主要内容包括：
- 关于该模块最基本的描述。
- 必需属性（Required Properties）的描述。
- 可选属性（Optional Properties）的描述。
- 一个实例。

Linux 内核下的 scripts/checkpatch.pl 会运行一个检查，如果有人在设备树中新添加了 compatible 字符串，而没有添加相应的文档进行解释，checkpatch 程序会报出警告：UNDOCUMENTED_DT_STRINGDT compatible string xxx appears un-documented，因此程序员要养成及时写 DT Binding 文档的习惯。

5. Bootloader

Uboot 设备从 v1.1.3 开始支持设备树，其对 ARM 的支持则是和 ARM 内核支持设备树同期完成。

为了使能设备树，需要在编译 Uboot 的时候在 config 文件中加入：

```
#define CONFiG_OF_LIBFDT
```

在 Uboot 中，可以从 NAND、SD 或者 TFTP 等任意介质中将 .dtb 读入内存，假设 .dtb 放入的内存地址为 0x71000000，之后可在 Uboot 中运行 fdt addr 命令设置 .dtb 的地址，如：

```
UBoot> fdt addr 0x71000000
```

fdt 的其他命令就变得可以使用，如 **fdt resize**、**fdt print** 等。

对于 ARM 来讲，可以通过 bootz kernel_addr initrd_address dtb_address 的命令来启动内核，即 dtb_address 作为 bootz 或者 bootm 的最后一次参数，第一个参数为内核映像的地址，第二个参数为 initrd 的地址，若不存在 initrd，可以用 "-" 符号代替。

18.2.2 根节点兼容性

上述 .dts 文件中，第 2 行根节点 "/" 的兼容属性 compatible = "acme,coyotes-revenge"; 定义了整个系统（设备级别）的名称，它的组织形式为：<manufacturer>,<model>。

Linux 内核通过根节点 "/" 的兼容属性即可判断它启动的是什么设备。在真实项目中，这个顶层设备的兼容属性一般包括两个或者两个以上的兼容性字符串，首个兼容性字符串是板子级别的名字，后面一个兼容性是芯片级别（或者芯片系列级别）的名字。

譬如板子 arch/arm/boot/dts/vexpress-v2p-ca9.dts 兼容于 arm,vexpress,v2p-ca9 和 "arm,vexpress"：

```
compatible = "arm,vexpress,v2p-ca9", "arm,vexpress";
```

板子 arch/arm/boot/dts/vexpress-v2p-ca5s.dts 的兼容性则为：

```
compatible = "arm,vexpress,v2p-ca5s", "arm,vexpress";
```

板子 arch/arm/boot/dts/vexpress-v2p-ca15_a7.dts 的兼容性为：

```
compatible = "arm,vexpress,v2p-ca15_a7", "arm,vexpress";
```

可以看出，上述各个电路板的共性是兼容于 arm,vexpress，而特性是分别兼容于 arm,vexpress,v2p-ca9、arm,vexpress,v2p-ca5s 和 arm,vexpress,v2p-ca15_a7。

进一步地看，arch/arm/boot/dts/exynos4210-origen.dts 的兼容性字段如下：

```
compatible = "insignal,origen", "samsung,exynos4210", "samsung,exynos4";
```

第一个字符串是板子名字（很特定），第 2 个字符串是芯片名字（比较特定），第 3 个字段是芯片系列的名字（比较通用）。

作为类比，arch/arm/boot/dts/exynos4210-universal_c210.dts 的兼容性字段则如下：

```
compatible = "samsung,universal_c210", "samsung,exynos4210", "samsung,exynos4";
```

由此可见，它与 exynos4210-origen.dts 的区别只在于第 1 个字符串（特定的板子名字）不一样，后面芯片名和芯片系列的名字都一样。

在 Linux 2.6 内核中，ARM Linux 针对不同的电路板会建立由 MACHINE_START 和 MACHINE_END 包围起来的针对这个设备的一系列回调函数，如代码清单 18.3 所示。

代码清单 18.3 ARM Linux 2.6 时代的设备

```
1  MACHINE_START(VEXPRESS, "ARM-Versatile Express")
2          .atag_offset    = 0x100,
3          .smp            = smp_ops(vexpress_smp_ops),
```

```
 4            .map_io          = v2m_map_io,
 5            .init_early      = v2m_init_early,
 6            .init_irq        = v2m_init_irq,
 7            .timer           = &v2m_timer,
 8            .handle_irq      = gic_handle_irq,
 9            .init_machine    = v2m_init,
10            .restart         = vexpress_restart,
11   MACHINE_END
```

这些不同的设备会有不同的 MACHINE ID，Uboot 在启动 Linux 内核时会将 MACHINE ID 存放在 r1 寄存器，Linux 启动时会匹配 Bootloader 传递的 MACHINE ID 和 MACHINE_START 声明的 MACHINE ID，然后执行相应设备的一系列初始化函数。

ARM Linux 3.x 在引入设备树之后，MACHINE_START 变更为 DT_MACHINE_START，其中含有一个 .dt_compat 成员，用于表明相关的设备与 .dts 中根节点的兼容属性兼容关系。如果 Bootloader 传递给内核的设备树中根节点的兼容属性出现在某设备的 .dt_compat 表中，相关的设备就与对应的兼容匹配，从而引发这一设备的一系列初始化函数被执行。一个典型的 DT_MACHINE 如代码清单 18.4 所示。

代码清单 18.4　ARM Linux 3.x 时代的设备

```
 1   static const char * const v2m_dt_match[] __initconst = {
 2           "arm,vexpress",
 3           "xen,xenvm",
 4           NULL,
 5   };
 6   DT_MACHINE_START(VEXPRESS_DT, "ARM-Versatile Express")
 7           .dt_compat       = v2m_dt_match,
 8           .smp             = smp_ops(vexpress_smp_ops),
 9           .map_io          = v2m_dt_map_io,
10           .init_early      = v2m_dt_init_early,
11           .init_irq        = v2m_dt_init_irq,
12           .timer           = &v2m_dt_timer,
13           .init_machine    = v2m_dt_init,
14           .handle_irq      = gic_handle_irq,
15           .restart         = vexpress_restart,
16   MACHINE_END
```

Linux 倡导针对多个 SoC、多个电路板的通用 DT 设备，即一个 DT 设备的 .dt_compat 包含多个电路板 .dts 文件的根节点兼容属性字符串。之后，如果这多个电路板的初始化序列不一样，可以通过 int of_machine_is_compatible(const char *compat) API 判断具体的电路板是什么。在 Linux 内核中，常常使用如下 API 来判断根节点的兼容性：

```
int of_machine_is_compatible(const char *compat);
```

此 API 判断目前运行的板子或者 SoC 的兼容性，它匹配的是设备树根节点下的兼容属性。例如 drivers/cpufreq/exynos-cpufreq.c 中就有判断运行的 CPU 类型是 exynos4210、exynos4212、exynos4412 还是 exynos5250 的代码，进而分别处理，如代码清单 18.5 所示。

代码清单 18.5　of_machine_is_compatible() 的案例

```
1  static int exynos_cpufreq_probe(struct platform_device *pdev)
2  {
3          int ret = -EINVAL;
4
5          exynos_info = kzalloc(sizeof(*exynos_info), GFP_KERNEL);
6          if (!exynos_info)
7                  return -ENOMEM;
8
9          exynos_info->dev = &pdev->dev;
10
11         if (of_machine_is_compatible("samsung,exynos4210")) {
12                 exynos_info->type = EXYNOS_SOC_4210;
13                 ret = exynos4210_cpufreq_init(exynos_info);
14         } else if (of_machine_is_compatible("samsung,exynos4212")) {
15                 exynos_info->type = EXYNOS_SOC_4212;
16                 ret = exynos4x12_cpufreq_init(exynos_info);
17         } else if (of_machine_is_compatible("samsung,exynos4412")) {
18                 exynos_info->type = EXYNOS_SOC_4412;
19                 ret = exynos4x12_cpufreq_init(exynos_info);
20         } else if (of_machine_is_compatible("samsung,exynos5250")) {
21                 exynos_info->type = EXYNOS_SOC_5250;
22                 ret = exynos5250_cpufreq_init(exynos_info);
23         } else {
24                 pr_err("%s: Unknown SoC type\n", __func__);
25                 return -ENODEV;
26         }
27         ...
28  }
```

如果一个兼容包含多个字符串，譬如对于前面介绍的根节点兼容 compatible = "samsung,universal_c210", "samsung,exynos4210", "samsung,exynos4" 的情况，如下 3 个表达式都是成立的。

```
of_machine_is_compatible("samsung,universal_c210")
of_machine_is_compatible("samsung,exynos4210")
of_machine_is_compatible("samsung,exynos4")
```

18.2.3　设备节点兼容性

在 .dts 文件的每个设备节点中，都有一个兼容属性，兼容属性用于驱动和设备的绑定。兼容属性是一个字符串的列表，列表中的第一个字符串表征了节点代表的确切设备，形式为 "<manufacturer>,<model>"，其后的字符串表征可兼容的其他设备。可以说前面的是特指，后面的则涵盖更广的范围。如在 vexpress-v2m.dtsi 中的 Flash 节点如下：

```
flash@0,00000000 {
compatible = "arm,vexpress-flash", "cfi-flash";
reg = <0 0x00000000 0x04000000>,
<1 0x00000000 0x04000000>;
bank-width = <4>;
};
```

兼容属性的第 2 个字符串 "cfi-flash" 明显比第 1 个字符串 "arm,vexpress-flash" 涵盖的范围更广。

再如，Freescale MPC8349 SoC 含一个串口设备，它实现了国家半导体（National Semiconductor）的 NS16550 寄存器接口。则 MPC8349 串口设备的兼容属性为 compatible = "fsl,mpc8349-uart", "ns16550"。其中，fsl,mpc8349-uart 指代了确切的设备，ns16550 代表该设备与 NS16550 UART 保持了寄存器兼容。因此，设备节点的兼容性和根节点的兼容性是类似的，都是"从具体到抽象"。

使用设备树后，驱动需要与 .dts 中描述的设备节点进行匹配，从而使驱动的 probe() 函数执行。对于 platform_driver 而言，需要添加一个 OF 匹配表，如前文的 .dts 文件的 "acme,a1234-i2c-bus" 兼容 I²C 控制器节点的 OF 匹配表，具体代码清单 18.6 所示。

代码清单 18.6　platform 设备驱动中的 of_match_table

```
1  static const struct of_device_id a1234_i2c_of_match[] = {
2          { .compatible = "acme,a1234-i2c-bus", },
3          {},
4  };
5  MODULE_DEVICE_TABLE(of, a1234_i2c_of_match);
6
7  static struct platform_driver i2c_a1234_driver = {
8          .driver = {
9                  .name = "a1234-i2c-bus",
10                 .owner = THIS_MODULE,
11                 .of_match_table = a1234_i2c_of_match,
12         },
13         .probe = i2c_a1234_probe,
14         .remove = i2c_a1234_remove,
15 };
16 module_platform_driver(i2c_a1234_driver);
```

对于 I²C 和 SPI 从设备而言，同样也可以通过 of_match_table 添加匹配的 .dts 中的相关节点的兼容属性，如 sound/soc/codecs/wm8753.c 中的针对 WolfsonWM8753 的 of_match_table，具体如代码清单 18.7 所示。

代码清单 18.7　I²C、SPI 设备驱动中的 of_match_table

```
1  static const struct of_device_id wm8753_of_match[] = {
2          { .compatible = "wlf,wm8753", },
3          { }
```

```
 4  };
 5  MODULE_DEVICE_TABLE(of, wm8753_of_match);
 6  static struct spi_driver wm8753_spi_driver = {
 7          .driver = {
 8                  .name       = "wm8753",
 9                  .owner      = THIS_MODULE,
10                  .of_match_table = wm8753_of_match,
11          },
12          .probe          = wm8753_spi_probe,
13          .remove         = wm8753_spi_remove,
14  };
15  static struct i2c_driver wm8753_i2c_driver = {
16          .driver = {
17                  .name       = "wm8753",
18                  .owner = THIS_MODULE,
19                  .of_match_table = wm8753_of_match,
20          },
21          .probe =    wm8753_i2c_probe,
22          .remove =   wm8753_i2c_remove,
23          .id_table = wm8753_i2c_id,
24  };
```

上述代码中的第 2 行显示 WM8753 的供应商是 "wlf"，它其实是对应于 Wolfson Microelectronics 的前缀。详细的前缀可见于内核文档：Documentation/devicetree/bindings/vendor-prefixes.txt

对于 I²C、SPI 还有一点需要提醒的是，I²C 和 SPI 外设驱动和设备树中设备节点的兼容属性还有一种弱式匹配方法，就是"别名"匹配。兼容属性的组织形式为 <manufacturer>,<model>，别名其实就是去掉兼容属性中 manufacturer 前缀后的 <model> 部分。关于这一点，可查看 drivers/spi/spi.c 的源代码，函数 spi_match_device() 暴露了更多的细节，如果别名出现在设备 spi_driver 的 id_table 里面，或者别名与 spi_driver 的 name 字段相同，SPI 设备和驱动都可以匹配上，代码清单 18.8 显示了 SPI 的别名匹配。

代码清单 18.8　SPI 的别名匹配

```
 1  static int spi_match_device(struct device *dev, struct device_driver *drv)
 2  {
 3          const struct spi_device *spi = to_spi_device(dev);
 4          const struct spi_driver *sdrv = to_spi_driver(drv);
 5
 6          /* Attempt an OF style match */
 7          if (of_driver_match_device(dev, drv))
 8                  return 1;
 9
10          /* Then try ACPI */
11          if (acpi_driver_match_device(dev, drv))
12                  return 1;
13
```

```
14              if (sdrv->id_table)
15                      return !!spi_match_id(sdrv->id_table, spi);
16
17              return strcmp(spi->modalias, drv->name) == 0;
18      }
19      static const struct spi_device_id *spi_match_id(const struct spi_device_id *id,
20                                                      const struct spi_device *sdev)
21      {
22              while (id->name[0]) {
23                      if (!strcmp(sdev->modalias, id->name))
24                              return id;
25                      id++;
26              }
27              return NULL;
28      }
```

通过这个别名匹配，实际上，SPI 和 I²C 的外设驱动即使没有 of_match_table，还是可以和设备树中的节点匹配上的。

一个驱动可以在 of_match_table 中兼容多个设备，在 Linux 内核中常常使用如下 API 来判断具体的设备是什么：

```
int of_device_is_compatible(const struct device_node *device,const char *compat);
```

此函数用于判断设备节点的兼容属性是否包含 compat 指定的字符串。这个 API 多用于一个驱动支持两个以上设备的时候。

当一个驱动支持两个或多个设备的时候，这些不同 .dts 文件中设备的兼容属性都会写入驱动 OF 匹配表。因此驱动可以通过 Bootloader 传递给内核设备树中的真正节点的兼容属性以确定究竟是哪一种设备，从而根据不同的设备类型进行不同的处理。如 arch/powerpc/platforms/83xx/usb.c 中的 mpc831x_usb_cfg() 就进行了类似处理：

```
if (immr_node && (of_device_is_compatible(immr_node, "fsl,mpc8315-immr") ||
                of_device_is_compatible(immr_node, "fsl,mpc8308-immr")))
        clrsetbits_be32(immap + MPC83XX_SCCR_OFFS,
                        MPC8315_SCCR_USB_MASK,
                        MPC8315_SCCR_USB_DRCM_01);
else
        clrsetbits_be32(immap + MPC83XX_SCCR_OFFS,
                        MPC83XX_SCCR_USB_MASK,
                        MPC83XX_SCCR_USB_DRCM_11);

/* Configure pin mux for ULPI.  There is no pin mux for UTMI */
if (prop && !strcmp(prop, "ulpi")) {
if (of_device_is_compatible(immr_node, "fsl,mpc8308-immr")) {
                clrsetbits_be32(immap + MPC83XX_SICRH_OFFS,
                                MPC8308_SICRH_USB_MASK,
                                MPC8308_SICRH_USB_ULPI);
```

```
        } else if (of_device_is_compatible(immr_node, "fsl,mpc8315-immr")) {
                clrsetbits_be32(immap + MPC83XX_SICRL_OFFS,
                                MPC8315_SICRL_USB_MASK,
                                MPC8315_SICRL_USB_ULPI);
                clrsetbits_be32(immap + MPC83XX_SICRH_OFFS,
                                MPC8315_SICRH_USB_MASK,
                                MPC8315_SICRH_USB_ULPI);
        } else {
                clrsetbits_be32(immap + MPC83XX_SICRL_OFFS,
                                MPC831X_SICRL_USB_MASK,
                                MPC831X_SICRL_USB_ULPI);
                clrsetbits_be32(immap + MPC83XX_SICRH_OFFS,
                                MPC831X_SICRH_USB_MASK,
                                MPC831X_SICRH_USB_ULPI);
        }
}
```

它根据具体的设备是 fsl,mpc8315-immr 和 fsl,mpc8308-immr 中的哪一种来进行不同的处理。

当一个驱动可以兼容多种设备的时候，除了 of_device_is_compatible() 这种判断方法以外，还可以采用在驱动的 of_device_id 表中填充 .data 成员的形式。譬如，arch/arm/mm/cache-l2x0.c 支持 "arm,l210-cache" "arm,pl310-cache" "arm,l220-cache" 等多种设备，其 of_device_id 表如代码清单 18.9 所示。

代码清单 18.9　支持多个兼容性以及 .data 成员的 of_device_id 表

```
1  #define L2C_ID(name, fns) { .compatible = name, .data = (void *)&fns }
2  static const struct of_device_id l2x0_ids[] __initconst = {
3          L2C_ID("arm,l210-cache", of_l2c210_data),
4          L2C_ID("arm,l220-cache", of_l2c220_data),
5          L2C_ID("arm,pl310-cache", of_l2c310_data),
6          L2C_ID("brcm,bcm11351-a2-pl310-cache", of_bcm_l2x0_data),
7          L2C_ID("marvell,aurora-outer-cache", of_aurora_with_outer_data),
8          L2C_ID("marvell,aurora-system-cache", of_aurora_no_outer_data),
9          L2C_ID("marvell,tauros3-cache", of_tauros3_data),
10         /* Deprecated IDs */
11         L2C_ID("bcm,bcm11351-a2-pl310-cache", of_bcm_l2x0_data),
12         {}
13 };
```

在驱动中，通过如代码清单 18.10 的方法拿到了对应于 L2 缓存类型的 .data 成员，其中主要用到了 of_match_node() 这个 API。

代码清单 18.10　通过 of_match_node() 找到 .data

```
1  int __init l2x0_of_init(u32 aux_val, u32 aux_mask)
2  {
3          const struct l2c_init_data *data;
```

```
4        struct device_node *np;
5
6        np = of_find_matching_node(NULL, l2x0_ids);
7        if (!np)
8                return -ENODEV;
9        …
10       data = of_match_node(l2x0_ids, np)->data;
11   }
```

如果电路板的 .dts 文件中 L2 缓存是 arm,pl310-cache，那么上述代码第 10 行找到的 data 就是 of_l2c310_data，它是 l2c_init_data 结构体的一个实例。l2c_init_data 是一个由 L2 缓存驱动自定义的数据结构，在其定义中既可以保护数据成员，又可以包含函数指针，如代码清单 18.11 所示。

代码清单 18.11　与兼容对应的特定 data 实例

```
1    struct l2c_init_data {
2            const char *type;
3            unsigned way_size_0;
4            unsigned num_lock;
5            void (*of_parse)(const struct device_node *, u32 *, u32 *);
6            void (*enable)(void __iomem *, u32, unsigned);
7            void (*fixup)(void __iomem *, u32, struct outer_cache_fns *);
8            void (*save)(void __iomem *);
9            struct outer_cache_fns outer_cache;
10   };
```

通过这种方法，驱动可以把与某个设备兼容的私有数据寻找出来，如此体现了一种面向对象的设计思想，避免了大量的 if, else 或者 switch, case 语句。

18.2.4　设备节点及 label 的命名

代码清单 18.2 的 .dts 文件中，根节点 "/" 的 cpus 子节点下面又包含两个 cpu 子节点，描述了此设备上的两个 CPU，并且两者的兼容属性为："arm,cortex-a9"。

注意 cpus 和 cpus 的两个 cpu 子节点的命名，它们遵循的组织形式为 <name>[@<unit-address>]，<> 中的内容是必选项，[] 中的则为可选项。name 是一个 ASCII 字符串，用于描述节点对应的设备类型，如 3com Ethernet 适配器对应的节点 name 宜为 ethernet，而不是 3com509。如果一个节点描述的设备有地址，则应该给出 @unit-address。多个相同类型设备节点的 name 可以一样，只要 unit-address 不同即可，如本例中含有 cpu@0、cpu@1 以及 serial@101f0000 与 serial@101f2000 这样的同名节点。设备的 unit-address 地址也经常在其对应节点的 reg 属性中给出。

对于挂在内存空间的设备而言，@ 字符后跟的一般就是该设备在内存空间的基地址，譬如 arch/arm/boot/dts/exynos4210.dtsi 中存在的：

```
sysram@02020000 {
        compatible = "mmio-sram";
        reg = <0x02020000 0x20000>;
        ...
}
```

上述节点的 reg 属性的开始位置与 @ 后面的地址一样。

对于挂在 I²C 总线上的外设而言，@ 后面一般跟的是从设备的 I²C 地址，譬如 arch/arm/boot/dts/exynos4210-trats.dts 中的 mms114-touchscreen：

```
i2c@13890000 {
        ...
        mms114-touchscreen@48 {
                compatible = "melfas,mms114";
                reg = <0x48>;
                ...
        };
};
```

上述节点的 reg 属性标示的 I²C 从地址与 @ 后面的地址一样。

具体的节点命名规范可见 ePAPR（embedded Power Architecture Platform Reference）标准，在 https://www.power.org 中可下载该标准。

我们还可以给一个设备节点添加 label，之后可以通过 &label 的形式访问这个 label，这种引用是通过 phandle（pointer handle）进行的。

例如，在 arch/arm/boot/dts/omap5.dtsi 中，第 3 组 GPIO 有 gpio3 这个 label，如代码清单 18.12 所示。

代码清单 18.12　在设备树中定义 label

```
1  gpio3: gpio@48057000 {
2          compatible = "ti,omap4-gpio";
3          reg = <0x48057000 0x200>;
4          interrupts = <GIC_SPI 31 IRQ_TYPE_LEVEL_HIGH>;
5          ti,hwmods = "gpio3";
6          gpio-controller;
7          #gpio-cells = <2>;
8          interrupt-controller;
9          #interrupt-cells = <2>;
10 };
```

而 hsusb2_phy 这个 USB 的 PHY 复位 GPIO 用的是这组 GPIO 中的一个，所以它通过 phandle 引用了 "gpio3"，如代码清单 18.13 所示。

代码清单 18.13　通过 phandle 引用其他节点

```
1  /* HS USB Host PHY on PORT 2 */
2  hsusb2_phy: hsusb2_phy {
```

```
        3             compatible = "usb-nop-xceiv";
        4             reset-gpios = <&gpio3 12 GPIO_ACTIVE_LOW>; /* gpio3_76 HUB_RESET */
        5   };
```

代码清单18.12第1行的gpio3是gpio@48057000节点的label，而代码清单18.13的hsusb2_phy则通过&gpio3引用了这个节点，表明自己要使用这一组GPIO中的第12个GPIO。很显然，这种phandle引用其实表明硬件之间的一种关联性。

再举一例，在arch/arm/boot/dts/omap5.dtsi中，我们可以看到类似如下的label，从这些实例可以看出，label习惯以<设备类型><index>进行命名：

```
i2c1: i2c@48070000 {
}
i2c2: i2c@48072000 {
}
i2c3: i2c@48060000 {
}
...
```

读者也许发现了一个奇怪的现象，就是代码清单18.13中居然引用了GPIO_ACTIVE_LOW这个类似C语言的宏。文件.dts的编译过程确实支持C的预处理，相应的.dts文件也包括了包含GPIO_ACTIVE_LOW这个宏定义的头文件：

```
#include <dt-bindings/gpio/gpio.h>
```

对于ARM而言，dt-bindings头文件位于内核的arch/arm/boot/dts/include/dt-bindings目录中。观察该目录的属性，它实际上是一个符号链接：

```
baohua@baohua-VirtualBox:~/develop/linux/arch/arm/boot/dts/include$ ls -l dt-
         bindings
lrwxrwxrwx 1 baohua baohua 34 11月 28 00:16 dt-bindings -> ../../../../../
         include/dt-bindings
```

从内核的scripts/Makefile.lib这个文件可以看出，文件.dts的编译过程确实是支持C预处理的。

```
cmd_dtc = $(CPP) $(dtc_cpp_flags) -x assembler-with-cpp -o $(dtc-tmp) $< ; \
          $(objtree)/scripts/dtc/dtc -O dtb -o $@ -b 0 \
                  -i $(dir $<) $(DTC_FLAGS) \
                  -d $(depfile).dtc.tmp $(dtc-tmp) ; \
cat $(depfile).pre.tmp $(depfile).dtc.tmp > $(depfile)
```

它是先做了$(CPP) $(dtc_cpp_flags) -x assembler-with-cpp -o $(dtc-tmp) $<，再做的.dtc编译。

18.2.5 地址编码

可寻址的设备使用如下信息在设备树中编码地址信息：

```
reg
    #address-cells
    #size-cells
```

其中，reg 的组织形式为 reg = <address1 length1 [address2 length2] [address3 length3] ... >，其中的每一组 address length 表明了设备使用的一个地址范围。address 为 1 个或多个 32 位的整型（即 cell），而 length 的意义则意味着从 address 到 address+length–1 的地址范围都属于该节点。若 #size-cells = 0，则 length 字段为空。

address 和 length 字段是可变长的，父节点的 #address-cells 和 #size-cells 分别决定了子节点 reg 属性的 address 和 length 字段的长度。

在代码清单 18.2 中，根节点的 #address-cells = <1>; 和 #size-cells = <1>; 决定了 serial、gpio、spi 等节点的 address 和 length 字段的长度分别为 1。

cpus 节点的 #address-cells = <1>; 和 #size-cells = <0>; 决定了两个 cpu 子节点的 address 为 1，而 length 为空，于是形成了两个 cpu 的 reg = <0>; 和 reg = <1>;。

external-bus 节点的 #address-cells = <2> 和 #size-cells = <1>; 决定了其下的 ethernet、i2c、flash 的 reg 字段形如 reg = <0 0 0x1000>;、reg = <1 0 0x1000>; 和 reg = <2 0 0x4000000>;。其中，address 字段长度为 2，开始的第一个 cell（即 "<" 后的 0、1、2）是对应的片选，第 2 个 cell（即 <0 0 0x1000>、<1 0 0x1000> 和 <2 0 0x1000000> 中间的 0，0，0）是相对该片选的基地址，第 3 个 cell（即 ">" 前的 0x1000、0x1000、0x1000000）为 length。

特别要留意的是 i2c 节点中定义的 #address-cells = <1>; 和 #size-cells = <0>;，其作用到了 I^2C 总线上连接的 RTC，它的 address 字段为 0x58，是 RTC 设备的 I^2C 地址。

根节点的直接子节点描述的是 CPU 的视图，因此根子节点的 address 区域就直接位于 CPU 的内存区域。但是，经过总线桥后的 address 往往需要经过转换才能对应 CPU 的内存映射。external-bus 的 ranges 属性定义了经过 external-bus 桥后的地址范围如何映射到 CPU 的内存区域。

```
ranges = <0 0  0x10100000   0x10000      //Chipselect 1, Ethernet
          1 0  0x10160000   0x10000      //Chipselect 2, i2c controller
          2 0  0x30000000   0x1000000>;  //Chipselect 3, NOR Flash
```

ranges 是地址转换表，其中的每个项目是一个子地址、父地址以及在子地址空间的大小的映射。映射表中的子地址、父地址分别采用子地址空间的 #address-cells 和父地址空间的 #address-cells 大小。对于本例而言，子地址空间的 #address-cells 为 2，父地址空间的 #address-cells 值为 1，因此 0 0 0x10100000 0x10000 的前 2 个 cell 为 external-bus 桥后 external-bus 上片选 0 偏移 0，第 3 个 cell 表示 external-bus 上片选 0 偏移 0 的地址空间被映射到 CPU 的本地总线的 0x10100000 位置，第 4 个 cell 表示映射的大小为 0x10000。ranges 后面两个项目的含义可以类推。

18.2.6 中断连接

设备树中还可以包含中断连接信息,对于中断控制器而言,它提供如下属性:

interrupt-controller– 这个属性为空,中断控制器应该加上此属性表明自己的身份;

#interrupt-cells– 与 #address-cells 和 #size-cells 相似,它表明连接此中断控制器的设备的中断属性的 cell 大小。

在整个设备树中,与中断相关的属性还包括:

interrupt-parent– 设备节点通过它来指定它所依附的中断控制器的 phandle,当节点没有指定 interrupt-parent 时,则从父级节点继承。对于本例(代码清单 18.2)而言,根节点指定了 interrupt-parent = <&intc>;,其对应于 intc: interrupt-controller@10140000,而根节点的子节点并未指定 interrupt-parent,因此它们都继承了 intc,即位于 0x10140000 的中断控制器中。

interrupts– 用到了中断的设备节点,通过它指定中断号、触发方法等,这个属性具体含有多少个 cell,由它依附的中断控制器节点的 #interrupt-cells 属性决定。而每个 cell 具体又是什么含义,一般由驱动的实现决定,而且也会在设备树的绑定文档中说明。譬如,对于 ARM GIC 中断控制器而言,#interrupt-cells 为 3,3 个 cell 的具体含义在 Documentation/devicetree/bindings/arm/gic.txt 中就有如下文字说明:

```
The 1st cell is the interrupt type; 0 for SPI interrupts, 1 for PPI
interrupts.

The 2nd cell contains the interrupt number for the interrupt type.
SPI interrupts are in the range [0-987].  PPI interrupts are in the
range [0-15].

The 3rd cell is the flags, encoded as follows:
bits[3:0] trigger type and level flags.
          1 = low-to-high edge triggered
          2 = high-to-low edge triggered
          4 = active high level-sensitive
          8 = active low level-sensitive
bits[15:8] PPI interrupt cpu mask.  Each bit corresponds to each of
the 8 possible cpus attached to the GIC.  A bit set to '1' indicated
the interrupt is wired to that CPU.  Only valid for PPI interrupts.
```

另外,值得注意的是,一个设备还可能用到多个中断号。对于 ARM GIC 而言,若某设备使用了 SPI 的 168 号、169 号两个中断,而且都是高电平触发,则该设备节点的中断属性可定义为 interrupts = <0 168 4>,<0 169 4>;。

对于平台设备而言,简单的通过如下 API 就可以指定想取哪一个中断,其中的参数 num 就是中断的 index。

```
int platform_get_irq(struct platform_device *dev, unsigned int num);
```

当然在 .dts 文件中可以对中断进行命名，而后在驱动中通过 platform_get_irq_byname() 来获取对应的中断号。譬如代码清单 18.14 演示了在 drivers/dma/fsl-edma.c 中通过 platform_get_irq_byname() 获取 IRQ，以及 arch/arm/boot/dts/vf610.dtsi 与 fsl-edma 驱动对应节点的中断描述。

代码清单 18.14　设备树中的中断名称以及驱动获取中断

```
1  static int
2  fsl_edma_irq_init(struct platform_device *pdev,struct fsl_edma_engine *fsl_edma)
3  {
4      fsl_edma->txirq = platform_get_irq_byname(pdev, "edma-tx");
5      fsl_edma->errirq = platform_get_irq_byname(pdev, "edma-err");
6  }
7
8  edma0: dma-controller@40018000 {
9          #dma-cells = <2>;
10         compatible = "fsl,vf610-edma";
11         reg = <0x40018000 0x2000>,
12               <0x40024000 0x1000>,
13               <0x40025000 0x1000>;
14         interrupts = <0 8 IRQ_TYPE_LEVEL_HIGH>,
15                      <0 9 IRQ_TYPE_LEVEL_HIGH>;
16         interrupt-names = "edma-tx", "edma-err";
17         dma-channels = <32>;
18         clock-names = "dmamux0", "dmamux1";
19         clocks = <&clks VF610_CLK_DMAMUX0>,
20                  <&clks VF610_CLK_DMAMUX1>;
21 };
```

第 4 行、第 5 行的 platform_get_irq_byname() 的第 2 个参数与 .dts 中的 interrupt-names 是一致的。

18.2.7　GPIO、时钟、pinmux 连接

除了中断以外，在 ARM Linux 中时钟、GPIO、pinmux 都可以通过 .dts 中的节点和属性进行描述。

1. GPIO

譬如，对于 GPIO 控制器而言，其对应的设备节点需声明 gpio-controller 属性，并设置 #gpio-cells 的大小。譬如，对于兼容性为 fsl,imx28-pinctrl 的 pinctrl 驱动而言，其 GPIO 控制器的设备节点类似于：

```
pinctrl@80018000 {
        compatible = "fsl,imx28-pinctrl", "simple-bus";
        reg = <0x80018000 2000>;

        gpio0: gpio@0 {
```

```
                        compatible = "fsl,imx28-gpio";
                        interrupts = <127>;
                        gpio-controller;
                        #gpio-cells = <2>;
                        interrupt-controller;
                        #interrupt-cells = <2>;
            };

            gpio1: gpio@1 {
                        compatible = "fsl,imx28-gpio";
                        interrupts = <126>;
                        gpio-controller;
                        #gpio-cells = <2>;
                        interrupt-controller;
                        #interrupt-cells = <2>;
            };
            ...
};
```

其中，#gpio-cells 为 2，第 1 个 cell 为 GPIO 号，第 2 个为 GPIO 的极性。为 0 的时候是高电平有效，为 1 的时候则是低电平有效。

使用 GPIO 的设备则通过定义命名 xxx-gpios 属性来引用 GPIO 控制器的设备节点，如：

```
sdhci@c8000400 {
    status = "okay";
    cd-gpios = <&gpio01 0>;
    wp-gpios = <&gpio02 0>;
    power-gpios = <&gpio03 0>;
    bus-width = <4>;
};
```

而具体的设备驱动则通过类似如下的方法来获取 GPIO：

```
cd_gpio = of_get_named_gpio(np, "cd-gpios", 0);
wp_gpio = of_get_named_gpio(np, "wp-gpios", 0);
power_gpio = of_get_named_gpio(np, "power-gpios", 0);
```

of_get_named_gpio() 这个 API 的原型如下：

```
static inline int of_get_named_gpio(struct device_node *np,
const char *propname, int index);
```

在 .dts 和设备驱动不关心 GPIO 名字的情况下，也可以直接通过 of_get_gpio() 获取 GPIO，此函数原型为：

```
static inline int of_get_gpio(struct device_node *np, int index);
```

如对于 compatible = "gpio-control-nand" 的基于 GPIO 的 NAND 控制器而言，在 .dts 中会定义多个 gpio 属性：

```
gpio-nand@1,0 {
    compatible = "gpio-control-nand";
    reg = <1 0x0000 0x2>;
    #address-cells = <1>;
    #size-cells = <1>;
    gpios = <&banka 1 0      /* rdy */
             &banka 2 0      /* nce */
             &banka 3 0      /* ale */
             &banka 4 0      /* cle */
             0               /* nwp */>;

    partition@0 {
        ...
    };
};
```

在相应的驱动代码 drivers/mtd/nand/gpio.c 中是这样获取这些 GPIO 的：

```
plat->gpio_rdy = of_get_gpio(dev->of_node, 0);
plat->gpio_nce = of_get_gpio(dev->of_node, 1);
plat->gpio_ale = of_get_gpio(dev->of_node, 2);
plat->gpio_cle = of_get_gpio(dev->of_node, 3);
plat->gpio_nwp = of_get_gpio(dev->of_node, 4);
```

2. 时钟

时钟和 GPIO 也是类似的，时钟控制器的节点被使用时钟的模块引用：

```
clocks = <&clks 138>, <&clks 140>, <&clks 141>;
clock-names = "uart", "general", "noc";
```

而驱动中则使用上述的 clock-names 属性作为 clk_get() 或 devm_clk_get() 的第二个参数来申请时钟，譬如获取第 2 个时钟：

```
devm_clk_get(&pdev->dev, "general");
```

<&clks 138> 里的 138 这个 index 是与相应时钟驱动中 clk 的表的顺序对应的，很多开发者也认为这种数字出现在设备树中不太好，因此他们把 clk 的 index 作为宏定义到了 arch/arm/boot/dts/include/dt-bindings/clock 中。譬如 include/dt-bindings/clock/imx6qdl-clock.h 中存在这样的宏：

```
#define IMX6QDL_CLK_STEP                    16
#define IMX6QDL_CLK_PLL1_SW                 17
...
#define IMX6QDL_CLK_ARM                     104
...
```

而 arch/arm/boot/dts/imx6q.dtsi 则是这样引用它们的：

```
clocks = <&clks IMX6QDL_CLK_ARM>,
```

```
<&clks IMX6QDL_CLK_PLL2_PFD2_396M>,
<&clks IMX6QDL_CLK_STEP>,
<&clks IMX6QDL_CLK_PLL1_SW>,
<&clks IMX6QDL_CLK_PLL1_SYS>;
```

3. pinmux

在设备树中,某个设备节点使用的 pinmux 的引脚群是通过 phandle 来指定的。譬如在 arch/arm/boot/dts/atlas6.dtsi 的 pinctrl 节点中包含所有引脚群的描述,如代码清单 18.15 所示。

代码清单 18.15 设备树中 pinctrl 控制器的引脚群

```
1  gpio: pinctrl@b0120000 {
2          #gpio-cells = <2>;
3          #interrupt-cells = <2>;
4          compatible = "sirf,atlas6-pinctrl";
5          ...
6
7          lcd_16pins_a: lcd0@0 {
8                  lcd {
9                          sirf,pins = "lcd_16bitsgrp";
10                         sirf,function = "lcd_16bits";
11                 };
12         };
13         ...
14         spi0_pins_a: spi0@0 {
15                 spi {
16                         sirf,pins = "spi0grp";
17                         sirf,function = "spi0";
18                 };
19         };
20         spi1_pins_a: spi1@0 {
21                 spi {
22                         sirf,pins = "spi1grp";
23                         sirf,function = "spi1";
24                 };
25         };
26         ...
27 };
```

而 SPI0 这个硬件实际上需要用到 spi0_pins_a 对应的 spi0grp 这一组引脚,因此在 atlas6-evb.dts 中通过 pinctrl-0 引用了它,如代码清单 18.16 所示。

代码清单 18.16 给设备节点指定引脚群

```
1 spi@b00d0000 {
2         status = "okay";
3         pinctrl-names = "default";
4         pinctrl-0 = <&spi0_pins_a>;
5         ...
6 };
```

到目前为止，我们可以勾勒出一个设备树的全局视图，图 18.2 显示了设备树中的节点、属性、label 以及 phandle 等信息。

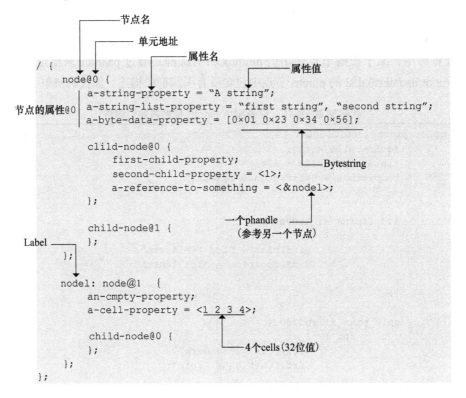

图 18.2 设备树的全景视图

18.3 由设备树引发的 BSP 和驱动变更

有了设备树后，不再需要大量的板级信息，譬如过去经常在 arch/arm/plat-xxx 和 arch/arm/mach-xxx 中实施如下事情。

1. 注册 platform_device，绑定 resource，即内存、IRQ 等板级信息

通过设备树后，形如：

```
static struct resource xxx_resources[] = {
    [0] = {
        .start  = …,
        .end    = …,
        .flags  = IORESOURCE_MEM,
    },
    [1] = {
        .start  = …,
```

```
                .end            = ...,
                .flags          = IORESOURCE_IRQ,
        },
};

static struct platform_device xxx_device = {
        .name           = "xxx",
        .id             = -1,
        .dev            = {
                        .platform_data          = &xxx_data,
        },
        .resource       = xxx_resources,
        .num_resources  = ARRAY_SIZE(xxx_resources),
};
```

之类的 platform_device 代码都不再需要，其中 platform_device 会由内核自动展开。而这些 resource 实际来源于 .dts 中设备节点的 reg、interrupts 属性。

典型的，大多数总线都与"simple_bus"兼容，而在与 SoC 对应的设备的 .init_machine 成员函数中，调用 of_platform_bus_probe(NULL, xxx_of_bus_ids, NULL); 即可自动展开所有的 platform_device。

2. 注册 i2c_board_info，指定 IRQ 等板级信息

形如：

```
static struct i2c_board_info __initdata afeb9260_i2c_devices[] = {
        {
                I2C_BOARD_INFO("tlv320aic23", 0x1a),
        }, {
                I2C_BOARD_INFO("fm3130", 0x68),
        }, {
                I2C_BOARD_INFO("24c64", 0x50),
        },
};
```

之类的 i2c_board_info 代码目前不再需要出现，现在只需要把 tlv320aic23、fm3130、24c64 这些设备节点填充作为相应的 I^2C 控制器节点的子节点即可，类似于前面的代码：

```
        i2c@1,0 {
            compatible = "acme,a1234-i2c-bus";
            ...
            rtc@58 {
            compatible = "maxim,ds1338";
            reg = <58>;
            interrupts = < 7 3 >;
            };
        };
```

设备树中的 I^2C 客户端会通过在 I^2C host 驱动的 probe() 函数中调用 of_i2c_register_ devices(&i2c_dev->adapter); 被自动展开。

3. 注册 spi_board_info，指定 IRQ 等板级信息

形如：

```
static struct spi_board_info afeb9260_spi_devices[] = {
        {        /* DataFlash chip */
                .modalias       = "mtd_dataflash",
                .chip_select    = 1,
                .max_speed_hz   = 15 * 1000 * 1000,
                .bus_num        = 0,
        },
};
```

之类的 spi_board_info 代码目前不再需要出现，与 I^2C 类似，现在只需要把 mtd_dataflash 之类的节点作为 SPI 控制器的子节点即可，SPI host 驱动的 probe() 函数通过 spi_register_master() 注册主机的时候，会自动展开依附于它的从机，spear1310-evb.dts 中的 st,m25p80 SPI 接口的 NOR Flash 节点如下：

```
spi0: spi@e0100000 {
        status = "okay";
        num-cs = <3>;
        m25p80@1 {
                compatible = "st,m25p80";
                ...
        };
}
```

4. 多个针对不同电路板的设备，以及相关的回调函数

在过去，ARM Linux 针对不同的电路板会建立由 MACHINE_START 和 MACHINE_END 包围的设备，引入设备树之后，MACHINE_START 变更为 DT_MACHINE_START，其中含有一个 .dt_compat 成员，用于表明相关的设备与 .dts 中根节点的兼容属性的兼容关系。

这样可以显著改善代码的结构并减少冗余的代码，在不支持设备树的情况下，光是一个 S3C24xx 就存在多个板文件，譬如 mach-amlm5900.c、mach-gta02.c、mach-smdk2410.c、mach-qt2410.c、mach-rx3715.c 等，其累计的代码量是相当大的，板级信息都用 C 语言来实现。而采用设备树后，我们可以对多个 SoC 和板子使用同一个 DT_MACHINE 和板文件，板子和板子之间的差异更多只是通过不同的 .dts 文件来体现。

5. 设备与驱动的匹配方式

使用设备树后，驱动需要与在 .dts 中描述的设备节点进行匹配，从而使驱动的 probe() 函数执行。新的驱动、设备的匹配变成了设备树节点的兼容属性和设备驱动中的 OF 匹配表的匹配。

6. 设备的平台数据属性化

在 Linux 2.6 下，驱动习惯自定义 platform_data，在 arch/arm/mach-xxx 注册 platform_ device、i2c_board_info、spi_board_info 等的时候绑定 platform_data，而后驱动通过标准 API 获取平台数据。譬如，在 arch/arm/mach-at91/board-sam9263ek.c 下用如下代码注册 gpio_keys 设备，它通过 gpio_keys_platform_data 结构体来定义 platform_data。

```
static struct gpio_keys_button ek_buttons[] = {
        {       /* BP1, "leftclic" */
                .code           = BTN_LEFT,
                .gpio           = AT91_PIN_PC5,
                .active_low     = 1,
                .desc           = "left_click",
                .wakeup         = 1,
        },
        {       /* BP2, "rightclic" */
                ...
        },
};

static struct gpio_keys_platform_data ek_button_data = {
    .buttons    = ek_buttons,
    .nbuttons   = ARRAY_SIZE(ek_buttons),
};

static struct platform_device ek_button_device = {
    .name           = "gpio-keys",
    .id             = -1,
    .num_resources  = 0,
    .dev            = {
            .platform_data = &ek_button_data,
    }
};
```

设备驱动 drivers/input/keyboard/gpio_keys.c 则通过如下简单方法取得这个信息。

```
static int gpio_keys_probe(struct platform_device *pdev)
{
        struct device *dev = &pdev->dev;
        const struct gpio_keys_platform_data *pdata = dev_get_platdata(dev);
        ...
}
```

在转移到设备树后，platform_data 便不再喜欢放在 arch/arm/mach-xxx 中了，它需要从设备树的属性中获取，比如一个电路板上有 gpio_keys，则只需要在设备树中添加类似 arch/arm/boot/dts/exynos4210-origen.dts 中的如代码清单 18.17 所示的信息则可。

代码清单 18.17　在设备树中添加 GPIO 按键信息

```
1  gpio_keys {
2          compatible = "gpio-keys";
3          #address-cells = <1>;
```

```
4          #size-cells = <0>;
5
6          up {
7                  label = "Up";
8                  gpios = <&gpx2 0 1>;
9                  linux,code = <KEY_UP>;
10                 gpio-key,wakeup;
11         };
12
13         down {
14                 label = "Down";
15                 gpios = <&gpx2 1 1>;
16                 linux,code = <KEY_DOWN>;
17                 gpio-key,wakeup;
18         };
19         ...
20 };
```

而 drivers/input/keyboard/gpio_keys.c 则通过以 of_ 开头的读属性的 API 来读取这些信息，并组织出 gpio_keys_platform_data 结构体，如代码清单 18.18 所示。

代码清单 18.18　在 GPIO 按键驱动中获取 .dts 中的键描述

```
1  static struct gpio_keys_platform_data *
2  gpio_keys_get_devtree_pdata(struct device *dev)
3  {
4          struct device_node *node, *pp;
5          struct gpio_keys_platform_data *pdata;
6          struct gpio_keys_button *button;
7          int error;
8          int nbuttons;
9          int i;
10
11         node = dev->of_node;
12         if (!node)
13                 return ERR_PTR(-ENODEV);
14
15         nbuttons = of_get_child_count(node);
16         if (nbuttons == 0)
17                 return ERR_PTR(-ENODEV);
18
19         pdata = devm_kzalloc(dev,
20                         sizeof(*pdata) + nbuttons * sizeof(*button),
21                         GFP_KERNEL);
22         if (!pdata)
23                 return ERR_PTR(-ENOMEM);
24
25         pdata->buttons = (struct gpio_keys_button *)(pdata + 1);
26         pdata->nbuttons = nbuttons;
27
```

```
28              pdata->rep = !!of_get_property(node, "autorepeat", NULL);
29
30              i = 0;
31              for_each_child_of_node(node, pp) {
32                      int gpio;
33                      enum of_gpio_flags flags;
34
35                      if (!of_find_property(pp, "gpios", NULL)) {
36                              pdata->nbuttons--;
37                              dev_warn(dev, "Found button without gpios\n");
38                              continue;
39                      }
40
41                      gpio = of_get_gpio_flags(pp, 0, &flags);
42                      if (gpio < 0) {
43                              error = gpio;
44                              if (error != -EPROBE_DEFER)
45                                      dev_err(dev,
46                                              "Failed to get gpio flags, error: %d\n",
47                                              error);
48                              return ERR_PTR(error);
49                      }
50
51                      button = &pdata->buttons[i++];
52
53                      button->gpio = gpio;
54                      button->active_low = flags & OF_GPIO_ACTIVE_LOW;
55
56                      if (of_property_read_u32(pp, "linux,code", &button->code)) {
57                              dev_err(dev, "Button without keycode: 0x%x\n",
58                                      button->gpio);
59                              return ERR_PTR(-EINVAL);
60                      }
61
62                      button->desc = of_get_property(pp, "label", NULL);
63
64                      if (of_property_read_u32(pp, "linux,input-type", &button->type))
65                              button->type = EV_KEY;
66
67                      button->wakeup = !!of_get_property(pp, "gpio-key,wakeup", NULL);
68
69                      if (of_property_read_u32(pp, "debounce-interval",
70                                               &button->debounce_interval))
71                              button->debounce_interval = 5;
72              }
73
74              if (pdata->nbuttons == 0)
75                      return ERR_PTR(-EINVAL);
76
77              return pdata;
78      }
```

上述代码通过第 31 行的 for_each_child_of_node() 遍历 gpio_keys 节点下的所有子节点，并通过 of_get_gpio_flags()、of_property_read_u32() 等 API 读取出来与各个子节点对应的 GPIO 以及与每个 GPIO 对应的键盘键值等。

18.4 常用的 OF API

除了前文介绍的 of_machine_is_compatible()、of_device_is_compatible() 等常用函数以外，在 Linux 的 BSP 和驱动代码中，经常会使用到一些 Linux 中其他设备树的 API，这些 API 通常被冠以 of_ 前缀，它们的实现代码位于内核的 drivers/of 目录下。

这些常用的 API 包括下面内容。

1. 寻找节点

```
struct device_node *of_find_compatible_node(struct device_node *from,
const char *type, const char *compatible);
```

根据兼容属性，获得设备节点。遍历设备树中的设备节点，看看哪个节点的类型、兼容属性与本函数的输入参数匹配，在大多数情况下，from、type 为 NULL，则表示遍历了所有节点。

2. 读取属性

```
int of_property_read_u8_array(const struct device_node *np,
const char *propname, u8 *out_values, size_t sz);
int of_property_read_u16_array(const struct device_node *np,
const char *propname, u16 *out_values, size_t sz);
int of_property_read_u32_array(const struct device_node *np,
const char *propname, u32 *out_values, size_t sz);
int of_property_read_u64(const struct device_node *np, const char
*propname, u64 *out_value);
```

读取设备节点 np 的属性名，为 propname，属性类型为 8、16、32、64 位整型数组。对于 32 位处理器来讲，最常用的是 of_property_read_u32_array()。

如在 arch/arm/mm/cache-l2x0.c 中，通过如下语句可读取 L2 cache 的 "arm,data-latency" 属性：

```
of_property_read_u32_array(np, "arm,data-latency",
data, ARRAY_SIZE(data));
```

在 arch/arm/boot/dts/vexpress-v2p-ca9.dts 中，对应的含有 "arm,data-latency" 属性的 L2 cache 节点如下：

```
L2: cache-controller@1e00a000 {
    compatible = "arm,pl310-cache";
    reg = <0x1e00a000 0x1000>;
    interrupts = <0 43 4>;
```

```
        cache-level = <2>;
        arm,data-latency = <1 1 1>;
        arm,tag-latency = <1 1 1>;
}
```

在有些情况下，整型属性的长度可能为 1，于是内核为了方便调用者，又在上述 API 的基础上封装出了更加简单的读单一整形属性的 API，它们为 int of_property_read_u8()、of_property_read_u16() 等，实现于 include/linux/of.h 中，如代码清单 18.19 所示。

代码清单 18.19　设备树中整型属性的读取 API

```
1  static inline int of_property_read_u8(const struct device_node *np,
2                                         const char *propname,
3                                         u8 *out_value)
4  {
5          return of_property_read_u8_array(np, propname, out_value, 1);
6  }
7
8  static inline int of_property_read_u16(const struct device_node *np,
9                                          const char *propname,
10                                         u16 *out_value)
11 {
12         return of_property_read_u16_array(np, propname, out_value, 1);
13 }
14
15 static inline int of_property_read_u32(const struct device_node *np,
16                                         const char *propname,
17                                         u32 *out_value)
18 {
19         return of_property_read_u32_array(np, propname, out_value, 1);
20 }
```

除了整型属性外，字符串属性也比较常用，其对应的 API 包括：

```
int of_property_read_string(struct device_node *np, const char
*propname,const char **out_string);
int of_property_read_string_index(struct device_node *np, const char
   *propname,int index, const char **output);
```

前者读取字符串属性，后者读取字符串数组属性中的第 index 个字符串。如 drivers/clk/clk.c 中的 of_clk_get_parent_name() 函数就通过 of_property_read_string_index() 遍历 clkspec 节点的所有 "clock-output-names" 字符串数组属性。

代码清单 18.20　在驱动中读取第 index 个字符串的例子

```
1  const char *of_clk_get_parent_name(struct device_node *np, int index)
2  {
3          struct of_phandle_args clkspec;
4          const char *clk_name;
5          int rc;
```

```
 6
 7          if (index < 0)
 8              return NULL;
 9
10          rc = of_parse_phandle_with_args(np, "clocks", "#clock-cells", index,
11                                  &clkspec);
12          if (rc)
13              return NULL;
14
15          if (of_property_read_string_index(clkspec.np, "clock-output-names",
16                                  clkspec.args_count ?clkspec.args[0] : 0,
17                                  &clk_name) < 0)
18              clk_name = clkspec.np->name;
19
20          of_node_put(clkspec.np);
21          return clk_name;
22      }
23  EXPORT_SYMBOL_GPL(of_clk_get_parent_name);
```

除整型、字符串以外的最常用属性类型就是布尔型，其对应的 API 很简单，具体如下

```
static inline bool of_property_read_bool(const struct device_node *np,
    const char *propname);
```

如果设备节点 np 含有 propname 属性，则返回 true，否则返回 false。一般用于检查空属性是否存在。

3. 内存映射

```
void __iomem *of_iomap(struct device_node *node, int index);
```

上述 API 可以直接通过设备节点进行设备内存区间的 ioremap()，index 是内存段的索引。若设备节点的 reg 属性有多段，可通过 index 标示要 ioremap() 的是哪一段，在只有 1 段的情况，index 为 0。采用设备树后，一些设备驱动通过 of_iomap() 而不再通过传统的 ioremap() 进行映射，当然，传统的 ioremap() 的用户也不少。

```
int of_address_to_resource(struct device_node *dev, int index,
    struct resource *r);
```

上述 API 通过设备节点获取与它对应的内存资源的 resource 结构体。其本质是分析 reg 属性以获取内存基地址、大小等信息并填充到 struct resource *r 参数指向的结构体中。

4. 解析中断

```
unsigned int irq_of_parse_and_map(struct device_node *dev, int index);
```

通过设备树获得设备的中断号，实际上是从 .dts 中的 interrupts 属性里解析出中断号。若设备使用了多个中断，index 指定中断的索引号。

5. 获取与节点对应的 platform_device

```
struct platform_device *of_find_device_by_node(struct device_node *np);
```

在可以拿到 device_node 的情况下，如果想反向获取对应的 platform_device，可使用上述 API。

当然，在已知 platform_device 的情况下，想获取 device_node 则易如反掌，例如：

```
static int sirfsoc_dma_probe(struct platform_device *op)
{
struct device_node *dn = op->dev.of_node;
      ...
}
```

18.5 总结

充斥着 ARM 社区的大量垃圾代码导致 Linus 盛怒，因此该社区在 2011 ~ 2012 年进行了大量的修整工作。ARM Linux 开始围绕设备树展开，设备树有自己的独立语法，它的源文件为 .dts，编译后得到 .dtb，Bootloader 在引导 Linux 内核的时候会将 .dtb 地址告知内核。之后内核会展开设备树并创建和注册相关的设备，因此 arch/arm/mach-xxx 和 arch/arm/plat-xxx 中的大量用于注册 platform、I²C、SPI 等板级信息的代码被删除，而驱动也以新的方式与在 .dts 中定义的设备节点进行匹配。

第 19 章
Linux 电源管理的系统架构和驱动

本章导读

Linux 在消费电子领域的应用已经相当普遍，而对于消费电子产品而言，省电是一个重要的议题。

19.1 节阐述了 Linux 电源管理的总体架构。

19.2~19.8 节分别论述了 CPUFreq、CPUIdle、CPU 热插拔以及底层的基础设施 Regulator、OPP 以及电源管理的调试工具 PowerTop。

19.9 节讲解了系统挂起到 RAM 的过程以及设备驱动是如何对挂起到 RAM 支持的。

19.10 节讲解了设备驱动的运行时挂起。

本章是 Linux 设备驱动工程师必备的知识体系。

19.1 Linux 电源管理的全局架构

Linux 电源管理非常复杂，牵扯到系统级的待机、频率电压变换、系统空闲时的处理以及每个设备驱动对系统待机的支持和每个设备的运行时（Runtime）电源管理，可以说它和系统中的每个设备驱动都息息相关。

对于消费电子产品来说，电源管理相当重要。因此，这部分工作往往在开发周期中占据相当大的比重，图 19.1 呈现了 Linux 内核电源管理的整体架构。大体可以归纳为如下几类：

1）CPU 在运行时根据系统负载进行动态电压和频率变换的 CPUFreq。
2）CPU 在系统空闲时根据空闲的情况进行低功耗模式的 CPUIdle。
3）多核系统下 CPU 的热插拔支持。
4）系统和设备针对延迟的特别需求而提出申请的 PM QoS，它会作用于 CPUIdle 的具体策略。
5）设备驱动针对系统挂起到 RAM/ 硬盘的一系列入口函数。
6）SoC 进入挂起状态、SDRAM 自刷新的入口。
7）设备的运行时动态电源管理，根据使用情况动态开关设备。

8）底层的时钟、稳压器、频率/电压表（OPP模块完成）支撑，各驱动子系统都可能用到。

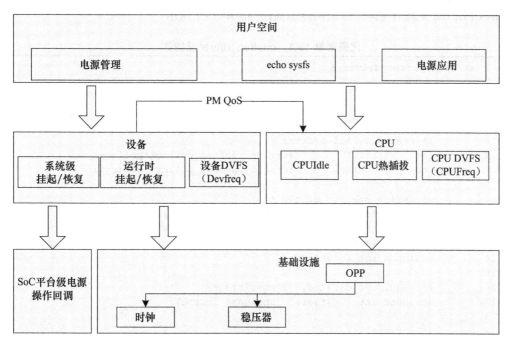

图 19.1　Linux 内核电源管理的整体架构

19.2　CPUFreq 驱动

CPUFreq 子系统位于 drivers/cpufreq 目录下，负责进行运行过程中 CPU 频率和电压的动态调整，即 DVFS（Dynamic Voltage Frequency Scaling，动态电压频率调整）。运行时进行 CPU 电压和频率调整的原因是：CMOS 电路中的功耗与电压的平方成正比、与频率成正比 ($P \propto fV^2$)，因此降低电压和频率可降低功耗。

CPUFreq 的核心层位于 drivers/cpufreq/cpufreq.c 下，它为各个 SoC 的 CPUFreq 驱动的实现提供了一套统一的接口，并实现了一套 notifier 机制，可以在 CPUFreq 的策略和频率改变的时候向其他模块发出通知。另外，在 CPU 运行频率发生变化的时候，内核的 loops_per_jiffy 常数也会发生相应变化。

19.2.1　SoC 的 CPUFreq 驱动实现

每个 SoC 的具体 CPUFreq 驱动实例只需要实现电压、频率表，以及从硬件层面完成这些变化。

CPUFreq 核心层提供了如下 API 以供 SoC 注册自身的 CPUFreq 驱动：

```
int cpufreq_register_driver(struct cpufreq_driver *driver_data);
```

其参数为一个 cpufreq_driver 结构体指针，实际上，cpufreq_driver 封装了一个具体的 SoC 的 CPUFreq 驱动的主体，该结构体形如代码清单 19.1 所示。

代码清单 19.1　cpufreq_driver 结构体

```
1   struct cpufreq_driver {
2       struct module           *owner;
3       char                    name[CPUFREQ_NAME_LEN];
4       u8                      flags;
5
6       /* needed by all drivers */
7       int     (*init)         (struct cpufreq_policy *policy);
8       int     (*verify)       (struct cpufreq_policy *policy);
9
10      /* define one out of two */
11      int     (*setpolicy)    (struct cpufreq_policy *policy);
12      int     (*target)       (struct cpufreq_policy *policy,
13      unsigned int target_freq,
14      unsigned int relation);
15
16      /* should be defined, if possible */
17      unsigned int    (*get)  (unsigned int cpu);
18
19      /* optional */
20      unsigned int (*getavg)  (struct cpufreq_policy *policy,
21      unsigned int cpu);
22      int     (*bios_limit)   (int cpu, unsigned int *limit);
23
24      int     (*exit)         (struct cpufreq_policy *policy);
25      int     (*suspend)      (struct cpufreq_policy *policy);
26      int     (*resume)       (struct cpufreq_policy *policy);
27      struct freq_attr        **attr;
28  };
```

其中的 owner 成员一般被设置为 THIS_MODULE；name 成员是 CPUFreq 驱动的名字，如 drivers/cpufreq/s5pv210-cpufreq.c 设置 name 为 s5pv210，drivers/cpufreq/omap-cpufreq.c 设置 name 为 omap；flags 是一些暗示性的标志，譬如，若设置了 CPUFREQ_CONST_LOOPS，则是告诉内核 loops_per_jiffy 不会因为 CPU 频率的变化而变化。

init() 成员是一个 per-CPU 初始化函数指针，每当一个新的 CPU 被注册进系统的时候，该函数就被调用，该函数接受一个 cpufreq_policy 的指针参数，在 init() 成员函数中，可进行如下设置：

```
policy->cpuinfo.min_freq
policy->cpuinfo.max_freq
```

上述代码描述的是该 CPU 支持的最小频率和最大频率（单位是 kHz）。

```
policy->cpuinfo.transition_latency
```

上述代码描述的是 CPU 进行频率切换所需要的延迟（单位是 ns）

```
policy->cur
```

上述代码描述的是 CPU 的当前频率。

```
policy->policy
policy->governor
policy->min
policy->max
```

上述代码定义该 CPU 的缺省策略，以及在缺省策略情况下，该策略支持的最小、最大 CPU 频率。

verify() 成员函数用于对用户的 CPUFreq 策略设置进行有效性验证和数据修正。每当用户设定一个新策略时，该函数根据老的策略和新的策略，检验新策略设置的有效性并对无效设置进行必要的修正。在该成员函数的具体实现中，常用到如下辅助函数：

```
cpufreq_verify_within_limits(struct cpufreq_policy *policy, unsigned int min_freq,
    unsigned int max_freq);
```

setpolicy() 成员函数接受一个 policy 参数（包含 policy->policy、policy->min 和 policy->max 等成员），实现了这个成员函数的 CPU 一般具备在一个范围（limit，从 policy->min 到 policy->max）里自动调整频率的能力。目前只有少数驱动（如 intel_pstate.c 和 longrun.c）包含这样的成员函数，而绝大多数 CPU 都不会实现此函数，一般只实现 target() 成员函数，target() 的参数直接就是一个指定的频率。

target() 成员函数用于将频率调整到一个指定的值，接受 3 个参数：policy、target_freq 和 relation。target_freq 是目标频率，实际驱动总是要设定真实的 CPU 频率到最接近于 target_freq，并且设定的频率必须位于 policy->min 到 policy->max 之间。在设定频率接近 target_freq 的情况下，relation 若为 CPUFREQ_REL_L，则暗示设置的频率应该大于或等于 target_freq；relation 若为 CPUFREQ_REL_H，则暗示设置的频率应该小于或等于 target_freq。

表 19.1 描述了 setpolicy() 和 target() 所针对的 CPU 以及调用方式上的区别。

表 19.1　setpolicy() 和 target() 所针对的 CPU 及其调用方式上的区别

setpolicy()	target()
CPU 具备在一定范围内独立调整频率的能力	CPU 只能被指定频率
CPUfreq policy 调用到 setpolicy()，由 CPU 独立在一个范围内调整频率	由 CPUFreq 核心层根据系统负载和策略综合决定目标频率

根据芯片内部 PLL 和分频器的关系，ARM SoC 一般不具备独立调整频率的能力，往往 SoC 的 CPUFreq 驱动会提供一个频率表，频率在该表的范围内进行变更，因此一般实现 target() 成员函数。

CPUFreq 核心层提供了一组与频率表相关的辅助 API。

```c
int cpufreq_frequency_table_cpuinfo(struct cpufreq_policy *policy,
struct cpufreq_frequency_table *table);
```

它是 cpufreq_driver 的 init() 成员函数的助手，用于将 policy->min 和 policy->max 设置为与 cpuinfo.min_freq 和 cpuinfo.max_freq 相同的值。

```c
int cpufreq_frequency_table_verify(struct cpufreq_policy *policy,
struct cpufreq_frequency_table *table);
```

它是 cpufreq_driver 的 verify() 成员函数的助手，确保至少有 1 个有效的 CPU 频率位于 policy->min 到 policy->max 的范围内。

```c
int cpufreq_frequency_table_target(struct cpufreq_policy *policy,
struct cpufreq_frequency_table *table,
unsigned int target_freq,
unsigned int relation,
unsigned int *index);
```

它是 cpufreq_driver 的 target() 成员函数的助手，返回需要设定的频率在频率表中的索引。

省略掉具体的细节，1 个 SoC 的 CPUFreq 驱动实例 drivers/cpufreq/s3c64xx-cpufreq.c 的核心结构如代码清单 19.2 所示。

代码清单 19.2　S3C64xx 的 CPUFreq 驱动

```
1   static unsigned long regulator_latency;
2
3   struct s3c64xx_dvfs {
4           unsigned int vddarm_min;
5           unsigned int vddarm_max;
6   };
7
8   static struct s3c64xx_dvfs s3c64xx_dvfs_table[] = {
9           [0] = { 1000000, 1150000 },
10          ...
11          [4] = { 1300000, 1350000 },
12  };
13
14  static struct cpufreq_frequency_table s3c64xx_freq_table[] = {
15          {  0,   66000 },
16          {  0,  100000 },
17          ...
18          {  0, CPUFREQ_TABLE_END },
19  };
20
21  static int s3c64xx_cpufreq_verify_speed(struct cpufreq_policy *policy)
22  {
23          if (policy->cpu != 0)
24                  return -EINVAL;
```

```
25
26              return cpufreq_frequency_table_verify(policy, s3c64xx_freq_table);
27      }
28
29      static unsigned int s3c64xx_cpufreq_get_speed(unsigned intcpu)
30      {
31              if (cpu != 0)
32                      return 0;
33
34              return clk_get_rate(armclk) / 1000;
35      }
36
37      static int s3c64xx_cpufreq_set_target(struct cpufreq_policy *policy,
38                      unsigned int target_freq,
39                      unsigned int relation)
40      {
41              ...
42              ret = cpufreq_frequency_table_target(policy, s3c64xx_freq_table,
43                          target_freq, relation, &i);
44              ...
45              freqs.cpu = 0;
46              freqs.old = clk_get_rate(armclk) / 1000;
47              freqs.new = s3c64xx_freq_table[i].frequency;
48              freqs.flags = 0;
49              dvfs = &s3c64xx_dvfs_table[s3c64xx_freq_table[i].index];
50
51              if (freqs.old == freqs.new)
52                  return 0;
53
54              cpufreq_notify_transition(&freqs, CPUFREQ_PRECHANGE);
55
56              if (vddarm&&freqs.new>freqs.old) {
57                      ret = regulator_set_voltage(vddarm,
58                          dvfs->vddarm_min,
59                          dvfs->vddarm_max);
60                      ...
61              }
62
63              ret = clk_set_rate(armclk, freqs.new * 1000);
64              ...
65              cpufreq_notify_transition(&freqs, CPUFREQ_POSTCHANGE);
66
67              if (vddarm&&freqs.new<freqs.old) {
68                      ret = regulator_set_voltage(vddarm,
69                          dvfs->vddarm_min,
70                          dvfs->vddarm_max);
71                      ...
72              }
73
74              return 0;
```

```c
75  }
76
77  static int s3c64xx_cpufreq_driver_init(struct cpufreq_policy *policy)
78  {
79      ...
80      armclk = clk_get(NULL, "armclk");
81      ...
82      vddarm = regulator_get(NULL, "vddarm");
83      ...
84      s3c64xx_cpufreq_config_regulator();
85
86      freq = s3c64xx_freq_table;
87      while (freq->frequency != CPUFREQ_TABLE_END) {
88          unsigned long r;
89          ...
90      }
91
92      policy->cur = clk_get_rate(armclk) / 1000;
93      policy->cpuinfo.transition_latency = (500 * 1000) + regulator_latency;
94      ret = cpufreq_frequency_table_cpuinfo(policy, s3c64xx_freq_table);
95      ...
96      return ret;
97  }
98
99  staticstruct cpufreq_driver s3c64xx_cpufreq_driver = {
100     .owner      = THIS_MODULE,
101     .flags      = 0,
102     .verify     = s3c64xx_cpufreq_verify_speed,
103     .target     = s3c64xx_cpufreq_set_target,
104     .get        = s3c64xx_cpufreq_get_speed,
105     .init       = s3c64xx_cpufreq_driver_init,
106     .name       = "s3c",
107 };
108
109 static int __init s3c64xx_cpufreq_init(void)
110 {
111     return cpufreq_register_driver(&s3c64xx_cpufreq_driver);
112 }
113 module_init(s3c64xx_cpufreq_init);
```

第 37 行 s3c64xx_cpufreq_set_target() 就是完成目标频率设置的函数，它调用了 cpufreq_frequency_table_target() 从 s3c64xx 支持的频率表 s3c64xx_freq_table 里找到合适的频率。在具体的频率和电压设置环节，用的都是 Linux 的标准 API regulator_set_voltage() 和 clk_set_rate() 之类的函数。

第 111 行在模块初始化的时候通过 cpufreq_register_driver() 注册了 cpufreq_driver 的实例，第 94 行，在 CPUFreq 的初始化阶段调用 cpufreq_frequency_table_cpuinfo() 注册了频率表。关于频率表，比较新的内核喜欢使用后面章节将介绍的 OPP。

19.2.2 CPUFreq 的策略

SoCCPUFreq 驱动只是设定了 CPU 的频率参数,以及提供了设置频率的途径,但是它并不会管 CPU 自身究竟应该运行在哪种频率上。究竟频率依据的是哪种标准,进行何种变化,而这些完全由 CPUFreq 的策略(policy)决定,这些策略如表 19.2 所示。

表 19.2 CPUFrep 的策略及其实现方法

CPUFreq 的策略	策略的实现方法
cpufreq_ondemand	平时以低速方式运行,当系统负载提高时按需自动提高频率
cpufreq_performance	CPU 以最高频率运行,即 scaling_max_freq
cpufreq_conservative	字面含义是传统的、保守的,跟 ondemand 相似,区别在于动态频率在变更的时候采用渐进的方式
cpufreq_powersave	CPU 以最低频率运行,即 scaling_min_freq
cpufreq_userspace	让根用户通过 sys 节点 scaling_setspeed 设置频率

在 Android 系统中,则增加了 1 个交互策略,该策略适合于对延迟敏感的 UI 交互任务,当有 UI 交互任务的时候,该策略会更加激进并及时地调整 CPU 频率。

总而言之,系统的状态以及 CPUFreq 的策略共同决定了 CPU 频率跳变的目标,CPUFreq 核心层并将目标频率传递给底层具体 SoC 的 CPUFreq 驱动,该驱动修改硬件,完成频率的变换,如图 19.2 所示。

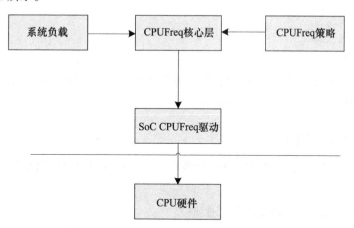

图 19.2 CPUFreq、系统负载、策略与调频

用户空间一般可通过 /sys/devices/system/cpu/cpux/cpufreq 节点来设置 CPUFreq。譬如,我们要设置 CPUFreq 到 700MHz,采用 userspace 策略,则运行如下命令:

```
# echo userspace > /sys/devices/system/cpu/cpu0/cpufreq/scaling_governor
# echo 700000 > /sys/devices/system/cpu/cpu0/cpufreq/scaling_setspeed
```

19.2.3 CPUFreq 的性能测试和调优

Linux 3.1 以后的内核已经将 cpupower-utils 工具集放入内核的 tools/power/cpupower 目录

中，该工具集当中的 cpufreq-bench 工具可以帮助工程师分析采用 CPUFreq 后对系统性能的影响。

cpufreq-bench 工具的工作原理是模拟系统运行时候的"空闲→忙→空闲→忙"场景，从而触发系统的动态频率变化，然后在使用 ondemand、conservative、interactive 等策略的情况下，计算在做与 performance 高频模式下同样的运算完成任务的时间比例。

交叉编译该工具后，可放入目标电路板文件系统的 /usr/sbin/ 等目录下，运行该工具：

```
# cpufreq-bench -l 50000 -s 100000 -x 50000 -y 100000 -g ondemand -r 5 -n 5 -v
```

会输出一系列的结果，我们提取其中的 Round *n* 这样的行，它表明了 -g ondemand 选项中设定的 ondemand 策略相对于 performance 策略的性能比例，假设值为：

```
Round 1 - 39.74%
Round 2 - 36.35%
Round 3 - 47.91%
Round 4 - 54.22%
Round 5 - 58.64%
```

这显然不太理想，我们在同样的平台下采用 Android 的交互策略，得到新的测试结果：

```
Round 1 - 72.95%
Round 2 - 87.20%
Round 3 - 91.21%
Round 4 - 94.10%
Round 5 - 94.93%
```

一般的目标是在采用 CPUFreq 动态调整频率和电压后，性能应该为 performance 这个高性能策略下的 90% 左右，这样才比较理想。

19.2.4　CPUFreq 通知

CPUFreq 子系统会发出通知的情况有两种：CPUFreq 的策略变化或者 CPU 运行频率变化。

在策略变化的过程中，会发送 3 次通知：

- CPUFREQ_ADJUST：所有注册的 notifier 可以根据硬件或者温度的情况去修改范围（即 policy->min 和 policy->max）；
- CPUFREQ_INCOMPATIBLE：除非前面的策略设定可能会导致硬件出错，否则被注册的 notifier 不能改变范围等设定；
- CPUFREQ_NOTIFY：所有注册的 notifier 都会被告知新的策略已经被设置。

在频率变化的过程中，会发送 2 次通知：

- CPUFREQ_PRECHANGE：准备进行频率变更；
- CPUFREQ_POSTCHANGE：已经完成频率变更。

notifier 中的第 3 个参数是一个 cpufreq_freqs 的结构体，包含 cpu（CPU 号）、old（过去的频率）和 new（现在的频率）这 3 个成员。发送 CPUFREQ_PRECHANGE 和 CPUFREQ_POSTCHANGE 的代码如下：

```
srcu_notifier_call_chain(&cpufreq_transition_notifier_list,
CPUFREQ_PRECHANGE, freqs);
srcu_notifier_call_chain(&cpufreq_transition_notifier_list,
CPUFREQ_POSTCHANGE, freqs);
```

如果某模块关心 CPUFREQ_PRECHANGE 或 CPUFREQ_POSTCHANGE 事件，可简单地使用 Linux notifier 机制监控。譬如，drivers/video/sa1100fb.c 在 CPU 频率变化过程中需对自身硬件进行相关设置，因此它注册了 notifier 并在 CPUFREQ_PRECHANGE 和 CPUFREQ_POSTCHANGE 情况下分别进行不同的处理，如代码清单 19.3 所示。

代码清单 19.3　CPUFreq notifier 案例

```
1  fbi->freq_transition.notifier_call = sa1100fb_freq_transition;
2  cpufreq_register_notifier(&fbi->freq_transition, CPUFREQ_TRANSITION_NOTIFIER);
3  ...
4  sa1100fb_freq_transition(structnotifier_block *nb, unsigned long val,
5  void *data)
6  {
7          struct sa1100fb_info *fbi = TO_INF(nb, freq_transition);
8          struct cpufreq_freqs *f = data;
9          u_intpcd;
10
11         switch (val) {
12         case CPUFREQ_PRECHANGE:
13                 set_ctrlr_state(fbi, C_DISABLE_CLKCHANGE);
14                 break;
15         case CPUFREQ_POSTCHANGE:
16                 pcd = get_pcd(fbi->fb.var.pixclock, f->new);
17                 fbi->reg_lccr3 = (fbi->reg_lccr3& ~0xff) | LCCR3_PixClkDiv(pcd);
18                 set_ctrlr_state(fbi, C_ENABLE_CLKCHANGE);
19                 break;
20         }
21         return 0;
22 }
```

此外，如果在系统挂起/恢复的过程中 CPU 频率会发生变化，则 CPUFreq 子系统也会发出 CPUFREQ_SUSPENDCHANGE 和 CPUFREQ_RESUMECHANGE 这两个通知。

值得一提的是，除了 CPU 以外，一些非 CPU 设备也支持多个操作频率和电压，存在多个 OPP。Linux 3.2 之后的内核也支持针对这种非 CPU 设备的 DVFS，该套子系统为 Devfreq。与 CPUFreq 存在一个 drivers/cpufreq 目录相似，在内核中也存在一个 drivers/devfreq 的目录。

19.3 CPUIdle 驱动

目前的 ARM SoC 大多支持几个不同的 Idle 级别，CPUIdle 驱动子系统存在的目的就是对这些 Idle 状态进行管理，并根据系统的运行情况进入不同的 Idle 级别。具体 SoC 的底层 CPUIdle 驱动实现则提供一个类似于 CPUFreq 驱动频率表的 Idle 级别表，并实现各种不同 Idle 状态的进入和退出流程。

对于 Intel 系列笔记本计算机而言，支持 ACPI（Advanced Configuration and Power Interface，高级配置和电源接口），一般有 4 个不同的 C 状态（其中 C0 为操作状态，C1 是 Halt 状态，C2 是 Stop-Clock 状态，C3 是 Sleep 状态），如表 19.3 所示。

表 19.3　4 个不同的 C 状态

状态	功耗（mW）	延迟（μs）
C0	-1	0
C1	1000	1
C2	500	1
C3	100	57

而对于 ARM 而言，各个 SoC 对于 Idle 的实现方法差异比较大，最简单的 Idle 级别莫过于将 CPU 核置于 WFI（等待中断发生）状态，因此在默认情况下，若 SoC 未实现自身的芯片级 CPUIdle 驱动，则会进入 cpu_do_idle()，对于 ARM V7 而言，其实现位于 arch/arm/mm/proc-v7.S 中：

```
ENTRY(cpu_v7_do_idle)
 dsb                                    @ WFI may enter a low-power mode
 wfi
 mov    pc, lr
ENDPROC(cpu_v7_do_idle)
```

与 CPUFreq 类似，CPUIdle 的核心层提供了如下 API 以用于注册一个 cpuidle_driver 的实例：

```
int cpuidle_register_driver(struct cpuidle_driver *drv);
```

并提供了如下 API 来注册一个 cpuidle_device：

```
int cpuidle_register_device(struct cpuidle_device *dev);
```

CPUIdle 驱动必须针对每个 CPU 注册相应的 cpuidle_device，这意味着对于多核 CPU 而言，需要针对每个 CPU 注册一次。

cpuidle_register_driver() 接受 1 个 cpuidle_driver 结构体的指针参数，该结构体是 CPUIdle 驱动的主体，其定义如代码清单 19.4 所示。

代码清单 19.4　cpuidle_driver 结构体

```
1  struct cpuidle_driver {
2       const char             *name;
```

```
3        struct module         *owner;
4
5        unsigned int          power_specified:1;
6        /* set to 1 to use the core cpuidle time keeping (for all states). */
7        unsigned int          en_core_tk_irqen:1;
8        struct cpuidle_state  states[CPUIDLE_STATE_MAX];
9        int state_count;
10       int safe_state_index;
11   };
```

该结构体的关键成员是 1 个 cpuidle_state 的表，其实该表就是用于存储各种不同 Idle 级别的信息，它的定义如代码清单 19.5 所示。

代码清单 19.5 cpuidle_state 结构体

```
1   struct cpuidle_state {
2        char name[CPUIDLE_NAME_LEN];
3        char  desc[CPUIDLE_DESC_LEN];
4
5        unsigned int    flags;
6        unsigned int exit_latency; /* in US */
7        int power_usage; /* in mW */
8        unsigned int target_residency; /* in US */
9        bool         disabled; /* disabled on all CPUs */
10
11       int (*enter)   (struct cpuidle_device *dev,
12              struct cpuidle_driver *drv,
13              int index);
14
15       int (*enter_dead) (struct cpuidle_device *dev, int index);
16   };
```

name 和 desc 是该 Idle 状态的名称和描述，exit_latency 是退出该 Idle 状态需要的延迟，enter() 是进入该 Idle 状态的实现方法。

忽略细节，一个具体的 SoC 的 CPUIdle 驱动实例可见于 arch/arm/mach-ux500/cpuidle.c （最新的内核已经将代码转移到了 drivers/cpuidle/cpuidle-ux500.c 中），它有两个 Idle 级别，即 WFI 和 ApIdle，其具体实现框架如代码清单 19.6 所示。

代码清单 19.6 ux500 CPUIdle 驱动案例

```
1   static atomic_t master = ATOMIC_INIT(0);
2   static DEFINE_SPINLOCK(master_lock);
3   static DEFINE_PER_CPU(struct cpuidle_device, ux500_cpuidle_device);
4
5   static inline int ux500_enter_idle(struct cpuidle_device *dev,
6              struct cpuidle_driver *drv, int index)
7   {
8        ...
```

```
 9    }
10
11    staticstruct cpuidle_driver ux500_idle_driver = {
12            .name = "ux500_idle",
13            .owner = THIS_MODULE,
14            .en_core_tk_irqen = 1,
15            .states = {
16                    ARM_CPUIDLE_WFI_STATE,
17                    {
18                            .enter            = ux500_enter_idle,
19                            .exit_latency     = 70,
20                            .target_residency = 260,
21                            .flags            = CPUIDLE_FLAG_TIME_VALID,
22                            .name             = "ApIdle",
23                            .desc             = "ARM Retention",
24                    },
25            },
26            .safe_state_index = 0,
27            .state_count = 2,
28    };
29
30    /*
31     * For each cpu, setup the broadcast timer because we will
32     * need to migrate the timers for the states >= ApIdle.
33     */
34    static void ux500_setup_broadcast_timer(void *arg)
35    {
36            intcpu = smp_processor_id();
37            clockevents_notify(CLOCK_EVT_NOTIFY_BROADCAST_ON, &cpu);
38    }
39
40    int __init ux500_idle_init(void)
41    {
42            …
43            ret = cpuidle_register_driver(&ux500_idle_driver);
44            …
45            for_each_online_cpu(cpu) {
46                    device = &per_cpu(ux500_cpuidle_device, cpu);
47                    device->cpu = cpu;
48                    ret = cpuidle_register_device(device);
49                    …
50            }
51            …
52    }
53    device_initcall(ux500_idle_init);
```

与CPUFreq类似，在CPUIdle子系统中也有对应的governor来抉择何时进入何种Idle级别的策略，这些governor包括CPU_IDLE_GOV_LADDER、CPU_IDLE_GOV_MENU。LADDER在进入和退出Idle级别的时候是步进的，它以过去的Idle时间作为参考，而

MENU 总是根据预期的空闲时间直接进入目标 Idle 级别。前者适用于没有采用动态时间节拍的系统（即没有选择 NO_HZ 的系统），不依赖于 NO_HZ 配置选项，而后者依赖于内核的 NO_HZ 选项。

图 19.3 演示了 LADDER 步进从 C0 进入 C3，而 MENU 则可能直接从 C0 跳入 C3。

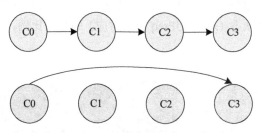

图 19.3　LADDER 与 MENU 的区别

CPUIdle 子系统还通过 sys 向 userspace 导出了一些节点：
- 一类是针对整个系统的 /sys/devices/system/cpu/cpuidle，通过其中的 current_driver、current_governor、available_governors 等节点可以获取或设置 CPUIdle 的驱动信息以及 governor。
- 一类是针对每个 CPU 的 /sys/devices/system/cpu/cpux/cpuidle，通过子节点暴露各个在线的 CPU 中每个不同 Idle 级别的 name、desc、power、latency 等信息。

综合以上的各个要素，可以给出 Linux CPUIdle 子系统的总体架构，如图 19.4 所示。

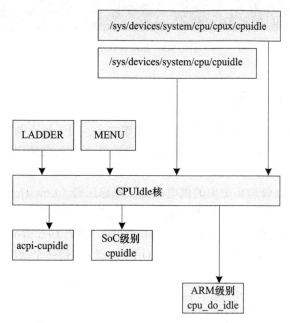

图 19.4　Linux CPUIdle 子系统的整体架构

19.4 PowerTop

PowerTop 是一款开源的用于进行电量消耗分析和电源管理诊断的工具，其主页位于 Intel 开源技术中心的 https://01.org/powertop/，维护者是 Arjan van de Ven 和 Kristen Accardi。PowerTop 可分析系统中软件的功耗，以便找到功耗大户，也可显示系统中不同的 C 状态（与 CPUIdle 驱动对应）和 P 状态（与 CPUFreq 驱动对应）的时间比例，并采用了基于 TAB 的界面风格，如图 19.5 所示。

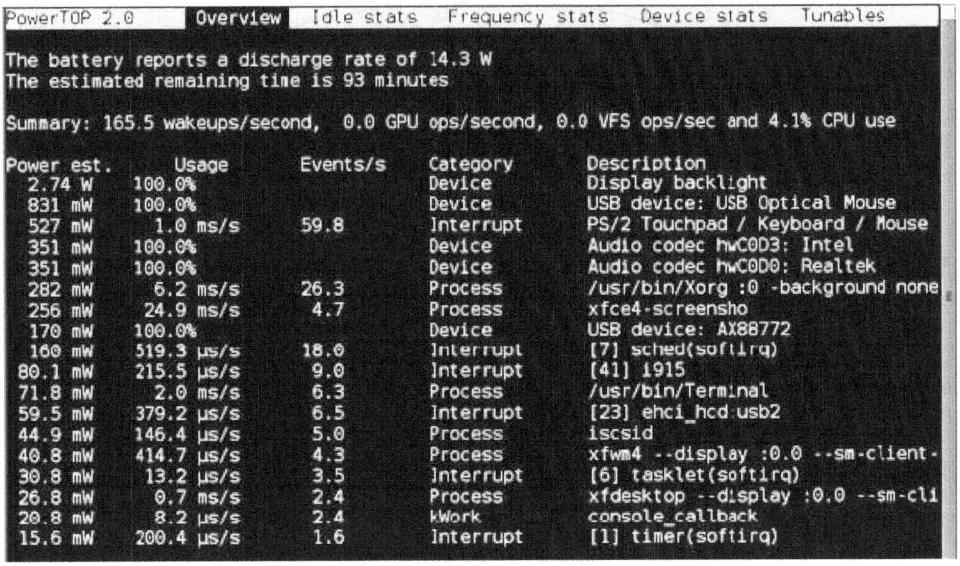

图 19.5 PowerTOP

19.5 Regulator 驱动

Regulator 是 Linux 系统中电源管理的基础设施之一，用于稳压电源的管理，是各种驱动子系统中设置电压的标准接口。前面介绍的 CPUFreq 驱动就经常使用它来设定电压，比如代码清单 19.2 的第 57~59 行。

而 Regulator 则可以管理系统中的供电单元，即稳压器（Low Dropout Regulator，LDO，即低压差线性稳压器），并提供获取和设置这些供电单元电压的接口。一般在 ARM 电路板上，各个稳压器和设备会形成一个 Regulator 树形结构，如图 19.6 所示。

Linux 的 Regulator 子系统提供如下 API 以用于注册 / 注销一个稳压器：

```
structregulator_dev     *      regulator_register(const struct regulator_desc
*regulator_desc, const struct regulator_config *config);
void regulator_unregister(struct regulator_dev *rdev);
```

regulator_register() 函数的两个参数分别是 regulator_desc 结构体和 regulator_config 结构

体的指针。

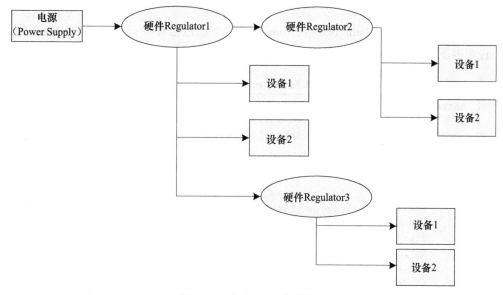

图 19.6　Regulator 树形结构

regulator_desc 结构体是对这个稳压器属性和操作的封装，如代码清单 19.7 所示。

代码清单 19.7　regulator_desc 结构体

```
1   struct regulator_desc {
2       const char *name;              /* Regulator 的名字 */
3       const char *supply_name;       /* Regulator Supply 的名字 */
4       int id;
5       unsigned n_voltages;
6       struct regulator_ops *ops;
7       int irq;
8       enum regulator_type type;      /* 是电压还是电流 Regulator */
9       struct module *owner;
10
11      unsigned int min_uV;           /* 在线性映射情况下最低的 Selector 的电压 */
12      unsigned int uV_step;          /* 在线性映射情况下每步增加 / 减小的电压 */
13      unsigned int ramp_delay;       /* 电压改变后稳定下来所需时间 */
14
15      const unsigned int *volt_table; /* 基于表映射情况下的电压映射表 */
16
17      unsigned int vsel_reg;
18      unsigned int vsel_mask;
19      unsigned int enable_reg;
20      unsigned int enable_mask;
21      unsigned int bypass_reg;
22      unsigned int bypass_mask;
23
```

```
24          unsigned int enable_time;
25      };
```

上述结构体中的 regulator_ops 指针 ops 是对这个稳压器硬件操作的封装，其中包含获取、设置电压等的成员函数，如代码清单 19.8 所示。

代码清单 19.8　regulator_ops 结构体

```
1   struct regulator_ops {
2       /* enumerate supported voltages */
3       int (*list_voltage) (struct regulator_dev *, unsigned selector);
4
5       /* get/set regulator voltage */
6       int (*set_voltage) (struct regulator_dev *, int min_uV, int max_uV,
7                           unsigned *selector);
8       int (*map_voltage)(struct regulator_dev *, int min_uV, int max_uV);
9       int (*set_voltage_sel) (struct regulator_dev *, unsigned selector);
10      int (*get_voltage) (struct regulator_dev *);
11      int (*get_voltage_sel) (struct regulator_dev *);
12
13      /* get/set regulator current  */
14      int (*set_current_limit) (struct regulator_dev *,
15                              int min_uA, int max_uA);
16      int (*get_current_limit) (struct regulator_dev *);
17
18      /* enable/disable regulator */
19      int (*enable) (struct regulator_dev *);
20      int (*disable) (struct regulator_dev *);
21      int (*is_enabled) (struct regulator_dev *);
22
23      ...
24  };
```

在 drivers/regulator 目录下，包含大量的与电源芯片对应的 Regulator 驱动，如 Dialog 的 DA9052、Intersil 的 ISL6271A、ST-Ericsson 的 TPS61050/61052、Wolfon 的 WM831x 系列等，它同时提供了一个虚拟的 Regulator 驱动作为参考，如代码清单 19.9 所示。

代码清单 19.9　虚拟的 Regulator 驱动

```
1   struct regulator_dev *dummy_regulator_rdev;
2   static struct regulator_init_data dummy_initdata;
3   static struct regulator_ops dummy_ops;
4   static struct regulator_desc dummy_desc = {
5       .name = "regulator-dummy",
6       .id = -1,
7       .type = REGULATOR_VOLTAGE,
8       .owner = THIS_MODULE,
9       .ops = &dummy_ops,
10  };
```

```
11
12  static int __devinit dummy_regulator_probe(struct platform_device *pdev)
13  {
14          struct regulator_config config = { };
15          int ret;
16
17          config.dev = &pdev->dev;
18          config.init_data = &dummy_initdata;
19
20          dummy_regulator_rdev = regulator_register(&dummy_desc, &config);
21          if (IS_ERR(dummy_regulator_rdev)) {
22                  ret = PTR_ERR(dummy_regulator_rdev);
23                  pr_err("Failed to register regulator: %d\n", ret);
24                  return ret;
25          }
26
27          return 0;
28  }
```

Linux 的 Regulator 子系统提供消费者（Consumer）API 以便让其他的驱动获取、设置、关闭和使能稳压器：

```
struct regulator * regulator_get(struct device *dev, const char *id);
struct regulator * devm_regulator_get(struct device *dev, const char *id);
struct regulator * regulator_get_exclusive(struct device *dev, const char *id);
void regulator_put(struct regulator *regulator);
void devm_regulator_put(struct regulator *regulator);
int regulator_enable(struct regulator *regulator);
int regulator_disable(struct regulator *regulator);
int regulator_set_voltage(struct regulator *regulator, int min_uV, int max_uV);
int regulator_get_voltage(struct regulator *regulator);
```

这些消费者 API 的地位大致与 GPIO 子系统的 gpio_request()、时钟子系统的 clk_get()、dmaengine 子系统的 dmaengine_submit() 等相当，属于基础设施。

19.6 OPP

现今的 SoC 一般包含很多集成组件，在系统运行过程中，并不需要所有的模块都运行于最高频率和最高性能。在 SoC 内，某些 domain 可以运行在较低的频率和电压下，而其他 domain 可以运行在较高的频率和电压下，某个 domain 所支持的 <频率，电压> 对的集合被称为 Operating Performance Point，缩写为 OPP。

```
int opp_add(struct device *dev, unsigned long freq, unsigned long u_volt);
```

目前，TI OMAP CPUFreq 驱动的底层就使用了 OPP 这种机制来获取 CPU 所支持的频率和电压列表。在开机的过程中，TI OMAP4 芯片会注册针对 CPU 设备的 OPP 表（代码位于

arch/arm/mach-omap2/ 中），如代码清单 19.10 所示。

代码清单 19.10　TI OMAP4 CPU 的 OPP 表

```
1  static struct omap_opp_def __initdata omap44xx_opp_def_list[] = {
2      /* MPU OPP1 - OPP50 */
3      OPP_INITIALIZER("mpu", true, 300000000, OMAP4430_VDD_MPU_OPP50_UV),
4      /* MPU OPP2 - OPP100 */
5      OPP_INITIALIZER("mpu", true, 600000000, OMAP4430_VDD_MPU_OPP100_UV),
6      /* MPU OPP3 - OPP-Turbo */
7      OPP_INITIALIZER("mpu", true, 800000000, OMAP4430_VDD_MPU_OPPTURBO_UV),
8      /* MPU OPP4 - OPP-SB */
9      OPP_INITIALIZER("mpu", true, 1008000000, OMAP4430_VDD_MPU_OPPNITRO_UV),
10     ...
11 };
12 /**
13  * omap4_opp_init() - initialize omap4 opp table
14  */
15 int __init omap4_opp_init(void)
16 {
17     ...
18     r = omap_init_opp_table(omap44xx_opp_def_list,
19                 ARRAY_SIZE(omap44xx_opp_def_list));
20
21     return r;
22 }
23 device_initcall(omap4_opp_init);
24 int __init omap_init_opp_table(struct omap_opp_def *opp_def,
25             u32 opp_def_size)
26 {
27     ...
28     /* Lets now register with OPP library */
29     for (i = 0; i < opp_def_size; i++, opp_def++) {
30         ...
31         if (!strncmp(opp_def->hwmod_name, "mpu", 3)) {
32             /*
33              * All current OMAPs share voltage rail and
34              * clock source, so CPU0 is used to represent
35              * the MPU-SS.
36              */
37             dev = get_cpu_device(0);
38         } ...
39         r = opp_add(dev, opp_def->freq, opp_def->u_volt);
40         ...
41     }
42     return 0;
43 }
```

针对与 device 结构体指针 dev 对应的 domain 中增加一个新的 OPP，参数 freq 和 u_volt 即为该 OPP 对应的频率和电压。

```
int opp_enable(struct device *dev, unsigned long freq);
int opp_disable(struct device *dev, unsigned long freq);
```

上述 API 用于使能和禁止某个 OPP，一旦被禁止，其 available 将成为 false，之后有设备驱动想设置为这个 OPP 就不再可能了。譬如，当温度超过某个范围后，系统不允许 1GHz 的工作频率，可采用类似下面的代码实现：

```
if (cur_temp > temp_high_thresh) {
    /* Disable 1GHz if it was enabled */
    rcu_read_lock();
    opp = opp_find_freq_exact(dev, 1000000000, true);
    rcu_read_unlock();
    /* just error check */
    if (!IS_ERR(opp))
        ret = opp_disable(dev, 1000000000);
    else
        goto try_something_else;
}
```

上述代码中调用的 opp_find_freq_exact() 用于寻找与一个确定频率和 available 匹配的 OPP，其原型为：

```
struct opp *opp_find_freq_exact(struct device *dev, unsigned long freq,
                    bool available);
```

另外，Linux 还提供两个变体，opp_find_freq_floor() 用于寻找 1 个 OPP，它的频率向上接近或等于指定的频率；opp_find_freq_ceil() 用于寻找 1 个 OPP，它的频率向下接近或等于指定的频率，这两个函数的原型为：

```
struct opp *opp_find_freq_floor(struct device *dev, unsigned long *freq);
struct opp *opp_find_freq_ceil(struct device *dev, unsigned long *freq);
```

我们可用下面的代码分别寻找 1 个设备的最大和最小工作频率：

```
freq = ULONG_MAX;
rcu_read_lock();
opp_find_freq_floor(dev, &freq);
rcu_read_unlock();

freq = 0;
rcu_read_lock();
opp_find_freq_ceil(dev, &freq);
rcu_read_unlock();
```

在频率降低的同时，支撑该频率运行所需的电压也往往可以动态调低；反之，则可能需要调高，下面这两个 API 分别用于获取与某 OPP 对应的电压和频率：

```
unsigned long opp_get_voltage(struct opp *opp);
```

```
unsigned long opp_get_freq(struct opp *opp);
```

举个例子，当某 CPUFreq 驱动想将 CPU 设置为某一频率的时候，它可能会同时设置电压，其代码流程为：

```
soc_switch_to_freq_voltage(freq)
{
    /* do things */
    rcu_read_lock();
    opp = opp_find_freq_ceil(dev, &freq);
    v = opp_get_voltage(opp);
    rcu_read_unlock();
    if (v)
            regulator_set_voltage(.., v);
    /* do other things */
}
```

如下简单的 API 可用于获取某设备所支持的 OPP 的个数：

```
int opp_get_opp_count(struct device *dev);
```

前面提到，TI OMAP CPUFreq 驱动的底层就使用了 OPP 这种机制来获取 CPU 所支持的频率和电压列表。它在 omap_init_opp_table() 函数中添加了相应的 OPP，在 TI OMAP 芯片的 CPUFreq 驱动 drivers/cpufreq/omap-cpufreq.c 中，则借助了快捷函数 opp_init_cpufreq_table() 来根据前面注册的 OPP 建立 CPUFreq 的频率表：

```
static int __cpuinit omap_cpu_init(struct cpufreq_policy *policy)
{
    ...
    if (!freq_table)
            result = opp_init_cpufreq_table(mpu_dev, &freq_table);
    ...
}
```

而在 CPUFreq 驱动的目标成员函数 omap_target() 中，则使用与 OPP 相关的 API 来获取频率和电压：

```
static int omap_target(struct cpufreq_policy *policy,
            unsigned int target_freq,
            unsigned int relation)
{
    ...
    if (mpu_reg) {
            opp = opp_find_freq_ceil(mpu_dev, &freq);
            ...
            volt = opp_get_voltage(opp);
            ...
    }
    ...
}
```

drivers/cpufreq/omap-cpufreq.c 相对来说较为规范，它在＜频率，电压＞表方面，在底层使用了 OPP，在设置电压的时候又使用了规范的 Regulator API。

比较新的驱动一般不太喜欢直接在代码里面固化 OPP 表，而是喜欢在相应的节点处添加 operating-points 属性，如 imx27.dtsi 中的：

```
cpus {
            #size-cells = <0>;
            #address-cells = <1>;

            cpu: cpu@0 {
                    device_type = "cpu";
                    compatible = "arm,arm926ej-s";
                    operating-points = <
                            /* kHz    uV */
                            266000  1300000
                            399000  1450000
                    >;
                    clock-latency = <62500>;
                    clocks = <&clks IMX27_CLK_CPU_DIV>;
                    voltage-tolerance = <5>;
            };
    };
```

如果 CPUFreq 的变化可以使用非常标准的 regulator、clk API，我们甚至可以直接使用 drivers/cpufreq/cpufreq-dt.c 这个驱动。这样只需要在 CPU 节点上填充好频率电压表，然后在平台代码里面注册 cpufreq-dt 设备就可以了，在 arch/arm/mach-imx/imx27-dt.c、arch/arm/mach-imx/mach-imx51.c 中可以找到类似的例子：

```
static void __init imx27_dt_init(void)
{
struct platform_device_info devinfo = { .name = "cpufreq-dt", };

of_platform_populate(NULL, of_default_bus_match_table, NULL, NULL);

platform_device_register_full(&devinfo);
}
```

19.7　PM QoS

Linux 内核的 PM QoS 系统针对内核和应用程序提供了一套接口，通过这个接口，用户可以设定自身对性能的期望。一类是系统级的需求，通过 cpu_dma_latency、network_latency 和 network_throughput 这些参数来设定；另一类是单个设备可以根据自身的性能需求发起 per-device 的 PM QoS 请求。

在内核空间，通过 pm_qos_add_request() 函数可以注册 PM QoS 请求：

```
void pm_qos_add_request(struct pm_qos_request *req,
int pm_qos_class, s32 value);
```

通过 pm_qos_update_request() 函数可以更新已注册的 PM QoS 请求：

```
void pm_qos_update_request(struct pm_qos_request *req,
                   s32 new_value);
void pm_qos_update_request_timeout(struct pm_qos_request *req, s32 new_value,
unsigned long timeout_us);
```

通过 pm_qos_remove_request() 函数可以删除已注册的 PM QoS 请求：

```
void pm_qos_remove_request(struct pm_qos_request *req);
```

譬如在 drivers/media/platform/via-camera.c 这个摄像头驱动中，当摄像头开启后，通过如下语句可以阻止 CPU 进入 C3 级别的深度 Idle：

```
static int viacam_streamon(struct file *filp, void *priv, enum v4l2_buf_type t)
{
    ...
    pm_qos_add_request(&cam->qos_request, PM_QOS_CPU_DMA_LATENCY, 50);
    ...
}
```

这是因为，在 CPUIdle 子系统中，会根据 PM_QOS_CPU_DMA_LATENCY 请求的情况选择合适的 C 状态，如 drivers/cpuidle/governors/ladder.c 中的 ladder_select_state() 就会判断目标 C 状态的 exit_latency 与 QoS 要求的关系，如代码清单 19.11 所示。

代码清单 19.11 CPUIdle LADDER governor 对 QoS 的判断

```
1  static int ladder_select_state(struct cpuidle_driver *drv,
2                      struct cpuidle_device *dev)
3  {
4      ...
5      int latency_req = pm_qos_request(PM_QOS_CPU_DMA_LATENCY);
6
7      ...
8
9      /* consider promotion */
10     if (last_idx < drv->state_count - 1 &&
11         !drv->states[last_idx + 1].disabled &&
12         !dev->states_usage[last_idx + 1].disable &&
13         last_residency > last_state->threshold.promotion_time &&
14         drv->states[last_idx + 1].exit_latency <= latency_req) {
15         last_state->stats.promotion_count++;
16         last_state->stats.demotion_count = 0;
17         if(last_state->stats.promotion_count>=
18          last_state->threshold.promotion_count) {
```

```
19                    ladder_do_selection(ldev, last_idx, last_idx + 1);
20                    return last_idx + 1;
21               }
22         }
23         …
24   }
```

LADDER 在选择是否进入更深层次的 C 状态时,会比较 C 状态的 exit_latency 要小于通过 pm_qos_request(PM_QOS_CPU_DMA_LATENCY) 得到的 PM QoS 请求的延迟,见代码清单 19.11 的第 14 行。

同样的逻辑也出现于 drivers/cpuidle/governors/menu.c 中,如代码清单 19.12 的第 18~19 行。

代码清单 19.12　CPUIdle MENU governor 对 QoS 的判断

```
1   static int menu_select(struct cpuidle_driver *drv, struct cpuidle_device *dev)
2   {
3        struct menu_device *data = &__get_cpu_var(menu_devices);
4        int latency_req = pm_qos_request(PM_QOS_CPU_DMA_LATENCY);
5        …
6        /*
7         * Find the idle state with the lowest power while satisfying
8         * our constraints.
9         */
10       for (i = CPUIDLE_DRIVER_STATE_START; i < drv->state_count; i++) {
11              struct cpuidle_state *s = &drv->states[i];
12              struct cpuidle_state_usage *su = &dev->states_usage[i];
13
14              if (s->disabled || su->disable)
15                    continue;
16              if (s->target_residency > data->predicted_us)
17                    continue;
18              if ( s->exit_latency > latency_req)
19                    continue;
20              if (s->exit_latency * multiplier > data->predicted_us)
21                    continue;
22
23              if (s->power_usage < power_usage) {
24                    power_usage = s->power_usage;
25                    data->last_state_idx = i;
26                    data->exit_us = s->exit_latency;
27              }
28       }
29
30       return data->last_state_idx;
31  }
```

还是回到 drivers/media/platform/via-camera.c 中,当摄像头关闭后,它会通过如下语句告知上述代码对 PM_QOS_CPU_DMA_LATENCY 的性能要求取消:

```
static int viacam_streamon(struct file *filp, void *priv, enum v4l2_buf_type t)
{
    ...
    pm_qos_remove_request(&cam->qos_request);
    ...
}
```

类似的在设备驱动中申请 QoS 特性的例子还包括 drivers/net/wireless/ipw2x00/ipw2100.c、drivers/tty/serial/omap-serial.c、drivers/net/ethernet/intel/e1000e/netdev.c 等。

应用程序则可以通过向 /dev/cpu_dma_latency 和 /dev/network_latency 这样的设备节点写入值来发起 QoS 的性能请求。

19.8 CPU 热插拔

Linux CPU 热插拔的功能已经存在相当长的时间了，Linux 3.8 之后的内核里一个小小的改进就是 CPU0 也可以热插拔。

一般来讲，在用户空间可以通过 /sys/devices/system/cpu/cpun/online 节点来操作一个 CPU 的在线和离线：

```
# echo 0 > /sys/devices/system/cpu/cpu3/online
CPU 3 is now offline
# echo 1 >/sys/devices/system/cpu/cpu3/online
```

通过 echo 0 > /sys/devices/system/cpu/cpu3/online 关闭 CPU3 的时候，CPU3 上的进程都会被迁移到其他的 CPU 上，以保证这个拔除 CPU3 的过程中，系统仍然能正常运行。一旦通过 echo 1> /sys/devices/system/cpu/cpu3/online 再次开启 CPU3，CPU3 又可以参与系统的负载均衡，分担系统中的任务。

在嵌入式系统中，CPU 热插拔可以作为一种省电的方式，在系统负载小的时候，动态关闭 CPU，在系统负载增大的时候，再开启之前离线的 CPU。目前各个芯片公司可能会根据自身 SoC 的特点，对内核进行调整，来实现运行时"热插拔"。这里以 Nvidia 的 Tegra3 为例进行说明。

Tegra3 采用 vSMP（variableSymmetric Multiprocessing）架构，共有 5 个 Cortex-A9 处理器，其中 4 个为高性能设计的 G 核，1 个为低功耗设计的 LP 核，如图 19.7 所示。

在系统运行过程中，Tegra3 的 Linux 内核

图 19.7 Tegra3 的架构

会根据 CPU 负载切换低功耗处理器和高功耗处理器。除此之外，4 个高性能 ARM 核心也会根据运行情况，动态借用 Linux 内核支持的 CPU 热插拔进行 CPU 的插入／拔出操作。

用华硕 EeePad 运行高负载、低负载应用，通过 dmesg 查看内核消息也确实验证了多核的热插拔以及 G 核和 LP 核之间的动态切换：

```
<4>[104626.426957] CPU1: Booted secondary processor
<7>[104627.427412] tegra CPU: force EDP limit 720000 kHz
<4>[104627.427670] CPU2: Booted secondary processor
<4>[104628.537005] stop_machine_cpu_stop cpu=0
<4>[104628.537017] stop_machine_cpu_stop cpu=2
<4>[104628.537059] stop_machine_cpu_stop cpu=1
<4>[104628.537702] __stop_cpus: wait_for_completion_timeout+
<4>[104628.537810] __stop_cpus: smp=0 done.executed=1 done.ret =0-
<5>[104628.537960] CPU1: clean shutdown
<4>[104630.537092] stop_machine_cpu_stop cpu=0
<4>[104630.537172] stop_machine_cpu_stop cpu=2
<4>[104630.537739] __stop_cpus: wait_for_completion_timeout+
<4>[104630.538060] __stop_cpus: smp=0 done.executed=1 done.ret =0-
<5>[104630.538203] CPU2: clean shutdown
<4>[104631.306984] tegra_watchdog_touch
```

高性能处理器和低功耗处理器切换：

```
<3>[104666.799152] LP=>G: prolog 22 us, switch 2129 us, epilog 24 us, total 2175 us
<3>[104667.807273] G=>LP: prolog 18 us, switch 157 us, epilog 25 us, total 200 us
<4>[104671.407008] tegra_watchdog_touch
<4>[104671.408816] nct1008_get_temp: ret temp=35C
<3>[104671.939060] LP=>G: prolog 17 us, switch 2127 us, epilog 22 us, total 2166 us
<3>[104672.938091] G=>LP: prolog 18 us, switch 156 us, epilog 24 us, total 198 us
```

在运行过程中，我们发现 4 个 G 核会动态热插拔，而 4 个 G 核和 1 个 LP 核之间，会根据运行负载进行集群切换。这一部分都是在内核里面实现的，和 tegra 的 CPUFreq 驱动（DVFS 驱动）紧密关联。相关代码可见于 http://nv-tegra.nvidia.com/gitweb/?p=linux-2.6.git;a=tree;f=arch/arm/mach-tegra;h=e5d1ff2;hb=rel-14r7

1. 如何判断自己是什么核

每个核都可以通过调用 is_lp_cluster() 来判断当前正在执行的 CPU 是 LP 还是 G 处理器：

```
static inline unsigned int is_lp_cluster(void)
{
    unsigned int reg;
    reg =readl(FLOW_CTRL_CLUSTER_CONTROL);
    return (reg& 1); /* 0 == G, 1 == LP */
}
```

即读 FLOW_CTRL_CLUSTER_CONTROL 寄存器判断自己是 G 核还是 LP 核。

2. G 核和 LP 核集群的切换时机

［场景 1］何时从 LP 核切换给 G 核：当前执行于 LP 集群，CPUFreq 驱动判断出 LP 核需要增频率到超过高值门限，即 TEGRA_HP_UP：

```
case TEGRA_HP_UP:
        if(is_lp_cluster() && !no_lp) {
            if(!clk_set_parent(cpu_clk, cpu_g_clk)) {
                hp_stats_update(CONFIG_NR_CPUS, false);
                hp_stats_update(0, true);
                /* catch-upwith governor target speed */
                tegra_cpu_set_speed_cap(NULL);
            }
        }
```

[场景2] 何时从 G 核切换给 LP 核：当前执行于 G 集群，CPUFreq 驱动判断出某 G 核需要降频率到低于低值门限，即 TEGRA_HP_DOWN，且最慢的 CPUID 不小于 nr_cpu_ids（实际上代码逻辑跟踪等价于只有 CPU0 还活着的情况）：

```
case TEGRA_HP_DOWN:
        cpu= tegra_get_slowest_cpu_n();
        if(cpu < nr_cpu_ids) {
            ...
        }else if (!is_lp_cluster() && !no_lp) {
            if(!clk_set_parent(cpu_clk, cpu_lp_clk)) {
                hp_stats_update(CONFIG_NR_CPUS, true);
                hp_stats_update(0, false);
                /* catch-upwith governor target speed */
                tegra_cpu_set_speed_cap(NULL);
            } else
                queue_delayed_work(
                    hotplug_wq, &hotplug_work, down_delay);
        }
        break;
```

切换实际上就发生在 clk_set_parent() 更改 CPU 的父时钟里面，这部分代码写得比较不好，1 个函数完成 n 个功能，实际上不仅切换了时钟，还切换了 G 和 LP 集群：

```
clk_set_parent(cpu_clk, cpu_lp_clk) ->
        tegra3_cpu_cmplx_clk_set_parent(structclk *c, struct clk *p) ->
            tegra_cluster_control(unsigned int us, unsigned int flags) ->
                tegra_cluster_switch_prolog()->
                    tegra_cluster_switch_epilog()
```

3. G 核动态热插拔

何时进行 G 核的动态插拔，具体如下。

[场景3] 当前执行于 G 集群，CPUFreq 驱动判断出某 G 核需要降频率到低于低值门限，即 TEGRA_HP_DOWN，且最慢的 CPUID 小于 nr_cpu_ids（实际上等价于还有两个或两个以上的 G 核活着的情况），关闭最慢的 CPU，留意 tegra_get_slowest_cpu_n() 不会返回 0，这意味着 CPU0 要么活着，要么切换给了 LP 核，对应于 [场景2]：

```
case TEGRA_HP_DOWN:
        cpu= tegra_get_slowest_cpu_n();
        if(cpu < nr_cpu_ids) {
            up = false;
            queue_delayed_work(
```

```
                    hotplug_wq,&hotplug_work, down_delay);
            hp_stats_update(cpu, false);
    }
```

[场景4]当前执行于 G 集群，CPUFreq 驱动判断出某 G 核需要设置频率大于高值门限，即 TEGRA_HP_UP，如果负载平衡状态为 TEGRA_CPU_SPEED_BALANCED，再开一个核；如果状态为 TEGRA_CPU_SPEED_SKEWED，则关一个核。TEGRA_CPU_SPEED_BALANCED 的含义是当前所有 G 核要求的频率都高于最高频率的 50%，TEGRA_CPU_SPEED_SKEWED 的含义是当前至少有两个 G 核要求的频率低于门限的 25%，即 CPU 频率的要求在各个核之间有倾斜。

```
case TEGRA_HP_UP:
    if(is_lp_cluster() && !no_lp) {
        ...
    }else {
        switch (tegra_cpu_speed_balance()) {
        /* cpu speed is up and balanced - one more on-line */
        case TEGRA_CPU_SPEED_BALANCED:
            cpu =cpumask_next_zero(0, cpu_online_mask);
             if (cpu <nr_cpu_ids) {
                up =true;
                hp_stats_update(cpu, true);
            }
            break;
        /* cpu speed is up, but skewed - remove one core */
        case TEGRA_CPU_SPEED_SKEWED:
            cpu =tegra_get_slowest_cpu_n();
            if (cpu < nr_cpu_ids) {
                up =false;
                hp_stats_update(cpu, false);
            }
            break;
        /* cpu speed is up, butunder-utilized - do nothing */
        case TEGRA_CPU_SPEED_BIASED:
        default:
            break;
        }
    }
```

上述代码中 TEGRA_CPU_SPEED_BIASED 路径的含义是有 1 个以上 G 核的频率低于最高频率的 50% 但是还未形成"SKEWED"条件，即只是"BIASED"，还没有达到"SKEWED"的程度，因此暂时什么都不做。

目前，ARM 和 Linux 社区都在从事关于 big.LITTLE 架构下，CPU 热插拔以及调度器方面有针对性的改进工作。在 big.LITTLE 架构中，将高性能且功耗也较高的 Cortex-A15 和稍低性能且功耗低的 Cortex-A7 进行了结合，或者在 64 位下，进行 Cortex-A57 和 Cortex-A53 的组合，如图 19.8 所示。

big.LITTLE 架构的设计旨在为适当的作业分配恰当的处理器。Cortex-A15 处理器是目前已开发的性能最高的低功耗 ARM 处理器，而 Cortex-A7 处理器是目前已开发的最节能的

ARM 应用程序处理器。可以利用 Cortex-A15 处理器的性能来承担繁重的工作负载，而用 Cortex-A7 可以最有效地处理智能手机的大部分工作负载。这些操作包括操作系统活动、用户界面和其他持续运行、始终连接的任务。

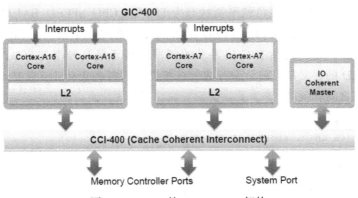

图 19.8　ARM 的 big.LITTLE 架构

三星在 2013 年 CES（国际消费电子展）大会上发布了 Exynos 5 Octa 8 核移动处理器，这款处理器也是采用 big.LITTLE 架构的第一款 CPU。

19.9　挂起到 RAM

Linux 支持 STANDBY、挂起到 RAM、挂起到硬盘等形式的待机，如图 19.9 所示。一般的嵌入式产品仅仅只实现了挂起到 RAM（也简称为 s2ram，或常简称为 STR），即将系统的状态保存于内存中，并将 SDRAM 置于自刷新状态，待用户按键等操作后再重新恢复系统。少数嵌入式 Linux 系统会实现挂起到硬盘（简称 STD），它与挂起到 RAM 的不同是 s2ram 并不关机，STD 则把系统的状态保持于磁盘，然后关闭整个系统。

在 Linux 下，这些行为通常是由用户空间触发的，通过向 /sys/power/state 写入 mem 可开始挂起到 RAM 的流程。当然，许多 Linux 产品会有一个按键，一按就进入挂起到 RAM。这通常是由于与这个按键对应的输入设备驱动汇报了一个和电源相关的 input_event，

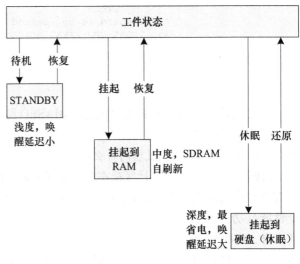

图 19.9　Linux 的待机模式

用户空间的电源管理 daemon 进程收到这个事件后，再触发 s2ram 的。当然，内核也有一个 INPUT_APMPOWER 驱动，位于 drivers/input/apm-power.c 下，它可以在内核级别侦听 EV_PWR 类事件，并通过 apm_queue_event(APM_USER_SUSPEND) 自动引发 s2ram：

```
static void system_power_event(unsigned int keycode)
{
        switch (keycode) {
        case KEY_SUSPEND:
                apm_queue_event(APM_USER_SUSPEND);
                pr_info("Requesting system suspend...\n");
                break;
        default:
                break;
        }
}

static void apmpower_event(struct input_handle *handle, unsigned int type,
                   unsigned int code, int value)
{
        ...
        switch (type) {
        case EV_PWR:
             system_power_event(code);
             break;
        ...
        }
}
```

在 Linux 内核中，大致的挂起到 RAM 的挂起和恢复流程如图 19.10 所示（牵涉的操作包括同步文件系统、freeze 进程、设备驱动挂起以及系统的挂起入口等）。

在 Linux 内核的 device_driver 结构中，含有一个 pm 成员，它是一个 dev_pm_ops 结构体指针，在该结构体中，封装了挂起到 RAM 和挂起到硬盘所需要的回调函数，如代码清单 19.13 所示。

代码清单 19.13   dev_pm_ops 结构体

```
1   struct dev_pm_ops {
2         int (*prepare)(struct device *dev);
3         void (*complete)(struct device *dev);
4         int (*suspend)(struct device *dev);
5         int (*resume)(struct device *dev);
6         int (*freeze)(struct device *dev);
7         int (*thaw)(struct device *dev);
8         int (*poweroff)(struct device *dev);
9         int (*restore)(struct device *dev);
10        int (*suspend_late)(struct device *dev);
11        int (*resume_early)(struct device *dev);
12        int (*freeze_late)(struct device *dev);
```

```
13          int (*thaw_early)(struct device *dev);
14          int (*poweroff_late)(struct device *dev);
15          int (*restore_early)(struct device *dev);
16          int (*suspend_noirq)(struct device *dev);
17          int (*resume_noirq)(struct device *dev);
18          int (*freeze_noirq)(struct device *dev);
19          int (*thaw_noirq)(struct device *dev);
20          int (*poweroff_noirq)(struct device *dev);
21          int (*restore_noirq)(struct device *dev);
22          int (*runtime_suspend)(struct device *dev);
23          int (*runtime_resume)(struct device *dev);
24          int (*runtime_idle)(struct device *dev);
25     };
```

图 19.10 实际上也给出了在挂起到 RAM 的时候这些 PM 回调函数的调用时机。

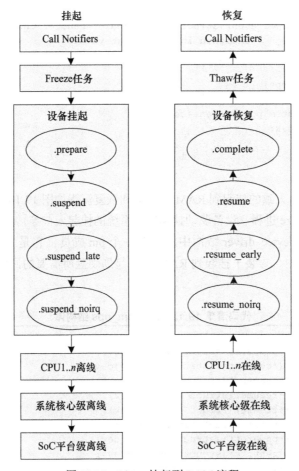

图 19.10　Linux 挂起到 RAM 流程

目前比较推荐的做法是在 platform_driver、i2c_driver 和 spi_driver 等 xxx_driver 结构体

实例的 driver 成员中，以上述结构体的形式封装 PM 回调函数，并赋值到 driver 的 pm 字段。如代码清单 19.14 中的第 50 行，在 drivers/spi/spi-s3c64xx.c 中，platform_driver 中的 pm 成员被赋值。

代码清单 19.14　设备驱动中的 pm 成员

```
1  #ifdef CONFIG_PM_SLEEP
2  static int s3c64xx_spi_suspend(struct device *dev)
3  {
4          struct spi_master *master = dev_get_drvdata(dev);
5          struct s3c64xx_spi_driver_data *sdd = spi_master_get_devdata(master);
6
7           int ret = spi_master_suspend(master);
8          if (ret)
9                  return ret;
10
11         if (!pm_runtime_suspended(dev)) {
12                 clk_disable_unprepare(sdd->clk);
13                 clk_disable_unprepare(sdd->src_clk);
14         }
15
16         sdd->cur_speed = 0; /* 输出时钟停止 */
17
18          return 0;
19 }
20
21 static int s3c64xx_spi_resume(struct device *dev)
22 {
23         struct spi_master *master = dev_get_drvdata(dev);
24         struct s3c64xx_spi_driver_data *sdd = spi_master_get_devdata(master);
25         struct s3c64xx_spi_info *sci = sdd->cntrlr_info;
26
27         if (sci->cfg_gpio)
28                 sci->cfg_gpio();
29
30         if (!pm_runtime_suspended(dev)) {
31                 clk_prepare_enable(sdd->src_clk);
32                 clk_prepare_enable(sdd->clk);
33          }
34
35         s3c64xx_spi_hwinit(sdd, sdd->port_id);
36
37         return spi_master_resume(master);
38 }
39 #endif /* CONFIG_PM_SLEEP */
40
41 static const struct dev_pm_ops s3c64xx_spi_pm = {
42         SET_SYSTEM_SLEEP_PM_OPS(s3c64xx_spi_suspend, s3c64xx_spi_resume)
43         SET_RUNTIME_PM_OPS(s3c64xx_spi_runtime_suspend,
44             s3c64xx_spi_runtime_resume, NULL)
45 };
46
```

```
47  static struct platform_driver s3c64xx_spi_driver = {
48          .driver = {
49                  .name   = "s3c64xx-spi",
50                  .pm = &s3c64xx_spi_pm,
51                  .of_match_table = of_match_ptr(s3c64xx_spi_dt_match),
52          },
53          .probe = s3c64xx_spi_probe,
54          .remove = s3c64xx_spi_remove,
55          .id_table = s3c64xx_spi_driver_ids,
56  };
```

s3c64xx_spi_suspend() 完成了时钟的禁止，s3c64xx_spi_resume() 则完成了硬件的重新初始化、时钟的使能等工作。第 42 行的 SET_SYSTEM_SLEEP_PM_OPS 是一个快捷宏，它完成 suspend、resume 等成员函数的赋值：

```
#define SET_SYSTEM_SLEEP_PM_OPS(suspend_fn, resume_fn) \
        .suspend = suspend_fn, \
        .resume = resume_fn, \
        .freeze = suspend_fn, \
        .thaw = resume_fn, \
        .poweroff = suspend_fn, \
        .restore = resume_fn,
```

除了上述推行的做法以外，在 platform_driver、i2c_driver、spi_driver 等 xxx_driver 结构体中仍然保留了过时（Legacy）的 suspend、resume 入口函数（目前不再推荐使用过时的接口，而是推荐赋值 xxx_driver 中的 driver 的 pm 成员），譬如代码清单 19.15 给出的 platform_driver 就包含了过时的 suspend、resume 等。

代码清单 19.15　设备驱动中过时的 PM 成员函数

```
1   struct platform_driver {
2           int (*probe)(struct platform_device *);
3           int (*remove)(struct platform_device *);
4           void (*shutdown)(struct platform_device *);
5           int (*suspend)(struct platform_device *, pm_message_t state);
6           int (*resume)(struct platform_device *);
7           struct device_driver driver;
8           const struct platform_device_id *id_table;
9   };
```

在 Linux 的核心层中，实际上是优先选择执行 xxx_driver.driver.pm.suspend() 成员函数，在前者不存在的情况下，执行过时的 xxx_driver.suspend()，如 platform_pm_suspend() 的逻辑如代码清单 19.16 所示。

代码清单 19.16　驱动核心层寻找 PM 回调的顺序

```
1   int platform_pm_suspend(struct device *dev)
2   {
```

```
3       struct device_driver *drv = dev->driver;
4       int ret = 0;
5
6       if (!drv)
7               return 0;
8
9       if (drv->pm) {
10              if (drv->pm->suspend)
11                      ret = drv->pm->suspend(dev);
12      } else {
13              ret = platform_legacy_suspend(dev, PMSG_SUSPEND);
14      }
15
16      return ret;
17 }
```

一般来讲,在设备驱动的挂起入口函数中,会关闭设备、关闭该设备的时钟输入,甚至是关闭设备的电源,在恢复时则完成相反的的操作。在挂起到 RAM 的挂起和恢复过程中,系统恢复后要求所有设备的驱动都工作正常。为了调试这个过程,可以使能内核的 PM_DEBUG 选项,如果想在挂起和恢复的过程中,看到内核的打印信息以关注具体的详细流程,可以在 Bootloader 传递给内核的 bootargs 中设置标志 no_console_suspend。

在将 Linux 移植到一个新的 ARM SoC 的过程中,最终系统挂起的入口需由芯片供应商在相应的 arch/arm/mach-xxx 中实现 platform_suspend_ops 的成员函数,一般主要实现其中的 enter 和 valid 成员,并将整个 platform_suspend_ops 结构体通过内核通用 API suspend_set_ops() 注册进系统,如 arch/arm/mach-prima2/pm.c 中 prima2 SoC 级挂起流程的逻辑如代码清单 19.17 所示。

代码清单 19.17　系统挂起到 RAM 的 SoC 级代码

```
1  static int sirfsoc_pm_enter(suspend_state_t state)
2  {
3          switch (state) {
4          case PM_SUSPEND_MEM:
5                  sirfsoc_pre_suspend_power_off();
6
7                  outer_flush_all();
8                  outer_disable();
9                  /* go zzz */
10                 cpu_suspend(0, sirfsoc_finish_suspend);
11                 outer_resume();
12                 break;
13         default:
14                 return -EINVAL;
15         }
16         return 0;
17 }
```

```
18
19  static const struct platform_suspend_ops sirfsoc_pm_ops = {
20          .enter = sirfsoc_pm_enter,
21          .valid = suspend_valid_only_mem,
22  };
23
24  int __init sirfsoc_pm_init(void)
25  {
26          suspend_set_ops(&sirfsoc_pm_ops);
27          return 0;
28  }
```

上述代码中第 5 行的 sirfsoc_pre_suspend_power_off() 的实现如代码清单 19.18 所示，它会将系统恢复回来后重新开始执行的物理地址存入与 SoC 相关的寄存器中。与本例对应的寄存器为 SIRFSOC_PWRC_SCRATCH_PAD1，并向该寄存器写入了 virt_to_phys(cpu_resume)。在系统重新恢复中，会执行 cpu_resume 这段汇编，并进行设置唤醒源等操作。

代码清单 19.18　SoC 设置恢复回来时的执行地址

```
1   static int sirfsoc_pre_suspend_power_off(void)
2   {
3           u32 wakeup_entry = virt_to_phys(cpu_resume);
4
5           sirfsoc_rtc_iobrg_writel(wakeup_entry, sirfsoc_pwrc_base +
6                   SIRFSOC_PWRC_SCRATCH_PAD1);
7
8           sirfsoc_set_wakeup_source();
9
10          sirfsoc_set_sleep_mode(SIRFSOC_DEEP_SLEEP_MODE);
11
12          return 0;
13  }
```

而 cpu_suspend(0，sirfsoc_finish_suspend) 以及其中调用的与 SoC 相关的用汇编实现的函数 sirfsoc_finish_suspend() 真正完成最后的待机并将系统置于深度睡眠，同时置 SDRAM 于自刷新状态的过程，具体的代码高度依赖于特定的芯片，其实现一般是一段汇编。

19.10　运行时的 PM

在前文给出的 dev_pm_ops 结构体中，有 3 个以 runtime 开头的成员函数：runtime_suspend()、runtime_resume() 和 runtime_idle()，它们辅助设备完成运行时的电源管理：

```
struct dev_pm_ops {
        ...
        int (*runtime_suspend)(struct device *dev);
        int (*runtime_resume)(struct device *dev);
```

```
        int (*runtime_idle)(struct device *dev);
        ...
};
```

运行时的 PM 与前文描述的系统级挂起到 RAM 时候的 PM 不太一样，它是针对单个设备，指系统在非睡眠状态的情况下，某个设备在空闲时可以进入运行时挂起状态，而在不是空闲时执行运行时恢复使得设备进入正常工作状态，如此，这个设备在运行时会省电。Linux 运行时 PM 最早是在 Linux2.6.32 内核中被合并的。

Linux 提供了一系列 API，以便于设备可以声明自己的运行时 PM 状态：

```
int pm_runtime_suspend(struct device *dev);
```

引发设备的挂起，执行相关的 runtime_suspend() 函数。

```
int pm_schedule_suspend(struct device *dev, unsigned int delay);
```

"调度"设备的挂起，延迟 delay 毫秒后将挂起工作挂入 pm_wq 等待队列，结果等价于 delay 毫秒后执行相关的 runtime_suspend() 函数。

```
int pm_request_autosuspend(struct device *dev);
```

"调度"设备的挂起，自动挂起的延迟到后，挂起的工作项目被自动放入队列。

```
int pm_runtime_resume(struct device *dev);
```

引发设备的恢复，执行相关的 runtime_resume() 函数。

```
int pm_request_resume(struct device *dev);
```

发起一个设备恢复的请求，该请求也是挂入 pm_wq 等待队列。

```
int pm_runtime_idle(struct device *dev);
```

引发设备的空闲，执行相关的 runtime_idle() 函数。

```
int pm_request_idle(struct device *dev);
```

发起一个设备空闲的请求，该请求也是挂入 pm_wq 等待队列。

```
void pm_runtime_enable(struct device *dev);
```

使能设备的运行时 PM 支持。

```
int pm_runtime_disable(struct device *dev);
```

禁止设备的运行时 PM 支持。

```
int pm_runtime_get(struct device *dev);
int pm_runtime_get_sync(struct device *dev);
```

增加设备的引用计数（usage_count），这类似于 clk_get()，会间接引发设备的 runtime_

resume()。

```
int pm_runtime_put(struct device *dev);
int pm_runtime_put_sync(struct device *dev)
```

减小设备的引用计数，这类似于 clk_put()，会间接引发设备的 runtime_idle()。

我们可以这样简单地理解 Linux 运行时 PM 的机制，每个设备（总线的控制器自身也属于一个设备）都有引用计数 usage_count 和活跃子设备（Active Children，子设备的意思就是该级总线上挂的设备）计数 child_count，当两个计数都为 0 的时候，就进入空闲状态，调用 pm_request_idle（dev）。当设备进入空闲状态，与 pm_request_idle（dev）对应的 PM 核并不一定直接调用设备驱动的 runtime_suspend()，它实际上在多数情况下是调用与该设备对应的 bus_type 的 runtime_idle()。下面是内核的代码逻辑：

```
static pm_callback_t __rpm_get_callback(struct device *dev, size_t cb_offset)
{
        pm_callback_t cb;
        const struct dev_pm_ops *ops;

        if (dev->pm_domain)
                ops = &dev->pm_domain->ops;
        else if (dev->type && dev->type->pm)
                ops = dev->type->pm;
        else if (dev->class && dev->class->pm)
                ops = dev->class->pm;
        else if (dev->bus && dev->bus->pm)
                ops = dev->bus->pm;
        else
                ops = NULL;

        if (ops)
                cb = *(pm_callback_t *)((void *)ops + cb_offset);
        else
                cb = NULL;

        if (!cb && dev->driver && dev->driver->pm)
                cb = *(pm_callback_t *)((void *)dev->driver->pm + cb_offset);

        return cb;
}
```

据此可知，bus_type 级的回调函数实际上可以被 pm_domain、type、class 覆盖掉，这些都统称为子系统。bus_type 等子系统级别的 runtime_idle() 行为完全由相应的总线类型、设备分类和 pm_domain 因素决定，但是一般的行为是子系统级别的 runtime_idle() 会调度设备驱动的 runtime_suspend()。

在具体的设备驱动中，一般的用法则是在设备驱动 probe() 时运行 pm_runtime_enable() 使能运行时 PM 支持，在运行过程中动态地执行"pm_runtime_get_xxx()-> 做工作 ->pm_ runtime_put_xxx()"的序列。如代码清单 19.19 中的 drivers/watchdog/omap_wdt.c 对应的 OMAP 的看门狗驱动。在 omap_wdt_start() 中启动了 pm_runtime_get_sync(),而在 omap_wdt_stop() 中调用了 pm_runtime_put_sync()。

代码清单 19.19 运行时 PM 的 pm_runtime_get() 和 pm_runtime_put()

```
1   static int omap_wdt_start(struct watchdog_device *wdog)
2   {
3       struct omap_wdt_dev *wdev = watchdog_get_drvdata(wdog);
4       void __iomem *base = wdev->base;
5
6       mutex_lock(&wdev->lock);
7
8       wdev->omap_wdt_users = true;
9
10      pm_runtime_get_sync(wdev->dev);
11
12      /* initialize prescaler */
13      while (readl_relaxed(base + OMAP_WATCHDOG_WPS) & 0x01)
14          cpu_relax();
15      ...
16      mutex_unlock(&wdev->lock);
17
18      return 0;
19  }
20  static int omap_wdt_stop(struct watchdog_device *wdog)
21  {
22      struct omap_wdt_dev *wdev = watchdog_get_drvdata(wdog);
23
24      mutex_lock(&wdev->lock);
25      omap_wdt_disable(wdev);
26      pm_runtime_put_sync(wdev->dev);
27      wdev->omap_wdt_users = false;
28      mutex_unlock(&wdev->lock);
29      return 0;
30  }
31
32  static const struct watchdog_ops omap_wdt_ops = {
33      .owner          = THIS_MODULE,
34      .start          = omap_wdt_start,
35      .stop           = omap_wdt_stop,
36      .ping           = omap_wdt_ping,
37      .set_timeout    = omap_wdt_set_timeout,
38  };
```

上述代码第 10 行的 pm_runtime_get_sync(wdev->dev) 告诉内核要开始用看门狗这个设备了,如果看门狗设备已经进入省电模式(之前引用计数为 0 且执行了运行时挂起),会导致该设备的运行时恢复;第 26 行告诉内核不用这个设备了,如果引用计数变为 0 且活跃子设备为 0,则导致该看门狗设备的运行时挂起。

在某些设备驱动中,直接使用上述引用计数的方法进行挂起、空闲和恢复不一定合适,因为挂起状态的进入和恢复需要一些时间,如果设备不在挂起之间保留一定的时间,频繁进出挂起反而会带来新的开销。因此,我们可根据情况决定只有设备在空闲了一段时间后才进入挂起(一般来说,一个一段时间没有被使用的设备,还会有一段时间不会被使用),基于此,一些设备驱动也常常使用自动挂起模式进行编程。

在执行操作的时候声明 pm_runtime_get(),操作完成后执行 pm_runtime_mark_last_busy() 和 pm_runtime_put_autosuspend(),一旦自动挂起的延时到期且设备的使用计数为 0,则引发相关 runtime_suspend() 入口函数的调用。一个典型用法如代码清单 19.20 所示。

代码清单 19.20　运行时 PM 的自动挂起

```
1  foo_read_or_write(struct foo_priv *foo, void *data)
2  {
3      lock(&foo->private_lock);
4      add_request_to_io_queue(foo, data);
5      if (foo->num_pending_requests++ == 0)
6          pm_runtime_get(&foo->dev);
7      if (!foo->is_suspended)
8          foo_process_next_request(foo);
9      unlock(&foo->private_lock);
10 }
11
12 foo_io_completion(struct foo_priv *foo, void *req)
13 {
14     lock(&foo->private_lock);
15     if (--foo->num_pending_requests == 0) {
16         pm_runtime_mark_last_busy(&foo->dev);
17         pm_runtime_put_autosuspend(&foo->dev);
18     } else {
19         foo_process_next_request(foo);
20     }
21     unlock(&foo->private_lock);
22     /* 将请求结果返回给用户 ... */
23 }
```

在上述代码的第 6 行开始进行 I/O 传输了,因此运行了 pm_runtime_get() 之后,当 I/O 传输结束的时候,第 16~17 行向内核告知该设备最后的忙时刻,并执行了 pm_runtime_put_autosuspend()。

设备驱动 PM 成员的 runtime_suspend() 一般完成保存上下文、切到省电模式的工作,而 runtime_resume() 一般完成对硬件上电、恢复上下文的工作。代码清单 19.21 给出了一个 drivers/spi/spi-pl022.c 的案例。

代码清单 19.21　运行时 PM 的 runtime_suspend/resume() 案例

```
1  #ifdef CONFIG_PM
2  static int pl022_runtime_suspend(struct device *dev)
```

```
 3  {
 4          struct pl022 *pl022 = dev_get_drvdata(dev);
 5
 6          clk_disable_unprepare(pl022->clk);
 7          pinctrl_pm_select_idle_state(dev);
 8
 9          return 0;
10  }
11
12  static int pl022_runtime_resume(struct device *dev)
13  {
14          struct pl022 *pl022 = dev_get_drvdata(dev);
15
16          pinctrl_pm_select_default_state(dev);
17          clk_prepare_enable(pl022->clk);
18
19          return 0;
20  }
21  #endif
22
23  static const struct dev_pm_ops pl022_dev_pm_ops = {
24          SET_SYSTEM_SLEEP_PM_OPS(pl022_suspend, pl022_resume)
25          SET_RUNTIME_PM_OPS(pl022_runtime_suspend, pl022_runtime_resume, NULL)
26  };
```

第25行的SET_RUNTIME_PM_OPS()是一个快捷宏，它完成了runtime_suspend、runtime_resume的赋值动作，其定义如下：

```
#define SET_RUNTIME_PM_OPS(suspend_fn, resume_fn, idle_fn) \
        .runtime_suspend = suspend_fn, \
        .runtime_resume = resume_fn, \
        .runtime_idle = idle_fn,
```

其实，除了SET_RUNTIME_PM_OPS()和前文介绍的SET_SYSTEM_SLEEP_PM_OPS()，在include/linux/pm.h中还定义了SIMPLE_DEV_PM_OPS()、UNIVERSAL_DEV_PM_OPS()等更快捷的宏：

```
#define SIMPLE_DEV_PM_OPS(name, suspend_fn, resume_fn) \
const struct dev_pm_ops name = { \
        SET_SYSTEM_SLEEP_PM_OPS(suspend_fn, resume_fn) \
}
#define UNIVERSAL_DEV_PM_OPS(name, suspend_fn, resume_fn, idle_fn) \
const struct dev_pm_ops name = { \
        SET_SYSTEM_SLEEP_PM_OPS(suspend_fn, resume_fn) \
        SET_RUNTIME_PM_OPS(suspend_fn, resume_fn, idle_fn) \
}
```

在内核里充斥着这些宏的使用例子。我们从UNIVERSAL_DEV_PM_OPS()这个宏的定义可以看出，它针对的是挂起到RAM和运行时PM行为一致的场景。

19.11 总结

Linux 内核的 PM 框架涉及众多组件,弄清楚这些组件之间的依赖关系,在合适的着眼点上进行优化,采用正确的方法进行 PM 的编程,对改善代码的质量、辅助功耗和性能测试都有极大的好处。

另外,在实际工程中,尤其是在消费电子的领域,可能有超过半数的 bug 都属于电源管理。这个时候,电源管理的很多工作就是在搞定鲁棒性和健壮性,可以说,在很多时候,这就是个体力活,需要工程师有足够的耐性。

第 20 章
Linux 芯片级移植及底层驱动

本章导读

本章主要讲解，在一个新的 ARM SoC 上，如何移植 Linux。当然，本章的内容也适合 MIPS、PowerPC 等其他的体系结构。

第 20.1 节先总体上介绍了 Linux 3.x 之后的内核在底层 BSP 上进行了哪些优化。

第 20.2 节讲解了如何提供操作系统的运行节拍。

第 20.3 节讲解了中断控制器驱动，以及它是如何为驱动提供标准接口的。

第 20.4 节讲解多核 SMP 芯片的启动。

第 20.6~20.9 节分别讲解了作为 Linux 运行底层基础设施的 GPIO、pinctrl、时钟和 dmaengine 驱动。

学习本章有助于工程师理解驱动调用的底层 API 的来源，以及直接进行 Linux 的平台移植。

20.1 ARM Linux 底层驱动的组成和现状

为了让 Linux 在一个全新的 ARM SoC 上运行，需要提供大量的底层支撑，如定时器节拍、中断控制器、SMP 启动、CPU 热插拔以及底层的 GPIO、时钟、pinctrl 和 DMA 硬件的封装等。定时器节拍、中断控制器、SMP 启动和 CPU 热插拔这几部分相对来说没有像早期 GPIO、时钟、pinctrl 和 DMA 的实现那么杂乱，基本上有个固定的套路。定时器节拍为 Linux 基于时间片的调度机制以及内核和用户空间的定时器提供支撑，中断控制器的驱动则使得 Linux 内核的工程师可以直接调用 local_irq_disable()、disable_irq() 等通用的中断 API，而 SMP 启动支持则用于让 SoC 内部的多个 CPU 核都投入运行，CPU 热插拔则用于运行时挂载或拔除 CPU。这些工作，在 Linux 3.0 之后的内核中，Linux 社区对比逐步进行了良好的层次划分和架构设计。

在 GPIO、时钟、pinctrl 和 DMA 驱动方面，在 Linux 2.6 时代，内核已或多或少有 GPIO、时钟等底层驱动的架构，但是核心层的代码太薄弱，各 SoC 在这些基础设施实现方面存在巨大差异，而且每个 SoC 仍然需要实现大量的代码。pinctrl 和 DMA 则最为混乱，几乎各家公司都定义了自己独特的实现和 API。

社区必须改变这种局面，于是 Linux 社区在 2011 年后进行了如下工作，这些工作在目前的 Linux 内核中基本准备就绪：

- STEricsson 公司的工程师 Linus Walleij 提供了新的 pinctrl 驱动架构，内核中新增加一个 drivers/pinctrl 目录，支撑 SoC 上的引脚复用，各个 SoC 的实现代码统一放入该目录。
- TI 公司的工程师 Mike Turquette 提供了通用时钟框架，让具体 SoC 实现 clk_ops() 成员函数，并通过 clk_register()、clk_register_clkdev() 注册时钟源以及源与设备的对应关系，具体的时钟驱动都统一迁移到 drivers/clk 目录中。
- 建议各 SoC 统一采用 dmaengine 架构实现 DMA 驱动，该架构提供了通用的 DMA 通道 API，如 dmaengine_prep_slave_single()、dmaengine_submit() 等，要求 SoC 实现 dma_device 的成员函数，实现代码统一放入 drivers/dma 目录中。
- 在 GPIO 方面，drivers/gpio 下的 gpiolib 已能与新的 pinctrl 完美共存，实现引脚的 GPIO 和其他功能之间的复用，具体的 SoC 只需实现通用的 gpio_chip 结构体的成员函数。

经过以上工作，基本上就把芯片底层基础架构方面的驱动架构统一了，实现方法也统一了。另外，目前 GPIO、时钟、pinmux 等都能良好地进行设备树的映射处理，譬如我们可以方便地在 .dts 中定义一个设备要的时钟、pinmux 引脚以及 GPIO。

除了上述基础设施以外，在将 Linux 移植入新的 SoC 过程中，工程师常常强烈依赖于早期的 printk 功能，内核则提供了相关的 DEBUG_LL 和 EARLY_PRINTK 支持，只需要 SoC 提供商实现少量的回调函数或宏。

本章主要对上述各个组成部分进行架构上的剖析以及对关键的实现部分的实例分析，以求完整归纳出将 Linux 移植入新 SoC 的主要工作。

20.2 内核节拍驱动

Linux 2.6 的早期（Linux2.6.21 之前）内核是基于节拍设计的，一般 SoC 公司在将 Linux 移植到自己芯片上的时候，会从芯片内部找一个定时器，并将该定时器配置为赫兹的频率，在每个时钟节拍到来时，调用 ARM Linux 内核核心层的 timer_tick() 函数，从而引发系统里的一系列行为。如 Linux 2.6.17 中 arch/arm/mach-s3c2410/time.c 的做法类似于代码清单 20.1 所示。

代码清单 20.1 早期内核的节拍驱动

```
1  /*
2   * IRQ handler for the timer
3   */
4  static irqreturn_t
5  s3c2410_timer_interrupt(int irq, void *dev_id, struct pt_regs *regs)
6  {
```

```
7              write_seqlock(&xtime_lock);
8              timer_tick(regs);
9              write_sequnlock(&xtime_lock);
10             return IRQ_HANDLED;
11  }
12
13  static struct irqaction s3c2410_timer_irq = {
14             .name            = "S3C2410 Timer Tick",
15             .flags           = SA_INTERRUPT | SA_TIMER,
16             .handler         = s3c2410_timer_interrupt,
17  };
18  static void __init s3c2410_timer_init (void)
19  {
20             s3c2410_timer_setup();
21             setup_irq(IRQ_TIMER4, &s3c2410_timer_irq);
22  }
```

代码清单 20.1 将硬件的 TIMER4 定时器配置为周期触发中断，每个中断到来就会自动调用内核函数 timer_tick()。

当前 Linux 多采用无节拍方案，并支持高精度定时器，内核的配置一般会使能 NO_HZ（即无节拍，或者说动态节拍）和 HIGH_RES_TIMERS。要强调的是无节拍并不是说系统中没有时钟节拍，而是说这个节拍不再像以前那样周期性地产生。无节拍意味着，根据系统的运行情况，以事件驱动的方式动态决定下一个节拍在何时发生。如果画一个时间轴，周期节拍的系统节拍中断发生的时序如图 20.1 所示：

图 20.1 周期节拍的系统节拍中断发生的时序

而 NO_HZ 的 Linux 的运行节拍如图 20.2 所示，看起来则是：两次定时器中断发生的时间间隔可长可短：

图 20.2 NO_HZ 的运行节拍

在当前的 Linux 系统中，SoC 底层的定时器被实现为一个 clock_event_device 和 clocksource 形式的驱动。在 clock_event_device 结构体中，实现其 set_mode() 和 set_next_event() 成员函数；在 clocksource 结构体中，主要实现 read() 成员函数。而在定时器中断服务程序中，不再调用 timer_tick()，而是调用 clock_event_device 的 event_handler() 成员函数。一个典型 SoC 的底层节拍定时器驱动形如代码清单 20.2 所示。

代码清单 20.2　新内核基于 clocksource 和 clock_event 的节拍驱动

```c
1  static irqreturn_t xxx_timer_interrupt(int irq, void *dev_id)
2  {
3          struct clock_event_device *ce = dev_id;
4          ...
5          ce->event_handler(ce);
6
7          return IRQ_HANDLED;
8  }
9
10 /* read 64-bit timer counter */
11 static cycle_t xxx_timer_read(struct clocksource *cs)
12 {
13         u64 cycles;
14
15         /* read the 64-bit timer counter */
16         cycles = readl_relaxed(xxx_timer_base + LATCHED_HI);
17         cycles=(cycles<<32)|readl_relaxed(xxx_timer_base + LATCHED_LO);
18
19         return cycles;
20 }
21
22 static int xxx_timer_set_next_event(unsigned long delta,
23         struct clock_event_device *ce)
24 {
25         unsigned long now, next;
26         now = readl_relaxed(xxx_timer_base + LATCHED_LO);
27         next = now + delta;
28         writel_relaxed(next, xxx_timer_base + SIRFSOC_TIMER_MATCH_0);
29         ...
30 }
31
32 static void xxx_timer_set_mode(enum clock_event_mode mode,
33         struct clock_event_device *ce)
34 {
35         switch (mode) {
36         case CLOCK_EVT_MODE_PERIODIC:
37                 ...
38         case CLOCK_EVT_MODE_ONESHOT:
39                 ...
40         case CLOCK_EVT_MODE_SHUTDOWN:
41                 ...
42         case CLOCK_EVT_MODE_UNUSED:
43         case CLOCK_EVT_MODE_RESUME:
44                 break;
45         }
46 }
47 static struct clock_event_device xxx_clockevent = {
48         .name = "xxx_clockevent",
49         .rating = 200,
```

```
50              .features = CLOCK_EVT_FEAT_ONESHOT,
51              .set_mode = xxx_timer_set_mode,
52              .set_next_event = xxx_timer_set_next_event,
53      };
54
55      static struct clocksource xxx_clocksource = {
56              .name = "xxx_clocksource",
57              .rating = 200,
58              .mask = CLOCKSOURCE_MASK(64),
59              .flags = CLOCK_SOURCE_IS_CONTINUOUS,
60              .read = xxx_timer_read,
61              .suspend = xxx_clocksource_suspend,
62              .resume = xxx_clocksource_resume,
63      };
64
65      static struct irqaction xxx_timer_irq = {
66              .name = "xxx_tick",
67              .flags = IRQF_TIMER,
68              .irq = 0,
69              .handler = xxx_timer_interrupt,
70              .dev_id = &xxx_clockevent,
71      };
72
73      static void __init xxx_clockevent_init(void)
74      {
75              clockevents_calc_mult_shift(&xxx_clockevent, CLOCK_TICK_RATE, 60);
76
77              xxx_clockevent.max_delta_ns =
78                      clockevent_delta2ns(-2, &xxx_clockevent);
79              xxx_clockevent.min_delta_ns =
80                      clockevent_delta2ns(2, &xxx_clockevent);
81
82              xxx_clockevent.cpumask = cpumask_of(0);
83              clockevents_register_device(&xxx_clockevent);
84      }
85
86      /* initialize the kernel jiffy timer source */
87      static void __init xxx_timer_init(void)
88      {
89              ...
90              BUG_ON(clocksource_register_hz(&xxx_clocksource, CLOCK_TICK_RATE));
91              BUG_ON(setup_irq(xxx_timer_irq.irq, &xxx_timer_irq));
92              xxx_clockevent_init();
93      }
94      struct sys_timer xxx_timer = {
95              .init = xxx_timer_init,
96      };
```

在上述代码中,我们特别关注如下的函数:

1. clock_event_device 的 set_next_event 成员函数 xxx_timer_set_next_event()

该函数的 delta 参数是 Linux 内核传递给底层定时器的一个差值，它的含义是下一次节拍中断产生的硬件定时器中计数器的值相对于当前计数器的差值。我们在该函数中将硬件定时器设置为在"当前计数器计数值 +delta"的时刻产生下一次节拍中断。xxx_clockevent_init() 函数中设置了可接受的最小和最大 delta 值对应的纳秒数，即 xxx_clockevent.min_delta_ns 和 xxx_clockevent.max_delta_ns。

2. clocksource 的 read 成员函数 xxx_timer_read()

该函数可读取出从开机到当前时刻定时器计数器已经走过的值，无论有没有设置当计数器达到某值时产生中断，硬件的计数总是在进行的（我们要理解，计数总是在进行，而计数到某值后要产生中断则需要软件设置）。因此，该函数给 Linux 系统提供了一个底层的准确的参考时间。

3. 定时器的中断服务程序 xxx_timer_interrupt()

在该中断服务程序中，直接调用 clock_event_device 的 event_handler() 成员函数，event_handler() 成员函数的具体工作也是 Linux 内核根据 Linux 内核配置和运行情况自行设置的。

4. clock_event_device 的 set_mode 成员函数 xxx_timer_set_mode()

用于设置定时器的模式以及恢复、关闭等功能，目前一般采用 ONESHOT 模式，即一次一次产生中断。当然新版的 Linux 也可以使用老的周期性模式，如果内核在编译的时候未选择 NO_HZ，该底层的定时器驱动依然可以为内核的运行提供支持。

这些函数的结合使得 ARM Linux 内核底层所需要的时钟得以运行。下面举一个典型的场景，假定定时器的晶振时钟频率为 1MHz（即计数器每加 1 等于 1μs），应用程序通过 nanosleep() API 睡眠 100μs，内核会据此换算出下一次定时器中断的 delta 值为 100，并间接调用 xxx_timer_set_next_event() 去设置硬件让其在 100μs 后产生中断。100μs 后，中断产生，xxx_timer_interrupt() 被调用，event_handler() 会间接唤醒睡眠的进程并导致 nanosleep() 函数返回，从而让用户进程继续。

这里要特别强调的是，对于多核处理器来说，一般的做法是给每个核分配一个独立的定时器，各个核根据自身的运行情况动态地设置自己时钟中断发生的时刻。看一下我们所运行的 ARM vexpress 的中断（GIC 29 twd）即知：

```
# cat /proc/interrupts
           CPU0       CPU1       CPU2       CPU3
 29:       1548       1511       1501       1484     GIC   29   twd
 34:          7          0          0          0     GIC   34   timer
 36:          0          0          0          0     GIC   36   rtc-pl031
 37:        162         21          2         27     GIC   37   uart-pl011
 41:         88        105        149        121     GIC   41   mmci-pl18x (cmd)
 42:       5449       5443       5450       5863     GIC   42   mmci-pl18x (pio)
 44:          0          8          1          0     GIC   44   kmi-pl050
 45:          0        100          0          0     GIC   45   kmi-pl050
```

```
47:              0          0          0          0     GIC  47  eth0
IPI0:            0          1          1          1     CPU wakeup interrupts
IPI1:            0          0          0          0     Timer broadcast interrupts
IPI2:          454        266        436        642     Rescheduling interrupts
IPI3:            0          1          1          1     Function call interrupts
IPI4:            0          0          0          0     Single function call interrupts
IPI5:            0          0          0          0     CPU stop interrupts
IPI6:            0          0          0          0     IRQ work interrupts
IPI7:            0          0          0          0     completion interrupts
Err:             0
```

而比较低效率的方法则是只给 CPU0 提供定时器，由 CPU0 将定时器中断通过 IPI（Inter Processor Interrupt，处理器间中断）广播到其他核。对于 ARM 来讲，1 号 IPIIPI_TIMER 就是来负责这个广播的，从 arch/arm/kernel/smp.c 可以看出：

```
enum ipi_msg_type {
        IPI_WAKEUP,
        IPI_TIMER,
        IPI_RESCHEDULE,
        IPI_CALL_FUNC,
        IPI_CALL_FUNC_SINGLE,
        IPI_CPU_STOP,
};
```

20.3　中断控制器驱动

在 Linux 内核中，各个设备驱动可以简单地调用 request_irq()、enable_irq()、disable_irq()、local_irq_disable()、local_irq_enable() 等通用 API 来完成中断申请、使能、禁止等功能。在将 Linux 移植到新的 SoC 时，芯片供应商需要提供该部分 API 的底层支持。

local_irq_disable()、local_irq_enable() 的实现与具体中断控制器无关，对于 ARM v6 以上的体系结构而言，是直接调用 CPSID/CPSIE 指令进行，而对于 ARM v6 以前的体系结构，则是通过 MRS、MSR 指令来读取和设置 ARM 的 CPSR 寄存器。由此可见，local_irq_disable()、local_irq_enable() 针对的并不是外部的中断控制器，而是直接让 CPU 本身不响应中断请求。相关的实现位于 arch/arm/include/asm/irqflags.h 中，如代码清单 20.3 所示。

代码清单 20.3　ARM Linux local_irq_disable()/enable() 底层实现

```
1  #if __LINUX_ARM_ARCH__ >= 6
2
3  static inline unsigned long arch_local_irq_save(void)
4  {
5          unsigned long flags;
6
7          asm volatile(
8                  "       mrs     %0, cpsr        @ arch_local_irq_save\n"
```

```
 9                      "       cpsid   i"
10                      : "=r" (flags) : : "memory", "cc");
11              return flags;
12      }
13
14      static inline void arch_local_irq_enable(void)
15      {
16              asm volatile(
17                      "       cpsie i                 @ arch_local_irq_enable"
18                      :
19                      :
20                      : "memory", "cc");
21      }
22
23      static inline void arch_local_irq_disable(void)
24      {
25              asm volatile(
26                      "       cpsid i                 @ arch_local_irq_disable"
27                      :
28                      :
29                      : "memory", "cc");
30      }
31      #else
32
33      /*
34       * Save the current interrupt enable state & disable IRQs
35       */
36      static inline unsigned long arch_local_irq_save(void)
37      {
38              unsigned long flags, temp;
39
40              asm volatile(
41                      "       mrs     %0, cpsr        @ arch_local_irq_save\n"
42                      "       orr     %1, %0, #128\n"
43                      "       msr     cpsr_c, %1"
44                      : "=r" (flags), "=r" (temp)
45                      :
46                      : "memory", "cc");
47              return flags;
48      }
49
50      /*
51       * Enable IRQs
52       */
53      static inline void arch_local_irq_enable(void)
54      {
55              unsigned long temp;
56              asm volatile(
57                      "       mrs     %0, cpsr        @ arch_local_irq_enable\n"
58                      "       bic     %0, %0, #128\n"
```

```
59                  "       msr     cpsr_c, %0"
60                  : "=r" (temp)
61                  :
62                  : "memory", "cc");
63  }
64
65  /*
66   * Disable IRQs
67   */
68  static inline void arch_local_irq_disable(void)
69  {
70          unsigned long temp;
71          asm volatile(
72                  "       mrs     %0, cpsr        @ arch_local_irq_disable\n"
73                  "       orr     %0, %0, #128\n"
74                  "       msr     cpsr_c, %0"
75                  : "=r" (temp)
76                  :
77                  : "memory", "cc");
78  }
79  #endif
```

与 local_irq_disable() 和 local_irq_enable() 不同，disable_irq()、enable_irq() 针对的则是中断控制器，因此它们适用的对象是某个中断。disable_irq() 的字面意思是暂时屏蔽掉某中断（其实在内核的实现层面上做了延后屏蔽），直到 enable_irq() 后再执行 ISR。实际上，屏蔽中断可以发生在外设、中断控制器、CPU 三个位置，如图 20.3 所示。对于外设端，是从源头上就不产生中断信号给中断控制器，由于它高度依赖于外设于本身，所以 Linux 不提供标准的 API 而是由外设的驱动直接读写自身的寄存器。

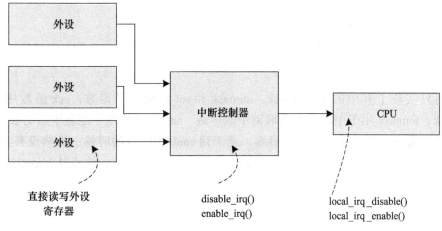

图 20.3　屏蔽中断的 3 个不同位置

在内核中，通过 irq_chip 结构体来描述中断控制器。该结构体内部封装了中断 mask、

unmask、ack 等成员函数,其定义于 include/linux/irq.h 中,如代码清单 20.4 所示。

代码清单 20.4 irq_chip 结构体

```
1   struct irq_chip {
2           const char          *name;
3           unsigned int        (*irq_startup)(struct irq_data *data);
4           void                (*irq_shutdown)(struct irq_data *data);
5           void                (*irq_enable)(struct irq_data *data);
6           void                (*irq_disable)(struct irq_data *data);
7
8           void                (*irq_ack)(struct irq_data *data);
9           void                (*irq_mask)(struct irq_data *data);
10          void                (*irq_mask_ack)(struct irq_data *data);
11          void                (*irq_unmask)(struct irq_data *data);
12          void                (*irq_eoi)(struct irq_data *data);
13
14          int                 (*irq_set_affinity)(struct irq_data *data, const struct
                                    cpumask *dest, bool force);
15          int                 (*irq_retrigger)(struct irq_data *data);
16          int                 (*irq_set_type)(struct irq_data *data, unsigned int
                                    flow_type);
17          int                 (*irq_set_wake)(struct irq_data *data, unsigned int on);
18  };
```

各个芯片公司会将芯片内部的中断控制器实现为 irq_chip 驱动的形式。受限于中断控制器硬件的能力,这些成员函数并不一定需要全部实现,有时候只需要实现其中的部分函数即可。譬如 drivers/pinctrl/sirf/pinctrl-sirf.c 驱动中的下面代码部分:

```
static struct irq_chip sirfsoc_irq_chip = {
        .name = "sirf-gpio-irq",
        .irq_ack = sirfsoc_gpio_irq_ack,
        .irq_mask = sirfsoc_gpio_irq_mask,
        .irq_unmask = sirfsoc_gpio_irq_unmask,
        .irq_set_type = sirfsoc_gpio_irq_type,
};
```

我们只实现了其中的 ack、mask、unmask 和 set_type 成员函数,ack 函数用于清中断,mask、unmask 用于中断屏蔽和取消中断屏蔽、set_type 则用于配置中断的触发方式,如高电平、低电平、上升沿、下降沿等。至于到 enable_irq() 的时候,虽然没有实现 irq_enable() 成员函数,但是内核会间接调用 irq_unmask() 成员函数,这点从 kernel/irq/chip.c 中可以看出:

```
void irq_enable(struct irq_desc *desc)
{
        irq_state_clr_disabled(desc);
        if (desc->irq_data.chip->irq_enable)
                desc->irq_data.chip->irq_enable(&desc->irq_data);
```

```
        else
                desc->irq_data.chip->irq_unmask(&desc->irq_data);
        irq_state_clr_masked(desc);
}
```

在芯片内部，中断控制器可能不止 1 个，多个中断控制器之间还很可能是级联的。举个例子，假设芯片内部有一个中断控制器，支持 32 个中断源，其中有 4 个来源于 GPIO 控制器外围的 4 组 GPIO，每组 GPIO 上又有 32 个中断（许多芯片的 GPIO 控制器也同时是一个中断控制器），其关系如图 20.4 所示。

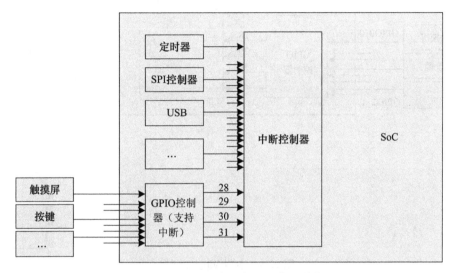

图 20.4　SoC 中断控制器的典型分布

那么，一般来讲，在实际操作中，gpio0_0~gpio0_31 这些引脚本身在第 1 级会使用中断号 28，而这些引脚本身的中断号在实现与 GPIO 控制器对应的 irq_chip 驱动时，我们又会把它映射到 Linux 系统的 32~63 号中断。同理，gpio1_0~gpio1_31 这些引脚本身在第 1 级会使用中断号 29，而这些引脚本身的中断号在实现与 GPIO 控制器对应的 irq_chip 驱动时，我们又会把它映射到 Linux 系统的 64~95 号中断，以此类推。对于中断号的使用者而言，无须看到这种 2 级映射关系。如果某设备想申请与 gpio1_0 这个引脚对应的中断，它只需要申请 64 号中断即可。这个关系图看起来如图 20.5 所示。

要特别注意的是，上述图 20.4 和 20.5 中所涉及的中断号的数值，无论是 base 还是具体某个 GPIO 对应的中断号是多少，都不一定是如图 20.4 和图 20.5 所描述的简单线性映射。Linux 使用 IRQ Domain 来描述一个中断控制器所管理的中断源。换句话说，每个中断控制器都有自己的 Domain。我们可以将 IRQ Domain 看作是 IRQ 控制器的软件抽象。在添加 IRQ Domain 的时候，内核中存在的映射方法有：irq_domain_add_legacy()、irq_domain_add_linear()、irq_domain_add_tree() 等。

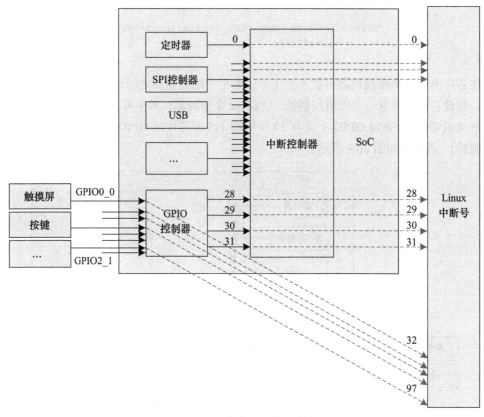

图 20.5 中断级联与映射

irq_domain_add_legacy() 实际上是一种过时的方法,它一般是由 IRQ 控制器驱动直接指定中断源硬件意义上的偏移(一般称为 hwirq)和 Linux 逻辑上的中断号的映射关系。类似图 20.5 的指定映射可以被这种方法弄出来。irq_domain_add_linear() 则在中断源和 irq_desc 之间建立线性映射,内核针对这个 IRQ Domain 维护了一个 hwirq 和 Linux 逻辑 IRQ 之间关系的一个表,这个时候我们其实也完全不关心逻辑中断号了;irq_domain_add_tree() 则更加灵活,逻辑中断号和 hwirq 之间的映射关系是用一棵 radix 树来描述的,我们需要通过查找的方法来寻找 hwirq 和 Linux 逻辑 IRQ 之间的关系,一般适合某中断控制器支持非常多中断源的情况。

实际上,在当前的内核中,中断号更多的是一个逻辑概念,具体数值是多少不是很关键。人们更多的是关心在设备树中设置正确的 interrupt_parrent 和相对该 interrupt_parrent 的偏移。

以 drivers/pinctrl/sirf/pinctrl-sirf.c 的 irq_chip 部分为例,在 sirfsoc_gpio_probe() 函数中,每组 GPIO 的中断都通过 gpiochip_set_chained_irqchip() 级联到上一级中断控制器的中断。

代码清单 20.5 二级 GPIO 中断级联到一级中断控制器

```
1  static int sirfsoc_gpio_probe(struct device_node *np)
2  {
```

```
3       ...
4       for (i = 0; i < SIRFSOC_GPIO_NO_OF_BANKS; i++) {
5               bank = &sgpio->sgpio_bank[i];
6               spin_lock_init(&bank->lock);
7               bank->parent_irq = platform_get_irq(pdev, i);
8               if (bank->parent_irq < 0) {
9                       err = bank->parent_irq;
10                      goto out_banks;
11              }
12
13              gpiochip_set_chained_irqchip(&sgpio->chip.gc,
14                      &sirfsoc_irq_chip,
15                      bank->parent_irq,
16                      sirfsoc_gpio_handle_irq);
17      }
18
19      ...
20  }
```

对于 SIRFSOC_GPIO_NO_OF_BANKS 这么多组 GPIO 进行循环，上述代码中第 15 行的 bank->parent_irq 是与这一组 GPIO 对应的"上级"中断号，sirfsoc_gpio_handle_irq() 则是与 bank->parent_irq 对应的"上级"中断服务程序。而 sirfsoc_gpio_handle_irq() 这个"上级"函数最终还是要调用 GPIO 这一级别的中断服务程序。

在 sirfsoc_gpio_handle_irq() 函数的入口处调用 chained_irq_enter() 暗示自身进入链式 IRQ 处理，在函数体内判决具体的 GPIO 中断，并通过 generic_handle_irq() 调用最终的外设驱动中的中断服务程序，最后调用 chained_irq_exit() 暗示自身退出链式 IRQ 处理，如代码清单 20.6 所示。

代码清单 20.6 "上级"中断服务程序派生到下级

```
1   static void sirfsoc_gpio_handle_irq(unsigned int irq, struct irq_desc *desc)
2   {
3       ...
4       chained_irq_enter(chip, desc);
5
6       while (status) {
7           ctrl = readl(sgpio->chip.regs + SIRFSOC_GPIO_CTRL(bank->id, idx));
8
9           /*
10           * Here we must check whether the corresponding GPIO's interrupt
11           * has been enabled, otherwise just skip it
12           */
13          if ((status & 0x1) && (ctrl & SIRFSOC_GPIO_CTL_INTR_EN_MASK)) {
14              generic_handle_irq(irq_find_mapping(gc->irqdomain, idx +
15                      bank->id * SIRFSOC_GPIO_BANK_SIZE));
16          }
```

```
17
18          idx++;
19          status = status >> 1;
20      }
21
22      chained_irq_exit(chip, desc);
23  }
```

下面用一个实例来呈现这个过程，假设 GPIO0_0~31 对应上级中断号 28，而外设 A 使用了 GPIO0_5（即第 0 组 GPIO 的第 5 个），并假定外设 A 的中断号为 37，即 32+5，中断服务程序为 deva_isr()。那么，当 GPIO0_5 中断发生的时候，内核的调用顺序是：sirfsoc_gpio_handle_irq()->generic_handle_irq()->deva_isr()。如果硬件的中断系统有更深的层次，这种软件上的中断服务程序级联实际上可以有更深的级别。

在上述实例中，GPIO0_0~31 的 interrupt_parrent 实际是上级中断控制器，而外设 A 的 interrupt_parrent 就是 GPIO0，这些都会在设备树中进行呈现。

很多中断控制器的寄存器定义呈现出简单的规律，如有一个 mask 寄存器，其中每 1 位可屏蔽 1 个中断等，在这种情况下，我们无须实现 1 个完整的 irq_chip 驱动，而可以使用内核提供的通用 irq_chip 驱动架构 irq_chip_generic，这样只需要实现极少量的代码，如 drivers/irqchip/irq-sirfsoc.c 中，用于注册 CSR SiRFprimaII 内部中断控制器的代码（见代码清单 20.7）。

代码清单 20.7　使用 generic 的 irq_chip 框架

```
1   static __init void
2   sirfsoc_alloc_gc(void __iomem *base, unsigned int irq_start, unsigned int num)
3   {
4       struct irq_chip_generic *gc;
5       struct irq_chip_type *ct;
6       int ret;
7       unsigned int clr = IRQ_NOREQUEST | IRQ_NOPROBE | IRQ_NOAUTOEN;
8       unsigned int set = IRQ_LEVEL;
9
10      ret = irq_alloc_domain_generic_chips(sirfsoc_irqdomain,num, 1, "irq_sirfsoc",
11              handle_level_irq, clr, set, IRQ_GC_INIT_MASK_CACHE);
12
13      gc = irq_get_domain_generic_chip(sirfsoc_irqdomain, irq_start);
14      gc->reg_base = base;
15      ct = gc->chip_types;
16      ct->chip.irq_mask = irq_gc_mask_clr_bit;
17      ct->chip.irq_unmask = irq_gc_mask_set_bit;
18      ct->regs.mask = SIRFSOC_INT_RISC_MASK0;
19  }
```

irq_chip 驱动的入口声明方法形如：

```
IRQCHIP_DECLARE(sirfsoc_intc, "sirf,prima2-intc", sirfsoc_irq_init);
```

sirf,prima2-intc 是设备树中中断控制器的 compatible 字段，sirfsoc_irq_init 是匹配这个 compatible 字段后运行的初始化函数。

特别值得一提的是，目前多数主流 ARM 芯片内部的一级中断控制器都使用了 ARM 公司的 GIC，我们几乎不需要实现任何代码，只需要在设备树中添加相关的节点。

如在 arch/arm/boot/dts/exynos5250.dtsi 中即含有：

```
gic:interrupt-controller@10481000 {
        compatible = "arm,cortex-a9-gic";
        #interrupt-cells = <3>;
        interrupt-controller;
        reg = <0x10481000 0x1000>, <0x10482000 0x2000>;
};
```

打开 drivers/irqchip/irq-gic.c，发现 GIC 驱动的入口声明如下：

```
IRQCHIP_DECLARE(gic_400, "arm,gic-400", gic_of_init);
IRQCHIP_DECLARE(cortex_a15_gic, "arm,cortex-a15-gic", gic_of_init);
IRQCHIP_DECLARE(cortex_a9_gic, "arm,cortex-a9-gic", gic_of_init);
IRQCHIP_DECLARE(cortex_a7_gic, "arm,cortex-a7-gic", gic_of_init);
IRQCHIP_DECLARE(msm_8660_qgic, "qcom,msm-8660-qgic", gic_of_init);
IRQCHIP_DECLARE(msm_qgic2, "qcom,msm-qgic2", gic_of_init);
```

这说明 drivers/irqchip/irq-gic.c 这个驱动可以兼容 arm,gic-400、arm,cortex-a15-gic、arm,cortex-a7-gic 等，但是初始化函数都是统一的 gic_of_init。

20.4 SMP 多核启动以及 CPU 热插拔驱动

在 Linux 系统中，对于多核的 ARM 芯片而言，在 Bootrom 代码中，每个 CPU 都会识别自身 ID，如果 ID 是 0，则引导 Bootloader 和 Linux 内核执行，如果 ID 不是 0，则 Bootrom 一般在上电时将自身置于 WFI 或者 WFE 状态，并等待 CPU0 给其发 CPU 核间中断或事件（一般通过 SEV 指令）以唤醒它。一个典型的多核 Linux 启动过程如图 20.6 所示。

被 CPU0 唤醒的 CPUn 可以在运行过程中进行热插拔，譬如运行如下命令即可卸载 CPU1，并且将 CPU1 上的任务全部迁移到其他 CPU 中：

```
# echo 0 > /sys/devices/system/cpu/cpu1/online
```

同理，运行如下命令可以再次启动 CPU1：

```
# echo 1 > /sys/devices/system/cpu/cpu1/online
```

之后 CPU1 会主动参与系统中各个 CPU 之间要运行任务的负载均衡工作。

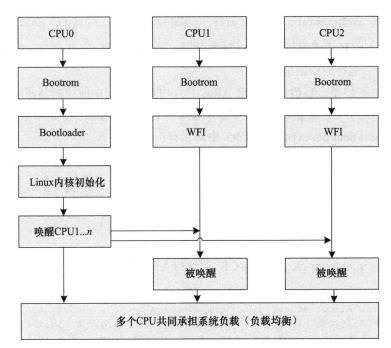

图 20.6 一个典型的多核 Linux 启动过程

CPU0 唤醒其他 CPU 的动作在内核中被封装为一个 smp_operations 的结构体，对于 ARM 而言，它定义于 arch/arm/include/asm/smp.h 中。该结构体的成员函数如代码清单 20.8 所示。

代码清单 20.8　smp_operations 结构体

```
1  struct smp_operations {
2  #ifdef CONFIG_SMP
3      /*
4       * Setup the set of possible CPUs (via set_cpu_possible)
5       */
6      void (*smp_init_cpus)(void);
7      /*
8       * Initialize cpu_possible map, and enable coherency
9       */
10     void (*smp_prepare_cpus)(unsigned int max_cpus);
11
12     /*
13      * Perform platform specific initialisation of the specified CPU.
14      */
15     void (*smp_secondary_init)(unsigned int cpu);
16     /*
17      * Boot a secondary CPU, and assign it the specified idle task.
18      * This also gives us the initial stack to use for this CPU.
19      */
20     int  (*smp_boot_secondary)(unsigned int cpu, struct task_struct *idle);
21 #ifdef CONFIG_HOTPLUG_CPU
22     int  (*cpu_kill)(unsigned int cpu);
```

```
23              void (*cpu_die)(unsigned int cpu);
24              int  (*cpu_disable)(unsigned int cpu);
25  #endif
26  #endif
27  };
```

我们从 arch/arm/mach-vexpress/v2m.c 中看到 VEXPRESS 电路板用到的 smp_ops() 为 vexpress_smp_ops：

```
DT_MACHINE_START(VEXPRESS_DT, "ARM-Versatile Express")
        .dt_compat      = v2m_dt_match,
        .smp            = smp_ops(vexpress_smp_ops),
        .map_io         = v2m_dt_map_io,
        ...
MACHINE_END
```

通过 arch/arm/mach-vexpress/platsmp.c 的实现代码可以看出，smp_operations 的成员函数 smp_init_cpus()，即 vexpress_smp_init_cpus() 调用的 ct_ca9x4_init_cpu_map() 会探测 SoC 内 CPU 核的个数，并通过 set_cpu_possible() 设置这些 CPU 可见。

而 smp_operations 的成员函数 smp_prepare_cpus()，即 vexpress_smp_prepare_cpus() 则会通过 v2m_flags_set(virt_to_phys(versatile_secondary_startup)) 设置其他 CPU 的启动地址为 versatile_secondary_startup，如代码清单 20.9 所示。

代码清单 20.9　在 smp_prepare_cpus() 中设置 CPU1...n 的启动地址

```
1   static void __init vexpress_smp_prepare_cpus(unsigned int max_cpus)
2   {
3           ...
4
5           /*
6            * Write the address of secondary startup into the
7            * system-wide flags register. The boot monitor waits
8            * until it receives a soft interrupt, and then the
9            * secondary CPU branches to this address.
10           */
11          v2m_flags_set(virt_to_phys(versatile_secondary_startup));
12  }
```

注意这部分的具体实现方法是与 SoC 相关的，由芯片的设计以及芯片内部的 Bootrom 决定。对于 VEXPRESS 来讲，设置方法如下：

```
void __init v2m_flags_set(u32 data)
{
        writel(~0, v2m_sysreg_base + V2M_SYS_FLAGSCLR);
        writel(data, v2m_sysreg_base + V2M_SYS_FLAGSSET);
}
```

即填充 v2m_sysreg_base+V2M_SYS_FLAGSCLR 标记清除寄存器为 0xFFFFFFFF，将 CPU1...n 初始启动执行的指令地址填入 v2m_sysreg_base+V2M_SYS_FLAGSSET 寄存器。这

两个地址由芯片实现时内部的 Bootrom 程序设定的。填入 CPU1...*n* 的起始地址都通过 virt_to_phys() 转化为物理地址，因为此时 CPU1...*n* 的 MMU 尚未开启。

比较关键的是 smp_operations 的成员函数 smp_boot_secondary()，对于本例而言为 versatile_boot_secondary()，它完成 CPU 的最终唤醒工作，如代码清单 20.10 所示。

代码清单 20.10　CPU0 通过中断唤醒其他 CPU

```
1   static void write_pen_release(int val)
2   {
3           pen_release = val;
4           smp_wmb();
5           sync_cache_w(&pen_release);
6   }
7
8   int versatile_boot_secondary(unsigned int cpu, struct task_struct *idle)
9   {
10          unsigned long timeout;
11          ...
12          /*
13           * This is really belt and braces; we hold unintended secondary
14           * CPUs in the holding pen until we're ready for them.  However,
15           * since we haven't sent them a soft interrupt, they shouldn't
16           * be there.
17           */
18          write_pen_release(cpu_logical_map(cpu));
19
20          /*
21           * Send the secondary CPU a soft interrupt, thereby causing
22           * the boot monitor to read the system wide flags register,
23           * and branch to the address found there.
24           */
25          arch_send_wakeup_ipi_mask(cpumask_of(cpu));
26
27          timeout = jiffies + (1 * HZ);
28          while (time_before(jiffies, timeout)) {
29                  smp_rmb();
30                  if (pen_release == -1)
31                          break;
32
33                  udelay(10);
34          }
35          ...
36          return pen_release != -1 ? -ENOSYS : 0;
37  }
```

上述代码第 18 行调用的 write_pen_release() 会将 pen_release 变量设置为要唤醒的 CPU 核的 CPU 号 cpu_logical_map(cpu)，而后通过 arch_send_wakeup_ipi_mask() 给要唤醒的 CPU 发 IPI 中断，这个时候，被唤醒的 CPU 会退出 WFI 状态并从前面 smp_operations 中的 smp_prepare_cpus() 成员函数，即 vexpress_smp_prepare_cpus() 里通过 v2m_flags_set() 设置的起始地址 versatile_secondary_startup 开始执行，如果顺利的话，该 CPU 会将原先为正数的 pen_ release 写为 –1，以便 CPU0 从等待 pen_release 成为 –1 的循环（见第 28~34 行）中跳出。

versatile_secondary_startup 实现于 arch/arm/plat-versatile/headsmp.S 中，是一段汇编，如代码清单 20.11 所示。

代码清单 20.11　被唤醒 CPU 的执行入口

```
1   ENTRY(versatile_secondary_startup)
2           mrc     p15, 0, r0, c0, c0, 5
3           and     r0, r0, #15
4           adr     r4, 1f
5           ldmia   r4, {r5, r6}
6           sub     r4, r4, r5
7           add     r6, r6, r4
8   pen:    ldr     r7, [r6]
9           cmp     r7, r0
10          bne     pen
11
12          /*
13           * we've been released from the holding pen: secondary_stack
14           * should now contain the SVC stack for this core
15           */
16          b       secondary_startup
17
18          .align
19  1:      .long   .
20          .long   pen_release
21  ENDPROC(versatile_secondary_startup)
```

上述代码第 8~10 行的循环是等待 pen_release 变量成为 CPU0 设置的 cpu_logical_map(cpu)，一般直接就成立了。第 16 行则调用内核通用的 secondary_startup() 函数，经过一系列的初始化（如 MMU 等），最终新的被唤醒的 CPU 将调用 smp_operations 的 smp_secondary_init() 成员函数，对于本例为 versatile_secondary_init()，如代码清单 20.12 所示。

代码清单 20.12　被唤醒的 CPU 恢复 pen_release()

```
1   void versatile_secondary_init(unsigned int cpu)
2   {
3           /*
4            * let the primary processor know we're out of the
5            * pen, then head off into the C entry point
6            */
7           write_pen_release(-1);
8
9           /*
10           * Synchronise with the boot thread.
11           */
12          spin_lock(&boot_lock);
13          spin_unlock(&boot_lock);
14  }
```

上述代码第 7 行会将 pen_release 写为 –1，于是 CPU0 还在执行的代码清单 20.10 里

versatile_boot_secondary() 函数中的如下循环就退出了：

```
while (time_before(jiffies, timeout)) {
        smp_rmb();
        if (pen_release == -1)
                break;

        udelay(10);
}
```

这样 CPU0 就知道目标 CPU 已经被正确地唤醒，此后 CPU0 和新唤醒的其他 CPU 各自运行。整个系统在运行过程中会进行实时进程和正常进程的动态负载均衡。

图 20.7 总结性地描述了前文提到的 vexpress_smp_prepare_cpus()、versatile_boot_secondary()、write_pen_release()、versatile_secondary_startup()、versatile_secondary_init() 这些函数的执行顺序。

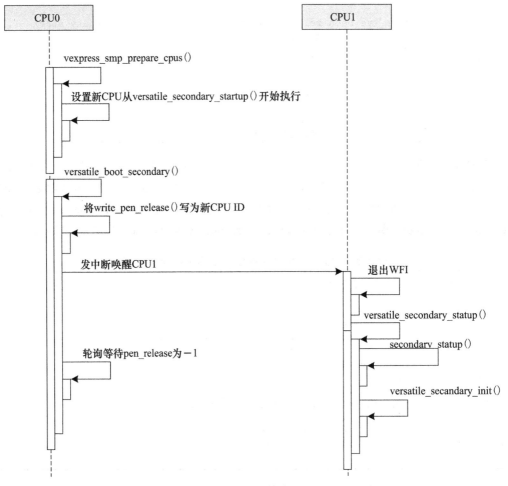

图 20.7　CPU0 唤醒其他 CPU 过程

CPU 热插拔的实现也是与芯片相关的，对于 VEXPRESS 而言，实现了 smp_operations 的 cpu_die() 成员函数，即 vexpress_cpu_die()。它会在进行 CPUn 的拔除操作时将 CPUn 投入低功耗的 WFI 状态，相关代码位于 arch/arm/mach-vexpress/hotplug.c 中，如代码清单 20.13 所示。

代码清单 20.13　smp_operations 的 cpu_die() 成员函数案例

```
1   void __ref vexpress_cpu_die(unsigned int cpu)
2   {
3           int spurious = 0;
4
5           /*
6            * we're ready for shutdown now, so do it
7            */
8           cpu_enter_lowpower();
9           platform_do_lowpower(cpu, &spurious);
10
11          /*
12           * bring this CPU back into the world of cache
13           * coherency, and then restore interrupts
14           */
15          cpu_leave_lowpower();
16
17          if (spurious)
18                  pr_warn("CPU%u: %u spurious wakeup calls\n", cpu, spurious);
19  }
20  static inline void platform_do_lowpower(unsigned int cpu, int *spurious)
21  {
22          /*
23           * there is no power-control hardware on this platform, so all
24           * we can do is put the core into WFI; this is safe as the calling
25           * code will have already disabled interrupts
26           */
27          for (;;) {
28                  wfi();
29
30                  if (pen_release == cpu_logical_map(cpu)) {
31                          /*
32                           * OK, proper wakeup, we're done
33                           */
34                          break;
35                  }
36
37                  /*
38                   * Getting here, means that we have come out of WFI without
39                   * having been woken up - this shouldn't happen
40                   *
41                   * Just note it happening - when we're woken, we can report
42                   * its occurrence.
```

```
43                    */
44                   (*spurious)++;
45           }
46   }
```

CPU*n* 睡眠于 wfi()，之后再次在线的时候，又会因为 CPU0 给它发出的 IPI 而从 wfi() 函数返回继续执行，醒来时 CPU*n* 也判断 "pen_release==cpu_logical_map(cpu)" 是否成立，以确定该次醒来确实是由 CPU0 唤醒的一次正常醒来。

20.5 DEBUG_LL 和 EARLY_PRINTK 的设置

在 Linux 启动的早期，控制台驱动还没有投入运行。当我们把 Linux 移植到一个新的 SoC 时，工程师一般非常想在刚开始就可以执行 printk() 功能以跟踪调试启动过程。内核的 DEBUG_LL 和 EARLY_PRINTK 选项为我们提供了这样的支持，而在 Bootloader 引导内核执行的 bootargs 中，则需要使能 earlyprintk 选项。

为了让 DEBUG_LL 和 EARLY_PRINTK 可以运行，在 Linux 内核中需实现早期解压过程打印需要的 putc() 和后续的 addruart、senduart 和 waituart 等宏。以 CSR SiRFprimaII 为例，相关的代码实现于 arch/arm/include/debug/sirf.S 中，如代码清单 20.14 所示。

代码清单 20.14　DEBUG_LL 端口的驱动

```
1    .macro addruart, rp, rv, tmp
2    ldr     \rp, =SIRFSOC_UART1_PA_BASE          @ physical
3    ldr     \rv, =SIRFSOC_UART1_VA_BASE          @ virtual
4    .endm
5
6    .macro senduart,rd,rx
7    str     \rd, [\rx, #SIRFSOC_UART_TXFIFO_DATA]
8    .endm
9
10   .macro busyuart,rd,rx
11   .endm
12
13   .macro waituart,rd,rx
14   1001: ldr    \rd, [\rx, #SIRFSOC_UART_TXFIFO_STATUS]
15   tst     \rd, #SIRFSOC_UART1_TXFIFO_EMPTY
16   beq     1001b
17   .endm
```

这些代码没有复杂的框架和中断的支持，只是单纯地往 UART 的 TX FIFO 寄存器写要发送的数据。其中的 senduart 完成了往 UART 的 FIFO 丢打印字符的过程。waituart 则相当于一个流量握手，等待 FIFO 为空。这些宏最终会被内核的 arch/arm/kernel/debug.S 引用。

而对于本书与 vexpress QEMU 对应的实验平台而言，相应的驱动则位于 arch/arm/

include/debug/pl01x.S 中，同样是实现了类似的宏。

在配置内核的时候，要进行正确的配置。譬如，对于 vepress 的实验板子，我们选择的就是"Kernel low-level debugging port(Use PL011 UART0 at 0x10009000(V2P-CA9 core tile))"，对应的 UART 类型为 PL01X，如图 20.8 所示。

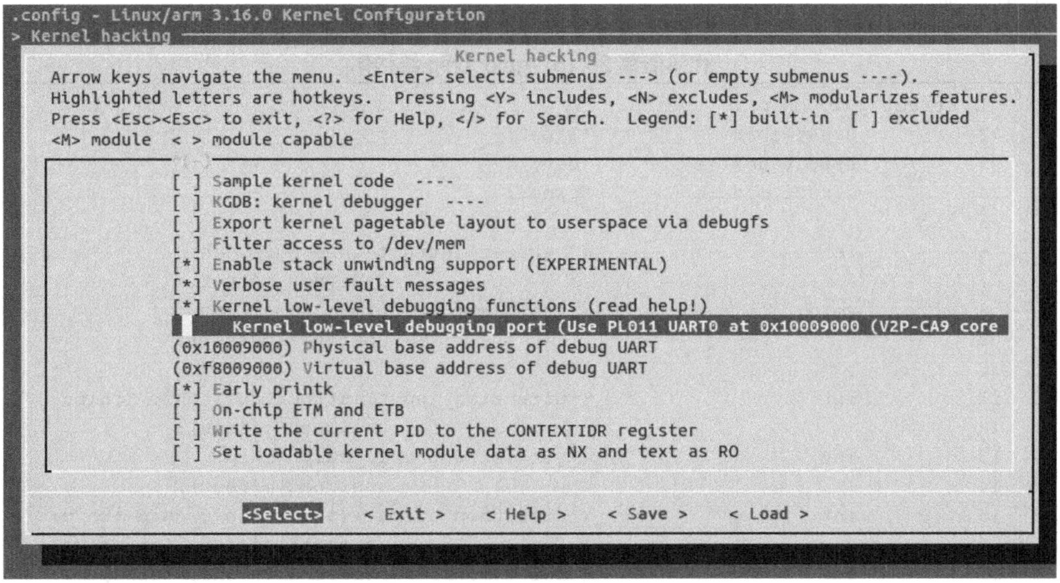

图 20.8 配置 DEBUG_LL 的端口

arch/arm/Kconfig.debug 会根据用户的配置选择对应的 arch/arm/include/debug/xxx.S，譬如：

```
config DEBUG_LL_INCLUDE
    string
    default "debug/8250.S" if DEBUG_LL_UART_8250 || DEBUG_UART_8250
    default "debug/pl01x.S" if DEBUG_LL_UART_PL01X || DEBUG_UART_PL01X
    default "debug/sirf.S" if DEBUG_SIRFPRIMA2_UART1 || DEBUG_SIRFMARCO_UART1
```

上述配置选项对应的 CONFIG_DEBUG_LL_INCLUDE 这个宏会被内核的 arch/arm/boot/compressed/debug.S、arch/arm/boot/compressed/head.S、arch/arm/kernel/debug.S 和 arch/arm/kernel/head.S 以"#include CONFIG_DEBUG_LL_INCLUDE"的形式引用。

20.6 GPIO 驱动

在 drivers/gpio 下实现了通用的基于 gpiolib 的 GPIO 驱动，其中定义了一个通用的用于描述底层 GPIO 控制器的 gpio_chip 结构体，并要求具体的 SoC 实现 gpio_chip 结构体的成员函数,最后通过 gpiochip_add() 注册 gpio_chip。GPIO 驱动可以存在于 drivers/gpio 目录中,但是在 GPIO 兼有多种功能且需要复杂配置的情况下,GPIO 的驱动部分往往直接移到 drivers/pinctrl 目录下并连同 pinmux 一起实现,而不存在于 drivers/gpio 目录中。

gpio_chip 结构体封装了底层硬件的 GPIO enable()/disable() 等操作,它的定义如代码清单 20.15 所示。

代码清单 20.15 gpio_chip 结构体

```
1   struct gpio_chip {
2           const char              *label;
3           struct device           *dev;
4           struct module           *owner;
5
6           int                     (*request)(struct gpio_chip *chip,
7                                           unsigned offset);
8           void                    (*free)(struct gpio_chip *chip,
9                                           unsigned offset);
10
11          int                     (*direction_input)(struct gpio_chip *chip,
12                                          unsigned offset);
13          int                     (*get)(struct gpio_chip *chip,
14                                          unsigned offset);
15          int                     (*direction_output)(struct gpio_chip *chip,
16                                          unsigned offset, int value);
17          int                     (*set_debounce)(struct gpio_chip *chip,
18                                          unsigned offset, unsigned debounce);
19
20          void                    (*set)(struct gpio_chip *chip,
21                                          unsigned offset, int value);
22
23          int                     (*to_irq)(struct gpio_chip *chip,
24                                          unsigned offset);
25
26          void                    (*dbg_show)(struct seq_file *s,
27                                          struct gpio_chip *chip);
28          int                     base;
29          u16                     ngpio;
30          const char              *const *names;
31          unsigned                can_sleep:1;
32          unsigned                exported:1;
33
34  #if defined(CONFIG_OF_GPIO)
35          /*
36           * If CONFIG_OF is enabled, then all GPIO controllers described in the
37           * device tree automatically may have an OF translation
38           */
39          struct device_node *of_node;
40          int of_gpio_n_cells;
41          int (*of_xlate)(struct gpio_chip *gc,
```

```
42                             const struct of_phandle_args *gpiospec, u32 *flags);
43 #endif
44 };
```

通过这层封装,每个具体的要用到 GPIO 的设备驱动都使用通用的 GPIO API 来操作 GPIO,这些 API 主要用于 GPIO 的申请、释放和设置:

```
int gpio_request(unsigned gpio, const char *label);
void gpio_free(unsigned gpio);
int gpio_direction_input(unsigned gpio);
int gpio_direction_output(unsigned gpio, int value);
int gpio_set_debounce(unsigned gpio, unsigned debounce);
int gpio_get_value_cansleep(unsigned gpio);
void gpio_set_value_cansleep(unsigned gpio, int value);
int gpio_request_one(unsigned gpio, unsigned long flags, const char *label);
int gpio_request_array(const struct gpio *array, size_t num);
void gpio_free_array(const struct gpio *array, size_t num);
int devm_gpio_request(struct device *dev, unsigned gpio, const char *label);
int devm_gpio_request_one(struct device *dev, unsigned gpio,
                          unsigned long flags, const char *label);
void devm_gpio_free(struct device *dev, unsigned int gpio);
```

注意:内核中针对内存、IRQ、时钟、GPIO、pinctrl、Regulator 都有以 devm_ 开头的 API,使用这部分 API 的时候,内核会有类似于 Java 的资源自动回收机制,因此在代码中进行出错处理时,无须释放相关的资源。

对于 GPIO 而言,特别值得一提的是,内核会创建 /sys 节点 /sys/class/gpio/gpioN/,通过它我们可以 echo 值从而改变 GPIO 的方向、设置并获取 GPIO 的值。

在拥有设备树支持的情况下,我们可以通过设备树来描述某 GPIO 控制器提供的 GPIO 引脚被具体设备使用的情况。在 GPIO 控制器对应的节点中,需定义 #gpio-cells 和 gpio-controller 属性,具体的设备节点则通过 xxx-gpios 属性来引用 GPIO 控制器节点及 GPIO 引脚。

如 VEXPRESS 电路板 DT 文件 arch/arm/boot/dts/vexpress-v2m.dtsi 中有如下 GPIO 控制器节点:

```
v2m_sysreg: sysreg@00000 {
        compatible = "arm,vexpress-sysreg";
        reg = <0x00000 0x1000>;
        gpio-controller;
        #gpio-cells = <2>;
};
```

VEXPRESS 电路板上的 MMC 控制器会使用该节点 GPIO 控制器提供的 GPIO 引脚,则具体的 mmci@05000 设备节点会通过 -gpios 属性引用 GPIO:

```
mmci@05000 {
        compatible = "arm,pl180", "arm,primecell";
        reg = <0x05000 0x1000>;
```

```
        interrupts = <9 10>;
        cd-gpios = <&v2m_sysreg 0 0>;
        wp-gpios = <&v2m_sysreg 1 0>;
        …
};
```

其中的 cd-gpios 用于 SD/MMC 卡的探测，而 wp-gpios 用于写保护，MMC 主机控制器驱动会通过如下方法获取这两个 GPIO，详见于 drivers/mmc/host/mmci.c：

```
static void mmci_dt_populate_generic_pdata(struct device_node *np,
                                        struct mmci_platform_data *pdata)
{
        ...
        pdata->gpio_wp = of_get_named_gpio(np, "wp-gpios", 0);
        pdata->gpio_cd = of_get_named_gpio(np, "cd-gpios", 0);
        ...
}
```

20.7 pinctrl 驱动

许多 SoC 内部都包含 pin 控制器，通过 pin 控制器的寄存器，我们可以配置一个或者一组引脚的功能和特性。在软件上，Linux 内核的 pinctrl 驱动可以操作 pin 控制器为我们完成如下工作：

- 枚举并且命名 pin 控制器可控制的所有引脚；
- 提供引脚复用的能力；
- 提供配置引脚的能力，如驱动能力、上拉下拉、开漏（Open Drain）等。

1. pinctrl 和引脚

在特定 SoC 的 pinctrl 驱动中，我们需要定义引脚。假设有一个 PGA 封装的芯片的引脚排布如图 20.9 所示。

在 pinctrl 驱动初始化的时候，需要向 pinctrl 子系统注册一个 pinctrl_desc 描述符，该描述符的 pins 成员中包含所有引脚的列表。可以通过代码清单 20.16 的方法来注册这个 pin 控制器并命名它的所有引脚。

	A	B	C	D	E	F	G	H
8	o	o	o	o	o	o	o	o
7	o	o	o	o	o	o	o	o
6	o	o	o	o	o	o	o	o
5	o	o	o	o	o	o	o	o
4	o	o	o	o	o	o	o	o
3	o	o	o	o	o	o	o	o
2	o	o	o	o	o	o	o	o
1	o	o	o	o	o	o	o	o

图 20.9　一个 PGA 封装的芯片的引脚排布

代码清单 20.16　pinctrl 引脚描述

```
#include <linux/pinctrl/pinctrl.h>

const struct pinctrl_pin_desc foo_pins[] = {
      PINCTRL_PIN(0, "A8"),
      PINCTRL_PIN(1, "B8"),
      PINCTRL_PIN(2, "C8"),
```

```
7          ...
8          PINCTRL_PIN(61, "F1"),
9          PINCTRL_PIN(62, "G1"),
10         PINCTRL_PIN(63, "H1"),
11   };
12
13   static struct pinctrl_desc foo_desc = {
14         .name = "foo",
15         .pins = foo_pins,
16         .npins = ARRAY_SIZE(foo_pins),
17         .maxpin = 63,
18         .owner = THIS_MODULE,
19   };
20
21   int __init foo_probe(void)
22   {
23         struct pinctrl_dev *pctl;
24
25         pctl = pinctrl_register(&foo_desc, <PARENT>, NULL);
26         if (IS_ERR(pctl))
27               pr_err("could not register foo pin driver\n");
28   }
```

2. 引脚组（Pin Group）

在 pinctrl 子系统中，支持将一组引脚绑定为同一功能。假设 {0, 8, 16, 24} 这一组引脚承担 SPI 的功能，而 {24, 25} 这一组引脚承担 I^{2}C 接口功能。在驱动的代码中，需要体现这个分组关系，并且为这些分组实现 pinctrl_ops 的成员函数 get_groups_count()、get_group_name() 和 get_group_pins()，将 pinctrl_ops 填充到前文 pinctrl_desc 的实例 foo_desc 中，如代码清单 20.17 所示。

代码清单 20.17　pinctrl 驱动对引脚分组

```
1    #include <linux/pinctrl/pinctrl.h>
2
3    struct foo_group {
4          const char *name;
5          const unsigned int *pins;
6          const unsigned num_pins;
7    };
8
9    static const unsigned int spi0_pins[] = { 0, 8, 16, 24 };
10   static const unsigned int i2c0_pins[] = { 24, 25 };
11
12   static const struct foo_group foo_groups[] = {
13         {
14                .name = "spi0_grp",
15                .pins = spi0_pins,
16                .num_pins = ARRAY_SIZE(spi0_pins),
```

```
17              },
18              {
19                      .name = "i2c0_grp",
20                      .pins = i2c0_pins,
21                      .num_pins = ARRAY_SIZE(i2c0_pins),
22              },
23      };
24
25
26      static int foo_get_groups_count(struct pinctrl_dev *pctldev)
27      {
28              return ARRAY_SIZE(foo_groups);
29      }
30
31      static const char *foo_get_group_name(struct pinctrl_dev *pctldev,
32                                             unsigned selector)
33      {
34              return foo_groups[selector].name;
35      }
36
37      static int foo_get_group_pins(struct pinctrl_dev *pctldev, unsigned selector,
38                                     unsigned ** const pins,
39                                     unsigned * const num_pins)
40      {
41              *pins = (unsigned *) foo_groups[selector].pins;
42              *num_pins = foo_groups[selector].num_pins;
43              return 0;
44      }
45
46      static struct pinctrl_ops foo_pctrl_ops = {
47              .get_groups_count = foo_get_groups_count,
48              .get_group_name = foo_get_group_name,
49              .get_group_pins = foo_get_group_pins,
50      };
51
52
53      static struct pinctrl_desc foo_desc = {
54              ...
55              .pctlops = &foo_pctrl_ops,
56      };
```

get_groups_count() 成员函数用于告知 pinctrl 子系统该 SoC 中合法的被选引脚组有多少个，而 get_group_name() 则提供引脚组的名字，get_group_pins() 提供引脚组的引脚表。在设备驱动调用 pinctrl 通用 API 使能某一组引脚的对应功能时，pinctrl 子系统的核心层会调用上述回调函数。

3. 引脚配置

设备驱动有时候需要配置引脚，譬如可能把引脚设置为高阻或者三态（达到类似断连引脚的效果），或通过某阻值将引脚上拉 / 下拉以确保默认状态下引脚的电平状态。在驱动中可以自定义相应板级引脚配置 API 的细节，譬如某设备驱动可能通过如下代码将某引脚上拉：

```
#include <linux/pinctrl/consumer.h>
ret = pin_config_set("foo-dev", "FOO_GPIO_PIN", PLATFORM_X_PULL_UP);
```

其中的 PLATFORM_X_PULL_UP 由特定的 pinctrl 驱动定义。在特定的 pinctrl 驱动中，需要实现完成这些配置所需要的回调函数（pinctrl_desc 的 confops 成员函数），如代码清单 20.18 所示。

代码清单 20.18　引脚的配置

```
1   #include <linux/pinctrl/pinctrl.h>
2   #include <linux/pinctrl/pinconf.h>
3   #include "platform_x_pindefs.h"
4
5   static int foo_pin_config_get(struct pinctrl_dev *pctldev,
6                     unsigned offset,
7                     unsigned long *config)
8   {
9       struct my_conftype conf;
10
11      ... Find setting for pin @ offset ...
12
13      *config = (unsigned long) conf;
14  }
15
16  static int foo_pin_config_set(struct pinctrl_dev *pctldev,
17                    unsigned offset,
18                    unsigned long config)
19  {
20      struct my_conftype *conf = (struct my_conftype *) config;
21
22      switch (conf) {
23          case PLATFORM_X_PULL_UP:
24          ...
25          }
26      }
27  }
28
29  static int foo_pin_config_group_get (struct pinctrl_dev *pctldev,
30                    unsigned selector,
31                    unsigned long *config)
32  {
33      ...
34  }
35
36  static int foo_pin_config_group_set (struct pinctrl_dev *pctldev,
37                    unsigned selector,
38                    unsigned long config)
```

```
39  {
40          ...
41  }
42
43  static struct pinconf_ops foo_pconf_ops = {
44          .pin_config_get = foo_pin_config_get,
45          .pin_config_set = foo_pin_config_set,
46          .pin_config_group_get = foo_pin_config_group_get,
47          .pin_config_group_set = foo_pin_config_group_set,
48  };
49
50  /* Pin config operations are handled by some pin controller */
51  static struct pinctrl_desc foo_desc = {
52          ...
53          .confops = &foo_pconf_ops,
54  };
```

其中的 pin_config_group_get()、pin_config_group_set() 针对的是可同时配置一个引脚组的状态情况，而 pin_config_get()、pin_config_set() 针对的则是单个引脚的配置。

4. 与 GPIO 子系统的交互

pinctrl 驱动所覆盖的引脚可同时作为 GPIO 用，内核的 GPIO 子系统和 pinctrl 子系统本来是并行工作的，但是有时候需要交叉映射，在这种情况下，需要在 pinctrl 驱动中告知 pinctrl 子系统核心层 GPIO 与底层 pinctrl 驱动所管理的引脚之间的映射关系。假设 pinctrl 驱动中定义的引脚 32~47 与 gpio_chip 实例 chip_a 的 GPIO 对应，引脚 64~71 与 gpio_chip 实例 chip_b 的 GPIO 对应，即映射关系为：

```
chip a:
  - GPIO range : [32 .. 47]
  - pin range  : [32 .. 47]
chip b:
  - GPIO range : [48 .. 55]
  - pin range  : [64 .. 71]
```

则在特定 pinctrl 驱动中可以通过如下代码注册两个 GPIO 范围，如代码清单 20.19 所示。

代码清单 20.19　GPIO 与 pinctrl 引脚的映射

```
1   struct gpio_chip chip_a;
2   struct gpio_chip chip_b;
3
4   static struct pinctrl_gpio_range gpio_range_a = {
5           .name = "chip a",
6           .id = 0,
7           .base = 32,
8           .pin_base = 32,
9           .npins = 16,
10          .gc = &chip_a;
```

```
11  };
12
13  static struct pinctrl_gpio_range gpio_range_b = {
14          .name = "chip b",
15          .id = 0,
16          .base = 48,
17          .pin_base = 64,
18          .npins = 8,
19          .gc = &chip_b;
20  };
21
22  {
23          struct pinctrl_dev *pctl;
24          ...
25          pinctrl_add_gpio_range(pctl, &gpio_range_a);
26          pinctrl_add_gpio_range(pctl, &gpio_range_b);
27  }
```

在基于内核 gpiolib 的 GPIO 驱动中，若设备驱动需进行 GPIO 申请 gpio_request() 和释放 gpio_free()，GPIO 驱动则会调用 pinctrl 子系统中的 pinctrl_request_gpio() 和 pinctrl_free_gpio() 通用 API，pinctrl 子系统会查找申请的 GPIO 和引脚的映射关系，并确认引脚是否被其他复用功能所占用。与 pinctrl 子系统通用层 pinctrl_request_gpio() 和 pinctrl_free_gpio()API 对应，在底层的具体 pinctrl 驱动中，需要实现 pinmux_ops 结构体的 gpio_request_enable() 和 gpio_disable_free() 成员函数。

除了 gpio_request_enable() 和 gpio_disable_free() 成员函数外，pinmux_ops 结构体主要还用来封装 pinmux 功能使能 / 禁止的回调函数，下面可以看到它的更多细节。

5. 引脚复用（pinmux）

在 pinctrl 驱动中可处理引脚复用，它定义了功能（FUNCTIONS），驱动可以设置某功能的使能或者禁止。各个功能联合起来组成一个一维数组，譬如 {spi0，i2c0，mmc0} 就描述了 3 个不同的功能。

一个特定的功能总是要求由一些引脚组来完成，引脚组的数量可以为 1 个或者多个。假设对前文所描述的 PGA 封装的 SoC 而言，引脚分组如图 20.10 所示

假设 I^2C 功能由 {A5，B5} 引脚组成，而在定义引脚描述的 pinctrl_pin_desc 结构体实例 foo_pins 的时候，将它们的序号定义为了 {24，25}；而 SPI 功能则可以由 {A8，A7，A6，A5} 和 {G4，G3，G2，G1}，即 {0，8，16，24} 和 {38，46，54，62} 两个引脚组完成（注意在整个系统中，引脚组的名字不会重叠）。

据此，由功能和引脚组的组合就可以决定一组引脚在系统里的作用，因此在设置某组引脚的作用时，pinctrl 的核心层会将功能的序号以及引脚组的序号传递给底层 pinctrl 驱动中相关的回调函数。

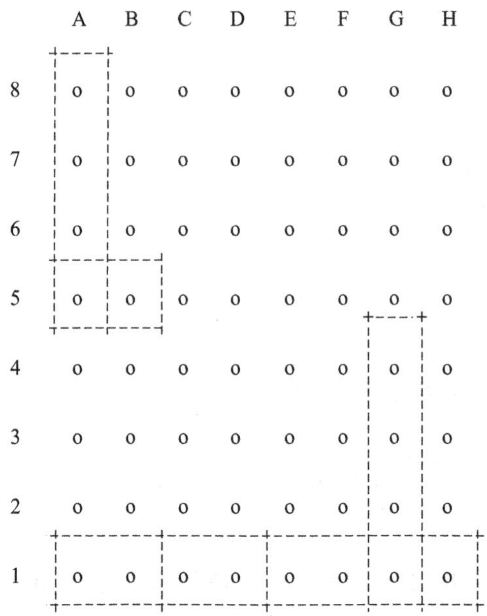

```
          A    B    C    D    E    F    G    H

     8 |  o    o  | o    o    o    o  | o    o
       |          |                   |
     7 |  o    o  | o    o    o    o  | o    o
       |          |                   |
     6 |  o    o  | o    o    o    o  | o    o
       |          |                   |
     5 |  o    o  | o    o    o    o  | o    o
       +----------+                   +---------+
     4    o    o    o    o    o    o  | o    o  |
                                      |         |
     3    o    o    o    o    o    o  | o    o  |
                                      |         |
     2    o    o    o    o    o    o  | o    o  |
       +---------------------------------------+
     1 |  o    o    o    o    o    o    o    o |
       +---------------------------------------+
```

图 20.10　针对 PGA 封装的 SoC 的引脚分组

在整个系统中，驱动或板级代码调用 pinmux 相关的 API 获取引脚后，会形成一个 pinctrl、使用引脚的设备、功能、引脚组的映射关系，假设在某电路板上，将让 spi0 设备使用 pinctrl0 的 fspi0 功能以及 gspi0 引脚组，让 i2c0 设备使用 pinctrl0 的 fi2c0 功能和 gi2c0 引脚组，我们将得到如下的映射关系：

```
{
  {"map-spi0", spi0, pinctrl0, fspi0, gspi0},
  {"map-i2c0", i2c0, pinctrl0, fi2c0, gi2c0}
}
```

pinctrl 子系统的核心会保证每个引脚的排他性，因此一个引脚如果已经被某设备用掉了，而其他的设备又申请该引脚以行使其他的功能或 GPIO，则 pinctrl 核心层会让该次申请失败。

在特定 pinctrl 驱动中 pinmux 相关的代码主要处理如何使能/禁止某一{功能，引脚组}的组合，譬如，当 spi0 设备申请 pinctrl0 的 fspi0 功能和 gspi0 引脚组以便将 gspi0 引脚组配置为 SPI 接口时，相关的回调函数被组织进一个 pinmux_ops 结构体中，而该结构体的实例最终成为前文 pinctrl_desc 的 pmxops 成员，如代码清单 20.20 所示。

代码清单 20.20　pinmux 的实现

```
1  #include <linux/pinctrl/pinctrl.h>
2  #include <linux/pinctrl/pinmux.h>
3
4  struct foo_group {
5          const char *name;
```

```
6              const unsigned int *pins;
7              const unsigned num_pins;
8  };
9
10 static const unsigned spi0_0_pins[] = { 0, 8, 16, 24 };
11 static const unsigned spi0_1_pins[] = { 38, 46, 54, 62 };
12 static const unsigned i2c0_pins[] = { 24, 25 };
13 static const unsigned mmc0_1_pins[] = { 56, 57 };
14 static const unsigned mmc0_2_pins[] = { 58, 59 };
15 static const unsigned mmc0_3_pins[] = { 60, 61, 62, 63 };
16
17 static const struct foo_group foo_groups[] = {
18         {
19                 .name = "spi0_0_grp",
20                 .pins = spi0_0_pins,
21                 .num_pins = ARRAY_SIZE(spi0_0_pins),
22         },
23         {
24                 .name = "spi0_1_grp",
25                 .pins = spi0_1_pins,
26                 .num_pins = ARRAY_SIZE(spi0_1_pins),
27         },
28         {
29                 .name = "i2c0_grp",
30                 .pins = i2c0_pins,
31                 .num_pins = ARRAY_SIZE(i2c0_pins),
32         },
33         {
34                 .name = "mmc0_1_grp",
35                 .pins = mmc0_1_pins,
36                 .num_pins = ARRAY_SIZE(mmc0_1_pins),
37         },
38         {
39                 .name = "mmc0_2_grp",
40                 .pins = mmc0_2_pins,
41                 .num_pins = ARRAY_SIZE(mmc0_2_pins),
42         },
43         {
44                 .name = "mmc0_3_grp",
45                 .pins = mmc0_3_pins,
46                 .num_pins = ARRAY_SIZE(mmc0_3_pins),
47         },
48 };
49
50
51 static int foo_get_groups_count(struct pinctrl_dev *pctldev)
52 {
53         return ARRAY_SIZE(foo_groups);
54 }
55
```

```c
56  static const char *foo_get_group_name(struct pinctrl_dev *pctldev,
57                                        unsigned selector)
58  {
59          return foo_groups[selector].name;
60  }
61
62  static int foo_get_group_pins(struct pinctrl_dev *pctldev, unsigned selector,
63                                unsigned ** const pins,
64                                unsigned * const num_pins)
65  {
66          *pins = (unsigned *) foo_groups[selector].pins;
67          *num_pins = foo_groups[selector].num_pins;
68          return 0;
69  }
70
71  static struct pinctrl_ops foo_pctrl_ops = {
72          .get_groups_count = foo_get_groups_count,
73          .get_group_name = foo_get_group_name,
74          .get_group_pins = foo_get_group_pins,
75  };
76
77  struct foo_pmx_func {
78          const char *name;
79          const char * const *groups;
80          const unsigned num_groups;
81  };
82
83  static const char * const spi0_groups[] = { "spi0_0_grp", "spi0_1_grp" };
84  static const char * const i2c0_groups[] = { "i2c0_grp" };
85  static const char * const mmc0_groups[] = { "mmc0_1_grp", "mmc0_2_grp",
86                                              "mmc0_3_grp" };
87
88  static const struct foo_pmx_func foo_functions[] = {
89          {
90                  .name = "spi0",
91                  .groups = spi0_groups,
92                  .num_groups = ARRAY_SIZE(spi0_groups),
93          },
94          {
95                  .name = "i2c0",
96                  .groups = i2c0_groups,
97                  .num_groups = ARRAY_SIZE(i2c0_groups),
98          },
99          {
100                 .name = "mmc0",
101                 .groups = mmc0_groups,
102                 .num_groups = ARRAY_SIZE(mmc0_groups),
103         },
104 };
```

```
105
106  int foo_get_functions_count(struct pinctrl_dev *pctldev)
107  {
108          return ARRAY_SIZE(foo_functions);
109  }
110
111  const char *foo_get_fname(struct pinctrl_dev *pctldev, unsigned selector)
112  {
113          return foo_functions[selector].name;
114  }
115
116  static int foo_get_groups(struct pinctrl_dev *pctldev, unsigned selector,
117                          const char * const **groups,
118                          unsigned * const num_groups)
119  {
120          *groups = foo_functions[selector].groups;
121          *num_groups = foo_functions[selector].num_groups;
122          return 0;
123  }
124
125  int foo_enable(struct pinctrl_dev *pctldev, unsigned selector,
126                  unsigned group)
127  {
128          u8 regbit = (1 << selector + group);
129
130          writeb((readb(MUX)|regbit), MUX)
131          return 0;
132  }
133
134  void foo_disable(struct pinctrl_dev *pctldev, unsigned selector,
135                  unsigned group)
136  {
137          u8 regbit = (1 << selector + group);
138
139          writeb((readb(MUX) & ~(regbit)), MUX)
140          return 0;
141  }
142
143  struct pinmux_ops foo_pmxops = {
144          .get_functions_count = foo_get_functions_count,
145          .get_function_name = foo_get_fname,
146          .get_function_groups = foo_get_groups,
147          .enable = foo_enable,
148          .disable = foo_disable,
149  };
150
151  /* Pinmux operations are handled by some pin controller */
152  static struct pinctrl_desc foo_desc = {
153          ...
```

```
154             .pctlops = &foo_pctrl_ops,
155             .pmxops = &foo_pmxops,
156  };
```

具体的 pinctrl、使用引脚的设备、功能、引脚组的映射关系，可以在板文件中通过定义 pinctrl_map 结构体的实例来展开，如：

```
static struct pinctrl_map __initdata mapping[] = {
    PIN_MAP_MUX_GROUP("foo-i2c.o", PINCTRL_STATE_DEFAULT, "pinctrl-foo", NULL, "i2c0"),
};
```

又由于 1 个功能可由两个不同的引脚组实现，所以对于同 1 个功能可能形成有两个可选引脚组的 pinctrl_map：

```
static struct pinctrl_map __initdata mapping[] = {
    PIN_MAP_MUX_GROUP("foo-spi.0", "spi0-pos-A", "pinctrl-foo", "spi0_0_grp", "spi0"),
    PIN_MAP_MUX_GROUP("foo-spi.0", "spi0-pos-B", "pinctrl-foo", "spi0_1_grp", "spi0"),
};
```

其中调用的 PIN_MAP_MUX_GROUP 是一个快捷宏，用于赋值 pinctrl_map 的各个成员：

```
#define PIN_MAP_MUX_GROUP(dev, state, pinctrl, grp, func)        \
        {                                                        \
                .dev_name = dev,                                 \
                .name = state,                                   \
                .type = PIN_MAP_TYPE_MUX_GROUP,                  \
                .ctrl_dev_name = pinctrl,                        \
                .data.mux = {                                    \
                        .group = grp,                            \
                        .function = func,                        \
                },                                               \
        }
```

当然，这种映射关系最好是在设备树中通过节点的属性进行，具体的节点属性的定义方法依赖于具体的 pinctrl 驱动，最终在 pinctrl 驱动中通过 pinctrl_ops 结构体的 .dt_node_to_map() 成员函数读出属性并建立映射表。

在运行时，我们可以通过类似的 API 去查找并设置位置 A 的引脚组以行使 SPI 接口的功能：

```
p = devm_pinctrl_get(dev);
s = pinctrl_lookup_state(p, "spi0-pos-A ");
ret = pinctrl_select_state(p, s);
```

或者可以更加简单地使用：

```
p = devm_pinctrl_get_select(dev, "spi0-pos-A");
```

若想在运行时切换位置 A 和 B 的引脚组以行使 SPI 的接口功能，代码结构类似清单 20.21 所示。

代码清单20.21　pinctrl_lookup_state()和pinctrl_select_stat()

```
1   foo_probe()
2   {
3           /* Setup */
4           p = devm_pinctrl_get(&device);
5           if (IS_ERR(p))
6                   ...
7
8           s1 = pinctrl_lookup_state(foo->p, " spi0-pos-A");
9           if (IS_ERR(s1))
10                  ...
11
12          s2 = pinctrl_lookup_state(foo->p, " spi0-pos-B");
13          if (IS_ERR(s2))
14                  ...
15  }
16
17  foo_switch()
18  {
19          /* Enable on position A */
20          ret = pinctrl_select_state(s1);
21          if (ret < 0)
22                  ...
23
24          ...
25
26          /* Enable on position B */
27          ret = pinctrl_select_state(s2);
28          if (ret < 0)
29                  ...
30
31          ...
32  }
```

对于"default"状态下的引脚配置，驱动一般不需要完成devm_pinctrl_get_select(dev，"default")的调用。譬如对于arch/arm/boot/dts/prima2-evb.dts中的如下引脚组：

```
peri-iobg {
        uart@b0060000 {
                pinctrl-names = "default";
                pinctrl-0 = <&uart1_pins_a>;
        };
        spi@b00d0000 {
                pinctrl-names = "default";
                pinctrl-0 = <&spi0_pins_a>;
        };
        spi@b0170000 {
                pinctrl-names = "default";
                pinctrl-0 = <&spi1_pins_a>;
```

       };
    };

由于 pinctrl-names 都是 "default" 的，所以 pinctrl 核实际会自动做类似 devm_pinctrl_get_select(dev, "default") 的操作。

20.8 时钟驱动

在一个 SoC 中，晶振、PLL、驱动和门等会形成一个时钟树形结构，在 Linux 2.6 中，也存有 clk_get_rate()、clk_set_rate()、clk_get_parent()、clk_set_parent() 等通用 API，但是这些 API 由每个 SoC 单独实现，而且各个 SoC 供应商在实现方面的差异很大，于是内核增加了一个新的通用时钟框架以解决这个碎片化问题。之所以称为通用时钟，是因为这个通用主要体现在：

1）统一的 clk 结构体，统一的定义于 clk.h 中的 clk API，这些 API 会调用统一的 clk_ops 中的回调函数；这个统一的 clk 结构体的定义如代码清单 20.22 所示。

代码清单 20.22　clk 结构体

```
1  struct clk {
2          const char              *name;
3          const struct clk_ops    *ops;
4          struct clk_hw           *hw;
5          char                    **parent_names;
6          struct clk              **parents;
7          struct clk              *parent;
8          struct hlist_head       children;
9          struct hlist_node       child_node;
10         ...
11 };
```

其中第 3 行的 clk_ops 定义是关于时钟使能、禁止、计算频率等的操作集，定义如代码清单 20.23 所示。

代码清单 20.23　clk_ops 结构体

```
1  struct clk_ops {
2          int             (*prepare)(struct clk_hw *hw);
3          void            (*unprepare)(struct clk_hw *hw);
4          int             (*enable)(struct clk_hw *hw);
5          void            (*disable)(struct clk_hw *hw);
6          int             (*is_enabled)(struct clk_hw *hw);
7          unsigned long   (*recalc_rate)(struct clk_hw *hw,
8                                          unsigned long parent_rate);
9          long            (*round_rate)(struct clk_hw *hw, unsigned long,
10                                         unsigned long *);
11         int             (*set_parent)(struct clk_hw *hw, u8 index);
```

```
12              u8              (*get_parent)(struct clk_hw *hw);
13              int             (*set_rate)(struct clk_hw *hw, unsigned long);
14              void            (*init)(struct clk_hw *hw);
15      };
```

2）对具体的 SoC 如何去实现针对自己 SoC 的 clk 驱动，如何提供硬件特定的回调函数的方法也进行了统一。

在代码清单 20.22 这个通用的 clk 结构体中，第 4 行的 clk_hw 是联系 clk_ops 中回调函数和具体硬件细节的纽带，clk_hw 中只包含通用时钟结构体的指针以及具体硬件的 init 数据，如代码清单 20.24 所示。

代码清单 20.24　clk_hw 结构体

```
1  struct clk_hw {
2          struct clk *clk;
3          const struct clk_init_data *init;
4  };
```

其中的 clk_init_data 包含了具体时钟的名称、可能的父级时钟的名称列表 parent_names、可能的父级时钟数量 num_parents 等，实际上这些名称的匹配对建立时钟间的父子关系功不可没，如代码清单 20.25 所示。

代码清单 20.25　clk_init_data 结构体

```
1  struct clk_init_data {
2          const char              *name;
3          const struct clk_ops    *ops;
4          const char              **parent_names;
5          u8                      num_parents;
6          unsigned long           flags;
7  };
```

从 clk 核心层到具体芯片 clk 驱动的调用顺序为：

clk_enable(clk); ➜ clk->ops->enable(clk->hw);

通用的 clk API（如 clk_enable）在调用底层 clk 结构体的 clk_ops 成员函数（如 clk->ops->enable）时，会将 clk->hw 传递过去。

一般在具体的驱动中会定义针对特定 clk（如 foo）的结构体，该结构体中包含 clk_hw 成员以及硬件私有数据：

```
struct clk_foo {
      struct clk_hw hw;
      ... hardware specific data goes here ...
};
```

并定义 to_clk_foo() 宏，以便通过 clk_hw 获取 clk_foo：

```c
#define to_clk_foo(_hw) container_of(_hw, struct clk_foo, hw)
```

在针对 clk_foo 的 clk_ops 的回调函数中,我们便可以通过 clk_hw 和 to_clk_foo 最终获得硬件私有数据,并访问硬件读写寄存器以改变时钟的状态:

```c
struct clk_ops clk_foo_ops {
        .enable         = &clk_foo_enable;
        .disable        = &clk_foo_disable;
};
int clk_foo_enable(struct clk_hw *hw)
{
        struct clk_foo *foo;

        foo = to_clk_foo(hw);

        /* 访问硬件读写寄存器以改变时钟的状态 */
        ...

        return 0;
};
```

在具体的 clk 驱动中,需要通过 clk_register() 以及它的变体注册硬件上所有的 clk,通过 clk_register_clkdev() 注册 clk 的一个 lookup(这样可以通过 con_id 或者 dev_id 字符串寻找到这个 clk),这两个函数的原型为:

```c
struct clk *clk_register(struct device *dev, struct clk_hw *hw);
int clk_register_clkdev(struct clk *clk, const char *con_id,
        const char *dev_fmt, ...);
```

另外,针对不同的 clk 类型(如固定频率的 clk、clk 门、clk 驱动等),clk 子系统又提供了几个快捷函数以完成 clk_register() 的过程:

```c
struct clk *clk_register_fixed_rate(struct device *dev, const char *name,
                const char *parent_name, unsigned long flags,
                unsigned long fixed_rate);
struct clk *clk_register_gate(struct device *dev, const char *name,
                const char *parent_name, unsigned long flags,
                void __iomem *reg, u8 bit_idx,
                u8 clk_gate_flags, spinlock_t *lock);
struct clk *clk_register_divider(struct device *dev, const char *name,
                const char *parent_name, unsigned long flags,
                void __iomem *reg, u8 shift, u8 width,
                u8 clk_divider_flags, spinlock_t *lock);
```

以 drivers/clk/clk-prima2.c 为例,与该驱动对应的芯片 SiRFprimaII 的外围接了一个 26MHz 的晶振和一个 32.768kHz 的 RTC 晶振,在 26MHz 晶振的后面又有 3 个 PLL,当然 PLL 后面又接了更多的 clk 节点,则它的相关驱动代码如清单 20.26 所示。

代码清单 20.26　clk 驱动案例

```c
static unsigned long pll_clk_recalc_rate(struct clk_hw *hw,
unsigned long parent_rate)
{
        unsigned long fin = parent_rate;
        struct clk_pll *clk = to_pllclk(hw);
        …
}

static long pll_clk_round_rate(struct clk_hw *hw, unsigned long rate,
unsigned long *parent_rate)
{
…
}

static int pll_clk_set_rate(struct clk_hw *hw, unsigned long rate,
unsigned long parent_rate)
{
…
}

static struct clk_ops std_pll_ops = {
        .recalc_rate = pll_clk_recalc_rate,
        .round_rate = pll_clk_round_rate,
        .set_rate = pll_clk_set_rate,
};

static const char *pll_clk_parents[] = {
        "osc",
};

static struct clk_init_data clk_pll1_init = {
        .name = "pll1",
        .ops = &std_pll_ops,
        .parent_names = pll_clk_parents,
        .num_parents = ARRAY_SIZE(pll_clk_parents),
};

static struct clk_init_data clk_pll2_init = {
        .name = "pll2",
        .ops = &std_pll_ops,
        .parent_names = pll_clk_parents,
        .num_parents = ARRAY_SIZE(pll_clk_parents),
};

static struct clk_init_data clk_pll3_init = {
        .name = "pll3",
        .ops = &std_pll_ops,
        .parent_names = pll_clk_parents,
```

```
49              .num_parents = ARRAY_SIZE(pll_clk_parents),
50      };
51
52      static struct clk_pll clk_pll1 = {
53              .regofs = SIRFSOC_CLKC_PLL1_CFG0,
54              .hw = {
55                      .init = &clk_pll1_init,
56              },
57      };
58
59      static struct clk_pll clk_pll2 = {
60              .regofs = SIRFSOC_CLKC_PLL2_CFG0,
61              .hw = {
62                      .init = &clk_pll2_init,
63              },
64      };
65
66      static struct clk_pll clk_pll3 = {
67              .regofs = SIRFSOC_CLKC_PLL3_CFG0,
68              .hw = {
69                      .init = &clk_pll3_init,
70              },
71      };
72      void __init sirfsoc_of_clk_init(void)
73      {
74              ...
75
76              /* These are always available (RTC and 26MHz OSC)*/
77              clk = clk_register_fixed_rate(NULL, "rtc", NULL,
78                      CLK_IS_ROOT, 32768);
79              BUG_ON(!clk);
80              clk = clk_register_fixed_rate(NULL, "osc", NULL,
81                      CLK_IS_ROOT, 26000000);
82              BUG_ON(!clk);
83
84              clk = clk_register(NULL, &clk_pll1.hw);
85              BUG_ON(!clk);
86              clk = clk_register(NULL, &clk_pll2.hw);
87              BUG_ON(!clk);
88              clk = clk_register(NULL, &clk_pll3.hw);
89              BUG_ON(!clk);
90              ...
91      }
```

另外，目前内核更加倡导的方法是通过设备树来描述电路板上的时钟树，以及时钟和设备之间的绑定关系。通常我们需要在 clk 控制器的节点中定义 #clock-cells 属性，并且在 clk 驱动中通过 of_clk_add_provider() 注册时钟控制器为一个时钟树的提供者（Provider），并建立系统中各个时钟和索引的映射表，如：

```
Clock                   ID
------------------------
rtc                     0
osc                     1
pll1                    2
pll2                    3
pll3                    4
mem                     5
sys                     6
security                7
dsp                     8
gps                     9
mf                      10
...
```

在每个具体的设备中，对应的 .dts 节点上的 clocks=<&clks index> 属性指向其引用的 clk 控制器节点以及使用的时钟的索引，如：

```
gps@a8010000 {
        compatible = "sirf,prima2-gps";
        reg = <0xa8010000 0x10000>;
        interrupts = <7>;
        clocks = <&clks 9>;
};
```

要特别强调的是，在具体的设备驱动中，一定要通过通用 clk API 来操作所有的时钟，而不要直接通过读写 clk 控制器的寄存器来进行，这些 API 包括：

```
struct clk *clk_get(struct device *dev, const char *id);
struct clk *devm_clk_get(struct device *dev, const char *id);
int clk_enable(struct clk *clk);
int clk_prepare(struct clk *clk);
void clk_unprepare(struct clk *clk);
void clk_disable(struct clk *clk);
static inline int clk_prepare_enable(struct clk *clk);
static inline void clk_disable_unprepare(struct clk *clk);
unsigned long clk_get_rate(struct clk *clk);
int clk_set_rate(struct clk *clk, unsigned long rate);
struct clk *clk_get_parent(struct clk *clk);
int clk_set_parent(struct clk *clk, struct clk *parent);
```

值得一提的是，名称中含有 prepare、unprepare 字符串的 API 是内核后来才加入的，过去只有 clk_enable() 和 clk_disable()。只有 clk_enable() 和 clk_disable() 带来的问题是，有时候，某些硬件使能 / 禁止时钟可能会引起睡眠以使得使能 / 禁止不能在原子上下文进行。加上 prepare 后，把过去的 clk_enable() 分解成不可在原子上下文调用的 clk_prepare()（该函数可能睡眠）和可以在原子上下文调用的 clk_enable()。而 clk_prepare_enable() 则同时完成准备和使能的工作,当然也只能在可能睡眠的上下文调用该 API。

20.9　dmaengine 驱动

dmaengine 是一套通用的 DMA 驱动框架,该框架为具体使用 DMA 通道的设备驱动提供了一套统一的 API,而且也定义了用具体的 DMA 控制器实现这一套 API 的方法。

对于使用 DMA 引擎的设备驱动而言,发起 DMA 传输的过程变得整洁了,如在 sound 子系统的 sound/soc/soc-dmaengine-pcm.c 中,会使用 dmaengine 进行周期性的 DMA 传输,相关的代码如清单 20.27 所示。

代码清单 20.27　dmaengine API 的使用

```
1  static int dmaengine_pcm_prepare_and_submit(struct snd_pcm_substream *substream)
2  {
3      struct dmaengine_pcm_runtime_data *prtd = substream_to_prtd(substream);
4      struct dma_chan *chan = prtd->dma_chan;
5      struct dma_async_tx_descriptor *desc;
6      enum dma_transfer_direction direction;
7      unsigned long flags = DMA_CTRL_ACK;
8
9      ...
10     desc = dmaengine_prep_dma_cyclic(chan,
11             substream->runtime->dma_addr,
12             snd_pcm_lib_buffer_bytes(substream),
13             snd_pcm_lib_period_bytes(substream), direction, flags);
14 ...
15     desc->callback = dmaengine_pcm_dma_complete;
16     desc->callback_param = substream;
17     prtd->cookie = dmaengine_submit(desc);
18 }
19
20 int snd_dmaengine_pcm_trigger(struct snd_pcm_substream *substream, int cmd)
21 {
22     struct dmaengine_pcm_runtime_data *prtd = substream_to_prtd(substream);
23     int ret;
24     switch (cmd) {
25     case SNDRV_PCM_TRIGGER_START:
26         ret = dmaengine_pcm_prepare_and_submit(substream);
27         ...
28         dma_async_issue_pending(prtd->dma_chan);
29         break;
30     case SNDRV_PCM_TRIGGER_RESUME:
31     case SNDRV_PCM_TRIGGER_PAUSE_RELEASE:
32         dmaengine_resume(prtd->dma_chan);
33         break;
34     ...
35 }
```

这个过程可分为 4 步：

1）通过 dmaengine_prep_dma_xxx() 初始化一个具体的 DMA 传输描述符（本例中为结构体 dma_async_tx_descriptor 的实例 desc，本例是一个周期性 DMA，因此第 10 行调用的是 dmaengine_prep_dma_cyclic()）。

2）通过 dmaengine_submit() 将该描述符插入 dmaengine 驱动的传输队列（见第 17 行）。

3）在需要传输的时候通过类似 dma_async_issue_pending() 的调用启动对应 DMA 通道上的传输（见第 28 行）。

4）DMA 的完成，或者周期性 DMA 完成了一个周期，都会引发 DMA 传输描述符的完成回调函数被调用（本例中的赋值在第 15 行，对应的回调函数是 dmaengine_pcm_dma_complete）。

也就是不管具体硬件的 DMA 控制器是如何实现的，在软件意义上都抽象为了设置 DMA 描述符、将 DMA 描述符插入传输队列以及启动 DMA 传输的过程。

除了前文提到的用 dmaengine_prep_dma_cyclic() 定义周期性 DMA 传输外，还有一组类似的 API 可以用来定义各种类型的 DMA 描述符，特定硬件的 DMA 驱动的主要工作就是实现封装在内核 dma_device 结构体中的这些成员函数（定义在 include/linux/dmaengine.h 头文件中）：

```
/**
 * struct dma_device - info on the entity supplying DMA services

 * @device_prep_dma_memcpy: prepares a memcpy operation
 * @device_prep_dma_xor: prepares a xor operation
 * @device_prep_dma_xor_val: prepares a xor validation operation
 * @device_prep_dma_pq: prepares a pq operation
 * @device_prep_dma_pq_val: prepares a pqzero_sum operation
 * @device_prep_dma_memset: prepares a memset operation
 * @device_prep_dma_interrupt: prepares an end of chain interrupt operation
 * @device_prep_slave_sg: prepares a slave dma operation
 * @device_prep_dma_cyclic: prepare a cyclic dma operation suitable for audio.
 *     The function takes a buffer of size buf_len. The callback function will
 *     be called after period_len bytes have been transferred.
 * @device_prep_interleaved_dma: Transfer expression in a generic way.
 */
```

在底层的 dmaengine 驱动实例中，一般会组织好这个 dma_device 结构体，并通过 dma_async_device_register() 完成注册。在其各个成员函数中，一般会通过链表来管理 DMA 描述符的运行、free 等队列。

dma_device 的成员函数 device_issue_pending() 用于实现 DMA 传输开启的功能，每当 DMA 传输完成后，在驱动中注册的中断服务程序的顶半部或者底半部会调用 DMA 描述符 dma_async_tx_descriptor 中设置的回调函数，该回调函数来源于使用 DMA 通道的设备驱动。

典型的 dmaengine 驱动可见于 drivers/dma/ 目录下的 sirf-dma.c、omap-dma.c、pl330.c、 ste_dma40.c 等。

20.10 总结

移植 Linux 到全新的 SMP SoC 上，需在底层提供定时器节拍、中断控制器、SMP 启动、GPIO、时钟、pinctrl 等功能，这些底层的功能被封装好后，其他设备驱动只能调用内核提供的通用 API。这良好地体现了内核的分层设计，即驱动都调用与硬件无关的通用 API，而这些 API 的底层实现则更多的是填充内核规整好的回调函数。

Linux 内核社区针对 pinctrl、时钟、GPIO、DMA 提供独立的子系统，既给具体的设备驱动提供了统一的 API，进一步提高了设备驱动的跨平台性，又为每个 SoC 和设备实现这些底层 API 定义好了条条框框，从而可以在最大程度上避免每个硬件实现过多的冗余代码。

第 21 章
Linux 设备驱动的调试

本章导读

"工欲善其事，必先利其器"，为了方便进行 Linux 设备驱动的开发和调试，建立良好的开发环境很重要，还要使用必要的工具软件以及掌握常用的调试技巧等。

21.1 节讲解了 Linux 下调试器 GDB 的基本用法和技巧。

21.2 节讲解了 Linux 内核的调试方法。

21.3 ~ 21.10 节对 21.3 节的概述展开了讲解，内容有：Linux 内核调试用的 printk()、BUG_ON()、WARN_ON()、/proc、Oops、strace、KGDB，以及使用仿真器进行调试的方法。

21.11 节讲解了 Linux 应用程序的调试方法，驱动工程师往往需要编写用户空间的应用程序以对自身编写的驱动进行验证和测试，因此，掌握应用程序调试方法对驱动工程师而言也是必需的。

21.12 节讲解了 Linux 常用的一些稳定性、性能分析和调优工具。

21.1 GDB 调试器的用法

21.1.1 GDB 的基本用法

GDB 是 GNU 开源组织发布的一个强大的 UNIX 下的程序调试工具，GDB 主要可帮助工程师完成下面 4 个方面的功能。

- 启动程序，可以按照工程师自定义的要求运行程序。
- 让被调试的程序在工程师指定的断点处停住，断点可以是条件表达式。
- 当程序被停住时，可以检查此时程序中所发生的事，并追踪上文。
- 动态地改变程序的执行环境。

不管是调试 Linux 内核空间的驱动还是调试用户空间的应用程序，都必须掌握 GDB 的用法。而且，在调试内核和调试应用程序时使用的 GDB 命令是完全相同的，下面以代码清单 21.1 的应用程序为例演示 GDB 调试器的用法。

代码清单 21.1　GDB 调试器用法的演示程序

```
1  int add(int a, int b)
2  {
3    return a + b;
4  }
5
6  main()
7  {
8    int sum[10] =
9    {
10     0, 0, 0, 0, 0, 0, 0, 0, 0, 0
11   };
12   int i;
13
14   int array1[10] =
15   {
16     48, 56, 77, 33, 33, 11, 226, 544, 78, 90
17   };
18   int array2[10] =
19   {
20     85, 99, 66, 0x199, 393, 11, 1, 2, 3, 4
21   };
22
23   for (i = 0; i < 10; i++)
24   {
25     sum[i] = add(array1[i], array2[i]);
26   }
27  }
```

使用命令 gcc –g gdb_example.c –o gdb_example 编译上述程序，得到包含调试信息的二进制文件 example，执行 gdb gdb_example 命令进入调试状态，如下所示：

```
$ gdb gdb_example
GNU gdb (Ubuntu 7.7-0ubuntu3.1) 7.7
Copyright (C) 2014 Free Software Foundation, Inc.
License GPLv3+: GNU GPL version 3 or later <http://gnu.org/licenses/gpl.html>
This is free software: you are free to change and redistribute it.
There is NO WARRANTY, to the extent permitted by law.  Type "show copying"
and "show warranty" for details.
This GDB was configured as "i686-linux-gnu".
Type "show configuration" for configuration details.
For bug reporting instructions, please see:
<http://www.gnu.org/software/gdb/bugs/>.
Find the GDB manual and other documentation resources online at:
<http://www.gnu.org/software/gdb/documentation/>.
For help, type "help".
Type "apropos word" to search for commands related to "word".
(gdb)
```

1. list 命令

在 GDB 中运行 list 命令（缩写 l）可以列出代码，list 的具体形式如下。

- list <linenum>，显示程序第 linenum 行周围的源程序，如下所示：

```
(gdb) list 15
10
11      int array1[10] =
12      {
13        48, 56, 77, 33, 33, 11, 226, 544, 78, 90
14      };
15      int array2[10] =
16      {
17        85, 99, 66, 0x199, 393, 11, 1, 2, 3, 4
18      };
19
```

- list <function>，显示函数名为 function 的函数的源程序，如下所示：

```
(gdb) list main
2       {
3         return a + b;
4       }
5
6       main()
7       {
8         int sum[10];
9         int i;
10
11        int array1[10] =
```

- list，显示当前行后面的源程序。
- list -，显示当前行前面的源程序。

下面演示了使用 GDB 中的 run（缩写为 r）、break（缩写为 b）、next（缩写为 n）命令控制程序的运行，并使用 print（缩写为 p）命令打印程序中的变量 sum 的过程：

```
(gdb) break add
Breakpoint 1 at 0x80482f7: file gdb_example.c, line 3.
(gdb) run
Starting program: /driver_study/gdb_example

Breakpoint 1, add (a=48, b=85) at gdb_example.c:3
warning: Source file is more recent than executable.

3         return a + b;
(gdb) next
4       }
(gdb) next
main () at gdb_example.c:23
```

```
23          for (i = 0; i < 10; i++)
(gdb) next
25              sum[i] = add(array1[i], array2[i]);
(gdb) print sum
$1 = {133, 0, 0, 0, 0, 0, 0, 0, 0, 0}
```

2. run 命令

在 GDB 中，运行程序使用 run 命令。在程序运行前，我们可以设置如下 4 方面的工作环境。

（1）程序运行参数

用 set args 可指定运行时参数，如 set args 10 20 30 40 50；用 show args 命令可以查看设置好的运行参数。

（2）运行环境

用 path<dir> 可设定程序的运行路径；用 how paths 可查看程序的运行路径；用 set environment varname[=value] 可设置环境变量，如 set env USER=baohua；用 show environment[varname] 则可查看环境变量。

（3）工作目录

cd<dir> 相当于 shell 的 cd 命令，pwd 可显示当前所在的目录。

（4）程序的输入输出

info terminal 用于显示程序用到的终端的模式；在 GDB 中也可以使用重定向控制程序输出，如 run>outfile；用 tty 命令可以指定输入输出的终端设备，如 tty/dev/ttyS1。

3. break 命令

在 GDB 中用 break 命令来设置断点，设置断点的方法如下。

（1）break<function>

在进入指定函数时停住，在 C++ 中可以使用 class::function 或 function(type，type) 格式来指定函数名。

（2）break<linenum>

在指定行号停住。

（3）break+offset/break-offset。

在当前行号的前面或后面的 offset 行停住，offiset 为自然数。

（4）break filename:linenum

在源文件 filename 的 linenum 行处停住。

（5）break filename:function

在源文件 filename 的 function 函数的入口处停住。

（6）break*address

在程序运行的内存地址处停住。

（7）break

break 命令没有参数时，表示在下一条指令处停住。

(8) break…if<condition>

…可以是上述的 break<linenum>、break+offset/break–offset 中的参数，condition 表示条件，在条件成立时停住。比如在循环体中，可以设置 break if i=100，表示当 i 为 100 时停住程序。

查看断点时，可使用 info 命令，如 info breakpoints[n]、info break[n]（n 表示断点号）。

4. 单步命令

在调试过程中，next 命令用于单步执行，类似于 VC++ 中的 step over。next 的单步不会进入函数的内部，与 next 对应的 step（缩写为 s）命令则在单步执行一个函数时，进入其内部，类似于 VC++ 中的 step into。下面演示了 step 命令的执行情况，在第 23 行的 add() 函数调用处执行 step 会进入其内部的 return a+b; 语句：

```
(gdb) break 25
Breakpoint 1 at 0x8048362: file gdb_example.c, line 25.
(gdb) run
Starting program: /driver_study/gdb_example

Breakpoint 1, main () at gdb_example.c:25
25          sum[i] = add(array1[i], array2[i]);
(gdb) step
add (a=48, b=85) at gdb_example.c:3
3           return a + b;
```

单步执行的更复杂用法如下。

(1) step<count>

单步跟踪，如果有函数调用，则进入该函数（进入函数的前提是，此函数被编译有 debug 信息）。step 后面不加 count 表示一条条地执行，加 count 表示执行后面的 count 条指令，然后再停住。

(2) next<count>

单步跟踪，如果有函数调用，它不会进入该函数。同理，next 后面不加 count 表示一条条地执行，加 count 表示执行后面的 count 条指令，然后再停住。

(3) set step-mode

set step-mode on 用于打开 step-mode 模式，这样，在进行单步跟踪（运行 step 指令）时，若跨越某没有调试信息的函数，程序的执行则会在该函数的第一条指令处停住，而不会跳过整个函数。这样我们可以查看该函数的机器指令。

(4) finish

运行程序，直到当前函数完成返回，并打印函数返回时的堆栈地址、返回值及参数值等信息。

(5) until（缩写为 u）

一直在循环体内执行单步而退不出来是一件令人烦恼的事情，用 until 命令可以运行程序直到退出循环体。

（6）stepi（缩写为 si）和 nexti（缩写为 ni）

stepi 和 nexti 用于单步跟踪一条机器指令。比如，一条 C 程序代码有可能由数条机器指令完成，stepi 和 nexti 可以单步执行机器指令，相反，step 和 next 是 C 语言级别的命令。

另外，运行 display/i $pc 命令后，单步跟踪会在打出程序代码的同时打出机器指令，即汇编代码。

5. continue 命令

当程序被停住后，可以使用 continue 命令（缩写为 c，fg 命令同 continue 命令）恢复程序的运行直到程序结束，或到达下一个断点，命令格式为：

```
continue [ignore-count]
c [ignore-count]
fg [ignore-count]
```

ignore-count 表示忽略其后多少次断点。

假设我们设置了函数断点 add()，并观察 i，则在 continue 过程中，每次遇到 add() 函数或 i 发生变化，程序就会停住，如下所示：

```
(gdb) continue
Continuing.
Hardware watchpoint 3: i

Old value = 2
New value = 3
0x0804838d in main () at gdb_example.c:23
23          for (i = 0; i < 10; i++)
(gdb) continue
Continuing.

Breakpoint 1, main () at gdb_example.c:25
25          sum[i] = add(array1[i], array2[i]);
(gdb) continue
Continuing.
Hardware watchpoint 3: i

Old value = 3
New value = 4
0x0804838d in main () at gdb_example.c:23
23          for (i = 0; i < 10; i++)
```

6. print 命令

在调试程序时，当程序被停住时，可以使用 print 命令（缩写为 p），或是同义命令 inspect 来查看当前程序的运行数据。print 命令的格式如下：

```
print <expr>
print /<f> <expr>
```

<expr> 是表达式，也是被调试的程序中的表达式，<f> 是输出的格式，比如，如果要

把表达式按十六进制的格式输出，那么就是 /x。在表达式中，有几种 GDB 所支持的操作符，它们可以用在任何一种语言中，@ 是一个和数组有关的操作符，:: 指定一个在文件或是函数中的变量，{<type>}<addr> 表示一个指向内存地址 <addr> 的类型为 type 的对象。

下面演示了查看 sum[] 数组的值的过程：

```
(gdb) print sum
$2 = {133, 155, 0, 0, 0, 0, 0, 0, 0, 0}
(gdb) next

Breakpoint 1, main () at gdb_example.c:25
25          sum[i] = add(array1[i], array2[i]);
(gdb) next
23          for (i = 0; i < 10; i++)
(gdb) print sum
$3 = {133, 155, 143, 0, 0, 0, 0, 0, 0, 0}
```

当需要查看一段连续内存空间的值时，可以使用 GDB 的 @ 操作符，@ 的左边是第一个内存地址，@ 的右边则是想查看内存的长度。例如如下动态申请的内存：

```
int *array = (int *) malloc (len * sizeof (int));
```

在 GDB 调试过程中这样显示这个动态数组的值：

```
p *array@len
```

print 的输出格式如下。

- x：按十六进制格式显示变量。
- d：按十进制格式显示变量。
- u：按十六进制格式显示无符号整型。
- o：按八进制格式显示变量。
- t：按二进制格式显示变量。
- a：按十六进制格式显示变量。
- c：按字符格式显示变量。
- f：按浮点数格式显示变量。

我们可用 display 命令设置一些自动显示的变量，当程序停住时，或是单步跟踪时，这些变量会自动显示。

如果要修改变量，如 x 的值，可使用如下命令：

```
print x=4
```

当用 GDB 的 print 查看程序运行时数据时，每一个 print 都会被 GDB 记录下来。GDB 会以 $1、$2、$3…这样的方式为每一个 print 命令编号。我们可以使用这个编号访问以前的表达式，如 $1。

7. watch 命令

watch 一般用来观察某个表达式（变量也是一种表达式）的值是否有了变化，如果有变化，马上停止程序运行。我们有如下几种方法来设置观察点。

watch<expr>：为表达式（变量）expr 设置一个观察点。一旦表达式值有变化时，马上停止程序运行。

rwatch<expr>：当表达式（变量）expr 被读时，停止程序运行。

awatch<expr>：当表达式（变量）的值被读或被写时，停止程序运行。

info watchpoints：列出当前所设置的所有观察点。

下面演示了观察 i 并在连续运行 next 时一旦发现 i 变化，i 值就会显示出来的过程：

```
(gdb) watch i
Hardware watchpoint 3: i
(gdb) next
23          for (i = 0; i < 10; i++)
(gdb) next
Hardware watchpoint 3: i

Old value = 0
New value = 1
0x0804838d in main () at gdb_example.c:23
23          for (i = 0; i < 10; i++)
(gdb) next

Breakpoint 1, main () at gdb_example.c:25
25          sum[i] = add(array1[i], array2[i]);
(gdb) next
23          for (i = 0; i < 10; i++)
(gdb) next
Hardware watchpoint 3: i

Old value = 1
New value = 2
0x0804838d in main () at gdb_example.c:23
23          for (i = 0; i < 10; i++)
```

8. examine 命令

我们可以使用 examine 命令（缩写为 x）来查看内存地址中的值。examine 命令的语法如下所示：

```
x/<n/f/u> <addr>
```

<addr> 表示一个内存地址。"x/" 后的 n、f、u 都是可选的参数，n 是一个正整数，表示显示内存的长度，也就是说从当前地址向后显示几个地址的内容；f 表示显示的格式，如果地址所指的是字符串，那么格式可以是 s，如果地址是指令地址，那么格式可以是 i；u 表示从当前地址往后请求的字节数，如果不指定的话，GDB 默认的是 4 字节。u 参数可以被一些

字符代替：b 表示单字节，h 表示双字节，w 表示四字节，g 表示八字节。当我们指定了字节长度后，GDB 会从指定的内存地址开始，读写指定字节，并把其当作一个值取出来。n、f、u 这 3 个参数可以一起使用，例如命令 x/3uh 0x54320 表示从内存地址 0x54320 开始以双字节为 1 个单位（h）、16 进制方式（u）显示 3 个单位（3）的内存。

9. set 命令

examine 命令用于查看内存，而 set 命令用于修改内存。它的命令格式是"set* 有类型的指针 =value"。

比如，下列程序，在用 gdb 运行起来后，通过 Ctrl+C 停住。

```
main()
{
        void *p = malloc(16);
        while(1);
}
```

我们可以在运行中用如下命令来修改 p 指向的内存。

```
(gdb) set *(unsigned char *)p='h'
(gdb) set *(unsigned char *)(p+1)='e'
(gdb) set *(unsigned char *)(p+2)='l'
(gdb) set *(unsigned char *)(p+3)='l'
(gdb) set *(unsigned char *)(p+4)='o'
```

看看结果：

```
(gdb) x/s p
0x804b008:      "hello"
```

也可以直接使用地址常数：

```
(gdb) p p
$2 = (void *) 0x804b008
(gdb) set *(unsigned char *)0x804b008='w'
(gdb) set *(unsigned char *)0x804b009='o'
(gdb) set *(unsigned char *)0x804b00a='r'
(gdb) set *(unsigned char *)0x804b00b='l'
(gdb) set *(unsigned char *)0x804b00c='d'
(gdb) x/s 0x804b008
0x804b008:      "world"
```

10. jump 命令

一般来说，被调试程序会按照程序代码的运行顺序依次执行，但是 GDB 也提供了乱序执行的功能，也就是说，GDB 可以修改程序的执行顺序，从而让程序随意跳跃。这个功能可以由 GDB 的 jump 命令 jump<linespec> 来指定下一条语句的运行点。<linespec> 可以是文件的行号，可以是 file:line 格式，也可以是 +num 这种偏移量格式，表示下一条运行语句从哪里开始。

```
jump <address>
```

这里的 <address> 是代码行的内存地址。

注意：jump 命令不会改变当前程序栈中的内容，如果使用 jump 从一个函数跳转到另一个函数，当跳转到的函数运行完返回，进行出栈操作时必然会发生错误，这可能会导致意想不到的结果，因此最好只用 jump 在同一个函数中进行跳转。

11. signal 命令

使用 singal 命令，可以产生一个信号量给被调试的程序，如中断信号 Ctrl+C。于是，可以在程序运行的任意位置处设置断点，并在该断点处 GDB 产生一个信号量，这种精确地在某处产生信号的方法非常有利于程序的调试。

signal 命令的语法是 signal<signal>，UNIX 的系统信号量通常为 1 ~ 15，因此 <signal> 的取值也在这个范围内。

12. return 命令

如果在函数中设置了调试断点，在断点后还有语句没有执行完，这时候我们可以使用 return 命令强制函数忽略还没有执行的语句并返回。

```
return
return <expression>
```

上述 return 命令用于取消当前函数的执行，并立即返回，如果指定了 <expression>，那么该表达式的值会被作为函数的返回值。

13. call 命令

call 命令用于强制调用某函数：

```
call <expr>
```

表达式可以是函数，以此达到强制调用函数的目的，它会显示函数的返回值（如果函数返回值不是 void）。比如在下列程序执行 while(1) 的时候：

```
main()
{
        void *p = malloc(16);
        while(1);
}
```

我们强制要求其执行 strcpy() 和 printf()：

```
(gdb) call strcpy(p, "hello world")
$3 = 134524936
(gdb) call printf("%s\n", p)
hello world
$4 = 12
```

14. info 命令

info 命令可以用来在调试时查看寄存器、断点、观察点和信号等信息。要查看寄存器的

值,可以使用如下命令:

```
info registers(查看除了浮点寄存器以外的寄存器)
info all-registers(查看所有寄存器,包括浮点寄存器)
info registers <regname ...>(查看所指定的寄存器)
```

要查看断点信息,可以使用如下命令:

```
info break
```

要列出当前所设置的所有观察点,可使用如下命令:

```
info watchpoints
```

要查看有哪些信号正在被 GDB 检测,可使用如下命令:

```
info signals
info handle
```

也可以使用 info line 命令来查看源代码在内存中的地址。info line 后面可以跟行号、函数名、文件名:行号、文件名:函数名等多种形式,例如用下面的命令会打印出所指定的源码在运行时的内存地址:

```
info line tst.c:func
```

15. disassemble

disassemble 命令用于反汇编,可用它来查看当前执行时的源代码的机器码,实际上只是把目前内存中的指令冲刷出来。下面的示例用于查看函数 func 的汇编代码:

```
(gdb) disassemble func
Dump of assembler code for function func:
0x8048450 <func>:       push    %ebp
0x8048451 <func+1>:     mov     %esp,%ebp
0x8048453 <func+3>:     sub     $0x18,%esp
0x8048456 <func+6>:     movl    $0x0,0xfffffffc(%ebp)
...
End of assembler dump.
```

21.1.2 DDD 图形界面调试工具

GDB 本身是一种命令行调试工具,但是通过 DDD(Data Display Debugger,见 http://www.gnu.org/software/ddd/)可以被图形界面化。DDD 可以作为 GDB、DBX、WDB、Ladebug、JDB、XDB、Perl Debugger 或 Python Debugger 的可视化图形前端,其特有的图形数据显示功能(Graphical Data Display)可以把数据结构按照图形的方式显示出来。

DDD 最初源于 1990 年 Andreas Zeller 编写的 VSL 结构化语言,后来经过一些程序员的努力,演化成今天的模样。DDD 的功能非常强大,可以调试用 C/C++、Ada、Fortran、Pascal、Modula-2 和 Modula-3 编写的程序;能以超文本方式浏览源代码;能够进行断点设置、回溯调试和历史记录；具有程序在终端运行的仿真窗口，具备在远程主机上进行调试的能力；能够显示各种数据结构之间的关系，并将数据结构以图形形式显示；具有 GDB/DBX/XDB 的命令行界面，包括完整的文本编辑、历史纪录、搜寻引擎等。

DDD 的主界面如图 21.1 所示，它和 Visual Studio 等集成开发环境非常相近，而且 DDD 包含了 Visual Studio 所不包含的部分功能。

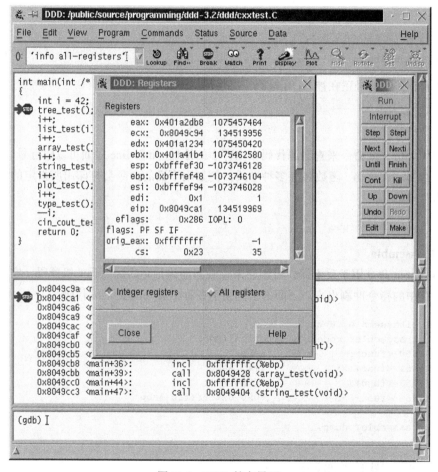

图 21.1　DDD 的主界面

在设计 DDD 的时候，设计人员决定把它与 GDB 之间的耦合度尽量降低。因为像 GDB 这样的开源软件，更新的速度比商业软件快，所以为了使 GDB 的变化不会影响到 DDD，在 DDD 中，GDB 是作为独立的进程运行的，通过命令行接口与 DDD 进行交互。

图 21.2 显示了用户、DDD、GDB 和被调试进程之间的关系，DDD 和 GDB 之间的所有通信都是异步进行的。在 DDD 中发出的 GDB 命令都会与一个回调函数相连，放入命令队列中。这个回调函数在合适的时间会处理 GDB 的输出。例如，如果用户手动输入一条 GDB 的

命令，DDD 就会把这条命令与显示 GDB 输出的一个回调函数连起来。一旦 GDB 命令完成，就会触发回调函数，GDB 的输出就会显示在 DDD 的命令窗口中。

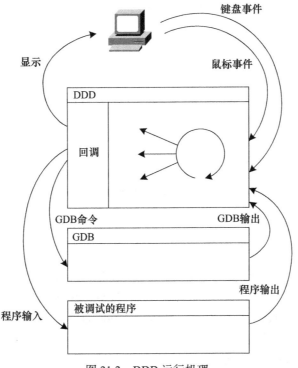

图 21.2　DDD 运行机理

DDD 在事件循环时等待用户输入和 GDB 输出，同时等着 GDB 进入等待输入状态。当 GDB 可用时，下一条命令就会从命令队列中取出，送给 GDB。GDB 到达的输出由上次命令的回调函数过程来处理。这种异步机制避免了 DDD 在等待 GDB 输出时发生阻塞现象，到达的事件可以在任何时间得到处理。

不可否认的是，DDD 和 GDB 的分离使得 DDD 的运行速度相对来说比较慢，但是这种方法带来了灵活性和兼容性的好处。例如，用户可以把 GDB 调试器换成其他调试器，如 DBX 等。另外，GDB 和 DDD 的分离使得用户可以在不同的机器上分别运行 GDB 和 DDD。

在 DDD 中，可以直接在底部的控制台中输入 GDB 命令，也可以通过菜单和鼠标以图形方式触发 GDB 命令的运行，使用方法甚为简单，因此这里不再赘述。

DDD 不仅可用于调试 PC 上的应用程序，也可调试目标板子，方法是用如下命令启动 DDD（通过 –debugger 选项指定一个针对 ARM 的 GDB）：

```
ddd --debugger arm-linux-gnueabihf-gdb <要调试的程序>
```

除了 DDD 以外，在 Linux 环境下，也可以使用广受欢迎的 Eclipse 来编写代码并进行调试。安装 Eclipse IDE for C/C++Developer 后，在 Eclipse 中，可以设置 Using GDB(DSF) Manual Remote Debugging Launcher 以及 ARM 的 GDB 等，如图21.3 所示。

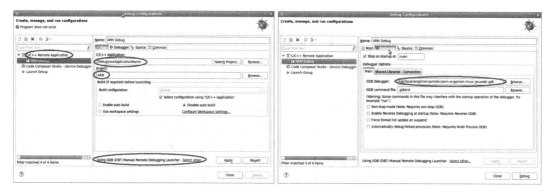

图21.3　在 Eclipse 中设置 Remote 调试模式和 GDB

21.2　Linux 内核调试

在嵌入式系统中，由于目标机资源有限，因此往往在主机上先编译好程序，再在目标机上运行。用户所有的开发工作都在主机开发环境下完成，包括编码、编译、连接、下载和调试等。目标机和主机通过串口、以太网、仿真器或其他通信手段通信，主机用这些接口控制目标机，调试目标机上的程序。

调试嵌入式 Linux 内核的方法如下。

1）目标机"插桩"，如打上 KGDB 补丁，这样主机上的 GDB 可与目标机的 KGDB 通过串口或网口通信。

2）使用仿真器，仿真器可直接连接目标机的 JTAG/BDM，这样主机的 GDB 就可以通过与仿真器的通信来控制目标机。

3）在目标板上通过 printk()、Oops、strace 等软件方法进行"观察"调试，这些方法不具备查看和修改数据结构、断点、单步等功能。

21.4～21.7 节将对这些调试方法进行一一讲解。

不管是目标机"插桩"还是使用仿真器连接目标机 JTAG/SWD/BDM，在主机上，调试工具一般都采用 GDB。

GDB 可以直接把 Linux 内核当成一个整体来调试，这个过程实际上可以被 QEMU 模拟出来。进入本书配套 Ubuntu 的 /home/baohua/develop/linux/extra 目录下，修改 run-nolcd.sh 的脚本，将其从

```
qemu-system-arm -nographic -sd vexpress.img -M vexpress-a9 -m 512M -kernel zImage -dtb vexpress-v2p-ca9.dtb  -smp 4 -append "init=/linuxrc root=/dev/mmcblk0p1 rw rootwait earlyprintk console=ttyAMA0" 2>/dev/null
```

改为：

```
qemu-system-arm -s -S -nographic -sd vexpress.img -M vexpress-a9 -m 512M -kernel zImage -dtb vexpress-v2p-ca9.dtb  -smp 4 -append "init=/linuxrc root=/dev/mmcblk0p1 rw rootwait e  arlyprintk console=ttyAMA0" 2>/dev/null
```

即添加 -s –S 选项，则会使嵌入式 ARM Linux 系统等待 GDB 远程连入。在终端 1 运行新的 ./run-nolcd.sh，这样嵌入式 ARM Linux 的模拟平台在 1234 端口侦听。开一个新的终端 2，进入 /home/baohua/develop/linux/，执行如下代码：

```
baohua@baohua-VirtualBox:~/develop/linux$ arm-linux-gnueabihf-gdb ./vmlinux
GNU gdb (crosstool-NG linaro-1.13.1-4.8-2013.05 - Linaro GCC 2013.05) 7.6-2013.05
Copyright (C) 2013 Free Software Foundation, Inc.
License GPLv3+: GNU GPL version 3 or later <http://gnu.org/licenses/gpl.html>
This is free software: you are free to change and redistribute it.
There is NO WARRANTY, to the extent permitted by law.  Type "show copying"
and "show warranty" for details.
This GDB was configured as "--host=i686-build_pc-linux-gnu --target=arm-linux-gnueabihf".
For bug reporting instructions, please see:
<https://bugs.launchpad.net/gcc-linaro>...
Reading symbols from /home/baohua/develop/linux/vmlinux...done.
(gdb)
```

接下来我们远程连接 127.0.0.1:1234

```
(gdb) target remote 127.0.0.1:1234
Remote debugging using 127.0.0.1:1234
0x60000000 in ?? ()
```

设置一个断点到 start_kernel()。

```
(gdb) b start_kernel
Breakpoint 1 at 0x805fd8ac: file init/main.c, line 490.
```

继续运行：

```
(gdb) c
Continuing.

Breakpoint 1, start_kernel () at init/main.c:490
490     {
(gdb)
```

断点停在了内核启动过程中的 start_kernel() 函数，这个时候我们按下 Ctrl+X，A 键，可以看到代码，如图 21.4 所示。

进一步，可以看看 jiffies 值之类的：

```
(gdb) p jiffies
$1 = 775612
(gdb) c
```

```
Continuing.
^C
Program received signal SIGINT, Interrupt.
cpu_v7_do_idle () at arch/arm/mm/proc-v7.S:74
74          ret lr
(gdb) p jiffies
$2 = 775687
(gdb)
```

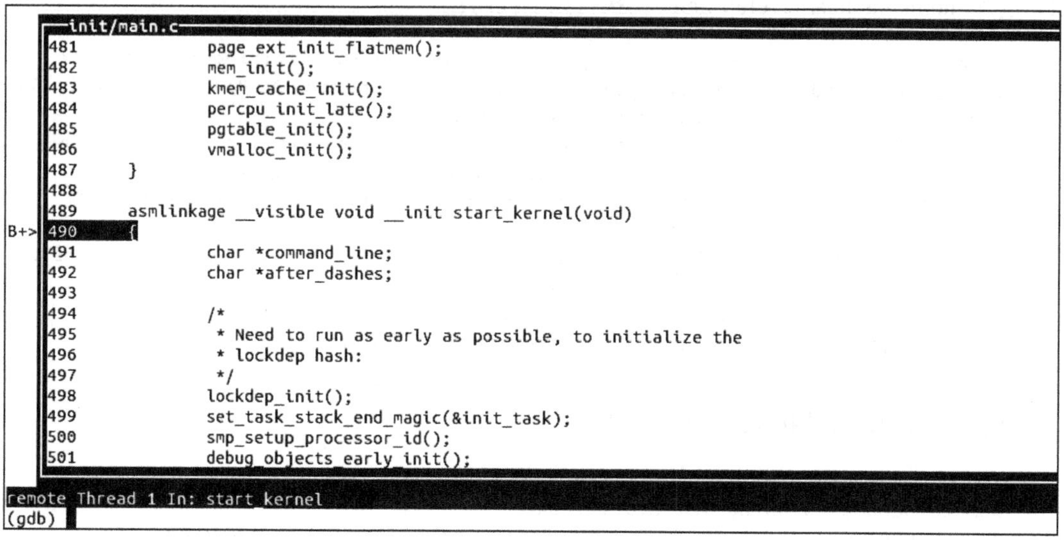

```
init/main.c
481             page_ext_init_flatmem();
482             mem_init();
483             kmem_cache_init();
484             percpu_init_late();
485             pgtable_init();
486             vmalloc_init();
487         }
488
489         asmlinkage __visible void __init start_kernel(void)
B+> 490     {
491             char *command_line;
492             char *after_dashes;
493
494             /*
495              * Need to run as early as possible, to initialize the
496              * lockdep hash;
497              */
498             lockdep_init();
499             set_task_stack_end_magic(&init_task);
500             smp_setup_processor_id();
501             debug_objects_early_init();
remote Thread 1 In: start_kernel
(gdb)
```

图 21.4 GDB 调试内核

尽管采用"插桩"和仿真器结合 GDB 的方式可以查看和修改数据结构、断点、单步等，而 printk() 这种最原始的方法却应用得更广泛。

printk() 这种方法很原始，但是一般可以解决工程中 95% 以上的问题。因此具体何时打印，以及打印什么东西，需要工程师逐步建立敏锐的嗅觉。加深对内核的认知，深入理解自己正在调试的模块，这才是快速解决问题的"王道"。工具只是一个辅助手段，无法代替工程师的思维。

工程师不能抱着得过且过的心态，也不能总是一知半解地进行低水平的重复建设。求知欲望对工程师技术水平的提升有着最关键的作用。

21.3 内核打印信息——printk()

在 Linux 中，内核打印语句 printk() 会将内核信息输出到内核信息缓冲区中，内核缓冲区是在 kernel/printk.c 中通过如下语句静态定义的：

```
static char __log_buf[__LOG_BUF_LEN] __aligned(LOG_ALIGN);
```

内核信息缓冲区是一个环形缓冲区（Ring Buffer），因此，如果塞入的消息过多，则就会将之前的消息冲刷掉。

printk()定义了8个消息级别，分为级别0～7，级别越低（数值越大），消息越不重要，第0级是紧急事件级，第7级是调试级，代码清单21.2所示为printk()的级别定义。

代码清单21.2　printk()的级别定义

```
1   #define KERN_EMERG    "<0>"    /* 紧急事件，一般是系统崩溃之前提示的消息 */
2   #define KERN_ALERT    "<1>"    /* 必须立即采取行动 */
3   #define KERN_CRIT     "<2>"    /* 临界状态，通常涉及严重的硬件或软件操作失败 */
4   #define KERN_ERR      "<3>"    /* 用于报告错误状态，设备驱动程序会
5                                     经常使用 KERN_ERR 来报告来自硬件的问题 */
6   #define KERN_WARNING  "<4>"    /* 对可能出现问题的情况进行警告，
7                                     这类情况通常不会对系统造成严重的问题 */
8   #define KERN_NOTICE   "<5>"    /* 有必要进行提示的正常情形，
9                                     许多与安全相关的状况用这个级别进行汇报 */
10  #define KERN_INFO     "<6>"    /* 内核提示性信息，很多驱动程序
11                                    在启动的时候，用这个级别打印出它们找到的硬件信息 */
12  #define KERN_DEBUG    "<7>"    /* 用于调试信息 */
```

通过/proc/sys/kernel/printk文件可以调节printk()的输出等级，该文件有4个数字值，如下所示。

- 控制台（一般是串口）日志级别：当前的打印级别，优先级高于该值的消息将被打印至控制台。
- 默认的消息日志级别：将用该优先级来打印没有优先级前缀的消息，也就是在直接写printk("xxx")而不带打印级别的情况下，会使用该打印级别。
- 最低的控制台日志级别：控制台日志级别可被设置的最小值（一般都是1）。
- 默认的控制台日志级别：控制台日志级别的默认值。

如在Ubuntu PC上，/proc/sys/kernel/printk的值一般如下：

```
$ cat /proc/sys/kernel/printk
4    4    1    7
```

而我们通过如下命令可以使得Linux内核的任何printk()都从控制台输出：

```
# echo 8 > /proc/sys/kernel/printk
```

在默认情况下，DEBUG级别的消息不会从控制台输出，我们可以通过在bootargs中设置ignore_loglevel来忽略打印级别，以保证所有消息都被打印到控制台。在系统启动后，用户还可以通过写/sys/module/printk/parameters/ignore_loglevel文件动态来设置是否忽略打印级别。

要注意的是，/proc/sys/kernel/printk并不控制内核消息进入__log_buf的门槛，因此无论消息级别是多少，都会进入__log_buf中，但是最终只有高于当前打印级别的内核消息才会从控制台打印。

用户可以通过 dmesg 命令查看内核打印缓冲区，而如果使用 dmesg -c 命令，则不仅会显示 __log_buf，还会清除该缓冲区的内容。也可以使用 cat /proc/kmsg 命令来显示内核信息。/proc/kmsg 是一个"永无休止的文件"，因此，cat /proc/kmsg 的进程只能通过"Ctrl+C"或 kill 终止。

在设备驱动中，经常需要输出调试或系统信息，尽管可以直接采用 printk("<7>debug info…\n")方式的 printk() 语句输出，但是通常可以使用封装了 printk() 的更高级的宏，如 pr_debug()、dev_debug() 等。代码清单 21.3 所示为 pr_debug() 和 pr_info() 的定义。

代码清单 21.3　可替代 printk() 的宏 pr_debug() 和 pr_info() 的定义

```
1  #ifdef DEBUG
2  #define pr_debug(fmt,arg...) \
3      printk(KERN_DEBUG fmt,##arg)
4  #else
5  static inline int __attribute__ ((format (printf, 1, 2))) pr_debug(const char * fmt, ...)
6  {
7      return 0;
8  }
9  #endif
10
11 #define pr_info(fmt,arg...) \
12     printk(KERN_INFO fmt,##arg)
```

使用 pr_xxx() 族 API 的好处是，可以在文件最开头通过 pr_fmt() 定义一个打印格式，比如在 kernel/watchdog.c 的最开头通过如下定义可以保证之后 watchdog.c 调用的所有 pr_xxx() 打印的消息都自动带有"NMI watchdog:"的前缀。

```
#define pr_fmt(fmt) "NMI watchdog: " fmt

#include <linux/mm.h>
#include <linux/cpu.h>
#include <linux/nmi.h>
…
```

代码清单 21.4 所示为 dev_dbg()、dev_err()、dev_info() 等的定义，使用 dev_xxx() 族 API 打印的时候，设备名称会被自动加到打印消息的前头。

代码清单 21.4　包含设备信息的可替代 printk() 的宏

```
1  #define dev_printk(level, dev, format, arg...) \
2      printk(level "%s %s: " format , dev_driver_string(dev) , (dev)->bus_id , ## arg)
3
4  #ifdef DEBUG
5  #define dev_dbg(dev, format, arg...) \
6          dev_printk(KERN_DEBUG , dev , format , ## arg)
7  #else
8  #define dev_dbg(dev, format, arg...) do { (void)(dev); } while (0)
```

```
 9  #endif
10
11  #define dev_err(dev, format, arg...)            \
12          dev_printk(KERN_ERR , dev , format , ## arg)
13  #define dev_info(dev, format, arg...)           \
14          dev_printk(KERN_INFO , dev , format , ## arg)
15  #define dev_warn(dev, format, arg...)           \
16          dev_printk(KERN_WARNING , dev , format , ## arg)
17  #define dev_notice(dev, format, arg...)         \
18          dev_printk(KERN_NOTICE , dev , format , ## arg)
```

在打印信息时，如果想输出 printk() 调用所在的函数名，可以使用 __func__ ；如果想输出其所在代码的行号，可以使用 __LINE__ ；想输出源代码文件名，可以使用 __FILE__ 。例如 drivers/block/sx8.c 中的：

```
#ifdef CARM_NDEBUG
#define assert(expr)
#else
#define assert(expr) \
        if(unlikely(!(expr))) {                                          \
        printk(KERN_ERR "Assertion failed! %s,%s,%s,line=%d\n", \
        #expr, __FILE__, __func__, __LINE__);           \
        }
#endif
```

21.4 DEBUG_LL 和 EARLY_PRINTK

DEBUG_LL 对应内核的 Kernel low-level debugging 功能，EARLY_PRINTK 则对应内核中一个早期的控制台。为了在内核的 drivers/tty/serial 下的控制台驱动初始化之前支持打印，可以选择 DEBUG_LL 和 EARLY_PRINTK 这两个配置选项。另外，也需要在 bootargs 中设置 earlyprintk 的选项。

对于 LDDD3_vexpress 而言，没有 DEBUG_LL 和 EARLY_PRINTK 的时候，我们看到的内核最早的打印是：

```
Booting Linux on physical CPU 0x0
Initializing cgroup subsys cpuset
Linux version …
```

如果我们使能 DEBUG_LL 和 EARLY_PRINTK，选择如图 21.5 所示的 "Use PL011 UART0 at 0x10009000(V2P-CA9 core tile)" 这个低级别调试口，并在 bootargs 中设置 earlyprintk，则我们看到了更早的打印信息：

```
Uncompressing Linux... done, booting the kernel.
```

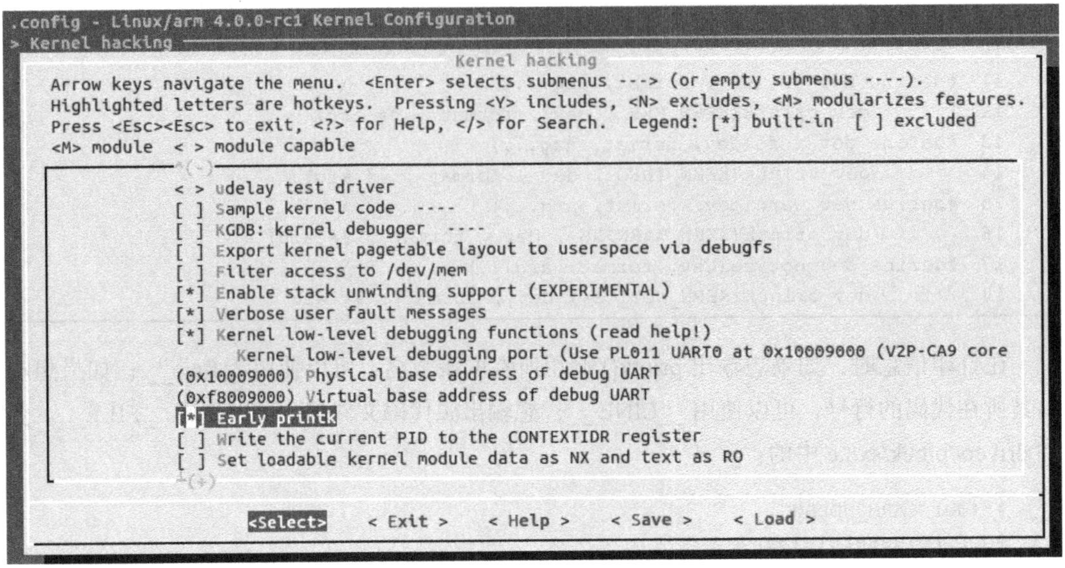

```
.config - Linux/arm 4.0.0-rc1 Kernel Configuration
> Kernel hacking
┌─────────────────────────────── Kernel hacking ───────────────────────────────┐
│  Arrow keys navigate the menu.  <Enter> selects submenus --->  (or empty submenus ----).  │
│  Highlighted letters are hotkeys.  Pressing <Y> includes, <N> excludes, <M> modularizes features. │
│  Press <Esc><Esc> to exit, <?> for Help, </> for Search.  Legend: [*] built-in  [ ] excluded │
│  <M> module  < > module capable                                              │
│ ┌──────────────────────────────────────────────────────────────────────────┐ │
│ │    < >   udelay test driver                                              │ │
│ │    [ ]   Sample kernel code  ----                                        │ │
│ │    [ ]   KGDB: kernel debugger  ----                                     │ │
│ │    [ ]   Export kernel pagetable layout to userspace via debugfs         │ │
│ │    [ ]   Filter access to /dev/mem                                       │ │
│ │    [*]   Enable stack unwinding support (EXPERIMENTAL)                   │ │
│ │    [*]   Verbose user fault messages                                     │ │
│ │    [*]   Kernel low-level debugging functions (read help!)               │ │
│ │              Kernel low-level debugging port (Use PL011 UART0 at 0x10009000 (V2P-CA9 core │ │
│ │    (0x10009000) Physical base address of debug UART                      │ │
│ │    (0xf8009000) Virtual base address of debug UART                       │ │
│ │    [*] Early printk                                                      │ │
│ │    [ ]   Write the current PID to the CONTEXTIDR register                │ │
│ │    [ ]   Set loadable kernel module data as NX and text as RO            │ │
│ │                                           (+)                            │ │
│ └──────────────────────────────────────────────────────────────────────────┘ │
│              <Select>    < Exit >    < Help >    < Save >    < Load >        │
└──────────────────────────────────────────────────────────────────────────────┘
```

图 21.5 选择低级别调试 UART

21.5 使用 "/proc"

在 Linux 系统中，"/proc" 文件系统十分有用，它被内核用于向用户导出信息。"/proc" 文件系统是一个虚拟文件系统，通过它可以在 Linux 内核空间和用户空间之间进行通信。在 /proc 文件系统中，我们可以将对虚拟文件的读写作为与内核中实体进行通信的一种手段，与普通文件不同的是，这些虚拟文件的内容都是动态创建的。

"/proc" 下的绝大多数文件是只读的，以显示内核信息为主。但是 "/proc" 下的文件也并不是完全只读的，若节点可写，还可用于一定的控制或配置目的，例如前面介绍的写 /proc/sys/kernel/printk 可以改变 printk() 的打印级别。

Linux 系统的许多命令本身都是通过分析 "/proc" 下的文件来完成的，如 ps、top、uptime 和 free 等。例如，free 命令通过分析 /proc/meminfo 文件得到可用内存信息，下面显示了对应的 meminfo 文件和 free 命令的结果。

1. meminfo 文件

```
[root@localhost proc]# cat meminfo
MemTotal:         29516 kB
MemFree:           1472 kB
Buffers:           4096 kB
Cached:           12648 kB
SwapCached:           0 kB
Active:           14208 kB
```

```
Inactive:          8844 kB
HighTotal:            0 kB
HighFree:             0 kB
LowTotal:         29516 kB
LowFree:           1472 kB
SwapTotal:       265064 kB
SwapFree:        265064 kB
Dirty:               20 kB
Writeback:            0 kB
Mapped:           10052 kB
Slab:              3864 kB
CommitLimit:     279820 kB
Committed_AS:     13760 kB
PageTables:         444 kB
VmallocTotal:    999416 kB
VmallocUsed:        560 kB
VmallocChunk:    998580 kB
```

2. free 命令

```
[root@localhost proc]# free
              total       used       free     shared    buffers     cached
Mem:          29516      28104       1412          0       4100      12700
-/+ buffers/cache:       11304      18212
Swap:        265064          0     265064
```

在 Linux 3.9 以及之前的内核版本中，可用如下函数创建"/proc"节点：

```
struct proc_dir_entry *create_proc_entry(const char *name, mode_t mode,
        struct proc_dir_entry *parent);

struct proc_dir_entry *create_proc_read_entry(const char *name, mode_t mode,
        struct proc_dir_entry *base, read_proc_t *read_proc, void * data);
```

create_proc_entry() 函数用于创建"/proc"节点，而 create_proc_read_entry() 调用 create_proc_entry() 创建只读的"/proc"节点。参数 name 为"/proc"节点的名称，parent/base 为父目录的节点，如果为 NULL，则指"/proc"目录，read_proc 是"/proc"节点的读函数指针。当 read() 系统调用在"/proc"文件系统中执行时，它映像到一个数据产生函数，而不是一个数据获取函数。

下列函数用于创建"/proc"目录：

```
struct proc_dir_entry *proc_mkdir(const char *name, struct proc_dir_entry *parent);
```

结合 create_proc_entry() 和 proc_mkdir()，代码清单 21.5 中的程序可用于先在 /proc 下创建一个目录 procfs_example，而后在该目录下创建一个文件 example_file。

代码清单21.5　proc_mkdir() 和 create_proc_entry() 函数使用范例

```
1  /* 创建 /proc 下的目录 */
2  example_dir = proc_mkdir("procfs_example", NULL);
```

```
 3    if (example_dir == NULL) {
 4      rv = -ENOMEM;
 5      goto out;
 6    }
 7
 8    example_dir->owner = THIS_MODULE;
 9
10    /* 创建一个 /proc 文件 */
11    example_file = create_proc_entry("example_file", 0666, example_dir);
12    if (example_file == NULL) {
13      rv = -ENOMEM;
14      goto out;
15    }
16
17    example_file->owner = THIS_MODULE;
18    example_file->read_proc = example_file_read;
19    example_file->write_proc = example_file_write;
```

作为上述函数返回值的 proc_dir_entry 结构体包含了"/proc"节点的读函数指针（read_proc_t*read_proc）、写函数指针（write_proc_t*write_proc）以及父节点、子节点信息等。

/proc 节点的读写函数的类型分别为：

```
typedef int (read_proc_t)(char *page, char **start, off_t off,
                          int count, int *eof, void *data);
typedef int (write_proc_t)(struct file *file, const char __user *buffer,
                           unsigned long count, void *data);
```

读函数中 page 指针指向用于写入数据的缓冲区，start 用于返回实际的数据并写到内存页的位置，eof 是用于返回读结束标志，offset 是读的偏移，count 是要读的数据长度。start 参数比较复杂，对于 /proc 只包含简单数据的情况，通常不需要在读函数中设置 *start，这意味着内核将认为数据保存在内存页偏移 0 的地方。

写函数与 file_operations 中的 write() 成员函数类似，需要一次从用户缓冲区到内存空间的复制过程。

在 Linux 系统中可用如下函数删除 /proc 节点：

```
void remove_proc_entry(const char *name, struct proc_dir_entry *parent);
```

在 Linux 系统中已经定义好的可使用的 /proc 节点宏包括：proc_root_fs（/proc）、proc_net（/proc/net）、proc_bus（/proc/bus）、proc_root_driver（/proc/driver）等，proc_root_fs 实际上就是 NULL。

代码清单 21.6 所示为一个简单的"/proc"文件系统使用范例，这段代码在模块加载函数中创建 /proc/test_dir 目录，并在该目录中创建 /proc/test_dir/test_rw 文件节点，在模块卸载函数中撤销"/proc"节点，而 /proc/test_dir/test_rw 文件中只保存了一个 32 位的整数。

代码清单21.6 /proc文件系统使用范例

```c
1  #include <linux/module.h>
2  #include <linux/kernel.h>
3  #include <linux/init.h>
4  #include <linux/proc_fs.h>
5
6  static unsigned int variable;
7  static struct proc_dir_entry *test_dir, *test_entry;
8
9  static int test_proc_read(char *buf, char **start, off_t off, int count,
10      int *eof, void *data)
11 {
12   unsigned int *ptr_var = data;
13   return sprintf(buf, "%u\n", *ptr_var);
14 }
15
16 static int test_proc_write(struct file *file, const char *buffer,
17      unsigned long count, void *data)
18 {
19   unsigned int *ptr_var = data;
20
21   *ptr_var = simple_strtoul(buffer, NULL, 10);
22
23   return count;
24 }
25
26 static __init int test_proc_init(void)
27 {
28   test_dir = proc_mkdir("test_dir", NULL);
29   if (test_dir) {
30       test_entry = create_proc_entry("test_rw", 0666, test_dir);
31       if (test_entry) {
32           test_entry->nlink = 1;
33           test_entry->data = &variable;
34           test_entry->read_proc = test_proc_read;
35           test_entry->write_proc = test_proc_write;
36           return 0;
37       }
38 }
39
40   return -ENOMEM;
41 }
42 module_init(test_proc_init);
43
44 static __exit void test_proc_cleanup(void)
45 {
46   remove_proc_entry("test_rw", test_dir);
47   remove_proc_entry("test_dir", NULL);
48 }
49 module_exit(test_proc_cleanup);
```

```
50
51  MODULE_AUTHOR("Barry Song <baohua@kernel.org>");
52  MODULE_DESCRIPTION("proc exmaple");
53  MODULE_LICENSE("GPL v2");
```

上述代码第 21 行调用的 simple_strtoul() 用于将用户输入的字符串转换为无符号长整数，第 3 个参数 10 意味着转化方式是十进制。

编译上述简单的 proc.c 为 proc.ko，运行 insmod proc.ko 加载该模块后，"/proc"目录下将多出一个目录 test_dir，该目录下包含一个 test_rw，ls–l 的结果如下：

```
$ ls -l /proc/test_dir/test_rw
-rw-rw-rw- 1 root root 0 Aug 16 20:45 /proc/test_dir/test_rw
```

测试 /proc/test_dir/test_rw 的读写：

```
$ cat /proc/test_dir/test_rw
0
$ echo 111 > /proc/test_dir/test_rw
$ cat /proc/test_dir/test_rw
```

说明我们上一步执行的写操作是正确的。

在 Linux 3.10 及以后的版本中，"/proc"的内核 API 和实现架构变更较大，create_proc_entry()、create_proc_read_entry() 之类的 API 都被删除了，取而代之的是直接使用 proc_create()、proc_create_data()API。同时，也不再存在 read_proc()、write_proc() 之类的针对 proc_dir_entry 的成员函数了，而是直接把 file_operations 结构体的指针传入 proc_create() 或者 proc_create_data() 函数中，其原型为：

```
static inline struct proc_dir_entry *proc_create(
const char *name, umode_t mode, struct proc_dir_entry *parent,
const struct file_operations *proc_fops);

struct proc_dir_entry *proc_create_data(
const char *name, umode_t mode, struct proc_dir_entry *parent,
const struct file_operations *proc_fops, void *data);
```

我们把代码清单 21.6 的范例改造为同时支持 Linux 3.10 以前的内核和 Linux3.10 以后的内核。改造结果如代码清单 21.7 所示。#if LINUX_VERSION_CODE < KERNEL_VERSION(3，10，0) 中的部分是旧版本的代码，与 21.6 相同，所以省略了。

代码清单 21.7　支持 Linux 3.10 以后内核的 /proc 文件系统使用范例

```
1  #include <linux/module.h>
2  #include <linux/kernel.h>
3  #include <linux/init.h>
4  #include <linux/version.h>
5  #include <linux/proc_fs.h>
6  #include <linux/seq_file.h>
7
```

```
8   static unsigned int variable;
9   static struct proc_dir_entry *test_dir, *test_entry;
10
11  #if LINUX_VERSION_CODE < KERNEL_VERSION(3, 10, 0)
12  ...
13  #else
14  static int test_proc_show(struct seq_file *seq, void *v)
15  {
16    unsigned int *ptr_var = seq->private;
17    seq_printf(seq, "%u\n", *ptr_var);
18    return 0;
19  }
20
21  static ssize_t test_proc_write(struct file *file, const char __user *buffer,
22          size_t count, loff_t *ppos)
23  {
24    struct seq_file *seq = file->private_data;
25    unsigned int *ptr_var = seq->private;
26
27    *ptr_var = simple_strtoul(buffer, NULL, 10);
28    return count;
29  }
30
31  static int test_proc_open(struct inode *inode, struct file *file)
32  {
33    return single_open(file, test_proc_show, PDE_DATA(inode));
34  }
35
36  static const struct file_operations test_proc_fops =
37  {
38   .owner = THIS_MODULE,
39   .open = test_proc_open,
40   .read = seq_read,
41   .write = test_proc_write,
42   .llseek = seq_lseek,
43   .release = single_release,
44  };
45  #endif
46
47  static __init int test_proc_init(void)
48  {
49    test_dir = proc_mkdir("test_dir", NULL);
50    if (test_dir) {
51  #if LINUX_VERSION_CODE < KERNEL_VERSION(3, 10, 0)
52        ...
53  #else
54      test_entry = proc_create_data("test_rw",0666, test_dir, &test_proc_fops, &variable);
55      if (test_entry)
56          return 0;
57  #endif
```

```
58    }
59
60    return -ENOMEM;
61  }
62  module_init(test_proc_init);
63
64  static __exit void test_proc_cleanup(void)
65  {
66    remove_proc_entry("test_rw", test_dir);
67    remove_proc_entry("test_dir", NULL);
68  }
69  module_exit(test_proc_cleanup);
```

21.6 Oops

当内核出现类似用户空间的 Segmentation Fault 时（例如内核访问一个并不存在的虚拟地址），Oops 会被打印到控制台和写入内核 log 缓冲区。

我们在 globalmem.c 的 globalmem_read() 函数中加上下面一行代码：

```
    } else {
        *ppos += count;
        ret = count;
        *(unsigned int *)0 = 1; /* a kernel panic */
        printk(KERN_INFO "read %u bytes(s) from %lu\n", count, p);
    }
```

假设这个字符设备对应的设备节点是 /dev/globalmem，通过 cat/dev/globalmem 命令读设备文件，将得到如下 Oops 信息：

```
# cat /dev/globalmem
Unable to handle kernel NULL pointer dereference at virtual address 00000000
pgd = 9ec08000
[00000000] *pgd=7f733831, *pte=00000000, *ppte=00000000
Internal error: Oops: 817 [#1] SMP ARM
Modules linked in: globalmem
CPU: 0 PID: 609 Comm: cat Not tainted 3.16.0+ #13
task: 9f7d8000 ti: 9f722000 task.ti: 9f722000
PC is at globalmem_read+0xbc/0xcc [globalmem]
LR is at 0x0
pc : [<7f000200>]    lr : [<00000000>]    psr: 00000013
sp : 9f723f30  ip : 00000000  fp : 00000000
r10: 9f414000  r9 : 00000000  r8 : 00001000
r7 : 00000000  r6 : 00001000  r5 : 00001000  r4 : 00000000
r3 : 00000001  r2 : 00000000  r1 : 00001000  r0 : 7f0003cc
Flags: nzcv  IRQs on  FIQs on  Mode SVC_32  ISA ARM  Segment user
Control: 10c53c7d  Table: 7ec08059  DAC: 00000015
Process cat (pid: 609, stack limit = 0x9f722240)
```

```
Stack: (0x9f723f30 to 0x9f724000)
3f20:                                   7ed5ff91 9f723f80 00000000 9f79ab40
3f40: 00001000 7ed5eb18 9f723f80 00000000 00000000 800cb114 00000020 9f722000
3f60: 9f5e4628 9f79ab40 9f79ab40 00001000 7ed5eb18 00000000 00000000 800cb2ec
3f80: 00001000 00000000 9f7168c0 00001000 7ed5eb18 00000003 00000003 8000e4e4
3fa0: 9f722000 8000e360 00001000 7ed5eb18 00000003 7ed5eb18 00001000 0000002f
3fc0: 00001000 7ed5eb18 00000003 00000003 7ed5eb18 00000001 00000000 00000000
3fe0: 0015c23c 7ed5eb00 0000f718 00008d8c 60000010 00000003 00000000 00000000
[<7f000200>] (globalmem_read [globalmem]) from [<800cb114>] (vfs_read+0x98/0x13c)
[<800cb114>] (vfs_read) from [<800cb2ec>] (SyS_read+0x44/0x84)
[<800cb2ec>] (SyS_read) from [<8000e360>] (ret_fast_syscall+0x0/0x30)
Code: e1a05008 e2a77000 e1c360f0 e3a03001 (e58c3000)
---[ end trace 5a36d6470da50d02 ]---
Segmentation fault
```

上述Oops的第一行给出了"原因",即访问了NULL pointer。Oops中的PC is at globalmem_read+0xbc/0xcc这一行代码也比较关键,给出了"事发现场",即globalmem_read() 函数偏移0xbc字节的指令处。

通过反汇编globalmem.o可以寻找到globalmem_read()函数开头位置偏移0xbc的指令,反汇编方法如下:

```
drivers/char/globalmem$ arm-linux-gnueabihf-objdump -d -S globalmem.o
```

对应的反汇编代码如下,global_read() 开始于0x144,偏移0xbc的位置为0x200:

```
static ssize_t globalmem_read(struct file *filp, char __user * buf, size_t size,
            loff_t * ppos)
{
 144:   e92d45f0        push    {r4, r5, r6, r7, r8, sl, lr}
 148:   e24dd00c        sub     sp, sp, #12
        unsigned long p = *ppos;
 14c:   e5934000        ldr     r4, [r3]
        ...
        *ppos += count;
 1f4:   e2a77000        adc     r7, r7, #0
 1f8:   e1c360f0        strd    r6, [r3]
        ret = count;
        *(unsigned int *)0 = 1; /* a kernel panic */
 1fc:   e3a03001        mov     r3, #1
 200:   e58c3000        str     r3, [ip]
        printk(KERN_INFO "read %u bytes(s) from %lu\n", count, p);
 204:   ...

    return ret;
}
```

"str r3,[ip]" 是引起Oops的指令。这里仅仅给出了一个例子,工程实践中的"事发现场"并不全那么容易找到,但方法都是类似的。

21.7 BUG_ON() 和 WARN_ON()

内核中有许多地方调用类似 BUG() 的语句，它非常像一个内核运行时的断言，意味着本来不该执行到 BUG() 这条语句，一旦执行即抛出 Oops。BUG() 的定义为：

```
#define BUG() do { \
        printk("BUG: failure at %s:%d/%s()!\n", __FILE__, __LINE__, __func__); \
        panic("BUG!"); \
} while (0)
```

其中的 panic() 定义在 kernel/panic.c 中，会导致内核崩溃，并打印 Oops。比如 arch/arm/kernel/dma.c 中的 enable_dma() 函数：

```
void enable_dma (unsigned int chan)
{
        dma_t *dma = dma_channel(chan);

        if (!dma->lock)
                goto free_dma;

        if (dma->active == 0) {
                dma->active = 1;
                dma->d_ops->enable(chan, dma);
        }
        return;

free_dma:
        printk(KERN_ERR "dma%d: trying to enable free DMA\n", chan);
        BUG();
}
```

上述代码的含义是，如果在 dma->lock 不成立的情况下，驱动直接调用了 enable_dma()，实际上意味着内核的一个 bug。

BUG() 还有一个变体叫 BUG_ON()，它的内部会引用 BUG()，形式为：

```
#define BUG_ON(condition) do { if (unlikely(condition)) BUG(); } while (0)
```

对于 BUG_ON() 而言，只有当括号内的条件成立的时候，才抛出 Oops。比如 drivers/char/random.c 中的类似代码：

```
static void push_to_pool(struct work_struct *work)
{
        struct entropy_store *r = container_of(work, struct entropy_store,
                                              push_work);
        BUG_ON(!r);
        _xfer_secondary_pool(r, random_read_wakeup_bits/8);
        trace_push_to_pool(r->name, r->entropy_count >> ENTROPY_SHIFT,
                          r->pull->entropy_count >> ENTROPY_SHIFT);
}
```

除了 BUG_ON() 外，内核有个稍微弱一些 WARN_ON()，在括号中的条件成立的时候，内核会抛出栈回溯，但是不会 panic()，这通常用于内核抛出一个警告，暗示某种不太合理的事情发生了。如在 kernel/locking/mutex-debug.c 中的 debug_mutex_unlock() 函数发现 mutex_unlock() 的调用者和 mutex_lock() 的调用者不是同一个线程的时候或者 mutex 的 owner 为空的时候，会抛出警告信息：

```
void debug_mutex_unlock(struct mutex *lock)
{
    if (likely(debug_locks)) {
        DEBUG_LOCKS_WARN_ON(lock->magic != lock);

        if (!lock->owner)
            DEBUG_LOCKS_WARN_ON(!lock->owner);
        else
            DEBUG_LOCKS_WARN_ON(lock->owner != current);

        DEBUG_LOCKS_WARN_ON(!lock->wait_list.prev && !lock->wait_list.next);
        mutex_clear_owner(lock);
    }
}
```

有时候，WARN_ON() 也可以作为一个调试技巧。比如，我们进到内核某个函数后，不知道这个函数是怎么一级一级被调用进来的，那可以在该函数中加入一个 WARN_ON(1)。

21.8 strace

在 Linux 系统中，strace 是一种相当有效的跟踪工具，它的主要特点是可以被用来监视系统调用。我们不仅可以用 strace 调试一个新开始的程序，也可以调试一个已经在运行的程序（这意味着把 strace 绑定到一个已有的 PID 上）。对于第 6 章的 globalmem 字符设备文件，以 strace 方式运行如代码清单 21.8 所示的用户空间应用程序 globalmem_test，运行的结果如下：

```
execve("./globalmem_test", ["./globalmem_test"], [/* 24 vars */]) = 0
...
open("/dev/globalmem", O_RDWR)          = 3     /* 打开的 /dev/globalmem 的 fd 是 3 */
ioctl(3, FIBMAP, 0)                     = 0
read(3, 0xbff17920, 200)                = -1 ENXIO (No such device or address)/* 读取失败 */
fstat64(1, {st_mode=S_IFCHR|0620, st_rdev=makedev(136, 0), ...}) = 0
mmap2(NULL, 4096, PROT_READ|PROT_WRITE, MAP_PRIVATE|MAP_ANONYMOUS, -1, 0) = 0xb7f04000
write(1, "-1 bytes read from globalmem\n", 29-1 bytes read from globalmem
) = 29                                          /* 向标准输出设备 (fd 为 1) 写入 printf 中的字符串 */
write(3, "This is a test of globalmem", 27) = 27
```

```
write(1, "27 bytes written into globalmem\n", 3227 bytes written into globalmem
) = 32
...
```

输出的每一行对应一次 Linux 系统调用,其格式为"左边 = 右边",等号左边是系统调用的函数名及其参数,右边是该调用的返回值。

代码清单 21.8 用户空间应用程序 globalmem_test

```
1   #include ...
2
3   #define MEM_CLEAR 0x1
4   main()
5   {
6    int fd, num, pos;
7    char wr_ch[200] = "This is a test of globalmem";
8    char rd_ch[200];
9    /* 打开 /dev/globalmem */
10   fd = open("/dev/globalmem", O_RDWR, S_IRUSR | S_IWUSR);
11   if (fd != -1 ) { /* 清除 globalmem */
12      if(ioctl(fd, MEM_CLEAR, 0) < 0)
13         printf("ioctl command failed\n");
14      /* 读 globalmem */
15      num = read(fd, rd_ch, 200);
16      printf("%d bytes read from globalmem\n",num);
17
18      /* 写 globalmem */
19      num = write(fd, wr_ch, strlen(wr_ch));
20      printf("%d bytes written into globalmem\n",num);
21      ...
22      close(fd);
23   }
24  }
```

使用 strace 虽然无法直接追踪到设备驱动中的函数,但是足以帮助工程师进行推演,如从 open(" /dev/globalmem", O_RDWR)=3 的返回结果知道 /dev/globalmem 的 fd 为 3,之后对 fd 为 3 的文件进行 read()、write() 和 ioctl() 系统调用,最终会使 globalmem 里 file_operations 中的相应函数被调用,通过系统调用的结果就可以知道驱动中 globalmem_read()、globalmem_write() 和 globalmem_ioctl() 的运行结果。

21.9 KGDB

Linux 直接提供了对 KGDB 的支持,KGDB 采用了典型的嵌入式系统"插桩"技巧,一般依赖于串口与调试主机通信。为了支持 KGDB,串口驱动应该实现纯粹的轮询收发单一字符的成员函数,以供 drivers/tty/serial/kgdboc.c 调用,譬如 drivers/tty/serial/8250/8250_core.c 中的:

```
static struct uart_ops serial8250_pops = {
    ...
#ifdef CONFIG_CONSOLE_POLL
    .poll_get_char = serial8250_get_poll_char,
    .poll_put_char = serial8250_put_poll_char,
#endif
};
```

在编译内核时,运行 make ARCH=arm menuconfig 时需选择关于 KGDB 的编译项目,如图 21.6 所示。

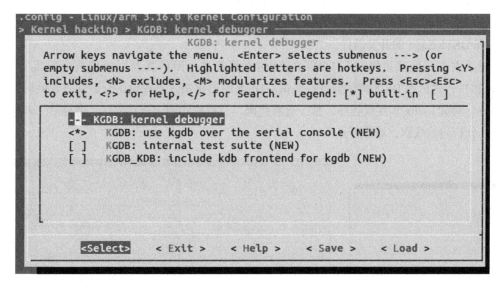

图 21.6 KGDB 编译选项配置

对于目标板而言,需要在 bootargs 中设置与 KGDB 对应的串口等信息,如 kgdboc=ttyS0,115200 kgdbcon。

如果想一开机内核就直接进入等待 GDB 连接的调试状态,可以在 bootargs 中设置 kgdbwait,kgdbwait 的含义是启动时就等待主机的 GDB 连接。而若想在内核启动后进入 GDB 调试模式,可运行 echo g > /proc/sysrq-trigger 命令给内核传入一个键值是 g 的 magic_sysrq。

在调试 PC 上,依次运行如下命令就可以启动调试并连接至目标机(假设串口在 PC 上对应的设备节点是 /dev/ttyS0):

```
# arm-eabi-gdb ./vmlinux
(gdb) set remotebaud 115200
(gdb) target remote /dev/ttyS0                        // 连接目标机
(gdb)
```

之后，在主机上，我们可以使用 GDB 像调试应用程序一样调试使能了 KGDB 的目标机上的内核。

21.10 使用仿真器调试内核

在 ARM Linux 领域，目前比较主流的是采用 ARM DS-5 Development Studio 方案。ARM DS-5 是一个针对基于 Linux 的系统和裸机嵌入式系统的专业软件开发解决方案，它涵盖了开发的所有阶段，从启动代码、内核移植直到应用程序调试、分析。如图 21.7 所示，它使用了 DSTREAM 高性能仿真器（ARM 已经停止更新 RVI-RVT2 仿真器），在 Eclipse 内包含了 DS-5 和 DSTREAM 的开发插件。

调试主机一般通过网线与 DSTREAM 仿真器连接，而仿真器则连接与电路板类似的 JTAG 接口，之后用 DS-5 调试器进行调试。DS-5 图形化调试器提供了全面和直观的调试图，非常易于调试 Linux 和裸机程序，易于查看代码，进行栈回溯，查看内存、寄存器、表达式、变量，分析内核线程，设置断点。

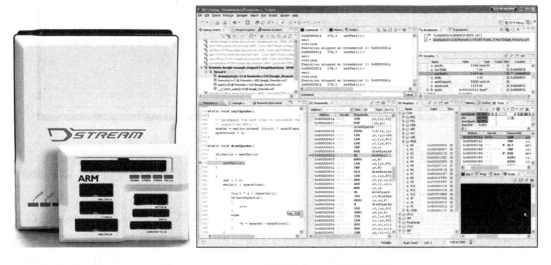

图 21.7　DSTREAM 仿真器和 DS-5 开发环境

值得一提的是，DS-5 也提供了 Streamline Performance Analyzer。ARM Streamline 性能分析器（见图 21.8）为软件开发人员提供了一种用来分析和优化在 ARM926、ARM11 和 Cortex-A 系列平台上运行的 Linux 和 Android 系统的直观方法。使用 Streamline，Linux 内核中需包含一个 gator 模块，用户空间则需要使能 gatord 后台服务器程序。关于 Streamline 具体的操作方法可以查看《ARM® DS-5 Using ARM Streamline》。

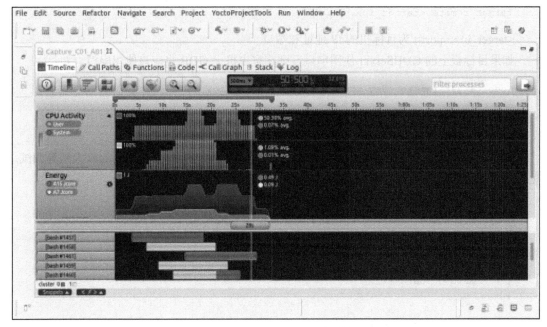

图 21.8 ARMStreamline 性能分析器

21.11 应用程序调试

在嵌入式系统中，为调试 Linux 应用程序，可在目标板上先运行 GDBServer，再让主机上的 GDB 与目标板上的 GDBServer 通过网口或串口通信。

1. 目标板

需要运行如下命令启动 GDBServer：

```
gdbserver <host_ip>:<port> <app>
```

<host_ip>:<port> 为主机的 IP 地址和端口，app 是可执行的应用程序名。

当然，也可以用系统中空闲的串口作为 GDB 调试器和 GDBServer 的底层通信手段，如：

```
gdbserver /dev/ttyS0 ./tdemo
```

2. 主机

需要先运行如下命令启动 GDB：

```
arm-eabi-gdb <app>
```

app 与 GDBServer 的 app 参数对应。

之后，运行如下命令就可以连接目标板：

```
target remote <target_ip>:<port>
```

<target_ip>:<port> 为目标机的 IP 地址和端口。

如果目标板上的 GDBServer 使用串口,则在宿主机上 GDB 也应该使用串口,如:

```
(gdb)target remote /dev/ttyS1
```

之后,便可以使用 GDB 像调试本机上的程序一样调试目标机上的程序。

3. 通过 GDB server 和 ARM GDB 调试应用程序

在 ARM 开发板上放置 GDB server,便可以通过目标板与调试 PC 之间的以太网等调试。要调试的应用程序的源代码如下:

```
/*
 * gdb_example.c: program to show how to use arm-linux-gdb
 */
void increase_one(int *data)
{
    *data = *data + 1;
}

int main(int argc, char *argv[])
{
    int dat = 0;
    int *p = 0;
    increase_one(&dat);
    /* program will crash here */
    increase_one(p);
    return 0;
}
```

通过 debug 方式编译它:

```
arm-linux-gnueabi-gcc -g -o gdb_example gdb_example.c
```

将程序下载到目标板后,在目标板上运行:

```
# gdbserver 192.168.1.20:1234 gdb_example
Process gdb_example created; pid = 1096
Listening on port 1234
```

其中 192.168.1.20 为目标板的 3IP,1234 为 GDBserver 的侦听端口。

如果目标机是 Android 系统,且没有以太网,可以尝试使用 adb forward 功能,比如 adb forward tcp:1234 tcp:1234 是把目标机 1234 端口与主机 1234 端口进行转发。

在主机上运行:

```
$ arm-eabi-gdb gdb_example
...
```

主机的 GDB 中运行如下命令以连接目标板:

```
(gdb) target remote 192.168.1.20:1234
Remote debugging using 192.168.1.20:1234
...
0x400007b0 in ?? ()
```

如果是 Android 的 adb forward，则上述 target remote 192.168.1.20:1234 中的 IP 地址可以去掉，因为它变成直接连接本机了，可直接写成 target remote：1234。

运行如下命令将断点设置在 increase_one(&dat); 这一行：

```
(gdb) b gdb_example.c:16
Breakpoint 1 at 0x8390: file gdb_example.c, line 16.
```

通过 c 命令继续运行目标板上的程序，发生断点：

```
(gdb) c
Continuing.
...
Breakpoint 1, main (argc=1, argv=0xbead4eb4) at gdb_example.c:16
16    increase_one(&dat);
```

运行 n 命令执行完 increase_one(&dat); 再查看 dat 的值：

```
(gdb) n
19    increase_one(p); (gdb) p dat
$1 = 1
```

发现 dat 变成 1。继续运行 c 命令，由于即将访问空指针，gdb_example 将崩溃：

```
(gdb) c
Continuing.
Program received signal SIGSEGV, Segmentation fault.
0x0000834c in increase_one (data=0x0) at gdb_example.c:8
8    *data = *data + 1;
```

我们通过 bt 命令可以拿到 backtrace：

```
(gdb) bt
#0  0x0000834c in increase_one (data=0x0) at gdb_example.c:8
#1  0x000083a4 in main (argc=1, argv=0xbead4eb4) at gdb_example.c:19
```

通过 info reg 命令可以查看当时的寄存器值：

```
(gdb) info reg
r0   0x0   0
r1   0xbead4eb4    3199028916
r2   0x1   1
r3   0x0   0
r4   0x4001e5e0    1073866208
r5   0x0   0
r6   0x826c   33388
r7   0x0   0
```

```
r8  0x0 0
r9  0x0 0
r10 0x40025000    1073893376
r11 0xbead4d44    3199028548
r12 0xbead4d48    3199028552
sp  0xbead4d30    0xbead4d30
lr  0x83a4 33700
pc  0x834c 0x834c <increase_one+24>
fps 0x0 0
cpsr 0x60000010    1610612752
```

21.12 Linux 性能监控与调优工具

除了保证程序的正确性以外，在项目开发中往往还关心性能和稳定性。这时候，我们往往要对内核、应用程序或整个系统进行性能优化。在性能优化中常用的手段如下。

1. 使用 top、vmstat、iostat、sysctl 等常用工具

top 命令用于显示处理器的活动状况。在缺省情况下，显示占用 CPU 最多的任务，并且每隔 5s 做一次刷新；vmstat 命令用于报告关于内核线程、虚拟内存、磁盘、陷阱和 CPU 活动的统计信息；iostat 命令用于分析各个磁盘的传输闲忙状况；netstat 是用来检测网络信息的工具；sar 用于收集、报告或者保存系统活动信息，其中，sar 用于显示数据，sar1 和 sar2 用于收集和保存数据。

sysctl 是一个可用于改变正在运行中的 Linux 系统的接口。用 sysctl 可以读取几百个以上的系统变量，例如用 sysctl –a 可读取所有变量。

sysctl 的实现原理是：所有的内核参数在 /proc/sys 中形成一个树状结构，sysctl 系统调用的内核函数是 sys_sysctl，匹配项目后，最后的读写在 do_sysctl_strategy 中完成，如

```
echo "1" > /proc/sys/net/ipv4/ip_forward
```

就等价于：

```
sysctl -w net.ipv4.ip_forward ="1"
```

2. 使用高级分析手段，如 OProfile、gprof

OProfile 可以帮助用户识别诸如模块的占用时间、循环的展开、高速缓存的使用率低、低效的类型转换和冗余操作、错误预测转移等问题。它收集有关处理器事件的信息，其中包括 TLB 的故障、停机、存储器访问以及缓存命中和未命中的指令的攫取数量。

OProfile 支持两种采样方式：基于事件的采样（Event Based）和基于时间的采样（Time Based）。基于事件的采样是 OProfile 只记录特定事件（比如 L2 缓存未命中）的发生次数，当达到用户设定的定值时 Oprofile 就记录一下（采一个样）。这种方式需要 CPU 内部有性能计数器（Performance Counter）。基于时间的采样是 OProfile 借助 OS 时钟中断的机制，在每个时钟中断，OProfile 都会记录一次（采一次样）。引入它的目的在于，提供对没有性能计数器的

CPU 的支持，其精度相对于基于事件的采样要低，因为要借助 OS 时钟中断的支持，对于禁用中断的代码，OProfile 不能对其进行分析。

OProfile 在 Linux 上分两部分，一个是内核模块 (oprofile.ko)，另一个是用户空间的守护进程 (oprofiled)。前者负责访问性能计数器或者注册基于时间采样的函数，并将采样值置于内核的缓冲区内。后者在后台运行，负责从内核空间收集数据，写入文件。其运行步骤如下。

1) 初始化　　opcontrol --init
2) 配置　　　opcontrol --setup --event=...
3) 启动　　　opcontrol --start
4) 运行待分析的程序 xxx
5) 取出数据
　　　　　　opcontrol --dump
　　　　　　opcontrol --stop
6) 分析结果 opreport -l ./xxx

用 GNU gprof 可以打印出程序运行中各个函数消耗的时间，以帮助程序员找出众多函数中耗时最多的函数；还可产生程序运行时的函数调用关系，包括调用次数，以帮助程序员分析程序的运行流程。

GNU gprof 的实现原理：在编译和链接程序的时候（使用 -pg 编译和链接选项），gcc 在应用程序的每个函数中都加入名为 mcount(_mcount 或 _ _mcount，依赖于编译器或操作系统）的函数，也就是说应用程序里的每一个函数都会调用 mcount，而 mcount 会在内存中保存一张函数调用图，并通过函数调用堆栈的形式查找子函数和父函数的地址。这张调用图也保存了所有与函数相关的调用时间、调用次数等的所有信息。

GNU gprof 的基本用法如下。

1）使用 -pg 编译和链接应用程序。
2）执行应用程序并使它生成供 gprof 分析的数据。
3）使用 gprof 程序分析应用程序生成的数据。

3. 进行内核跟踪，如 LTTng

LTTng（Linux Trace Toolkit-next generation，官方网站为 http://lttng.org/）是一个用于跟踪系统详细运行状态和流程的工具，它可以跟踪记录系统中的特定事件。这些事件包括：系统调用的进入和退出；陷阱 / 中断（Trap/Irq）的进入和退出；进程调度事件；内核定时器；进程管理相关事件——创建、唤醒、信号处理等；文件系统相关事件——open/read/write/seek/ioctl 等；内存管理相关事件——内存分配 / 释放等；其他 IPC/ 套接字 / 网络等事件。而对于这些记录，我们可以通过图形的方式经由 lttv-gui 查看，如图 21.9 所示。

4. 使用 LTP 进行压力测试

LTP（Linux Test Project，官方网站为 http://ltp.sourceforge.net/）是一个由 SGI 发起并由 IBM 负责维护的合作计划。它的目的是为开源社区提供测试套件来验证 Linux 的可靠性、健壮性和稳定性。它通过压力测试来判断系统的稳定性和可靠性，在工程中我们可使用 LTP 测试套件对 Linux 操作系统进行超长时间的测试，它可进行文件系统压力测试、硬盘 I/O 测试、内存管理压力测试、IPC 压力测试、SCHED 测试、命令功能的验证测试、系统调用功能的验证测试等。

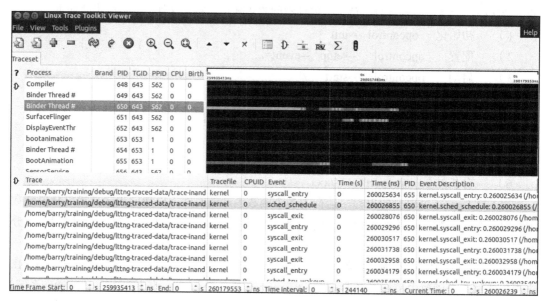

图 21.9　LTTng 形成的时序图

5. 使用 Benchmark 评估系统

可用于 Linux 的 Benchmark 的包括 lmbench、UnixBench、AIM9、Netperf、SSLperf、dbench、Bonnie、Bonnie++、Iozone、BYTEmark 等，它们可用于评估操作系统、网络、I/O 子系统、CPU 等的性能，参考网址 http://lbs.sourceforge.net/ 列出了许多 Benchmark 工具。

21.13　总结

Linux 程序的调试，尤其是内核的调试看起来比较复杂，没有类似于 VC++、Tornado 的 IDE 开发环境，最常用的调试手段依然是文本方式的 GDB。文本方式的 GDB 调试器功能异常强大，当我们使用习惯后，就会用得非常自然。

Linux 内核驱动的调试方法包括 "插桩"、使用仿真器和借助 printk()、Oops、strace 等，在大多数情况下，原始的 printk() 仍然是最有效的手段。

除了本章介绍的方法外，在驱动的调试中很可能还会借助其他的硬件或软件调试工具，如调试 USB 驱动最好借助 USB 分析仪，用 USB 分析仪将可捕获 USB 通信中的数据包，如同网络中的 Sniffer 软件一样。

推荐阅读

FPGA快速系统原型设计权威指南

作者：R.C. Cofer 等 ISBN：978-7-111-44851-8 定价：69.00元

硬件架构的艺术：数字电路的设计方法与技术

作者：Mohit Arora ISBN：978-7-111-44939-3 定价：59.00元

ARM快速嵌入式系统原型设计：基于开源硬件mbed

作者：Rob Toulson 等 ISBN：978-7-111-46019-0 定价：69.00元

嵌入式软件开发精解

作者：Colin Walls ISBN：978-7-111-44952-2 定价：79.00元

推荐阅读

Arduino可穿戴设备开发

作者：Tony Olsson ISBN：978-7-111-54132-5 定价：49.00元

Arduino从入门到精通：创客必学的13个技巧

作者：John Baichtal ISBN：978-7-111-54811-9 定价：59.00元

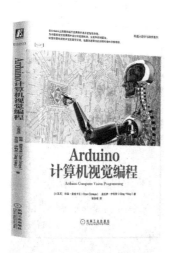

Arduino计算机视觉编程

作者：Ozen Ozkaya 等 ISBN：978-7-111-55126-3 定价：49.00元

深入理解Arduino：移植和高级开发

作者：Rick Anderson 等 ISBN：978-7-111-54140-0 定价：59.00元